中国建筑史
——从先秦到晚清

王贵祥　贺从容　刘畅　主编

清华大学出版社
北京

图书在版编目（CIP）数据

中国建筑史：从先秦到晚清 / 王贵祥，贺从容，刘畅主编. — 北京：清华大学出版社，2022.7
ISBN 978-7-302-60046-6

Ⅰ.①中… Ⅱ.①王…②贺…③刘… Ⅲ.①建筑史－中国－高等学校－教材 Ⅳ.①TU-092

中国版本图书馆CIP数据核字(2022)第023110号

责任编辑：刘一琳
装帧设计：陈国熙
责任校对：赵丽敏
责任印制：丛怀宇

出版发行：清华大学出版社
　　　　网　　　址：http://www.tup.com.cn，http://www.wqbook.com
　　　　地　　　址：北京清华大学学研大厦 A 座　　　　邮　　　编：100084
　　　　社 总 机：010-83470000　　　　邮　　　购：010-62786544
　　　　投稿与读者服务：010-62776969，c-service@tup.tsinghua.edu.cn
　　　　质量反馈：010-62772015，zhiliang@tup.tsinghua.edu.cn
印 装 者：北京博海升彩色印刷有限公司
经　　销：全国新华书店
开　　本：210mm×285mm　　　印　　张：33　　　字　　数：938 千字
版　　次：2022 年 7 月第 1 版　　　印　　次：2022 年 7 月第 1 次印刷
定　　价：168.00 元

产品编号：089363-01

前 言

    本书的编写缘起于"十二五"规划中领到的教参任务——按照发展史的体例概括中国古代建筑历史的主要脉络,为建筑学专业本科生提供专业教材和参考书。

    近年来建筑教材需求量不断增加,从发展史角度进行的中国古代建筑教学,需要一本与已有研究成果相称的教参。因此,我们沿着业内前辈的足迹,补充新近的研究成果,以古代历史时段为叙事单元,以建筑类型为论述节点,阐述与分析古代建筑随时代发展变化的轨迹,力图探究古代建筑的类型特征及结构与形式上的变迁,剖析各个不同历史时期建筑在技术与艺术上的成就、价值及其传承关系。

本书分为十个章节:

绪论 中国古代建筑概况(王贵祥)

第一章 原始社会的建筑(贺从容)

第二章 夏、商、周、春秋时期的建筑(贺从容)

第三章 秦、汉时期建筑(贺从容)

第四章 三国、两晋、南北朝时期的建筑(贺从容)

第五章 隋、唐、五代时期的建筑(王贵祥)

第六章 宋、辽、金、西夏时期的建筑(李路珂)

第七章 元代的建筑(姜东城)

第八章 明代的建筑(白颖)

第九章 清代的建筑(刘畅、孙蕾)

本书的编写经历了三个阶段:

    第一阶段:从2011年开始筹备,由王贵祥教授主持,带领历史组多位师生进行讨论,经历一年,撰写出初稿,也是教材最基础的内容。

    第二阶段:初稿完成后,考虑到教参针对本科生教学的可读性,组织清华大学建筑学院历史所的教师、研究生和几位本科生,从学生阅读的角度对初稿进行

了通读、问题和知识点更新、专业术语解释、插图补充等工作，在保持原稿通畅的同时，令其更有针对性。同时，各位作者分别与相关研究学者交流，获得宝贵的建议后，进一步深入修改。

第三阶段：汇总全书，补充细节，统一体例，完善插图。

参加讨论、编写和绘图工作的研究生有梅静、敖士恒、王裕国、孙蕾，尤其是孙蕾博士在汇总和出版阶段辅助完成了大量插图、脚注、修订、附录等工作。

本书的出版，得到"十二五"教材项目编写资助，得到国家社会科学基金重大项目"《营造法式》研究与注疏"（项目批准号17ZDA185）校对资助，得到"清华大学北京市双一流学科共建项目"出版资助，在此一并感谢。

本书编写组
2022年5月

目　录

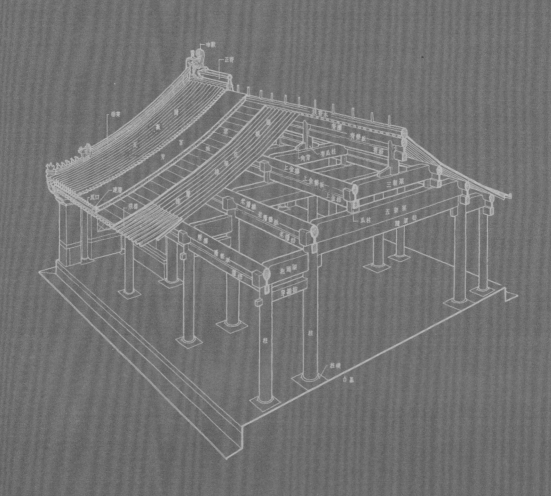

绪论 —————— 中国古代建筑概况

中国古代建筑在世界上独树一帜，具有自己独特的艺术风格、建筑方法和深刻的哲理，在组群布局、建筑造型、空间形态、室内装修装饰及构造技术上都有很高的科学成就与极深的艺术造诣。中国古代建筑的产生、发展，有着自己独特的地理、历史与文化环境，不了解这一环境，便不可能对中国建筑有深刻的理解。

第一节　中国古代建筑的产生背景

一、自然条件、地理环境与中国古代建筑的地域性特征

从地理的角度看，中国建筑植根于一个极为广博与丰富的地理环境之中，有着世界上独一无二的最复杂的地理特征。中国从南至北，跨越了相当大的纬度范围，南端在北回归线以南，为亚热带地区，北端则已进入寒温带地区。中国的西部主要是高原地区，尤以世界屋脊青藏高原为著，而东部则为极开阔的平原地带；东南地区为物产丰富的水乡，西南地区则以山脉盆地为主，西北地区还有十分广阔的沙漠地带。地理条件的多样性，以及与之相应的多民族的国家环境，又使中国古代建筑具有了形式上的多样性。单就建筑结构形式而言，就有北方的举架式结构与南方的穿斗式结构。而建筑造型上也是不拘一格，如内蒙古的蒙古包、西藏的碉楼、黄土高原的窑洞，还有南方少数民族的竹楼等。

由于中国地域广大，中国古代建筑的发展是在一个多样化的地理与文化环境中展开的，因而，中国古代建筑的结构、形式与空间，也表现为多样化的样态，或者说有多样化的文化传统。每一种建筑样态，都遵循着一条特别的地域文化传承谱系。概而言之，如唐人柳冲曾经对唐代中国四个主要地域的文化特征所做的表述："山东之人质，故尚婚娅，其信可与也；江左之人文，故尚人物，其智可与也；关

①
《钦定四库全书·子部·类书类·御定子史精华》，卷99。

中之人雄，故尚冠冕，其达可与也；代北之人武，故尚贵戚，其泰可与也。"①这里用了一些术语来描述唐代四个地域人物的文化性格。山东当泛指今日华北地区的河北、河南、山东一带，这里的人可用"质"与"信"来描述；江左人当指今日江浙一带人，其特点是"文"而"智"；关中人，当指当时在统治阶层中占有一席之地的关陇地区之人，其特点是"雄"与"达"；代北则指塞外及漠北地区，其人的特点是"武"与"泰"。质者，朴也信也；文者，饰也智也；雄者，威而达；武者，豪而泰。这里鲜明地刻画了唐代四个地域人不同的文化与性格特征。在艺术上，这四种特征也是可以从这四个地区的艺术、诗歌和建筑中追寻到的。尤其是作为北方人之典型表述的"山东之人质"与作为江南人之典型表述的"江左之人文"，其基本的文化差异，直到今日仍然可以看得十分清楚。

（一）北方官式建筑

北方官式建筑主要是指明清官式建筑中的大式与小式建筑。代表明清时期中国木构建筑主流形式的北方官式建筑，无论在北京、承德、沈阳及清东陵、清西陵（图0-1）等清代皇家建筑集中的地区，还是环绕北京、承德、沈阳地区的佛寺、道观建筑集中区及曾与明清中央政府有直接或间接关联的建筑群，如湖北武当山的道教建筑群及青海湟中县的瞿坛寺等，都表现出了严整、规矩的样式特征。

明清官式木构建筑以严谨的抬梁式结构为主，采用斗栱或不用斗栱，屋顶样式严格地遵循建筑物的等级地位，分为重檐或单檐庑殿式建筑、重檐或单檐歇山式建筑、悬山式建筑、硬山式建筑、攒尖式建筑等几个基本的类型；在这些类型划分下，又有带正脊及脊兽等装饰的屋顶或不带正脊的卷棚屋顶等做法上的差别。

图 0-1 清西陵景陵
（孙蕾 摄）

（二）北方非官式建筑

北方非官式建筑主要是指分布在河北、河南、山西、山东、陕西以及甘肃、内蒙古、东北三省等众多地区的民间建筑。这些民间建筑采用了类似于北方官式建筑的抬梁式结构，一般配以悬山或硬山的屋顶形式，但在一些地方寺庙中也会使用庑殿、歇山等做法。这些民间建筑一般不用斗栱，也有一些采用不同于官式建筑的、比较繁复而富于变化的斗栱做法，这些做法往往使其既有北方建筑端正、质朴的特征，又透露出一些地方性的品格。例如，北京、河北、山西、陕西等地的住宅建筑，山西地区晚清时代的商堡建筑等，便大多属于这一类型（图0-2）。

图0-2　山西祁县乔家大院
（孙蕾 摄）

（三）吴越文化的江南建筑

吴越文化的江南建筑主要分布在明清时期经济十分发达的徽州、苏、浙及赣北地区。这些地区的建筑承继了古代吴越文化的脉系，在独具特色的唐宋江左文化的基础上，又有许多发展。从木结构上讲，江南建筑在基本抬梁式的基础上，重视梁柱榫卯的交接以及梁柱等构件装饰性效果的处理，这使其在较多地保持了南宋时期官式建筑做法与装饰手法的同时，又有了许多变异和增益。与北方建筑相比，其结构严谨而轻巧，装饰华美而优雅，更多地注入了江南文人士大夫及富商大贾的一些审美趣味与取向；从外观上讲，江南建筑虽然仍可见到诸如庑殿、歇山等基本的屋顶形式，但其高挑的翼角、式样多变的屋脊及脊饰，特别是粉墙黛瓦的清雅格调，使其在秀丽中平添了几分妩媚。而同是在吴越文化的区域中，各地建筑又有着各自的地方性特点，如在封火山墙的造型方面，各个地区都凸显了各自的地方性追求，使这种白墙灰瓦的民间建筑，在传统中国建筑的造型上呈现了相当丰富多变的艺术旨趣（图0-3）。

图0-3 江苏苏州民居
（孙蕾 摄）

（四）巴蜀湘鄂云贵等地的巴楚及西南建筑

此类建筑的代表有湖南的岳麓书院、成都的青羊宫、重庆的湖广会馆（图0-4），云南的大观楼以及云南一颗印式住宅、大理丽江等地的民居建筑等。如此一系列形态多样的代表性建筑，展示了巴蜀湘鄂云贵等巴楚与西南建筑的地方特征，即木结构形式的随宜、变化，屋檐形式的轻快、简洁，屋顶形式的简单而富于变化，建筑色彩上的不拘一格等；这些特征也体现了这一地区人们轻松、自如、自信与诙谐的文化趣味与形式取向。虽然在这个广大的地区中，并没有一种统一的建筑样式，但却通过多样化的建筑形式，表现出了十分相近的地域文化性格、建筑审美趣味与建筑造型和装饰风格取向。

从广义的层面上讲，这一地区东起安徽西部，跨湖北、江西、湖南的一部分，直抵四川盆地和贵州、云南等地。在建设的结构形式上，既有抬梁式结构，也有在南方地区比较多见的穿斗式结构。但在民居建筑中，其基本的结构特征似以明代的木构穿斗式体系为多见，在一些地方还习用地面架空的干栏式结构。而在檐口形式上，则习惯于使用直接从柱头上出挑木方、承托屋檐的手法，显得古朴、自如而潇洒；在屋顶形式上，特别是门楼、戏楼等建筑，更是奇巧、繁复而多变（图0-5），尤其是在云南、四川、重庆等地的会馆建筑中，这种在屋顶形态上追求复杂、变化的审美趣味，更是发展到了一种极致，如云南会泽的江西会馆、四川自贡的山陕会馆等，都是这种奇峭繁复的屋顶形式的典型实例。

图 0-4　重庆湖广会馆
（柴虹 摄）

图 0-5　云南建水古镇民居入口
（孙蕾 摄）

（五）闽粤及客家等岭南建筑

　　明清时期的闽粤地区无论在文化习俗上，还是从建筑及艺术上，都有许多独到的地方，我们习惯上将这一地区的文化、建筑与艺术称为岭南风格。从建筑的层面上讲，这一地区北起浙南的温州地区，经福建延伸到广东、台湾，各地的风格虽然千变万化，却又表现出一些相似的地方。如一般民居建筑习惯上采用穿斗式体系，建筑物檐下斗栱喜欢用多跳插栱的做法，室内梁栿往往使用圆润饱满的式样及曲线。在房屋的横剖面上，屋面反宇曲线的下凹似不明显，而在纵剖面上，屋脊两头却有强烈的生起。这一地区还习惯使用石材作为建筑材料，如福建地区多石塔，而福建、广东地区的祠堂建筑中，其前檐柱也多以石柱为主。

福建、广东地区还是客家人的聚居地，虽然就民系而言，客家文化散布于中国南方的多数地区；但是就建筑形态而言，成片的客家建筑及其遗存，还是以广东、福建和赣南最为突出（图0-6）。其平面所惯用的围拢屋形式，以其内向性、防卫性、扩展性及组群上的封闭与严密性，在中国古代木构建筑中占有独特的一席之地。

图0-6　江西赣州安远县东升围
（孙蕾 摄）

（六）藏羌蒙古等少数民族建筑

中国是一个多民族的国家，各民族的文化与建筑之间，既有一些相互的影响与联系，也有各自独立的特征。如西藏、青海、甘肃、内蒙古及川滇地区的藏族、羌族和蒙古族建筑，均习惯用石墙、木构平屋顶的做法，屋顶则采用密肋式木梁及板的结构。这种做法不仅见于藏式的住宅、堡寨之中，也多见于这些地区的喇嘛教寺庙之中。而高耸的具有防卫功能的碉楼，更见于藏、羌族的山寨或堡寨中，这种以木石结合结构为特征的建筑物，以其体量巨大、动感强烈、色彩鲜丽与粗犷豪放而令人震撼。（图0-7）

（七）河西走廊及新疆等西北地区建筑

自汉代以来，西域地区与关中、中原就有密不可分的联系。唐代更将帝国的版图进一步扩展到了西域以西的广大地区。这确保了中国与西亚、欧洲之间的丝绸之

图 0-7　西藏拉萨藏族民居
（孙蕾 摄）

路的畅通。而作为古西域地区一部分的新疆地区，还有联系中原与西域的河西走廊地区，就呈现出诸多跨文化的痕迹。随着伊斯兰文化进入新疆地区，更增加了建筑文化上的多样性元素。从风格上讲，新疆维吾尔等少数民族的建筑，在汲取了一些中亚、西亚及伊斯兰建筑造型与装饰元素的基础上，较多地保留了自古以来西域地区的建造习惯，如夯土墙或土坯砌筑的墙体结构、木梁及板支架的平屋顶等，构成了新疆及河西走廊等西北地区居住建筑的基本形态。而在一些伊斯兰清真寺中，则用拱券或穹隆结构（图0-8），以宏大的体量，高耸的邦克楼，肃穆的外形及沉静素朴、凝重深沉的品格，表现了这一地区文化的多样性与厚重感。

图 0-8　新疆劈希阿以旺
（南梦飞. 新疆维吾尔族传统"阿以旺"民居的再生与发展研究[D]. 长安大学，2015:18.）

（八）侗、傣、苗、壮等少数民族建筑

在西南偏僻山区的临水地域，居住着众多的少数民族，其建筑形式既有相互借鉴之处，又表现了各自民族的特征。如云南傣族地区的建筑便受到了相邻国家建筑的影响，造型上十分接近泰国、柬埔寨地区的建筑，屋顶形式在繁复中显出玲珑精巧的感觉；在色彩上，华丽中透出轻快、亲切的氛围，再辅以独具特色的调组，使这一地区的建筑具有热烈、浪漫与欢快的效果。而同在这一地区的侗族、壮族、苗族及瑶族建筑，则因其轻巧多变的屋顶、灵活多变的穿斗式、沿水边或山脚高悬的吊脚楼而显得简朴、通透而随意，建筑造型优美多姿；在空间聚落组织中，又以诸如鼓楼等中心建筑，形成具有内聚感的建筑组群形态（图0-9）。

图 0-9 贵州凯里西江千户苗寨
（孙蕾 摄）

二、社会形态与比较集中的建筑类型

从类型学的角度对中国古代建筑进行分类，有一定的难度。因为无论是怎样的建筑用途，其基本的形态都是十分相近的。中国建筑不像西方传统建筑那样，可以根据用途与归属区分为公共建筑与私人建筑、神圣建筑与世俗建筑、演出建筑与商业建筑等类型，而是更倾向于从社会等级的层面上加以划分，如皇家建筑、官式建筑、民间建筑、宗教建筑等，可以从中大略看出其形态差异。

然而，中国古代建筑也可以按照自己的特征进行分类，这一分类虽然与西方人的分类不尽相同，但仍可以大体上覆盖中国建筑的各个方面。因此，我们可以将传统中国建筑简单地划分为皇家建筑、国家祭祀建筑、寺庙建筑、官署府衙建筑、私人住宅建筑、私家园林等。

在皇家建筑这一个分类下，我们还可以划分出皇家祭祀建筑，如太庙、社稷坛；皇家居住建筑，如天子的宫殿，王府建筑，天子的行宫、离宫等；以及皇家苑囿，如京郊的皇家园林，京外的离宫式园林等。

祭祀建筑，包括都城的天地日月诸坛，各地的镇山及其祭祀建筑，都城、地方城市中的孔庙，各地的山川坛、厉鬼坛、风雨坛等，及祭祀五岳的岳庙，京师、地方城市的城隍庙等。

官署府衙建筑，包括中央和各地的官署建筑，官署中的办公建筑与住宅，还有与其配套的宾舍、监狱、祠庙等建筑。

宗教建筑，包括遍布各地的佛寺、道观及清真寺、天主堂等，也包括一些具有地方信仰倾向的庙宇建筑，如天后宫、娘娘庙、五显庙、二仙庙崔府君府、土地庙等。更为重要的宗教建筑则集中在一些历史上重要的宗教中心地区，如以佛教四座名山为中心的四道场、重要的佛教石窟寺、道教名山及其寺庙建筑群等。

中国传统建筑中最为大量遗存的是散布于各地山川城镇的民居建筑。它们各具特色，以居住建筑的形态，成为中国传统建筑的主流。民居建筑中除了层层院落相套的复杂居住空间之外，还有造型高大、装饰精美的祠堂建筑及穿插于民居建筑之中的一些民间祭祀建筑，是民居中造型及装饰等级较高的部分。民居建筑因其强烈的实用性功能，而表现为最富于变化的形态。各地民居建筑中穿插出现的私家园林，又成为中国传统园林中极富特色的一个组成部分。

第二节　中国古代建筑的特征与分类

中国古代建筑有着与欧洲古典建筑截然不同的特征，因而使其备受各国建筑师的瞩目。而现代建筑的许多特点也确实能够从中国古代建筑中找到渊源或先例。比如，现代建筑讲求内外空间的相互渗透与流通，尽力打破室内与室外的界限，使建筑物的六个界面松动，开敞，交错，而这样的处理在中国古代建筑中早已相当成熟，至今仍有许多可以借鉴之处。现代建筑主张使用框架结构体系，利用通长的玻璃窗、开敞的平台、底部架空的构架来打破承重墙的封闭感。而中国古代建筑一直沿用的木构架体系，就在门窗开启、楼层交错变化等方面拥有很大的灵活性。中国人在理念上与自然的紧密联系，也体现了在中国古代建筑与自然的密切关联上，如中国古典园林即是这方面的典型例子。中国古代建筑注重空间内与外的相互依存与渗透，讲求人工环境与自然环境的相互贯通与呼应，还有中国园林建筑瞬息万变的空间环境，与当代建筑创作理念有着密切的关联。

中国古代建筑的主要特征表现在哪些方面呢?

一、以"间"为基本单位的空间形式

中国古代建筑的基本特征之一是以"间"为基本空间单位（图0-10）。由于古代建筑是由木构架形成的，其基本的结构，就是由"四柱"支撑着梁，所以四柱界定了一个最为基本的空间单位，即"间"。这是一个很有意思的中国字。其外括是一个"门"字，相当于一个木构的门框架，而阳光就从这门框中透射了进来。中国的空间单位"间"，其实就是中国人的空间理念，即室内空间与室外空间不是截然分开的，彼此之间是相互联系与渗透的。以间为基本的空间单位，中国古代建筑便可以在平面上自由地延展，可以有很长的廊子、庑房，也可以形成很高等级的矩

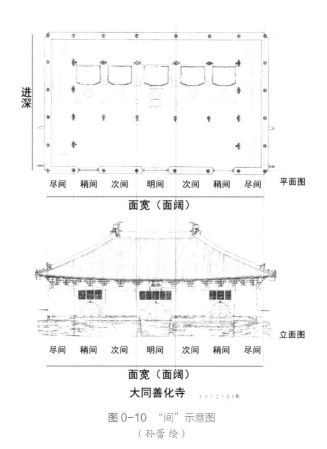

图 0-10 "间"示意图
（孙蕾 绘）

形殿阁。"间"的空间形式，使得中国建筑变得灵活而富于变化，对地形、功能有极强的可适应性。

二、以框架结构为特点的木构架体系

欧洲古典建筑一向是以承重墙体承托上部屋架为主的砖石结构。中国古代建筑则是以木梁柱框架为主的木构架结构。木构架结构使建筑物的空间组织有了相当大的灵活性，即所谓"墙倒屋不塌"的建筑体系，因而，墙的设置也就自然灵活，像水榭、敞亭、连廊这样旨在与自然密切交流的建筑形式就有了可能。

木构架的主要形式：一种是北方的梁架结构，亦称抬梁式木构架，即在柱网之上加以层层相叠的木梁，形成一种抬梁式的屋架结构；一种为穿斗式结构，即将柱与穿梁连为一体，形成结构整体性更好也更为轻巧的结构形式；还有干阑式，是指底层用木柱架空，将楼地面抬高的一种方式；井干式是用天然圆木或方形、矩形、六角形断面的木料，层层累叠，构成房屋的壁体。

（一）抬梁式（叠梁式）

抬梁式木构架至迟在春秋时期已初步完备，后来经过不断改进，产生了一套完整的做法。这种木构架是沿着房屋的进深方向在石础上立柱，柱上架梁，再在梁上重叠数层瓜柱和梁，最上层梁上立脊瓜柱，构成一组木构架（图0-11）。在平行的两组木构架之间，用横向的枋联络柱的上端，并在各层梁头和脊瓜柱上安置若干与构架成直角的檩。这些檩除用来排列椽子承载屋面重量以外，还具有联系构架的作用。

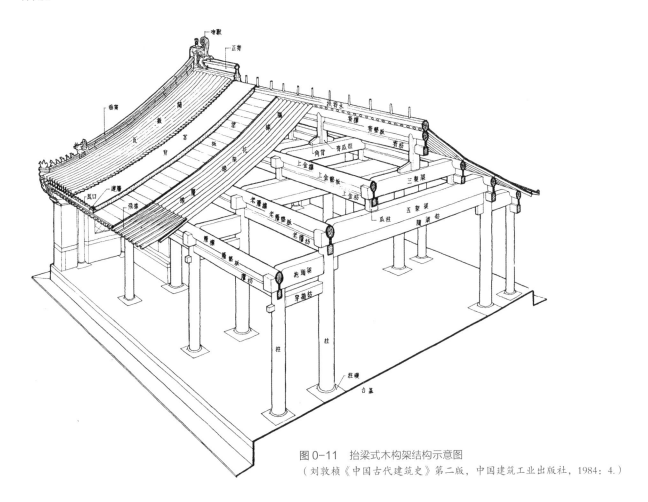

图 0-11　抬梁式木构架结构示意图

（刘敦桢《中国古代建筑史》第二版，中国建筑工业出版社，1984：4.）

　　抬梁式为梁柱结构体系（多用于官式建筑、北方民间建筑），柱、梁、檩，梁是受弯构件。用材较大，可做出大空间，相对灵活。抬梁式靠自重来稳定建筑，其基本构件包括柱、梁、檩、枋四种。抬梁式木构的主要构件有：

　　（1）柱：角柱；檐柱；中柱（处于脊下的）；其余的称金柱；山柱，除角柱外都是山柱。山金山中柱（"山"字在前）；凡是没有落地的柱子均叫瓜柱（蔓瓜）或叫童柱。

　　（2）梁：承受几个檩子就叫几架梁。清代称之为梁，宋代称栿。

　　（3）檩：与屋脊平行，取名与柱子名称一致。檐檩、脊檩、上金檩、中金檩、下金檩、挑檐檩。

　　（4）枋：联系构件，起稳定和连接的作用，既在横剖面上有，也在纵剖面上有。"三套件"（总是同时出现）：平板枋（大额枋）、垫板、小额枋。

（二）穿斗式（南方称立贴式）

穿斗式木构架也是沿着房屋的进深方向立柱，但柱间距较密，直接承受檩的重量，不用架空的抬梁，而以数层"穿"贯通各柱，组成一组组的构架。它的主要特点是用较小的柱与"穿"，做成相当大的构架（图0-12）。这种木构架至迟在汉朝已经相当成熟，并流传到了现在，为中国南方诸省建筑所普遍采用，但也有人在房屋两端的山面用穿斗式，而中央诸间则用抬梁式的混合结构法。

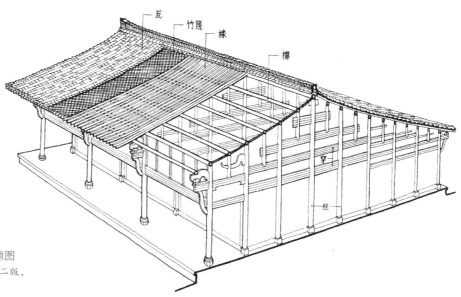

图0-12 穿斗式木构架结构示意图
（刘敦桢《中国古代建筑史》第二版，中国建筑工业出版社，1984：6.）

穿斗式木构架基本构件为柱、檩、穿、挑。穿斗式建筑的优点：

（1）尽量以竖向的柱来代替梁：古代朴素的力学理论"横担千竖担万"。

（2）以小材代替了大材：柱很细，穿截面小，长度短，对材料要求低，来源广。

（3）简化了屋面用材：不用望板，椽密布，直接挂瓦（南方不需采暖，屋顶可做得很薄）。

（4）简化了悬挑的构造。

（5）增加了构造的灵活性：柱距很近，变标高灵活，加柱自由。

（6）整体刚性好，有抵抗侧向力能力。

（三）井干式

井干式木构架是用天然圆木或方形、矩形、六角形断面的木料，层层累叠，构成房屋的壁体（图0-13）。据商朝后期陵墓内已使用井干式木椁，可知这种结构法应产生于该时期以前。此后，周朝到汉朝的陵墓曾长期使用这种木槨，汉初宫苑中还有井干楼。至于井干式结构的房屋，据汉代西南兄弟民族的随葬铜器所示，既

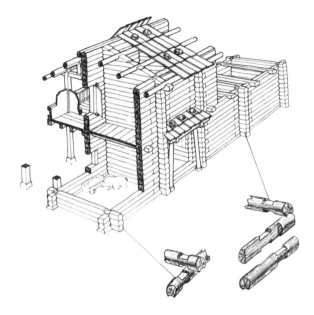

图 0-13　井干式木构架结构示意图

（中国古建筑之美：民间住宅建筑[M]. 中国建筑工业出版社，2010：59.）

可直接建于地上，也可像穿斗式构架一样，建于干阑式木架之上，不过现在除东北林区等少数森林地区外已很少使用。优点：厚重，保温性好。缺点：承重、围护一体，不能做大体量，用材量大。

（四）干阑式

干阑式结构多见于山区水域，演化为吊脚楼形式（图0-14）。特征：大挑檐，大挑台，下面有很多支撑。优点：防水，防虫害，防潮。缺点：由于抬空，防卫功能差。

除上述四种结构形式以外，西藏、新疆等地区还使用密梁平顶结构。具体采用哪种结构，与周围的环境、条件密不可分。抬梁式是使用最为广泛的一种。

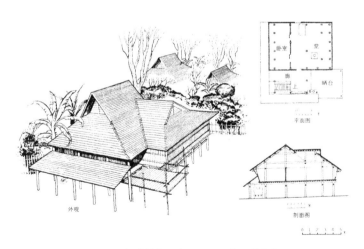

图 0-14　干阑式结构示意图——云南景洪傣族民居

（中国古建筑之美：民间住宅建筑[M]. 中国建筑工业出版社，2010：57.）

无论采取哪种，木构架体系都拥有共同的优点：材料来源容易，建造方便，施工速度快，建筑空间组织灵活，其缺点则是难以长久保存，这也正是中国古代建筑现存实例中年代久远者较少的重要原因之一。

木构架体系的主要优点如下：

第一，承重与围护结构分工明确。中国的抬梁式木构架结构如同现代的框架结构一样，在平面上可以形成方形或长方形柱网。柱网的外围，可在柱与柱之间按需要砌墙壁，装门窗。由于墙壁不负担屋顶和楼面的荷重，便赋予了建筑物极大的灵活性，既可做成门窗大小不同的各种房屋，也可做成四面通风、有顶无墙的凉亭，还可做成密封的仓库。在房屋内部各柱之间，则用格扇、板壁等做成轻便隔断物，可随需要装设或拆改。中国历史上有预先制作结构构件运至现场安装的记载，也有若干拆运易地重建的记录。据汉明器和唐长安遗址发掘以及清朝某些地区的住宅所示，有在房屋内部用梁柱而周围用承重墙的方法。抬梁式木构架结构经过长期实践，已成为中国建筑普遍的结构方法。至于穿斗式木构架的柱网处理，虽不及抬梁式木结构那样灵活，但承重和围护结构的分工仍是一样的。

第二，便于适应不同的气候条件。无论是抬梁式还是穿斗式木构架的房屋，只要在房屋高度、墙壁与屋面的材料和厚薄、窗的位置和大小等方面加以变化，便能广泛地适应各地区寒暖不同的气候。

第三，有减少地震危害的可能性。木构架结构由于木材的特性，以及构架节点所用的斗栱和榫卯留有的若干伸缩余地，可在一定程度上减少地震对这种构架所引起的危害。

第四，材料供应比较方便。木构架建筑虽然在防火、防腐方面有着严重的缺陷，可是在古代中国的大部分地区，木料都比砖石更容易就地取材，可迅速而经济地解决材料供应问题，因此，木结构广泛地用于一般建筑，并用于各种梁式、悬臂式、栱式桥梁和家具。

三、斗栱体系

斗栱体系是中国古代建筑最突出的特点，在世界建筑发展史上也是独一无二的体系。根据目前的考古研究成果，斗栱的形式最早可以追溯到周代。到了汉代，斗栱已经应用得相当普遍。隋唐时期，特别是中晚唐时期，斗栱已经趋于成熟，成为极重要的结构构件。宋代斗栱已趋于程式化并开始转入衰落。元明清以降，斗栱的结构作用日渐减退，最终成为纯粹装饰性的构件。

斗栱是位于建筑柱头以上与梁架屋椽衔接的过渡性构件，是在方形坐斗上用若干方形小斗与若干弓形的栱层叠装配而成，有着十分多样的功能（图0-15）。

首先，从结构功能上讲，栱具有承挑的作用。斗栱出挑形成悬臂梁支撑挑檐檩，加大了屋椽的出檐距离，不仅满足遮风挡雨的维护功能（中国早期的夯土墙怕雨水，置一檩以增挑檐长度），也使"作庙翼翼""如鸟斯革""如翚斯飞"的造

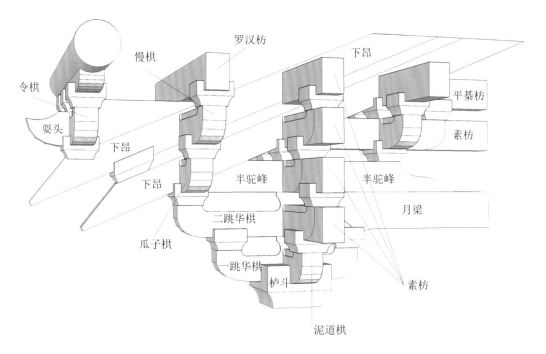

图 0-15　宋代斗栱构件示意图
（孙蕾 绘）

型特征得以实现，同时斗栱向室内的悬挑也增加了承托的受力面，使承重梁的受弯跨度减小，绝对跨度加大。

其次，构造上，柱子与斗栱连接，斗栱与枋梁连接，斗栱将柱网连接成整体，均匀传递荷载。而且斗栱中大量的榫卯结构在外力不大时显现刚性，外力大时显柔性，耗散了地震所产生的能量，能减小地震给建筑带来的危害。

再次，从造型和空间意义上讲，斗栱可以形成柱子与屋顶之间的过渡，从而减少巨大的屋顶所带来的造型上的压抑感，制造屋顶与墙柱之间 "不即不离"的效果。斗栱造成的屋檐下的阴影与幽深感，使巨大的屋顶飘浮在了空中，同时也减小了屋顶出檐对室内光线的遮挡。斗栱细致的构造像花一样精美绽放，形成檐部美丽的装饰带，起到了很好的装饰作用。

最后，在建筑营造当中，斗栱有很强的模数作用，所有构件的尺寸都以斗栱的拱厚为基本单位来计算。据此，封建社会以斗栱层数的多少来代表建筑物的重要性，使得斗栱的大小和出挑数成了建筑的等级标志。抬梁式的一个显著特点便是，只有宫殿、寺庙及其他高级建筑才允许在柱上和内外檐的枋上安装斗栱。

四、形式多样的坡屋顶

中国古代匠师在运用屋顶形式取得艺术效果方面的经验是很丰富的，唐宋绘画中反映了很多优秀的组合形象，而北京故宫和颐和园也都以屋顶形式的主次分明、变化多样来加强艺术感染力。南方民间建筑由于平面布局往往不限于均衡对称，屋顶处理也比较灵活自由，构成了一些复杂而轻快的艺术形象。

在新石器时代后期，有正脊长于正面屋檐的梯形屋顶。到汉代已有庑殿、歇山、悬山、囤顶、攒尖五种基本形体和重檐屋顶，而梯形屋顶仍为当时西南地区的建筑所使用。南北朝则增加了勾连搭。随后又陆续出现单坡、丁字脊、十字脊、盂顶、拱券顶、盝顶、圆顶等以及由这些屋顶组合而成的各种复杂形体。

清代将平面为长方形的建筑所选用的屋顶称为正式，包括硬山、悬山、歇山、庑殿；将除长方形平面以外的建筑所选用的屋顶称为杂式，包括攒尖顶、盝顶、盂顶、勾连搭及各类组合式屋顶。

硬山——古代建筑屋顶形式之一。呈前后两面坡，两山以墙封砌至屋顶，不露檩头。共有一条正脊，四条垂脊。与悬山顶建筑的主要区别为两山没有出际（即屋顶没有伸出山墙），垂脊落在山墙上。

悬山——也称挑山，是我国古代建筑屋顶形式之一。前后两坡，桁檩挑出两侧山墙或山柱，形成出梢部分，故称为悬山。为保护山墙不被雨水侵蚀屋顶、垂脊悬出山墙外，一条正脊，四条垂脊。

歇山——中国古代建筑屋顶形式之一。上部为两坡，下部为四坡。除两条不重要的博脊外，在各坡屋面交界处共有九条屋脊（一条正脊，四条垂脊，四条戗脊），因此又称为九脊顶。早期歇山建筑上部山尖博缝处多有悬鱼惹草等装饰物。造型精美，应用广泛。

庑殿——中国古代建筑屋顶的最高形式。完整的四坡顶，一正四垂五条屋脊，因此又称四阿顶或五脊殿。明清以后庑殿多采用推山法。

攒尖顶——是古代园林中亭子最普遍采用的屋顶形式。由各戗脊的木构架柱向中心上方逐渐收缩，聚集于屋顶雷公柱。没有正脊，有四角攒尖、六角攒尖、八角攒尖、圆攒尖等形式。

盝顶——盝状屋顶。故宫文渊阁院内即有一例。特点是在宝顶底座下设四条朝天拱的垂脊，酷似帽盔的棱线。用得不多。

盈顶——中间平顶、周边坡顶的做法。古不多见，近现代多用。

勾连搭——两个屋顶的檐连在一起。优点：建筑进深大。缺点：水平天沟容易漏雨。

组合式屋顶——卷棚硬山、卷棚悬山、卷棚歇山，重檐庑殿、重檐歇山、重檐攒尖。

（一）屋顶分类

重檐庑殿、重檐歇山、庑殿、歇山、卷棚歇山、悬山、卷棚悬山、硬山、卷棚硬山（图0-16～图0-20）。

（二）大屋顶的性格序列

硬山朴素、拘谨；悬山舒放、大方；硬山、悬山前后向，服务于前后空间，硬山明显不服务于左右空间，悬山的侧面有了一定的表现力，在一定程度上照顾了侧立面。歇山华丽丰富的表现力，四面都照顾到了；庑殿宏大、壮观、伟壮；攒尖顶高耸、活跃、向上，四面相同，八面玲珑的攒尖被拿进了大自然，没有前后、左右、正偏之分。变体：卷棚，弱化了硬山、悬山、歇山的性格；重檐，强化庑殿、攒尖顶的效果；形成多阶的性格序列，适应各种不同功能、不同性格的建筑。

图 0-16　硬山顶——山东济南
灵岩寺天王殿
（孙蕾 摄）

图 0-17　悬山顶——山西五台
南禅寺西配殿
（孙蕾 摄）

悬鱼　垂脊　　　正脊
山花
戗脊　　　　　　　　　　　　　垂脊
搏风板　　　　　　　　　　　　　　　戗脊

山墙

图 0-18　歇山顶——山西朔州崇福寺观音阁
（孙蕾 摄）

戗脊　　　正脊　　　戗脊

图 0-19　庑殿顶——山西大同善化寺大雄宝殿
（孙蕾 摄）

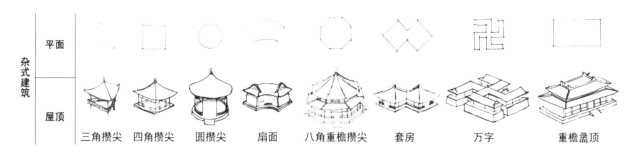

杂式建筑｜平面｜　　　　　　　　　　　　　　　　　　　　　　　　　　　　　
｜屋顶｜三角攒尖　四角攒尖　圆攒尖　扇面　八角重檐攒尖　套房　万字　重檐盝顶

图 0-20　杂式屋顶示意图
（孙蕾 绘）

（三）大屋顶的形态

（1）深远的出檐——保护木构架及夯土墙不受雨水侵蚀。

（2）凹曲的屋面——"反宇向阳"。唐宋时期的屋架使用"举折"的做法，明清时期则用"举架"的做法，这两种方法都会使屋面形成凹曲线。

（3）屋脊曲线：两头升起呈曲线状，显得有弹性，"升起"——脊檩两个端头置一升头木抬高一个檩径。

（4）翘起的翼角——向上翘的做法即带飞椽。

（5）突出的脊饰，丰富的瓦件。

五、色彩

中国古代建筑的色彩有着十分深厚的造诣，以清代建筑为例，金黄色的琉璃瓦屋顶，在蓝色天空的映衬下格外醒目动人，白色的台基与红色的柱墙，又恰到好处地相互衬托，而屋檐下的冷色调青绿彩画，则使檐部出挑的斗栱更向内缩入，加大了出檐的视觉感觉。从整体上讲，以红黄为主的暖色调建筑，在白色台基与冷色调天空的映衬下更为突出，给人以较强烈的视觉印象。

然而，中国古代建筑中的彩画也有一个发展变化的过程。由宋《营造法式》可知，宋代的彩画远比明清彩画丰富多样，色彩也更为华丽。宋代最高等级的彩画采用了"五彩遍装"（图0-21）的处理手法，使用了大量暖色调的颜色，格调华丽

图0-21　宋代彩画做法——五彩遍装

（李路珂. 营造法式彩画研究[M].东南大学出版社，2011：208.）

富贵。这与宋代建筑斗栱比较硕大、出檐比较深远是有关的。宋人不必担心因檐下色彩的华丽丰富，而使屋檐之下没有凹入的感觉。

如同斗栱、屋脊、瓦饰等一样，中国古代建筑的彩画，还有着严格的等级象征意义。比如，在明清时期，只有帝王与贵族的建筑及敕建的寺庙、道观才允许使用彩画。一般官吏及普通百姓的房屋是决不允许使用彩画的。即使是在皇家建筑中，也有严格的等级划分，如在宫殿建筑中，处于中轴线上的重要建筑可以用有龙凤图案的和玺彩画，稍次要的建筑物则只能使用抽象纹样的旋子彩画；在园林建筑中，即使是皇家园林建筑，也只能用人物与山水景物题材的苏式彩画。这些彩画不仅标识出了不同建筑的不同等级，也渲染出了不同建筑环境所应该具有的不同氛围。

六、组群特点

中国古代建筑不同于欧洲建筑的一个重要特点是，欧洲建筑一般以个体见胜，中国古代建筑则以群体取胜。中国古代建筑的空间组群方式以"庭院式"为特征。无论是住宅、宫殿、衙署还是庙宇，都是由若干座个体建筑和回廊、围墙等环绕而成的一个个庭院所组成的。一组建筑群体往往是由多个庭院组合在一起，形成一个又一个院落的层层深入的空间组织，古人所谓"侯门深似海"就是描写这种深邃的院落式空间组群的，而宋朝女诗人李清照"庭院深深深几许"的诗句，更对这种组群方式给予了恰当的意境表述（图0-22）。

这种庭院式组群，又严格地因循了封建宗法制度中长幼尊卑等级秩序的制约，建筑物有明确的纵向中轴线，重要建筑均布置在中轴线上，庭院向两侧的发展还往

图0-22　建筑群的空间组织——
江西南昌汪家土库
（孙蕾 摄）

主路（主轴线）
次路（次轴线）
支路（次轴线）
巷

往形成横向的轴线，横轴线与主纵轴线、次纵轴线的结合，使整个组群形成略似矩阵的空间丰富、层次深远、内部联系有机的空间整体，而围墙、回廊，则是这些庭院空间不同形式的界面。

如梁思成先生所描述的，欧洲建筑有如西洋绘画，站在一定距离与角度上去欣赏，就可以一览无余，完整地观察到其透视的体形，从而可知建筑的全体；中国古代建筑则如一幅中国式卷轴画，只有画面徐徐展开，才能得知建筑的全貌。

七、园林艺术

中国古代园林艺术，有着独特的风格与高度的艺术水平。早在周代的灵沼、灵台，西汉的上林苑等园林，就已经开始蓄养禽兽、种植花木、开凿水池、建造离宫别馆等。南北朝以后，文人士大夫对奇石的癖好，使园林中山石的内容加重，而隋唐时的山池院，则使中国山水式园林更加趋于定型。此后，北宋的汴梁，南宋的临安，明清的苏州、扬州等，及各代都城如隋唐长安、洛阳，明清北京城，都是园林建筑集中的地方。至于皇家苑囿，则历来都集中在都城附近，北宋汴梁的艮狱，元大都的北海琼华岛，明清北京的圆明园、承德避暑山庄等，都是十分出色的园林艺术作品。

中国古代园林艺术有着鲜明的特点：

（一）自然风趣

早在公元1世纪至3世纪的东汉时期，就有了"因原野以作苑，填流泉而为沼"的传统，到了明清时，中国园林更主张"虽由人作，宛自天开"，强调对自然风景的表现，而不像同一时期流行的欧洲园林那样以几何图案式的布置为主要特征。

（二）诗的意境

自宋元以来，随着文人画与山水画的兴起，园林艺术在很大程度上受到绘画的影响，造园家往往也是诗人、画家，园林亦成为立体的山水画、凝固的诗歌。许多园景着意表现诗的意境，如留听阁、听鹂馆、听月轩等匾额，便十分富于诗意。可以说，中国古典园林是三维空间的山水画，并随着游人在其中的游走而融入了时间的因素，以步移景异的景观处理手法，构成了四维的园林空间艺术。

（三）景物的组织各具主题

中国古典园林中的许多景物，都有各自不同的主题和各自不同的欣赏内容，如苏州园林中的枇杷院、海棠春坞、十八曼陀罗花馆等景区，具有丰富多彩的园林景象。江南园林中，常常有许多入画的景观，如一带粉墙，一角小楼，廊阁周迴，曲桥跨水等，给人以无限的遐想，在布置中却又主次分明，联系有机，互为因借，形成多层次的景观效果。

①
《汉书·卷四十九·爰盎晁错传》，二十五史，第579页。

而在实用层面上，中国古典园林的意义也是多方面的，通常拥有居住、宴客、读书、游憩、对弈等多种综合用途。

八、有规划的城市

中国古代向来重视城市规划，《诗经》里就有一段关于城市建造的描写，讲述了殷末周初时，周的一个部落怎样由山上迁移到平原，如何规划，如何组织人力，如何建造，建造起来又如何美丽。汉人托古而拟的《周礼·考工记》中有十分明确的王城规划思想（图0-23），而中国历代的都城规划都在一定程度上受到了这一思想的影响，如隋唐长安、洛阳，元大都、明清北京城等。其他中小城市也都是按预定的规划进行建造的。

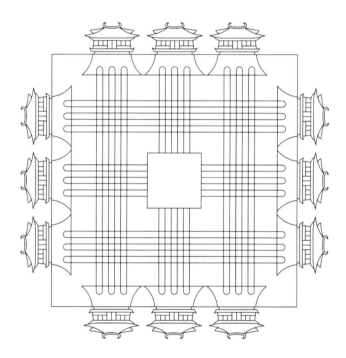

图0-23　《三礼图》中的周王城
（孙蕾翻绘自四库全书电子版－经部四－礼类四：聂崇义《三礼图集注》卷四）

古代中国人有自己特有的规划理论，即汉代晁错所提出的"营邑立城，制里割宅"①，从城市的基本结构上说，城市是一个方正的地块，通过十字或井字的方格网络，再分成更小的方正地块，这就是所谓的里坊，在里坊中再作进一步的分割，就形成了普通的由重重庭院组成的住宅、寺庙与衙署。也就是说，从城市结构的基本原则来说，每一所住宅或衙署、庙宇等，都是一个个用墙围绕起来的"小城"；在唐代以及唐代以前，若干座这样的"小城"又组合成一个"坊"，坊外也用围墙围起来，坊内有十字街道，通向四面的坊门，一个坊也是一个中等大小的"小城"；若干个"坊"合在一起，用棋盘形的干道网隔开，然后在最外侧用一道高厚的城墙围合成一个巨大的"坊"，这就是"城"。城中的坊又有不同的分工，最大的"坊"应属皇宫，也就是所谓的"宫城"，宫城之外又有一层城，称为"皇城"。皇城与宫城多位于城市的中轴线上，故城市的中轴线即是皇城与宫城的中轴线。另外，在唐以前还有专门从事商业交易的坊——"市"，如长安的东市、西市。宋以后，坊墙渐渐消失，住宅、衙署、寺庙可以直接面临城市街道，使城市结构出现了一些变化，但城市特点仍然遵循着上述的基本原则。

第三节　中国古代建筑发展的大致分期

从建筑历史的视角来看，中国建筑的历史全然不同于西方建筑的历史。中国既没有西方建筑史上的中世纪建筑现象，也没有西方建筑史上文艺复兴时期建筑潮流的出现。中国古代建筑的发展是一个缓慢的、连续的、非跳跃性的发展，从而也展示了与欧洲建筑发展全然不同的样貌。

中国是一个具有悠久历史的文明古国，其突出特点是经历了漫长的封建社会时期，这一点与欧洲有很大的区别。欧洲进入封建社会较晚，大约是在公元3世纪，而到了公元14世纪，就开始了资本主义萌芽。中国则不同，经过夏、商、周三代奴隶制王朝，在公元前400年左右，中国就已进入了封建社会时期，比欧洲早了700多年，而封建社会的结束，却一直拖延到了近代。如果以1911年清王朝灭亡为截止点，那么中国的封建社会便持续了2300多年，这漫长的历史对中国建筑的发展造成了很大的局限与束缚。比如从建筑内容上讲，主要是围绕宫殿、官署、寺庙、陵寝、苑囿的建筑发展，没有更多更新的要求，导致中国建筑几千年来在建筑内容与造型特点上没有出现根本性的变化。封建时期的漫长，决定了中国古代建筑传统的持久性，这使中国古代建筑发展得相当完备、成熟，从设计施工、组群、造型到细部处理，各方面都可以说达到了至善至美的境地；但从另一个角度而言，完美则表现为凝固、僵化，没有进一步发展的可能。

中国古代建筑的发展，从时间上来说经历了原始社会、奴隶社会、封建社会三个阶段，封建社会又划分为前期、中期和后期。从建筑（主要是木构建筑）的发展特点来看，又大致可分为五个阶段：

一、酝酿期：原始社会与夏、商、西周（公元前21—公元前5世纪）

这是一个漫长的时期，从现有遗迹来看，中国大地上，早在距今800万年以前便已有人类活动存在。在距今7000年的浙江河姆渡史前人类遗址发现的干阑式木结构房屋及木构榫卯的做法，代表了古代中国木结构建筑的萌芽状态。而距今600余年的仰韶文化遗址上地穴式的建筑基址，则说明先民早已利用树枝、草、泥土及人工挖掘的半地穴，形成了穴、巢、窝棚等原始居住空间。

据目前的研究可知，夏、商、周已经开始有规则地使用土地，天文历法知识日渐积累，青铜器、骨器、周车、木工等世传技艺开始发展，已经开始建造城郭、沟渠、监狱等设施。从现存较为完整的商代宫殿、陵墓与祭祀建筑的遗址情况来看，当时已经开始出现后世建筑空间布局的原型。

二、形成期：春秋、战国、秦、汉（公元前475—公元221年）

中国大致在战国时期进入封建社会，新的生产方式促进了当时工农业、商业和文化的发展，多个诸侯国出现，城市规模扩大：齐临淄、楚鄢郢、赵邯郸、魏大梁都是当时的大都市。建筑与这一时期的思想与学术一样，也出现了百花齐放的局面，建筑造型多样而丰富，高台建筑、空心砖、榫卯、木构架等主要建构形式出现，因此可说是中国建筑的探索和形成期。公输班的事迹、《考工记》的记载，都有力地说明了这一特点。

秦始皇"写仿六国宫室，作之咸阳北阪之上"①，修建陵墓和万里长城，则促进了这些技术的总结与融合。到了汉代，中央集权以及汉民族文化都得到进一步的确立，中国古代建筑也出现了第一个高潮，建造规模空前，穿斗式、抬梁式的木构架技术成熟，屋顶丰富，出现歇山，大量使用成组的斗栱，木构楼阁逐步增多，砖券结构有了较大发展。这一时期流行的高台建筑，还见证了中国古代建筑物向高空的发展。可以说，中国古代建筑作为一个独特的体系，在汉朝已经基本形成。

三、发展期：三国、魏、晋、南北朝（221—581年）

从晋朝建立、东晋南迁，到南北朝结束的300多年间，是中国历史上充满民族斗争和民族融合的时代，也是典型的战乱时期。先是"五胡乱华"，接着是北朝十六国时期分裂割据，南朝宋齐梁陈更迭不休，南北对峙战乱频仍，人民苦难深重，使东汉时期传入中国的佛教在这一时期得到普及，建造了许多佛寺、佛塔，唐人诗句"南朝四百八十寺，多少楼台烟雨中"，便是对这一时期佛教建筑之盛所作的形象描述。许多著名的石窟寺，也都是从这一时期开始开凿的，如敦煌石窟、云冈石窟、麦积山石窟、龙门石窟等。佛教建筑在这一时期达到了第一次高潮。受佛教文化的影响，陵墓实行薄葬，园林趣味也发生改变。

四、成熟期：隋、唐、五代、宋、辽、金（581—1271年）

隋、唐、五代、宋、辽、金是中国古代建筑趋于成熟的时期，也可以说是中国古代建筑史上最重要、发展线索最明确、成果最辉煌、重要遗存亦比较多的时期。这一时期的建筑，可分为前后两个阶段：一是隋唐时期，另一是五代、两宋、辽、金时期。

隋唐时期，经济文化的繁荣促进了城市的建设与发展，长安、洛阳、扬州、苏州、泉州等城市都十分繁华，唐长安城更成为当时世界上规模最宏伟、规划最完整的一座城市，可以说是中古时期世界城市建筑史上的一个奇迹，在中国古代城市发展史上占有极其重要的地位。作为建筑主流的宫殿建筑，在隋唐时期可以说达到了一个新的高潮，宫殿建筑规模宏大，造型宏伟，气势磅礴，可谓中国宫殿建筑史上最辉煌的一页。而佛教建筑在这一时期也得到了进一步的发展，数量比南北朝时期更多，规模也更大，寺院的格局也出现了一些变化。这一时期遗存下来的雕塑和壁画尤为精美，建筑体显出开朗、生气蓬勃的形象，形式、结构、材料得到充分发挥，完美结合。

经过五代50多年的战乱，到宋、辽、金时期，300多年里，中国建筑终于臻于成熟。宋、辽、金时期，中国城市更加繁荣，封闭式里坊制度被打破，改为沿街设店的方式。建筑群体组合与单体设计日臻完善，宫殿、寺庙等建筑群在布局上出现若干新手法，建筑结构水平已经相当高，建筑造型已实现了多种可能性的尝试，艺术形象丰富而秀丽，建筑施工组织已有一整套科学的方法，而建筑结构与造型则已由原先的各种尝试性发展渐渐趋于成熟化与程式化。宋《营造法式》一书的问世，可以说是对宋以前建筑的一个科学总结，也标志着中国古代建筑发展的成熟。中国古代建筑在这一时期进入了总结阶段。

五、再发展期：元、明、清（1271—1911年）

对这一时期存在不同看法。有人认为是停滞期，也有人认为是衰落期，但也有人持相反的观点，认为宋代为衰落期，而元明清是复兴期，如同欧洲的文艺复兴一样。近年来的一些学者，认为清初是中国古代建筑史上的一个复兴时期，认为清初建筑一反宋代柔弱、纤细之风，重振了中国建筑庄重、端肃的气质，并称之为乾隆风格。这些不同观点各执一端。总体来看，在明清时期，中国建筑的发展是停滞的、缓慢的，但也有一些新的发展。元明以降，尤其是在清代，比起宋代，中国建筑无论是在工程技术上还是在建筑装饰处理上，都有所发展；而在空间组织与个体造型上，也比宋代建筑更为端庄、稳重，因此，可称这一时期为再发展期。

概而言之，中国建筑地理和文化形态上的多样性、社会形态的单一性、传统的持久性与中国木构建筑营造的独特性，是中国建筑发展中几个十分明显的特点。

本书便是循着上面所谈到的这条历史发展的简单脉络，来介绍各个时期建筑的发展情况，遗存情况，出现的建筑思想，表现出来的建筑风格，建筑结构与装饰风格在各个时期的发展、演变等。

从根本上讲，只有对中国文化有深刻的理解，才能真正理解中国古代建筑的发展；而有了对中国古代建筑发展的深刻理解，才能对建筑设计与创造过程的质的方面，反映一个民族、一个时代的更深层次的方面有所理解，也才能将我们时代的建筑创作植根于深广的历史与民族文化的土壤之中。

第一章 ———————— 原始社会的建筑

中国是目前世界上发现早期人类文化遗存最多的重要地区之一，由河北张家口泥河湾（距今大约200万年）、云南元谋县（距今大约170万年）、山西芮城县西侯度（距今大约135万年）等地的人类遗迹和石器证明，在一二百万年前，这片土地上便已经出现了早期人类文化的迹象，开始了人类社会的历史。

在原始社会漫长的时间里，中国境内的原始人类曾经利用天然的树木、洞穴等作为居所，发展创造了穴居、干阑式建筑等居住形式，还有其他的功能建筑如墓葬、祭祀建筑、陶窑等。原始人类在气候适宜、靠近水源的地方定居，形成早期的聚落，并逐渐建设了早期的城市。由于缺乏文献记载，我们对原始社会建筑的了解主要来自遗址考古的成果。

第一节　历史背景与建筑概况

原始人类智力、技术水平低下，主要以打制石器作为生产工具（包括武器），因此考古学称其生活的时代为石器时代，那是冶金时代以前的一个漫长时期。根据人类石器制造水平的不断提高，石器时代又被考古学家细分为旧石器时代、中石器时代和新石器时代。我国境内的原始社会人类遗址，主要归属于旧石器时代和新石器时代。

一、旧石器时代

目前所知中国境内最早的旧石器时代古人类遗址有：20世纪20年代发现的距今约50万年的北京周口店人遗址，1963年发现的距今60万～80万年的陕西蓝田猿人遗址，1965年发现的距今约170万年的云南元谋人遗址，还有距今约200万年的河北张家口桑乾河畔的泥河湾人遗址等。考古研究发现，这些旧石器时代的早期人类是以粗制工具来打猎和采集，能够选择和利用树上的空间或天然的洞穴等作为栖居场所。以周口店发现的北京人为例，他们使用石器和木棍来猎取野兽，并懂得采集植物果实充饥。他们主要居住于山洞中，从其洞穴遗存的木炭、灰烬、烧烧石、烧骨等痕迹显示，当时的人们已掌握了使用火的技术，并会砍取树木作燃料。旧石器时代中期出现了骨器，晚期已经能制造简单的组合工具，而且开始形成母系氏族社会。

除了选择天然洞穴居住外，旧石器时代人类亦有类似动物的树居、巢居，还有人工掏筑的竖穴或搭建的棚架，可以视为人类最早的建造活动。如今原始的树居、巢居、棚架等地面建筑遗迹已荡然无存，洞穴遗址却散见于各地。

二、新石器时代

大约1万年前，原始社会经历了新石器革命，原始农业与畜牧业的生产经济逐步取代了采集和渔猎的攫取经济。农业生产要求定居，人们有了改善住所使其更坚固更舒适的愿望，而生产力的发展也使人们有更多时间和更高技术来经营自己的家园。这一时期，氏族聚居的聚落开始出现，有木构架、木骨泥墙、火烤地面和墙面、夯筑墙身，甚至石灰抹面等建筑技术手段，其中一些至今还保存在某些文明进程迟缓的地区。目前，中国境内已经发现2000多处新石器时代的人类文明遗址，主要分布在黄河、长江流域和北方的内蒙古大青山及辽西地区。这一时期各地建筑遗存的特点，因其自然条件、起讫年代、生产水平和文化内涵的差异而不尽相同。

黄河流域新石器时代的遗存以分布在青海、豫东、鄂西北、黄河河套地区的仰韶文化（公元前5000—前3000年）和分布在山东、河南、陕南与晋西南一带的龙山文化（公元前2900—前1600年）为代表。仰韶文化是母系氏族社会的遗存，已发现遗址超过1000处，多半为半地穴式，但后期进展到地面建筑，并已有了分隔成几个房间的房屋。典型的如西安半坡、临潼姜寨、河南郑州大河村以及陕县的庙底沟、山西石楼的岔沟等，共同特点是已经形成聚落，而且均有一定的规模和布局，房屋多为穴居、半穴居。龙山文化已进入父系氏族社会，是仰韶文化的延续，聚落进一步拓展，有的发展为城市，聚落外围普遍构筑夯土城墙、壕沟等防御措施。地面建筑增多，单体建筑的建造技术在仰韶的基础上有所发展。

长江中游的新石器时代代表文化有分布在鄂中、湘北及豫西南的屈家岭文化、石家河文化（其时代约处于仰韶文化与龙山文化之间）；长江下游则有分布在杭州湾、舟山群岛及太湖沿岸一带的浙江余姚河姆渡文化（公元前5000—前4000年）及同时期的嘉兴马家浜文化、余杭良渚文化（公元前3300—前2200年），其特点是使用下部架空的干阑式建筑，适合于炎热潮湿和多虫蛇蚊蚋的江南水乡。

内蒙古东南、辽宁西部、河北北部及吉林西北一带以红山文化（公元前3500年前后）为主，出现了较多的石砌房屋、祭坛等，与其他新石器文化特点大相径庭。

从以上几类文化体系的遗存来看，我国境内在新石器时代已经有了群居的聚落与城市，具有人工构筑的原始横穴、竖穴、半穴、土坯砖房、干阑式建筑、石屋等居住建筑，还有生产用的窑址、窖穴和畜圈，原始的祭坛、神庙以及公共墓地等多种建筑类型和形式出现。

第二节　聚落与城市

目前发现的原始社会聚落与城市的遗址均为新石器时代的遗址，聚落多为母系氏族遗存，而城市遗址则均为父系氏族的遗存。较之聚落，城市的防卫性有所加强，反映出财产私有之后阶级矛盾的加强，而这一时期的城市遗址所表现出的规划、建设等方面的经验，对于后世的城市建设有着一定的影响。

一、聚落

聚落是人类聚居的形式，类似村落。新石器时代较突出的实例有仰韶文化时期的陕西西安半坡村、临潼的姜寨以及洛阳王湾、宝鸡北首岭等处的聚落，其共同的特点是选址适宜于农耕定居生活，有了一定的规模和初步区划布局，是后来出现的城市的雏形。聚落中的建筑类型包括生活居住的房舍、存储物品的窖藏、圈养牲畜的畜栏、烧制器皿的陶窑和公众活动的广场、祭坛及大房子，还有防御用的壕沟、吊桥以及埋葬氏族死者的墓地等。

（一）陕西西安半坡村

半坡村（约公元前4800—前4300年）背靠灞陵原，面临长安八水之一的浐河，自然环境优美，地势高，中间是肥沃的河谷台地。遗址东西长约200米、南北长约300米，现仅发掘3500平方米，46座房屋。聚落布局分为三个区域，南面是居住区，在台地中心；东为制陶窑场，已出土六座中国最为古老的陶窑；北为成人公墓，与居住区隔一条沟渠，夭折的幼儿则放入陶瓮埋在住屋附近。在聚落的中心有一个广场和一座规模很大的近于方形的房屋，可能是氏族首领的住所和氏族成员举行会议和宗教活动的场所。住房围绕广场和大房子布置，一些宽约1.9米的小壕沟再将住房划分为多个居住组群。聚落四周有宽、深均达五六米的壕沟环绕，以供防御及排水（图1-1）。

（二）陕西临潼姜寨仰韶村落遗址

陕西临潼姜寨仰韶村落遗址也属于仰韶文化的聚落遗存。姜寨一期（6000—7000年前）的村落最为完整和典型，为向心集团式平面聚落。居住地呈直径为150～160米的不规则圆形，有宽1.2～1.6米、深0.68～1.02米的一圈壕沟，沟内沿有一圈栅墙围绕。村落中心是一座圆形广场，周围环建五组建筑群，共100多座

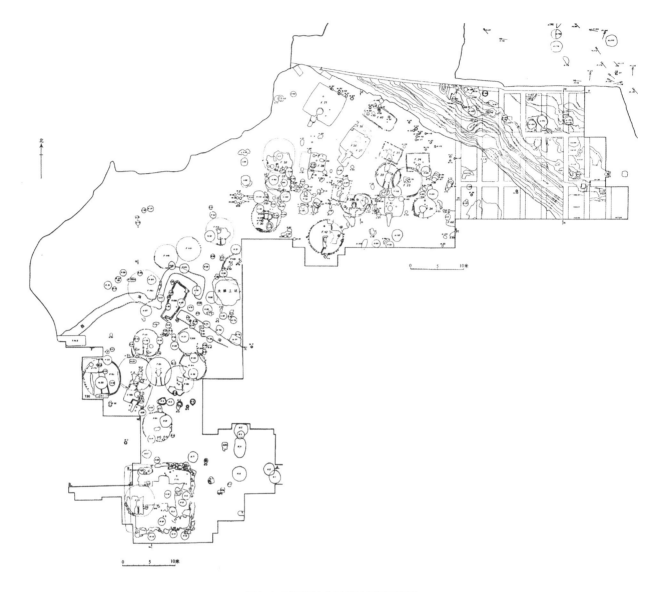

图1-1 陕西西安半坡遗址复原示意图

（刘叙杰. 中国古代建筑史. 第一卷[M]. 中国建筑工业出版社，2009：44.）

房屋。每组都以一座方形"大房子"为中心，围绕它建有13~22座中小型圆形或方形居住小屋，形成小团。团与团之间保持一定距离，分组明显，房屋的门均朝向中心广场。据研究，当时的姜寨可能是由五个氏族组成的一个较小的部落，全村共居住450~600人。五组建筑向心的排列方式恰恰反映了氏族公社生活的情况（图1-2）。

其他新石器时代的代表性聚落还有河南汤阴县白营龙山文化聚落、浙江余姚市河姆渡原始聚落、江苏吴县龙南村良渚文化聚落、内蒙古包头市大青山南麓红山文化聚落等。

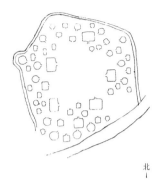

北

图1-2 陕西临潼姜寨聚落考古平面及复原图

（萧默. 中国建筑艺术史[M]. 文物出版社，1999：142.）

① 大汶口文化晚期——龙山文化。

② 大溪文化——屈家岭-石家河文化。

③ 相当于中原龙山文化时期。

④ 红山文化。

二、城市

中国的新石器时代在龙山文化早期开始进入父系氏族社会。此时，私有制和一夫一妻制小家庭模式已经出现，向心集团式母系氏族聚居方式渐渐瓦解。随着私有制和阶级对立的出现，有条件的聚落普遍在外围构筑土城墙，并挖壕沟加强防御，逐渐发展成为具有防御性的城市；聚落内部则由各父系小家庭自营住房，很多房屋的面积相对有所缩小。

现知我国原始社会城址有30余座，主要集中在黄河中下游①、长江中上游的汉江平原②与上游的四川盆地③，还有北方的内蒙古大青山下④。这些城市遗址在长江中游屈家岭-石家河文化和黄河流域的龙山文化中发现较多，且规模较大，平面形状各异。其中最大的一座是位于湖北天门市的石家河古城，属石家河早期文化时期（图1-3）。

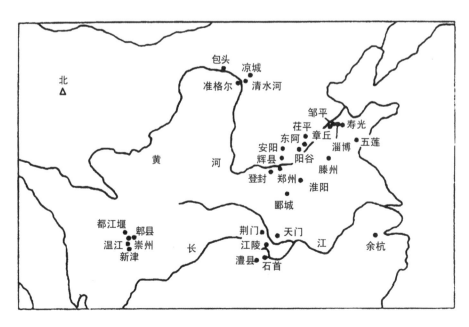

图1-3 中国史前城址分布示意图

（《考古》1998年第1期，转自刘叙杰. 中国古代建筑史. 第一卷[M]. 中国建筑工业出版社，2009：32.）

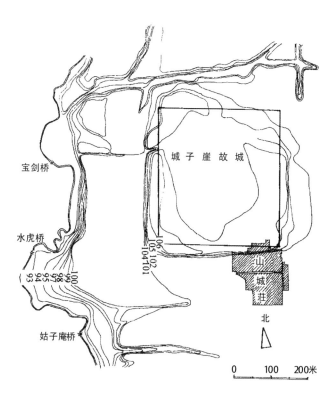

图1-4 山东章丘县龙山镇子崖古城遗址平面示意图
(《城子崖》中央研究院历史语言研究所（1934），转自刘叙杰.中国古代建筑史.第一卷[M].
中国建筑工业出版社，2009：34.)

（一）山东章丘县城子崖古城、河南淮阳平粮台古城（龙山文化）

山东章丘县的城子崖古城是龙山文化中现知最早的古城，大致始建于龙山文化早期。城子崖古城位于武原河东岸台地上，平面呈长方形，南北长约540米，东西宽约455米，夯土城垣厚约10米。西垣偏北及南垣各有一类似城门的缺口（图1-4）。

河南淮阳平粮台古城遗址（大约公元前2300年）属于龙山晚期，现存城址完整规则，平面为正南北的正方形，边长185米，城墙夯土筑，考古研究推测城外还有宽阔的护城河。南北城垣中部有缺口和土路，或为城门的位置，南门路两侧依城墙各建门屋一间，可能为早期门卫用房，中央道路路面下0.3米处有陶制排水管。城东部有十几座房基，都是土坯砌筑，长方形，分间多室，互相垂直，下有土坯台基，有的台基高0.72米，是当时质量较好的房屋，推测应属奴隶主所居。互相垂直的规整建筑围成一个个方整的院落，周围再绕以方形城墙，似乎是此后数千年中国建筑广泛采用的院落组合式规划最早的征兆（图1-5～图1-7）。

黄河流域新石器时代的古城遗址中，其他代表性的案例还有：河南登封王城岗古城，平面为东西并联之两座小城；山东阳谷县景阳岗古城，平面呈椭圆形，内有大小两座夯台，与其周边两座小城形成组群，此城面积最大且居中；山东茌平县教场铺古城，平面为矩形，与景阳岗古城相似，也与周边四座龙山时期的古城形成组群，并位居中心。

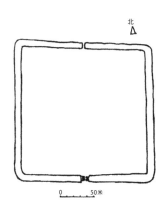

图1-5 河南淮阳县平粮台古城遗址平面图
(《文物》1983年第3期，转自刘叙杰.中国古代建筑史.第一卷[M].中国建筑工业出版社，2009：35.)

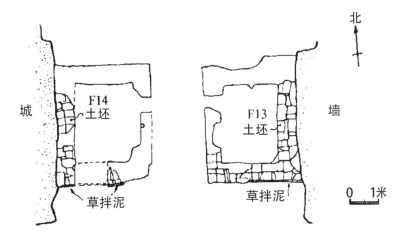

图1-6　河南淮阳县平粮台古城南门与门卫室

（《文物》1983年第3期，转自刘叙杰. 中国古代建筑史. 第一卷[M]. 中国建筑工业出版社，2009：36.）

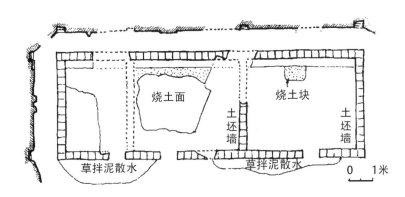

图1-7　河南淮阳县平粮台城内一号房址（F1）平面图

（《文物》1983年第3期，转自刘叙杰. 中国古代建筑史. 第一卷[M]. 中国建筑工业出版社，2009：36.）

（二）湖南澧县城头山古城、湖北天门市石家河古城（屈家岭－石家河文化）

湖南澧县的城头山古城建于屈家岭文化早期，西依台地，南临澹水。城址平面近似圆形，直径310～325米，环城有城垣和护城河，西北侧残存的护城河宽35~50米、深4米。城墙基宽不一，外壁坡度陡于内壁缓坡。环形城垣在东南西北四个方向各有一缺口，推测为城门。北侧缺口宽32米，地势很低，门内有大堰，估计为水门；东侧缺口宽19米，有宽约5米的卵石铺砌道路通过此门，估计为联系城内外的主要地面通道。城中央偏南处有夯土建筑基址一组，东西广30米、南北长60米，当为城中主要建筑所在（图1-8）。

湖北天门市的石家河古城属石家河早期文化遗址，距今4000～5000年，其平面呈南北略长的方形，南北长1000米、东西宽900余米，城内面积有1平方公里。古城西垣和南垣外，都发现有护城河的遗迹，宽60～100米、深4～6米。城墙高3～8米，墙底宽30～50米。城的中心部分是谭家岭遗址，为居住区。西北部的邓家湾发现许多塔形陶器，推测为宗教用品。有几处用大陶缸相套排列成弧形，有的

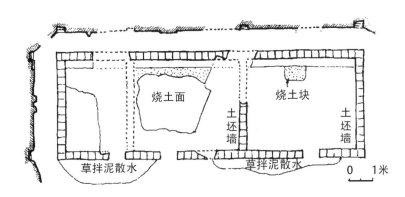

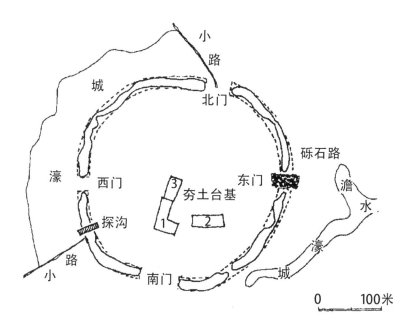

图1-8 湖南澧县城头山古城遗址平面

（《文物》1983年第3期，转自刘叙杰. 中国古代建筑史. 第一卷[M]. 中国建筑工业出版社，2009：36.）

陶缸上刻有符号，估计与宗教活动有关，另有猪、狗、牛、羊、鸡、猴、象、长尾鸟、龟、鱼等陶塑，还有成百件人抱鱼像，显然是一处宗教活动中心。西南部的三房湾遗址发现大量的红陶杯，达数十万件之多。该遗址群的文化遗存从相当于大溪文化阶段开始，经屈家岭文化至石家河文化，形成了一个基本连续的发展序列。

长江流域新石器时代的古城遗址中，其他代表性的案例还有：湖北石首市的走马岭古城，其平面为椭圆形，城垣周长约1200米，有明显的护城河（图1-9）；湖北荆门市的马家垸古城，其平面为梯形；还有湖北江陵县阴湘古城、四川新津县宝墩古城等。

（三）凉城县老虎山古城（红山文化）

内蒙古凉城县老虎山古城属于红山文化时期，依山而建，平面大致为菱形，面积约13万平方米。城西北有小堡。城垣宽约1.2米，与建筑墙体均为石构城垣。城内依照山势有多层台地，分布有住所、窑穴等（图1-10）。

另外一座古城为包头市威俊西古城，也是依山而建，平面呈不规则形状。各墙垣依地势多为曲线状，城中有丘岗（图1-11）。

现已发掘的新石器时代古城大多顺应原有的自然地形，多有夯土城垣、护城河和城门，城门的数量与位置尚无定则。城垣边长或直径在200～1000米内，城内面积从2万平方米到100万平方米。大规模的居住城址及相应的大规模防御设施的出现，表明当时城内居民劳动力的众多和夯土技术的成功。而促进这类城堡城市形成的重要原因，很可能是私有制产生后的贫富差距与阶级对立，还有部落集团间的大规模战争。

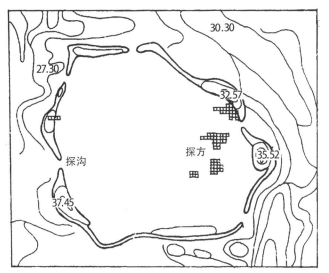

图1-9 湖北石首市走马岭城遗址平面图

（《文物》1983年第3期，转自刘叙杰. 中国古代建筑史. 第一卷[M]. 中国建筑工业出版社，2009：37. ）

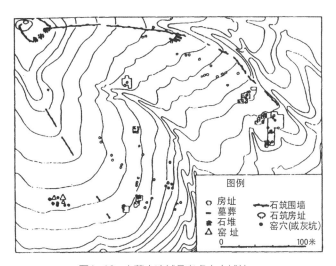

图1-10 内蒙古凉城县老虎山古城址

（《考古》1998年第1期，转自刘叙杰. 中国古代建筑史. 第一卷[M]. 中国建筑工业出版社，2009：39. ）

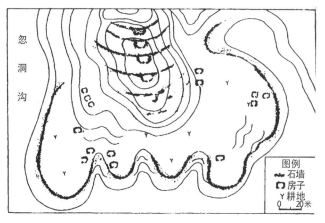

图1-11 内蒙古包头市威俊西城址

（《考古》1998年第1期，转自刘叙杰. 中国古代建筑史. 第一卷[M]. 中国建筑工业出版社，2009：40. ）

① 《礼记·礼运》说："昔者先王未有宫室，冬则居营窟，夏则居橧巢。"

② 錞：chún，古代乐器名。青铜制，形状如圆筒，上大下小，顶部多为虎形钮，可以悬挂，可以用物品击打而发出声音。

第三节 居住建筑

一、巢居

巢居就是依靠树木搭建巢穴。依靠树木居住应为旧石器时代最常见的居住方式之一，类人猿就是常年生活在大树上，进化到直立行走的人类之初，仍会利用大树栖息。有人推测，古称"橧巢"①的居住形式，可能就是脱离了单株树木的束缚，在靠近的多株树木之间搭建巢或棚，其空间更大，更加符合人类的需求。这种依靠树木搭建的巢居，在江浙、云贵川等地势低洼的地区更加有利于人类躲避潮湿和虫蛇。原始巢居没有留下实物遗存，但四川出土的青铜錞②于上的文字为我们描述了一个生动的形象（图1-12），有学者推测，这个字反映出双树夹着一个悬空房屋的形象，可能就是远古巢居的写照。

在大树上以树枝搭建人的居所，开始可能没有顶盖，像个鸟巢，后来又想到搭造顶盖。一般来说，人类最初的创造活动大多与自然的启示有关，由于思维受到限制，原始人多半只能从已有的经验中获取模式。可以设想，旧石器时代的人类树居，可能从鸟的栖居中得到启示，模仿鸟巢而搭建。佤族的创世纪传说《司岗里》恰巧反映了这个情况：神创造了人以后，先把人放到石洞里，后来人从石洞里出来，看见岩燕筑巢，便学着做，这才有了房子。关于人是从石洞里出来的传说也流行于崩龙族和景颇族，而关于人是从鸟那里学会造房子的传说在傣族人民口中也可以听到，只不过傣族把岩燕换成了织布鸟。

中国古代文献有"构木为巢"的记载，相传是有巢氏发明了巢居。《韩非子·五蠹》中有载："上古之世，人民少而禽兽众，人民不胜禽兽虫蛇。有圣人作，构木为巢，以避群害，而民悦之，使王天下，号之曰有巢氏。"从《孟子·滕文公》所载"下者为巢，上者为营窟"推测，巢居可能是地势低洼、气候潮湿而多虫蛇的地区采用过的一种原始居住方式。而从《礼记》所载"昔者先王未有宫室，冬则居营窟，夏则居橧巢"，或可见巢居与穴居也未因地域而截然分开。

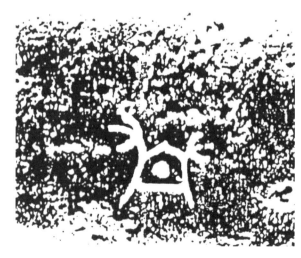

图1-12 四川出土青铜錞于上的象形文字

（萧默. 中国建筑艺术史[M]. 文物出版社，1999：120.）

二、岩洞居

原始人类居住的岩洞在北京、辽宁、贵州、广东、湖北、江西、江苏、浙江等地都有发现，利用大自然赐予的天然洞穴藏身，在旧石器时代是种普遍的栖居方式（图1-13）。中国境内的如北京周口店龙骨山岩洞、湖北长阳县赵家堰岩洞、广西柳江县通天岩洞窟、河南安阳市小南海、浙江建德市乌龟洞、宁夏灵武县水洞沟、山西朔县峙峪、陕西韩城县禹门口，还有云南宜良县、广东阳春县、连宁凌源县等地，都有旧石器时代岩洞居的典型遗存。

图1-13　云南沧源岩画中的岩洞居
（萧默. 中国建筑艺术史[M]. 文物出版社，1999：117.）

在中国南方和北方，现在发现的旧石器时代初期的人类文化遗址有20余处，多数都是岩洞居。另外还有旧石器时代中期的广东马坝人、山西垣曲人、贵州桐梓人、湖北长阳人和北京周口店的新洞人，旧石器时代晚期的广西柳江人、来宾人、北京周口店龙骨山山顶洞人等，也都是在岩洞里发现的。

总结这些被原始人类选择栖居的天然岩洞，大致具有以下几个特点：首先，选择靠近水源的河谷、湖滨的洞穴，以便于生活用水及渔猎。其次，选择洞口标高较高的洞穴，以避免涨水时被水淹。洞口高出邻近水面10~100米不等，多数在20~60米处。洞口一般都有收敛，而且背向冬季主要风向，所发现的原始人居住的洞穴中，很少有朝向北方或东北方的。同时，洞口较为干燥，洞内湿度较低，有利于生存。太深的洞穴深处空气稀薄而且过于潮湿，后来因此低凹处往往被用来埋葬死者，洞穴的前部才是集体生活的主要场所（图1-14）。从北京山顶洞人居住的岩洞深处所发掘的墓葬来看，当时已有石器、石珠、穿孔兽牙等随葬品，在遗体上还撒有红色的铁矿粉粒，很有可能反映了当时原始人类的灵魂不灭观念。

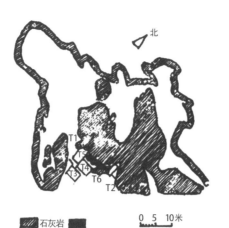

图1-14 江西万年县大源仙人洞新石器时代天然岩洞居址平面图（《文物》1976年第12期，转自刘叙杰. 中国古代建筑史. 第一卷[M]. 中国建筑工业出版社，2009：61.）

三、穴居

《周易·系辞》中载："上古穴居而野处，后世圣人易之以宫室，上栋下宇，以待风雨。"反映出上古有穴居之习。旧石器时代是否有在土壁或土地上掘出的洞穴尚待考证，目前发现的穴居遗址皆属新石器时代。早期穴居的掘穴环境和方式很像天然洞穴，应该是原始人类最早创造的建筑形式之一。进入氏族社会以后，在环境适宜的地区，穴居依然是当地氏族部落主要的居住方式，只不过人工洞穴取代了天然洞穴，且形式日渐多样，更加适合人类的活动。随着原始人营建经验的不断积累和技术提高，穴居从横穴、竖穴逐步发展到半穴居，最后又被地面建筑所代替。

（一）横穴

横穴（又称窑洞）就是沿土壁掘出的与地面平行的洞穴，它的形态类似于天然洞穴，可能是古人最早创造的建筑形式。在黄河流域有广阔而厚实的黄土层，土质均匀，含有石灰质，有壁立不易倒塌的特点，便于挖作洞穴。山西、甘肃、宁夏等地都发现了新石器时代在黄土沟壁上开挖横穴而成的窑洞式住宅遗址，其平面多为圆形，和一般竖穴式穴居并无差别（图1-15～图1-17）。

甘肃宁县、镇原常山、山西石楼岔沟、襄汾陶寺所发现的新石器横穴都是圆形，穹顶，空间如袋或略呈椭圆，穴内多有木柱以加强支撑。仰韶晚期的宁夏海原县菜园村遗址（公元前2600—前2200年）发现的一处横穴遗址包括室外场地、门道、门洞及居室四部分。居室平面呈梨形，面积约16平方米。门朝东开，室内中央有一灶坑。室顶作弧度较平之弯窿状。

山西还发现了新石器时代的"地坑式"窑洞遗址，即先在地面上挖出下沉式天井院，再在院壁上横向挖出窑洞，这是至今仍在河南等地使用的一种窑洞。

上述横穴遗址均已倒塌，窑中有被压死的人的尸骨。主要原因是前壁和穴顶的土太薄，抵挡不住穹顶的水平推力使前壁坍塌。今天我们知道挖筒拱顶更好，这样就没有了穹顶的前后水平推力，甚至可以完全不要前壁，同时加强穴顶土层（称

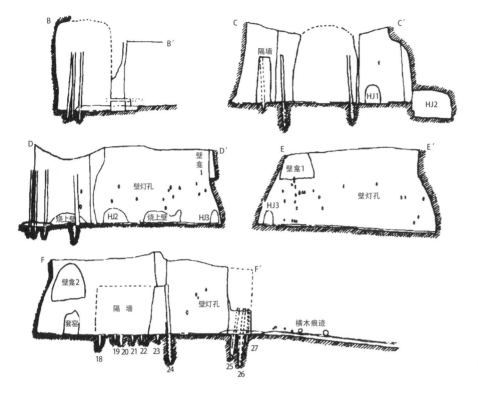

图1-15　宁夏海源县菜园村林子梁新石器时代窑洞建筑遗址F13剖面

（《中国考古学会第七届年会学术报告论文集》1989，转自刘叙杰．中国古代建筑史．第一卷[M]．中国建筑工业出版社，2009：89．）

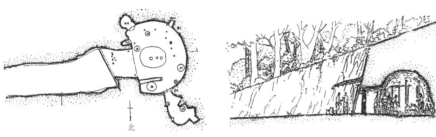

图1-16　原始窑洞复原：宁夏海原菜园村

（萧默．中国建筑艺术史[M]．文物出版社，1999：122．）

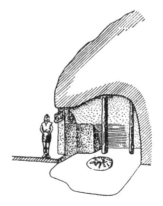

图1-17　陕西武功赵家来村F11及其院落

（萧默．中国建筑艺术史[M]．文物出版社，1999：122．）

"窑背"）的厚度，一般要达到穴拱跨度两倍以上才能保证安全。看来，新石器时代的原始人还没有体会到这些道理。这种以"减法"（即从自然壁体上掏挖洞穴）来形成居住空间，经济而实用，至今在西北黄土高原仍多有所见。

（二）竖穴

竖穴就是从地面垂直向下掘出的穴居，广泛用于黄河流域无法挖掘横穴的缓坡或平地。它们通常是口小底大的袋状洞穴，因此又称为"袋穴"。其深度及底径均约2米，再于洞底一侧立柱支撑棚状屋面。原始社会晚期，竖穴上覆盖草顶的穴居成为这一区域氏族部落广泛采用的一种居住方式，例如河南堰师汤泉沟竖穴遗址（图1-18）、西安市客省庄遗址二期文化H108竖穴改造实例（图1-19）。

因为竖穴面积小而深，容量小且出入不便，在建造技术进步后，渐渐为面积大、地坪高、活动较方便的半穴居和地面建筑所取代。

（三）半穴居

覆盖顶棚的搭建高度逐步增大，袋形竖穴的地坪也逐步抬高，渐渐发展成袋形半穴居，具有方便出入，利于挖掘更大面积，水淹不到人高等诸多优越性。袋形半穴居一般在地面掘出深约1米的方形或圆形浅坑，坑内用2～4根立柱承托屋架，屋架结构一般用绑扎法。屋架上覆盖树枝茅草就成了屋顶，有的表面再涂泥，屋顶一直铺到地面。一般建筑面积约在10平方米，室内中偏前方为火塘，入口为附有门槛之斜坡门道，门道上建两坡屋顶（图1-20）。

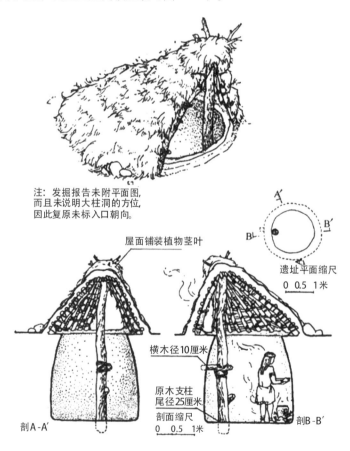

注：发掘报告未附平面图，而且未说明大柱洞的方位，因此复原未标入口朝向。

屋面铺装植物茎叶

遗址平面缩尺
0 0.5 1米

横木径10厘米

原木支柱尾径25厘米

剖面缩尺
0 0.5 1米

剖A-A'　　　剖B-B'

图1-18　河南偃师汤泉沟H6复原

（《建筑考古学论文集》，转自刘叙杰. 中国古代建筑史. 第一卷[M]. 中国建筑工业出版社，2009：65.）

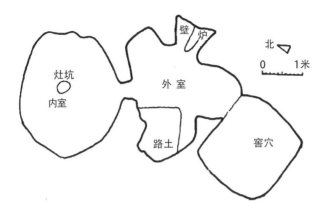

图1-19　西安市客省庄遗址二期文化H108竖穴平面图

（《沣西发掘报告》1962年，转自刘叙杰. 中国古代建筑史. 第一卷[M]. 中国建筑工业出版社，
2009：65.）

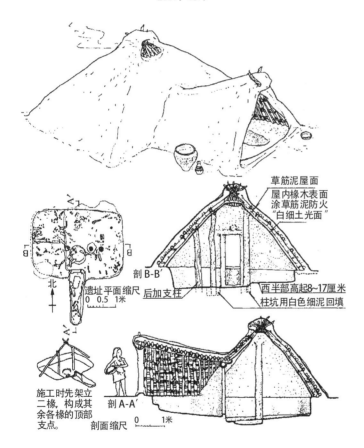

图1-20　原始半穴居建筑复原图

（《建筑考古学论文集》，转自刘叙杰. 中国古代建筑史. 第一卷[M]. 中国建筑工业出版社，
2009：69.）

西安半坡仰韶文化晚期的房屋建筑就多为半穴居，平面呈圆形、圆角方形、
方形和长方形（图1-21）。房间有分隔，内部布局都差不多：一面开门，如果是
半穴居，入口会有窄窄的仅容一人通行的斜坡或土阶门道。稍晚，门道的主要部分
已在房屋面积以外，室内不被侵占，空间比较完整。门道上有两坡雨篷，雨篷前端

地面上应有土坎以防雨水流入。门道伸入室内的部分用短墙隔出一个小小的凹入的"门厅"。门道和"门厅"是室内外的过渡。灶坑位于房屋中心或稍稍靠前，灶炕右边（从室内面对入口而言）通常是睡卧的地方，晚期此处的居住面常高起几厘米，以防潮湿。灶坑左面是炊事和少量储藏的地方。房屋结构采取木骨泥墙，为承托屋顶重量中间立柱，柱子埋在地里，节点采用绑扎法。长方形房屋常左右对称设两根柱子，柱顶绑扎脊檩，支撑着攒尖屋顶，室内空间的最高处正对着火焰，在顶尖或其前坡开有天窗，是出烟口也是白天室内光线的来源。屋顶四坡或两坡，类似以后的庑殿顶或悬山顶。室内地面有用细泥抹面或烧烤陶化作防潮层，也有的铺设木材、芦苇等作防水层。室内有烧火的坑穴，屋顶设排烟口。到仰韶末期，出现了柱子排列整齐，木构架和外墙分工明确，建筑面积达150平方米的实例，表明木构架建筑技术大有提高。

图1-21　仰韶文化半穴居遗址
（潘谷西主编《中国建筑史》附光盘）

其他实例还有内蒙古赤峰市四分地东山嘴半穴居遗址（图1-22）、河南陕县庙底沟半穴居遗址（图1-23）、陕西临潼姜寨半穴居遗址（图1-24）、陕西岐山双庵龙山文化半穴居遗址（图1-25）、吉林东丰县西断梁山新石器半穴居遗址（图1-26）等，反映出这是新石器时代一种很普遍的建筑形式。

（四）地面建筑

随着原始人类建造经验的积累，屋架结构所能提供的室内空间高度又有增加，居住建筑的地坪渐渐抬高，终于从竖穴、半穴、浅穴发展到地面建筑，建筑室内地坪等于或高出室外地面。地面建筑最晚在仰韶中期就已经出现，平面形式从早到晚有圆形、矩形和多室型。在结构方面，木柱梁已成为主流，夯土及土坯技术也开始萌芽。地面建筑的外观形式大抵有两种：一种是屋盖直达地面的房屋；一种是由墙

①
刘叙杰. 中国古代建筑史（第一卷）. 北京：中国建筑工业出版社，2003：66-73.

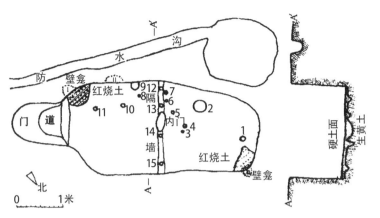

图1-22 内蒙古赤峰市四分地东山嘴半穴居遗址F6

（《考古》1983年第5期，转自刘叙杰. 中国古代建筑史.第一卷[M]. 中国建筑工业出版社，
2009：71.）

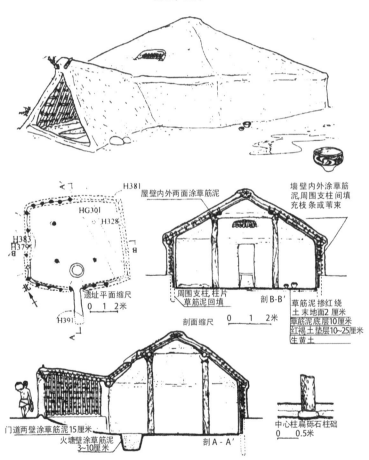

图1-23 河南陕县庙底沟半穴居遗址F302

（《建筑考古学论文集》，转自刘叙杰. 中国古代建筑史.第一卷[M]. 中国建筑工业出版社，2009：70.）

壁、屋盖组合的房屋。原始社会地面建筑主要代表有西安半坡遗址（F39，F25，F24）[①]（图1-27）、临潼姜寨遗址（F77）（图1-28）和山西芮城东庄县遗址（图1-29）、河南郑州大河村遗址、湖北枝江县关庙乡大溪文化遗址、江西修水县跑马岭新石器晚期建筑遗址等大量实例。

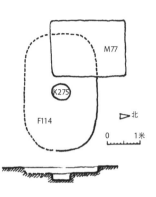

图1-24 陕西临潼姜寨半穴居
遗址F114
(《姜寨》(上)1988年,转自
刘叙杰.中国古代建筑史.第一
卷[M].中国建筑工业出版社,
2009:70.)

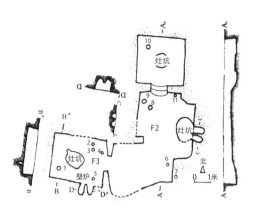

图1-25 陕西岐山双庵龙山文化半穴居遗址F2,F3
(《考古学集刊》第三集1983年,转自刘叙杰.中
国古代建筑史.第一卷[M].中国建筑工业出版社,
2009:71.)

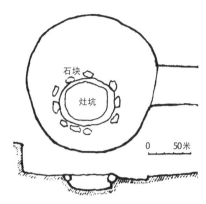

图1-26 吉林东丰县西断梁山新石器
半穴居遗址F2
(《考古》1991年第4期,转自刘叙杰.
中国古代建筑史.第一卷[M].中国建筑工
业出版社,2009:72.)

施工时,以中柱为中间支点先
架设1椽,悬臂至室中心部,
构成其余各椽的顶部支点

内外两侧涂草筋泥
门开在屋盖上
因袭竖穴概念的四壁
泥土踏跺

剖A - A′

受水平推力有变形

图1-27 西安半坡遗址F39复原
(《建筑考古学论文集》,转自刘叙杰.中国古代建筑史.第一卷[M].
中国建筑工业出版社,2009:74.)

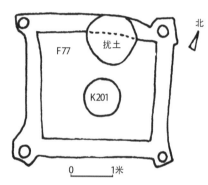

图1-28 陕西临潼姜寨遗址一期文化F77
(《姜寨》(上)1988年,转自刘叙杰.中国古
代建筑史.第一卷[M].中国建筑工业出版社,
2009:75.)

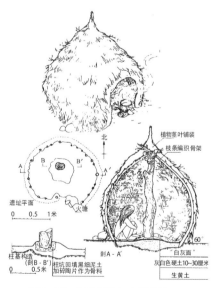

图1-29 山西芮城东庄县遗址F201
(《建筑考古学论文集》,转自刘叙杰.中国古
代建筑史.第一卷[M].中国建筑工业出版社,
2009:76.)

（五）"大房子"

在一些母系氏族聚落的遗址发掘中，有少量位居核心位置、被诸多小房子围绕着的、体量大而且面积较大的房子。它们的建造方式与居住建筑相同，但往往结构更加整齐，技术更加成熟，据推测应是当时氏族首领居住及进行氏族事务管理的场所。例如，西安半坡遗址1号方形大房子，平面近似方形，南北10.5米、东西10.8米，入口在东墙，面对中央广场。室内比较均匀地设置四棵立柱，中间有火塘。西侧柱与矮墙将室内分为东侧一个大室与西侧三个小室，前面的大室应该是氏族首领居住和理事的场所，后面的三个小室可能是居住和储藏用房。空间有了主次大小之分，且已具"前堂后室"之雏形（图1-30～图1-34）。

父系社会晚期的"大房子"可以甘肃秦安大地湾遗址F901为例，该建筑亦位于聚落中部，平面为一近似长方形的梯形，前墙长16.7米，后墙15.2米，左墙7.84米，右墙8.36米，面积约130平方米。中轴对称的格局，前墙有三门，中门有凸出的门斗，室内左右对称2根大柱子，加上角柱，前后檐墙各有墙柱10根，结构非常整齐。室内中部设大火塘，左右墙外有侧室，后檐墙外有后室，推测很有可能是当时部落议事和举行仪式的公共场所（图1-35～图1-37）。

仰韶文化晚期和龙山文化中晚期，地面房屋渐渐增多，是黄河流域新石器文化发掘最丰富、发展最辉煌的阶段，也是黄河流域穴居发展的典型代表，从其实例中可以看到，建筑的居住面在逐渐升高，从袋形横竖穴、半穴居发展到地面建筑，逐步发展到下建台基的地面建筑，平面则从圆形、圆角方形到方形、长方形、凸字形等，从单室到双室和多室，从不规则到规则，室内从没有或甚少表面加工直到使用初步的装饰。

住房遗址已有家庭私有的痕迹，常有一些储藏用的窖穴，多呈袋状，置于室外或室内（置于室外者，常见于母系社会；置于室内者，多见于父系社会，这表明财产向私有制转化）。龙山文化居住遗址中的建筑面积普遍变小，可能对应的是一夫一妻的小家庭模式，建筑布局上，出现了双室、多室相连的套间，平面呈分割为两间的"吕"字形或更多的分割，反映了以家庭为单位的生活。

图1-30 西安半坡遗址1号方形大房子遗址照片
（林洙·中国建筑史资料集）

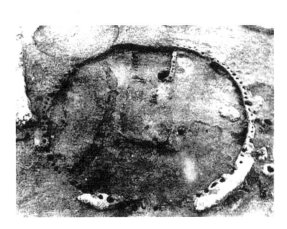

图1-31 西安半坡遗址2号圆形大房子遗址照片
（林洙·中国建筑史资料集）

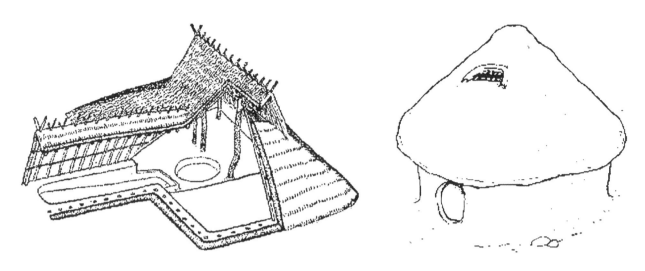

图1-32　1号方形大房子复原图甲和2号圆形大房子复原图甲
（林洙·中国建筑史资料集，刘叙杰.中国古代建筑史.第一卷[M].中国建筑工业出版社，2009：79.）

图1-33　1号方形大房子复原图乙和2号圆形大房子复原图乙
（林洙·中国建筑史资料集）

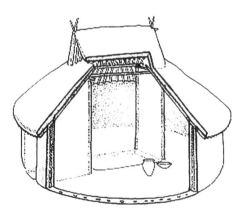

图1-34　1号方形大房子复原图丙和2号圆形大房子复原图丙
（刘敦桢.中国古代建筑史[M].中国建筑工业出版社，1984：23.
刘敦桢.中国古代建筑史[M].中国建筑工业出版社，1984：25.）

图1-35　甘肃秦安大地湾仰韶
晚期建筑遗址F901

（萧默. 中国建筑艺术史[M]. 文
物出版社，1999：137.）

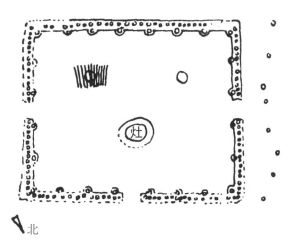

北

图1-36　甘肃秦安大地湾仰韶晚期建筑遗址F405

（《文物》1983年第11期，转自刘叙杰. 中国古代建筑史. 第一卷[M]. 中国建筑工业出版社，
2009：84.）

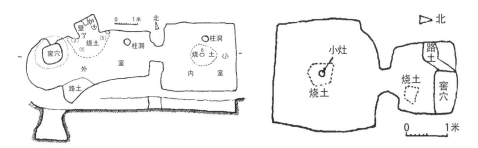

图1-37　陕西西安沛西客省庄遗址二期文化H98，H174（下）

（《沣西发掘报告》1962年，转自刘叙杰. 中国古代建筑史. 第一卷[M]. 中国建筑工业出版社，
2009：64.）

建造技术上，墙体采用土坯砖、木骨泥墙，个别建筑的下面还使用了夯土台基，柱子下垫石础。地面建筑一般没有门道，但门下可能有较高的门坎。为了保暖，住房的内外室均设火塘。龙山文化时期，住房开始普遍在室内地面上涂抹光洁坚硬的白灰面层，起到防潮、清洁、明亮的效果。山西陶寺村龙山文化遗址中还出现了白灰墙面上刻画的图案，这是我国已知的最古老的居室装饰。

四、干阑式建筑

干阑建筑是一种下部架空的房屋，它具有通风、防潮、防盗、防兽等优点，对于气候炎热、潮湿多雨的地区非常适用。建筑考古学者推测干阑建筑是从巢居演进而来，在地势低洼的潮湿地带甚至沼泽地带，原始人类起初以天然树木作为住所，后利用树木搭建房屋，进而用采伐的树干作为桩、柱以架高地板，从而形成了适于水网地带及热湿丘陵地区的干阑建筑。房屋下面的架空部分即人工桩柱；柱上建屋，屋下桩柱间的空间就用来放养猪、牛、鸡等家畜。

我国境内已知最早的干阑建筑实例是浙江余姚河姆渡村建筑遗址，距今六七千年。在河姆渡发掘区中部约300平方米范围内，至少有三栋干阑长屋，长屋背坡面水，纵轴与等高线平行（图1-38）。木构件遗物有柱、梁、枋、板等，许多构件上都带有榫卯，有的还有多处（图1-39）。从遗存状况推测，其中一座的建筑平面为多室组成的矩形长屋，通面阔约30米，通进深7米（包括宽1.3米的前廊），使用了4列平行桩柱，列距由前至后分别为1.3米、3.2米和3.2米。居住面地板距地0.8~1米。建造时先在土中打入木桩为柱，每列柱顶以长木相连，长木之间置地板横梁，梁上铺板，板上再建房屋，使之架空，以防潮避水和抵御兽害。河姆渡干阑

图1-38 浙江余姚河姆渡干阑式房屋遗址
（萧默. 中国建筑艺术史[M]. 文物出版社，1999：132.）

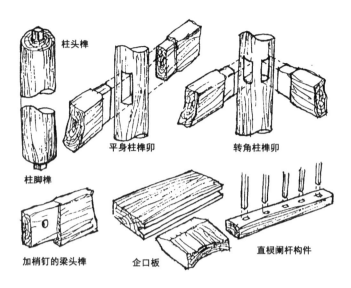

图1-39 浙江余姚河姆渡遗址出土的榫卯构件

（萧默. 中国建筑艺术史[M]. 文物出版社，1999：132.）

式建筑的结构广泛采用榫卯连接，甚至还做出了企口板和直棂勾阑，这些都是中国现存最早的木构实例。河姆渡的干阑木构体现了木构建筑最初的技术水平，具有重要的参考价值。

除河姆渡外，在浙江吴兴钱山漾、江苏常州圩墩、丹阳香草河、吴江梅堰和湖北蕲春毛家嘴，都发现过类似的干阑建筑遗址。大部分遗址的桩柱分布规律难以判明，只有西周毛家嘴遗址的一座长屋，可以看出部分桩柱呈纵横行列对位布局，长屋本身的形状却无法详知。新石器时代的干阑建筑遗址及与其相关的文物多在长江以南发现，而今天这种形式的房屋仍在建造，主要仍分布在南方的滇、贵、两广、台湾及川、湘等省区，使用者多属古百越后裔，如傣族、侗族、壮族，还有受其影响的苗族，也有部分汉族。在近邻国家，古代干阑建筑分布于东南亚各国和日本，至今还在使用。欧洲史前建筑也有干阑建筑，常被称为桩上建筑、水上建筑或湖居，同样属于新石器时代，但较中国最早的干阑建筑遗址晚两千多年。

五、其他居住形式

旧石器时代很可能还有过风篱、原始窝棚等原始栖居形式，但目前少有例证。中国东北（哈尔滨闫家岗）还发现了鄂伦春人名为"仙人柱"的窝棚，中心立一柱，或以一树代替，将许多细长树杆以绳索绑在柱顶，架成圆锥形支架，盖覆树皮或兽皮，一面留门洞，尖顶上留出采光出烟口。遗址上有两个用动物骨骼化石围成的半圆圈遗痕，弧残长约5米，有学者推测为2万多年前的兽骨圆屋（图1-40）。北美平原印地安部落和非洲布须曼部落的现代原始人仍在使用的窝棚与此十分相像，棚顶都是圆滚滚的（图1-41）。

图1-40　哈尔滨闫家岗人在筑屋
（章成. 闫家岗遗址发掘记[J].化石，1986(01)：5.）

（a）非洲现代布须曼人的风篱

（b）现代塔斯马尼亚人的风篱

（c）安达曼岛现代原始人的风篱

图1-41　各种风篱示意图
（萧默. 中国建筑艺术史[M]. 文物出版社，1999：119.）

　　总体观之，旧石器时代的原始人类有了一些居住的经验，并且懂得去利用环境和改造环境中使用不便的地方。刚从动物演变而来的原始人类，最初的居所与动物的巢穴相比没有显著区别，有些对环境的利用与搭建方式的选择，很有可能还是对动物巢穴的仿效和改进。

第四节　墓葬与祭祀建筑

一、墓葬

旧石器晚期，栖居在天然岩洞的原始人类就有在岩洞深处埋葬死者的习俗，实例可见于北京房山周口店山顶洞遗址。到了新石器时代的母系社会，氏族成员死后多集中埋葬在居住区旁边的墓地里，实例可见于河南密县莪沟北岗聚落裴李岗文化遗址、西安半坡仰韶遗址、陕西临潼姜寨仰韶遗址等。

各遗址中以单人墓葬居多，其中成人墓采取坑葬，用简单的矩形平面坑墓穴，没有葬具，有少量随葬的生活用具及装饰品。例如甘肃秦安县王家阴洼发现的一处仰韶墓葬（M45，M53，M63）（图1-42）[①]，是当时最常见的长方形竖穴土坑，土坑朝北，单人仰身直肢，左侧有一椭圆形小穴与墓坑相连，小穴内置随葬陶器七件。儿童墓则采取瓮棺葬，将遗体盛放于瓮、罐、缸、钵等陶器内，埋葬在聚落住所的近旁。

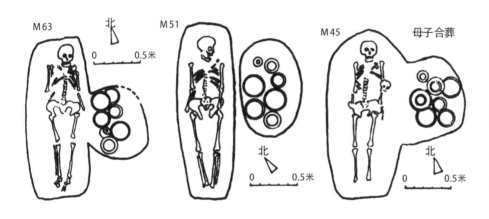

图1-42　甘肃秦安县王家阴洼仰韶墓葬M45、M53、M63（《考古与文物》1984年第2期，转自刘叙杰.中国古代建筑史.第一卷[M].中国建筑工业出版社，2009：106.）

此外，1987年在河南濮阳西水坡村发现了一处仰韶文化晚期的墓葬。墓主为一壮年男子，有三人陪葬。重要的是，在墓主两侧分别有蚌壳摆成的一条龙和一只虎的形象，背靠墓主，头朝向与墓主相反，说明墓主身份等级非同一般。这是迄今为止发现最早的"东青龙，西白虎"图案，可见中国古代"四灵"崇拜的历史可追溯到仰韶晚期，故颇具历史价值（图1-43）。

另外，还有一些家族合葬的多人墓葬和祭祀用的杀殉墓葬。

二、祭祀建筑

考古工作者在辽河流域至燕山以北地区（内蒙古、新疆、东北一带红山文化分布地区）发现了较多利用天然巨石堆建，略加人工修整的神庙、祭坛、石棚等石构建筑。据考古推测，它们应为原始人类为表达自然崇拜、神灵崇拜或追思祖先而建造的祭祀建筑。其实，在世界其他国家，这类石构的祭祀建筑也常常是最古老的建

①
刘叙杰.《中国古代建筑史·第一卷》，北京：中国建筑工业出版社，2003：95.

①
陈明达. 陈明达古建筑与雕塑史论.
北京：文物出版社，1998：13.

图1-43　河南濮阳西水坡村仰
韶文化晚期墓葬
（翟双萍.濮阳古墓"龙虎蚌壳
图"与原始哲学思维[J]. 古籍整
理研究学刊，2011(03)：78.）

图1-44　内蒙古包头市大青山
莎木佳祭祀遗址
（《考古》1986年第6期，转自
刘叙杰. 中国古代建筑史. 第一
卷[M]. 中国建筑工业出版社，
2009：99.）

筑物，大多属于新石器时代至铜器时代，考古学家称其为"巨石文化"①。例如，英国威尔特郡索尔兹伯里石垣，也有埋葬死者的石冢或石棚。此时期建筑装饰的萌芽也多有发现，如彩绘的痕迹、泥壁的刻纹、石壁的刻绘等，但在中国境内数量不多，且以红山文化为主，南方仅见一例（浙江余杭县土筑祭坛）。

我国新石器时代的祭祀建筑中，露天祭坛比较普遍，而且规模很大。例如，内蒙古包头大青山莎木佳红山文化祭坛遗址，在东北—西南向约19米长的轴线上，有3个从南向北逐渐增大的圆形小土丘，3个土丘上各有一个用巨石堆成的圈形祭坛。各坛相距1米左右，以轴线对称的方式砌筑，从南向北外径或边长依次为1.5米、11.4米、7.4米。南丘为圆形石坛，中间为方坛，高度均约为0.8米；最北为内外两圈方形圆角祭坛，外圈边长7.4米，内圈边长3.3米，最高处达1.2米，顶部铺一层石块（图1-44）。

包头市阿善遗址原始祭坛位于台地的一段高岗上，由18堆圆锥形石堆组成，堆砌在全长51米的南北轴线上，各石堆间距0.8~1米。其中南端石堆最大，直径8.8米、残高2.1米。中间15堆直径1.4~1.6米、高0.35~0.55米。北端石堆最小，直径1.1米、高0.2米。最北一个石堆西侧还有一个小石堆。这18个石堆外还有道完整的袋形石墙，估计是对祭祀场地的围合保护，其外还有第二道石墙，仅有西南方向一小段残余。

以上两座祭坛都位于远离居住区的山丘上，可能是一些部落群所共用。所祭祀对象推测是天地之神或农神。辽宁喀左县东山嘴石砌方圆祭坛也与其相似。

室内祭祀场所较少，中国现知最古老的女神庙遗址发现于辽宁凌源牛河梁红山文化遗址中。女神庙遗址位于牛河梁山丘顶部，主体为深0.7~1.2米的半穴建筑。平面纵轴长22米，轴向北偏西，沿纵轴从北往南排列着一个拉长的"匕"字形多室建筑和一个短"一"字形单室建筑。"匕"字形室由6个连通的穴室组成，平面横宽最大有8米，有中心主室和旁室，旁室也沿横轴左右对称（图1-45，图1-46）。结构为木骨泥墙，墙体使用木架草筋，内外敷泥，拍实压光，推测应为女神庙的礼仪空间。特别引人注意的是，在压平后经过烧烤的泥墙面上，还有赭红交错、黄白相间的三角纹，勾连纹彩画和突出的线脚装饰着墙面。

牛河梁红山文化遗址除女神庙外，还有积石冢群和祭坛，祭坛遗址内有圆形祭坛，距今5000～5500年。该祭坛以同心圆式的三圈淡红色石桩由下而上层层叠加，成为三重圆祭坛。三重圆的直径分别为22米、15.6米和11米（图1-47）。

这些先民为敬神而创造出的沿轴展开的多重空间组合和建筑装饰艺术，可谓建筑史上的一次飞跃。

此外，浙江余杭瑶山良渚文化祭坛发现于1990年，祭坛东西长约45米、南北宽约33米。主体部分为长方形覆斗状结构，呈正南北方向，祭坛主体与周围平地、灰土方框形成回字状三重台子。最内为夯筑之红土台，南北长约7.7米、东西宽约6

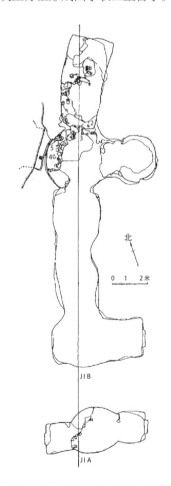

图1-45　牛河梁女神庙遗址平面图
（方殿春，魏凡. 辽宁牛河梁红山文化"女神庙"与积石冢群发掘简报[J]. 文物，1986(08)：2.）

图1-46　辽宁凌源牛河梁红山文化遗址
（牛河梁遗址博物馆）

图1-47　牛河梁三重圆祭坛
（孙蕾 摄）

米。外以灰土筑围沟，深0.65～0.85米、宽1.7～2.1米。沟之西、北、南三面又以黄褐色土筑土台，其宽分别为5.7米、3.1米、4米，台面铺砾石。其西、北两面有砾石所建石墙。坛上列有南、北二行墓葬共12座。依遗物判断，墓主可能是祭师。将祭坛和墓葬合为一处，是此祭坛的显著特色（图1-48）。

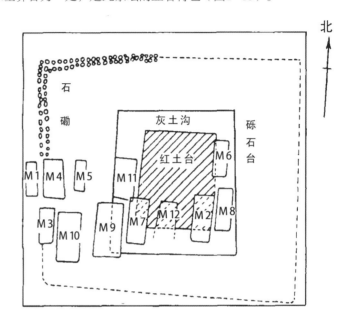

图1-48　浙江余杭瑶山良渚文化祭坛平面图

（《考古》1997年第2期，转自刘叙杰. 中国古代建筑史.第一卷[M]. 中国建筑工业出版社，2009：91.）

第五节　陶窑、作坊等其他建筑

制陶是原始社会最重要的手工业生产。我国新石器时期的陶窑多在黄河流域发现，如陕西西安半坡陶窑遗址、陕西临潼姜寨陶窑遗址、河南新郑裴李岗遗址、河南陕县庙底沟二期陶窑遗址、山西襄汾陶寺陶窑遗址、山东章丘龙山镇城子崖龙山文化窑址、辽宁敖汉旗小河沿四棱山陶窑遗址等。这些陶窑的窑址常选择在聚落外近水处。窑体有横穴和竖穴，均为掘土而成，平面多呈不规则的圆形，室内已有火门、火膛及窑室之分，且窑箅上已有圆孔状火眼。

其中，陕西西安半坡遗址三号陶窑（Y3）是保存最好的横穴窑实例。陶窑全长2.1米、宽1.1米、高0.55～0.82米，低于现在的地面约2米。陶窑的火膛、火道、火眼和窑室保存较好，火膛为宽0.7～1米、高约0.8米的拱顶长筒状通道，位于其后的三条火道向上延伸，最终汇合成圆形通道，并经周围的长方形小火眼与窑室相通。窑室平面为直径0.8米的不规则圆形，内置窑床（图1-49）。

河南陕县庙底沟二期文化一号陶窑（Y1），形制为竖穴窑。此窑也由火膛、火道、窑室组成，但没有明显而狭长的投柴口，而是在火膛斜上方开口，火膛相对加深，呈容器状。火道上方的火眼在整个窑箅面上分散布置，增加了火力，这与沿周圈布置的方式相比有了较大改进（图1-50）。

虽然原始社会存在多种手工业类型，但目前所见的作坊遗址主要属于制陶行业。而且，这种作坊主要是结合住所设置，可能是居所室内的一部分，也可能是邻近室外的某个场所。就目前发现的遗址来看，其建筑平面形状及建造技术与居住建筑并没有太多区别。因为，独立的手工业作坊应该出现在第一次社会大分工以后。[①]

原始作坊的典型实例之一是陕西临潼县姜寨遗址陶器作坊。位于遗址南端西头之探方267区内。作坊为半地穴式建筑，圆形平面，直径2.23米、穴深0.35米，南侧设一室内台阶。室内北部有工作台，高出地面5~7厘米，其上发现有套叠和散放的烧制陶钵泥坯多件，大多已碎。南部发现与陶钵相同质地的许多纯净陶土。室内未见灶坑等生活痕迹。以上特征表明，此建筑应为陶器坯体制作场所（图1-51）。

此外在山西太谷县白燕遗址也发现了类似建筑。该遗址第二、三、四地点F504由主室、塔道及众多龛、坑组成。主室底部为不规则椭圆形，南北约长3.8米、东西约长2.5米、残高3.8米。室中央有十字形平面大坑，深约0.5米，周围有大小圆形土坑7处。石壁下部环周有凹入小龛9处。塔道长2.4米、宽0.7米，分7级。室内无灶坑及烧火痕迹，亦未见柱洞，不似居住建筑，故推测为作坊之类（图1-52）。[②]

① 刘叙杰. 中国古代建筑史（第一卷）：79.

② 刘叙杰. 中国古代建筑史（第一卷）：80.

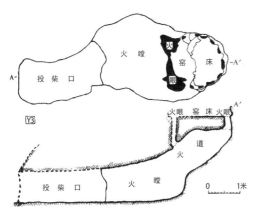

图1-49 陕西西安半坡遗址第三号陶窑（Y1）
（《西安半坡》，转自刘叙杰. 中国古代建筑史.
第一卷[M]. 中国建筑工业出版社，2009：91.）

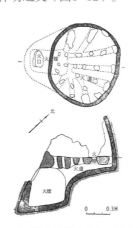

图1-50 河南陕县庙底沟二期文化
第一号陶窑（Y1）

（《庙底沟与三里桥》1959年，转自刘叙杰.
中国古代建筑史.第一卷[M]. 中国建筑工业
出版社，2009：93.）

图1-51 陕西临潼县姜寨遗址陶器作坊
（《姜寨》（上），转自刘叙杰. 中国古
代建筑史.第一卷[M]. 中国建筑工业出版
社，2009：90.）

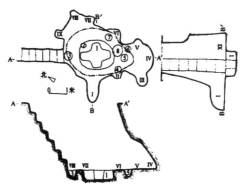

图1-52 山西太谷白燕遗址第二、三、四地点F504
（《文物》1989年第3期，转自刘叙杰. 中国古代建
筑史.第一卷[M]. 中国建筑工业出版社，2009：90.）

第六节　建筑技术与艺术

在生产工具极其落后、生产力极端低下的原始文化背景下，建筑技术、形式和类型都十分简陋。原始人类通过长期的摸索，创造了聚落、居住建筑、陶窑、祭坛等类型，到原始社会后期，建筑内部的功能布局逐渐复杂，为中国传统建筑形式和技术的发展孕育了最早的基础条件。

随着农业定居、生存状态的改善，原始聚落积累了一些选址、布局的经验，选址时注意近水、向阳，不受旱涝，易于防御，还开始注意聚落分区。其中有些选址经验和特点，在后世中国建筑的选址、布局上一直延续着。

在居住建筑方面，我国的大范围考古证明已经出现了穴居、土坯砖房、木构、石构等多种营建方式，其中最主要的有两大体系：黄河流域的穴居和长江流域的干阑建筑。穴居系列建筑的发展，从剖面看大致是"横穴—竖穴—袋形半穴居—直壁式半穴居—地面立柱式木骨泥墙—抬梁式"这样的一个发展过程。巢居则沿着一条"独木树居—多木檐巢—桩式干阑—柱式干阑—架空地板式的穿斗—楼阁"的发展线索（图1-53）。

在单体建筑的平面布局、造型和室内彩绘图案上还可以看出，原始人类已经掌握了一些简单的几何形体的运用。这些几何形体无论是对自然学习的结果，还是在生产、生活中摸索的成果，都代表着人工创造空间的开端。

建造技术方面，原始社会的石器由各种不同的石头做成，例如，燧石和角岩被削尖（或切成薄片）用来作为切割东西的工具或武器，而玄武岩和砂岩则被用来制成石制磨具，比如手摇磨。原始时期，除了石材，木材、兽骨、贝壳、鹿角和其他材料也被广泛使用。原始人类也会制造少量骨器，或许还曾有过木器，但因木质易朽现在很难直接证明。在石器时代后期，黏土等材质也被用来制成陶器。随着石器加工水平的提高，建筑构件的加工水平和搭建技术也有所提高，夯土、木骨泥墙、木梁架等技术得到了广泛的应用，并奠定了其后几千年中国传统建筑的土木结构技术发展的方向，特别是木梁架搭建方式——从绑扎到榫卯，成为中国建筑木结构的

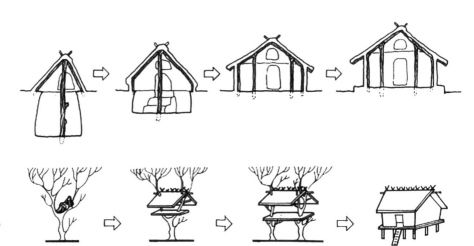

图1-53　穴居、巢居发展示意图
（萧默. 中国建筑艺术史[M]. 文物出版社，1999：121.）

构造核心技术。而土坯砖、烧烤地面、白灰面及室外散水等建筑材料、技术的发明与应用，则大大改善了当时的室内居住条件，也增加了美感，在后世得到了长期的沿用与发展。

大约4000年前，冶金技术得到了很大的发展，青铜器取代了石器，生产力大大提高，中国进入了使用青铜器的奴隶社会，历史的发展速度也大大加快了。

第二章 ———— 夏、商、周、春秋时期的建筑

原始社会后期工具制造进步，先进工具的使用和生产力水平的提高加剧了财富集中、贫富差距和阶级分化。公元前21世纪，我国第一个王朝"夏"的建立，标志着我国奴隶制国家机器的形成，从此奴隶制度延续了1600年左右，直到战国时期结束。进入奴隶社会，人类大规模的建造活动真正开始。一方面，正如恩格斯所说，"只有奴隶制才使农业和手工业之间的更大规模的分工成为可能，从而使古代文化的繁荣，即为希腊文化创造了条件"[①]，体力、脑力劳动的分工，奴隶主统治权威的建立，大量奴隶劳动力的驱使，使组织建设巨大工程得以实现，继古埃及奴隶制帝国在建筑上的惊人成就之后，中国夏、商、周的奴隶制帝国也创造了城市、宫殿、陵墓、坛庙等不可磨灭的建筑文明。另外，生产力的提高使社会财富增加，贫富分化更加明显，奴隶制阶级社会形成，为这一阶段的建筑文明打上了鲜明的阶级烙印。

①
恩格斯《反社林论》。

第一节 历史背景与建筑概况

一、政治与社会背景

夏、商、周合称三代，其活动中心都在黄河中下游。

据《史记》等文献记载，夏朝（公元前21—前16世纪）传十四世十七王，历时四五百年。活动范围大抵在黄河中下游一带，以今山西省西南部、河南省西北部为中心，逐渐扩展到今山东、河北境内。夏朝建立之前，父系氏族社会生活中仍保留着母系氏族社会的一些传统，选举部落首领时，在考验其贤能的同时，还要考虑他在母系血缘中的关系，譬如有学者研究认为，舜娶了尧的女儿娥皇、女英而进入尧所在的"陶唐氏"族，是他得到禅让资格的重要原因之一。尧、舜、禹都是以禅

让方式来承继王位的，还保留着长期氏族社会生活所形成的原始民主风范，禹也打算禅位于益，但诸侯却拥立了禹的儿子启为王，从此开始了以父系血缘关系为纽带的父子、兄弟相传，成为君权世袭制度之肇始。然则建制之初，对于原始的民主方式应仍有所延续，诸侯与帝王之间存在盟约关系，因此有夏一代的大规模战争不多。到十四代夏君孔甲之后国势渐衰，诸侯不听王命，开始相互兼并，公元前16世纪，夏桀为商汤所灭。

商朝（公元前16世纪—前1046年）传十六世三十王，历时五六百年，其间五度兴衰，迁都六次。在夏的基础上，商的领土扩大到陕西、湖北、山东、河北一带，其政治中心大致在今河南省的中部和北部。商代已形成比较明确的社会阶层，奴隶制更加成熟，商王和皇族位于社会阶级的顶层，其下为贵族、诸侯、官吏、巫师等社会上层分子，即文献中所说的"侯""宰""伯""巫祝""卿史"等，是捍卫和稳定奴隶制度的中坚力量。位于社会底层的，既有被称为"畜民"的自由民，还有被称为"臣""小臣"的工头以及被称为"奚""奴""童""仆""妾"等的奴隶。这些奴隶，早期大多来自战俘，后来由各行业中破产的"畜民"予以补充。奴隶没有最基本的自由和人权，在奴隶主的暴力统治下，被迫从事各种劳动。大量的奴隶和成熟的奴隶制度，一方面为奴隶主组织大规模建设提供了可能；另一方面也为阶级矛盾的激化埋下了种子。纣王三十三年（公元前1046年），武王（姬昌）伐纣大获全胜，周文王（姬发）登天子位，定国号为周。

周朝（公元前1046—前256年）传三十七王，历时791年，是我国奴隶社会向封建社会过渡的时期，依其发展阶段可分为西周（公元前1027—前771年）与东周（公元前770—前256年）两个阶段。东周再被划分为两个阶段，其中公元前770—前476年为春秋时期，其后直至东周灭亡则被囊括进了战国时期（公元前475—前221年）。周的疆域拓展到了今天甘肃、内蒙古、黄海、广东北部。两周年间，诸侯之间战争频仍而且规模不断升级，人口锐减。为奖励有功之人和巩固自己的统治，西周建国之初将土地分封给诸侯（多为王室近亲和功臣、贵族），且将诸侯划分为公、侯、伯、子、男五等，诸侯受封的采邑规模受其等级影响，"*天子之地方千里，公侯之地方百里，伯七十里，子、男五十里。不及五十里者，不达于天子，附于诸侯，曰'附庸'。*"（《孟子·万章篇》）诸侯们将土地再分给大夫，大夫分给士，士最后分给"夫"，一"夫"即一自由民或农奴，是最基本的耕种者，由此土地分封制度可知周代社会等级制度的形成。起初最底层的生产者是农奴，后来奴隶制逐渐被佃农制取代，最基本的农业生产者变成了佃农，社会关系向封建社会过渡。由"春秋"到"战国"，各国诸侯为强国纷纷实行了变法，我国从奴隶制度转向封建制度。

二、生产与技术

夏时仍以渔猎、采集与畜牧作为重要的生活来源，但农业无疑已成为最主要的生产方式且具有相当的基础。不过，当时农业生产技术低下，仍然沿用了神农氏以来，尧、舜、禹亦采取的焚山为田方式开辟农耕土地。

商、周时生产力有了很大的进步，生产以农业为首，手工业与商业均有很大发展。商代出现了我国最早的货币——贝，反映出商业贸易的繁荣和扩大，早期以货易货的方式已经不能满足经济贸易的需求。据文献记载，商代已经开始有规则地使用土地，天文历法知识日渐积累，并开始了整理河道、防止洪水、挖沟灌溉等改善农业生产环境的活动。商人建筑的方位和朝向也很准确。

历史文献中有关夏代的记载多为古史传说，有限的考古发掘表明，夏时的制陶、铸铜以及琢玉、制骨，都有了一定的规模，较之原始社会，其石器工具制作更加精致，陶器种类和器形更加丰富，并初步使用了铜器。商时有了青铜器、骨器、皮革、酿酒、舟车、木工、织帛等技艺。大量的商朝青铜礼器、生活用具、兵器和刀斧锯钻等生产工具，反映出青铜工艺已达到了相当纯熟的程度，直至周时，青铜工具和器皿制造上达到了很高的水平，开始采用失蜡法浇注青铜器，还采用了铸作叠交和局部焊接的先进工艺。此外玉器、骨器、蚌器、漆器、皮革、木器、竹器以及车辆制造等，也都具有了较高的水平，尤其是铁器的生产，对以农业为主的生产力推动起到了不小的作用。在商品贸易方面，各国制定了自己的度量衡标准，春秋晚期出现金属货币。

三、文化艺术

尽管我们猜测夏代的文化艺术应该有着承上启下的重要作用，但目前不知其详，依靠甲骨文及考古的发现，我们对商代有了一些了解。商族原本居住于北方，他们热衷于占卜、杀人殉葬，衣着尚白，奉玄鸟为始祖。"殷人尊神，率民以事神，先鬼而后礼"（《礼记·表记》）。从现存的甲骨原始文献及遗存器物来看，商人还尚饮酒享乐、重刑罚。他们有着频繁的祭祀活动，既神圣庄严又诡秘恐怖。进入西周，尚鬼神的观念逐渐淡薄，商人尚奢靡、嗜酒的风气受到严厉禁止，并终为周人崇尚礼乐的礼法所取代。西周形成了森严的等级制度，苛繁的礼法制度，它们不仅规范了人们的行为举止和道德观念，对建筑也产生了许多明显的影响。如果说商代的祭祀活动遵循着尊祖先、敬鬼神的传统风尚，那么发展到周代，这些活动则已被统治者列入了礼法制度，目的是为了规范森严的等级制度，其祭祀的对象主要为天神、地祇和祖先，而王朝的统治者则被奉为天子，其行为乃受于天命，这在各种祭祀活动的举办和坛庙、陵墓的建造上表现明显。此外，以嫡长继承为核心的宗法制度已建立起来，并逐步完善，影响延续了几千年。

夏、商、周及春秋时代被称为我国的"青铜时代"，青铜器是此时中国文化、艺术乃至科学、技术的代表，它不仅是统治阶层财富、权威的象征，人神沟通的法器，更牵连着社会的宗法以及等级制度等诸多方面，体现了最虔敬的信仰和最强烈的思想感情，通过青铜器可以管窥此时代的历史风貌及艺术趋向。商代的青铜器造型和装饰往往充满了严肃又诡秘的色彩，给人以庄严、狞厉的感受。西周初期的青铜器延续了商代的风格，但到了中期，严整规矩的新风貌已经确立，装饰转向平朴，代表性的纹样有单纯化、几何化的趋向，神秘诡异的色彩逐渐隐退，以至于无。酒器数量锐减，石器增加，随着礼乐制度的完善，列鼎制度形成，开始铸造编钟。

西周末年，周天子的权威逐渐衰落，诸侯纷纷雄起。春秋时期，各地诸侯为图争霸，迫切寻求强国富民之道，许多知识分子为此努力探索，而社会思想也出现了"百家争鸣"的空前活跃，中国古代著名的思想家、哲学家、教育家如孔丘、李耳、墨翟等都是出现在这个时代。诸子百家的思想言论和在各领域的探讨，对当时的社会和制度以及中国历史和文化的发展，包括建筑思想的发展，均具有深远的影响。

四、建筑概况

随着生产力的提高和文明的加速发展，夏、商、周三代的城市建设规模和数量大大超过原始社会，城市内容更加丰富，城市格局也逐渐清晰。夏、商、周涌现了大量的城市，尤其是西周晚期和春秋时期诸侯争霸，竞建城池，还有各国都城的建设。三代的城市建设积累了很多经验，到周代有了较为严格的城市制度，产生了一些指导城市建设的人员和城市建设理论。

随着奴隶主阶层的强大和巩固，夏、商、周三代出现了原始社会所没有的一些建筑类型。奴隶主的权力和生活享乐大大推动了宫殿、苑囿的建设；随着奴隶社会阶级矛盾的激化，作为国家机器的建筑官署、监狱也应运而生；而各种重要祭祀活动的举行被列入礼法，也带来了对坛庙、陵墓的日益重视。

建筑格局上，宫殿有了明显分区，小屯村商代宫殿自南向北的三块遗址排列，反映出如后世"前朝后寝""左祖右社"的功能差别。夏、商时期的宫殿遗址中已明显出现南北中轴序列，开辟了后世宫殿建筑群沿南北中轴线对称布置之先河。商代墓上不起坟，这种习俗一直沿袭到东周春秋，但有些墓于墓圹上建有祭祀建筑。地下部分以竖穴土圹为主，圹边辟有墓道，形成甲字形、中字形或十字形平面。贵族王室墓盛行厚葬，"厚殓送终"，墓中有大量陪葬物，表现出对祖先的尊崇。周代的建筑院落布局整齐方正，出现了"门堂之制"和廊院，也出现了纵深串联的合院，传统院落式布局已具雏形。

建筑技术方面，夏商时期继承了原始住居的营造经验，发展了夯土与木构、茅草顶结合的"茅茨土阶"建筑，并经西周演进为"瓦屋"。从各宫殿遗址来看，建筑已经摆脱了半穴居或穴居的形式，均建于地面土阶之上，不仅更加舒适，更显出建筑的地位显赫。重要建筑的平面大抵都是矩形或条形，这比较符合使用要求与当时的建筑结构技术特点。西周时期还出现了陶瓦、陶砖以及少量的铜构件，在建筑材料和构造上有重大进步。上述一些建筑特点，后来逐渐从宫殿建筑扩大应用到一般的民间建筑，推动了建筑的整体发展。

夏、商、周时期留下了一些城市遗址，但没有留下完整的建筑遗构，通过对文献、图像、器物的研究和城市遗址考古等，可以获得当时城市建设和建筑状况的一些信息。

第二节　城市与聚落

像半坡和姜寨那种围绕着原始村落的壕沟，以及原始社会晚期出现的城垣，其主要作用在于防避野兽和其他部族的侵袭。而夏、商、周时期奴隶主所修筑的高大城墙，其主要目的在于防范敌对势力入侵和奴隶暴动，其保护职能为"筑城以卫君，造郭以守民"。至少从商代起，已逐渐形成了构筑内外城垣的形制，这成为后世建城的重要形制。三代的城堡或城市遗址大都有城墙，春秋战国时期，各国都城除城墙维护的"城"以外，还有与"城"并联或包在"城"外的"郭"。

较之原始社会的城与聚落，夏、商、周的城市内部有了更清晰的功能分区。为最高统治者服务的宫室建筑集中建造于内城，成为城市的中心，"城"周围普遍建有墙垣，墙垣外为"郭"，很多郭也有城墙，郭里分布着大量民居和作坊，还有官舍、道路，是为"城"提供生产服务的区域。偃师商城中，宫城位于中央，左右建有两组带围垣的建筑，周围分区混杂，设施简陋，反映出城市建设还很不成熟，但各类作坊已考虑相对集中以便生产和管理。建于中商的郑州商城，城内东北隅的众多大夯土台集中于一处，安阳殷墟中的宫室建筑不仅集中建造，而且已经有了明确的南北轴线，沿轴线布置着前朝、后寝与祭祀建筑。

一、夏代与商代的城市

（一）夏代的城市

据文献记载，夏代都城曾多次迁徙，先后在阳城、斟鄩、安邑、阳翟、帝丘、原、老丘和西河等地建都，但现均未得到确证。在考古发掘中，有学者认为，河南登封告成镇王城岗是夏代第一个都城阳城，河南淮阳平粮台和山西夏县的回字形古城也可能是夏代的都城。

（二）商代的城市

据文献记载，商代的王都亦经五次迁徙，其活动中心在今河南中、北部至山东西部一带。目前已发现的商代城市主要有四座，即河南偃师城西尸乡沟城址（有可能是商一世成汤的都城西亳）、郑州商城（可能是中商"仲丁迁隞"的隞都）、湖北黄陂盘龙城（中商某国宫城）和安阳殷墟（晚商殷都）。

河南洛阳偃师尸乡沟商城是保存较完整的一座早期都城，它建于洛水北岸的高地上，北依邙山，南临洛水，城址面积约190万平方米，平面大体呈长方形，南垣已为洛河冲毁，西城墙现存1710米，北墙长1215米。城内探出七处城门，各有大道相通。正中偏南有周以围墙的集中夯土台，估计为"宫城"，夯土台上的宫殿采取庭院式布局。宫城西南和东北各有方城一座，规模与宫城相近，内有营房、库房之类。尸乡沟城的格局已相当规整，宫城居中，重点突出，规划方式与大约500年后的西周洛邑王城有些相似。据《尚书·序》载，"汤始居亳"，《帝王世纪》载"偃师为西亳"，此城很可能是成汤所居的西亳（图2-1）。

郑州商城的平面接近正南正北的正方形，城垣周长约7公里。四周城墙上发现缺口11处，哪些是城门尚未得到确认。宫城居北，制陶场、冶铜酿酒作坊和半穴居的奴隶窝棚散布城外（图2-2）。

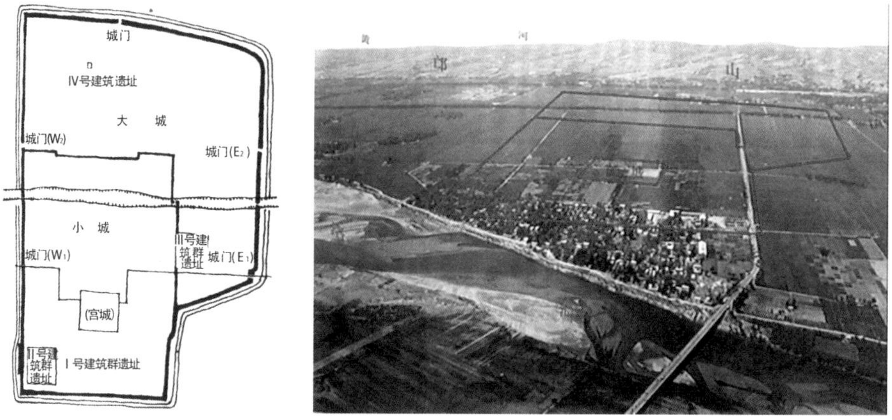

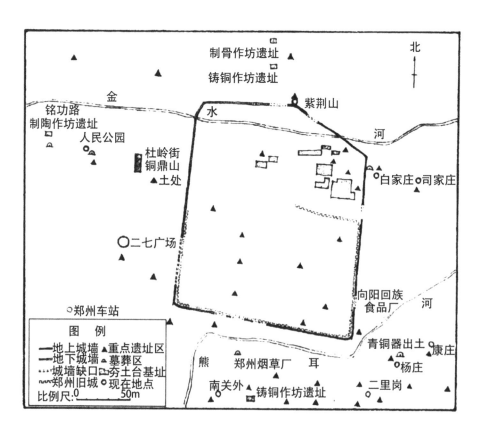

图2-1 洛阳偃师西亳商城遗址平面图

（《中国文物报》1998年1月11日，转引自刘叙杰. 中国古代建筑史. 第一卷[M]. 中国建筑工业出版社，2009：144.）

图2-2 河南郑州市商城及其重要遗迹分布图

（《商周考古》，转引自刘叙杰. 中国古代建筑史. 第一卷[M]. 中国建筑工业出版社，2009：145.）

湖北黄陂县盘龙城有商代南方某国君的宫城遗址，城址位于盘龙湖畔一座半岛上，北接山冈，东、西、南三面为湖水环绕，地势东北高、西南低。城址平面呈菱形，东西260米、南北290米，城垣周长1100米，面积很小，约65 400平方米。宫殿居于东北高地，与南城门遥相对应。民居手工业区及墓葬均在城外，墓葬区发现有奴隶殉葬墓以及陪葬的青铜器、玉器和陶器。其建造时期大约为商代中期（图2-3）。

①
《春秋大事表·都邑》："周王有城邑四十、晋七十一、鲁四十、齐三十八、郑三十一、宋二十一……"

②
依《左传·庄公二十八年》所载，建有宗庙者，方可称"都"，无宗庙者称"邑"。

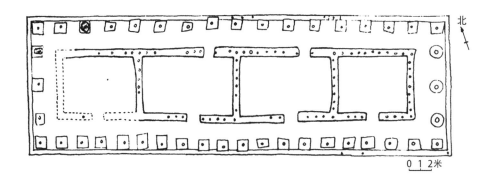

0 1 2米

图2-3 湖北黄陂县盘龙城商代诸侯宫殿遗址F1平面
（《文物》1976年第2期，转引自刘叙杰.中国古代建筑史.第一卷[M].中国建筑工业出版社，2009：158.）

晚商时盘庚迁都于殷，即今河南安阳西北的殷墟遗址。该遗址位于洹水南岸，由西而东的洹河在此形成两个河湾。城之东、北依洹水为塞，西、南建有防御性壕沟，未发现城墙遗迹。城址东西长6公里，南北长4公里。宫殿区居于城中，北临洹水河曲，沿南北向的纵轴线布置着一系列门、殿和院落。洹水北岸，城北、城东集中有王陵和贵族墓葬，南面是大面积的贵族和平民居住区以及手工业作坊区（图2-4）。

二、周代的城市

周代初年，随着分封制的推行和发展，分封到各国的诸侯领主纷纷在自己的领地上建立或扩建城邑，作为政治、经济和军事的据点。这样的造城运动到了春秋战国时期更加频繁。据对《春秋大事表·都邑》所载城邑的不完全统计，其总数已达351座①。至战国时，列国诸侯城邑总数又大大超过于此。

据文献记载，周代根据宗法分封制度对城市规定了严格的等级，大体可以分为三类：① 周王都城（称为"王城"或"国"）；② 诸侯封国都城；③ 宗室或卿大夫封地都邑。②除了政治地位的高低以外，在城市规模上，诸侯城大的不超过王城的1/3，中等为王城的1/5，小的为王城的1/9。城墙高度、道路宽度以及各种重要建筑物都必须按等级制造，否则就是"僭越"。但就目前所知考古资料而言，还不能完全印证上述制度执行和实施的情况。

自东周以后，周王室权势日益衰微，而各地诸侯势力不断膨胀，于是出现了所谓"礼崩乐坏"的混乱局面。因此，各地诸侯城邑建设就不再受上述礼制的约束。

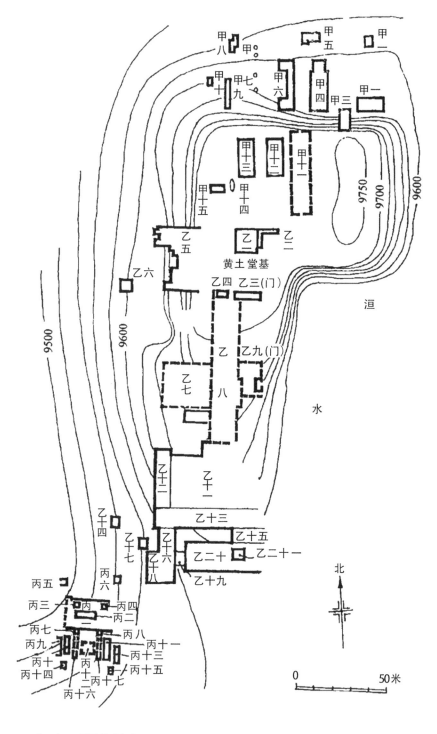

图2-4　河南安阳市小屯殷商宫殿遗址总平面图
（刘叙杰. 中国古代建筑史. 第一卷[M]. 中国建筑工业出版社，2009：157.）

（一）西周的城市

周起源于黄河上游，最早居于甘肃东部一带，以后数次东迁，文王时迁都至丰京（今西安以西沣河西岸），武王灭殷前又移都镐京（沣河东岸），直至公元前770年平王东迁洛阳。西周初的都城丰、镐均位于今日陕西西安西北。丰、镐二京合称宗周，周王在镐京居住理政，在丰京祭祀先祖。经考古发掘，丰、镐两地有丰富的西周文化遗存，但城墙和城市的布局却难以确知，丰京面积约有6平方公里，相当于郑州商城的3倍，镐京在西汉时就已因昆明池的挖掘破坏大半，详情不明。

西周在建筑史上最重要的城市，是作为陪都的洛邑王城——又作雒邑（今河南洛阳），史称"成周"，由周成王主持建造于武王立国之初，东周平王东迁后正式定此为都。周武王、周公旦、周成王都认为这里是"天下之中，四方入贡道里均"（《史记·周本纪》），遂迁伐殷时所获作为政权象征的九鼎于此。后来，洛邑一直是东周的正式都城。周公、召公还绘制了洛邑的规划图，是中国也是世界现知最早的一份城市规划图。据《逸周书·作雒解》记载：成周"城方千七百二十丈，郭方七十里，南系于洛水，北因于郏山，以为天下之大凑"。考古发掘东周城址约为方形，东西2890米、南北3320米，折合西周尺度（周里约415.8米）东西约7里，南北约8里，大致符合后世记载中"方九里"之数。城内偏南发现有宫殿与宗庙的大夯土台基，并设墙垣围绕，基址中出土了大量板瓦、筒瓦和陶水管，瓦当上有饕餮纹、云雷纹。城北为宽广的窑场和作坊。洛邑以宫殿区为中心，全城均齐对称，规整谨严，传达出严格而理性的规划原则，与《周礼·考工记》所载之周王城颇有对应之处（图2-5）。[1]

在洛阳大型东周车马坑中所发现的六匹马驾一车的遗迹，印证了古文献中有关夏、商、周时期"天子驾六"[2]之说，反映出周代理性而严格的礼法制度，也间接证明了周代王城等级制度实施的可能性。周代所形成的礼法制度渗透到了包括仪礼、服装、城市规划、建筑格局等城市生活的每个部分，对我国后世的城市规划及建设均影响深远（图2-6，图2-7）。

① 城内中央还发掘有汉代所筑河南县城，每边长约1400米。

② 《逸礼·王度记》曰："天子驾六，诸侯驾五，卿驾四，大夫三，士二，庶人一。"

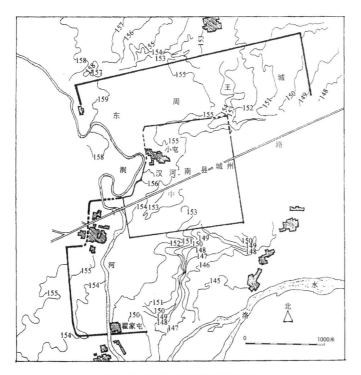

图2-5 洛阳东周王城遗址实测图

（《考古》1998年第3期，转引自刘叙杰. 中国古代建筑史. 第一卷[M]. 中国建筑工业出版社，2009：231.）

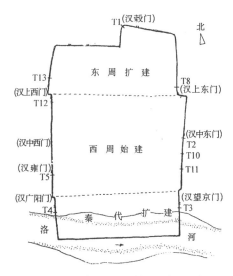

图2-6 周、秦成周洛阳城平面发展示意图
（《考古》1998年第3期，转引自刘叙杰．中国古代建筑史．第一卷[M]．中国建筑工业出版社，2009：233．）

图2-7 洛阳东周王城博物馆内的"天子六驾"
（洛阳播报（搜狐网））

（二）东周（春秋战国）的城市

春秋战国时期大量大规模新兴城市涌现，城市、宫殿等的建设出现了许多僭越现象。诸侯间的竞争掀起了城市建设的高潮，各国都城尤其繁华，齐临淄、魏大梁、楚鄢郢、赵邯郸、燕下都均成为人口众多、工商云集的大都市。《史记·苏秦列传》中这样描述了齐国都城临淄的胜景："临淄之中七万户，……不下户三男子，三七二十一万。……临淄之涂，车毂击，人肩摩，……"总的来看，春秋各国都城仍较规整方正，宫城居中，道路平直，如鲁曲阜、江陵楚郢都和吴地奄城等。不规整的城市多出现在战国，城郭不方正，因地制宜，布局和砌筑都顺应地形，外郭附于城侧，如郑新郑、齐临淄、燕下都、邯郸赵等。（其他实例还有山西侯马晋故城、苏州吴阖闾城、陕西凤翔秦雍城。）

1．鲁曲阜

规整方正的春秋城市中，最典型的是建于周初的曲阜（今山东曲阜）。曲阜是鲁国都城，曾为周公之子伯禽的封地。伯禽带来的大量礼乐典籍、彝器以及他对西周成法的重视，对于包括建筑在内的鲁国文化产生了重要影响，以致时人称："周礼尽在鲁矣！"鲁曲阜外郭平面大体呈东西长的矩形，东西3.5公里、南北2.5公里，面积约10平方公里，小于西周王城"方九里"的规模。其外垣始筑于西周，据文献记载，每面3门，共12门，门道宽7～15米，门外两侧建有突出的墩台。宫城在城中略偏东北，有大型夯土台基多处，地坪从东北角向西南渐渐降低。宗庙与宫城相邻。城内已发现10条大道，经纬各5，主干道自宫室南通向南墙东门，并延向门外之舞雩台，另有两路纬线靠近宫城之南北，并连通外城东、西墙的两座城门。手工业作坊位于城内北部和中部，其间散布民居（图2-8）。楚国的郢都也类似此种形制，城郭方正，宫城居中，道路经纬相交。

2．郑韩新郑

外郭附于城侧的实例有郑韩新郑，即今河南新郑，春秋初期为郑国都城，战国中期韩国灭郑国后就成为韩国的都城。城分东西两半，有墙相隔，双洎河斜穿二城南部。西城规整，基本呈方形，东西5000米、南北4500米，宫城居中，东西500米、南北320米。东城东临黄河，城郭顺着河道曲折，很不规整，其面积约为西城的2倍，主要是作坊和工匠居住地。新郑开启了春秋战国一度颇为盛行的"城"（即王城）、"郭"（即外城）相连之制。城、郭相依，既体现了国君和国人的区分，又体现了王城对郭城在政治军事上的管理以及生产生活上的依赖（图2-9）。

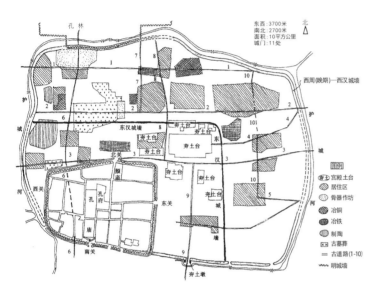

图2-8　山东曲阜县鲁故城遗址图
（《文物》1982年第12期，转引自刘叙杰. 中国古代建筑史. 第一卷[M]. 中国建筑工业出版社，2009：234.）

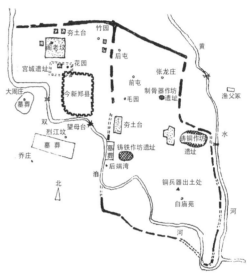

图2-9　河南新郑县郑、韩故城平面示意图
（《郑韩古城》1981年，转引自刘叙杰. 中国古代建筑史. 第一卷[M]. 中国建筑工业出版社，2009：242.）

3．齐临淄

战国时期齐国的都城临淄（今山东临淄），也是城、郭相依的形制，建于西周夷王元年（公元前887年）。城址东临淄河，西临系水，城垣随河岸转折，有二十多处拐角，所以平面呈不规则的矩形。郭城南北约4.5公里、东西约3.5公里，面积约16平方公里，主要分布有手工业作坊和民居，推测居住着一般百姓和官吏。城内已探出有7座城门和7条道路。王城紧靠在郭城的西南隅，南北约2公里、东西约1.5公里，面积约3平方公里，有5座城门。王城西北隅最高，有大面积夯土高台，相传为"桓公台"，台周围是大片夯土台基，应为宫室所在。王城与郭城相接的东、北两面城垣外有城壕，其城门门道也比较长，门外两侧城墙向郭凸出，东北城角也特别厚，推测其上可能建有角楼，以防来自郭城方向的进攻。据文献记载，城西一带曾林木繁茂，泉出成池，应为郊外宫苑，王城西垣外还有"歇马台""梧台"等夯土基址。另外，王城、郭城内均发现设计与铺筑良好的石砌下水道，最长有2800米、宽30米（图2-10）。

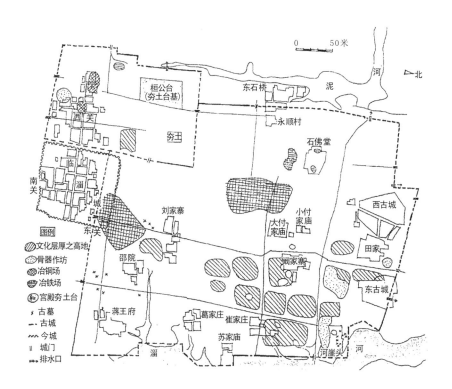

图2-10 山东临淄齐国故城实测图
（《文物》1972年第5期，转引自刘叙杰.中国古代建筑史.第一卷[M].中国建筑工业出版社，2009：236.）

4．楚郢城

自文王元年（公元前689年）至战国后期秦将白起"拔郢"（公元前278年），约400年间，郢城一直都是楚国的国都。此城位于湖北江陵市北纪山之南，又称"纪南城"，有三道河流入。平面大体呈矩形，南北约3600米、东西4450米，面积约16平方公里。城内东南为一高地，南城垣在此凸出一段，包山于城内，经发掘有7处可确定为城门遗址，南垣之西门为水门，经发掘有并列门道3条，各宽3.5米，门道进深11.5米。宫室集中于城市内东南，遗址有较大夯土台基五六十处，周以厚9米的宫垣；建筑均依中轴线作有规律的排列（图2-11）。

5．吴地奄城

今称淹城，位于江苏常州市南约7公里。其平面略呈椭圆形，外城周长近2500米、宽25~40米；内城周长约1500米、宽约20米；子城周长约500米。三城外均有护城河围绕，河面均宽30~50米，最宽处有80米。三城各有一座城门且错开方向，外城门在西北，内城门在西，子城门在南，如此做法可能主要为防御考虑（图2-12，图2-13）。

此外，还有燕上都与下都，燕下都位于今河北易县，居南北易水之间，由东西二城并联组成，全城东西约8公里、南北4公里，为已知周代诸侯城之最大者；晋新田在今山西侯马市区汾河与浍河之间，平面呈一缺东北角的长方形。据文化堆积，知此城建于春秋中、晚期，并沿用至战国早期；赵邯郸所发掘的平面包括宫城和郭城二部。宫城（称"赵王城"）由"品"字排列之小城组成，有渚河水穿过。郭城在宫城东北，平面呈缺西北角之矩形，此种宫城与郭城分离布置的实例为现代发现中的孤例。

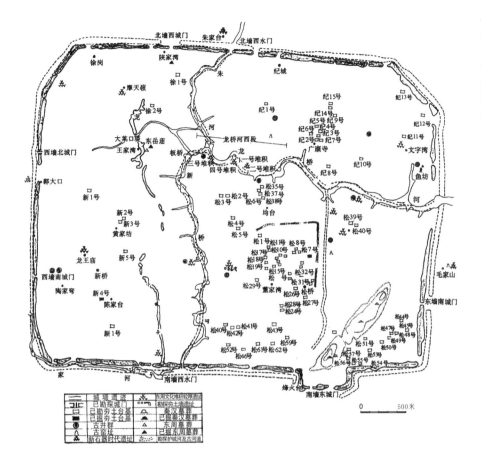

①
《尚书》和《史记·周本纪》中都记载了周公摄政时迁都洛邑的事。当时新都的营建已开始严格按照礼制规划。

图2-11　湖北江陵楚郢城复原示意图

（《考古学报》1982年第3期第331页，转引自刘叙杰. 中国古代建筑史. 第一卷[M]. 中国建筑工业出版社，2009：243.）

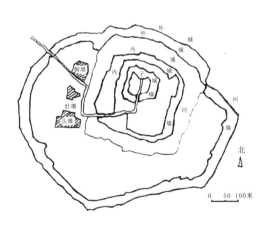

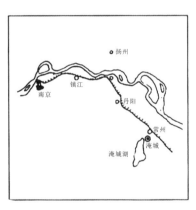

图2-12　江苏武进市春秋淹城平面及位置图

（《文物》1959年第4期，转引自刘叙杰. 中国古代建筑史. 第一卷[M]. 中国建筑工业出版社，2009：250.）

三、城市营造的理论

夏至春秋战国，历代各国的城市建设总结了丰富的经验，都城营造理论应运而生。成书于春秋末叶的齐国官书《周礼·考工记》追述了西周的一些都城规划制度："匠人营国，方九里，旁三门，国中九经九纬，经涂九轨，左祖右社，面朝后市，市朝一夫。"①匠人：搞城规之人。营：建造。国：国都。方九里：每边长九里，约3000米。涂：道路。九轨：九倍车轨，可并排走三辆车，约18米。祖：祖

图2-13 江苏武进市春秋淹城鸟瞰
（潘古西《中国建筑史》（第五版）光盘）

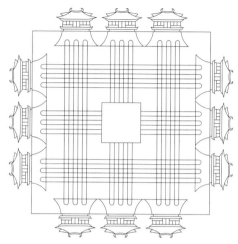

图2-14 宋聂崇义《三礼图》中的周王城图
（孙蕾翻绘自《四库全书》（电子版）经部四礼
类四 聂崇义《三礼图集注》卷四）

庙。社：社稷坛。市：宫市。一夫（fú）：一男子田亩配额为一百亩，一夫即指
一百亩。通段的意思是：匠人营造的王城为方形，每面九里，各开三座城门。城内
有九条横街，九条纵街，每街宽均可容九辆马车并行（一轨即一辆马车车轮之间的
距离）；城的中部为宫城，左设宗庙，右设祭坛，宫城前（即南部）为外朝，宫城
后（即北部）为宫市；宫市和外朝的面积各方一百步。这是一座规整、方正、中轴
对称的城市（图2-14）。周代王城严格规整的规划制度，对后世中国古代城市的
规划布局产生了深远的影响。

　　另《管子》中也载有"凡立国都，非于大山之下，必于广川之上；高毋近旱，
而水用足；下毋近水，而沟防省；因天材，就地利，故城郭不必中规矩，道路不
必中准绳……（道路）不可平以准"，"凡士者近宫，不士与耕者近门，工贾近
市"，也就是说官员住所靠近宫；非官者与耕者住所靠近城门郭门，以利于其出郭
耕种；工匠、商人靠近市场。选址要依靠地形地势，城墙建设不必很规整，道路也
不必非得笔直平坦。城市规模的确定应从经济角度考察城市与农村的协调关系，城
市规模与人口和田地成正比。城市的布局，为了作坊的方便，应该按职业划分所在
区域——居住分区。充分体现了因地制宜、根据城市功能合理布局的规划原则。

第三节　宫殿

　　奴隶主阶层为了享乐和炫耀地位，需要大规模地建造宫室，以其权力与财富之
巨，宫殿的建造往往集中了当时的全部人力、物力，经过精心的组织和筹划，所以
也往往反映出当时建筑技术与艺术的最高水准。在商代各期宫室遗址中，已多见庭
院式或廊院式的建筑布局。

　　目前考古发掘有大批夏、商代宫殿遗址，可作为认识夏、商两代宫殿建筑的基

础。其中著名的有河南偃师二里头夏代宫殿遗址、河南偃师尸乡沟商城宫殿遗址、河南郑州商城宫殿遗址、河南安阳殷墟晚商宫室遗址、湖北黄陂县盘龙城商代宫室遗址等。至于周代，目前尚未发现直接的周王室建筑遗址，只能依据文献记述来推断其大致规制。

考古学者认为河南偃师二里头一号宫殿遗址是夏代早期宫殿遗址。这是一组东西108米、南北100米的庭院，周围以回廊环绕，东南一角凸出，呈不规则矩形。南侧回廊中部为门屋，庭院中部有平整的承夯土台基，高出地面约0.8米。大殿位于台基中部偏北，东西长30.4米、南北深11.4米，以卵石加固基址。南北两面各有柱洞9个，东西两面各有柱洞4个，建筑结构应为木柱梁式，只是柱网尚不整齐。遗址没有发现瓦件，推测仍然是"茅茨土阶"的形式，壁体为木骨抹泥墙，屋面覆以树枝茅草（图2-15）。根据对"夏后氏世室"的描述，杨鸿勋先生将其复原为一堂、四室、四旁、两夹的格局（图2-16）。这些实例表明廊院布局在商代以前已经形成。

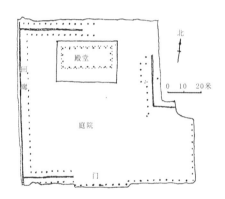

图2-15　河南偃师县二里头夏代晚期一号
宫殿基址平面图

（《文物》1975年6月，转引自刘叙杰. 中
国古代建筑史. 第一卷[M]. 中国建筑工业出
版社，2009：150.）

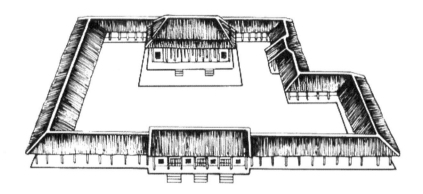

图2-16　河南偃师县二里头夏代晚期一号宫殿复原示意图

（《文物》1975年6月，转引自刘叙杰. 中国古代建筑史. 第一卷[M].
中国建筑工业出版社，2009：150.）

商初的西亳发现有宫城遗址，平面近似正方形，四周有围墙环绕，面积达4.5万平方米。中部有一大两小三座宫殿建筑夯土基址，中间大道直通南门，大道两侧亦有建筑夯土遗址，基本呈左右对称的布局（图2-17，图2-18）。

晚商安阳殷墟的宫殿区居于城中，沿南北纵轴线布置着一系列门、殿和院落。殷墟宫殿周围未见墙垣遗迹，但其东、北二面临河，西、南二侧以人工开掘沟渠与洹水相通，作为环绕宫殿的护城河。宫殿布局比二里头宫室紧凑，建筑群由若干庭院组成，从南到北依轴线对称排列着祭祀建筑、朝廷、后宫。房屋下筑夯土台基，有长方形、方形、条形、曲尺形、门字形等多种平面。宫殿南区现余17处夯土台基，房屋西侧房基下埋有牲人，东侧下埋有牲畜。中区现存有21处夯土台基，明显沿轴线排列，门址3处，门下埋五六个手执戈盾的牲人，估计是宫殿的门卫。推测

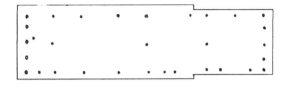

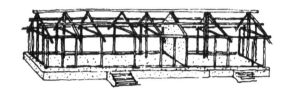

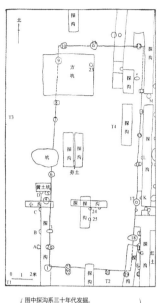

图2-17　河南安阳市小屯殷商宫殿遗址甲四平面图及复原设想图

（《安阳发掘报告》第4期，转引自刘叙杰. 中国古代建筑史. 第一卷[M]. 中国建筑工业出版社，2009：158.）

图2-18　河南安阳市小屯殷商宫殿遗址甲十二基址平面图

（《考古》1989年第10期，转引自刘叙杰. 中国古代建筑史. 第一卷[M]. 中国建筑工业出版社，2009：158.）

该区域为王室的祭祀建筑所在。北区现存有15处夯土台基，多为矩形平面，并按照东西向排列，夯土台基下没有埋牲人，应该是后宫居住区。从夯土台基上的柱洞来看，承重木柱仍深埋于台基中，结构形式应与早期建筑相似。值得注意的是，柱下已垫有不规则的石块柱础，有的还在柱脚与石础间加垫一铜片（称为"锧"）防潮隔湿。

　　此外，安阳殷墟妇好墓（M5）的出土文物中有一个带盖的偶铜方彝，通高60厘米，口长69.2厘米、宽17.5厘米，重71千克，为祭祀用的礼器（图2-19）。其上部形似殿堂式屋顶，正背两面上方各有7个突出体，被认为可能是早期木结构建筑梁头的反映；器身繁复的装饰纹样和粗壮的扉棱，可以帮助我们想象那个时代富丽、凝重的宫殿建筑风格。

　　依《周礼·考工记》所述，西周的宫殿布局已经比较理性，且形成了严格的"三朝五门"制度。所谓"三朝"，指天子处理政务的场所，按照功能又分为外、内、燕三朝（后世又称大朝、日朝、常朝）。外朝是举行重要典礼的场所，内朝又称"治朝"，是天子每天处理政务之地，又是举行"宾射"的场所。燕朝在路门与寝宫之间，是内部议事之处。所谓"五门"，指皋门、库门、雉门、应门、路门五道门，"皋"意为远、高，"皋门"就是宫殿最外面的一座大门；"库门"即第二道门，顾名思义，设置了周王日常或出行所必备的府库和车马；"雉门"是第三道门，雉的意思是"中间"，这是宫殿的前门；第四座"应门"是宫殿的主门；最后一道门即路门，是宫廷寝区的门。周代宫殿通过"三朝五门"制度，有了空间的进

图2-19　中国国家博物馆藏安阳殷墟妇好墓（M5）出土的铜方彝

（图片来源：中国国家博物馆）

深和序列，并且有了前为宗庙、社稷，中为朝廷，后为寝宫的明确功能分区。这种"前朝后寝"的格局到隋唐发展至鼎盛，明清仍有附会和沿用。

"三朝五门"制度虽没有直接的周王宫殿实例佐证，但从陕西凤翔秦雍城宫殿遗址来看，有沿南北轴对称排列的五重庭院，外围宫墙环绕，非常接近这种制度（图2-20，图2-21）。

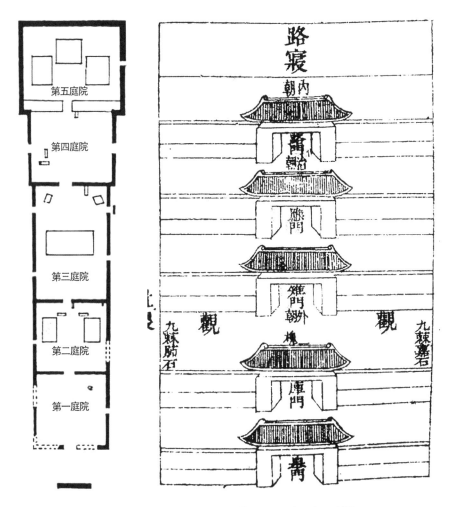

图2-20　陕西凤翔县东周
时期秦雍城宫殿遗址
（《考古与文物》1985年第2期，转引自
刘叙杰. 中国古代建筑史. 第一卷[M].
中国建筑工业出版社，2009：264.）

图2-21　三朝五门示意图
（《钦定周官义疏》）

综上可见，在夏代时，宫殿采用四面围合院落空间格局已经形成，主殿设在院落中部靠后的位置，南侧中部设门屋作主入口，并不追求门屋与主殿在同一条轴线上。宫殿均建在夯土台基上，夏代早期采用双开间数，晚期为单开间数，基本采用木柱梁式结构、木骨泥墙技术。商代宫殿规模更大，空间层次和变化更多，组合比较紧密，格局也很完整。有周一代，由于政治制度更完善，其宫室的制度也更加完整，并对后世历代宫殿制度产生了不同程度的影响。

第四节　祭祀建筑与墓葬

一、祭祀建筑

祭祀仪式是人类社会早期崇拜自然、祖先及神灵的重要表现形式，活动频繁，由此产生了一系列相应的祭祀建筑。

原始社会祭祀天地日月多在露天举行，其祭祀建筑即为露天的祭坛。及至夏、商、周三代，祭天地仪式仍有延续，事后将祭物烧毁掩埋，称为"燔瘗"（fán yì）。《尔雅·释天》云："祭天曰，燔柴；祭地曰，瘗薶。"四川广汉三星堆发现晚商巴蜀文化的祭祀坑二处，其中有大量打碎及烧毁的金、铜、玉、象牙、骨、石、陶器与动物骨渣，包括精美的铜制祭师立像和大型的面具等，此坑当属"燔瘗"仪式的产物。

对祖先和土地的祭祀多在宗庙和社稷中进行。从《考工记》"左祖右社"的记述可知，周时已将宗庙与社稷置于宫殿前两侧。实际上，从殷墟宫殿遗址中发现，殷商已是如此。"左祖右社"的格局从此奠定，成为后世的固定形制。所谓"左祖"，是在宫殿左前方设祖（宗）庙，为帝王祭拜祖先的地方，因为是天子的祖庙，故称太庙；所谓"右社"，是在宫殿右前方设社稷坛，社为土地之神，稷为五谷之神，社稷坛是帝王祭祀土地神、五谷神的场所。

陕西岐山凤雏村发现的一处早周建筑，建在一个东西长32.5米、南北长45.2米、残高约1.3米的夯土台基上，平面呈日字形，总面积约1415平方米。沿中轴线有影壁、门屋、前院、大堂、天井、后室，两边有塾、厢、廊屋等，布局严整对称。大堂六开间，结构为柱梁式木构，屋顶采用芦苇束抹灰，可能只有天沟和脊部用瓦。建筑外墙俱用夯土墙内植木柱形式，内墙则用草泥堆砌，房屋基址下设有排水陶管和卵石叠筑的排雨水暗沟。据考古学者推测，此建筑可能是武王灭商以前的先周宗庙，因为其前堂面积较大，超过100平方米，而后室及东西厢房间面积很小，在11~18平方米之间，作为贵族诸侯的寝居不太可能。此外，在西侧廊屋中发现存有占卜骨甲窖藏，所以，一般认为此建筑应属祭祀范畴，使用者等级为诸侯。此建筑院落式布局已相当严整，与后世成熟的四合院建筑形制相差不多，这说明至早周时，合院建筑已有一定的发展历史，但本例仍为中国目前发现的最早的完整四合院建筑遗址（图2-22，图2-23）。

另有在陕西凤翔秦故都雍城遗址中发现的宗庙，其制式属帝王级别。此宗庙由三座主体建筑排列成品字形，太庙居中、昭庙居东、穆庙居西。各建筑均分隔成不同用途的房间，平面形式大致相同。台基为矩形，设左右（东西）两阶；房间有前室，向庭院开口，未筑土垣，后室背靠前室，另有东西夹室和东北西连通三堂；房间周围设回廊。庭院及夯土台中还留有大量奠基的牲人、牲畜及车马。在三代的宫殿、房屋基址中，很多都发现有奠基的牲人，如夏代阳城及晚商殷都宫殿、河北真城县的商代中期聚落等。

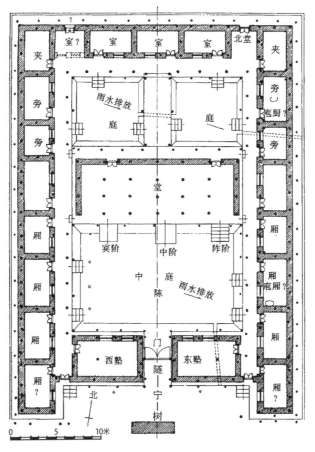

图2-22 陕西岐山凤雏先周宗庙建筑基址平面图

（《文物》1979年第10期，转引自刘叙杰. 中国古代建筑史. 第一卷[M]. 中国建筑工业出版社，2009：277.）

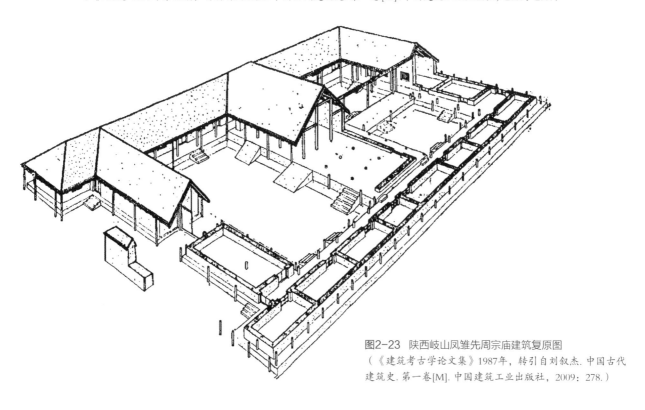

图2-23 陕西岐山凤雏先周宗庙建筑复原图

（《建筑考古学论文集》1987年，转引自刘叙杰. 中国古代
建筑史. 第一卷[M]. 中国建筑工业出版社，2009：278.）

二、墓葬

原始社会的墓葬非常简陋，据记载，禹出巡道死，即葬会稽，因山为陵；夏代帝王墓也"不封不树"，即墓上都没有封土（人工堆成高出平地的坟丘）和植树，这与孔子《礼记·檀弓上》所说的 "吾闻之：古也墓而不坟"相符。到了殷商时期，奴隶主的墓葬突然隆重起来，不但规模很大，有大量杀殉，中、大型墓室内还以大木层叠为椁室，椁内设棺，在墓上建享堂。

商代墓葬以竖穴土圹为主流，不同规格墓的区别在于土圹之大小与深度以及有无二层台。殷墟有许多王公贵族的大型墓葬，墓坑平面皆为矩形，王墓东西南北四出墓道或南北二出墓道，贵族墓最多有南北二出墓道或者只南面有墓道，甚至不建墓道。大、中型墓圹底常设"腰坑"（图2-24）。贵族墓中常有殉人，大墓则另有牲人。此外还有殉犬、马、猴等动物。以上特点，以晚商诸王陵最为典型。这些形制，对后来的周、秦、汉诸代墓葬影响至大。商代贵族王室墓盛行厚葬之制，随葬之器物甚为丰富，依种类有礼器、兵器、车马具、货币及生活用具等，依质地有铜、金、玉、石、骨、象牙、木、陶器等。在未曾被盗的安阳5号墓(武丁配偶妇好墓)中，出土器物近两千件，推测商王墓中必然更多。

已知最大一座王墓为河南安阳侯家庄大墓（HPK·M1001），亚字形平面，南北长18.9米、东西长13.75米，中间墓坑深超过15米，四出墓道，主墓道在南。墓坑内二层台较窄，墓底有"奠基"坑九处：中央一，墓室内四角各一，椁室四角与墓室四角间又各一（图2-25）。

图2-24 原始社会到夏、商、周的墓葬形式发展示意图
（王裕国 绘）

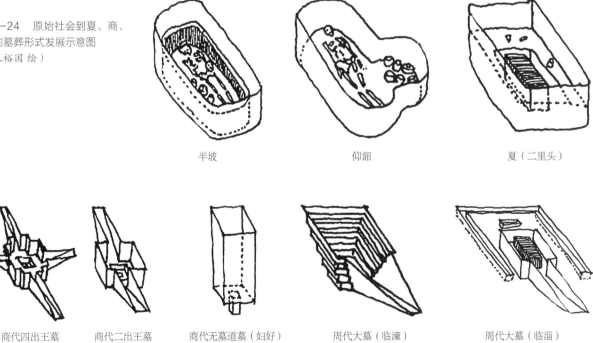

半坡　　　　　　　　仰韶　　　　　　　　夏（二里头）

商代四出王墓　　商代二出王墓　　商代无墓道墓（妇好）　　周代大墓（临潼）　　周代大墓（临淄）

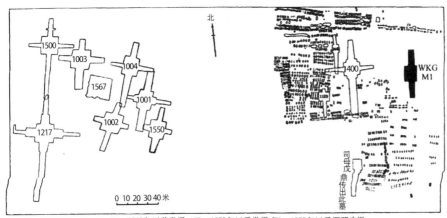

图2-25　河南安阳市侯家庄商代陵墓及祭祀坑分布图
(《新中国的考古发现与研究》，转引自刘叙杰. 中国古代建筑史. 第一卷[M]. 中国建筑工业出版社，2009：182.)

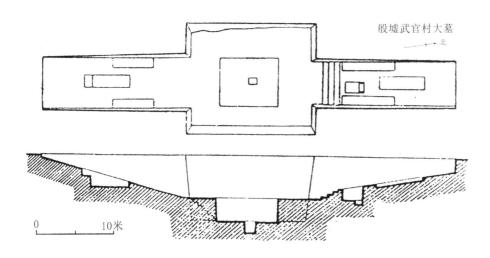

殷墟武官村大墓
北

图2-26　河南安阳市武官村大墓（WKGM1）实测图
图中所示为腰坑，腰坑中埋一执戈侍卫
(《商周考古》，转引自刘叙杰. 中国古代建筑史. 第一卷[M]. 中国建筑工业出版社，2009：184.)

　　另河南安阳市武官村大墓（WKGM1）为"二出"墓道实例。此墓墓坑平面为矩形，南北长14米、东西宽12米、深7.2米，南北墓道各一。这些墓里一般有二层台和墓穴腰坑（图2-26），一层台上或墓道中殉葬一人或一狗，墓外另有坑葬杀殉的奴隶和牲畜、车马。墓室内有木棺，棺外护以木椁。除王公贵族的大墓外，一般殷商墓葬仍只是大小不等的长方形竖穴土坑，没有墓道。

　　殷商大墓的墓顶情况不明，墓上不起坟，但有的墓（如武丁帝妃妇好墓）已在墓顶平地上建享堂。享堂夯土房基的大小与墓圹口接近，房基上有排列规整的柱洞，洞内有卵石柱础，房基外侧还有夯土擎檐柱基，据残迹复原，是一座面阔三间或三间以上、进深两间、有周围廊的"四阿重屋"享堂（图2-27，图2-28）。

　　周代帝王大墓形制承接商代，大量杀殉之风在西周中期后已稍有减退，但直到春秋战国时仍未消除人殉。周代棺椁已有严格的等级规定："天子棺椁七重，诸侯五重，大夫三重，士再重"。随葬礼器天子九鼎，卿七鼎，大夫五鼎，士三鼎或一鼎。但实际发掘却发现，有的墓葬对此规定有所僭越。已发现的周代大墓均采用土圹木椁形式，墓室用井干式大木堆砌。

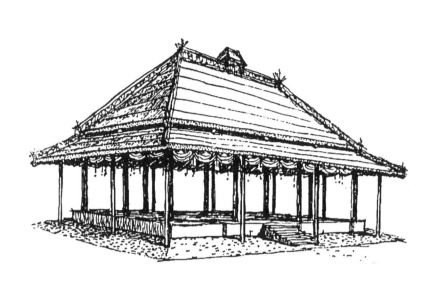

图2-27 河南安阳市小屯5号墓（妇好墓）享堂复原设想图
（《建筑考古学论文集》，转引自刘叙杰. 中国古代建筑史. 第一卷[M].
中国建筑工业出版社，2009：162.）

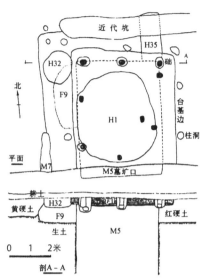

图2-28 河南安阳市小屯5号墓（妇好墓）
建筑遗迹平面、剖面图
（《建筑考古学论文集》，转引自刘叙杰.
中国古代建筑史. 第一卷[M]. 中国建筑工业
出版社，2009：161.）

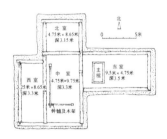

图2-29 湖北随县擂鼓墩战国
曾侯乙墓平面图
（《文物》1979年第7期，转引
自刘叙杰. 中国古代建筑史. 第
一卷[M]. 中国建筑工业出版社，
2009：303.）

①
古代金属细工装饰技法之一，也称
"错金银"，最早见于商周时代的
青铜器，主要用在各种青铜器皿、
车马器具及兵器等实用器物上的装
饰图案。

战国晚期，河南已出现空心砖墓室，以巨大的空心砖代替木椁，其后，空心砖墓在西汉特别盛行，并有了单室、双室或带耳室的多种形式，是木椁墓向西汉晚期以后小砖墓的过渡。在墓葬的地面建筑方面，传说西周墓已有封土，但尚未发现实例，墓上垒土为坟大概始于春秋，战国墓葬已多有封土，"丘墓""坟墓""冢墓"之称当时已经盛行，丘、坟、冢，原意即土丘、土堆。陵，原指高大的山，帝王墓葬上崇高的封土堆有如山陵，故此后各代帝王的墓葬又特称陵墓（图2-29）。

建于战国晚期的河北平山县中山国王墓，便有高大夯土台作为封土，封土台上建造享堂的形制。墓中出土的一方98厘米×48厘米×1厘米的金银错[①]《兆域图》铜版，即此陵园规划图，陵墓区的范围叫"兆域"。图上刻画有陵墙、土丘、祭室及附属建筑的名称、尺寸，是我国发现得最早的建筑设计平面图。据此图及遗址复原的陵园规划格局如下：外围两圈长方形陵墙，内筑封土台，台平面为长方形，东西长310余米、高约5米，南部中央稍有凸出；台上并列五座方形享堂，中间是王堂，中间三座即王和后的享堂，两边是后堂，平面边长52米；再两侧为王的二位夫人之享堂，位置稍后退，平面边长41米。五座享堂都是高台建筑，居中一座总高超过20米，台基比其他四座又高1米多，体制最崇。整组建筑以中间的这座王堂为核心，规模庞大，气势宏伟，均齐对称，后堂、夫人堂依次降低，体量减小，平面退后，更加突出主体。此图反映出死者祭祀的位置和对称的布局与生者的居住排列方式非常相像（图2-30～图2-32）。另有战国时的陕西凤翔秦国贵族墓，外围挖有壕沟围护，墓上没有封土。

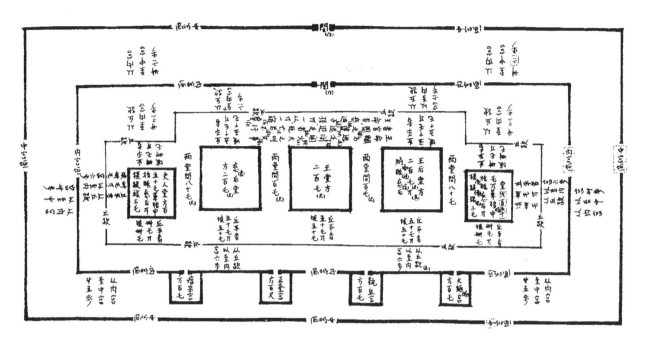

图2-30　河北平山县战国时期中山国王墓M1出土《兆域图》铜版释文

（《文物》1979年第1期，转引自刘叙杰. 中国古代建筑史. 第一卷[M]. 中国建筑工业出版社，2009：300.）

依《兆域图》复原的中山国王墓平面图

（《考古学报》1980年第1期）

图2-31　依《兆域图》复原的中山国王墓鸟瞰图

（《考古学报》1980年第1期，转引自刘叙杰. 中国古代建筑史. 第一卷[M]. 中国建筑工业出版社，2009：301.）

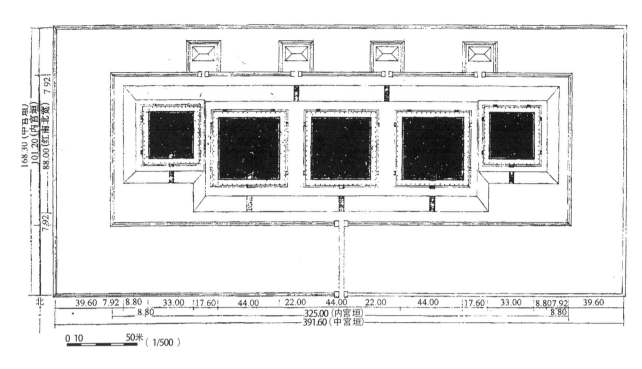

图2-32 依《兆域图》复原的中山国王墓台顶享堂平面图

(《考古学报》1980年第1期，转引自刘叙杰. 中国古代建筑史. 第一卷[M]. 中国建筑工业出版社，2009：301.)

此外，各地还有一些其他的墓葬形式。江苏和安徽南部曾流行墩墓，在地面铺垫石块或砌小型石室来安放死者，然后平地堆土起坟，这或许是因当地地下水位较高，为防潮之故。如江苏无锡市璨山土墩墓和安徽屯溪市西周一号土墩墓（图2-33）。福建、江西、湖南、贵州等多山崖之地多使用悬棺，将木棺高置于崖穴或崖壁安葬。一般百姓则很简陋，用如原始社会之竖穴坑葬，有的甚至无穴，直接在灰坑、灰层中掩埋尸骨。

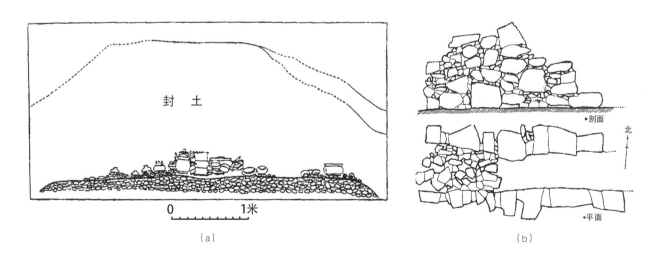

(a)　　　　　　　　　　　　(b)

图2-33 安徽屯溪市西周一号土墩墓剖面图（a）和江苏无锡市璨山土墩墓（b）

(《考古学报》1981年第2期，转引自刘叙杰. 中国古代建筑史. 第一卷[M]. 中国建筑工业出版社，2009：312.)

第五节　苑囿台榭及其他建筑

一、苑囿台榭

苑囿是种植果木菜蔬的"园""圃"和养殖禽兽的"苑""囿"，供帝王贵族狩猎、种植、畜牧和游玩、观赏之用。《大戴礼·夏小正》："圃，有韭圃也"，"囿有见杏"。《诗经》毛苌注："囿，所以域养禽兽也。"《周礼·天官·阍人》："王宫每门四人，囿游亦如之。"台是用土堆筑而成的方形高台，最原初的功能是登高以观天象，通神明，可以登高远眺，观赏风景。《诗经·大雅》郑玄注："国之有台，所以望氛祲，察灾祥，时游观。"《尔雅·释宫》曰："阇谓之台，有木者谓之榭。"《说文解字》："台，观，四方而高者也。"台上建置房屋谓之榭，往往台榭并称。苑囿台榭是中国园林发展的源头。[1]

奴隶主的奢华享乐促进了宫殿、苑囿的建设。据文献记载，夏末帝梁曾建造了相当华丽的"漩室""瑶台""长夜宫""象廊""石室"等。商纣王大兴土木，也曾建"倾宫""鹿台""琼室""沙丘宫"。"南距朝歌，北据邯郸及少丘，皆为离宫别馆"[2]。汉董仲舒《春秋繁露·王道》："桀、纣皆圣王之后，骄溢妄行，侈宫室，广苑囿，穷五采之变，极饬材之工。"另据《史记·殷本纪》记载，纣王"厚赋税以实鹿台之钱，而盈钜桥之粟；益收狗马奇物，充仞宫室。益广少丘苑台，多取野兽蜚鸟置其中。……大聚乐戏于少丘，以酒为池，悬肉为林，使男女保相逐其间，为长夜之饮……"苑中放养众多的野鸭飞鸟以供狩猎取乐，可见当时的帝王贵族苑囿主要是较大规模的天然娱乐场所，多设于郊外。

同样是苑囿台榭，爱民如子的周文王建设的灵台、灵沼、灵囿，却得到民众和历代的赞誉。灵台、灵沼、灵囿建于丰京城郊。据《三辅黄图》记载，灵台"高二丈，周围百二十步"，比纣王鹿台小得多，所需土方通过挖池沼得来，沼内蓄水养鱼。灵囿的规模，据《孟子》载，"文王之囿，方七十里"。苑囿设置专门的官吏"囿人"来管理，囿中蓄养大量飞禽走兽，供文王打猎，外加树木繁茂，因此允许百姓定期入内割草渔猎，但要缴纳一定数量的收获物。此外，周文王的苑囿台榭等园林中，已有设置"辟雍"的记载（《诗经·大雅·灵台》）。春秋战国时期又有魏温囿、鲁郜囿、吴长洲苑、越乐躬苑等。这种苑囿的性质大体仍为自然郊野，只是圈起来稍加人工改建和维护，其功能表现出的是一种贵族的奢靡享乐风气。

高台上建造华丽的建筑，既巍峨壮观又可登高远眺，不仅是权力地位的象征，还可以观天象，传说中甚至可以求仙通神。因而进入春秋战国时期，各国诸侯势力日渐强盛，便竞相建造宫室楼台来炫耀自己的财富和能力，掀起了一股"高台榭，美宫室，以鸣得意"（《淮南子》）的建筑时尚，帝王苑囿中台榭之风渐靡。如楚国筑章华台，亦名章华宫，号称"三休台"，即途中要休息三次方能登顶，位于楚国郢都东约55公里处，云梦泽北沿。据考古发掘，方形台基长300米、宽100米，其上为四台相连。最大的一号台长45米、宽30米、高30米，分三层，每层夯土上

①
周维权. 中国古典园林史（第二版）. 北京：清华大学出版社，2005：24-28.

②
《史记正义》引《括地志》. 转自：周维权. 中国古典园林史（第二版）. 北京：清华大学出版社，2005：34.

均有建筑物残存的柱础。吴王夫差建造姑苏台，位于今苏州西南姑苏山上，"高达三百丈"，"三年乃成"，上有馆娃宫、春宵宫、海灵馆等，"周旋诘屈，横亘五里，崇饰土木，殚耗人力。（《述异记》）"可见工程量之巨大，消耗的人力、物力之惊人，而且具有了更多的游赏功能。其他屡见于记载的知名台榭还有楚豫章台、秦章台、齐琅琊台等。高台内部往往设有多种用途的内室，包括宴乐、居住、储藏等空间。据《史记·夏本纪》载"（帝桀）召汤，而囚之夏台"可知，有的甚至还曾被当作监狱。台榭建筑不仅本身规模庞大，极其奢华，成为苑囿的主体建筑，还往往直接以其名命名整个苑囿。

河南辉县出土的铜鉴上刻有三层高的台榭建筑，底层为土台，外接木构外廊（图2-34）。山西长治出土的鎏金铜匜也是如此，直观地反映出土木混合结构的台榭建筑形象（图2-35，图2-36）。

河北易县燕下都出土阙形铜饰如图2-37所示。

图2-34 战国铜鉴上的建筑图像
（刘叙杰. 中国古代建筑史. 第一卷[M]. 中国建筑工业出版社，2009：271.）

图2-35 上海市博物馆藏战国刻纹燕乐画像铜（木否）（一）
（刘叙杰. 中国古代建筑史. 第一卷[M]. 中国建筑工业出版社，2009：271.）

图2-36 上海市博物馆藏战国刻纹燕乐画像铜（木否）（二）
（刘叙杰. 中国古代建筑史. 第一卷[M]. 中国建筑工业出版社，2009：271.）

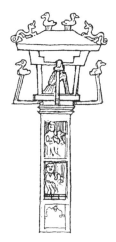

图2-37 河北易县燕下都出土阙形铜饰
（《河北省出土文物选集》1980年，转引自刘叙杰. 中国古代建筑史. 第一卷[M]. 中国建筑工业出版社，2009：312.）

二、作坊建筑

商周时期，陶窑形制更为完备，如山西长治市小长乡小神遗址二里头时期陶窑（Y3）、河北唐山市东矿区古冶镇商代陶窑（Y1，Y2）等。据考古发掘，商代作坊遗址上留有柱洞，建筑应与普通木构房屋差不多，地面根据工艺需求做向下凹陷处理，周围可不设维护墙，如河南安阳市小屯苗圃北地商代作坊遗址、河南柘城孟庄商代作坊遗址。周代手工业作坊、陶窑等建筑物数量很大，随手工业发展有进一步丰富、完善的迹象，但由于当时手工业规模不大，工具落后，对作坊建筑要求并不高，因而没有显现出明显的建筑特征。

第六节　建筑技术与艺术

夏、商、周三代的建筑在原始社会的基础上有了很大的进步，1600多年的建筑技术与建筑艺术为其后两千多年的中国建筑体系打下了基础，影响十分深远。

建筑设计上，按照功能进行划分，三代已出现宫殿、坛庙、陵墓、苑囿、官署、监狱、作坊、民居等建筑类型，奠定了中国古代传统建筑中最主要的几种类型格局。建筑时已有了前期的地形勘探和规划设计，在皇家大型建筑中尤为明显。如周武王建洛邑，曾命周公旦去"相土尝水"，又如战国中山国王墓内出土的铜版《兆域图》，而其他实例如秦雍城商周宫殿、坛庙、墓葬以及商代真城台西民居显然都是经过规划才施工的。建筑设计更加理性，制度也更加严谨，例如商代墓葬形制，还有周代对各级城市面积、城围高度、道路宽窄等的明确规定，甚至具体到柱子的颜色也有规定："楹（柱），天子丹，诸侯黝（黑），大夫苍，士黈（黄）。（《礼记》）"

木构技术上，夏、商、周时期建筑的木结构在原始社会的基础上不断进步，虽仍处于幼稚阶段，但柱网已经趋于整齐。从夏代晚期宫室遗址考古研究可知，木构架已成为当时上层阶级建筑的主要结构形式，为秦汉的木构成熟提供了前提。例如偃师二里头1号、2号宫室，正殿和廊屋均有排列较整齐的柱网，单间面阔不超过4米，进深却有11.4米，呈现出抬梁式木构的柱网特征。尸乡沟商城5号宫室遗址（建于早商）上的柱网进深甚至有14.6米。在当时，这么大的进深跨度仅依靠梁架恐难实现，两排柱列之间是否有墙体支撑以减小梁架跨度，目前还不能确定。有保存较好的遗址台基实例，如二里头2号宫的正殿和黄陂盘龙城F1殿址上，外廊柱内有一道木骨泥墙，但该墙是否起承重作用还未能探明。此外，出现了永定柱，并且出现了斗栱这种具有中国特色的重要建筑结构构件，提供了木构架体系的雏形。最初的斗栱尚无层层出挑，栱为柱顶梁托，斗是垫在柱头与栱之间的方木。虽无实物遗存，但在青铜器的图纹中，精致丰富的木构件已清晰可见。

三代的夯土技术进一步提高，均匀性和密实性更好，广泛用于修筑城墙、大面积广庭和建筑台基。由于石料匮乏和陶砖尚未出现等原因，夯土是商周时期建造城

①

凤翔出土一批铜制金釭，方管形，套在立柱与横枋等水平构件交界处，起加固连接的作用，后来也成为建筑装饰。金釭向外一面两端呈三尖齿状，表面铸出纠结的纹，这种尖齿状箍套在木构件上的构图，很久以后还可在宋代建筑柱子两端或中段的彩画（如敦煌宋初窟檐）以及辽至明清建筑彩画的"箍头"上看到它们的影子。

墙、房基、墙体及墓圹回填等最重要的建筑技术之一。商周时大型的重要建筑常常建造在高大的土台上，发展成春秋战国时期的"高台建筑"，如战国中山国王墓的享堂、秦咸阳宫殿，还有文献记载中常见的城门，此类高台建筑的出现与发展，与夯土技术的成熟密切相关。

另外，在工程技术方面，值得一提的是，有了全国性大规模工程的事例，比如西门豹引漳水溉邺，李冰父子修筑都江堰，各国因险为塞构筑长城等，反映出当时工程技术水平的高超。

西周陶制水管、屋瓦、地砖的发明也是建筑上的突出成就，使建筑从"茅茨土阶"的简陋状态进入了较高级的阶段。在燕下都出土的陶质下水道兽首形管口，塑造得十分生动。陶瓦的应用至迟始于西周，战国后被广泛采用，随着制陶技术的发展，西周中晚期遗址中瓦的数量明显增多，质量提高，并出土了板瓦、筒瓦、半瓦当。战国以前盛行半当，圆当很少，多在秦国出现，汉代以后全为圆当（图2-38）。瓦当当面的浮塑图案十分丰富，各国皆有不同，周王城以云纹半当为主，而齐临淄则流行大树居中、双兽或卷云分列左右的纹样，赵国有少量三鹿纹和变形云纹圆当，燕下都有饕餮、双兽、双鸟、独兽等动物纹样近30种，秦则以圆当为主，动植物纹样甚是复杂（图2-39）。这说明此时的制瓦技术已经相当成熟，而且在重要部位十分注意装饰。

另外，还出现了铜制"锁""金釭"①、铰叶等细部节点，为防止地面返潮用烧制的方砖铺地，在夯土墙或坯墙上用三合土（白灰+砂+黄泥）抹面使表面平整光洁，并在陵墓中用白胶泥和积沙以防水、防盗。大量的实例证明，这一时期，尤其是三代的后期，新建筑材料的发明和使用，使建筑构造更加精致，功能效果和使用寿命得到改善，室内生活环境更加符合人的需求。建筑造型上，限于木结构技术，尚未出现楼阁等高层建筑，总的看来比较低平，但后来的高台建筑则大有改

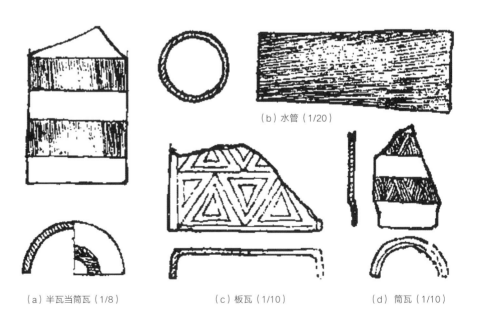

（b）水管（1/20）

图2-38 周代陶瓦及其纹饰
（刘叙杰. 中国古代建筑史. 第一卷[M]. 中国建筑工业出版社，2009：343.）

（a）半瓦当筒瓦（1/8）　　　　（c）板瓦（1/10）　　　　（d）筒瓦（1/10）

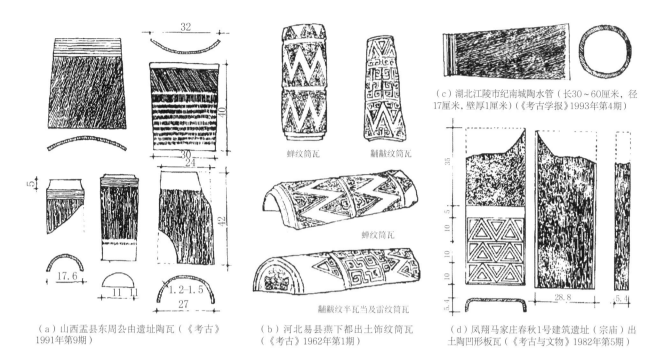

（c）湖北江陵市纪南城陶水管（长30～60厘米，径17厘米，壁厚1厘米）（《考古学报》1993年第4期）

蝉纹筒瓦　黼黻纹筒瓦

蝉纹筒瓦

黼黻纹半瓦当及雷纹筒瓦

（a）山西盂县东周盂由遗址陶瓦（《考古》1991年第9期）

（b）河北易县燕下都出土饰纹筒瓦（《考古》1962年第1期）

（d）凤翔马家庄春秋1号建筑遗址（宗庙）出土陶凹形板瓦（《考古与文物》1982年第5期）

图2-39　河北易县下都出土陶下水管道及各式阑干砖
（刘叙杰. 中国古代建筑史. 第一卷[M]. 中国建筑工业出版社，2009：343.）

观。建筑屋盖形式多为四坡（即"四阿"，庑殿的前身），还有攒尖、两坡等。正脊两端的附近有脊饰，在前述辉县战国墓出土的燕乐射猎纹铜鉴上，可以看到鸟形脊饰，浙江绍兴战国墓出土的四角攒尖顶小铜屋顶中央矗立着一根八角柱，柱顶立一大尾鸠，有人推测与图腾崇拜有关（图2-40）。

夏、商、周三代在建筑装饰上，一方面已有鲜明的等级制度；另一方面也更加丰富，室内外梁柱有施彩饰、彩画的做法，《礼记》记载，"藻棁者，谓画梁上短柱为藻文也，此是天子庙饰"。有些木部件还施以雕刻，殷墟侯家庄一座十字墓中可见几处木面印痕，图案有饕餮、夔龙、蛇、虎、云龙诸纹，以极精美的线刻组成图形，施以红色及少量青色。有的纹饰组成带状，在红色图形中有节奏地间饰白色圆形，总的造型水平绝不在青铜器之下。安阳后冈一些较大的墓中也发现有木雕刻痕，都作兽面状，比较完整的一处为长方形，长72厘米、宽40厘米，中央是一个大饕餮面，两旁为长尾鸟纹。有的木雕印痕还用鲟鱼鳞板、各式蚌片或牙片为饰，应是中国最早镶嵌雕花木器之一。柱下也常有装饰处理，如殷墟宫殿，柱下即有凸弧面的铜锧，锧面隐约可见一些纹饰。任昉《述异记》也记载春秋时期的"吴王射堂，柱础皆是伏龟"。

还有墙面刷白、地面涂黑的做法，甚至出现了壁画和金玉珠翠锦绣装饰。殷墟发现一块彩绘墙皮，陕西扶风西周墓中也有白色菱形组成的壁画，湖北江陵天星观1号墓椁室横隔板上绘有十一幅彩色壁画，长沙楚墓棺板内壁甚至有装裱龙凤图案的丝绣壁画。洛阳殷墓出土的布幔，绘有红、黄、黑、白四色。由此看来，

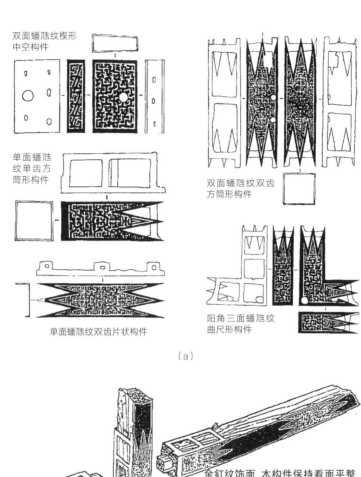

双面蟠虺纹楔形中空构件

单面蟠虺纹单齿方筒形构件

双面蟠虺纹双齿方筒形构件

单面蟠虺纹双齿片状构件

阳角三面蟠虺纹曲尺形构件

（a）

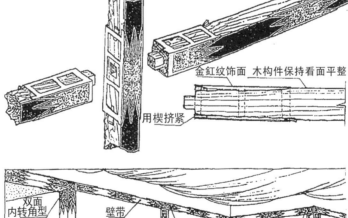

金釭纹饰面　木构件保持看面平整

用楔挤紧

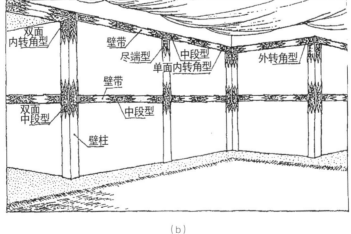

双面内转角型

壁带

尽端型　中段型

单面内转角型

外转角型

壁带

双面中段型

中段型

壁柱

（b）

图2-40　陕西凤翔县秦故都雍城出土之金釭
"金釭"在建筑中的安装部位及木构件结合设想图

（《考古》1976年第2期，转引自刘叙杰.中国古代建筑史.第一卷[M].中国建筑工业出版社，2009：345-346.）

文献中记载的"纣为鹿台槽丘，酒池肉林，宫墙文画，雕琢刻镂，锦绣被堂，金玉珍玮"（《说苑·反质》），并非夸张，当时的建筑室内有可能采用珍贵材料如金玉珠翠和锦绣丝织等为饰。文献载周代椽头饰玉当，门窗、梁柱镶玉、蚌和骨料，凤雏和召陈出土一批蚌泡和玉管、玉珠、玉佩、菱形玉片和玉鸟，就有许多是建筑的装饰。

建筑构件的外形也常予以装饰，如燕下都出土山字形脊砖、虎头形出水管等。在装饰构图方面，如同心圆、卷叶、饕餮、龙凤、云山、重环等纹样，常见于瓦当及空心砖上。而铸于铜器、漆器上的纹样则更加精美，如三角形、波形、涡形等，其中若干亦用于建筑本身的装饰。

第三章 ——————— 秦、汉时期建筑

第一节 历史背景与建筑概况

春秋战国的混乱局面一直持续了400多年，到战国后期，地处西北的秦国任用商鞅变法，逐渐强大起来。"六国灭，四海一"，公元前221年，秦始皇结束了多年来诸侯国之间的争战，灭六国后建立起中国历史上第一个统一的王朝。鉴于西周以来分封诸侯带来的王权衰弱，秦始皇集军政大权于一身，实行高度中央集权的封建统治。他统一了全国政令、制度、文字，货币、度量衡、车制等，在思想上罢黜百家，独尊法家，为后来汉朝的长期统一奠定了基础。为了巩固统治政权，秦始皇兴修道路、水利，修建万里长城。他还在很短的时间里大兴土木，集中全国的能工巧匠建造了大规模的宫殿、陵墓，劳民伤财，终因苛厉残暴和役民过度引起暴动，使秦朝仅历二世而终。如今，阿房宫、骊山陵遗址依然能令人想象到当年建筑的恢宏气势。

秦末群雄并起，楚汉相争，刘邦获胜后，于公元前206年建立了汉王朝，并持续发展了400多年之久。汉朝是一个疆域更加庞大的帝国，经济、政治、文化水平都达到了中国有史以来的最高峰。汉武帝时独尊儒术，汉代大儒董仲舒在先秦儒家的基础上，吸收阴阳家的某些学说，强调君主"受命于天""天人感应"，期望儒家所重视的礼制秩序成为社会的主流，对大一统的君主统治十分有益。从此儒家思想一直是中国的统治思想，在建筑上也影响深远。佛教在西汉末由西方传来，虽然当时流传不广，但在东汉末年出现了佛教寺院和摩崖石刻。佛教后来对中国文化的重大影响，就是从此时开始的。此外，汉朝还开辟了丝绸之路，海路远至非洲，陆路通过西域遥抵罗马，对中西贸易和文化交流起到了很大的推动作用。

汉代的建筑活动十分活跃。封建经济和工商业的发展促进了城市的繁荣，国家强大的背景下，壮丽的宫殿也应运而生，而大地主、大商人阶层的出现也带来了住

宅和园林的发展。都城长安、洛阳大规模建设，宫室、离宫、苑囿大量兴造，长城防御体系进一步延伸与完善，陵墓、坛庙、明堂、住宅等也都得到了空前的发展。两汉时期，木构架梁柱体系和建筑技术已经形成，多层望楼建筑已较多出现，以夯土台为依托的"高台建筑"逐渐减少。砖石拱券也被广泛运用于陵墓及下水道等地下工程。此外，铁工具的大量使用对建筑材料的加工更为有利。

可以说，这是中国古代建筑开创、发展、融合交流的时期，建造量的巨大以及建筑发展的广度和深度，达到了前所未有的地步，形成了中国建筑发展史上的第一次高潮。

第二节　城市

秦、汉王朝国力强盛，在城市建设方面有许多发展和创举，尤其是两汉时期经济空前发达，城市发展迅速。一方面，汉代地方经济的富强带来了各地城市的繁荣，著名的例子有临淄、安邑、襄邑、广汉、洛阳、邯郸、江陵、成都、合肥、番禺、临淄等；此外，地方豪强聚族而居，形成了类似小城堡的防卫性很强的坞堡建筑。另一方面，秦汉帝国拥有更强大的中央统治、更雄厚的实力及更丰富的资源，都城建设有了进一步的探索和实践。秦咸阳和汉长安都是远远超过前代的大型都市，城市建设规模空前，功能性质也较以前复杂，在都城规划布局和地形利用上，堪称中国历史上的两个特例。

一、秦代的城市

秦代因历时短暂，新建的城市较少，后又经战乱及自然因素的破坏，更带来了考古的困难。秦代城市多承袭两周时期，且被后世沿用，导致各个时期的文化层次都罗列在城市基址之上，加之城市自身和人为的破坏，很难清理出完整的秦代城市面貌。此外，古代社会对于城市规划和建筑工程的重视程度不高，文献资料记载很少。以上诸多原因，导致目前我们对秦代城市的了解远少于周、汉时期。

（一）栎阳

秦代有一座重要城市栎阳，为秦孝公迁都前的王都，建于献公二年（公元前383年）。迁都咸阳后，栎阳依然具有重要的地位，直至东汉不废。根据《长安志》的记载，栎阳城的尺度为"东西五里，南北三里"。现发掘城址为秦汉两代遗址，位于陕西咸阳市东北60公里处（图3-1），有城墙遗址多段，南墙与西墙的长度与资料中的记载相差无几。探出城门3处，分别为西墙城门2处，南墙城门1处。3处城门均有门道各1条，宽度介于5.5~7.3米之间、长度为11~13米，路面均为土质。已探出城内道路有13条，其中东西向6条、南北向7条，其长度为210~2300米、宽度为5~18米。其中贯穿东西的道路有3条，贯穿南北的道路有5条。

先后发掘的城内遗址共有15处，其面积最小者为0.8万平方米，而面积最大者为Ⅰ号遗址，位于城内稍偏西，超过12万平方米，形状呈正方形，东西和南北长度都为350米（图3-2）。遗址里有夯土台基、下水管道、陶器、铁渣等，出土的建筑材料中，砖有铺地砖、空心砖、镶边砖等，瓦有筒瓦、瓦当和版瓦。而陶质水管则有4种之多。

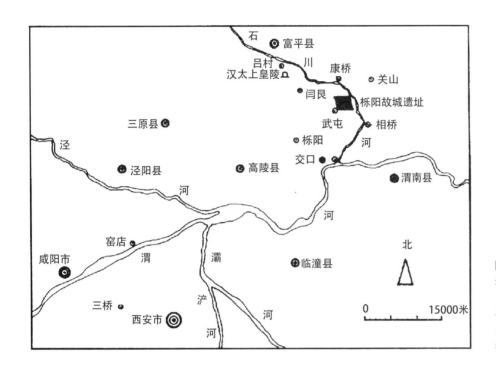

图3-1　秦代栎阳故城遗址位置示意图

（《考古学报》1985年第3期，转引自刘叙杰. 中国古代建筑史. 第一卷[M]. 中国建筑工业出版社，2009：377.）

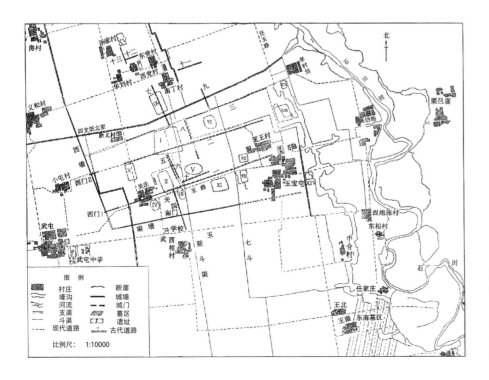

图3-2　秦代栎阳故城位置及实测平面图

（《考古学报》1985年第3期，转引自刘叙杰. 中国古代建筑史. 第一卷[M]. 中国建筑工业出版社，2009：377.）

① 《三辅黄图》载："始皇穷极奢侈，筑咸阳宫，因北陵营宫殿，端门四达，以则紫宫，象帝居。渭水贯都，以象天汉。横桥南渡，以法牵牛。"

② 据刘叙杰编《中国古代建筑史》第一卷分析，咸阳城未建防御城垣的原因，可能与统一天下，无复担心王朝安全有关。

③ 刘叙杰编. 中国古代建筑史（第一卷）。

（二）秦咸阳

历史沿革： 秦咸阳位于今陕西西安以北渭水北岸，自公元前350年秦孝公迁都于此开始，一直是秦的国都（图3-3）。始皇期间不断扩建，在渭水北仿建六国宫室，并建新宫、阿房宫于渭水之南，南北城区以大桥连通，从而形成"渭水贯都"①的格局。在城市空间处理上，"以天相比，以山代阙"，重视利用自然条件，将城市与自然交织在一起。公元前207年，项羽攻入咸阳，城遭破坏。后刘邦新建都长安于渭水之南，咸阳改为县。再后，渭水河床北移，咸阳大部为水淹没，最后毁弃于东汉中期。

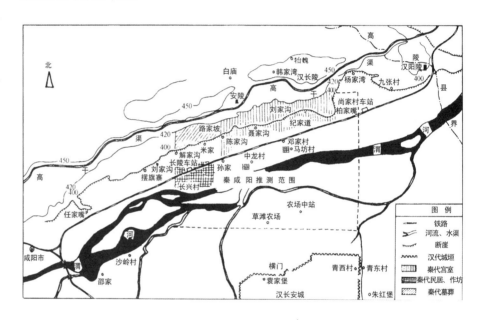

图3-3　秦都咸阳位置示意图
（刘叙杰. 中国古代建筑史. 第一卷[M]. 中国建筑工业出版社，2009：374.）

城垣四至： 由于史料阙录及城市破坏严重，现仅考证渭北城区大致范围——东西约6公里、南北约7.5公里，面积约45平方公里，考古未发掘有城垣。②渭南部分还有待进一步研究。

城内部署： 整个城市的建造顺应地形，总体布局较为松散。有正式宫殿和离宫别馆之分，基本上以宫殿为核心。宫城位于城北及渭南一带，目前发掘的咸阳宫遗址大体呈矩形，东西约900米、南北约580米，仅北、西、南三面有宫墙。宫城东西两侧有宫廷手工业作坊，宫西约4公里处有民间制陶作坊，并发现水井百余口（图3-4）。城内排水多使用陶制水管。根据排水量，管道有单管、双管及四管并联等排布方式。陶管每节长0.5米左右，直径大小不等，0.19～0.59米，并均有子母口。

二、汉代的城市

汉代城市可分为天子帝都（如长安、洛阳）、封王国都（如齐王都临淄、淮南王都寿春、燕王都蓟、梁王都淮阳等）、州、郡、县治以及边防、关堡等多个等级。③

（一）西汉长安

历史沿革：刘邦建国以后，因秦都咸阳破坏殆尽，遂新建长安城于渭水南岸，浐水和滈水之间的龙首原上。长安城最早从南端的长乐、未央二宫开始建造，依托龙首原的高度，利用自然地势创造宫城的宏伟气氛，然后向北发展其他宫殿、道路、市肆、民居。至汉惠帝时，建城墙围合成不规则的城市外廓。武帝时是长安城大规模兴建的时期，如建造城内之桂宫、北宫与明光宫，西垣外建章宫、昆明湖等，还引昆明湖水入城，经未央宫及长乐宫，向东南注入漕渠。王莽篡政期间，长安城颇多改制。西汉末年战乱，城大遭破坏。刘秀东汉政权迁都洛阳，长安一直作为陪都，到东汉末年又毁于兵火（图3-5）。

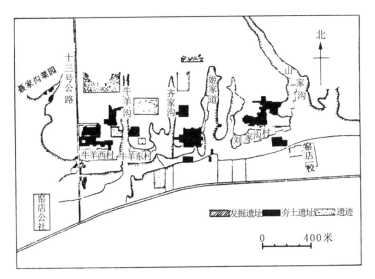

图3-4 秦咸阳宫遗址勘测示意图

（《文物》1976年第11期，转引自刘叙杰.中国古代建筑史.第一卷[M].
中国建筑工业出版社，2009：381.）

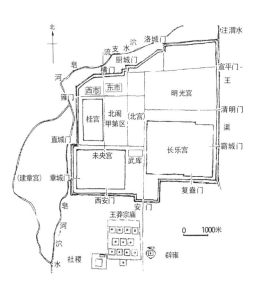

图3-5 汉长安城平面图

（刘叙杰.中国古代建筑史.第一卷[M].中国建筑工
业出版社，2009：395.）

规划布局：长安城三面环山，一面向水，"被山带河，可进可退，四塞以为固，可谓金城千里"。其平面为四边多折的矩形，面积35平方公里，相当于公元前4世纪罗马城的2.5倍；曾十分兴盛，人口多达100万，最终毁于东汉末年战乱。由前文沿革可知，西汉长安是先建宫再建城而慢慢发展的都城。由此可见，汉长安并非一次性地规划建设完成，其城市建设具有一定的随意性，加之地形起伏多变，导致城廓形状极不规则，从而成为中国古代都城的一个特例。

城垣道路：城垣周长22690米，现存高12米左右。城外有护城河，宽约8米、深约3米。城墙每面有城门3座，共12座，根据其中部分城门的考古发掘，可知各门均有并列门道3条，每条宽8米。城内主要道路正交，有南北向8条、东西向9条，称为"八街九陌"。以南端安门内的大街为中央干道，长5500米，几乎贯通全城，宽50米，中部20米为帝王专用之驰道，两侧以宽2米的水沟为隔，其外则是供普通市民使用的大路，宽13米。街道两侧还植有槐、榆、柏等景观树木。其他道路同于安门大道。城垣的环城道路仅7~8米（图3-6）。

① 市肆具体情形可参考四川省出土的汉代画像砖,其中一面刻画了市肆的平面形制:平面正方,周围有市墙,墙中央辟市门。内开十字行的道路,道路的相交处建有二层重楼。楼上设有管理市场启闭的市鼓。市场被道路分为四个交易区,每区内的房舍严整有序。

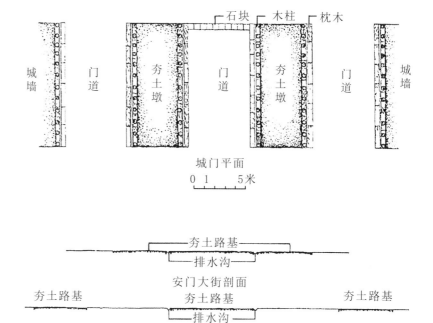

图3-6 西汉长安城门及街道构造示意图
（刘敦桢. 中国古代建筑史. 第二版[M]. 1984: 45.）

宫殿官署: 城内大部分用地被宫殿占据,主要有长乐宫、未央宫、桂宫、北宫、明光宫五区,西垣外又建有建章宫和上林苑。宫殿之间散布有官署、武库等。朝廷的官署及贵族宅第多位于未央宫北。武库位于长乐宫与未央宫之间,面积甚广;其他仓廪则散建于城内、城外多处。

市肆民居: 长安城于西北隅建有东、西两座市肆。东市面积约0.53平方公里,内建有重屋形制的市楼。西市面积约0.25平方公里。东西市皆有市墙,内部道路四条,形成"井"字布局（图3-7,图3-8）。①根据文献,长安全城有市民30万以上。城内的空间以闾里划分,多为贵胄居地,如宫室、官署及仓廪、市肆等,市民可能更多生活于城外,城外可能还建有附郭,城内以闾里划分,多为贵胄居地。

此外,汉长安结合帝陵设置"陵邑",迁移富户居住在都城附近,形成"卫星城"的城市群格局,这是秦汉以来帝王为了加强对大地主和富商的管理而采取的强制办法。

(二) 东汉洛阳

历史沿革: 东汉洛阳位于今洛阳市东约15公里处,北依邙山,南濒洛水,地处中原水陆交通要地。东汉洛阳为周代成周所在,距周初周公所建洛邑（春秋之东周王城）约40里。东汉刘秀登基,定都此地,是为东汉国都（图3-9）。

四川广汉出土市井图砖

四川彭县出土市井图砖（《文物》
1997年第3期）

图3-7 汉代市肆形象
（刘叙杰．中国古代建筑史．第一卷[M]．
中国建筑工业出版社，2009：451．）

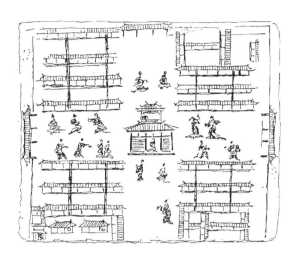

图3-8 四川出土东汉画像砖表现的市肆
（刘叙杰．中国古代建筑史．第一卷[M]．
中国建筑工业出版社，2009：451．）

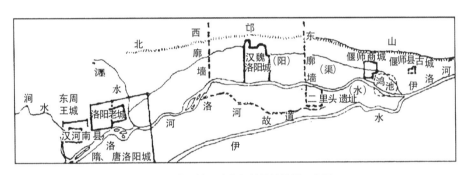

图3-9 洛阳地区古代都城遗址位置示意图
（《考古》1996年第5期，转引自刘叙杰．中国古代建筑史．第一卷[M]．
中国建筑工业出版社，2009：453．）

城垣道路：据考古发掘，洛阳城墙全长约13 060米，与文献记载互相印证。城垣残高尚达7米，共有城门12座：东3门，南4门，西3门，北2门。就目前发掘材料可知门道有3条，形制同于西汉长安。城内南北向大街6条，东西向大街5条，在南、北两宫之间还有长达1里（约合420米）的复道，专供王室交通。其他大街宽度在20~40米，均分3道，同于西安之制，即御道居中，旁侧为市民道路。

宫殿官署：城内宫殿主要为南、北二宫，中间用复道相联系。城东北隅还建有永安宫，西北隅建有濯龙园。其他官署设施分散于城内靠近城垣的部位。另外，明堂、辟雍、灵台等国家礼制建筑位于南郊，太学建于明堂北侧。

市肆民居：洛阳城内有3处市肆，即城内一处曰"金市"，位于城西靠近城垣处；城外两处分别位于东郊、南郊，称作"马市""羊市"。居民以里坊划分居住，与长安情形相似，城内居住者多为贵胄，大多居民围居在城外及城门处。

此外，城北邙山为公众墓葬之地，王侯、庶民多葬于此。东汉帝王陵寝大体分布于洛阳西北、东南，无复陵邑之制，陵寝形制也较西汉变小。

①
秦人有尊西之习俗。

第三节　宫殿

秦汉时期宫殿建设兴盛，都城中均有宫殿数处，其规模气势之大，建筑数量之多，体量、造型之壮丽宏巨，远胜于前。据《史记·秦始皇本纪》载："（秦）关中计宫三百，关外四百余。"秦始皇在翦灭六国的同时，也汲取了各国不同的建筑风格和技术经验，使得秦朝的宫殿成为集天下之大成者。《史记·秦始皇本纪》中记载："秦每破诸侯，写仿其宫室，作之咸阳北阪上，南临渭，自雍门以东至泾、渭，殿屋复道周阁相属，所得诸侯美人、钟鼓，以充入之。"

秦始皇在渭水南岸数十里的范围内，已经建立了信宫、章台宫、甘泉宫、北宫等一系列宫殿，但并非正规大朝。于是始皇三十五年（公元前212年），渭南的上林苑中开始营建朝宫，阿房宫即为其中的前殿。据《史记·秦始皇本纪》载："咸阳之旁二百里内，宫观二百七十，复道、甬道相连。"另《三辅黄图》载："（秦始皇）筑咸阳宫，因北陵营殿，端门四达，以则紫宫，象帝居，渭水贯都，以象天汉，横桥南渡，以法牵牛。"说明秦咸阳宫殿已经在形式上处处意图象征天庭，表达皇权神化的思想，继承了自周以降的象征性建筑手法。而"每破诸侯，写仿其宫室，作之咸阳北阪上"，客观上也造就了建筑形式的多种多样，同时使得各国的建筑形式和技术在此得到融汇。咸阳宫址发掘出土的楚、燕瓦当，亦可以为证。

汉代宫殿继承了秦时宫室的许多设计方法，汉长安长乐宫在秦兴乐宫的基础上，充分利用地形，以龙首原为宫殿底座，创造帝王所需要的威势，"秦川雄帝宅，幽谷壮皇居"。而萧何"天子以四海为家，非壮丽无以重威，且无令后世有以加也"中提出的宫殿应以"壮丽重威"的立意，成为后世宫殿营造共同遵守的一大准则。

一、秦咸阳一号宫殿遗址

考古发掘中，秦咸阳宫遗址上有三组较大的宫室遗址，其中一号宫殿遗址最为完整宏大。其平面为曲尺形，东西宽60米、南北长45米。建筑围绕夯土台构建，结构为木构架与夯土结合，复原推测其木构建筑有上下两层，现存夯土台距地面约5米。宫殿中部为主要殿堂，其平面大致为方形，东西长13.4米、南北长12米。殿内中部有较粗的"都柱"，墙面嵌有壁柱，内置暗柱；墙表抹草泥，饰以白色，地表饰以红色；南、北、东三面辟门，王座置于西壁之下①；殿北为广廊；南隔围廊有广阔之高台，可供凭眺；西侧建有附属房屋，并建露天踏道通向一层；东南小殿内有壁炉，可能是帝王住所。夯土台一层的南、北两侧亦附有建筑，南侧建筑分为五间，有沐浴设备，可能是宫女居所。北侧分为两大间，可能是宿卫之所。宫殿上下层均有通廊环绕，东、西两端设有楼梯，交通顺畅，布置合理（图3-10~图3-13）。

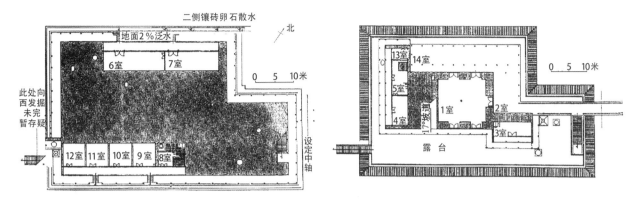

图3-10　秦咸阳宫一号宫殿遗址平面复原图

（《建筑考古学论文集》，转引自刘叙杰.中国古代建筑史.第一卷[M].中国建筑工业出版社，2009：383.）

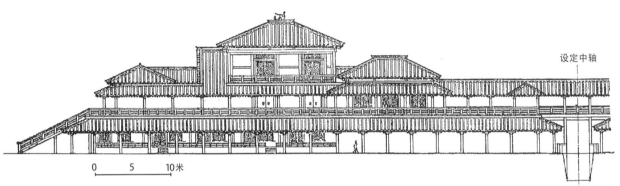

图3-11　秦咸阳宫一号宫殿遗址立面复原图

（《建筑考古学论文集》，转引自刘叙杰.中国古代建筑史.第一卷[M].中国建筑工业出版社，2009：383.）

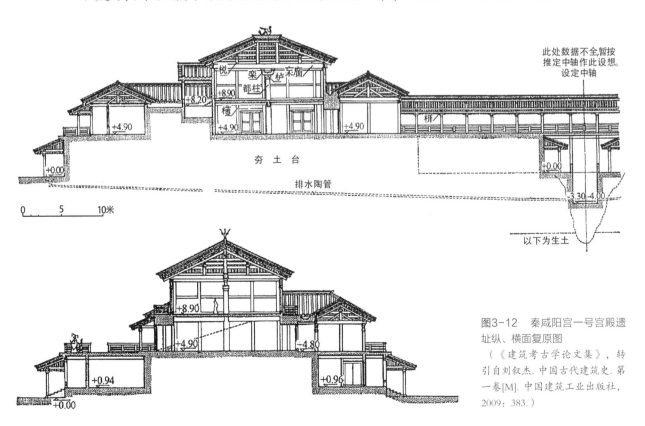

图3-12　秦咸阳宫一号宫殿遗址纵、横面复原图

（《建筑考古学论文集》，转引自刘叙杰.中国古代建筑史.第一卷[M].中国建筑工业出版社，2009：383.）

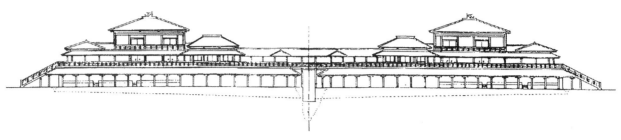

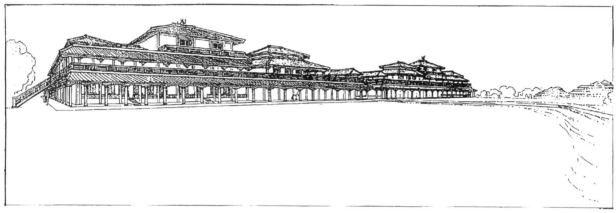

图3-13　秦咸阳宫一号宫殿遗址复原透视图

（《建筑考古学论文集》，转引自刘叙杰.中国古代建筑史.第一卷[M].中国建筑工业出版社，2009：384.）

二、秦阿房宫

由于人多宫小，秦始皇于公元前212年开始兴建一组更大的宫殿——朝宫。朝宫位于渭河南岸的上林苑中，先作前殿，即阿房宫。《史记·秦始皇本纪》中描述：

> 始皇以为咸阳人多，先王之宫廷小，……乃营作朝宫渭南上林苑中，先作前殿阿房，东西五百步，南北五十丈，上可以坐万人，下可以建五丈旗。周驰为阁道，自殿下直抵南山。表南山之巅以为阙。

《关中记》则载其"殿东西千步，南北三百步，庭中受万人"。其他古文献亦多有述及，但尺度出入甚大。从实地考古调查来看，尚存东西长1400米、南北长450米、后部有残高7~8米的巨大夯土台，面积与《关中记》记载相近。

阿房宫不过是朝宫的前殿，就已成为历代文人屡述之物。最著名的当属唐代杜牧的《阿房宫赋》：

> 六王毕，四海一，蜀山兀，阿房出，覆压三百余里，隔离天日。……五步一楼，十步一阁。廊腰缦回，檐牙高啄，各抱地势，勾心斗角，……长桥卧波，未云何龙？复道行空，不霁何虹？高低冥迷，不知西东。歌台暖响，春光融融；舞殿冷袖，风雨凄凄。一日之内，一宫之间，而气候不齐。

诗中对其奢华极尽描绘之能事，虽已无实物可证，但足见其工程规模之宏巨，人财物力耗费之多。

三、秦"姜女石"宫殿建筑群

1982年，在今辽宁绥中县发现了黑山头、石碑地、止锚湾、瓦子地、周家南山、大金丝屯等秦汉时期建筑遗址，因该遗址群位于万家镇南山"姜女石"沿海地区，因而得名"姜女石"宫殿建筑群。

该遗址群分布大约9平方公里（图3-14），黑山头、石碑地、止锚湾三处是遗址群的主要部分。黑山头遗址位于临海最西端的台地之上，总体呈方形。主体建筑面向龙门礁，推测为建筑群中的主要建筑。此外还发掘有陶圈井、窖穴等。止锚湾遗址位于最东，地形与黑头山遗址相似，目前已被若干现代建筑覆盖，因此对于全况尚未了解。

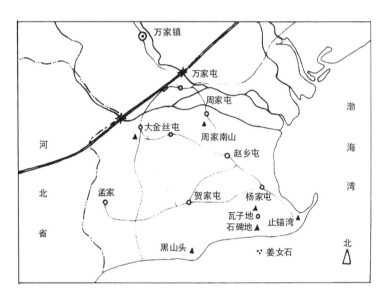

图3-14 辽宁绥中县"姜女石"秦代建筑遗址位置图
（《考古》1997年第10期，转引自刘叙杰. 中国古代建筑史. 第一卷[M].
中国建筑工业出版社，2009：387.）

石碑地遗址规模大于上述两处，保存也比较完整，可以清晰地观察出宫殿建筑的格局（图3-15，图3-16），是"姜女石"宫殿建筑遗址群中比较突出的一组。其总平面呈曲尺形状，东西长170～256米、南北长496米。建筑顺地势高差，按照建筑功能和等级分布在三个台地之上，主要建筑集中在中部及南部。发掘资料显示，该遗址大多数建筑建造于秦代，汉代改建或扩建的较少。此外，遗址中还出土了大量秦代的陶质砖、瓦、瓦当、下水管道、井圈等建筑构件。石碑地宫殿遗址位于整个宫殿建筑群的海岸景观的中央位置，占地面积大，建筑数量多。

其他三处遗址位于石碑地遗址的北侧，建筑规模较小。其中周家南山遗址中的单体建筑，很可能是守卫或管理用房。瓦子地遗址中大量的建筑构件以及窑址，可能是当时建筑材料的生产或者堆放处。大金丝屯遗址则可能是生产陶质建筑材料的窑址。

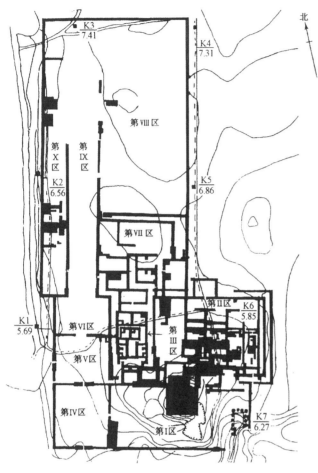

图3-15 辽宁绥中县石碑地秦代离宫遗址建筑基址分布及区域划分图
（《考古》1997年第10期，转引自刘叙杰. 中国古代建筑史. 第一卷[M].
中国建筑工业出版社，2009：389.）

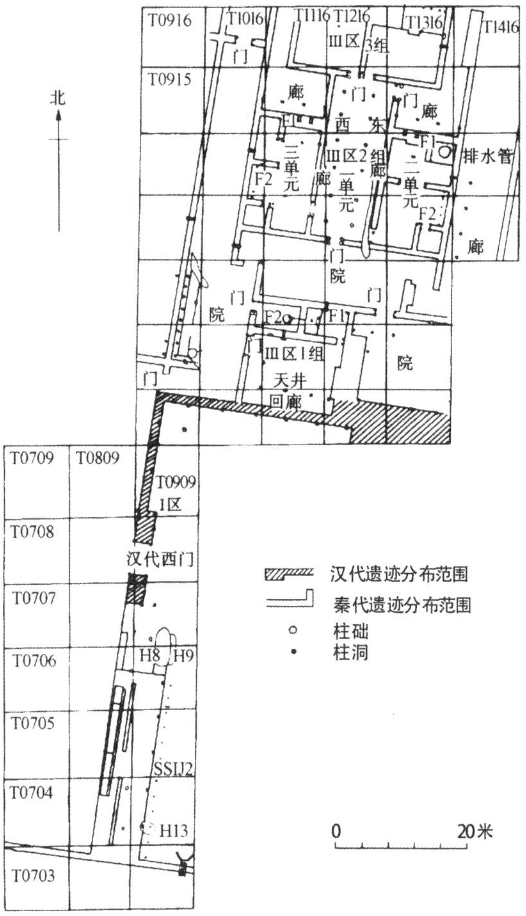

图3-16 辽宁绥中县石碑地秦代离宫遗址局部基址详测图
（《考古》1997年第10期，转引自刘叙杰. 中国古代建
筑史. 第一卷[M]. 中国建筑工业出版社，2009：389.）

　　"姜女石"宫殿建筑群是一组离宫建筑群，主要功能是消暑及游览，同时也迎
合了帝王企求长生不老的内心需求。三处临海的宫殿建筑面对海中的巨大礁石，石
碑地离宫位于宫殿群的中心位置，其他三处遗址散落于此组建筑之后，形成了众星
捧月的总体布局。

四、西汉长乐宫与未央宫

　　长乐宫是西汉定都后的第一座正规宫殿，始建于高祖五年（公元前202年），
历时两年竣工。它位于长安城内东南隅，在秦离宫兴乐宫基础上改建而成。遗址
平面呈矩形，东西长2900米、南北长2400米，面积约7平方公里，大概占汉长安
的1/6。根据文献记载，长乐宫四面各开一门，宫中前殿为朝廷，据《三辅旧事》
载，此殿："东西四十九丈七尺，两杼中二十五丈。"后宫在西面。后来朝廷迁往
更加壮丽的未央宫，长乐宫遂改为太后寝宫。

未央宫晚于长乐宫两年建造而成，位于长乐宫西面。高祖九年（公元前198年）迁宫于此后，这里一直是西汉王朝政治统治中心。未央宫平面略呈方形，东西长2250米、南北长2150米，面积约5平方公里，比长乐宫略小，但也占长安城的1/7，可见宫室在汉长安中的绝对主导地位。据记载，未央宫四面各建一司马门，东门和北门有阙，北门为宫城正门，门外有横门大街与直城门大街，百官觐见皆从此门入。宫内有殿堂40余屋，还有6座小山和多处水池，大小门户近百。宫外有武库、太仓等，与长乐宫之间还建有阁道相通，其建筑和设施的宏伟华丽，较长乐宫有过之而无不及（图3-17）。

从考古发掘来看，未央宫中的建筑组群仍建于夯土台上，设置多重门殿。其遗址中央有一个东西长约200米、南北长约350米的大夯土台，最高处达15米，可见建筑规模之大。这里被称为一号殿，据推测可能是前殿的基址。二号殿遗址位于前殿之北，其夯土基下有多条地道，墙有壁柱，墙面涂草泥抹白灰，地面铺以条砖，比较舒适，可能为后妃居住的后宫（图3-18）。三号殿遗址位于前殿西北，应为宫廷的官署（图3-19）。

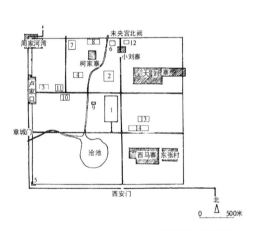

图3-17 汉长安未央宫已发掘遗址位置图

（《考古》1996年第3期，转引自刘叙杰. 中国古代建筑史. 第一卷[M]. 中国建筑工业出版社，2009：460.）

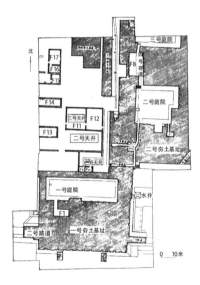

图3-18 西汉长安未央宫第二号建筑遗址平面图

（《考古》1992年第2期，转引自刘叙杰. 中国古代建筑史. 第一卷[M]. 中国建筑工业出版社，2009：461.）

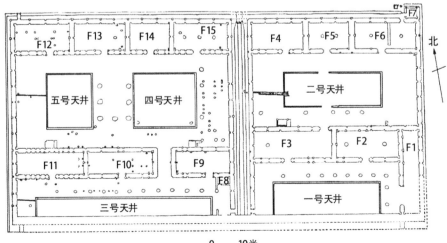

图3-19 西汉长安未央宫第三号建筑遗址平面图

（《考古》1989年第1期，转引自刘叙杰. 中国古代建筑史. 第一卷[M]. 中国建筑工业出版社，2009：461.）

① 《史记·封禅书》中记述秦有"六畤"：西畤祀白帝在西县，鄜畤祀白帝在渭县，密畤祀青帝在渭南，上畤祀黄帝在吴阳，下畤祀炎帝在吴阳，畦畤祀白帝在栎阳。其中四畤在雍地，称"雍四畤"。

② 《史记·封禅书》载，五帝庙"同宇，帝一殿，各依方位别为一殿，而门各如其帝色"。

③ 道家和阴阳家的至上神祇。

④ 官社用以配祀夏禹，官稷用以配祀后稷。

⑤ 刘叙杰编. 中国古代建筑史（第一卷）。

第四节 礼制建筑与宗教建筑

一、秦汉礼制

春秋时期的秦国就有传统的礼制 "汉承秦制"，秦代的礼制对汉代影响很大；汉初直至成帝之前，汉皇室均笃信神仙方士之说，礼制建筑颇受影响；元帝、成帝之际，儒学逐渐取得了正统地位，儒家学者对西汉的礼制进行了一系列整顿；王莽代汉，大力发展了前朝的礼制改革，多附会周礼之制，虽历时短暂，却影响深远；光武复辟，对王莽所建之礼制近乎全部接受。

随着儒家所重视的礼制秩序得到尊崇和强化，君主"受命于天""天人感应"等有益于大一统君主统治的礼制思想得到了发展。礼仪制度对维护皇权威严十分有效，而皇家的一系列礼制建筑，则往往是为这套制度服务的工具。

二、郊礼建筑

秦代祭祀天帝的传统为"秦畤"，即按照五行方位，以四方四色配祀四色天帝的制度。①汉初，高祖在秦"雍四畤"的基础上确定了郊祀五帝的制度；文帝于渭北建"五帝庙"，改祀五帝于一室②；武帝信方术之说，建"太一"祠于长安南郊，又建"泰畤"于甘泉，以祀太一③。"坛三垓，五帝环居其下，各如其方。（《史记》封禅书）"成帝时改郊礼制度，祭天于南郊，祭地于北郊，并对其他祭祀制度进行了调整；王莽时，进一步改革，即祭祀天地有合祭、分祭之礼，并分祭五帝于长安四郊；光武洛阳南郊祭坛为"天地合祭"的形制，采用双重圆坛，三重垣墙，四向辟门。这种天地合祭的制度历经唐宋，直至明嘉靖年间改为南郊分祭天、地，清朝则沿用了南北郊分祭的形制。

三、社稷、宗庙建筑

始皇统一天下建立秦朝，即设计了社稷、宗庙。汉高祖设立官社，平帝间又于官社后设立官稷。④根据考古资料，官社、官稷位于"王莽九庙"之西南。平面形制都为双重围垣，四向辟门，中心建有主体建筑，这也是汉代礼制建筑的常见形制。东汉改西汉的社、稷分祀为合祭形式。

西汉初沿袭了先秦的宗庙制度，即在都城中设立宗族祖庙。汉惠帝先设"高庙"于长安以祭高祖，后又设"原庙"于高祖长陵旁，但这种陵旁立庙以祀先帝的形式到东汉不再延续。东汉光武二年，立"高庙"于洛阳，祀前汉十一帝王。这是帝王祖庙合祭一庙的首次记载，同时长安"高庙"仍受祭祀。光武帝薨，明帝为其立"世祖庙"，后帝皆祀于此庙，且帝陵之外也不另建祀庙。"开创了后世一庙多室，每室一主的'同堂异室'的太庙形制，并为唐、宋、明、清诸代所沿用。"⑤

王莽代汉虽历史短暂，但其礼制建筑的遗存保留至今，也印证着史籍中有关王莽改制的记述。"王莽九庙"："一曰：黄帝太初祖庙，二曰……殿皆重屋，太初庙东西北各四十丈。高十七丈，余庙半之。穷百工之极。（《前汉书》王莽传）"考古发现"王莽九庙"可能位于汉长安城西南，由11座规模、形制相近的建筑组成。在外围墙垣的正前另有一座更大的建筑遗址，其体量约为前述11座遗址的2倍。这12座遗址皆呈方形，内外两重墙垣，四向辟门，四隅建曲尺形配房，中央为主体建筑。[①]此规模宏大的建筑群落即王莽为先祖所立之宗庙。

四、明堂、辟雍

明堂、辟雍，远古即有。据《孝经》，"皇帝曰：合室，有虞曰：总章，殷曰：阳馆，周曰：明堂。"所谓明堂，就是中间方正开阔的建筑和庭院，象征教化之源；辟雍，就是最外围的圆形场地和周边围绕的环形水沟，象征璧玉，使教化流行。西汉明堂遗址位于汉长安城南，与王莽九庙夹路相对。占地面积约11万余平方米。中间建筑庭院（即明堂）平面为正方形，边长235米，周围环绕着方形围墙，四面正中辟门，四角为曲尺形的房屋。庭院中央有高出地面30厘米的圆形夯土台，直径62米，上依夯土台建造有亚字形平面的高大建筑群落。此组建筑每边长42米，中间辟面阔8开间之门堂，其后建面阔4开间之后室。建筑中央为16.5米×16.5米之大夯土台，台上曾有构筑。最外围的圆形场地和环形水沟（即辟雍）直径为360米、水沟宽2米，在东南西北四正面又有方形小水环。明堂、辟雍始建于西汉武帝时，用以"正四时，出教化"，后来作为帝王"明经讲学"之处（图3-20～图3-26）。

① 根据刘叙杰《中国古代建筑史》第一卷，多出的三处建筑可能为新庙，一座是王莽自留，另两座是预留给子孙有功德而为祖宗者。

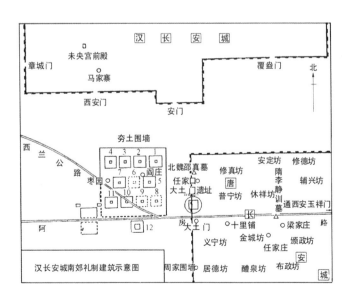

图3-20 西汉长安南郊礼制建筑
（《考古》1989年第3期，转引自刘叙杰.中国古代建筑史.第一卷[M].
中国建筑工业出版社，2009：490.）

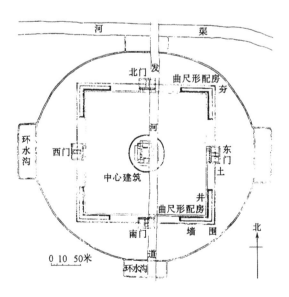

图3-21 西汉南郊礼制建筑辟雍遗址
（刘敦桢.中国古代建筑史.第二版[M].1984：46.）

105

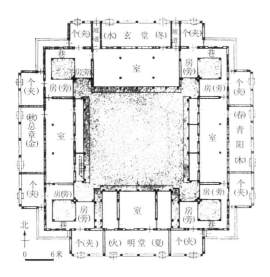

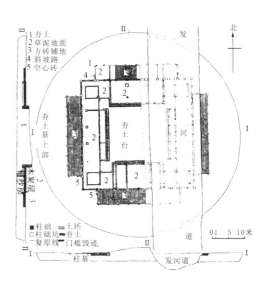

图3-22 西汉南郊礼制建筑辟雍遗址中心建筑第一层复原平面图
（《建筑考古学论文集》，转引自刘叙杰.中国古代建筑史.第一卷[M].中国建筑工业出版社，2009：492.）

图3-23 西汉南郊礼制建筑辟雍遗址中心建筑实测平面图
（刘敦桢.中国古代建筑史.第二版[M].1984：47.）

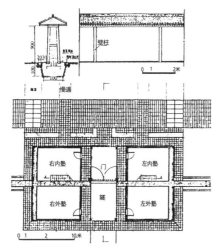

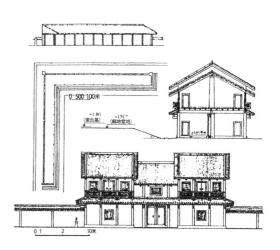

图3-24 西汉南郊礼制建筑辟雍遗址外围建筑实测复原图
（《建筑考古学论文集》，转引自刘叙杰.中国古代建筑史.第一卷[M].中国建筑工业出版社，2009：492.）

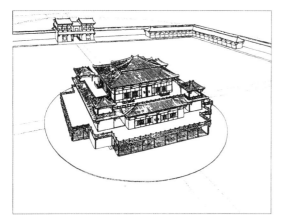

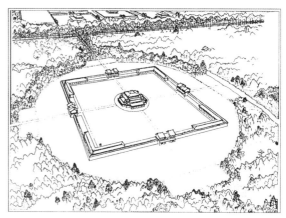

图3-25 西汉南郊礼制建筑辟雍遗址中心建筑复原鸟瞰图
（刘敦桢.中国古代建筑史.第二版[M].1984：49.）

图3-26 西汉南郊礼制建筑辟雍遗址总体复原鸟瞰图
（刘敦桢.中国古代建筑史.第二版[M].1984：48.）

五、宗教建筑

汉代还出现了中国最早的佛寺。佛教大约在西汉后期始传入中国，"寺"最初是汉长安接待印度僧侣的旅馆，接着成为僧侣传教的场所，后来发展为佛教的道场。东汉明帝永平十一年（公元68年）在洛阳建造了白马寺，这是中国古代第一座佛教寺院，具体格局未有见载，仅知其规制全依天竺。后来又有东汉末年丹阳笮融在徐州建造的一座"浮图祠"，以塔为中心进行布局，塔立于庭院中央，廊与阁道围绕庭院布置，庭院很大，可容纳近3000余人礼佛。这种佛寺以"塔院"为主，其建筑形制完全来源于天竺，到南北朝时期仍有延续，只是中央的塔演变成了中国化的木构楼阁式样。另外，在江苏连云港市郊孔望山的崖壁上及其附近，还发现一些东汉时代的佛教石刻，这是我国发现的最早的佛教摩崖石刻（图3-27～图3-29）。

（a）四川彭山县出土汉代佛像陶插座（《中国美术全集》雕塑篇2）

（b）山东滕县画像石中的六牙白象图（《汉代画像石全集》）

图3-27 江苏连云港市孔望山摩崖造像实测图
（《文物》1981年第7期，刘叙杰.中国古代建筑史.第一卷[M].中国建筑工业出版社，2009：574.）

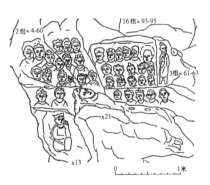

图3-28 江苏连云港孔望山摩崖造像释迦涅槃图
（《文物》1981年第7期，刘叙杰.中国古代建筑史.第一卷[M].中国建筑工业出版社，2009：575.）

（c）四川乐山市麻浩堂石刻佛像（《文物参考资料》1957年第6期）

（d）新疆民丰县尼雅墓中织物上的菩萨像（《文物》1966年第6期）

图3-29 汉代石刻、陶塑及织物中表现的佛教内容
（《文物》1981年第7期，刘叙杰.中国古代建筑史.第一卷[M].中国建筑工业出版社，2009：575.）

第五节 园林与住宅

秦汉时期造园大为发展。一方面，在思想上，人们对接近自然的休闲环境的追求促进了园林的发展。同时，在神仙方术思想的影响下，王公贵胄纷纷建造园林为追逐长生不老之所。另一方面，封建国家经济的强盛为皇家园林建造提供了条件，而地方经济的繁荣以及大地主、大商人阶层的出现，也带来了园林的兴盛。秦汉时期的园林通常选择建于郊外一些自然景色优美之处，与春秋战国建高台接近神灵相比，它们虽然仍带有一些自然崇拜的性质，但更倾向于人间亲近自然的休闲享乐。

一、西汉上林苑

西汉上林苑位于渭水南岸，南至终南山，地跨今西安市和咸宁、周至、户县、蓝田四县范围，是汉武帝于建元三年（公元前138年）在原秦代上林苑基础上拓展改建的皇家苑囿，供皇家休息、游乐、观鱼、走狗、赛马、斗兽、围场射猎、观赏

① 《三辅故事》引《前汉书》。

② 《后汉书·卷七十·班固传》引其《两都赋》。

③ 据《长安志》引《关中记》记载。

名花异木之用。这是一个庞大的离宫苑囿群，占地广阔，据《汉宫殿疏》载，"方三百四十里"，也有"周方三百里"① "周墙四百余里"② 的说法。上林苑多山丘、密林和水面，以自然景色为主，同时容纳有离宫别苑多座，还有亭台楼榭、山林水渊、奇花异草以及鲸与牛郎、织女等神话人物题材的石刻，内容较前代更加丰富。

苑中最大的水面是昆明池，位于长安城西南，具体位置经考古发掘已经探明（图3-30）。除水上游览的功能外，初曾用以操练水军，兼有养鱼、蓄水等功用。池的东西两岸分别设有牛郎、织女石像，取银河天象的象征。

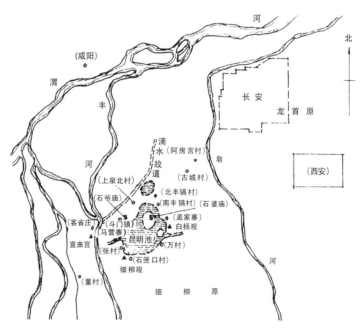

图3-30 昆明池位置示意图

（周维权. 中国古典园林史[M]. 清华大学出版社，1999：72.）

二、建章宫太液池

建章宫位于汉长安西垣以西，建于汉武帝太初元年（公元前104年），是武帝休闲娱乐的场所，为上林苑离宫之一③。宫中除了20多座殿堂外，还有水面广大的太液池，池中有三岛，象征传说中的东海三座仙山"蓬莱、瀛州、方丈"。另外，还构筑了迎仙用的神明台和托承露盘的仙人铜像（图3-31，图3-32）。

秦汉时期神仙之说盛行，相传有长生不老之地和不死之药。秦始皇、汉武帝都曾热衷于追求长生不死的方法，《史记》上记载的秦时徐福入海求仙的故事就是一个例证。长生不老之地没有找到，已近暮年的秦始皇就在上林苑开凿大面积水池，池中建蓬莱山以象征东海不老山。汉武帝继其行，在建章宫中凿太液池并修建三山，以表达对长生不老的祈望。虽然开创这种方法的秦始皇和汉武帝都未实现愿望，但从此之后，"一池三山"便成为历代皇家园林中水面设计的主要模式，一直沿袭到清代。

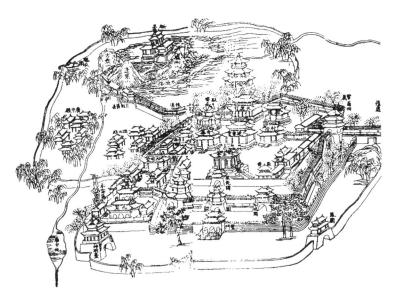

图3-31 建章宫图

（《陕西通志》，转引自周维权《中国古典园林史》第85页）

图3-32 建章宫平面复原想象图

（周维权. 中国古典园林史[M]. 清华大学出版社，1999：84.）

三、私家园林

汉代私家园林最著名的莫过于西汉富商大贾袁广汉的园林。《西京杂记》载：

于北邙山下筑园，东西四里，南北五里。激流水注其内，构石为山，高十余丈，连延数里。养白鹦鹉、紫鸳鸯、牦牛、青兕，奇兽怪禽，委积其间。积沙为洲屿，激水为波潮，其中致江鸥、海鹤，孕雏产鷇，延漫林池，奇树异草，靡不具植。屋皆徘徊连属，重阁修廊，行之，移晷不能遍也。广汉后有罪诛，没入为官园，鸟兽树木，皆移植于上林苑中矣。

此园的布局与景观，以建筑与山水林木景物并重，巧妙地设计了人工构作的沙洲及激水为波等布景，还筑有高十余丈、长数里的石山，并收藏了诸多极其珍贵的花木禽兽。反映出当时的园林设计手法已颇为丰富，贵族对园林的鉴赏也达到了一定的水平。

四、汉代住宅

汉代住宅鲜有实物遗存，于2006年发现的河南省安阳市内黄县三杨庄汉代遗址，距县城30公里，因2003年6月开挖硝河引黄工程时于地表下4.5米处发现了7处汉代建筑遗存，并从中出土了一批大规模的汉代农田和庭院建筑，成为我国第一次发现的汉代村庄遗址，被称为中国的"庞贝古城"。该遗址首次以实物形式，大面积展现了汉代农耕社会的丰富概貌：二进式的庭院布局，坐北朝南，内设小范围的活动场地，瓦屋顶，上置"益寿万岁"瓦当（图3-33）。有水井厕所，还有石

图3-33 河南省内黄县梁庄镇三杨庄村遗址出土瓦当

（刘海旺，朱汝生，宋贵生，乔留旺. 河南内黄三杨庄汉代庭院遗址[J]. 考古，2004（07）：101.）

臼、石磨、石碓和等多种劳动和生活用具。洛阳西部、新疆民丰县也发掘了几座规模很小的住房。数量颇丰的汉画像砖、明器陶屋提供了丰富而形象的汉代住宅资料，反映出汉代民居已经呈现多样的布局形式、灵活的造型和成形的木构架技术。

广州汉墓与河南灵宝东汉墓出土的明器陶屋生动地反映了这些中小型住宅的多样形式。其平面有矩形、工字形、口字形、一字形、曲尺形、日字形、三合式等形状，内部围合成一两个院落，建筑围绕院落布置。房屋多为木构架，穿斗、抬梁都有出现，有的陶屋底层还采用干阑式做法。屋面采用单坡或两坡悬山、四阿顶。层高有一层、二层、三层，甚至加高错开形成一层半、二层半，屋顶高低不等，错落多样。可见，其布局、构造和造型都显示出较大的灵活性（图3-34）。

（a）陕西绥德县画像石中之住宅（《中国古代建筑史》）

（b）四川芦山县出土汉代石刻干阑式建筑（《文物》1987年第10期）

（c）江苏睢宁县双沟画像石中之楼及廊庑（《中国古代建筑史》）

（d）四川合江县东汉砖墓室墓室棺雕刻建筑形象（《文物》1992年第4期）

（e）广州市红花岗29#东汉木椁墓出土陶屋（《文物参考资料》1956年第5期）

（f）江苏邗江县老虎墩汉墓陶塔（《文物》1991年第10期）

（g）石寨山出土铜屋

（h）湖南长沙市小林子冲东汉1号墓出土陶屋（《考古》1959年第11期）

（i）云南晋宁县石寨山出土铜器中之并干式建筑（《考古》1963年第6期）

图3-34 汉代居住建筑形象

（刘叙杰.中国古代建筑史.第一卷[M].中国建筑工业出版社，2009：561.）

形式灵活多变的实例还有湖北云梦出土的东汉陶楼：陶屋由前后两列房屋组成，前列是建筑主体，有上下两层，估计是居住用房；后列为辅助用房，有高架起的厕所蹲坑，旁边是猪圈，这跟现在福建、湖北地区的挂寮做法颇为相似。前楼屋顶为四阿，下层设单披，后楼有高低不等的歇山和悬山，错落灵活。整组建筑虽然规模不大，但布局紧凑，造型小巧精致（图3-35）。

图3-35　湖北云梦出土的东汉陶楼

（《考古》1984年第7期，转引自刘叙杰. 中国古代建筑史. 第一卷[M]. 中国建筑工业出版社，2009：563.）

四川成都出土的汉画像砖则展示了一组庭院式的中型住宅生活场景。该住宅由西侧的主院和东侧的辅院组成，周边有围墙环绕。主院分成前、后院。前院在南，南垣设栅栏式大门，进门后，穿过前院再经内门则可达后院。后院较大，院内偏北有座三开间抬梁式悬山顶房屋，室内有二人东西对坐，应当是堂屋。东侧辅院也分成前后两部分，前院东西向扁长而紧凑，有小房间若干，估计用作厨房、手工、储藏等服务性杂屋，院中还有一口水井。后院南北向竖长而空旷，庭院中竖立一个三层楼观，其结构已完全属木构，形象仍有高台痕迹，从其位置和体量高度等建造特点推测，很可能是用作储藏、看守防卫的望楼（图3-36）。

大型住宅很少见，河北安平逯家庄发掘的一座东汉晚期墓的壁画中反映了这样一座大型宅院的情况：由20个以上院落组成，宅后方有座五层高的望楼，楼上设鼓，应当为打更、报警用。这是迄今所见规模最大的汉代住宅图。大型住宅非常重视绿化，王莽时曾有令："宅不树艺者为不毛，出三夫之布。"从河南郑州及山东

图3-36　四川成都市出土东汉住宅画像砖
（《文物参考资料》1954年第9期，刘叙杰. 中国古代建筑史. 第一卷
[M]. 中国建筑工业出版社，2009：563.）

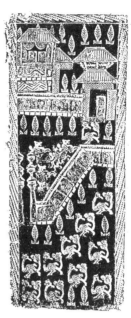

图3-37　郑州汉墓空心砖宅院图
（《文物》1960年第8、9期，转引自刘叙杰. 中国古代建
筑史. 第一卷[M]. 中国建筑工业出版社，2009：563.）

曲阜、诸城出土的画像砖石，郑州汉墓空心砖宅院图（图3-37）中，可看到大宅旁附建有园林和前后院盛植树木的实例。

另外，还有豪门望族聚族而居形成的类似小城堡的坞堡（或称"坞壁"）建筑。这类大型住宅建筑十分集中，而且防卫性很强，通常在住宅群外围环绕以高墙，在重要部位建造望楼、角楼和阁道以强化其防御能力。实例可见甘肃武威、张掖出土的东汉坞壁明器等（图3-38，图3-39）。

第六节　墓葬

秦代皇家陵寝以秦始皇陵为主，规模庞大，内容丰富。秦灭六国至秦亡这一时期的一般墓葬，发现和发掘的数量不多，且规模不大，所采用的形式以矩形竖穴土坑为主。始皇时期中级以上官吏的墓葬，除骊山陵中的殉陪墓葬以外，均未有发现。

两汉时期的墓葬达到了我国封建社会的第一个鼎盛时期，据文献记载以及目前发现的汉代墓葬统计，可知两汉时期的墓葬形制众多且变化复杂。等级最高的帝陵，其形制已基本定型，且对后代产生了很大的影响，是我国古代陵墓的一个重要转折点。墓葬的主要类型包括土圹墓、崖洞墓、石墓、空心砖墓、小砖拱券墓以及混合结构墓等多种。所用的构筑材料则以泥土、木材、石材、陶制建材（空心砖、小砖、楔形砖、方砖、瓦……）等为主。此外还会用到一些辅助材料，如河沙、卵石、金属、木炭、胶泥等。

（a）广州市麻鹰岗东汉建初元年墓出土陶坞堡
（《广州汉墓》）

（b）甘肃武威市雷台东汉墓陶坞堡
（《文物》1972年第2期）

图3-38 东汉坞壁明器
（刘叙杰. 中国古代建筑史. 第一卷[M]. 中国建筑工业出版社，2009：564.）

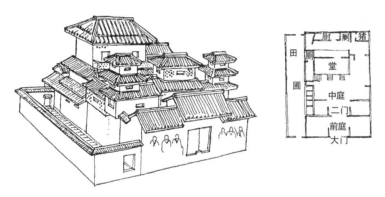

图3-39 河北安平汉墓壁画中的"坞堡"（高出者为望楼）
（《中原文物》1983年第1期，转引自刘叙杰. 中国古代建筑史. 第一卷[M]. 中国建筑工业出版社，
2009：564.）

一、秦、汉皇陵

（一）秦始皇陵

秦始皇陵位于陕西临潼县东的骊山，又称骊山陵，是我国古代最大的帝王陵。陵墓选址"南对骊山，北对渭水"，颇有气势（图3-40）。此陵墓形制宏巨，规模空前，开创了中国古代帝王陵寝"方上制"的新形式，影响及汉乃至后代之唐、宋。方上制，即在陵墓地面之上部分用人工夯筑起方锥形的封土堆，土方量很大，后一直沿用到宋代。秦始皇陵的"方上制"是由三层方形夯土台构成的覆斗形封土，形体高大，残高共76米，底层约350米见方。

覆斗形封土下为秦陵地宫，地宫和覆土构成皇陵主体，在其外围四面有陵墙围合，形成陵园。陵园平面为南北长的矩形，有内、外两圈陵墙，外圈2165米×940米，四边辟"司马门"，四隅建角楼。东西方向为陵园的主轴线，所以主入口在东侧，门外有大道。内圈陵墙为1355米×580米，北面开二门，其他三面各开一门，与外圈园门相对（图3-41）。

图3-40 秦始皇陵
（王裕国/陕西古建筑地图集更新）

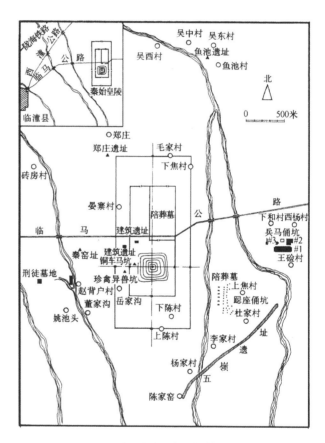

图3-41 陕西临潼县秦始皇陵总平面图
（刘叙杰. 中国古代建筑史. 第一卷[M]. 中国建筑工业出版社，2009：399.）

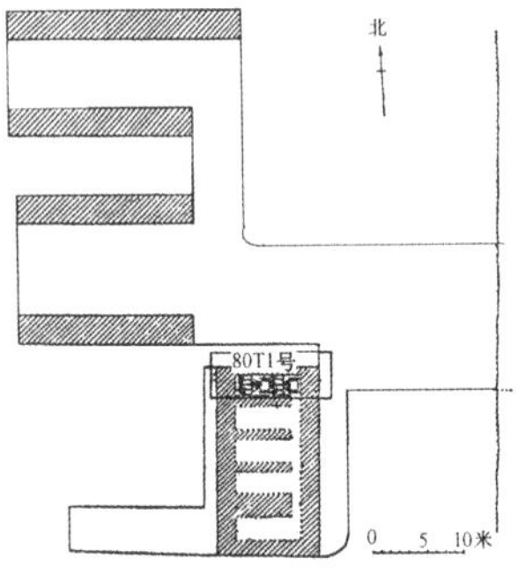

封土台位于内陵墙南部中央，其地下部分规模庞大，仅地宫周边陪葬坑的发掘就已经震惊天下。例如，在封土西侧发现了构造精美、外观豪华的铜马车坑，陵园东侧还发现了三处巨大的陶兵马俑陪葬坑，内置众多的陶兵马俑和战车，是秦始皇庞大的地下部队（图3-42，图3-43）。秦朝是第一个禁止在君王死后用活人陪葬的国家，代替活人的是陶俑。另外，在封土东北，还有贵族陪葬墓20余座（图3-44，图3-45）。

图3-42 秦始皇陵铜车马坑
（《文物》1983年第7期，转引自刘叙杰. 中国古代建筑史. 第一卷[M]. 中国建筑工业出版社，2009：401.）

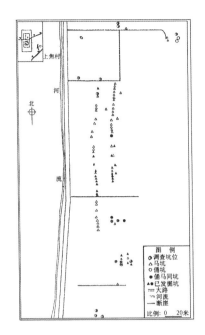

图3-43 秦始皇陵东侧马厩坑、佣坑位置示意图

（《文物》1980年第4期，转引自刘叙杰. 中国古代建筑史. 第一卷[M]. 中国建筑工业出版社，2009：402.）

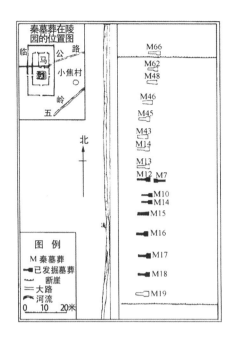

图3-44 秦始皇陵陪葬墓发掘位置图

（《考古与文物》1980年第2期，转引自刘叙杰. 中国古代建筑史. 第一卷[M]. 中国建筑工业出版社，2009：400.）

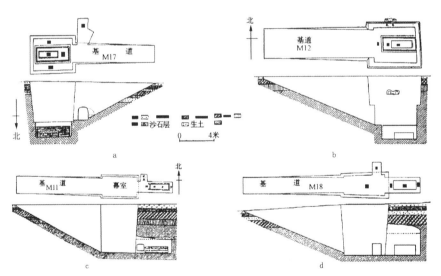

图3-45 秦始皇陵陪葬墓平面、剖面图

（《考古与文物》1980年第2期，转引自刘叙杰. 中国古代建筑史. 第一卷[M]. 中国建筑工业出版社，2009：401.）

司马迁《史记》记载，"（始皇陵墓室内）以水银为百川江河大海，机相灌输，上具天文，下具地理。以人鱼膏为烛，度不灭者久之"，即是说始皇陵还在地宫顶上画了天文图，地面用水银仿"五岳""四渎"，从唐代墓发掘来看，古代帝王墓穴内确实是有这样的做法，描绘国土疆域的缩影，表示拥有统治国家的权力。另外，地宫里面砌纹石以防水，再涂一遍丹漆，防地下水反潮，墓室内设置有坡度的陶水管、石水道，地面做防洪沟，使陵墓完整地保留了下来。

① 《中国古代建筑史》第一卷："诸陵邑之人户，均在三万户至五万户之间……如长陵邑五万户，十八万人。而茂陵邑达六万户，二十八万人，较当时的长安城内尚多三万人。"

② 昭穆制是周代一项重要的社会礼仪制度，广泛施行于周人的墓葬、祭祀、婚姻等生活中，影响久远。昭穆的本义是一条明晰而又细小的裂纹，代表着相邻辈分之间的界限。昭穆制用于墓葬，《周礼·春官》记载："先王之葬居中，以昭穆为左右。"郑玄注云："先王之造茔也，昭居左，穆居右，夹处东西。"《周礼·冢人》："先王之葬居中，以昭穆为左右。凡诸侯居左右以前，卿大夫、士居后，各以其族"。也说明天子和诸侯的墓位"以昭穆为左右"，昭辈居东，穆辈居西，其排列形式和宗庙昭穆之制相同。

③ 长方形覆斗形封土，即古代所谓"坊形"者，在诸封土形制中列为首等。

（二）汉代帝陵

1. 制度

汉代帝陵承秦制继续采用方上制。从方上斜边上考古发现的瓦片来看，方上顶面可能曾建有享堂。地宫部分为土圹木撑墓。陵园平面一般为方形，四面陵垣正中辟门，四隅建角楼等建筑。汉初祭祀建筑由都城内迁置于陵园，汉景帝时又移至陵外寝园，寝园外有围墙环绕，内由门殿、走廊、正殿、寝殿、管理机构、附属用房及庭院等组成，如汉宣帝的杜陵寝园。陵园附近除了一些功臣及皇亲的陪葬墓外，汉依秦制还设陵邑守护陵墓，迁各地富豪入住其中，形成了长安郊区七座大规模的陵邑，有如现在的卫星城①。至西汉中期，陵邑制被取消。由此可知，西汉初期帝陵大致由陵园、寝园及陵邑三部分构成。驻守制度中除专门设陵邑外，在陵园、寝园内亦设有"园令""园承"，执管祭祀、防盗等事，另有戍卒、宫女、仆役，人数均达千人。

西汉帝陵大致依照"昭穆之制"②分为二区，位于长安的北郊及东郊。各陵独立成园，皇后陵置于帝陵旁，只有高祖刘邦与吕后合葬长陵。东汉帝陵位于洛阳郊外，亦分为二区，各陵规制比西汉帝陵简陋得多。汉代帝陵全毁于汉末，遗存极少（图3-46）。

2. 实例

（1）高祖长陵：长陵的陵园平面为边长780米的方形，与秦骊山陵一样主入口朝东。园中主体为高祖、吕后二墓（覆斗形封土台），高祖墓在中央偏西，封土台底南北长153米、东西长135米；吕后墓在南偏东，东西长150米、南北长130米。长陵为西汉第一座帝陵，既有着对前代帝陵制度的传承，也有自己的发展，与汉代后来的诸多帝陵比较，长陵有着诸多特征，如帝后合葬在同一陵园，封土台作长方形③，祭祀建筑位于陵园内等，这都与后世的帝后分葬、方形封土台以及专设祭祀的寝园制度不同（图3-47）。

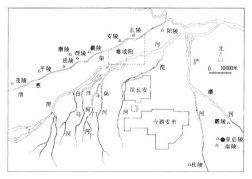

图3-46 汉代长安城及诸陵位置示意图
（《西汉十一陵》，转引自刘叙杰. 中国古代建筑史. 第一卷[M]. 中国建筑工业出版社，2009：503.）

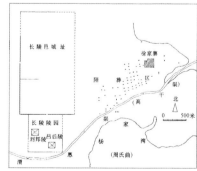

图3-47 西汉高祖长陵建制示意图
（《西汉十一陵》，转引自刘叙杰. 中国古代建筑史. 第一卷[M]. 中国建筑工业出版社，2009：511.）

（2）**宣帝杜陵**：宣帝的杜陵是目前汉代帝陵中保存完好、规制完整的一个实例。杜陵是帝后分葬制，宣帝及其王皇后都有独立的陵园、寝园，前者在规模建制上要大于后者。两陵的陵园平面皆呈方形，四面围垣的中央辟门，围垣内中央置方形覆斗形封土台。宣帝陵园每面长430米，封土台底边长170米；王皇后陵园每面长330米，封土台底边长145~150米。布局方位上，王皇后陵在宣帝陵东南，突出了汉代以西为尊的传统（图3-48）。

两陵的寝园平面皆呈东西向狭长的矩形，紧邻陵园而设。寝园内的主要建筑寝殿都置于西侧，殿北辟广庭。东区则由众多次要建筑和庭院组成。两座寝园的差别主要在总体和个体建制的规制上（图3-49）。

图3-48 西汉宣帝杜陵、王皇后陵及陪葬墓
平面示意图
（《考古》1984年第10期，转引自刘叙杰. 中国古代建筑史. 第一卷[M]. 中国建筑工业出版社，2009：511.）

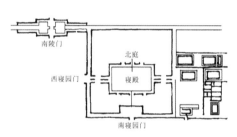

图3-49 西汉宣帝杜陵陵园寝园平面示意图
（《西汉十一陵》，转引自刘叙杰. 中国古代建筑史. 第一卷[M]. 中国建筑工业出版社，2009：513.）

二、汉代王侯陵及其他墓葬

（一）王侯陵墓

根据考古发掘和实际材料，加以分析，可以看出，汉代王侯墓葬类型主要以土圹木椁墓、崖洞墓以及砖石墓室为主。前二者多见于西汉时期，后者常见于东汉。因墓主的社会地位与经济条件使然，王侯的墓葬无论是规模还是形制，都非一般墓葬可比。

1. 湖南长沙马王堆西汉墓葬（土圹木椁墓）

在湖南省博物馆中陈列有长沙马王堆西汉二号墓的实景展览，这是一座中型的土圹木椁墓，墓主是西汉初年长沙国相软侯利仓之妻辛追。墓上有高16米、底径40米、上顶圆平之锥状封土堆。封土下即土圹，平面近方形，南北长19.5米、东西长17.8米、总深16米。椁室在距圹口7米深的位置，由厚长之松木大板构成"一椁四棺"的形式。此墓由于在墓底及椁室周围填有木炭、白膏泥等防潮材料，使椁室内形成

①
"黄肠题凑"一名最初见于《汉书·霍光传》,是西汉帝王陵寝椁室,四周用柏木堆垒成的框形结构,汉以后很少再用。

了良好的保护环境,因此墓中的随葬器物、棺椁与墓主尸体得以完整留存至今。

另外,湖南长沙市象鼻嘴西汉一号墓亦为大型土圹木椁墓,推测为长沙靖王吴著墓。此墓使用了天子墓葬制度中的"黄肠题凑"做法①(图3-50)。还有陕西咸阳市杨家湾西汉四号、五号墓,《水经注》认为是汉初名将周勃、周亚夫之墓。其中前者土圹平面呈"曲尺"形,封土上曾建有三层木构"楼阁"(图3-51)。

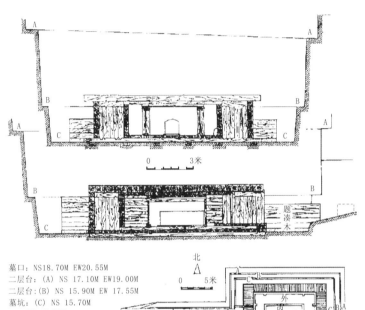

墓口:NS18.70M EW20.55M
二层台:(A) NS 17.10M EW19.00M
二层台:(B) NS 15.90M EW 17.55M
墓坑:(C) NS 15.70M
        EW 17.25M

题凑木共908根,断面约0.30米×0.30米
长度 1.50～1.75米

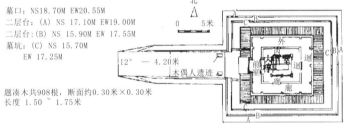

图3-50 湖南长沙市象鼻嘴一号西汉木椁墓平面、剖面图
(《考古学报》1981年第1期,转引自刘叙杰.中国古代建筑史.第一卷[M].
中国建筑工业出版社,2009:518.)

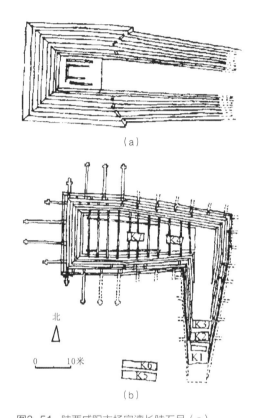

图3-51 陕西咸阳市杨家湾长陵五号(a)、
六号(b)陪葬墓平面图
(《文物》1977年第10期,转引自刘叙杰.中国古代建筑史.第一卷[M].中国建筑工业出版社,2009:517.)

2. 江苏徐州市北洞山西汉崖墓(崖洞墓)

此处墓葬为西汉楚王之墓,墓道入口位于北洞山南麓。这座墓葬南北长55米、东西宽32米,大体可分为东、西两部分(图3-52)。墓室之门位于西部的南段,两侧各放置单阙一座。墓葬的平面布局与某些住宅极为相似,主要建筑位于西侧,辅助功能布置在东侧。即墓室、主厅在西北,厕所位于东北,庖厨、库房位于东南。这里既反映了汉人"以西为尊"的意识,也反映出西汉时期的某种住宅格局,对西汉时期的墓葬和住宅研究极具价值。

此外,江苏铜山县龟山的二号西汉崖墓,则是一座平面不规则的墓葬,规模宏大,设置了两条平行的墓道,属于夫妇合葬墓(图3-53)。而位于河北满城的西汉一号、二号崖墓虽然是西汉中山靖王刘胜与其妻窦绾的"同坟异葬"墓,则使用了一条墓道,属于横穴多室的崖洞墓(图3-54)。

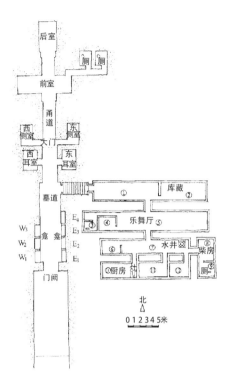

图3-52 江苏徐州市北洞山西汉楚王崖墓平面
(《文物》1988年第2期，转引自刘叙杰. 中国
古代建筑史. 第一卷[M]. 中国建筑工业出版社，
2009：519.)

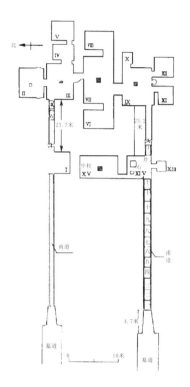

图3-53 江苏铜山县龟山二号西汉崖墓平面
(《考古》1997年第2期，转引自刘叙杰. 中
国古代建筑史. 第一卷[M]. 中国建筑工业出
版社，2009：520.)

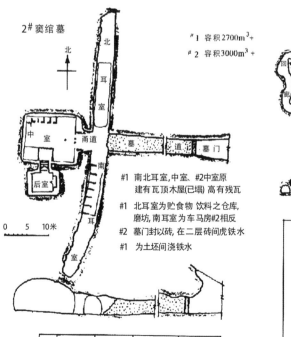

	全长	最宽	最高	容积
#1	51.7米	37.5米	6.8米	2700立方米
#2	40.0米	64.0米	7.9米	3000立方米

(a)

(b)

图3-54 河北满城西汉中山王
刘胜及妻窦绾墓平面、剖面图
(《考古》1972年第1期，转引
自刘叙杰. 中国古代建筑史. 第
一卷[M]. 中国建筑工业出版社，
2009：522.)

3．河北定县北庄东汉早期砖券墓（砖石墓室）

该墓葬是一座有砖石结构、仿木椁式墓葬形式的大型墓葬，是东汉中山简王刘焉与其王妃的合葬墓。墓圹近似于方形，墓道长50米，呈斜坡状，在接近墓门之处设置耳室。通过甬道到达前室，矩形的主室由"U"形回廊围合。墓内是以"磨砖对缝"的工艺由火候较高、质地坚硬细腻的"澄泥砖"砌筑而成（图3-55）。

位于河北望都县的二号东汉墓则是由多重墓室沿轴线排列，模仿主人生前住宅的厅堂布局方式（图3-56）。

另外还有东汉洛阳故城西郊贵胄墓园，其特征是陵园区与庭院区分离。

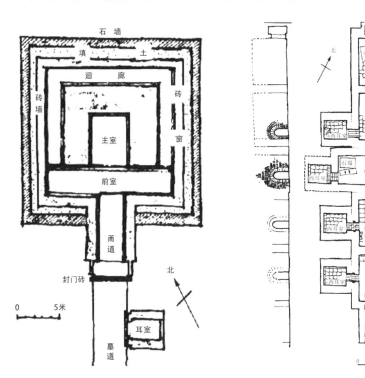

图3-55 河北定县北庄东汉早期砖券墓
（《文物》1964年2期，转引自刘叙杰.中国古代建筑史．第一卷[M].中国建筑工业出版社，2009：525.）

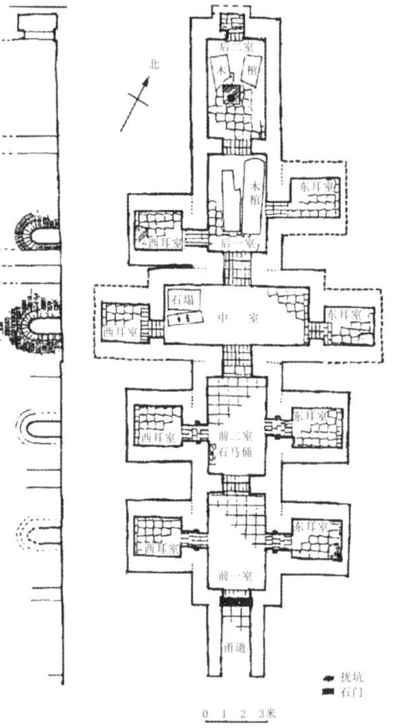

图3-56 河北望都县二号东汉墓
（《都望县二号汉墓》，转引自刘叙杰.中国古代建筑史．第一卷[M].中国建筑工业出版社，2009：526.）

（二）其他墓葬

两汉时期的一般墓葬，除个别较大型以外，大多数均为中、小型墓葬，尤其以小型墓葬居多。墓主一般为中、下级官吏或者中、小地主及平民。类型包括了前文叙述的几种基本形制及它们的混合方式。

汉代土圹木椁墓的平面多采用矩形，也有凸字形或刀字形。中小型墓葬多为不设置墓道的竖井式圹穴，如山西朔县平朔发现的两汉时期木椁墓群（图3-57）。

西汉早期的土圹木椁墓藏，墓道底部大多仅到椁室顶部，而晚期由于椁室对墓道直接开门，所以墓道基本直达椁室的底部。椁室仍沿用战国以来的传统手法，用加工多的粗大方木或圆木构筑成井干式木框搭叠椁壁，顶部和底部铺厚木材或木板（图3-58）。

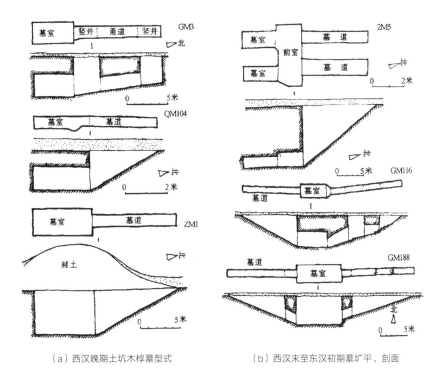

（a）西汉晚期土坑木椁墓型式　　　　　（b）西汉末至东汉初期墓扩平、剖面

图3-57　山西朔县西汉末至东汉初各式木椁墓葬

（《文物》1987年第6期，转引自刘叙杰.中国古代建筑史.第一卷[M].中国建筑工业出版社，2009：536.）

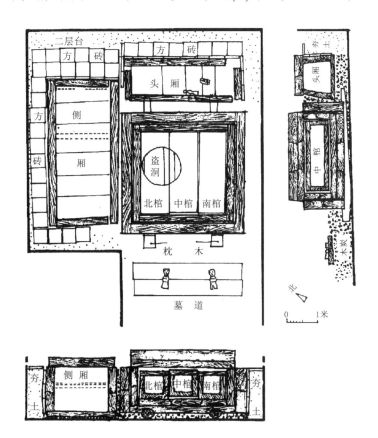

图3-58　江西盐城市三羊墩东汉二号墓平面、剖面图

（《考古》1964年第8期，转引自刘叙杰.中国古代建筑史.第一卷[M].中国建筑工业出版社，2009：537.）

中、小型崖洞墓在中原地带数量较少，但在四川地区数量则较多，不仅分布广，而且极具地方特色。四川地区的崖洞墓多为横穴形式，大者常有2~4条横穴并列，每条横穴内又布置很多石室，平面布局也以不规则形制为主，其中的建筑单体有门阙、墓门、厅堂、后寝、侧室、庖厨、甬道等（图3-59）。

石墓的平面大体呈方形，主要由前室、主室、回廊组成，规模基本属于中型。如河南唐河县南关外东汉画像石墓（图3-60）。部分石墓出现了都柱、一斗二升及一斗三升龙首翼身栱、斗四藻井等，为研究及认识汉代建筑提供了确凿与宝贵的资料（图3-61）。

空心砖墓在战国晚期开始出现，在西汉早、中期比较流行，但它的分布和数量远远不及其他几种类型的墓葬。空心砖墓的结构从简单的板盒式逐渐向梁柱式及多边拱券式过渡，构造从搭叠发展至各种榫卯接合。墓葬的平面也从单室扩展到多室。用于砌筑墓室的空心砖铺于墓室底的多为素面，铺于墓壁和顶部的则印有几何纹样或各式画像（图3-62，图3-63）。

随着陶制建筑材料的品种增多以及大量的生产，经过长期和反复的建筑实践，小型陶砖被证明是最为经济实用的墓室构筑材料。除了普遍使用小砖叠砌出墓室的墙壁以外，墓顶也从简券发展至穹顶。砌筑方法已经采用错峰的方式，砖的排列也由丁、顺组合成多种形式。至东汉时期，小砖墓的结构和构造技术已经非常成熟。

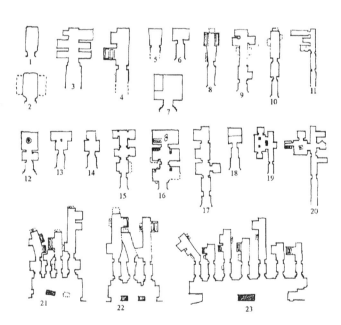

图3-59 四川境内各种崖墓平面图

（《考古学报》1988年第2期，转引自刘叙杰. 中国古代建筑史. 第一卷[M]. 中国建筑工业出版社，2009：540. ）

1. 金堂焦山石墓
2. 彭山县江口高家沟崖墓
3. 新都县马家山 M5
4. 青神县蛮坟坝崖墓
5. 新都县马家山 M13
6. 忠县涂井 M4
7. 巴县江家岗 M3
8. 宜宾市黄伞溪 M29
9. 彭山县江口 M300
10. 邛崃县光坝山 M18
11. 成都市天迥山 M1
12. 三台县栖江紫金湾崖墓
13. 忠县涂井 M9
14. 忠县涂井 M13
15. 三台县栖江松林嘴 M1
16. 三台县栖江金钟山 M4
17. 三台县栖江樊梁子崖墓
18. 忠县涂井 M15
19. 双流县牧马山灌溉渠M12
20. 成都市天迥山 M3
21. 乐山市麻浩阳嘉三年崖墓
22. 乐山市麻浩延熹九年崖墓
23. 乐山市肖坝赖子湾大墓

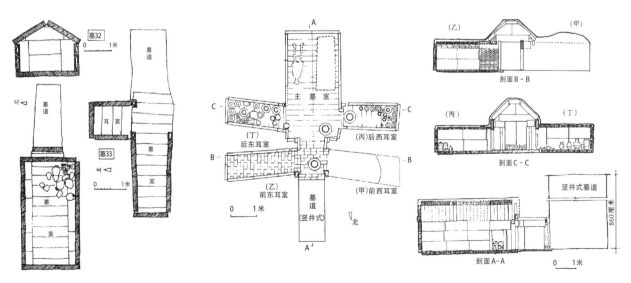

图3-60　河南唐河县南关外东汉画像石墓

（《文物》1973年第6期，转引自刘叙杰.
中国古代建筑史. 第一卷[M]. 中国建筑工业
出版社，2009：542.）

（a）剖视图

（b）平面图

图3-61　山东沂南县汉画像石墓

（刘敦桢. 中国古代建筑史. 第二版[M]. 1984：61.）

图3-62　河南郑州市二里岗汉画像空心砖墓

（《考古》1963年第11期，转引自刘叙杰. 中国
古代建筑史. 第一卷[M]. 中国建筑工业出版社，
2009：544.）

图3-63　河南洛阳市烧沟102号空心砖墓平面、剖面图

（《洛阳烧沟汉墓》，转引自刘叙杰. 中国古代建筑史. 第一卷[M].
中国建筑工业出版社，2009：545.）

小砖墓的平面布局有中轴对称和不对称两类。前者沿轴线一次布置多重墓室和与之匹配的侧室，与住宅的形式颇为相似，如陕西华阳县东汉刘崎家族墓（图3-64）。后者虽然墓室的大小、形状、排列多有不同，但仍有主次之分，棺石一般与前者一样，都位于最后，如河南襄城茨沟东汉画像石墓（图3-65）。

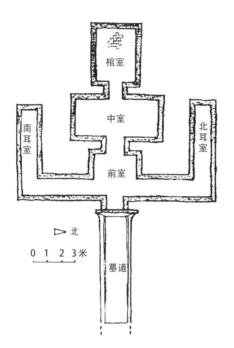

图3-64　陕西华阳县东汉刘崎家族墓（M1）
（《考古与文物》1986年第5期，转引自刘叙杰. 中国古代建筑史. 第一卷[M]. 中国建筑工业出版社，2009：548.）

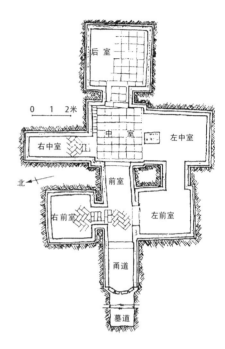

图3-65　河南襄城茨沟东汉画像石墓
（《考古学报》1964年第1期，转引自刘叙杰. 中国古代建筑史. 第一卷[M]. 中国建筑工业出版社，2009：548.）

此外，汉代的大陵墓外常砌筑围墙，建门阙、神道、石像生、神道柱、碑及祭祠。其中入口石阙的雕饰多十分精美，四川雅安高颐墓石阙就是其中最为著名的一例。此阙为相距13.6米的东、西两阙，建于东汉末年，东阙仅存母阙，西阙子母阙皆保存完好。西阙之母阙高6米、宽1.6米、厚0.9米；子阙略小，高3.39米、宽1.1米、厚0.5米。子母阙均由多层石块砌成，外观大体分为阙座、阙身与阙顶三部分。阙顶为带有单层屋檐、屋脊、瓦陇和圆瓦当的低平坡屋顶形象，檐下刻有飞椽和精美浮雕。阙身均为二出，写实地刻镂出用栌斗、一斗三升式斗栱及梁枋承托阙顶的木构形式。该阙比例优美，是汉阙中的佳作（图3-66，图3-67）。数百年后，大汉王朝的遗迹多已无存，只有数座石阙伫立荒郊，成为汉代建筑的一个特色标志。李白《忆秦娥》中"西风残照，汉家陵阙"，正是这种场景的写照。

三、汉代墓葬地宫技术

汉代墓葬的地宫形式较多，常见的有土圹木椁墓、崖墓、砖石墓室等。

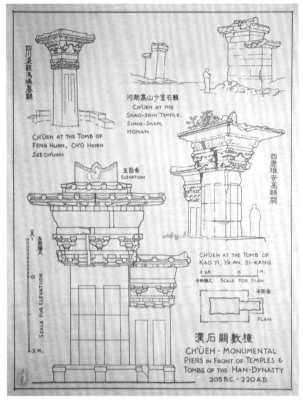

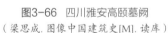

图3-66　四川雅安高颐墓阙
（梁思成. 图像中国建筑史[M]. 读库）

图3-67　四川雅安高颐墓阙实景
（四川古建筑地图集更新）

（一）土圹木椁墓

从商代到西汉行厚葬，地宫部分流行土圹木椁墓，其木椁的结构形式采取"黄肠题凑"，木椁也称"玄宫"。

"黄肠题凑"一名最初见于《汉书·霍光传》，西汉帝王陵寝椁室多采用这种框形结构形式。这一结构皆发现于竖穴木椁墓中。例如，长沙象鼻嘴1号墓、北京大葆台1号墓等都使用了黄肠题凑。

"题凑"是一种葬式，始于上古，多见于汉代，汉以后很少再用。墓葬中的"题凑"结构，据文献记载，至迟在战国时期已经出现，但缺乏实物证据。从已有的汉代考古材料可知，"题凑"在结构上的基本特点，一是层层平铺、叠垒，一般不用榫卯；二是"木头皆内向"，即题凑四壁所垒筑的枋木（或木条）全与同侧椁室壁板呈垂直方向，若从内侧看，四壁只见枋木的端头，题凑这一名称便是由这种特定的方式衍生出来的。"黄肠"则指题凑用的木材都是剥去树皮的柏木枋（橡），木色淡黄。

土圹木椁墓的形式在早期比较流行的原因，主要与建造材料砍伐运输简易以及加工便捷有关。但木材易腐、易蛀、不耐火，不利于长期保存，因此战国之后用不透水的胶泥、积沙、积炭和夯土等作加强防护措施，这一技术在汉代得到了进一步的发扬。直至东汉时期，土圹墓势微，除帝陵外，逐渐被其他形式的墓葬取代。

（二）崖墓

崖墓的形式为依山崖凿洞室为墓葬，最早的文献记载可见于《前汉书·卷四·文帝纪》。文中称文帝葬霸陵，"因其山，不起坟"。而考古发掘所发现的大型崖墓大多是西汉中、早期的墓葬，主要集中在山东中部、河北北部与江苏北部，墓葬规模庞大，但数量不多，平面与构造比较复杂，墓主均为封国王侯一级的上层统治者。除上述江苏徐州市北洞山西汉楚王崖墓以外，著名的还有江苏铜山县龟山、山东曲阜市九龙山、河北满城陵山等处之崖墓。东汉以后的崖墓则以四川盆地最为集中，几乎遍布全省，数量达三万余座，以成都平原、乐山地区及涪江中游的三台地区为中心。绝大多数崖墓均属于小型墓葬，中型者数量较少，大型墓葬几不可见。依上述规模与制式，墓主似以当地之中、小地主及中级以下的官吏为多。由于崖洞的开凿费时费力，施工难度大，在建筑艺术上达到仿木建筑的效果也比较难，因此后来未得到进一步发展，特别是在当时经济与文化最为昌盛的中原地区。

（三）砖石墓室

砖石墓室是指使用经过加工的石条、石板构筑而成的墓葬，一般是以石条为柱、梁，以石板构墙及铺盖地面、墓顶，其结构属于梁柱体系。简单的石墓则完全使用石板，构筑方式大体与早期的盒状空心砖墓相似。最简陋的石墓仅由天然石块或粗加工石料叠砌，其结构与构造均极粗糙。

由柱、梁、板等构成的正规石墓，两汉时期的均有发现，尤以东汉时期的为多。分布地域自东北迄于华南，几乎遍布全国，但仍以河北、山东、河南一带较为集中。其平面布置大多采用中轴对称的多室形式，少数也有不对称的情况，布局方式除了模拟地面住宅建筑以外，还可以看到来自木椁墓与小砖墓的影响。在建筑艺术方面，石墓仿木构建筑的形象程度，较其他类型之墓葬为高，特别是在柱、斗栱和天花、藻井等方面，大多采用了模拟与写实的手法，这就使汉代这些建筑构件的本来面目得以大体保存下来，并展示在两千多年后的今天。举世闻名的山东沂南县石墓中的八角都柱和柱上的龙首翼栱，就是其中十分突出的案例。

在战国时期已经出现的空心砖墓，到西汉已经在中原及关中一带流行，在其他地区则甚少发现。此种墓制于东汉时完全绝迹。西汉早期的空心砖墓，已经在"横穴"式土洞中构造墓室，而不再沿袭过去的"竖穴"形式，这是当时一个重要的特点。至于墓室本身的形状，汉初仍然采用长方形的盒状，也就是说，用大块的矩形空心砖铺垫墓底、叠砌四壁与搭盖墓顶，砖的规格大多一样，仅前、后端壁用较小者。到西汉中期及晚期，墓顶多砌成梯形，即中央一段升高但仍保持水平状态，两侧则向下倾斜，交会于墓侧壁之上端。因此，其组合构件之尺度及形状也有所变化。为了结构坚固，有些墓还在中央的水平板下另加支柱。以后，中央柱消失，为了加强墓顶结构和构造功能，在砖间增加榫卯。

汉代墓葬的地官部分也开始应用砖石叠涩、拱券技术，采用预制空心砖拼装半圆形的筒拱、砖穹隆，墓室空间因而得到扩大。自西汉中期至东汉末，用楔形或扇形小砖砌筑的多室拱券墓盛行，其平面组合方式丰富多变，拱券结构密合程度很高。汉代发展了砖石发券[①]的结构，但主要应用于墓室中，目的是使地宫牢固。采用这种结构的墓室被称为"皇堂"，一直沿用到明清。

① 发券一般指仰拱，为改善上部支护结构受力条件而设置在地下空间的反向拱形结构。

第七节 长城

战国时期，北方诸侯国为防御匈奴的侵袭，各自筑有较长的防御性高大城墙。秦统一中国以后，把北部各国的这种防御性城墙连成一体，达3000余里，同时还修建了边堡、烽燧等防卫性建筑，这就是长城的早期形式（图3-68）。汉武帝与匈奴交战多次，为了保护河西走廊，进一步将长城建为复线，向西向北绵延至甘肃敦煌及天山以北，并大举营缮沿途的城邑、关隘、亭燧等各项防御设施，建成了一套庞大完整的防御系统。在建筑方面，这一系统主要包括边城、关隘、鄣塞、坞堡、亭燧、沟渠等构筑物（图3-69）。

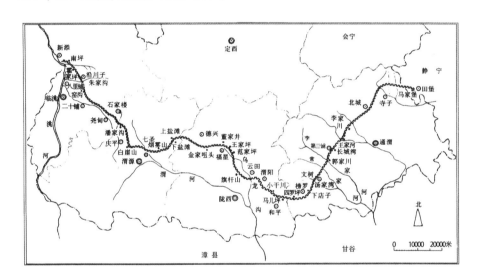

图3-68 甘肃定西地区秦长城分布图

（《文物》1987年第7期，转引自刘叙杰. 中国古代建筑史. 第一卷[M]. 中国建筑工业出版社，2009：409.）

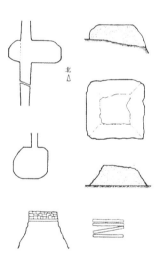

图3-69 秦代长城之垣及墩台基址平面、剖面图

（《考古与文物》1988年第2期，转引自刘叙杰. 中国古代建筑史. 第一卷[M]. 中国建筑工业出版社，2009：409.）

边城：是边界沿线的行政、军事和军队屯戍中心，相当于县级行政单位，现已查明的汉长城沿线边城有百余座。限于其军事防御功能，居民主要为屯戍的军队及少数家属。其平面有矩形、方形、回字形、多边形及不规则形多种，面积较小，边长多在100~600米。一般建有城壕、城墙、城门、城楼、角楼、街道、官署、商肆、民居、仓库等设施，有的还附有瓮城、鄣坞、烽燧，墓地位于城郊。

如内蒙古奈曼旗的沙巴营子古城，始建于燕，续用于西汉，东汉时废弃。平面方形，边长在120~600米。内蒙古呼和浩特市东郊的塔布陀古城则采用回字形平面。外城南北长900米，东西长850米；内城方形，边长约230米。其他形态的边城如呼和浩特市美岱古城，采用内外城非对称布置；内蒙古杭锦后旗保尔浩特古城为多边形；甘肃夏河县八角城为十字形平面等（图3-70）。

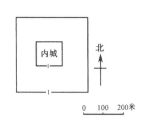

（a）内蒙古自治区呼和浩特市
东郊塔布陀古城平面
（《考古》1961年第4期）

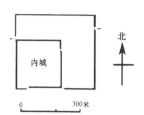

（b）内蒙古自治区呼和浩特市
美岱古城平面
（《文物》1961年第9期）

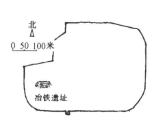

（c）内蒙古自治区杭锦后旗保尔浩特
古城平面
（《考古》1973年第2期）

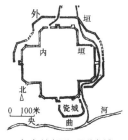

（d）甘肃夏河县八角城
遗址平面
（《考古与文物》1986年第6期）

图3-70 汉代边城实例
（刘叙杰. 中国古代建筑史. 第一卷[M]. 中国建筑工业出版社，2009：579-580.）

关隘：往往建于交通要道或险阻之处，如玉门关、阳关、嘉峪关等。关隘外观上就像个戒备森严的小城堡，内建坞堡，可容戍卫军队，同时设置烽火台以报军情，外建有城墙、关门及相应的管理与守卫建筑。典型实例如玉门关，故址在今甘肃敦煌西北，形制为方形小城堡，汉武帝时建置，北侧和西侧开城门，曾是汉代重要的军事关隘和丝路交通要道。此外，现藏于美国波士顿博物馆的一方汉代画像石刻有嘉峪关关门的形象，其主体是两座三层阙楼，楼前有通廊相连，通廊檐下设置关门（图3-71～图3-73）。

郼：比边城小一级之城堡，又称为障、鄣塞或鄣城，也是屯戍军队或关押俘虏之处。平面大多为方形或矩形，边长从几十米到200米不等。外围用夯土或石砌厚墙，入口有的设置瓮城，为加强防御，墙外挖壕沟或密布虎落尖椿。内部房屋大多贴着城垣内侧建造，中间留出活动场地。实例可见甘肃张掖县汉居延甲渠侯官遗址，主体部分为方形城堡，边长46米，东垣南侧开城门，门口设曲尺形护墙屏障，类似"瓮城"；其西北位置附有一个小型城堡，堡墙厚于主体部分，似增加建筑高度以瞭望敌情（图3-74）。内蒙古潮格旗朝鲁库伦古城是汉武帝时期的一座鄣城，平面略呈方形，东西长124.6米、南北长126.8米，城隅角台向外伸出，东侧开门，设瓮城（图3-75）。

烽燧：又称烽台、烽火台，一般建于长城附近、城垣上或城关之中，是用以燃烽举烟示警的台状建筑。为使烽烟能够较为准确而快速地传递敌情，长城烽燧两台

图3-71 汉长城玉门关遗址
（孙蕾 摄）

之间的距离约为130米，或根据周围鄣塞的位置保持一定距离。其主体以夯土或石墩砌筑，平面多为方形和圆形，边长5~8米、直径5~30米、高度可在10米以上。台下另建供守卫者居住的小屋数间。

　　秦汉长城多沿山脊和险阻之处而建，并尽可能地与天然地形结合，阴险为塞。除修筑城墙外，还深挖壕沟用以防御，壕沟宽8~10米、深3米，挖出的沙土在沟的一侧或两侧筑成高墙，壕沟中铺细砂，形成"天田"，以防偷越（图3-76，图3-77）。长城蜿蜒于黄土高原、崇山峻岭、大漠黄沙、河流溪谷之上，与地形融为一体，其上烽火台彼此相望，十分宏伟壮观。以后历朝历代对长城又有所修缮，不朽的砖石构筑物至今留存，成为世界奇观之一，也是中华民族自强不屈的象征。

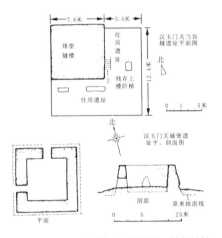

图3-72　汉长城玉门关烽燧及城堡遗址
平面、剖面图
（《文物》1964年第4期，转引自刘叙杰. 中国古代建筑史. 第一卷[M]. 中国建筑工业出版社，2009：582.）

图3-73　汉代画像石刻上嘉峪关关门的形象
（藏于美国波士顿博物馆，转引自刘叙杰. 中国古代建筑史. 第一卷[M]. 中国建筑工业出版社，2009：583.）

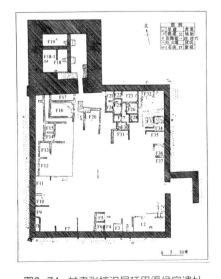

图3-74　甘肃张掖汉居延甲渠侯官遗址
（《文物》1978年第1期，转引自刘叙杰. 中国古代建筑史. 第一卷[M]. 中国建筑工业出版社，2009：583.）

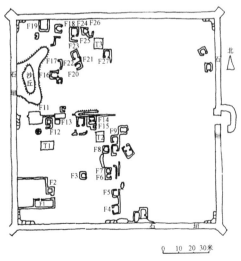

图3-75　内蒙古潮格旗朝鲁库伦古城
（《中国长城遗迹调查报告集》，转引自刘叙杰. 中国古代建筑史. 第一卷[M]. 中国建筑工业出版社，2009：584.）

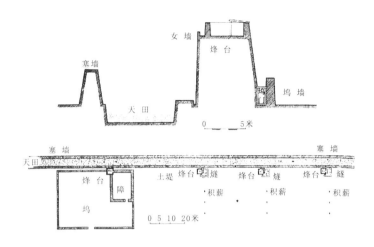

图3-76 汉代边城之鄣、燧、塞平面及关系示意图

（《文物》1990年第12期，转引自刘叙杰.中国古代建筑史.第一卷[M].
中国建筑工业出版社，2009：585.）

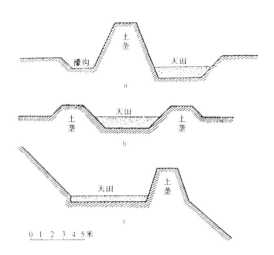

图3-77 河西汉塞剖面示意图

（《文物》1990年第12期，转引自刘叙杰.中国古代建
筑史.第一卷[M].中国建筑工业出版社，2009：586.）

第八节　建筑技术与艺术

　　秦汉时期，中国古代建筑的几个基本类型，城市、宫殿、礼制建筑、陵墓、住宅、园林、宗教建筑等已经形成了比较系统的形制或设计方法。主要木构架形式出现，木构建筑技术发展，重楼盛行，建筑群规模庞大，利用高台烘托气势。这一时期在建筑上留下了诸多为世人所仰叹的宏伟壮丽之作，如阿房宫、骊山陵、汉长城、汉长安城、未央宫、建章宫、上林苑和诸多礼制建筑，不仅工程规模浩大，顺利解决了复杂艰巨的施工组织和实施问题，而且在形制、技术上给后世建筑的发展带来了巨大影响。

一、汉代的木构建筑技术

　　中国古代木构建筑的主要结构形式，在汉代已经成形并出现了多项重大突破，奠定了后来唐宋木构体系发展的方向。

　　（1）以抬梁式和穿斗式为主流的木结构形式在汉代已经形成。河南荥阳汉墓陶屋的山墙上清晰地勾画出了柱上置梁、梁上再置短柱的构架形式。成都庭院画像砖上的主屋也呈现梁柱相叠的特征，表明抬梁式构架最迟在东汉已经形成。广州出土汉画像砖上两例陶屋的山墙上都清晰地刻画出了柱枋的形象，柱子之间有横向穿枋联系，柱子承托屋架的穿斗式特征十分典型。这应该是当时盛行于南方地区的小型住宅做法。另外，井干式结构与干阑结构，在商周墓室和原始社会的住所中已不罕见，在秦汉得到发展也不足为奇。汉画像砖中有此两种结构形式的图像，文献记载还有建章宫的井干台"高五十丈，积木为楼"，表明有可能用井干式建造颇大规模的井干楼（图3-78）。

　　（2）梁架跨度增大，高层木构楼阁技术比较熟练。据考古研究，秦咸阳离宫

（a）抬梁式结构（屋檐下用插栱）
四川成都市画像砖

（b）抬梁式结构
河南荥阳县汉墓明器

（c）穿斗式结构
广东广州市汉墓明器

（d）干阑式制造
广东广州市汉墓明器

（e）干阑式结构
江苏铜山县画像石

（f）井斡式结构
云南晋宁县石寨山铜器

（g）井斡式结构
云南晋宁县石寨山贮贝器上花纹

图3-78 汉代的几种木结构建筑
（刘敦桢. 中国古代建筑史. 第二版[M]. 1984：70.）

一号宫殿主厅的斜梁水平跨度已达10米，表明当时对柱梁结构的运用已达到比较熟练的水平。同时，木结构高层技术也大大发展。汉代的壁画、画像砖及明器陶楼中，高层建筑（重楼）的形象已频频出现。重楼层数多为3～5层，柱、梁、枋、斗栱的组合形式已十分清晰。楼阁或阙观的楼体皆有显著收分，楼层挑出平座或在各层之间设腰檐，最上多以单檐四坡屋顶覆盖。在局部形象上，有各种出挑的斗栱和斜撑、平座勾阑纹样、各层窗扉棍格、屋脊起翘与装饰等。有的楼下部设水盆，表示楼建于水池中。以上反映出汉代已经开始出现柱梁式的高层木结构建筑，并且构造已经比较熟练，节点细部也得到了较高的重视。秦汉宫室高台之风仍存，殿、阁、楼、堂仍有建于土台之上者，土台周匝包绕围廊、建筑，各殿之间还有复道、阁道（架空廊道）相连，十分壮观。但在更加优越的木构高层技术较为普及后，名噪一时的"高台建筑"逐渐退出了历史舞台，汉之后的文献很少提及（图3-79）。

（3）汉代的壁画、画像砖及明器陶楼中还出现了多种斗栱形式，形象十分清晰。有插栱、一斗二升加蜀柱、一斗三升的做法。柱头斗栱居多，也有补间斗栱和转角斗栱。石工多以极其准确而细致的手法模仿木结构，梁架上往往用人字形的"叉手"承传脊檩（图3-80，图3-81）。

（a）湖南常德市出土东汉陶楼
（《湖南省文物图录》）

（b）河南南阳市杨官寺汉墓出土画像
石刻四层阁楼（《南阳汉代画像石》）

（c）湖南常德市西郊东汉6号墓出土陶楼
（《考古》1959年第11期）

（d）湖北宜昌市前坪东汉墓陶楼明器
（《考古学报》1976年第2期）

（e）河南出土汉代陶楼
（《文物》1990年第12期）

（f）河南灵宝县张湾汉墓出土陶楼
（《文物》1975年第11期）

图3-79 汉代高层建筑
（刘叙杰. 中国古代建筑史. 第一卷[M]. 中国建筑工业出版社，2009：568.）

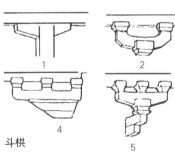

斗栱

1. 实拍栱广州市出土名器；
2. 一斗二升斗栱，四川渠县冯焕阙；
3. 一斗二升斗栱，四川渠县沈府君阙；
4. 一斗三升斗栱，山东平邑县汉阙；
5. 一斗三升斗栱，河南三门峡市汉明器；
6. 斗栱重叠出跳，河北望都县汉明器；
7. 曲栱及其转角做法，四川渠县无名阙

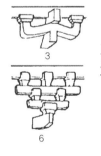

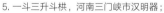

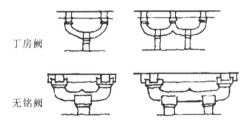

丁房阙

无铭阙

（a）四川忠县汉阙斗栱

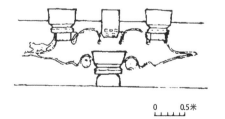

（b）四川乐山市麻浩一号崖墓门6上石刻斗栱
（《考古》1990年第2期）

图3-80 汉代石阙、石墓及建筑明器中的斗栱
（刘叙杰. 中国古代建筑史. 第一卷[M]. 中国建筑工业出版社，2009：620.）

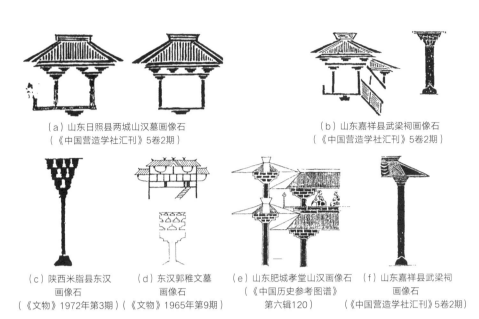

（a）山东日照县两城山汉墓画像石
（《中国营造学社汇刊》5卷2期）

（b）山东嘉祥县武梁祠画像石
（《中国营造学社汇刊》5卷2期）

（c）陕西米脂县东汉
画像石
（《文物》1972年第3期）

（d）东汉郭稚文墓
画像石
（《文物》1965年第9期）

（e）山东肥城孝堂山汉画像石
（《中国历史参考图谱》
第六辑120）

（f）山东嘉祥县武梁祠
画像石
（《中国营造学社汇刊》5卷2期）

图3-81　汉代画像砖中的斗栱形象
（刘叙杰. 中国古代建筑史. 第一卷[M]. 中国建筑工业出版社，2009：621.）

二、陶质建筑材料的使用及砖石拱券结构技术的发展

秦、汉时期陶砖不但用于铺砌室内地面，还用于踏道、内墙装修。汉砖大量用于地下，如下水道、空心砖墓等。墓室中出现拱券式、叠涩式等以砖砌为主的砖券结构。从少量陶楼明器中看，汉砖应当还曾用于地面的门券、拱桥、建筑台基、屋脊等处。从西汉开始，以筒拱为主要结构形式，大量用于下水道及墓葬。为了加强拱券的承载力，还采取了用刀形或楔形砖加"枞"、叠用多层拱券及在券上浇注石灰浆等措施。到东汉时还出现了弯窿。汉代在墓葬中大量使用画像砖和画像石，以代替容易朽坏的传统壁画与木雕。这些画像砖和画像石上的精美图案，除了表现自身的艺术风格外，还和柱、梁等建筑构件上的雕刻绘画融为一体，传达出和谐统一的建筑审美原则，并将建筑艺术和技术有机统一起来（图3-82，图3-83）。

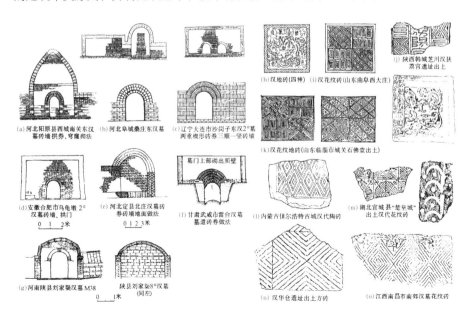

（a）河北阳原县西城南关东汉墓砖墙拱券、弯窿砌法

（b）河北阜城桑庄东汉墓

（c）辽宁大连市沙岗子东汉2#墓两重楔形砖券三顺一竖砖墙

（d）安徽合肥市乌龟墩2#汉墓砖墙、拱门

（e）河北定县北庄汉墓券砖墙地面做法

甘肃武威市雷台汉墓墓门上部砌出照壁墓道砖券做法

（g）河南陕县刘家渠汉墓M38

陕县刘家渠8#汉墓（同右）

（h）汉地砖（四神）

（i）汉花纹砖（山东曲阜西大庄）

（j）陕西韩城芝川汉扶荔宫遗址出土

（k）汉花纹地砖（山东临淄市城关石佛堂出土）

（l）内蒙古保尔浩特古城汉代陶砖

（m）湖北宜城县"楚皇城"出土汉代花砖

（n）汉华仓遗址出土方砖

（o）江西南昌市南郊汉墓花纹砖

图3-82　汉代砖墙、砖券及地砖
（刘叙杰. 中国古代建筑史. 第一卷[M]. 中国建筑工业出版社，2009：632-633.）

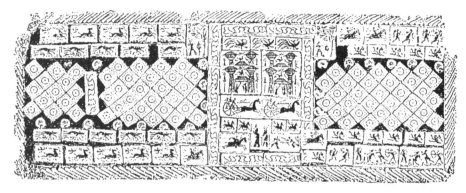

（a）汉代画像空心砖（拓本）
（《文物》1970年第10期）

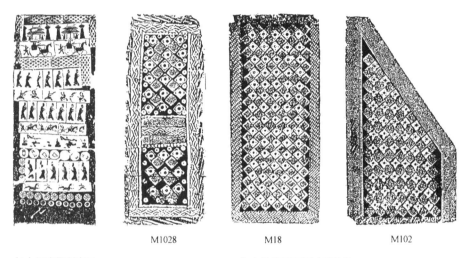

M1028　　　　　M18　　　　　M102

（b）河南郑州市二
里岗东汉32空心砖墓
画像砖拓片（1/7）

（c）郑州市汉墓空心砖纹样

图3-83　汉代的空心砖纹样
（刘叙杰. 中国古代建筑史. 第一卷[M]. 中国建筑工业出版社，2009：634.）

三、汉代丰富的屋顶形式

　　绝大多数中、小型住宅使用悬山，庑殿常见于较大型重要建筑的屋顶。望楼上多用攒尖，还有叠落的重檐。屋顶的脊饰一开始受楚人影响，盛行用凤凰和鸟，后来听信巫术厌火之言，逐渐改成鸱尾。出现了歇山。秦汉建筑出檐不大，屋顶的线条也比较平直。中国国家图书馆就是仿汉代建筑风格建造的。

　　秦汉时期是中国建筑木构体系的酝酿和形成期，在继承商周已有的城市、宫殿、坛庙、陵墓等建筑类型和形式的基础上，又有了很大程度的创建，规模更加恢宏，形制更加严谨，在住宅、门阙、市里、桥梁、栈道等建筑类型上，也出现了更加丰富和灵活的形式，反映出了一个经济繁荣的时代中建筑创造的活力和多样性。秦汉建筑具有沉凝之气，造就了艺术上自然而拙朴、圆润而恢宏的风格，形成了中国古代建筑技术和艺术的第一个高峰（图3-84）。

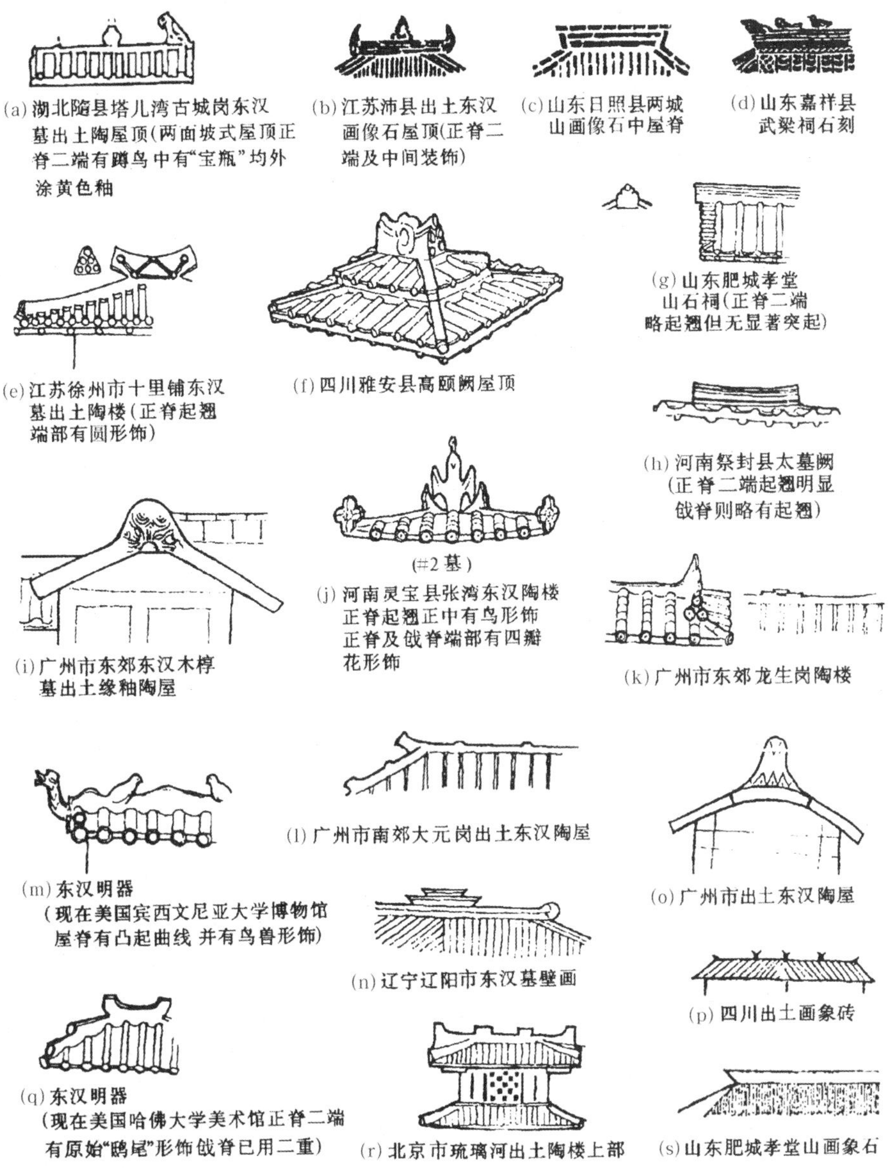

(a) 湖北随县塔儿湾古城岗东汉
墓出土陶屋顶(两面坡式屋顶正
脊二端有蹲鸟中有"宝瓶"均外
涂黄色釉

(b) 江苏沛县出土东汉
画像石屋顶(正脊二
端及中间装饰)

(c) 山东日照县两城
山画像石中屋脊

(d) 山东嘉祥县
武梁祠石刻

(e) 江苏徐州市十里铺东汉
墓出土陶楼(正脊起翘
端部有圆形饰)

(f) 四川雅安县高颐阙屋顶

(g) 山东肥城孝堂
山石祠(正脊二端
略起翘但无显著突起)

(h) 河南祭封县太墓阙
(正脊二端起翘明显
戗脊则略有起翘)

(i) 广州市东郊东汉木椁
墓出土缘釉陶屋

(#2墓)

(j) 河南灵宝县张湾东汉陶楼
正脊起翘正中有鸟形饰
正脊及戗脊端部有四瓣
花形饰

(k) 广州市东郊龙生岗陶楼

(m) 东汉明器
(现在美国宾西文尼亚大学博物馆
屋脊有凸起曲线 并有鸟兽形饰)

(l) 广州市南郊大元岗出土东汉陶屋

(n) 辽宁辽阳市东汉墓壁画

(o) 广州市出土东汉陶屋

(p) 四川出土画象砖

(q) 东汉明器
(现在美国哈佛大学美术馆正脊二端
有原始"鸱尾"形饰戗脊已用二重)

(r) 北京市琉璃河出土陶楼上部

(s) 山东肥城孝堂山画象石

图3-84 汉代的屋顶及装饰
(刘叙杰. 中国古代建筑史. 第一卷[M]. 中国建筑工业出版社, 2009：622.)

135

第四章 ——— 三国、两晋、南北朝 时期的建筑

第一节 历史背景与建筑概况

三国、两晋、南北朝前后近400年，是中国历史上战乱频繁、王朝不断更迭的时代，也是民族大迁徙、人口大流动的时代。

东汉末年的黄巾大起义继以军阀混战的局面，公元220年，曹丕迫使汉献帝让位，以魏代汉成为魏文帝。之后不久，僻处四川的刘备和江南的孙权也先后称帝，立国号为汉、吴，进入魏、蜀、吴三国鼎立的时代。公元265年，司马炎废魏帝建立晋朝，史称西晋。公元280年西晋灭吴统一全国后，仅维持了不过十多年的安定，公元304年，北方的匈奴、鲜卑、羯、氐、羌等少数民族就纷纷入主中原并建立政权。公元317年西晋灭亡，残部退至长江以南，在建康（今南京）建立了东晋政权，而北方则陷入了以5个少数民族为主的十六国割据混战的局面，并持续了130余年。公元439年，鲜卑拓跋氏的北魏统一了北方，社会暂得安定，大约百年后分裂为东魏、西魏，其后又相继为北齐、北周所取代，称为北朝。在南方，公元420年，刘裕篡夺了晋室江山，建国号为宋，之后近170年中，又相继为齐、梁、陈所取代，史称南朝。这样，就形成了南方的宋、齐、梁、陈和北方的北魏、东魏、西魏、北齐、北周对峙的南北朝时期，直到公元589年隋重新统一中国。

在这一段历史时期中，激烈变化的社会政治环境，使人们从汉代儒家宗法观念的束缚中解脱出来，思想活跃，富于创新，为中古时代的中国建筑发展带来了变革；经济重心向东南地区转移，东南地区的建筑开始繁荣，都城宫室上发生了很大的变化。统治北方的少数民族入主中原后竭力汉化，使各民族建筑文化得到空前的碰撞和融合，促进了多元文化的交流和发展。各民族之间在生活习俗上相互影响，逐渐趋同。表现在室内环境设计观念上，一方面，"胡床"等高坐具的引入，对当时汉人的起居习惯和室内空间处理带来了影响，汉族席坐时的跪坐礼俗观念被废

①
贺业钜. 中国古代城市规划史论丛. 北京: 中国建筑工业出版社, 1986: 23.

弃, 少数民族习用的高型家具普遍应用; 另一方面, 少数民族对异族文化具有更强的包容性, 从而打破了汉地接受异域文化的障碍, 扬弃汉魏旧规, 酝酿出室内装饰艺术的新风。

在都城规划方面, 三国时期曹魏邺城开都城制度全城整体规划[1]之先河, 其规划思想影响了北魏平城、北魏洛阳、南朝建康、唐长安等城市的建置与规划, 更经盛唐文化的传播远涉海外。北魏孝文帝拓跋宏通过迁都洛阳, 大力推行汉化政策, 使北魏政治、经济、文化大有改观, 并在道武帝平城规划的基础上发展了洛阳城外方格网街道的外郭, 为中国都城规划带来新的创意, 为隋唐长安城的建造做了铺垫。

这一时期文士园得到了很大发展。战争、迁徙、分裂、割据使士人的人生观有了很大转变, "魏晋玄学" 兴起, 逐渐占据上风。士大夫厌恶战乱, 寻求静谧安定, 讲究风流的谈吐和艺术欣赏能力, 追求个性自由和飘逸的风度; 因此寄情山水、崇尚隐逸成为园林艺术的风尚。在这样的文化氛围中, 不仅山水园林有了长足的进步, 山水艺术的各门类也都有了很大的发展, 包括山水文学、山水画等。园林在规模、意趣、境界等方面都发生了巨大的变化, 景物布置注重追求自然, 以静观冥想、陶冶情操为主要游赏目的。中国文士园的设计与思想基础由此奠定, 从而形成私家园林与皇家园林并重的格局。

不仅如此, 外来文化的融入也带来了新的建筑形式。佛教自东汉时传入中国, 在两晋南北朝的社会动荡中成为人们的主要精神寄托, 因而大为兴盛。佛教建筑随着佛教的盛行也获得了空前的发展。此时的中国建筑呈现出两面性特征: 一方面受异域文化影响, 出现许多新类型, 如塔、石窟寺、经幢等, 在装饰题材、雕刻绘画手法、构造技术等方面也表现出明显的变革; 另一方面, 借鉴西域佛教建筑兴建的佛寺, 又受到本土建筑观念、样式和做法的制约, 逐渐妥协, 走向本土化之路。到南北朝稍为安定繁荣之时, 各国均大修佛寺、佛塔, 北魏更是举国信佛, 佛寺石窟多有修建, 客观上促进了建筑技术与艺术的提高, 其中塔的建造技术尤其增长迅速, 木结构终于摆脱土木混合的束缚, 发展了全木构架的高层建筑技术。

在陵墓建筑方面, 这一时期一改两汉以来厚葬的风气, 实行薄葬, 墓葬的规模相对前朝普遍较小, 六朝的帝陵墓室也只有十几米。其主要的发展是重视地面建筑神道的处理, 南朝诸帝陵神道上的碑、墓表、石辟邪等雕刻, 都有很高的艺术水准, 在手法上显现出了外来文化的影响。

第二节　城市

汉末战争频繁, 北方传统都城沦为废墟。史载建安元年 (196年) 七月, 汉献帝重返洛阳后, 见 "宫室烧尽, 百官披荆棘依墙壁间。" (《后汉书》) 三国时期, 各国经济较之军阀混战期间都有不同程度的恢复, 在此基础上, 各国都建设了自己的都城, 为都城制度的发展带来了新的契机。其中吴、蜀两国限于国力, 所建城市和宫室都较小, 208年, 孙权政权曾先后以吴 (今苏州)、京 (今镇江) 为基地，210年始营建业（今南京）。214年刘备改建成都。魏国经济实力最强，同时又以继承中原正朔自居，城市建设最为规整，先后兴建邺、许昌、洛阳三个都城。其中洛阳在东汉旧址上重建，将当时的两宫改为一宫，增加了宫前主街的纵深长度，成为后世都城之典范。此外，各国还新建了一些边境上的屯守城市，为后世的建设打下了基础。

一、曹魏邺城

（一）建造背景与选址

邺城相传始建于齐桓公时，东汉以前为郡国级城市。汉献帝建安九年（204年），曹操入据邺城，为冀州牧，开始经营邺城。公元213年被封为魏公后，曹操开始在邺城按照诸侯王都的体制进行建设。魏建国前以邺为政治中心，220年曹丕定都洛阳后，邺成为陪都。

邺城位于今河南省安阳县东北与河北省临漳县交界处，北临漳水，四面平沃，不仅控制着维系太行山东麓南北交通线上的漳河津渡，并能利用战国西门豹治邺修建的水利工程，解决城市用水，粮秣也能够借助漕渠直抵城下。邺城的地理环境和交通条件均胜过邯郸，是邺城取代邯郸，被北朝政权选中为都，一度与洛阳相抗衡的原因[①]。

（二）总体布局

据《水经注》记载，邺城东西七里、南北五里，呈长方形，有七门。20世纪80年代初对邺城进行考古发掘时，初步找到了北、东、南三面的城墙、城门和门内道路，证实邺城平面为横长矩形，东西2400米、南北1700米，夯土城墙，有7座城门，其中南面3门，北面2门，东西两面各1门，除西北方的厩门直通内苑外，其余6门都有大道通入城内。

东面建春门和西面金明门之间横亘一条贯通东西的大道，将全城分为南北两部分。北半部分为宫城和贵族居住区，南半部分是民居、一般官署和商业区。城南正中的中阳门御街正对北面宫殿区主体建筑群，形成了明显的纵贯全城的南北中轴线。东西横街与南北御道相交，形成了宫城前的"T"形干道，不仅使该处交通十分方便，更使邺城布局严整有序，分区明确，一改秦汉都城中宫殿与居住区杂处的混乱布局。

城北被广德门内的南北大街分为东西二区，西区为宫城，面积较大，占全城1/4以上。宫城按用途又划分为左、中、右三区。中区是进行国事和典礼活动的礼仪性建筑群，以主殿文昌殿为中心，正门两侧设阙。东区前半部分是魏王的行政办公机构，以主殿听政殿为中心，后半部分是魏王的寝殿。宫殿西为禁苑，也是皇家的苑囿，称铜雀园（铜爵园），园西设有全城最大的仓库，并集中了军需和马匹，是个严密设防的战备区。铜雀园内建有著名的铜雀三台，是兼有储藏、游玩、观赏、防御等多种

① http://www.xdcad.net/article/article/htmlcache/178.html.

功能的建筑。宫城北墙与北城垣重合，是三国至唐代宫城通用的方式，在发生变乱时，可以使统治者迅速逃往城外，这种形制一直到宋太祖杯酒释兵权、中央集权稳固以后才改变。城北的东区为戚里，即贵族居住区，紧靠在宫城东侧。

城南则被三条南北大街进一步分割为四个区域，其中布置着一个个方形的里坊，里坊内有大量的住宅，市和军营穿插其间，通常占据一个里坊的面积（图4-1）。

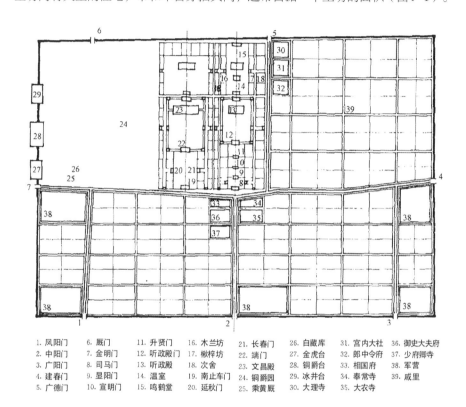

图4-1 曹魏邺城平面复原图
（傅熹年. 中国古代建筑史. 第二卷 [M]. 中国建筑工业出版社，2009：3.）

1. 凤阳门	6. 厩门	11. 升贤门	16. 木兰坊	21. 长春门	26. 白藏库	31. 宫内大社	36. 御史大夫府
2. 中阳门	7. 金明门	12. 听政殿门	17. 楸梓坊	22. 端门	27. 金虎台	32. 郎中令府	37. 少府卿寺
3. 广阳门	8. 司马门	13. 听政殿	18. 次舍	23. 文昌殿	28. 铜爵台	33. 相国府	38. 军营
4. 建春门	9. 显阳门	14. 温室	19. 南止车门	24. 铜爵园	29. 冰井台	34. 奉常寺	39. 戚里
5. 广德门	10. 宣明门	15. 鸣鹤堂	20. 延秋门	25. 乘黄厩	30. 大理寺	35. 大农寺	

（三）道路

邺城的道路为正交的方格路网系统。主干道为东西横街和南北御道形成的T形干道，次干道有南城广阳门、凤阳门和北城广德门内南北干道3条，直通东西横街。T形干道路面很宽，根据考古分析有17米左右，其余3条干道宽13米。据汉长安、洛阳之制，干道路面分3条，中间辟为驰道，是皇帝的专用道，两边是一般行人的通道，路两侧种植青槐为行道树，道侧有明渠。与干道相连的城门也分设3个门洞，中间连驰道，只有皇帝出行时才开启，一般行人从两侧的门洞出入。邺城的驰道为魏王曹操专用，据记载，曹操的第四子曹植因"乘车行驰道中，开司马门出"而获罪，曹操还为此杀了有关的官员，可知禁令之严厉。

（四）官署、客馆、仓库等公共建筑

宫城司马门外的南北干道两侧集中布置了邺城的主要官署和阙观，有相国府、御史大夫府、奉常寺等。在南北中轴线上列峙的官署建筑群以及与御路对景的宫殿建筑群，共同构成了邺城最为壮丽的城市景观。

①
郭湖生. 论邺城制度. 建筑师,
2011(95).

　　客馆是供他国使臣居住之所,是国力强大的象征,也是都城中重要的公共建筑之一。邺城的客馆有城南、城东的都亭和城东大道之北的建安馆。其中建安馆最为壮丽,它的布局大约是中轴线上为正门和主厅,四周建有若干院落,大门是直接对外开门的临街楼。

　　仓库区布置在邺城西部。按《魏都赋》所载,白藏库在西城下,储藏财货、珍宝、布帛、粮食和武器,高墙环绕,防卫严密。三台附近还设有马厩。仓库、马厩和高大的三台共同构成了一个兼防内外敌人的防守核心据点,是变乱频繁时代必不可少的军事考虑。

(五) 水利建设

　　邺城内建有完整的引水渠道,保证了城市居民的生活用水。曹操在城西郊筑漳渠拦蓄漳水,开渠引入城中。渠水在铜雀台附近穿城进入内苑,供应宫廷用水,再向东穿过戚里。在宫城中部,渠水分流,向南穿过宫墙,流入东西向横街两侧的明渠,再向东分出支渠流至各南北干道和次要道路,从而形成覆盖全城的水网。水渠穿出东面城墙后,注入了城壕中,曹魏文献中称之为"长明沟"。

(六) 成就评述

　　邺城模式是中国都城制度的一个重要历史阶段。由于汉长安离宫分散,对宫廷守卫十分不利,始自三国曹魏邺城的都城规划制度摒弃了汉长安宫殿区与居住区杂处的做法,开创了把闾里与宫殿分开的城市格局,将宫室、苑囿、官署集中置于城市的北部,发展了宫城居北、坊里、市里居南,宫城前有T形干道,南北干道两侧建官署的城市格局。邺城模式布局严整,分区明确,轴线突出,直到北宋东京汴梁时才基本结束。

　　这种都城模式先后为魏晋洛阳、六朝建康、隋唐长安等都城规划所借鉴,使中国都城的城市景观更为有序、壮观,是都城制度演进过程中的重要转折。随着唐文化在东亚的传播,邺城制度还影响了周边国家如渤海、日本的京城规划,如平城京(奈良)、平安京(京都)等,因此是东亚建筑文化历史上卓然屹立的一座丰碑①。

二、东晋、南朝建康

(一) 选址与建造背景

　　建康城是三国时期由孙权建成的第一座长江以南的都城,时称建业城,也是三国唯一的新建都城。在区域位置上,建业城号称吴头楚尾,使吴国可以兼顾根据地吴地和主要疆域楚地,又接近与魏国对峙的前线地区淮河中游,与上游荆楚地区水运交通便利,便于向中原地带进攻,也便于控制全局。同时它还邻近富庶的苏南地区,有稳定的粮食和军饷基地。自然地理条件方面,它位于山丘间的平地上,西临长江,可以长江天险和高低起伏的地势为天然屏障,北有玄武湖阻隔,东有钟山龙

①
《建康实录》卷二注引《江表传》。

蟠，西有石头城虎踞，城南又有秦淮河西通长江，既利于水运和百姓生活，又利于防卫。建业城腹地开阔，地形险要，易守难攻，是十分难得的建都之地，被诸葛亮誉为"帝王之宅"①。

西晋末，避愍帝司马邺讳，建邺城改名建康。东晋定都建康，为表明自己是西晋正统的继承者，由名相王导主持按魏晋洛阳模式改造。将宫城东移，南对吴时的御街，又将御街南延，跨过秦淮河上的朱雀航，直抵祭天的南郊，形成正对宫城正门、正殿的全城南北轴线。御街左右建官署，南端邻秦淮河，左右分建太庙、太社。经此改建，建康城内形成宫室在北、宫前有南北主街、左右建官署、外侧建居里的格局，大体符合洛阳模式，城门也增为12个，并沿用洛阳旧名，基本奠定了南朝都城的格局。

公元420年，刘裕代东晋立宋，史称刘宋，从此进入南朝。刘宋时期对建康进行了一系列建设，建有皇家苑囿乐游苑、东宫、儒学等，并堰玄武湖于乐游苑北侧。

479年，齐梁代宋，建康经济更为繁荣。到梁武帝中后期，建康城发展到极盛，宫殿、官署恢宏，道路宽广，绿化整齐；梁末侯景之乱中，建康城付之一炬。自三国时期的东吴起，至东晋，再至南朝宋、齐、梁、陈的300多年间，建康一直是南方政权的首都，故有"六朝故都"之称（图4-2）。

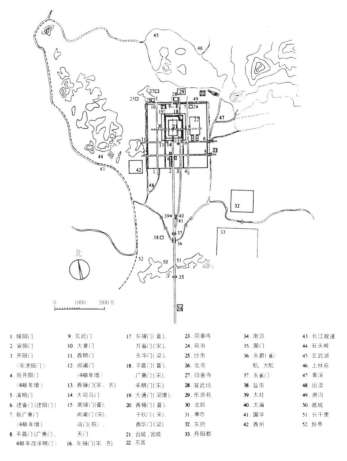

1. 陵阳门	9. 玄武门	17. 东掖门（晋）、	23. 同泰寺	34. 南郊	43. 长江故道
2. 宣阳门	10. 大夏门	万春门（宋）、	24. 苑城	35. 国门	44. 石头城
3. 开阳门	11. 西明门	东华门（梁）	25. 纱市	36. 朱雀（省）	45. 玄武湖
（宋津阳门）	12. 阊阖门	18. 平昌门（晋）、	26. 北市	航、大航	46. 上林苑
4. 新开门	（448年增）	广莫门（宋）、	27. 归善市	37. 朱雀门	47. 青溪
（448年增）	13. 西掖门（宋、齐）	承明门（宋）	28. 宫武场	38. 盐市	48. 运渎
5. 清明门	14. 大司马门	19. 大通门（梁增）	29. 乐游苑	39. 太社	49. 潮沟
6. 建春门（建阳门）	15. 西掖门（晋）、	20. 北掖门（晋）、	30. 北郊	40. 太庙	50. 越城
7. 新广莫门	阊阖门（宋）、	千秋门（宋）、	31. 章市	41. 国学	51. 长干里
（448年增）	端门（陈）	西华门（梁）	32. 东府	42. 西州	52. 新亭
8. 平昌门（广莫门，448年改承明门）	天门	21. 台城，宫城	33. 丹阳郡		
	16. 东掖门（宋、齐）	22. 东宫			

图4-2 东晋、南朝建康城平面复原示意图
（傅熹年. 中国古代建筑史. 第二卷 [M]. 中国建筑工业出版社，2009：70.）

（二）城郭与城墙

建康城有郭城、外城、宫城三套城。

郭城周边有内外两层护栏，顺应地形蜿蜒曲折，很不规则。外层是竹篱，史载有56座篱门，内层是临时性的树栅。

外城方整，史载周长20里19步，东晋以前也以竹篱代墙，城门称为篱门，至齐时才改为土筑城墙。

建康的宫城周长8里，开5门，宫城的北垣与外城的北垣重合，均以潮沟为北堑。

（三）宫城

宫城居北，全城平面呈南北略长之矩形，共12座城门，南、北面各4座，东、西面各2座。宫城正门大司马前有T形干道，南北干道一直向南延伸至南郊，其北段左右夹街建官署，南郊临近秦淮河一段左右建太庙、大社，干道两侧分布着居民区、市坊和佛寺。梁天监七年（508年）在宫城正门大司马外"镌石为阙，穷极壮丽"，使这条南北干道的对景更加完美。阙是汉代以来宫城前必备的近仪式性的建筑，而建康自东晋以来一直未设，在梁建成后终于使帝都体制完备。

（四）道路

东晋建康城门6座，即南面3门，东面2门，西面1门。西城门、西明门与东城门、建春门连成贯穿外城东西的横街干道，从宫城前穿过，道北是宫殿仓库区，道南是官署及居民区。宫城南向有2门，主门大司马门居中而立，门内正对主殿太极殿。门南御道，出外城正门宣阳门，向南直抵朱雀门，形成了南北向的中轴线。东晋宫城居北，T字形干道结构的基本格局明显受到邺城制度影响，为其后宋、齐、梁、陈四朝沿用。东晋初，建康街巷大多不是笔直的，王导规划时恐直街一览而尽，故意使其纡曲。梁以后建康城向南、向东大大拓展，街道调直，在城内形成方格干道网。

刘宋至梁，建康外城增设至12座城门，在门数上符合了《周礼·考工记》理想王城"旁三门"的规定。相应地，建康城内形成了连通各城门的正交方格干道路网。南北向干道6条，东西向3条。其中，南北向的御道、南掖门外南北向和东西向两条干道，是路面分三道的主干道，中间是专供皇帝使用的驰道，两侧是供普通人使用的通道。

（五）居民区

建康有长江和诸水网航运之便，舟船经秦淮河可从东西两面抵达建康诸市，沿河及水网遂出现一些居住聚落。东晋、南朝建康城主要的居住区分布在城外南部秦淮河两岸，依自然地形自然分布，当时称山陇之间为"干"，著名的大长干、小长干等均是人口稠密、商业发达的居住区。

自东晋以来，历次战乱大都是敌人从长江入秦淮河，再北攻建康城，使秦淮河南岸多次沦为战场，化为废墟，故王侯贵族、士族的居住区逐渐转移到了城东青溪以东和城北的潮沟一带。青溪附近河水回曲，景色秀美，其中的乌衣巷曾是著名的王、谢、庾、桓等世家大族的住所，若干年后，唐代诗人刘禹锡的诗句"**朱雀桥边野草花，乌衣巷口夕阳斜。旧时王谢堂前燕，飞入寻常百姓家**"，吟咏的便是此处。上述居住区由于受到自然地形限制，加之商业发达，住宅多临街而建，极有可能不采用里坊制，而是自由开放的街巷式布局。但城内的居住区可能仍然延用里坊制。

（六）市场

东晋、南朝商业非常发达，分为市坊和小市两大类。坊市类似中原都城封闭管理的市，有官监守收税。东吴时就在朱雀航西南秦淮河岸上的长干里建大市，宋在大夏门外立北市，三桥篱门外立东市，广莫门内立苑市。小市是行业市场，由于建康的货物运输主要依靠长江、秦淮河以及吴时已开凿的运渎，西南上游来的财货沿长江东下，在秦淮河口入河，再在秦淮河两岸集散或沿运渎入城，因而小市主要在秦淮河和运渎两岸分散布置。这些小市可能已经是开放式的市了，是北方都城所没有的。建康的市场还有一个特点，即很多市都位于佛寺前，如大市在建初寺前，北市在大夏门外归善寺前等。

（七）佛寺

东晋南朝诸帝，除宋孝武帝曾整肃僧人并令礼敬王者外，普遍佞佛，因而建康建有大量的佛寺。东晋以前，佛寺多分布在城郊，南朝以后，崇佛之风日盛，开始在城内兴建寺庙，而贵族、重臣、富家常喜舍宅为寺。这些贵族宅邸大多位于城市中较好的地段，导致佛寺与居住区杂处，城市分区无法控制。佛寺的兴建以梁武帝时最盛，他于502年建长干寺，519年建大爱敬寺，527年建同泰寺，又把自己的旧宅建为光宅寺，都是建康城里极其壮丽的大寺。在他的倡导下，建康的佛寺达到500余所。

梁武帝所建诸寺中以长干寺和同泰寺对城市影响最大。长干寺在秦淮河以南的长干里，修建时拆毁数百民居。同泰寺建在城北，是梁武帝专用的佛寺，他多次舍身居于寺中久不还宫。寺倚山而建，有大殿六座，浮图九层。为了加强防卫，寺侧建左右营，设置池堑。

（八）官署、仓库等公共建筑

建康的官署袭吴时旧规，主要布置在御道两侧，有鸿胪寺、宗正寺、太仆寺、太府寺等。在宫前东面大道南侧也有官署，领军府等最关键的军事机构就设在南掖门外，和宫内的尚书省、朝堂遥遥相望。城外也有一些官署，如司徒府在宣阳门外。

建康的仓库数量众多，主要分布在宫城内和石头城内。宫城内的粮仓有南塘仓、常平仓、东西太仓、东宫仓。石头城内有仓城，是很大的粮仓。宫城内还设有储藏武器军械的国家武库，即南、北武库。

（九）园林、绿化

建康城的皇家苑囿分为两种：一种在城中或近郊，全为人工造景，如宫城中的华林园、太子东宫玄圃，园中筑山穿池，建楼观相望，移植名贵花木，虽人工造景但极力模仿自然景物；另一种则利用自然风景，点缀少量建筑，以欣赏自然之美为主，如乐游苑、上林苑等。

东晋、南朝以后，造私园之风越来越盛，造园的技巧、手法大大发展，已能通过筑山、穿池、移竹、栽木等造成局部近于真景的景观。这时的园林大都有山有池，故常以"山池"代称。造园水平颇高，从诗文来看，能达到寓情于景，借景抒怀的境界。私家园林主要有两类：一类是建在乡村山水佳处的园林化庄园，供士族文人乱世隐遁山林，如著名的谢灵运始宁别业；另一类是宅旁园，如陈宠臣孙瑒的豪华宅园，"家庭穿筑，极林泉之致"[1]。

此外，建康城内绿化丰富，宫城沿四周城壕种植橘树，宫墙内种石榴，殿庭和各省等办公机构种槐树。南北中轴线御道两侧种垂杨和槐树。

（十）成就评述

建康城虽偏处江南，却人口众多、经济繁荣、文化发达，超过了全盛时期的两汉都城，为历代史书称道。在都城建设上，东晋、南朝政权为了表明其汉族正朔的身份，与北朝政权抗衡，先后采取了很多措施，如建新宫于御道之北形成都城南北中轴线，在御道两侧建官署和宗庙、社稷，改建土筑城墙，增辟建康城门为12座，修直干道形成正交干道网，宫城大司马门外建石阙，宫中主殿太极殿和东西堂并列等。

如果说建康城的核心区是方正严整的传统都城景观，那么城外则是人口稠密，商肆林立、自由开放的街市景象，丰富的城市生活是当时北方的都城难以匹敌的，成就了六朝建康的繁荣。隋平陈以后，中国的都城回到了高大坊墙环绕的宵禁时代，直到300年以后晚唐的扬州、五代、北宋的汴梁，才再次呈现繁荣的商业景象。六朝建康是中国都城发展史上的先行者。

三、北魏洛阳

（一）选址和沿革

洛阳位于邙山以南，洛水以北，地势北高南低。东汉以前，洛阳城的建设已经拥有一定的基础，这里曾是周朝的夏都（即陪都[2]），秦时曾在这里设三川郡，这里也是东汉、曹魏、西晋三代的都城。

三国时的曹魏洛阳以邺城为蓝本，修建宫殿及庙、社、官署，使宫城居中部偏

①
南史. 卷67. 孙瑒传。

②
所谓陪都，就是都城之外起到辅助京城作用的都城。由于中国幅员广大，出于巩固政权和统治的需要，实行"两京制""多京制"，所以陪都也有相当强的实力，控制着广大的区域。

北，宫城南门前有T形干道，其南北大道两侧夹街建官署。又按《周礼·考工记》"左祖右社"之说，在大道南段东西分建太庙和太社，北端路旁陈设铜驼。还仿邺城西北铜雀三台，在洛阳城西北角增建金墉城，是防守严密的军事据点。

西晋洛阳仍然宫城居北，宫门前有T形干道，南北干道夹街建官署、太庙、太社，形成全城主轴线。这种模式影响颇大，后来的东晋及十六国都城的建设，都纷纷效法魏晋洛阳，以示自己为汉、晋王朝正统的继承者。

公元494年，北魏孝文帝由平城迁都洛阳，在西晋洛阳的故址上进行重建，主持人为李冲。为示自己为正统的继承者，未大改动宫城和都城。

（二）宫城

宫城位于都城中央偏北，宫门前有T形干道，加强了城市的中轴线，把主要官署、寺院和太庙、太社集中到宫南正门外南北御街上，突出宫城的中心地位。拓宽道路，疏通渠道，引三路水入城。城墙和城门保持了魏晋时期的旧制：南四门、东三门、西四门、北二门。因宫殿建好之前北魏帝暂居西北角的金墉，为了便于出城，在金墉边上又开了一门，共有13门。三条东西大道，其中两条贯通东西，一条被宫城隔断，加上三条南北大道，将城市划分为若干区域。

（三）外郭

北魏洛阳城有宫城、都城和外郭三重城墙。都城东西3100米，约7里；南北4000米，约9里。都城之外是外郭，东西20里、南北15里，设置方格网状街道，将外郭划分为封闭的矩形居住里坊和商业市坊。外郭建有东、西两市，东市较小，西市在城西西阳门外，是著名的商业区，附近为洛阳大市及贵族居区。两市规整方正，规模颇大，远超前代。外郭城外另有南市。北魏洛阳成功地保持了旧城格局，并与新区很好地结合在一起，还创建了外郭方格网状道路和里坊的格局，与宫城居北、轴线对城等都城布局模式融为一体，成为隋唐长安城的前奏。

（四）佛寺

北魏统治者以佞佛著称，因此，北魏洛阳城也是一座佛寺之城。城中寺塔林立，到迁都邺城前夕，全城寺庙数量已达1367所。其中胡灵太后建造的永宁寺塔，以其近150米高的宏伟中心柱式木结构，创造了木构建筑史上的世界之最与历史之最。洛阳的寺庙从性质上划分共有三类：一为专门建立的寺庙，如永宁寺；一为舍宅为寺后由住宅改造的寺庙，如广平王元怿生前舍宅平等寺、大觉寺一为外国僧人建造的具有西域和天竺特色的寺庙，如菩提、法云寺。北朝还开凿了诸多佛教石窟，如敦煌、云冈、龙门及响堂山、麦积山、炳灵寺等。

（五）礼制建筑

北魏洛阳作为都城，拥有一系列按照规定建在特定位置的礼制建筑。太庙、太社建在宫殿前御道的两侧，按照"左祖右社"布置。孝文帝将太庙改建为七世共庙，同堂异室。祭祀天地的圜丘、方泽分别建造在都城的南北近郊。由于群臣的争论，后期的元叉专政，政令混乱，修建寺庙的工役过多等诸多原因，明堂最终未能建成。建造学校是封建国家"崇儒尊道"的表现，因此学校也具有礼制建筑的形制。《洛阳伽蓝记》中说国子学在宫前御道之东、司徒府之南，且堂中有孔丘像。

北魏洛阳重建40余年后，内乱四起，534年高欢迁魏都于邺城，随着北魏政权的瓦解，洛阳再遭破坏。再40余年后，北周灭北齐统一中国北部，周宣帝于大象元年（公元579年）再修洛阳。周宣帝后杨坚掌权，停建洛阳，并于大业元年（公元605年）兴建东都，因北魏洛阳破坏过甚，在其西面另选新址，自此，北魏洛阳就被永远毁弃了（图4-3）。

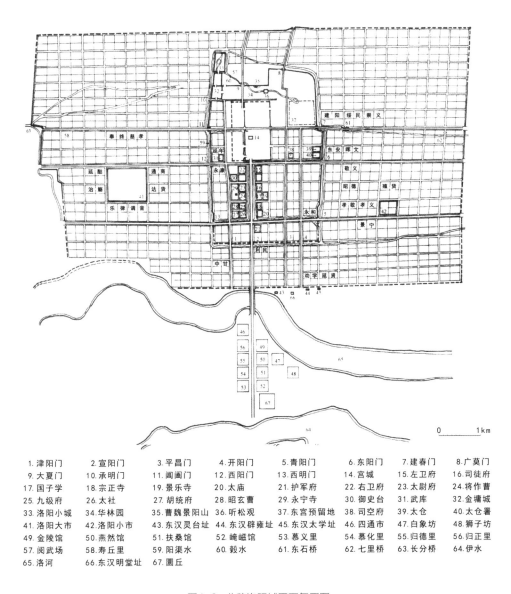

1. 津阳门　　2. 宣阳门　　3. 平昌门　　4. 开阳门　　5. 青阳门　　6. 东阳门　　7. 建春门　　8. 广莫门
9. 大夏门　　10. 承明门　　11. 阊阖门　　12. 西阳门　　13. 西明门　　14. 宫城　　15. 左卫府　　16. 司徒府
17. 国子学　　18. 宗正寺　　19. 景乐寺　　20. 太庙　　21. 护军府　　22. 右卫府　　23. 太尉府　　24. 将作曹
25. 九级府　　26. 太社　　27. 胡统府　　28. 昭玄曹　　29. 永宁寺　　30. 御史台　　31. 武库　　32. 金墉城
33. 洛阳小城　　34. 华林园　　35. 曹魏景阳山　　36. 听松观　　37. 东宫预留地　　38. 司空府　　39. 太仓　　40. 太仓署
41. 洛阳大市　　42. 洛阳小市　　43. 东汉灵台址　　44. 东汉辟雍址　　45. 东汉太学址　　46. 四通市　　47. 白象坊　　48. 狮子坊
49. 金陵馆　　50. 燕然馆　　51. 扶桑馆　　52. 崦嵫馆　　53. 慕义里　　54. 慕化里　　55. 归德里　　56. 归正里
57. 阅武场　　58. 寿丘里　　59. 阳渠水　　60. 穀水　　61. 东石桥　　62. 七里桥　　63. 长分桥　　64. 伊水
65. 洛河　　66. 东汉明堂址　　67. 圜丘

图4-3 北魏洛阳城平面复原图

（傅熹年. 中国古代建筑史. 第二卷 [M]. 中国建筑工业出版社，2009：97.）

① 傅熹年. 中国古代建筑史（第二卷）：104，107.

② 郭湖生. 中华古都. 台北：空间出版社，2003：165.

第三节　宫殿

在三国两晋南北朝300多年的历史中，各时期都有代表性的宫殿建设。

三国时，魏、蜀、吴各国均建有宫殿，虽规模不能和两汉相比，但形制上却发展了东西堂制，在建筑单体的塑造上也有新的突破。

西晋代魏统一中国后，仍沿用曹魏洛阳宫。西晋灭后，东晋于吴时苑城旧地兴建建康宫。进入南朝时期，宋、齐、梁三代对建康宫都有不同程度的增建改建。北魏迁都洛阳后，在原魏晋洛阳宫基础上重建宫殿，并汲取了南朝建康宫的优点[①]。

另外，三国两晋时期因战乱频繁，宫殿多注重防御设施的建设，宫墙上设置楼观，宫内建高台和武库。宫内殿宇多建于夯土高台上，仍属土木混合结构，到南朝时已发展为以木构架为主的建筑，甚至宫殿门阙均为二层或三层楼阁，壮丽非凡，这也是这一时期宫殿建筑不可忽视的特点。

一、曹魏邺城宫殿

公元204年，曹操开始建设邺城宫殿，因挟天子以令诸侯的特殊政治背景而产生了新的宫城布局模式——骈列制[②]。邺城宫殿毁于307年。

曹魏邺城的宫城分为中、东、西三个区域。中、东两区为宫殿，依两条南北轴线排列着两列殿阁与院落。东侧院落轴线与全城中轴重合，沿轴线布置司马门、显阴门及听政殿一组建筑。听政殿是国家政府的核心——常朝的所在地。端门、正东门、文昌殿一组建筑位于中间宫殿区域，文昌殿位于院落的轴线中央，为举行典礼的正殿，也是大朝的所在地。宫殿之西（西区）为铜雀园，是皇家苑囿兼武库。常朝与大朝一东一西，曰"东西堂制"，即骈列制（图4-4）。

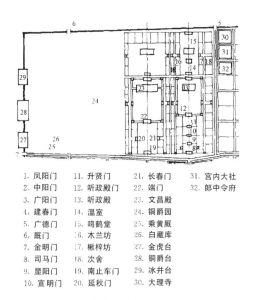

1. 凤阳门	11. 升贤门	21. 长春门	31. 宫内大社
2. 中阳门	12. 听政殿门	22. 端门	32. 郎中令府
3. 广阳门	13. 听政殿	23. 文昌殿	
4. 建春门	14. 温室	24. 铜爵园	
5. 广德门	15. 鸣鹤堂	25. 乘黄厩	
6. 厩门	16. 木兰坊	26. 白藏库	
7. 金明门	17. 楸梓坊	27. 金虎台	
8. 司马门	18. 次舍	28. 铜爵台	
9. 显阳门	19. 南止车门	29. 冰井台	
10. 宣明门	20. 延秋门	30. 大理寺	

图4-4　曹魏邺城宫殿平面复原图

（傅熹年. 中国古代建筑史. 第二卷 [M]. 中国建筑工业出版社，2009：3.）

二、曹魏洛阳宫殿

220年曹魏迁都洛阳，承继邺城传统只用一宫，于是压缩原东汉洛阳南北分散的宫殿，放弃南宫只用北宫，并向南延伸宫前御街直达南郊，加强了宫前轴线序列，更加突出宫殿的主体地位。

重建洛阳北宫时，受邺城宫殿影响，洛阳宫也有两条南北向的并列轴线，西侧主轴线排列着太极殿、朝阳殿、式乾殿、显阳殿一组主要的朝寝殿堂，寝区之北是内苑华林园，园内凿池堆山，建亭台楼馆。东南隔次轴线上建有朝堂、尚书省（最高行政机构）以及宫城南墙东门。宫殿布局前朝后寝，前为办公的朝区，后为魏帝寝区。朝阳殿为寝区主殿，位于太极殿正北，是皇后的正殿，左右还对称地布置着几座嫔妃居住的院落。宫城建有内外三重宫墙，最外一重是防卫性高墙，每隔一段距离即设置高楼；宫城西部还仿铜雀台建造了高大的凌云台，储藏有大量武器，是宫中的武库。尚书省、朝堂在第二重墙内，宫殿区在最内一重墙内。

曹魏洛阳宫殿营建之时，沿用了邺城宫殿主殿太极殿和东堂、西堂并列的布局，奠立了太极殿东西堂制度。太极殿为朝会的正殿，为举行大典之处，正殿两侧建有皇帝听政的东、西二堂，东堂用以皇帝日常听政、宣布战事，西堂用于皇帝日常起居和婚礼庆典，东、西堂与正殿共同承担朝政功能，正式形成东、西堂制。此宫殿布局形制在魏晋到陈的300年间相当盛行，直到隋代才结束。

据载，洛阳宫殿的主要殿宇都建于高台之上，有架空的阁道用以攀登和连通彼此，且主轴线上各主要殿宇均在两侧建翼殿，形成和太极殿相似的三殿并列布局。曹魏洛阳宫殿强调三大朝的礼制，并将前朝后寝和东、西堂制融合在一起，在宫殿形制上起到了承前启后的作用（图4-5）。

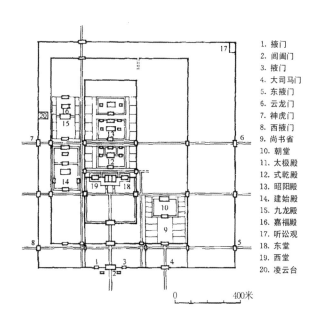

1. 披门
2. 阊阖门
3. 披门
4. 大司马门
5. 东披门
6. 云龙门
7. 神虎门
8. 西披门
9. 尚书省
10. 朝堂
11. 太极殿
12. 式乾殿
13. 昭阳殿
14. 建始殿
15. 九龙殿
16. 嘉福殿
17. 听讼观
18. 东堂
19. 西堂
20. 凌云台

图4-5 曹魏洛阳宫殿平面示意图

（傅熹年. 中国古代建筑史. 第二卷 [M]. 中国建筑工业出版社，2009：29.）

三、东晋南朝建康宫殿

西晋代魏以禅让的形式和平演变，沿用曹魏洛阳旧宫，魏晋洛阳宫成为统一王朝宫殿的模式。东晋南迁后为了显示其正统地位，比照洛阳宫殿制度营建建康宫室；东晋孝武帝太元三年（378年），在名相谢安主持下，以毛安之为大匠重建建康宫殿，至此布局基本确定；南朝宋、齐、梁、陈四代沿用东晋建康宫，在其基础上增建完善，成为当时建筑技术、艺术最高水平的代表。

东晋建康宫城的建设形制仍然按照魏晋洛阳宫殿模式，平面布局与洛阳宫城相差不多，连殿宇的命名都无二致，只是更加强调院落序列的严整有序，比例关系也更加成熟。

宫城周长八里，南面开二门，东、西、北各一门，共五门。南面正门大司马门，上建二层城楼，梁武帝时改为三层，向内对应正殿太极殿。南掖门位于大司马门以东，向内正对中央政权官署主殿朝堂，从而形成台城内平行的两组建筑群。台城四角建有角楼，城外有城壕，壕内沿宫墙种植橘树。

宫城内设三重宫墙，由外而内划分出宫、省、禁三个功能区域。最外一重是防卫性高墙，墙内布置宫中一般服务性机构、中央机构的宿舍、仓库，并驻扎有军队。第二重宫墙内布置中央行政的核心机构，与洛阳宫殿相同，朝堂和尚书省仍位于东侧次轴线上，轴线向南延伸，直接有门通向宫外，在西侧有中书省、门下省、秘阁(皇家图书馆)和皇子所住的永福省等。北面则布置皇家内苑华林园。

最内一重墙里为宫殿，是皇帝居住听政之所。建康宫殿仍然沿袭前朝后寝之制，沿着全宫的中轴线先后排列着宫门、太极殿、式乾殿、显阳殿等重要殿宇门宇。前为朝区，正殿太极殿位于中轴线中央，是元日朝会及拜皇后、三公、藩王等之所，虽使用次数不多，但等级最为尊贵。殿建在高台上，有马道通上。殿面阔十二间，长二十丈、广十丈、高八丈，是当时最宏伟的建筑，梁武帝时为与北魏洛阳宫殿争胜，又增为十三间。太极殿两侧有与之并列的东堂、西堂，各面阔七间，常用以接见臣下，赐宴及日常处理政务。殿庭四周有廊庑，南面端门外立鼓，殿廷西庑有钟室。太极殿和东、西堂间设墙，是前面朝区与后面寝区的分界，墙上开门名为东合门、西合门。

寝区分为前后两部分，前部帝寝，后部为后寝。帝寝的核心是皇帝寝殿式乾殿，又称中斋；后寝的核心为皇后寝殿显阳殿。寝区两座正殿两侧均设置翼殿，形成与太极殿相似的一组横向三殿并列的格局，此法与魏晋洛阳宫如出一辙。建康宫殿寝区与魏晋洛阳宫殿的区别在于，围绕着帝后两座寝殿形成的两组庭院前后相连，进入寝区只能通过太极殿两侧的合门，使寝宫布局上更显紧凑。

后宫外是内苑华林园，东晋时景观自然，晋简文帝"会心处不必在远，翳然林水，便自有濠濮间想也"①即为此园之景而发。南朝宋以后，该园逐渐发展为豪华的人工苑囿，楼阁林立，有复道穿插往来，装饰华美，穷极奢丽（图4-6）。

总之，南朝时经济发展，各国宫室建设趋于豪华奢丽。建康宫重修于公元330

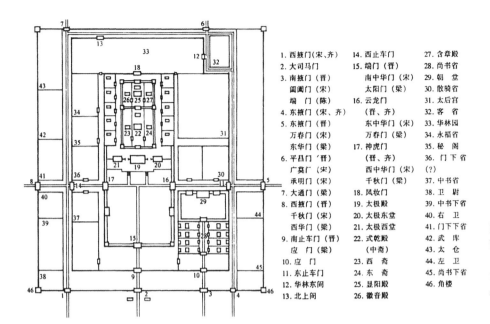

1. 西掖门（宋、齐）	14. 西止车门	27. 含章殿
2. 大司马门	15. 端门（晋）	28. 尚书省
3. 南掖门（晋）	南中华门（宋）	29. 朝　堂
圆阖门（宋）	太阳门（梁）	30. 散骑省
端　门（陈）	16. 云龙门	31. 太后宫
4. 东掖门（宋、齐）	（晋、齐）	32. 客　省
5. 东掖门（晋）	东中华门（宋）	33. 华林园
万春门（宋）	万春门（梁）	34. 永福省
东华门（梁）	17. 神虎门	35. 秘　阁
6. 平昌门（晋）	（晋、齐）	36. 门下省
广莫门（宋）	西中华门（宋）	（?）
承明门（宋）	千秋门（梁）	37. 中书省
7. 大通门（梁）	18. 凤妆门	38. 卫　尉
8. 西掖门（晋）	19. 太极殿	39. 右　卫
千秋门（宋）	20. 太极东堂	40. 右　卫
西华门（梁）	21. 太极西堂	41. 门下下省
9. 南止车门（晋）	22. 式乾殿	42. 武　库
应　门（梁）	（中斋）	43. 太　仓
10. 应　门	23. 西　斋	44. 左　卫
11. 东止车门	24. 东　斋	45. 尚书下省
12. 华林东门	25. 显阳殿	46. 角楼
13. 北上间	26. 徽音殿	

图4-6　东晋、南朝建康宫城平面复原示意图

（傅熹年. 中国古代建筑史. 第二卷 [M]. 中国建筑工业出版社，2009：120.）

年东晋定都建康之时，后历宋、齐、梁、陈各代的增缮，尤其在梁代时建设得壮丽空前，曾经是当时中国最为华丽壮观的宫殿，颇为南北瞩目。梁中期国势鼎盛，为在有限的空间里超越北魏宫殿，竟将宫城诸门楼普遍从二层增为三层，甚至将主殿太极殿从面阔12间改为13间，其他主要建筑如太庙等则加高了台基。陈代宫室建设渐趋绮丽，陈后主宫中新建的临春、结绮、望仙三阁，以香木为木构材料，用金玉珠翠作为室内装饰，成为名噪一时的豪华建筑，可惜建康宫盛极一时，却在公元589年隋灭陈时毁于一旦。

四、北魏洛阳宫殿

北魏孝文帝迁都洛阳，强势推行汉化政策，力图弱化胡族统治者的身份，标榜中国王朝统治者的正统地位。因而北魏洛阳新宫承袭曹魏旧规，在魏晋洛阳宫基础上重建，大体形制对其多有因循，甚至尽可能地保留了汉魏宫室的旧名。同时，在南北相互攀比的风气之下，北魏洛阳宫吸取了东晋、南朝建康宫的一些特点，并通过寝区的一些调整和改创在格局上又有了新的演变。北方都城的宫殿建设至此达到了鼎盛时期。

北魏洛阳宫城也建有内外三重宫墙，政治核心机构尚书省、中书省、门下省仍在第二重墙内，并形成宫城内东侧一组沿南北轴线对称布置的院落和建筑群，对宫城南开门，为大司马门。由此宫城南并列开二门，西为闾阖门、太极殿建筑群，东为大司马门、朝堂建筑群，两组建筑轴线并列平行（图4-7）。

第三重墙内的宫殿分为前朝、后寝两区，沿着全宫的主要中轴线先后排列着太极殿、式乾殿、显阳殿等重要殿宇。朝区以正殿太极殿及其东、西堂为中心。太极

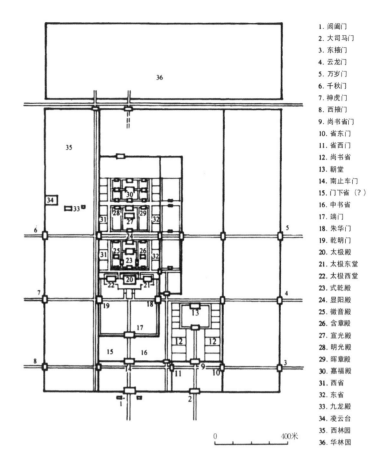

1. 阊阖门	
2. 大司马门	
3. 东掖门	
4. 云龙门	
5. 万岁门	
6. 千秋门	
7. 神虎门	
8. 西掖门	
9. 尚书省门	
10. 省东门	
11. 省西门	
12. 尚书省	
13. 朝堂	
14. 南止车门	
15. 门下省（？）	
16. 中书省	
17. 端门	
18. 朱华门	
19. 乾明门	
20. 太极殿	
21. 太极东堂	
22. 太极西堂	
23. 式乾殿	
24. 显阳殿	
25. 徽音殿	
26. 含章殿	
27. 宣光殿	
28. 明光殿	
29. 晖章殿	
30. 嘉福殿	
31. 西省	
32. 东省	
33. 九龙殿	
34. 凌云台	
35. 西林园	
36. 华林园	

0 ———— 400米

图4-7　北魏洛阳宫城平面复原示意图

（傅熹年. 中国古代建筑史. 第二卷 [M]. 中国建筑工业出版社，2009：126.）

殿是皇帝举行大朝会等重要礼仪活动的主殿，地位最重要；东堂是皇帝日常听政，召见藩镇大臣，宴饮、讲学之所。西堂是皇帝日常起居之所。东西堂与太极殿之间都有墙，墙上各辟一门，称为东合门、西合门。太极殿前广庭为举行大典之处，中轴线向南延伸有端门、止车门、阊阖门，然后沿宫门外御道铜驼街一直向南，与全城的中轴线融在一起。

太极殿北为寝区，中轴线向北延伸，依次排列有式乾殿、显阳殿、宣光殿、嘉福殿四座正殿，四殿左右均建翼殿，形成一组横列三殿的格局。以此四正殿为核心，与殿门、左右廊房一起围成四组庭院。式乾殿和显阳殿的院落前后相重紧连在一起，十分紧凑，这应是得到了建康宫殿的启示之故，宣光殿和嘉福殿的院落则相对比较独立，这四座主要宫院的两侧还建有若干嫔妃居住的庭院。显阳殿院落和宣光殿院落之间有一条东西贯通的横街，称为永巷，将全宫分为南、北两部分（永巷为皇宫制度，宅第中设永巷即为僭越）。永巷北为北宫，为供后妃居住的独立区域，因此北魏时元叉和刘腾可以封闭永巷，幽禁灵太后。永巷东西两端经宫门通往宫外，交通更加便利。

北宫的西侧，永巷以北是内苑西林园，阳渠水自千秋门入宫后，在此汇集成池，称"碧海曲池"。池中建有灵芝钓台，池四面各有殿，殿与钓台有阁道架空相通。园中有大片林木供皇帝宴射。

由此可见，北魏寝宫的布局较魏晋已发生了一些微妙的变化。一者，式乾、显阳两宫院结合更加紧密，不似魏晋时的各自独立为院且隔街相望；二者，虽然名称未变，但在性质上已有所不同，魏晋洛阳宫和东晋建康宫的式乾、显阳两所宫院为帝寝、后寝，所以各有一套服务设施，较为独立，而北魏洛阳的式乾、显阳宫已成为皇帝日常办公的场所，性质近于东堂、西堂，功能结合更紧，联系也需要更方便，两院融在一起也就顺理成章了。然而，其北的宣光、嘉福两殿才是帝后的真正寝殿。如此一来，皇帝日常办公的场所就有了从东、西堂格局中分离出去的趋势，而且加入中轴序列插在正殿大朝与寝宫之间，相当于寝宫的前厅，以永巷与寝宫相隔。这种功能格局上的变化，为隋唐时期宫殿布局的革新奠定了基础。

三国两晋南北朝宫室制度的变革，较之两汉时期，主要特点表现为以下几个方面：

（1）只设置一个宫城。汉代都城常营建多处宫室，而自曹魏邺城始，都城只设一宫，突出皇权的唯一性，这一做法一直沿用到清代。

（2）宫城布局采用骈列制，即礼仪性的大朝殿廷一组建筑群与处理政务的议事处及枢要部门一组建筑群在宫内平行并列，并分别在宫城南面设门。这种体制和后世常见的宫城中央辟门，而宫殿主要建筑群沿中轴线对称布置的制度（隋大兴宫殿沿用至明清故宫）大相径庭。

（3）宫城内设三道城墙，由外而内划分出宫、省、禁三个功能区域，层层设防。宫城的核心区为禁，是皇帝居住听政之地。省是处理政务的中央官署，如尚书省、中书省、门下省及秘阁等。

（4）禁按功能分为前后两部分。前部为朝，是皇帝举行典礼和起居听政之处，其正殿太极殿居中，两侧并列东西堂。后部是寝区，是皇帝的私宅，分帝寝和后寝两部分，中隔横街称为永巷，殿堂一般也是一组三殿并列布置。曹魏洛阳宫城沿用了邺城东西堂并列的布局，奠立了太极殿东西堂制度，南朝建康、北魏洛阳继续沿用。至东魏北齐，邺南城宫殿虽然保持了东西堂之制，但在使用上，皇帝的活动主要在本应为寝区的昭阳殿中展开，如会见外国使节等，而在东西堂较少。受邺南城宫殿的影响，隋大兴城废弃了曹魏以来的太极殿和东西堂并列制，而改为三朝前后相重的制度。

第四节　墓葬

这一时期中国行薄葬之风。一来由于帝陵在其王朝被推翻后屡屡被毁，所以建造时有所顾忌；二来受连续战乱、经济萧条的影响，缺乏人力、财力。加之战争时代人生观发生改变，佛家生死轮回思想盛行，更注重生的价值，而对死看得比较淡泊，因此陵体普遍缩小，地下部分设置简单。

一、三国、两晋陵墓

三国提倡薄葬，不起陵，地面不建寝殿，也不围陵墙造陵园、陵邑及神道等建筑。西晋时虽又起陵，但规模比之两汉已望尘莫及。西晋共有五陵，均位于洛阳之东，邙山南北。其中司马昭崇阳陵已发掘，墓区外建有夯土陵墙，转角似有阙楼，根据文献推测，陵前应建有神道。

东晋共有帝陵10座，都在建康，多依山而建，高出山前地面少许，遵西晋陵制亦甚为节俭。地下为长7米、左右宽5米的矩形筒壳墓室，墓室地面铺砖数层，以砌筑排水暗沟。墓室前有甬道，前期为一座墓门，后期多为二门。根据文献，墓前应有前殿、神道及石兽等设置，总体规模相当于东汉时的官员大墓。

二、南朝陵墓

南朝经济发展，帝陵规模有所增大。从文献记载和考古发掘资料来看，南朝帝陵大都倚山而建，前临平地。墓室平面一般为长10米、宽6米左右的椭圆形，上为椭圆砖砌穹窿。墓室前甬道中设有两道石门，外建厚墙封门。墓室内壁镶嵌带线雕图案的模压花纹砖。墓室上方有厚约10米的封土，封土前依次建有享殿、陵门、阙等较为简单的地面建筑，陵门外为一公里多的神道，神道从内往外立石碑、石柱、石兽各一对。宋、陈二代帝陵散列在南京（图4-8）。显宁陵的墓室平面为椭圆形，四壁用三层平砖一层立砖的砌筑方法，墓室与甬道内壁的壁面用模压花纹砖拼成壁画及图案，包括狮子图、莲花纹、青琐纹、线纹、卷草纹等（图4-9）。

齐、梁二代的帝陵则集中于丹阳，形成较大的陵区（图4-10）。整体看来，地面建筑的主要变化是加长了神道。南朝帝陵均被毁，所幸地面留下许多精美的石刻作品，包括少数石兽和石柱。从现有的遗址看，在墓室以及甬道地面，有砌成正方形断面的排水沟，直接通到墓室外的水塘。墓室、墓道与石墓穴之间的空隙，砌筑横墙在砖墙与石穴之间，以防止墓室四壁在穹顶以及填土重压下因外倾而倒塌。

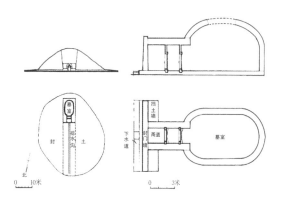

图4-8　江苏南京陈宣帝显宁陵实测图
（傅熹年. 中国古代建筑史. 第二卷 [M]. 中国建筑工业
出版社，2009：144.）

图4-9　南朝墓砖上的莲花纹样
（傅熹年. 中国古代建筑史. 第二卷 [M]. 中国建筑工业出版社，2009：272.）

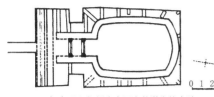

(a) 丹阳胡桥南齐景帝萧道生修安陵　　(b) 丹阳胡桥南齐和帝萧宝融恭安陵

图4-10　江苏丹阳南齐帝陵墓室平面实测图

（傅熹年.中国古代建筑史.第二卷[M].中国建筑工业出版社，2009：143.）

图4-11　江苏南京陈文帝永宁陵石麒麟

（傅熹年.中国古代建筑史.第二卷[M].中国建筑工业出版社，2009：145.）

图4-12　江苏丹阳梁代萧绩墓前石辟邪

（傅熹年.中国古代建筑史.第二卷[M].中国建筑工业出版社，2009：145.）

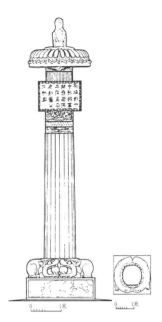

图4-13　江苏南京梁萧景墓表立面图

（刘敦桢.中国古代建筑史 第二版[M].1984：104.）

图4-14　江苏南京梁萧秀墓表柱础

（傅熹年.中国古代建筑史.第二卷[M].中国建筑工业出版社，2009：146.）

图4-15　江苏南京梁萧景墓表上部版上铭文

（傅熹年.中国古代建筑史.第二卷[M].中国建筑工业出版社，2009：146.）

　　神道最前端的神兽在史书中一般被称为"麒麟"或"辟邪"。麒麟躯干瘦而结实，头足较长，立爪、短发、卷毛、短翼，形态矫健精干，身上较多纹饰，雕刻线条饱满，仅用于帝陵（图4-11）。例如梁武帝陵前整石雕成的麒麟，下有矩形底座，麒麟长3.32米、高2.7米、腰围2.4米，气势非凡。辟邪躯体肥硕而稳健，短颈长发，阔舌长伸，指爪伏地，形态有点儿像狮子，庞大厚重，身上雕饰不多，胸前毛发和双翼均为浅线刻，形象源于狮子，只用于王侯墓前，例如南京城外梁代萧绩墓前的石辟邪（图4-12）。

　　这种神兽实际上是一种外来的艺术造型。早在商周时期，中原就已经开始与西域、中亚地区接触，并在文化艺术方面相互交流和相互影响。

　　石柱又名墓表，记载墓名，一般分为三段：柱础、柱身、华盖。例如南京城外梁代萧绩墓前的石墓表（图4-13），柱础由方形础石上叠圆形鼓镜组成，鼓镜上雕双螭（图4-14）；柱身刻有凹陷的竖条棱纹，类似古希腊陶立克柱身纹饰，柱身上段雕出一块凸出柱身的矩形石板，石板后的柱身雕刻绳纹，形似将石板绑捆于柱身，石板正面阴刻"某某之神道"等字样；上段雕圆形华盖，华盖边雕刻莲瓣纹样，上托一个石雕圆盘，盘上承托一个小石兽，石兽之形状有如神道入口石兽的微缩（图4-15）。整个石墓表比例隽秀得体，雕工精劲，繁简得当，堪称石雕艺术之佳作。

三、北朝陵墓

　　北魏帝陵受迁都影响，分别在盛乐、洛阳形成帝陵群落。北魏初期，帝陵集中于盛乐西北区，史称"金陵"，至今未被发现；北魏建都平城时，在大同北建有冯太后墓及孝文帝虚冢（图4-16），迁都洛阳后，帝陵集中于西北邙山，共有三座：孝文帝陵居中，宣武帝、孝明帝陵分列左右。后又将一些北魏帝王子孙和族人子孙也集中葬至此陵区，形成了一个巨大的部族墓葬区。另外，北朝时社会的动荡带来了佛教的盛行，出现了佛教石窟形式的崖墓，即在崖壁上开凿墓室进行安葬。例如麦积山的第四十三窟，即西魏文帝乙弗皇后的崖墓（图4-17，图4-18）。该崖墓在外崖壁处理上仿造木结构建筑，立面三间用四柱，檐柱为八棱石柱，上承托阑额、檐檩、圆椽，屋顶雕刻成庑殿顶的形式。

四、普通墓葬及其他陵墓、祭祀建筑

（一）两晋、南朝普通墓葬

已发现的两晋、南朝墓葬多为砖室墓。在洛阳地区发现的西晋时期墓葬有数十座，地下墓室大都砌成方形，前设短甬道，接斜坡墓道。墓室顶或四面相接，或用筒壳形式。基本沿袭了汉至三国的传统。

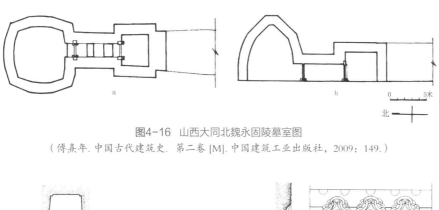

图4-16 山西大同北魏永固陵墓室图
（傅熹年. 中国古代建筑史. 第二卷 [M]. 中国建筑工业出版社，2009：149.）

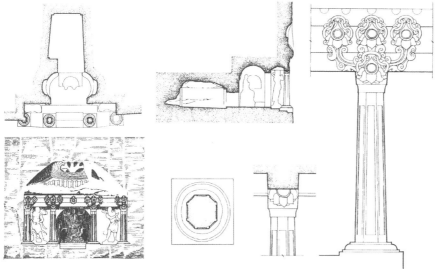

图4-17 甘肃天水麦积山石窟第43窟西魏乙弗后墓实测图
（傅熹年. 中国古代建筑史. 第二卷 [M]. 中国建筑工业出版社，2009：151.）

图4-18 甘肃天水麦积山第43窟西魏乙弗后墓外观
（傅熹年. 中国古代建筑史. 第二卷 [M]. 中国建筑工业出版社，2009：151.）

东晋初期"四隅券进式"穹顶仍然被使用,如南京香山七号墓。此后则逐渐开始流行砖砌纵向长矩形的筒壳顶墓室,如南京象山王氏墓葬中的一号墓、三号墓、四号墓及六号墓。这种墓室的形式一直被沿用至南朝。

魏晋以来,因经济凋零,曾有明令禁止厚葬[①],且从已发现的这一时期墓葬来看,墓室规模和殉葬品较战国秦汉简省许多。但地上部分仍颇为奢大,神道两侧仍有石碑、石兽、石柱等,如南京甘家巷梁代萧秀墓。

(二)北朝普通墓葬

北魏、东魏、北齐、西魏、北周的绝大部分墓葬,地下部分是砖砌的方形单墓室,前面设置短甬道,接斜坡墓道(图4-19(a))。也有个别墓葬在前室之后设置后室,中间用甬道连接。如山西大同北魏司马金龙墓及河北赞皇李希宗墓,在斜坡墓道后半段的顶部开挖竖井,交替出现过洞和天井(图4-19(b))。

一些大的墓葬还在墓内绘制壁画。一般墓道、甬道两侧绘制车驾、仪仗、侍从,墓室内部墙壁上绘制墓主人生前的起居生活场景,墓顶则绘制日月或星图。后又出现将墓室、甬道、墓道表现为地上建筑的趋势,如宁夏固原北周天和四年(569年)李贤墓,墓道后段有三个天井及三个过洞,过洞前壁绘制一层或二层建筑,用以表示过洞和甬道各为一进房屋(图4-19(b))。

此外,某些北朝墓葬的墓室内会用木材或石材做成房屋顶的外椁,最著名的是洛阳出土的宁懋石室(美国波士顿美术馆藏)(图4-20),还有山西寿阳出土的北齐河清元年(562年)库狄迴洛墓中的木造屋形椁(已朽败)。

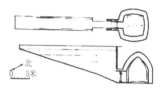

(a)太原北齐娄睿墓

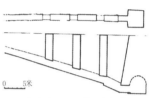

(b)宁夏固原北周李贤墓

图4-19 东魏、北齐、北周墓平面、剖面图
(傅熹年. 中国古代建筑史. 第二卷 [M]. 中国建筑工业出版社, 2009: 151.)

图4-20 宁懋石室
(美国波士顿美术馆藏)

（三）四川晋代墓阙

由汉代至西晋，在墓前设阙已成为墓葬的传统，但在中原和江南地区则已无遗存。四川晋代墓阙是仅存的晋阙，也是仅存的晋代建筑。这些墓阙仿造木构阙的形象建造，并且忠实地反映了木构阙的构造。晋代墓阙现存的三处都是二重子母阙，均位于四川渠县，分别为赵家村壹无铭阙、赵家村贰无铭阙及王家坪无铭阙。但西阙都已无存，仅剩东阙的阙身、阙楼、子阙和墓阙屋顶。

如赵家村贰无铭阙，阙身正面二间用三柱，中柱不落地，柱子下有地栿阑额，额上刻短柱，柱间刻朱雀、玄武。侧面一间用二柱，柱下有地栿无阑额。阙身无铭文或纹饰。阙楼由三层石材叠摞，第一层为栌斗和纵横枋，正面居中有铺首。二层正背两面各有斗栱两朵，栱臂平直，上沿末端做曲线，两侧有斗栱各一朵，横栱弯曲呈S形。三层为楼壁，正中半开门，门内有侍女。在此之上应为屋顶，但已缺失，其形式不可考（图4-21）。

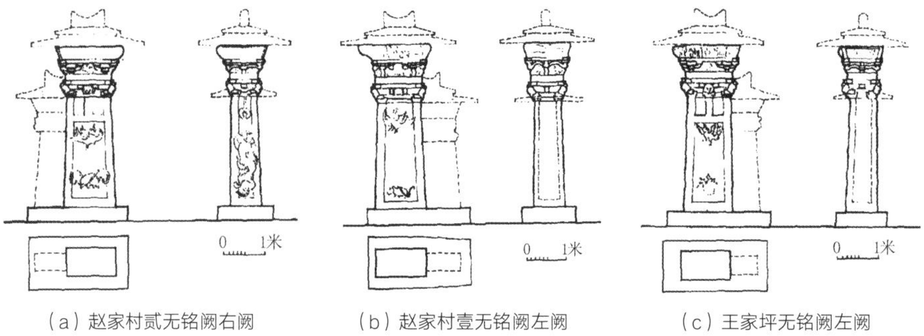

图4-21 四川渠县晋代墓阙平面、立面图
（傅熹年.中国古代建筑史.第二卷［M］.中国建筑工业出版社，2009：151.）

（a）赵家村贰无铭阙右阙　　（b）赵家村壹无铭阙左阙　　（c）王家坪无铭阙左阙

（四）河北定兴的北齐石柱

河北定兴的北齐石柱全名为"标异乡义慈惠石柱"，位于河北省定兴县城西10公里的石柱村。石柱原为木质，建于北宋永安年间。北齐武成帝（高湛）太宁二年（562年）四月十七日皇帝降旨由官府重建，并易木为石，刻"颂文"于石柱上。现保存完好（图4-22）。

石柱通高6.65米。柱身刻有"标异乡义慈惠石柱"9个大字的题额，题额左下方有"大齐太宁二年四月十七日省符下标"题记。柱身四面刻"颂文"三千余言。石柱分基础、柱身和石屋3部分。基础是一块大石，东西两边各长2米，南北两边略小。基石上有覆莲柱础。莲座包括方台、枭线、覆莲三部分，为一宽约1.23米的方石，高约0.55米。柱身上部为方形，下部为四方略切四棱，呈八角形，由四块浅棕色石灰石累叠而成。柱身上端置一长方形石盖板，盖板底面刻莲瓣、圆环、古钱及花果等纹饰。石屋建在盖板上，系一石雕小屋，面阔三间进深二间，单檐庑殿顶，并刻有屋顶、檐、角梁、斗、阑额、柱子等，前后当心间刻佛像，两次间刻窗棂，似一座三间殿宇的模型。它的雕刻风格以及柱子卷刹、收分等建造手法，都是研究我国隋唐以前建筑形式的宝贵的实物资料（图4-23，图4-24）。

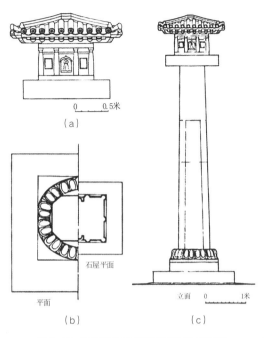

（a）

石屋平面

平面

（b）　　　　　　立面　0　　　1米

（c）

图4-22　河北定兴北齐义慈惠石柱实测图
（刘敦桢.中国古代建筑史.第二版[M].1984：106.）

图4-23　河北定兴北齐义慈惠石柱方亭
（傅熹年.中国古代建筑史.第二卷[M].
中国建筑工业出版社，2009：154.）

图4-24　河北定兴北齐义慈惠石柱方亭翼角
（傅熹年.中国古代建筑史.第二卷[M].
中国建筑工业出版社，2009：154.）

①
[唐]释道宣.广弘明集.卷四.
叙梁武帝舍事道法.

②
南史.卷七十.郭祖深传.

第五节　佛教建筑

永平七年（公元64年），汉明帝派遣使者十二人前往西域访求佛法。初入中原时，佛教发展不快，但在魏晋南北朝时却得到了迅速普及，这与当时的社会背景密不可分。

其一，东汉之后分裂战乱，社会动荡，使人缺乏安全感，于是以济世度人为号召的佛教大大兴盛。佛教宣扬佛有救一切苦厄的愿力和神通，成为大量苦难、困窘的民众和忧患、失落的王公贵族的精神慰藉，因而得到迅速普及。

其二，西晋八王之乱以后，塞外诸族先后入主中原，胡族虽然取得了政治上的统治地位，但在他们占领的广大北方地区，仍然是汉人占多数。为了适应统治的需要，他们一方面不得不屈服于汉族封建统治阶级的意识形态之下，一方面努力寻找能够统治汉人的意识形态，佛教就充当了这样的角色。

其三，北朝诸国帝王都十分尊崇佛教，东晋、南朝的权贵阶层、文人、学士也普遍崇信佛法，更使佛教得到了很大发展。

北魏时，道武帝崇佛，虽然太武帝时曾一度毁佛，但文帝即位后立即发诏复佛，从而掀起了北魏佛教发展的高潮。梁武帝时期是南朝佛教发展的高峰。梁武帝萧衍在天监三年（504年）的崇佛诏中说："愿未来世中，童男出家，广弘经教，化度含识，同共成佛。"[①]这类诏书无异于宣布佛教为国教。郭祖深向梁武帝上书说："都下佛寺五百余所，穷极宏丽。僧民十余万，资产丰沃。所在郡县，不可胜言。"[②]（图4-25）

①
魏书.卷一百一十四.释老志.

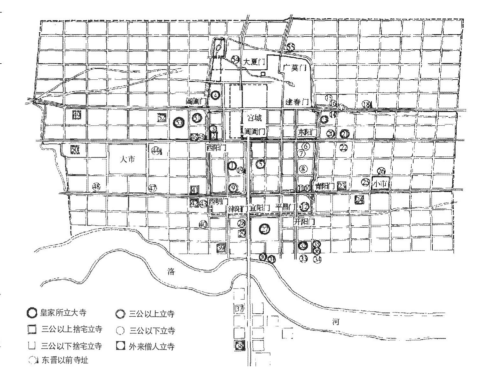

图4-25 北魏洛阳主要佛寺分布示意图
（傅熹年.中国古代建筑史.第二卷 [M].中国建筑工业出版社，2009：180.）

到南北朝后期，北魏和梁崇佛达到极点。史载西晋时洛阳已建有42座佛教寺庙，北魏洛阳增至1361座，全国有寺13727所。昙曜于兴光元年（454年）在京城西武州塞云冈开凿石窟5所，"雕饰奇传，冠于一时"①。《洛阳伽蓝记》篇章中，多追忆洛阳城内外寺塔林立的繁华景象，即是北魏末期佛教建筑勃兴的写照。而杜牧诗中的"南朝四百八十寺，多少楼台烟雨中"亦非夸张，梁都建康有寺近500所，全国有寺2846所。由于统治者的提倡，这一时期的佛寺、塔、石窟等佛教建筑数量极多，而且很多重要的佛寺都是由国家出资并主持修建，规模宏大壮观，代表了当时最高的建筑水平。至北周武帝禁断佛、道二教以后，佛教泛滥的势头才稍止。

一、佛寺

佛教传入中国之初，并非完全按照印度石窟寺的形式进行建造，一来是由于印度式的石窟寺选址与建造十分不易，二来当时信徒也很少，立寺仅需满足少量僧人膜拜、诵经、修行需要即可。参照印度寺庙的模式，汉、魏、西晋时的佛寺一般都以佛塔为主体，佛塔又称作"浮屠""浮图"或"佛图"，因而很长一段时间内，"浮图"与"寺"这两个称呼经常混淆。佛塔是佛的象征之一，佛教徒对舍利塔绕塔礼拜、举行仪式等。这一时期佛寺的规模很小，布局以佛塔为中心（图4-26）。有的佛塔外围还有些许附属建筑，如阁道、寺舍等。见诸文献记载的佛寺实例有东汉洛阳白马寺、汉末徐州笮融浮屠祠、曹魏洛阳宫西佛图、东吴建

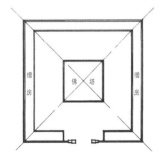

图4-26 立塔为寺的佛寺平面模式图
（傅熹年.中国古代建筑史.第二卷 [M].中国建筑工业出版社，2009：189.）

邺建初寺、西晋阿育王寺、北魏平城佛寺、北魏洛阳永宁寺等。东汉初在洛阳建造的白马寺以塔为主体，且塔还是天竺样式，反映了早期佛教建筑形式来自印度的历史。此外，在北魏时期，文明太后与孝文帝共同执政，被称为"二圣"，又都崇佛，因此在佛寺中还出现了建双塔的做法。

西晋末年佛教大发展，佛经不断译出，外来僧侣和汉地出家人数量大增，佛教信徒数量也扩展迅速，讲法、译经活动日渐重要。佛寺不再是单一的礼拜场所，随着说法论道和研习经典等活动的需要，寺内增加了专供法师讲经、僧徒听讲之用的讲堂（后来称法堂）。讲堂通常依中轴线建于佛塔之后，供僧人活动用，一般不供奉佛像。东晋十六国时，出现佛塔、讲堂并重的佛寺格局（图4-27），见诸文献记载的证据有北齐邺城显义寺、东晋瓦官寺等。由此，佛寺从单纯的礼拜场所发展为礼拜、布道并重之地。

同时，佛像的流行和地位的提高，也使佛寺的功能与形态发生了变化。释伽牟尼在世时不准弟子将他当作神去崇拜，因此佛教早期在印度流传时，佛的形象尚未出现，信徒们一般以窣堵波（葬有释伽牟尼的舍利、衣冠的印度坟塔）、象轮、菩提树、佛足印等作为礼拜对象，一来是尊重佛的意愿，二来是不提倡偶像崇拜。公元1世纪，西北印度贵霜王朝时期希腊造像艺术传入印度后，佛教信徒开始采用造佛像的办法建造石窟寺。佛教传入中国之时，正值印度佛像艺术流行，渐渐发展出通过佛像表达佛之仪态的方式。以塔为中心的早期佛寺只能将如此重要的佛像设在塔中，但佛塔狭小，容不下诸多庄严高大的佛像，也容不下信徒围绕膜拜，于是佛寺中出现了专为安置佛像而建造的佛殿。随着佛像体量和重要性的日益增加，佛殿的体量也开始增大，地位开始上升，逐渐在寺中与佛塔并列而置。传统的宫殿规划布局方式越来越自然地被用于佛寺建筑群，重要佛寺的大殿宛如宫殿。北朝甚至有些谄媚僧徒铸造巨大的金铜佛像来象征帝王，一些由国家建造的大型佛寺逐渐宫殿化了。

最典型的例子是北魏洛阳永宁寺（公元516年建）。据《洛阳伽蓝记》记载，永宁寺有两个突出的特点：一是佛塔居中，塔高九层且体量巨大，塔面阔九间，各开三门六窗，门皆朱漆金钉，塔各层四角悬铃，不仅是寺内主体建筑物，同时也是北魏最高大豪华的木塔，"去京师百里，已遥见之"。二是佛寺布局与宫殿类似，建筑形式十分相近，南门三层，高二十丈，形制似魏皇宫正门，东西虽仅高二层，但形式亦然。塔北大佛殿，形制似魏宫前朝正殿太极殿，殿内供奉高一丈八尺的金佛。佛寺平面矩形，四面开门，围墙、楼观、千余间僧房等格局及方位等级设置，"一如宫中"[1]，是典型的宫殿化寺庙（图4-28，图4-29）。

两晋、北朝时，舍宅为寺之风盛行，一些佛教高僧和崇信佛教的上层人士为积功德，利用宅内原有建筑物改建佛寺，通常以前厅为佛殿，后堂为讲堂，沿用房舍、厨库之类附属用房，用以讲授佛典，修行禅法。这种基本保持了宅邸合院式布局的佛寺，对中国佛寺形态发展产生了非常大的影响。其一，由于这类宅寺是由住宅改造而来，很难将塔置于中轴线的位置。例如，当时洛阳城内的佛寺大半为舍宅而建，其中有不少开始并未建塔，后来增建的佛塔限于条件，体量减小或位置不居

①
《洛阳伽蓝记》卷1。《洛阳伽蓝记校释》，中华书局版，17-24.

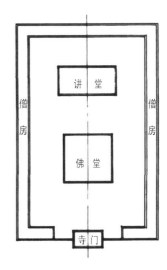

图4-27　堂塔并立的佛寺平面模式图
（傅熹年. 中国古代建筑史. 第二卷 [M]. 中国建筑工业出版社，2009：189.）

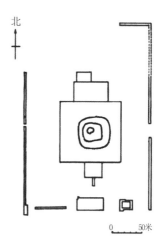

北

图4-28　河南洛阳北魏永宁寺遗址平面图
（傅熹年. 中国古代建筑史. 第二卷 [M]. 中国建筑工业出版社，2009：193.）

①

梁书. 卷54. 诸夷传. 中华书局标点本：790~792。

②

东晋太元六年（381年），孝武帝"初奉佛法，立精舍于殿内，引诸沙门居之"（建康实录. 卷9. 中华书局标点本：268）。太元五年（380年）僧人竺法义卒于都，葬新亭岗，弟子昙爽"于墓所立寺，因名新亭精舍"（高僧传. 卷6. 竺法义传）。《高僧传·卷6·释慧远传》："（慧远）见庐峰清静，足以息心，始住龙泉精舍"，后"号精舍为龙泉寺"。

③

傅熹年主编. 中国古代建筑史——两晋、南北朝、隋唐、五代建筑. 北京：中国建筑工业出版社，2001：176.

④

意为在圣者逝世或火葬之地建造的庙宇或祭坛，是藏放舍利的塔庙，供人瞻仰礼拜，因此又称礼拜窟。

图4-29 河南洛阳北魏永宁寺塔遗址

（河南省文物局官网）

中，还有一些佛寺则未有建塔记载，因此这些宅寺便不得不接受殿塔并列甚至没有佛塔的布局形式，佛塔在佛寺中的地位也大大下降。其二，自东晋至北朝，城市内大量佛寺为舍宅而成，因此都呈现出合院建筑的形态，主体建筑物沿中轴线后排列，形成数重院落，两侧分列次级附属建筑物。其三，有些住宅附带园林，舍为佛寺后，使寺中也出现了园林，成为后来寺观园林的先声。

南朝立寺受限于地形，塔的位置更不及以前。南朝的大型佛寺规模巨大，在主体院落"中院"之外，还设有大量别院，如钟山大爱敬寺有别院36所。这些寺院多为山林佛寺，布局往往因地制宜。南朝寺院还盛行一种因求获舍利而立塔祈福的风气，以至于一寺中立数座佛塔。随意建塔使塔的地位下降，失去了以往的中心主体地位①。东晋士大夫阶层在条件受限制的情况下更兴宅寺，宋明帝所建的湘宫寺（471年）和梁武帝所建的光宅寺（507年），都是在其为帝之前的旧宅基础上改建的。还有佛教僧人模仿释迦牟尼修行之法建造的小型精舍②，从草庐、竹棚到石室、茅篷，依山傍谷，形式、布局十分自由，大大突破了以往以塔为中心的布局。

三国两晋南北朝时期佛教寺院中佛塔、佛殿等主要建筑相互位置关系的改变，反映了佛教寺院格局的本土化演变。从以塔为中心发展为中轴线上前塔后殿、堂塔并立的格局，再演变到以殿为主的类似宫殿、住宅的合院式布局，甚至发展了寺观园林，天竺的佛寺模式经历了中国建筑文化的洗礼。但是，虽然南北朝时期已经出现了一些佛殿取代佛塔中心地位的迹象，佛寺格局的这一演变过程仍然相当缓慢，时有反复，一直到隋唐以后才逐渐定型。隋唐佛寺中才普遍出现佛塔的位置列于大殿旁侧的实例。

另外，大乘佛教的兴起，使早期小乘教派所提倡的苦行实践方式发生改变。僧人不必逐日乞食，处野而居，可以有私产和居处，于是寺院布局中开始增建僧房和其他仓库、厨房类附属服务用房。佛寺由佛教的象征体演变成了一种兼有社会组织和经济实体属性的建筑载体。

二、佛塔

中国的塔起源于印度的窣堵波（梵文为Stupa），又称塔婆、兜婆、偷婆、浮图、佛图、浮屠等，最初在印度是用来埋佛（即释迦牟尼）舍利（梵文为Sarira，意为"身骨"）、衣冠或菩提树（佛教里释迦悟道的圣树）的坟墓，由台座、覆钵、宝匣、相轮四部分构成。释伽牟尼希望弟子不要崇拜自己或任何偶像，因此印度佛教早期没有佛像，也不提倡偶像崇拜，释伽牟尼的弟子对塔（即窣堵波）加以膜拜，使塔成为佛的象征。

佛教传入中土以后，塔以其新奇的形象成为佛教的标志，汉魏文献往往以浮图（即窣堵波、塔）指代佛寺，最为著名的是三国吴丹阳人笮融"大起浮图祠"。据学者考证，汉地佛塔源于西北印度贵霜王朝时期的佛塔形式③。后者在印度南方早期支提窟（chaitya）④中小塔的基础上，融入了大量希腊、波斯及中亚的建筑语汇。其形制特征是方形平面基座，四面各间列有倚柱，柱头为希腊、波斯风格样式、柱间设佛龛。塔身也为方形，多层，表面列柱设龛。早期塔身主体的覆钵比例缩小，与伞盖合并，成为塔顶。在我国新疆的古代佛寺遗址中，方形基座上立有圆形平面塔身，塔表上下数层，并砌出倚柱或佛龛，显然是受到贵霜王朝时期佛塔样式的影响。

自汉至南北朝，汉地佛塔的层数增多，体量逐渐加大。汉、魏、西晋时期，塔层数在三层以下，至后期的木构塔如北魏洛阳永宁寺佛塔则多达九层。不同时期，塔的结构与形式各异。已知最早的佛塔资料形象（四川什邡东汉画像砖），是一个三层木构佛塔，基座方直，上立有三层塔身，各层均为三间四柱的木构形象，各层腰檐和塔顶为坡顶，屋面略有凹曲。塔顶立刹，有三重承露盘，上置宝珠，这是汉代本土木构重楼建筑与佛塔结合的形式。

东晋以后，文献中常见先立刹柱，后架立一层披檐，又依据财力加至三层的记载。木塔早期的初始功能只是扶持刹柱，不供登临，日本飞鸟时期的佛塔也都是如此。《魏书·崔光传》卷六十七载，洛阳永宁寺塔建成时，北魏灵太后胡氏准备登塔一览，侍中崔光上表阻止时称："恭敬跪拜，悉在下级"，说明通常情况下塔是不供登临的。北魏末期登塔的禁忌才被打破，塔不但用来供奉佛像，还可以登高远眺。到南北朝时，木构佛塔的建造在技术上已成熟，并向大体量多层发展，北魏洛阳永宁寺塔是这类佛塔的杰出例证。

（一）北魏洛阳永宁寺塔

这一时期的佛塔中最著名的当属北魏洛阳永宁寺塔。永宁寺塔是由国家出资建造的最高等级的大寺，公元519年建，公元534年毁于雷火，仅存十五年。据《洛阳迦蓝记》记载，"永宁寺……中有九层浮图一所，架木为之，举高九十丈（约合244.3米），有刹复高十丈，合去地一千尺，去京师百里，已遥见之"。可见此塔是一座九层高的方形大木塔，高度可能有所夸张。《魏书·释老志》记载塔高46丈，合133米，则是完全可以达到的。据记载，木塔由郭安兴设计，北魏灵太后胡氏在永宁寺塔完工后，于神龟二年（519年）八月还曾"幸永宁寺，躬登九层浮图"。这也是中国古代有文献记载的最高的木塔。

据1979年中国社会科学院考古研究所洛阳工作队对永宁寺遗址的发掘[1]可知，寺址260米×306米，寺塔在中部稍偏南处，塔基有上下两层夯土台。塔地下基础部分长101米、宽98米、高2.5米，地上夯土台基座长宽均为38.2米，高2.2米，四周包青石，加石栏杆；塔立于台基中心，通过柱础遗存，可判断出塔为土木混合结构，内为满堂柱网，四周每面各九间木檐，中部纵横五间以内皆用夯土砌实，筑成塔心，以保持结构稳定。可见此塔虽属木构架，却仍要借助土坯结构来保持塔身的稳定，反映出此时的高层木构架尚不成熟。最中心一间每柱由四个柱础合成；塔外檐有红色槛墙，塔心四面除北面素平以装楼梯外，其余三面各开五个佛龛（图4-30~图4-33）。

①
中国社会科学院考古研究所. 北魏洛阳永宁寺：1979—1994年考古发掘报告. 北京：中国大百科全书出版社，1996.

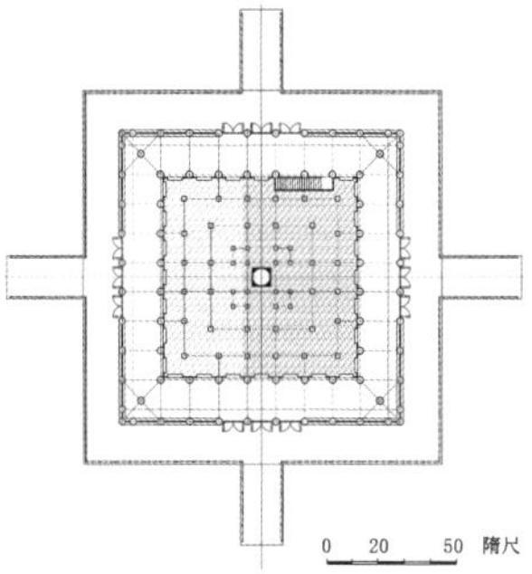

0　20　50 隋尺

图4-30　北魏洛阳永宁寺塔底层平面复原图

（王贵祥复原）

图4-31 北魏洛阳永宁寺塔立面复原图
（王贵祥复原）

图4-32 北魏洛阳永宁寺塔剖面复原图
（王贵祥复原）

图4-33 北魏洛阳永宁寺塔平面复原图
（王贵祥复原，邢宗满 绘制）

（二）河南登封嵩岳寺

砖石佛塔在北魏也有了很大发展，出现了密檐砖塔，惜北魏佛塔多数已毁，现仅存一建筑实例，即河南登封的嵩岳寺塔，弥足珍贵。

嵩岳寺[①]塔建于北魏正光四年（523年），是现存最早的保留完整的砖塔。底层平面外为正十二边形，底径约10.6米，内为八边形，底径7.5米，塔壁厚2.5米，塔高约39.5米。砖塔塔身用灰黄色砖砌成，一层塔身之下有基座，基座与一层塔身加起来高约9米，基座略有收分，装饰简单，一层塔身壁体没有收分，是装饰的重点，写仿中国传统木楼阁形式，每面雕刻出柱梁和门窗，每个角柱砌出八角形倚柱，柱下为覆盆柱础，柱顶为火珠垂莲装饰，东西南北四个正面辟门，门顶起半圆券，外饰以尖拱券面。

塔身底层之上是密叠的十五层塔檐，檐部出挑用"叠涩"，最上一层也用叠涩砌法封顶，上建覆莲座及石雕塔刹（塔主体为北魏原构，塔刹仰莲以上为唐末宋初修缮所加）。每层檐下四个正面砌出门窗，南面开门，东西面开窗，仿写中国传统木楼阁形式，八个面均雕出开间与角柱。上层塔身外轮廓由下而上逐层向内收分，有抛物线的走势，形似修长的子弹，柔和而秀丽，仍残留了些许天竺风格。

全塔实际是一个砖砌的空筒，内部上下贯通，直通到顶，无心柱。塔身砌砖包括壁柱、塔形柱、叠涩屋檐等都使用泥浆，不加白灰等胶结材，各层塔檐叠涩和素平的基座都用一顺一丁砌成，转角搭接处两面都用顺砖。塔门为二券二伏的正圆券，小塔门用一券一伏，虽没有后世砌法成熟而规范，但也能基本保持砌体之整体性，故能屹立1400余年而不毁，反映当时的砖石佛塔技术达到了一定水平。

嵩岳寺塔是北朝优秀的建筑实例，规模宏大，造型优美，细部装饰手法明显受到西域建筑风格影响。同样的做法还在北朝时期的石窟寺建筑中大量出现，表明外来文化给中国本土的建筑文化带来了时代的新风（图4-34，图4-35）。

三、石窟

除建佛寺外，南北朝时期凿崖造石窟的风气盛行。南朝较少，只有南京栖霞山石窟和浙江新昌大佛等；北朝石窟大盛，有凉州石窟、甘肃敦煌莫高窟、山西大同云冈石窟、河南洛阳龙门石窟、邯郸响堂山石窟、甘肃天水麦积山石窟等。

石窟是在山崖上人工开凿出来的佛窟，其形制源于印度，是僧人修行的地方，洞非常小。古印度佛教徒修行，往往"山栖穴处"，捣山成穴后在穴中面壁修行，称为"禅窟"。禅为梵文Dhyāna的音译，意为静虑或思维修，是一种修行的方式。起初印度僧人在石窟里仅面壁冥思禅修，若需顶礼膜拜则还得去有窣堵波的地方，为方便观佛起见，遂将窣堵波搬进窟里，僧人先入塔观像，然后入窟思念。如此循环往复，直到解脱。因而，古印度的石窟形成支提窟、毗诃罗窟两种类型：①支提窟（礼拜窟、塔院窟、塔庙）即以佛塔为中心的石窟寺，洞窟正中设佛塔或佛像以象征佛祖释迦牟尼，作为礼拜对象。②毗诃罗窟（僧房窟），当中是大厅，周围设

①
北魏嵩高闲居寺，隋改为嵩岳寺。

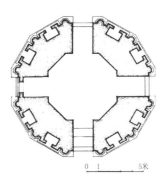

0　1　　　　　5米

图4-34 河南登封北魏嵩岳寺塔平面图
（刘敦桢. 中国古代建筑史. 第二版[M]. 1984: 92.）

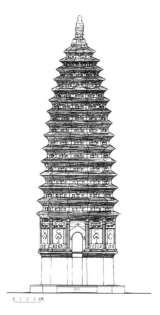

0 1 2 3 米

图4-35 河南登封北魏嵩岳寺塔立面图
（刘敦桢. 中国古代建筑史. 第二版[M]. 1984: 92.）

小方室，反映为僧人居住院落式。这两种建筑形式自西域传入中国，经敦煌传至北魏首都平城（今山西大同），再传到洛阳、邯郸等地。

　　石窟传入中国后，人们在外面加上了中国木构的屋檐维护，旁边还建造我国式样的寺院，使之成为供人膜拜的场所；讲堂也并入寺院，石窟则变成专门雕刻大量佛像及佛经故事的观佛场所，失去了原来冥思禅修的功能，演变成我国本土化的石窟类型。较早的为"僧房式"石窟，这种石窟多为单室，平面为方形或长方形，窟顶以人字坡居多，还有少量覆斗顶和平顶。窟内有灶、炕供僧人起居生活，如敦煌石窟北区的洞窟。数量最多，最为常见的是"塔院式"石窟，平面上与印度支提窟非常相像，不过在周边没有留出修行空间，而是雕刻出佛像，且地方很小，不适于僧人讲课说法，也不能容纳大量信徒朝拜，如云冈石窟北魏第2窟（图4-36）。还有"佛殿式"石窟，则已经完全按照佛殿造像的布局和礼佛空间来雕刻，空间较大，可容纳多人做法事，比较适合中国的国情，因此在后来建造得比较普遍，如云冈石窟北魏第6窟（图4-37，图4-38）。

图4-36　山西大同北魏云冈石窟第2窟
（孙蕾 摄）

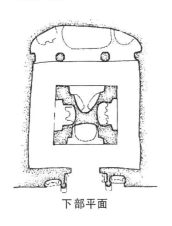

下部平面

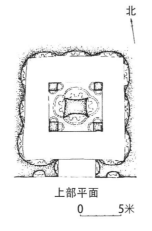

北

上部平面

0　　　5米

图4-37　山西大同北魏云冈石窟第6窟平面图
（傅熹年. 中国古代建筑史. 第二卷 [M]. 中国建筑工业出版社，2009：235.）

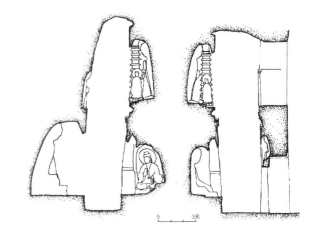

0　　　3米

图4-38　山西大同北魏云冈石窟第6窟剖面图
（傅熹年. 中国古代建筑史. 第二卷 [M]. 中国建筑工业出版社，2009：235.）

　　我国石窟寺的开凿始于公元3世纪末，是由西域经河西走廊传入中原地区的。北方及中原地区的大同云冈石窟、洛阳龙门石窟、巩县石窟寺等，均开凿于北魏中后期。这些寺内除窟室外，还有大量地面建筑。南朝统治者少有热衷于开凿石窟者，因而石窟寺的规模与数量远逊于北方。

（一）云冈石窟

　　大同云岗石窟离市区16里，石质好，基本用雕刻，泥塑及彩画较少。该石窟始建于北魏年间，主要为北魏皇家主持，最初的开凿计划是为北魏五位皇帝各开一窟。太武帝时灭佛改信道教，因而未开窟。后文成帝上位重兴佛教，再次开窟，其造像特点是左胸袒露。到孝文帝进行汉化改革后，石窟内佛像变为士大夫形象。

云岗石窟大体分三期：第一期有五大窟，建于公元460—466年，内部形式仿草庐作穹顶，内凿大佛，最高者近17米，主要为沙门昙曜主持开凿，因此也被称为"昙曜五窟"；第二期多模仿佛殿，雕刻出一座有前廊的佛殿形象，檐部为三间面阔的敞廊，廊后壁正中开门，门后接矩形佛堂，佛堂室内修佛像，廊和佛堂的室内顶面雕刻天花藻井；第三期为以塔为中心的佛寺庭院，平面呈矩形，院中心雕一塔形中柱，中柱四壁雕佛龛、佛殿（图4-39）。

图4-39　山西大同北魏云冈石窟平面示意图
（刘敦桢. 中国古代建筑史. 第二版[M]. 1984：95.）

（二）龙门石窟

龙门石窟始建于北魏孝文帝迁都洛阳之后，宾阳北洞、宾阳中洞以及宾阳南洞是最早开凿的一批。其中最大的宾阳中洞（图4-40）自北魏宣武帝景明元年（公元500年）开凿，至孝明帝正光四年（公元523年）完成，历时24年之久。龙门石窟的主要洞窟则是在唐代完成（图4-41）。

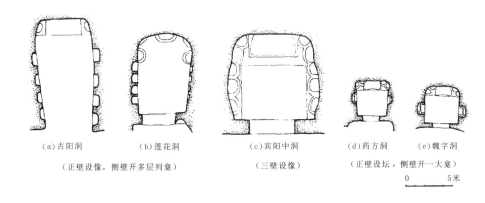

(a)古阳洞　　(b)莲花洞　　(c)宾阳中洞　　(d)药方洞　　(e)魏字洞

（正壁设像，侧壁开多层列龛）　　（三壁设像）　　（正壁设坛，侧壁开一大龛）

0　　5米

图4-40　河南洛阳龙门石窟北魏窟室典型平面图
（傅熹年. 中国古代建筑史. 第二卷 [M]. 中国建筑工业出版社，2009：237.）

图4-41　河南洛阳龙门石窟西山窟群平面示意图
（刘敦桢. 中国古代建筑史. 第二版[M]. 1984：95.）

（三）麦积山石窟

麦积山石窟位于天水市东南35千米处，最早的开凿时间可追溯至后秦及西秦时期，如较早开凿的平面为长方形、平顶的第74窟和第78窟。但大部分洞窟是在南北朝时期，尤其是北魏时期雕凿的。此外也有一些东魏与北周时期开凿的石窟。这里也是一处重要的北朝石窟寺院群（图4-42）。

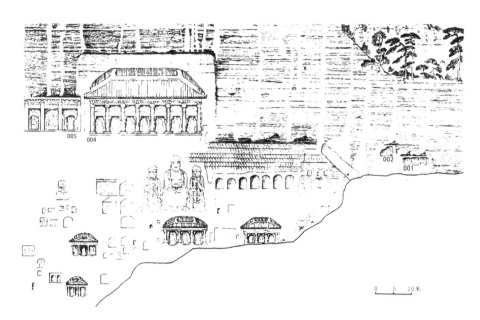

图4-42 甘肃天水麦积山东崖立面图

（傅熹年. 中国古代建筑史. 第二卷 [M]. 中国建筑工业出版社，2009：227.）

一方面，魏晋南北朝时期佛教建筑遗物极少，佛寺、塔殿都已无存，大量的建筑形象资料来自于石窟寺内的壁画、雕刻。通过对石窟寺的研究，可以了解窟型，可以通过石窟中的壁画石刻反推建筑史上的问题，如斗栱、门窗等，因此，魏晋南北朝的石窟是我们了解当时建筑及室内装饰艺术的宝库。另一方面，北齐、北周的响堂山石窟、麦积山石窟中，有的外形也雕作佛殿，这些变化反映出了石窟中国化的进程。洛阳伊水河畔的龙门石窟沿山崖雕刻，大多利用溶洞进行改建，石质不好，门面小，气势上不如云冈石窟，采用背屏式较多，具有了明显的世俗化倾向。

此外，中国的石窟建造多选址在郊外山川壮丽之处，既借助自然景色衬托出佛的庄严，又使环境与尘世隔开，形成膜拜、禅定的气氛。同时，石窟也留了水平相当高的造像和壁画精品，创造了生动精美、别具魅力的艺术氛围，成为世界艺术史上的佛教艺术宝库。

第六节　园林

这一时期的园林进入了一个崭新的发展阶段，即中国山水园林的兴盛时期，亦为后来明清私家园林的滥觞。

东汉之后，先是黄巾大起义，然后军阀混战，三国鼎立，公元265年司马代曹魏，西晋二十六年后又是五胡十六国割据混战。战争频仍、社会动荡使人们的思想观念发生很大转变。士族大夫厌恶政治和战乱，不满现实，寻求避世静谧的安定生活，人们更加关注生的乐趣，这是一个人性觉醒的非常年代。

这一时期，老庄、佛学与儒学相结合而形成的玄学思想大盛。老庄标榜无为而治的思想；新兴的佛学讲求出世，注重来生。魏晋玄学将其融为一体，提倡“以无为本”。知识分子兼具对内的追求与对外的否定，推崇独立审美意识，构成了魏晋风度。这些思想进一步推动了这一时期文人山水园林的发展。

魏晋士大夫阶层对自然山水环境的向往，形成了一种寄情山水、崇尚隐逸的社会风尚。经营园林成为一项时髦活动，出现了民间造园成风、名士爱园成癖的情况。进入南朝后，经济发展也为私家园林、郊邑园林、寺观园林的建设提供了客观条件。

园林在这一时期发生了一些明显的变化。

首先，园林的规模发生了变化。

皇家园林的规模变小。以前的帝王苑囿规模都很大，能容纳皇帝带领群臣、侍从、卫队等上千人骑马、乘车、狩猎、设宴、观舞、游戏等，有点像大型的游乐园，如商纣王的酒池肉林、汉武帝的建章宫太液池等。两晋、南北朝时期受战乱制约，皇家园林宫苑的建造有所收敛。如东晋建康的华林园，初建之时只有些简单的林木水渠，景点都未设置，晋简文帝看了后说，"会心处不必在远，翳然林水，便有濠濮间想也。觉鸟兽禽鱼，自来亲人"，不仅满足于这种俭朴，而且一语道出，时人的游园活动已从声色犬马的现实娱乐，转向了对景物的静观和联想。北魏洛阳华林园、北齐邺城仙都苑等，史载其规模都比较小，未见有生产、经济运作方面的记载，园林的性质以游赏为主。

私家园林著名的如张伦园（北魏洛阳）、顾辟疆园（东晋苏州）等，均设计精致，规模趋于小型化。

其次，园林的性质也发生了变化。

东晋南渡后，大量中原世族面对优美的自然景色和岌岌可危的仕途，醉心于欣赏丘壑林泉之美。其中比较著名的有阮籍、嵇康、山涛、王戎、向秀、刘伶、阮咸七人"同居山阳，结自得之游，时人号之'竹林七贤'"。他们放浪于自然山水之间的逸事，极为世人仰慕。

当时园林里设置有一种饮酒设施，"流杯渠"别具匠心，让水在渠中流动，并借流水传送酒杯，这样在室内也能分享流水情趣。而将这种"流杯渠"的意境推向极致的则是东晋时期的兰亭集会。《世说新语》曾提到，东晋永和九年，王羲之等数十位著名文人在会稽山脚下的兰亭聚会，他们用弯弯曲曲的流水传送酒杯，一边饮酒，一边吟诗作赋，成就了"曲水流觞"的佳话。在聚会的结尾，由王羲之主笔写成了著名的《兰亭集序》："此地有重山峻岭，茂林修竹，又有清流激湍映带左右，引以为流觞曲水"。《序》中词句在盛赞山水之美的同时，也隐喻了宇宙之永恒、人生变化之无常：

夫人之相与，俯仰一世，或取诸怀抱，悟言一室之内；或因寄所托，放浪形骸之外。虽趣舍万殊，静躁不同，当其欣于所遇，暂得于己，快然自足，不知老之将至。及其所之既倦，情随事迁，感慨系之矣。向之所欣，俯仰之间，已为陈迹，犹不能不以之兴怀。况修短随化，终期于尽。古人云：死生亦大矣。岂不痛哉！

由此可见，此时已经不单是欣赏山水自然，而是寄情于景"游目骋怀"，从山水景物中悟得人生哲理。会稽山在绍兴郊区，自然条件非常好，兰亭集会不仅将"流杯渠"拓展到了自然山水之间，也将一段风雅佳话投影到了"流杯渠"上，使得后人纷纷效仿，一直延续到故宫乾隆花园、避暑山庄等园林建筑。

当时有很多著名的文人参与了对园林或田园境界的刻画。东晋末政权再度动荡，陶渊明退隐田园，写有很多脍炙人口的田园诗，如"少无适俗韵，性本爱丘山""结庐在人境，而无车马喧"等，其中很多名句、名篇甚至成了后世园林营造意境所追慕的题材，如"桃花源""五柳园"。东晋世族谢玄之孙谢灵运因仕途失意，回乡营造了大型的园林化庄园，他所撰写的《山居赋》对景物体会入微，情景交融，开创了山水诗的新境界，享有很高的时誉。

求归其路，乃界北山。栈道倾亏，蹬阁连卷。复有水径，缭绕回圆。弥弥平湖，泓泓澄渊。孤岸竦秀，长洲芊绵。既瞻既眺，旷矣悠然。及其二川合流，异源同口。赴临入险，俱会山首。濑排沙以积丘，峰倚渚以起阜。石倾澜而捎岩，木映波而结蔭。径南滑以横前，转北崖而掩后。隐丛灌故悉晨暮，托星宿以知左右。

在这些文人的影响下，寄情山水成了一种时尚，不仅是不得志而退隐的文人士族，即便是那些位居权贵的官宦，也视其为风雅之事纷纷效仿，营造了大大小小的众多园林化庄园。

这一时期的皇家园林开始受到私家园林的影响，南朝的个别御苑甚至由当时著名的文人参与经营。皇家园林中，山、水、植物、建筑等造园要素综合而成的景观，也由模拟仙界向世俗题材转变。

最后，园林的设计水平越来越高。

随着城市的发展，有条件者开始在自己的住宅旁或宅内开辟一方宅园，初期的宅园多与菜地、果园、养殖结合，后来则更重游赏，建馆造园，形成正规的私家园林。聚石引水、竹林开涧、穿池种树，在小而清雅的空间里表现自然之美。陈江总有诗写自己的宅园："独于幽栖地，山庭暗女萝。涧渍长低筱，池开半卷荷。"可知园中山池竹荷、树影婆娑，非常成功地营造了田园野趣。

由于魏晋以来思潮和习俗的变化，这些园林已经与秦汉时期那种豪华奢侈的游乐性苑囿大相径庭。据记载，齐孔硅的园中多蛙，鸣声不绝，有前来祝贺的人埋怨蛙声干扰了鼓乐，孔硅却说，"我听鼓吹，殊不如此"。也就是说你那人工的俗乐还不如这天然的蛙声好听呢。又有一次，太子萧统游园，同行者建议奏女乐以助兴，萧统婉言道，"何必丝与竹，山水有清音"，后来也广为流传。北朝洛阳有很多园林，其中张伦园景色华美，而南方有苏州顾辟疆"吴中第一园林"。园林在性质、意趣上都发生了巨大的变化，转为追求表现自然之美，通过静观自得、欣赏自然来体味诗情，产生联想，参悟人生真谛，陶冶性灵。园林自此开始显示出一种艺术创作的特征，成为具有高度文化内涵的人为环境。

一、私家园林

魏晋南北朝时期，是中国古代园林史上的一个重要转折时期。文人雅士厌烦战争，玄谈玩世，寄情山水，风雅自居。豪富们纷纷建造私家园林，把自然风景山水缩写于自己的私家园林之中。如西晋石崇的"金谷园"，便是当时著名的私家园林。石崇，晋武帝时任荆州刺史，他聚敛了大量财富，广造宅园，晚年辞官后，退居洛阳城西北郊金谷涧畔之"河阳别业"，即金谷园。据其所作《金谷诗序》言："（余）有别庐在河南县界金谷涧中，去城十里，或高或下。有清泉茂林，众果、竹、柏、药草之属，田四十顷，羊二百口，鸡猪鹅鸭之类莫不毕备。又有水碓、鱼池、土窟，其为娱目欢心之物备矣。"晋代著名文学家潘岳有诗咏金谷园之景物，亦可说明其为石崇老年退休之后安享山林之乐趣并吟咏作乐的场所。地形既有起伏，又是临河而建，把金谷涧的水引来，形成园中水系，河洞可行游船，人坐岸边又可垂钓，岸边杨柳依依，又有繁多的植物、家禽，真是游玩、饮食皆具了。

北魏自武帝迁都洛阳后，大量的私家园林也经营了起来。据《洛阳伽蓝记》记载："当时四海晏清，八荒率职……于是帝族王侯、外戚公主，擅山海之富，居川林之饶，争修园宅，互相夸竞。崇门丰室、洞户连房，飞馆生风，重楼起雾。高台芳榭，家家而筑；花林曲池，园园而有，莫不桃李夏绿，竹柏冬青。""入其后园，见沟渎寋产，石蹬礁嶤。朱荷出池，绿萍浮水。飞梁跨阁，高树出云。"

从以上的记载可以看出，当时洛阳造园之风极盛。在平面的布局中，宅居与园也有分工，"后园"是专供游憩的地方。石蹬礁嶤，说明有了叠假山。朱荷出池，绿萍浮水、桃李夏绿、竹柏冬青的绿化布置，不仅说明绿化的树木品种多，而且讲究造园的意境，即注重写意了。

私家园林的风格在魏晋南北朝时期已经从写实转到写意。例如北齐庚信的《小园赋》，说明当时私家园林受到了山水诗文绘画意境的影响，而宗炳所提倡的山水画理之所谓"竖画三寸，当千仞之高，横墨数尺，体百里之迥"，成为造园空间艺术处理极好的借鉴。

自然山水园的出现，为后来唐、宋、明、清时期的园林艺术打下了深厚的基础。

二、佛寺园林

随着佛教的传入，佛寺建筑逐渐兴起。自北魏奉佛教为国教，更是大建佛寺。《洛阳伽蓝记》记载，从汉末到西晋共建佛寺四十二座，而到了北魏之时，洛阳城内外就有一千多座，其他州县也建有佛寺。至北齐，全国佛寺有三万多所，可见当时的盛况。

佛教建筑在总的布局上，有供奉佛像的殿宇和附属的园林两部分，因此构成佛寺园林，这和私家园林包括住宅与园林两部分类似。唐杜牧有诗云"千里莺啼绿映红，水村山郭酒旗风。南朝四百八十寺，多少楼台烟雨中。"就是佛寺园林发达的写照。

佛寺园林建造之时，需要选择山林水畔作为参禅修炼的洁净场所。因此，选址的原则，一是近水源，以便于获取生活用水；二是靠树林，既是景观的需要，又可就地获得木材；三是凉爽、背风、向阳，有良好的小气候。具备以上三个条件的往往都是风景优美之地，"深山藏古寺"就是佛寺园林惯用的艺术处理手法。

这种佛寺园林建筑即使在城市中心地段，也多采用树木点缀，创造幽静的环境，而近郊的佛寺建筑总是丛林深茂，以花木取胜。如今保存完好的佛寺建筑，如泉州的开元寺，一座规模宏大的千年古刹，便是一座典型的佛教园林建筑。附有园林的建康（今南京）同泰寺（今鸡鸣寺），杭州灵隐寺、苏州虎丘云岩寺和苏州北寺塔等，皆在此时陆续兴建。

佛寺园林不同于一般帝王贵族的苑囿，已经有了公共园林的性质。帝王贵族的苑囿供其独享其乐，穷苦的庶民百姓只有到佛寺园林中去进香游览。由于游人众多，求神拜佛者又都乐于施舍，又从经济角度大大促进了我国不少名山大川，如庐山、九华山、雁荡山、泰山、杭州西湖等的开发。

三、皇家园林

洛阳是东汉、魏、西晋、北朝历代的首都，城址在今洛阳市区东约15公里。东汉末年，洛阳已有皇家园林十余所之多，魏、晋时期在旧有的基础上又进行了扩建，魏明帝时扩建的芸林苑是其中的一个典范。

芸林苑在洛阳城内北偏东，为汉之旧苑："景初元年（公元237年），明帝愈崇宫殿，雕饰观阁，取白石英及紫石英及五色大石于太行谷城之山，起景阳山于芸林之园。树松竹草木，捕禽兽以充其中。于时百役繁兴，帝躬自掘土，率群臣三公以下，莫不展力"（《魏春秋》）。连皇帝也亲自率百官参加扩建，可见芸林苑之重要了。

芸林苑是一座以人工为主，又仿写自然的皇家园林。园内西北面以各色文石堆筑土石山，东南面开凿水池，名为"天渊池"，引来谷水绕过主要殿堂前，形成完整的水系。沿水系有雕刻精致的小品，又有各种动物和树木花草。还设置了演出活动场所。从布局和使用内容来看，芸林苑既继承了汉代宫苑的某些特点，又有了新的发展。

在《洛阳伽蓝记》中，还有"千秋门内北有西游园，园中有凌云台，那是魏文帝所筑者，台上有八角井。高视于井北造凉风观，登之远望，目极洛川。"

从记载中可见魏晋南北朝时期皇家园林的概貌。比起当时的私家园林，它规模大、景观华丽、建筑量大，却少了曲折幽致、空间多变的特点。

战争时期的避世之心加上玄学的思考，南方人对自然美观察细腻、体悟微妙的特质，加上文人的情调和素养，成为这一时期造园艺术发展的推动力量。

第七节　住宅

总体来看，这一时期属于乱世，住宅不比东汉时期的规模和豪华。史载宋武帝刘裕出身贫寒，生活十分俭朴，其孙孝武帝要在祖父居处原址为自己建玉烛殿时，踏勘时在床头看到了一面用土修筑的屏风，土墙上还挂着葛灯笼^①。当时孝武帝说了一句："田舍公得此，已为过矣。"意思是说一般农民家这样俭朴已经很过分了，更何况国君呢。但是南朝经济有所恢复，南方宫室宅邸的奢华之风又开始兴起。

①
葛是农村编麻绳用的材料。

住宅制度：按儒家传统，周代居室为简单的"前堂后室"制度，即主体建筑前敞后闭，前称"堂"，供起居和延接宾客；后称"室"，开门窗，供寝卧。汉以来，贵族豪宅多分为前后两区：前区同于"前堂"，功能是对外延宾以及起居，主要建筑称为"厅"；后区是私宅，是主人及眷属居住的区域，主要建筑称为"堂"。其后，又在"厅"后设置供主人休息的独立建筑"斋"。另有大量辅助房屋、院落，汇合为巨宅。魏晋南北朝时期政权更迭频繁、社会动荡，地方豪强、权臣多拥有私兵，于是在宅邸中都设有望楼并储存有武器。

在刘宋孝武帝之后，宫室宅邸奢华成风，因此，魏晋南北朝时期对于住宅的形制做了一定的限制。

士族宅第：魏晋以来，清谈玄学、适性自然风靡一时。政局紊乱之下，士族多辞官回家，凭借特权兼并大量土地。例如，曹操早年仕途失意，就曾在"谯东五十里筑精舍。欲秋夏读书，冬春射猎"。这一时期著名的士族宅第有西晋石崇的金谷园、南朝刘宋谢灵运的始宁别业等，其主要庭院多分为前后两个区域，前区为厅事，后区为"堂"，四周布置次要建筑和辅助用房。有些宅邸会在宅旁或宅后设置园林。

普通民宅：这时普通民众和中下级官吏的住宅还非常简陋。西晋名士山涛死时家中只有屋十间；潘岳曾撰《狭室赋》极言自己住宅之破败；《晋书·吴隐之传》言其屋："数亩小宅。篱垣仄陋，内外茅屋六间。不容妻子。……以竹篷为屏风。坐无毡席。"

住宅建筑：北魏时期的贵族住宅一般用朱柱白壁，正门并列开三门，中门用黄色，门内设屏。从雕刻上看，往往采用庑殿式屋顶和鸱尾，围墙上有成排的直棂窗，墙内有围绕着庭院的走廊。住宅仍然保留左右各一台阶的两阶之制，台基多用石包砌，外围有砖铺的散水。南朝时期宅邸和宫室的墙壁，除土壁外，多用木板壁（图4-43～图4-45）。

图4-43　北魏石刻中的住宅

（傅熹年. 中国古代建筑史. 第二卷 [M]. 中国建筑工业出版社，2009：159.）

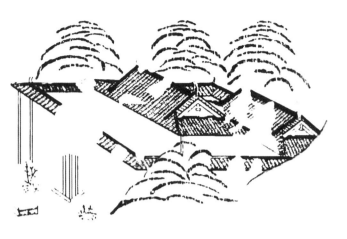

图4-44 甘肃天水麦积山石窟140窟北魏壁画中的住宅
（傅熹年. 中国古代建筑史. 第二卷 [M]. 中国建筑工业出版社,
2009：159.）

图4-45 甘肃天水麦积山石窟4窟北周壁画中的住宅
（傅熹年. 中国古代建筑史. 第二卷 [M]. 中国建筑工业
出版社, 2009：159.）

第八节　建筑技术与艺术

　　三国到东晋的200年间（220—420年），受频繁的战乱影响，经济遭严重破坏，而建筑又屡屡仓促重建，建筑技术难有大的进步。进入南北朝后，社会相对稳定，经济逐渐恢复，建筑开始有所发展。都城规模扩大且形制日渐严谨，宫室渐趋豪华，大型宅第日渐侈大。塔、佛寺、石窟、园林等方面都有大规模建设。北魏孝文帝大力推行汉化，吸收中原地区魏晋传统和南朝在建筑上的新发展，在建筑形制与建造上都有创新。

一、北方木结构技术的进步

　　三国两晋南北朝300多年间，建筑技术的主题是土木混合结构衰落，纯木结构兴起。中国北方土木混合结构中的木构逐渐独立。南方潮湿多雨，木材资源丰富，气候温暖，不需要厚土墙防寒，所以从汉代以来即流行全木构框架房屋，且以穿斗式为主。但随着永嘉南迁，中原文化大量传播到江南，包括魏晋宫室制度、结构技术等。高水平的全木框架结构发展了起来。南朝许多巨大的殿宇和高塔，都是明显的高层木构建筑。

　　高台建筑，是汉魏以前构筑大型建筑的重要方式之一。汉代的大型宫殿基本上都是以夯土台为核心的台榭，分若干层，逐层靠台壁建屋，台顶建主殿。从地面至台顶有专设的道路，架空的阁道把宫殿中各主要台榭顶部连接起来。从古籍文献的记载中看，三国两晋时期的宫殿建筑仍然延续了汉代台榭、飞阁的做法，《魏都赋》中描写邺城文昌殿是高大的台榭，殿周围有飞阁相连。洛阳太极殿也是建在高台上，台顶之间连阁道。

　　据何晏《景福殿赋》的描写，三国曹魏许昌宫的主殿景福殿，"丰层覆之眈昳，建高基之堂堂"。[1]它的建筑风格延续了秦汉宫殿建筑的遗风，同样也是耸立于高台之上、内部用木构梁架建造的土木混合结构的宏伟殿堂建筑，并在梁上使用了斜撑、叉手。

高台建筑在结构上采用土木混合结构，在夯土基上建木构架房屋，或者在夯土承重墙和墩台上架木屋架。木构梁架部分的结构形式，据学者考证推测："很可能是在沿建筑物的外围柱头上使用纵架，其上再加横架的形式。"[2]同时，为了保证起主要承重作用的夯土厚墙或夯土墩台的稳定，在外表面嵌壁柱，壁柱间连以壁带。壁带与壁柱连接的部分以金属构件加固，称为"釭"。《西京杂记》卷一载，汉后宫昭阳殿内：

> 壁带往往为黄金釭，含蓝田璧，明珠饰之。上设九金龙，皆衔九子金铃，五色流苏。带以绿文紫绶，金银花镊。每好风日，幡旄光影，照耀一殿。铃镊之声，惊动左右。

所以，壁带与壁柱是高台建筑殿堂具有代表性的华丽装饰构件。

北魏初期，北方大型建筑仍然保留大量土屋及高台建筑，平城宫殿建筑群以土屋居多，宫门尚未建成高大的门楼，建筑技术较为落后。在北魏孝文帝（471—500年）执政前后，单体建筑的支撑结构逐渐摆脱早期土木混合结构的束缚，向屋身混合结构、外檐木构架和全木构架的结构体系演进[3]。在云冈石窟、龙门石窟、麦积山石窟、敦煌莫高窟等地的北朝中后期建筑形象中，都可以清楚地看到木构架形式的变化（图4-46）。北魏建都平城时的建筑，除了山墙、后墙承重的土木混合结构外，还出现了屋身土墙承重，外廊全用木构架的做法。迁都洛阳后，受中原和江南影响，北魏建筑进一步向全木构架发展。考古发掘中，大同出土的北魏太和元年宋绍祖墓[4]仿建筑样式的石椁，是这一过渡阶段的重要例证（图4-47）。这个建筑模型模拟了一座全木构架的建筑形象，但仍然保有早期纵架结构的一些特征。

① 《六臣注文选·宫殿》卷十一.

② 陈明达. 中国封建社会木结构建筑技术的发展.建筑历史研究，1982（1）：75. 文中"纵架"指与进深方向平行的梁架，"横架"指与面阔方向平行的梁架.

③ 傅熹年主编. 中国古代建筑史——两晋、南北朝、隋唐、五代建筑. 北京：中国建筑工业出版社，2001：279-282.

④ 山西省考古研究所，大同市考古研究所. 大同市北魏宋绍祖墓发掘简报. 文物，2001（7）.

Ⅰ型：厚承重外墙，木屋架

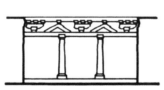

Ⅱ型：前檐木构纵架，两端搭墩垛或承重山墙上，梢间无柱，靠山墙保持构架的纵向稳定。

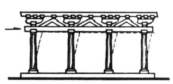

Ⅲ型：前檐木构纵架，柱上承阑额、檐枋、斗拱、叉手组成的纵架，四柱同高直立，可平行倾斜纵向不稳定

Ⅳ型：前檐木构架，柱上承抟，阑额由柱顶下降至柱间，额、抟间加叉手，组成纵架，靠额人柱榫及纵架保持稳定。

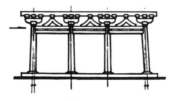

Ⅴ型：全木构架，中柱外侧各柱逐个加高(生起)。并向中心倾侧(侧脚)，阑额抵在柱顶之间，柱子既不同高又不平行，可避免Ⅲ型可能发生的平行倾侧，保持构架的纵向稳定

图4-46 北朝五种木构架形式（傅熹年. 中国古代建筑史. 第二卷 [M]. 中国建筑工业出版社，2009：303.）

①
傅熹年主编. 中国古代建筑史——
两晋、南北朝、隋唐、五代建
筑. 北京: 中国建筑工业出版社,
2001: 288.

图4-47　山西大同出土北魏太
和元年宋绍祖墓石椁
（山西省博物馆藏）

　　在这个过渡阶段，出现了多种木构架构造方式并存的局面。大体在北齐、北周末，建筑木构架的形式基本上得到了统一。龙门北魏石窟中有一组建筑正面柱梁构架的形象，被研究学者总结为"V"形构架，其特征是"阑额架在柱顶之间，围成方框的阑额把柱网连为一个稳定的整体。柱额以上是由柱头铺作，补间铺作、柱头枋、檐槫组成的纵架，上承屋架。这种做法使柱网、纵架、屋架层叠相加，既可保持构架稳定，又便于施工，……所以自北齐到隋唐，逐渐占据了主导地位。"①结构形制的趋同，标志着北朝后期木构建筑技术已渐趋成熟，使北朝宫殿、官署等大型建筑追求高敞内部空间的愿望成为可能。

　　例如曹魏洛阳北宫西侧的凌云台就是当时著名的高大建筑。据《世说新语》记载，台上的楼观在建造时先称量构件，使其重量互相平衡，然后架构。楼虽然高峻，常常随风摇摆，但不致倾倒。魏明帝令加大木扶持，使其不摇摆，楼反而倾倒。这个记载反映了当时高层建筑上的试验，而且已经重视木构架结构中的荷载平衡。

　　另外在军事设施方面，三国时还建有很多险要的架空阁道、桥梁、邸阁等。据《水经注》记载，蜀国阁道大都靠陡崖修建，在崖壁上凿横孔插木梁，梁的外端用长短不等的木柱立在河中大石上承托。蜀建兴六年，街亭失守，蜀军后退时，赵云烧毁了阁道百余里，以后修复时，因水涨流急，水中不能立柱，被改为悬挑式，当时号称"千梁无柱"。这项工程在技术上的进展并不太大，却可以其施工之惊险和艰难载入史册。

　　但需要指出的是，尽管全木架在北朝后期建筑上应用已经相当广泛，但是大型的单体建筑，如宫殿、官署、佛殿等，仍是土木混合结构，仍然保留了部分夯土或土坯的实体。洛阳地区发掘的可能是北魏后期宗正寺或太庙一类官署建筑的遗址中，夯土基址上的建筑遗址有厚度达2米左右的夯土墙，房址周围没有发现柱础等建筑遗存，可推知该建筑可能是一座采用夯土墙承重的土木混合结构建筑。著名的北魏皇家寺院永宁寺塔遗址发掘显示[①]，塔基中心仍为一方形土台，说明当时建塔尚未彻底摆脱依附高台架立木构架的结构方式影响。但是，遗址夯土台上整齐的柱列遗迹表明，当时已基本形成了完整的木构承重体系，中心高台只是起到结构的稳定作用。这种现象一直到初唐时期还存在，大明宫麟德殿遗址发掘表明，殿身山墙部分的夯土墙厚度占据了整整一个开间的位置[②]。

敦煌壁画中表现的北朝建筑仍然是土木混合结构。第275窟北凉城阙（图4-48）明显是夯土垛外用壁柱、壁带加固，上下三重壁带，上层壁带之间还用短柱、斗栱加固。

北方长期使用夯土墙的原因，除了当时人们对新发展出的全木构架体系尚未完全信任外，更为重要的一点，是夯土墙具有较好的保温性能，这对气候比较寒冷的北方地区来说是至关重要的。近代北方的民居建筑中，仍然有使用夯土墙或土坯墙的做法。

云冈第12窟跟第9窟很像（图4-49），前檐三间都有柱子，说明已经开始摆脱承重山墙，采用全木构独立承重，反映了这一时期建筑技术发展的趋势。第6窟四面有佛传故事浮雕，底层雕一圈回廊，柱上用栌斗承托阑额，阑额上置一斗三升和叉手，这应是一般宫殿佛寺回廊的写照，表现出木构建筑的普遍使用。

龙门石窟中的北魏古阳洞和路洞中，已经出现了全木构架的庑殿、歇山、悬山，柱头上放一斗三升，柱间阑额上放叉手，分别形成柱头铺作和补间铺作，共同承托屋檐。它和唐宋一般用斗栱的木构架房屋已经基本相同了。

从各窟的时间顺序上看，北朝木构架大致呈现出这样的发展趋势：四面土—两面土前檐木—内土外木—全木，阑额下降—清晰的铺作层。

① 中国社会科学院考古研究所. 北魏洛阳永宁寺：1979—1994年考古发掘报告. 北京：中国大百科全书出版社，1996.

② 马得志. 唐长安大明宫. 北京：科学出版社，1959：33-40.

图4-48　敦煌莫高窟北凉第275窟南壁城阙上的斗栱
（孙儒僩，孙毅华. 敦煌石窟全集21建筑画卷[M]. 商务印书馆有限公司，2001：37.）

图4-49　山西大同云冈石窟第9窟、第10窟外廊
（云冈石窟官网）

①
傅熹年主编. 中国古代建筑史——两晋、南北朝、隋唐、五代建筑. 北京：中国建筑工业出版社，2001：294-297.

②
徐惟诚总编. 楼阁条. 中国大百科全书·建筑、园林、城市规划（光盘1.1版）. 北京：中国大百科全书出版社，2000.

③
《宋书·夷蛮·西南夷·呵罗单国传》卷九十七：西南夷呵罗单国，元嘉七年，遣使奉表曰：……城郭馆宇，如忉利天宫，宫殿高广，楼阁庄严，四兵具足，能伏怨敌，国土丰乐，无诸患难。

④
《宋书·武帝本纪》卷一：公还东府，大治水军，皆大舰重楼，高者十余丈。
《宋书·武帝本纪》卷一：（桓）玄既还荆郢，大聚兵众，召水军造楼船、器械，率众二万，挟天子发江陵，浮江东下，与冠军将军刘毅等相遇于峥嵘洲，众军下击，大破之。

"栾栌叠施"（《魏都赋》）。外跳斗栱不只一跳，还出现了昂，斗栱从汉代比较单一的横栱向纵向发展，从比较单一的承托构件向出挑构件发展。

诗人王训描写建康同泰寺九重塔："重栌出汉表，层拱冒云心。"反映出塔身斗栱纵向从柱头出挑层数比较多，而且斗栱层叠的形象比较复杂。与壁画和石窟雕刻中的斗栱形象对照，这时的斗栱构造技术已经比较成熟。

二、南方木结构技术的发展

魏晋南北朝时期的南方建筑实例，即便是间接的图像资料也保存极少。参照北方建筑技术的发展，并借鉴域外早期建筑技术的发展，可以帮助我们对南方的建筑技术发展情况有一定程度的了解。总的来说，南方建筑在木构架建筑技术方面取得的成就要高于北方。

由北方南下的汉族世家，最初进行城市建设的时候，仍然沿袭了北方建筑使用土木混合结构的技术传统。《宋书·五行志》卷三十三载："义熙五年六月丙寅，震太庙，破东鸱尾，彻壁柱。"壁柱，是北方建筑常见的用于加固夯土厚墙的构件，以此推测，东晋太庙应当是一座土木混合结构的建筑。

但是，从史料记载来看，采用全木构架技术的建筑在江南地区似乎也同时并行。据学者结合域外实例——日本飞鸟遗构进行的研究结果表明，南朝建筑中全木构的佛塔建造比较普遍，而且已经达到相当高的技术水平①。以梁建康同泰寺九重塔(527年建)和北魏洛阳永宁寺九重塔（516年建）相比，一个是全木结构，一个是土木混合结构，可以看到南北方地域上和建筑发展上的差异。南朝的木塔为多层建筑，塔身方形，中有贯通上下的木制刹柱，刹柱外围以木构多层塔身，刹顶装宝瓶、露盘。每层外观一檐，内部一层构架。多层塔是由多层构架和多层檐叠加而成。具体做法是在下层构架的角梁和椽子上立柱脚枋，四面的柱脚枋在角梁上相交，围成闭合的方框或多边形框。在柱脚枋上立上层柱，柱上立梁架，梁架上铺椽子，如此一层层叠加上去。其形象及构造特点，与日本现存飞鸟时代遗构法隆寺五重塔和法起寺三重塔基本相同。南朝最著名的塔是建康同泰寺九重塔。

除了佛塔以外，南朝文献中还记载了另一类多层木结构建筑的兴起，这就是楼阁。与佛塔不同，这是可以供人居住使用的实用建筑。楼与阁，在早期是有区别的，楼是指重屋，阁是指下部架空、底层高悬的建筑②。从早期文献对楼阁的定义来看，阁源于栈道，基本上是全木构架的建筑，而楼则应是土木混合结构。随着南朝建筑技术的发展，楼阁在南方均已成为全木构架的建筑。南朝早期的文献中已经将楼阁并称③，表明二者在建筑形制上已经比较接近。此外，楼使用全木结构，还得益于南朝造船技术的发展。南朝文献记载中，有多处提及楼船④，而东晋顾恺之《洛神赋图》中描绘的正是这种楼船的构造情况（图4-50）。图中，楼的二层部分简单地使用帷幕覆盖，构造不明。但从底层部分木构架的结构关系来看，阑额架在两柱顶之间，是柱列之间的连系构件，柱上施柱头铺作，柱间在阑额上施补间铺

图4-50　《摹洛神赋图》局部，
北宋摹东晋顾恺之
（中华珍宝馆）

作，柱间墙比较窄小，是完全依靠梁柱框架支撑的全木结构建筑。这种楼船结构构
造的稳定性，在风浪的颠簸与激荡中经受住了考验。从南朝文献中多处提及在战争
中使用楼船的情况来看，其结构技术已经相当成熟。建造楼船的经验不可避免地会
促成陆地造楼技术的改进，从而推动陆地上全木楼阁的发展。

　　南朝不仅在宫殿中大规模兴建楼阁类建筑，贵族士大夫在宅邸中立阁斋也有
相当的普遍性。四川成都万佛寺出土的南朝石刻，表现的可能就是当时贵族庭院的
布置情况（图4-51）。从建筑单体构造看，楼阁独立建在比较低矮的台基上，面
阔三间，进深三间，用歇山顶，周围没有复道与之连接，说明该楼阁已经完全摆脱
了高台建筑的影响。楼阁进深与面阔方向的开间数相等，其平面形式估计接近正方
形。楼阁的结构细部刻画比较简略，只能大致看出在一层和二层似都设有勾栏，二

图4-51　四川成都万佛寺南朝石刻中的贵族庭院
（刘志远，刘廷璧编.成都万佛寺石刻艺术[M].中国古典艺术出版社，1958：29.）

层柱顶有交圈的构件，可能是普拍枋一类加强结构整体性的部件。南朝全木构架楼阁建筑技术的成熟，使人们追求更为开敞、复杂的室内空间的理想成为可能，并且也为隋唐以后建筑在造型艺术上的突破奠定了技术基础。

综上所述，魏晋南北朝时期，南、北方在建筑技术方面都取得了比较大的进步，逐渐摆脱了早期高台建筑使用土木混合结构的束缚，而趋向于采用全木构架结构。就发展速度而言，南方在木构建筑技术方面的应用似更为领先。

三、砖石结构的进步

魏晋南北朝时期基本沿袭了两汉以来的墓室砌筑技术，但曹魏以后尚薄葬，同时也是限于财力，此时的墓葬并非大型墓室，建造水平亦无很大的改进。

（一）筒壳

个别墓室仍然采用并列砌筑筒壳的形式，如洛阳西晋52号墓。大部分墓室采用纵联拱所砌筑的筒壳，如广州沙河顶西晋墓（公元290年），是由单层条砖砌筑而成。也有用双层砖砌筑的筒壳，如南京板桥镇西晋墓后室（公元302年）。南朝时期的墓室中，还出现了砖砌的角柱和壁柱，如福建政和松源墓（公元458年）。北朝的墓室大多为方形穹隆顶，筒壳主要用作甬道和前室顶，如山西大同司马金龙墓（公元484年）。南北方帝陵所用筒壳的净宽4米多，大概是当时所能建造的最大宽度。墙体用三平一立的砌筑方法，厚度则根据防盗的需要而增加，双层砖整体砌筑的牢固程度要大于重叠两券一伏的方式（图4-52）。

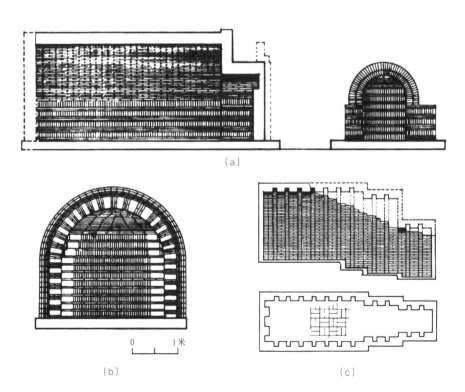

（a）

（b）　0　1米

（c）

图4-52　东晋南朝筒壳墓室
（傅熹年. 中国古代建筑史. 第二卷 [M]. 中国建筑工业出版社，2009：321.）

（二）穹隆

双曲扁壳的形式在西晋时期的洛阳仍然被沿用，如西晋徐美人墓（公元299年），墙壁用三平一立的条砖砌筑方法，至墓室顶改为周圈平砌筑，起拱后转为竖砌（图4-53）。此法为东汉技术的延续，但至东晋南北朝则不再使用。三国时期将斜砌并列栱发展为在方形或矩形墓室的墙顶四角各斜砌并列栱，并逐渐增大券脚跨度，向上斜升，至中间收顶，考古界称之为四隅券进，两晋时期在江南地区可见此法，如宜兴西晋周处墓（公元297年），南北朝时期则比较少见（图4-54）。这一时期在北方偶有采用叠涩穹隆的墓室，如洛阳北郊的西晋墓（图4-55）。北朝墓室的主要形式为四面攒尖穹隆，如河北磁县湾漳北朝墓（公元549年），墙壁及穹弯使用五层砖砌成（图4-56）。此外还有仅用于南齐帝陵的椭圆形穹隆，平面为椭圆形，上砌筑穹隆顶（图4-10），如南京西善桥油坊村大墓（公元582年）。

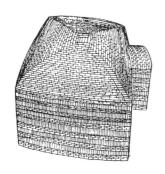

图4-53 河南洛阳西晋元康九年（299年）徐美人墓的双曲扁壳顶
（傅熹年.中国古代建筑史.第二卷[M].中国建筑工业出版社，2009：322.）

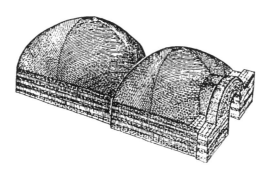

图4-54 江苏宜兴西晋永宁二年（302年）周处家族墓家用"四隅券进式"穹窿顶之例
（傅熹年.中国古代建筑史.第二卷[M].中国建筑工业出版社，2009：322.）

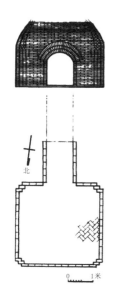

图4-55 河南洛阳北郊西晋墓用叠涩顶之例
（傅熹年.中国古代建筑史.第二卷[M].中国建筑工业出版社，2009：323.）

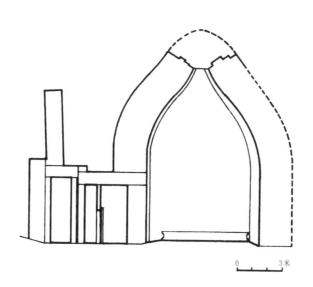

图4-56 河北磁县湾漳北朝墓用四面攒尖穹窿顶之例
（傅熹年.中国古代建筑史.第二卷[M].中国建筑工业出版社，2009：323.）

（三）砖石结构

除自汉以来的地下砖砌拱壳墓室继续存在外，已可建高数十米的塔，砖石塔、殿、桥梁都有很大发展，如西晋洛阳砖塔、北魏平城方山永固石室、三级石塔、五重石塔、园舍石殿、河南登封嵩岳寺塔（公元523年）、西晋洛阳巨大的石拱桥七星桥等。由于大量建佛塔，砖砌结构在地上得到了可观的发展。同时，南北朝时大量开凿佛教石窟，在石工和石雕艺术上进步很大。

四、建筑艺术及建筑装饰的发展

（一）建筑艺术的发展

1. 建筑艺术总体特征的演化，即屋面、檐口由平直向曲线的演化

汉代屋面本是直斜坡，为减轻直屋顶的沉重感，东汉后期的石阙上已经出现把正脊和垂脊、角脊的端部加高上翘的做法，使屋顶轮廓出现上翘的曲线，略显轻盈一些。两晋南北朝时期，往往把主体建筑四周檐廊的屋檐做得略低于主体屋顶，坡度平缓，以利于光线进入室内。后来主体屋顶与檐廊屋顶连成一片，屋架出现两折乃至多折，逐渐发展为下凹的曲面屋顶。这种屋面利于采光和排水，也更加优美飘逸。

两晋南北朝时的木构建筑形象，一改秦汉庄重严肃、率直豪迈的风度，变得活泼飘逸，遒劲舒缓。这种风格在隋唐时期成为主流，发展得更加成熟。

2. 实现艺术演化的技术发展，即屋角部分起翘并升起，侧脚出现和发展

在早期的建筑中，椽、飞在转角的排列方式以平列为主，即转角处的椽、飞与正面的椽、飞平行。如云冈石窟中出现的北魏时期的建筑形象、定兴北齐石柱柱顶石屋（图4-24）以及麦积山石窟北魏、西魏、北周时期的窟檐（图4-42）。此类屋檐处大多平直无翘脚。

与平行排列相对的是呈辐射状排列的椽、飞，即转角处的椽、飞呈扇形辐射排列，但这并非主流样式，直至唐以后才盛行开来。如云冈石窟北魏第2窟、第51窟内的中心塔柱（图4-36）。

秦汉时期建筑屋面、柱身等多用直线，大致在南北朝的中后期，建筑正侧面柱列都向内倾斜，出现"侧脚"，同时每面柱子自明间柱到角柱逐渐增高，出现"生起"。这两种做法主要是使柱网的柱头内聚，柱脚外撇，有效防止在承受上部荷载后发生倾斜或扭转，加强柱网的稳定性。同时也使木构建筑在摆脱了夯土墙的扶持后，仍然显得稳健。还使柱头以上的水平线——阑额、檐檩、挑檐檩及屋檐等，都变成两端微微上翘的弧线，增强了单体视觉上的轻盈感和生动的弹性。

上述做法在南北朝开始发轫，唐代成熟，宋代规范定型。但其只是视觉上的调整，在结构受力性能上并无优势，所以后世未再沿用。

（二）建筑装饰的发展

对建筑的木构架进行美化，是中国古代建筑装饰的重点。木构架的装饰手法以雕刻和彩画为主。雕刻赋予了建筑构件造型生动的形象。彩画既可以对建筑细部进行深入刻画，又能展示人们喜爱的图案，反映时代的艺术成就，还可以起到保护木料、防虫蛀的作用，可谓一举多得。

汉代以前，建筑装饰手法主要表现在雕刻艺术上，由遗留至今的汉代石阙、石室及墓葬画像石等雕刻，可知这一时期石雕技法已经具有较高的水平，建筑构件装饰盛行简单的线刻和减地平铲的做法。

魏晋南北朝时期，为帝王皇室祈福推动了石窟寺的大规模开凿，创造了数以千计的雕像和浮雕作品。中国的石窟造像最初是直接模仿域外雕刻或由外国艺人制作的，各族工匠在承继了秦汉雕饰技艺的基础上，融合外来经验，取得了新的艺术成就。在敦煌莫高窟、云冈、龙门等石窟中，洋洋大观的雕刻作品与塑像表现出精湛的艺术造诣。这一时期，圆雕、浮雕已达到相当高的水平。当时室内装饰雕刻艺术的应用，主要是针对柱础、帐柱础石、床榻几案等家具。雕刻装饰风格早期受印度、中亚风格影响明显，晚期则形成了比较民族化的东西。

汉代建筑彩画的技术未臻完美，为了取得较好的装饰效果，除了使用大量雕刻以外，宫殿建筑与贵族豪宅往往"木衣绨锦"，"袤以藻绣"，用大量织物装饰木构件。统治阶层这种过度追求奢华与享乐的心态，最终加速了汉王朝的瓦解。三国时期，曹操深谙汉室灭亡之关键，大力提倡节俭。据左思撰《魏都赋》所载，曹魏邺都宫殿一改汉代建筑的奢华风气，朴实无华，"匪朴匪斫，去泰去甚。木无雕镂，土无绨锦。玄化所甄，国风所禀。"上述文献还表明，当时人们对木构架进行装饰，较为华丽的做法仍是直接在构件上雕刻花纹或包裹各类彩色织物，后代建筑装饰普遍采用的"彩画作"，尚未成为建筑装饰的奢华标志。彩画作真正成为建筑装饰的主要方式，当始于南北朝时期。

南北朝时期佛教在中国迅速发展普及，佛教寺院遍布各地，出现了大量解释佛教思想的佛经故事壁画，这种新题材的表现最初必然要借鉴域外的佛教装饰技法，从而对汉地传统艺术产生了较大的影响，彩绘颜料及用色技法愈益精密，出现了"晕染"及"叠晕"等技法，在设色和线描等方面都超过前代。这一时期的绘画技术吸收了不少外来技法，有了很大的发展。与此同时，在绘画理论上也有所突破，著名的南齐画家谢赫在《古画品录》中，将二十七位画家的作品分为六品加以评价，对其后绘画艺术的发展产生了极为深远的影响。绘画技艺的提高推动了建筑彩画的普及，因为只有工匠们熟练掌握了绘画技术，才有可能使彩画装饰达到或超过织物装饰的水平，并凭借彩画装饰在色彩及耐久度等方面的优势取而代之，成为建筑木构架装饰的主要手段。

据《南史·齐本纪下·废帝东昏侯》所载，南齐东昏侯：

大起诸殿，芳乐、芳德、仙华、大兴、含德、清曜、安寿等殿，又别为潘妃起神仙、永寿、玉寿三殿，……性急暴，所作便欲速成，造殿未施梁桷，便于地画之，唯须宏丽，不知精密。酷不别画，但取绚曜而已，故诸匠赖此得不用情……綮役工匠，自夜达晓，犹不副速，乃别取诸寺佛利殿藻井、仙人、骑兽以充足之。

这则文献向我们传递了三个信息：第一，彩画已经成为南朝宫殿建筑中用以装饰木构架的主要手段，织物装饰构件的做法已经不再使用。否则，在施工周期极为紧张的情况下，采取织物装饰似应更为快捷。第二，从工匠对其做法的评价来看，建筑彩画在此之前已经比较成熟精密，色彩当也比较丰富。工匠在建筑彩画的创作过程中充满激情，这一点从敦煌莫高窟、云冈、龙门等石窟的壁画与雕刻作品中都可直观地体会到。第三，当时佛教建筑也绘有彩画，且其绘制风格和手法当较宫殿建筑相去不远，估计已经形成了比较统一的绘制模式。

北朝石窟、壁画中表现建筑彩画的实例相对南方要丰富一些，基本从北魏至隋都可见到实例，分布地点也相当广泛，说明建筑彩画已经有了相当程度的普及。另据《历代宅京记》所载，北齐华林园水殿"上作四面步廊，周回四十四间，三架，悉皆彩画"，表明彩画的范围不仅局限于宫殿主体建筑，廊庑等一些附属建筑也遍施彩画。

南北朝时期建筑装饰图案流行以佛教题材为主的纹样，其中以莲花、忍冬等植物图案最多。莲花，古称菡萏，古人誉莲花一尘不染，故受到佛教的推崇。本时期用于建筑室内顶部的藻井、平棊中心图案多用莲花为饰，柱中及柱的上下端常用束莲为饰，帐柱础石与柱础也喜用覆莲础。忍冬是一种植物纹饰，汉代装饰中已有之。据佛经，其生长在佛国雪山之中，经冬而不凋。南北朝时期的建筑彩画常使用忍冬卷草图案，回曲连贯、茁壮秀逸，多用于梁、柱、斗拱、平棊枋等处的带状平面上。早期色彩比较简单，主要是黑、白、红三色，后期青、绿、黄等色彩开始杂用，呈现出比较新颖丰富的色彩。

对建筑构件的装饰，南、北方室内地面的装饰风格，地域差异比较大。北方宫廷使用地衣，温暖而富丽；南方地面铺席，贴金，清冷而洁净。由于室内使用大量帷幔织物进行装饰，所以南、北方墙面的装饰风格比较统一，基本上都采用简洁素雅的手法。多数建筑室内的墙壁装饰采用抹白石灰或白土粉的方式，个别建筑的墙壁有涂朱、刷青漆的做法，墙面局部有壁画点缀。梁、柱、椽、槫、斗拱等大木构件与平棊、藻井等小木装修，以彩画或雕刻装饰，木构件的彩画与雕饰图案融入了一些新的题材，顶棚部分的彩画则趋于简约。

五、设计师

在施工方面，三国时，从汉中过秦岭入陕的褒斜道是蜀对魏作战的重要行军路线，汉武帝时已建有桥梁阁道。蜀建兴六年（228年）街亭失守后，赵子龙撤退的时候烧毁了百余里阁道。后来抢修时，因为水流湍急已经无法在水中立柱，这部分阁道就改成悬挑式，号称"千梁无柱"，可见当时对木构悬挑性能的把握和熟练程度。这项工程在技术上没有重大发展，却以施工条件的艰险载入史册。

这时比较有名的设计师有李冲和蒋少游。李冲是甘肃人，是北魏冯太后的宠臣，官任中书令，南部尚书。北魏孝文帝时更受重用，492年兼任将作大匠，主持改建首都平城宫室，493年规划重建洛阳城和宫殿。蒋少游是山东乐安人，因为聪明能干，擅长篆刻绘画，受到李冲的赏识，任中书博士。北魏改建平城太庙，创建太极殿，都是蒋少游主持建设。后其还曾受命去南朝建康观摩都城宫室制度，其实就是去偷师设计。史称华林园和金庸城的门楼都是他设计建造的。《魏书》中评价他"虽有文藻，而不得伸其才用，恒以剞劂绳尺，碎剧忽忽，徙倚园湖城殿之侧，识者为之叹慨。而其恒以此为己任，不告疲耻。"生动地刻画出蒋少游专于设计、不辞辛劳的形象。蒋少游出身士族，深受李冲赏识，又与重臣崔光是姻亲，其实仕途一片光明，但是他没有选择去当唾手可得的管理型的清望官员，而是选择担任当时地位并不高的建筑技术官员，这段评语虽是时人偏见，却也是好意地为他叹息。中国古代的重道轻器，在此也可见一斑。

值得一提的是，李冲、蒋少游使用模型探讨建筑的体量和形式，应是当时规划设计技术上的新发展。早在西晋初，裴秀已经提出用二寸为一千里的比例绘制地图，掌握了按比例缩小的制图方法。而从云冈石窟、敦煌壁画中所见一些仿真的殿宇和佛塔推测，李冲、蒋少游使用的模型在比例和精度上都达到了一定的水平。

六、小结

在中国古代建筑发展史上，如果说汉代是第一个高峰，隋唐是第二个高峰，那么三国魏晋南北朝则是介于这两个高峰间的一个重要过渡期，也是中国古代建筑发展进程中重要的转折阶段。此时期建筑的艺术风格，上承汉代建筑的质朴古拙、端庄严肃，下启唐代建筑的豪放流丽、遒劲活泼；建筑技术上，单体建筑的支撑结构开始逐渐摆脱早期土木混合结构的束缚，向全木结构发展。前后两个伟大时代不同建筑风格特征和结构构造特征的孕育、演化、蜕变，就发生在这近四百年的时间里。正是这一特殊历史阶段的时代及文化背景，赋予了魏晋南北朝建筑丰富多变的装饰形式，使这一时期成为中国建筑历史上最具艺术创作活力的阶段。

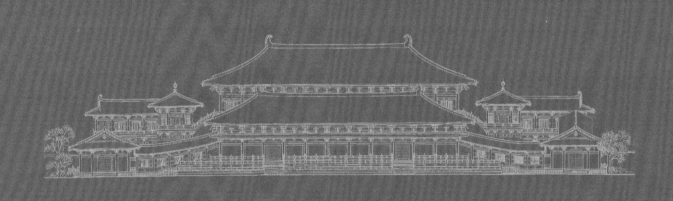

第五章——隋、唐、五代时期的建筑

第一节　历史背景与建筑概况

　　隋、唐、五代时期是中国建筑史上的一个重要时期，在城市发展史上，出现了中古时期最为伟大的两座都城——隋唐长安城与隋唐洛阳城；在宫殿建筑史上，出现了规模宏大的隋唐太极宫、唐大明宫、唐兴庆宫，尤其是在隋唐洛阳宫殿中出现了尺度恢宏的主殿乾阳殿（或称乾元殿）；在陵寝建筑史上，唐代的昭陵与乾陵，至今仍然是历代帝王陵寝建筑中最为宏伟的两个实例；而在建筑技术史上，无论是隋代建造的赵州桥，还是唐代建造的多座高层木塔与砖塔及武则天时代高达294尺的洛阳明堂建筑，都达到了很高的技术水平。现存唐代建筑中的山西五台南禅寺大殿、佛光寺大殿，晋城青莲寺大殿等实例，都为我们了解风格迥异于后世建筑的气势恢宏、风格飘逸的唐代木构殿堂建筑提供了重要的依据。通过这些实例，我们可以看到雄大的斗栱、深远的出檐、平缓的屋顶曲线、简洁直率的梁架叉手、柱头用双阑额以及柱头以上两柱间无补间铺作的古拙手法，从而对唐代建筑有了一个十分直观和深刻的了解。

一、历史背景

　　公元581年是中国历史上一个重要的年头，这一年是隋开皇元年，也是中国历史上堪称鼎盛的隋唐时代的第一年。这一年，预示着中国历史上从东汉建安二十五年（公元220年）开始，经历了三国魏晋南北朝，前后达361年之久的分裂与战争频仍的局面开始走向结束。在其后的隋开皇元年（公元581年）到唐天祐四年（公元907年），前后326年的时间中，除了隋末与唐末的战争和动乱及唐代中叶的"安史之乱"以外，隋唐社会基本上一直是一个统一、稳定和繁荣的时代。在唐之后，中国又经历了前后仅50多年的五个短命的王朝，也就是五代时期。

有趣的是，如果将中国中古时代这400多年的历史与此前的春秋战国与秦汉时期做一个比较，我们会发现，从公元前4世纪到公元10世纪，中国历史的进程仿佛画了一个圆圈，春秋战国时期为秦的统一奠定了基础，而短暂的秦王朝却成为辉煌的两汉时代的序曲，三足鼎立的汉末三国则是它的尾声；两晋南北朝为隋的统一打下了基础，短暂的隋王朝又成为鼎盛的唐代的序曲，最后则以战乱频仍的五代作为尾声结束。历史在这里仿佛重新演绎了一遍。

公元581年，北周最后一位皇帝周宣帝的岳父杨坚从自己女婿的手中夺得了皇位，建立了隋王朝。因为杨坚的父亲杨忠在北周时的爵号为"随国公"，所以杨坚立国号为隋。隋文帝在即位之初，就建立了新的首都大兴城，并为经济恢复与政治巩固采取了一系列措施。公元589年，隋灭南陈，使南北方统一，从而使延续了300多年的南北朝分裂局面得以结束。隋仁寿四年（公元604），隋文帝卧病仁寿宫，太子杨广弑父篡位，是为隋炀帝。

隋炀帝好大喜功，骄奢淫逸，筑西苑，建东都，开运河，伐高丽，四处巡幸。他的连年征讨与巡幸使民不聊生，结果导致了隋末农民大起义。驻守太原的李渊父子趁机兴兵，于公元618年建立了唐王朝，揭开了中国古代最为壮丽的一页。李渊与杨坚同为北周上层关陇集团中的人物，隋炀帝之母独孤氏是李渊的姨母。李渊的祖父李虎在北周时曾被封为唐国公，所以李渊在取得天下之后就改国号为唐。

有唐一代大致可以分为四个阶段：一是初唐阶段，由高祖李渊、太宗李世民、高宗李治及武则天当政的时期。二是盛唐阶段，主要指玄宗李隆基的开元、天宝之治。天宝末年，爆发了"安史之乱"，"安史之乱"后，藩镇势力兴起，唐王朝的鼎盛期已过，即为第三个阶段中唐和第四个阶段晚唐时期。直至公元907年，朱全忠建立后梁，唐王朝才彻底结束，五代开始。

由公元581年隋朝建立，到公元907年唐朝灭亡，史称"隋唐时期"，这长达327年的时间，是中国历史上最为辉煌壮丽的阶段。这一阶段，不仅经济得到了高度的发展，国力空前强盛，科学文化事业也有了相当的发展。如果说，秦汉时期是中国封建社会的青春时期，那么隋唐时期则是中国封建社会的壮年时期。秦汉确立汉民族文化于前，隋唐融合汉以外民族文化于后，因而形成了光辉灿烂、丰富多彩的中华民族文化。

隋唐文化，尤其是唐代文化的辉煌成就，有许多直到今天还令人惊叹，如唐代的诗歌、雕塑、绘画、书法艺术，唐代的宗教与臻于全盛的宗教文化，在历史上都具有特殊的重要地位。青史留名的画圣吴道子、诗圣杜甫、草圣张旭，都是唐代人。吴道子曾在长安，洛阳寺观作画三百余壁，有所谓"天衣飞扬，满地风动"，"吴带当风"之誉。而唐代对后世影响极大的画家、诗人、书法家、雕塑家还有很多，如画之阎立本、李思训；诗之李白、王维、白居易；书法之颜真卿、柳公权、欧阳询；雕刻之杨惠之；等等。可谓群星灿烂。以唐诗为例，其题材之广，数量之大，水平之高，在中国文学史上绝无仅有。清代康熙年间编《全唐诗》，辑有作家

2300多人，诗作48900余首，是从西周到南北朝六七百年间诗作总数的两三倍。

强大的唐帝国和周边国家的贸易、交通也比以往频繁、紧密，在这种交往中，唐王朝不断汲取外来文化，加以融合消化，而为中国文化，并且也向外输出优秀的中国文化。当时中国周边的一些国家，如日本、朝鲜半岛、木挹、真腊等，纷纷向唐帝国学习，形成了以唐帝国为中心的文化圈。由于经济和文化的发达，中国在当时的世界上享有很高的地位和声望，影响远及中亚及阿拉伯地区。

唐代的兴盛与初唐以来采取的一系列措施有着密切的关联：如削弱自汉以来逐渐兴起的士族门阀势力；为中小地主阶层跻身上层社会而开启科举制度等。发端于隋代开皇五年（公元585年）的科举制度在唐代日趋完善，而科举之兴与压抑士族门阀并行，极大地改变了社会风气，促进了文学、艺术与教育的发展。唐代的学校教育很发达，京师有国子学、太学、四门学、律学、书学、数学、医学等，地方设州学、县学，并允许私人办学，出现了"五尺童子耻不言文墨"，甚至到了"贞观永征之际，缙绅虽位极人臣，不由进士进者，终不为美"，这与此前世袭士族门阀制度的传统观念已经有了截然的差别。

唐代发展了前代的均田制度及与之适应的租庸调法。随着社会经济的发展，到中唐时，均田制瓦解，与之适应的租庸调制度与府兵制也随之消失，代之而起的是两税法与募兵制。两税法的实施是封建社会由前期向后期转折的关节点，由此，农民对地主的人身依附关系开始松弛，商品经济开始进一步发展，社会生活有了重大的变化。以城市生活为例，隋至初唐，一直沿袭夜禁制度，街道上夜晚不许自由走动，限制灯火；到盛唐时，已有偶尔开夜，中晚唐夜禁渐弛，至五代、宋已完全解除，从而使宋代城市与唐代城市有了截然不同的风貌。这些变化说明，城市规划和建筑的发展，与社会经济、文化的发展有着极为密切的关系。

此外，隋唐时期的科学技术水平也有了很大的发展，如隋代工匠李春建造的赵州安济桥，跨度有37米之大，形式为敞肩拱券式石拱桥，受力科学合理，造型美观，是这一时期工程技术的一个典型例证，也是世界上最早的敞肩券大石拱桥。此外，隋炀帝巡幸塞外，为了向胡人显示中土的威严，令宇文恺造观风行殿，殿内能容数百人，下施轮轴，可以推移前进。又令何稠连夜赶造六和城，又称行城，"周回八里，……四隅置阙，面别一观，观下三门，迟明而毕"，城上"楼橹悉备，诸胡惊以为神"。这虽然在一方面反映了隋炀帝的好大喜功，但也从另外一个方面反映了当时的工程技术，包括建筑技术，所达到的水平。

唐代的城市建设与建筑技术、艺术都飞速发展，建造了堪称当时世界之最的大都市，极其宏伟壮丽的宫殿、苑囿，还有一大批空间巨大，规模宏伟的佛寺与道观。唐代建筑群的规模，远远超过我们现在能够见到的明清时代建筑群。而唐代的单体建筑，也以尺度巨大、宏伟而令人惊叹。唐代建筑在艺术上所创造的雄伟、硕大、粗犷、飘逸的风格，虽然实例留存不多，仍然令人叹为观止。

唐末的战争使曾经盛极一时的西京长安毁于兵戈，东都洛阳也遭到了重创。帝国的中心开始由西向东迁移。在此后的50余年中，中原地区先后建立了梁、唐、

① 隋文帝于开皇五年（公元585年）推行的一项清查户口、整顿户籍和赋役的措施。即按照户籍上登记的年龄和本人的体貌进行核对，检查是否有谎报年龄以逃避赋役的人。如出现不实的情况，则保长等地方管理者要被处以流刑。

晋、汉、周5个王朝，并均将自己的都城设立在洛阳或汴梁，史称五代时期。后周时期，中原初步取得了稳定与统一，继之而起的北宋最终完成了中原与南方地区的统一，形成了与北方的契丹民族政权辽对峙的局面。

将这一时期做一个大致的时段分划，可以分为：

1. 隋代

2. 初唐

3. 盛唐

4. 中唐

5. 晚唐

6. 五代

隋代是这一整个时代的奠基期，国家得到统一，经济有很大的发展；隋代创立了一些对后世有深远影响的制度，如户口制度（"大索貌阅"①）、科举制度；隋代也有对后世影响极大的工程建设，除了著名的大运河之外，在有隋一代短短的37年中，还规划建造了两座大规模的都城——隋大兴城与隋洛阳城。

经过隋末的战争，高祖与太宗的初唐时代步履维艰，在恢复与发展之后，特别是经历了著名的"贞观之治"以后，高宗与武后时期，社会与经济有了很大的发展，奠定了开元、天宝盛唐时代的基础。中、晚唐时代，则由于藩镇割据与宦官当权，逐渐加大了社会的潜在危机，导致了唐末的社会大动荡。

唐代的灭亡与五代的纷争带来的一个直接现实问题，是北方契丹民族的兴起及其与中原地区政权的对峙与共存。这也使得其后的北宋王朝陷入了一个既繁荣富庶又积贫积弱的尴尬局面。北宋在文化与艺术上，虽然也有许多伟大的成就，但终不如隋唐时代那般自信与雄阔，反而令人多了几分柔弱与繁缛的感觉。

二、建筑概况

隋唐五代时期是中国古代城市与建筑史上的一个重要时期。隋代短短的数十年，不仅开凿了大运河，建造了大兴城与洛阳城，还为后人留下了赵州桥这种无论结构技术还是造型艺术水平都堪称伟大的建筑杰作。隋唐两京城内整齐的街道与里坊布局，是中国中古时代城市规划与建设方面的典型实例。

隋唐时代的建筑中，见于文献记载的隋代洛阳宫殿中的主殿乾阳殿，是一座尺度与规模十分宏大的木构建筑，说明了当时木构建筑达到的水平。唐代沿用并完善了隋代的东西两京制度，并改建与重建了两京的宫殿。唐代西京大明宫的主殿含元殿及宫内的另外一座主要建筑麟德殿，无论选址还是建筑规模、空间尺度与艺术氛围，都达到了中国古代木构殿堂建筑的一个高峰。至今尚存的含元殿与麟德殿遗址，为我们保存了这两座宏伟建筑实例的珍贵资料，也为我们留下了十分真切的想象空间。几座唐代木构建筑，如佛光寺大殿、南禅寺大殿等，又为我们保存了极其珍贵的唐代木构建筑实例。而分布在关中、中原，乃至南方地区的一些唐代砖石塔幢，则为我们展示了唐代砖石结构建筑所达到的结构技术与造型艺术水平。而江南苏杭地区现存的五代时期砖塔与石塔，如杭州灵隐寺双石塔、闸口白塔、苏州虎丘云岩寺塔等，都是在风格上迥异于唐代砖石塔的实例。

隋代大兴城的禁苑与洛阳城的西苑，是中古时代皇家苑囿的典型。尤其是洛阳西苑用龙麟渠环绕十六院，并以在池中设可以幻灭的海中神山的造园手法，使隋代皇家苑囿接近于晚近以建筑、山、水来创造一池三山意境的皇家园林的味道。唐代沿用了这两座巨大的皇家苑囿，并将隋代的东都西苑改建成神都苑，苑中在邻近洛阳城的部分建造的上阳宫，开启了在皇家苑囿中设立日常起居之宫殿建筑的先河。上阳宫沿东西方向布置，与东侧的洛阳城彼此呼应，反映了古人在大的空间布局上注意向背关系的匠心所在。而唐代长安城内的乐游原以及长安城东南隅的曲江芙蓉苑，则可归入中国古代最早的城市公共园林的范畴。而隋唐城市里坊住宅中的山池院或山亭院，则是古代私家园林的较早形式。

始凿于南北朝时期的敦煌石窟、龙门石窟等伟大的佛教石窟建筑，在隋唐五代时期得到了进一步的发展。唐代敦煌石窟中大量的佛教净土变壁画，为我们展示了空间繁复、尺度恢宏的唐代寺院建筑的可能样式，而龙门石窟中的奉先寺卢舍那大佛，更是展现了唐代高度的雕刻艺术水平。

第二节　都城

隋唐两代最为重要的建筑成就，便是长安与洛阳这两座宏大都城的建造。其建造时间之短，规划思想之新，城市布局之严谨，在中古时代的整个世界范围内都堪称奇迹。最为令人感到惊异的是，在隋初短短的20多年中，隋代两位帝王就分别在平地上规划建造了两座规模恢宏的大都市。隋文帝于公元581年建立了隋王朝，并在新王朝的第二年就开始营造当时世界上最为宏大的都城——大兴城，也就是后来唐代长安城（下文称隋唐长安）的前身；仅仅过了20余年，公元605年，也就是隋大业元年，隋炀帝又营造了隋洛阳城（下文称隋唐洛阳）。唐代沿用并继续营建、改建了这两座宏大的城市。

饶有趣味的是，这两座中古时代最为伟大的都城，都是在一座历史古都的附近建造起来的。始建于西汉初年的汉长安城为后来的北周王朝等一直沿用。隋代则在汉长安城东龙首原附近另辟新址，建造了一代新都大兴城。隋洛阳城的情况也是一样。洛阳地区自古就是都城建设的首选之地。从东汉到北魏，洛阳城一直是在同一个古城的基础上逐渐拓展与发展。隋代一改惯例，另辟新址，跨洛河两岸建造了一座全新的大都城。

大兴城的建立，主要是因为既有的长安城已经使用了800余年时间，其地下水质已经不适合人类生活。这一说法见于史料中的记载：

开皇元年，授通直散骑常侍。帝将迁都，夜与高颎、苏威二人定议。季才旦奏：“臣仰观玄象，俯察图记，龟兆允袭，必有迁都。且汉营此城，经今将八百

① 《北史》卷89，"列传第七十七·艺术上"。

② 《隋书》卷24，"志第十九·食货"。

③ 《册府元龟》卷13，"帝王部·都邑"。

④ 《太平御览》卷156，"州郡部二·叙京都下"。

⑤ [宋] 宋敏求《长安志》卷7。

⑥ 《周易》，上经，乾卦，九二。

⑦ 同上，乾卦，九三。

岁，水皆咸卤，不甚宜人，愿为迁徙计。"帝愕然，谓颖等曰："是何神也！"遂发诏施行。①

隋炀帝建东都洛阳的原因虽然不甚了了，但其工程之浩大，工役之惨烈，却显见于史籍之中的：

> 始建东都，以尚书令杨素为营作大监，每月役丁二百万人。徙洛州郭内人及天下诸州富商大贾数万家以实之。……往江南诸州采大木，引至东都。所经州县，递送往返，首尾相属，不绝者千里。而东都役使促迫，僵仆而毙者，十四五焉。每月载死丁，东至城皋，北至河阳，车相望于道。②

从文献史料及考古发掘可知，这两座都城的重要特点是，将宫城、皇城与居民的里坊做了明确的划分，设置有整齐分划的里坊与专门用于交易的市。据文献记载，长安城内有108个坊和东西两市，坊的大小、规模不等，但有着一定的节级韵律，坊墙的边长有350步、400步、450步、550步、650步不等，但大体都是50步的整倍数。洛阳城内则有103个坊和3个市。而且，与北魏洛阳一样，隋唐洛阳的里坊规制比较统一，除了一些特殊的情况外，大体都是300步见方的方形里坊。

一、隋大兴城（唐长安城）——隋唐西京城的规划与建设

（一）创建

隋文帝开皇二年（582年）元月，文帝命高颖，宇文恺等在汉长安城东南方的龙首原规划新京城，次年（583年）三月新都建成，前后历时9个月。

与新城毗邻的汉长安城当时已经使用了800多年，由于汉城规模较小，且人口拥挤，导致城内水质咸卤，且由于最初规划的原因，使得城内宫殿、官署与百姓的闾里民宅相互间杂，分区不明确，造成了很多的不便。隋文帝在即位之初就希望通过建造新城来改变这种状况，当然，这样一个巨大的举措，必须通过占卜的行为才能最终得到确定："谋龟问筮，瞻星定鼎，以副圣上之规，表大隋之德。"③

隋文帝并没有沿用邻近的汉代京城长安的旧名，而是为新建都城起了一个新名字："左仆射高颖总领其事，太子右庶子宇文恺创制规模，谓之大兴城。隋文初封大兴公，及登极，县、门、园池，多取其名。"④新城的名字为"大兴城"。

（二）选址与布局特点

隋大兴城前直对终南山子午谷，后枕龙首山，东邻灞水、浐水，西抵沣水。后又在城内开掘了龙首、清明、永安三条水渠，分别从城东与城南引浐水和潏水、滈水进城，北入宫苑，供城内及宫苑的环境用水（图5-1）。

大兴城内地势东南高，西北低，两者间的高差为30余米，由南至北陡起4~6米高的坡阜6条，即所谓"帝城东西横亘六岗"⑤。宇文恺在规划中将这六条岗阜比作乾卦六爻。按乾卦的解释，九二（第二爻）的卦义是："见龙在田，利见大人"⑥；九三（第三爻）的卦义是："君子终日乾乾，夕惕若厉，无咎"⑦；九五

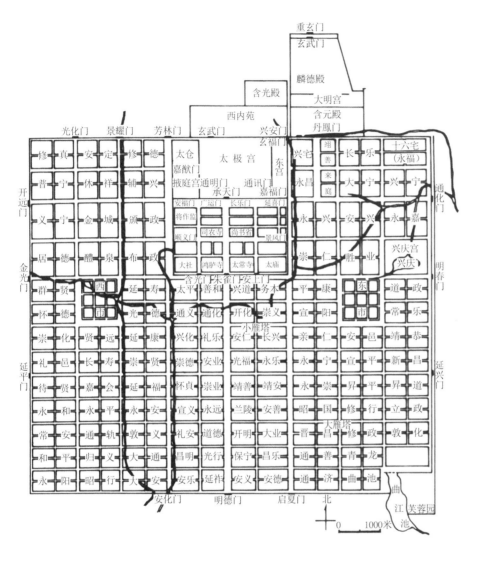

図の中の文字（右上から右下へ、北から南へ）：

重玄門
玄武門
麟德殿
含光殿
大明宮
西内苑
含元殿
丹鳳門

光化門　景耀門　芳林門　玄武門　兴安門
太极宮　東宮　翔善　长乐　十六宅（永福）

① 《周易》，上经，乾卦，九五。

② 《元和郡县图志》卷第一，关内道一："初隋氏营都，宇文恺以朱雀街南北有六条高坡，为乾卦之象，故以九二置宫殿，以当帝王之居，九三立百司，以应君子之勤，九五贵位，不欲常人居之，故置玄都观及兴善寺以镇之。"

③ 《太平御览》卷197，引《天文要集》。

④ [宋] 宋敏求《长安志》卷6。

图5-1 唐长安城复原想象面
（同济大学. 中国城市建设史[M].
中国建筑工业出版社, 1982.）

（第五爻）的卦义是："飞龙在天，利见大人"①；这三爻尤为重要，故于长安六爻中九二的位置，即第二岗阜上"置宫殿"，于九三的位置，即第三岗阜上"立百司"，以合爻义之谨慎小心，以治国事的意思；九五位置为贵地，故在第五岗阜上，正当崇业、靖善二坊，各置了一个道观和一个佛寺，也就是崇业坊的玄都观与靖善坊的大兴善寺。这是因为在这样重要的位置上，"不欲常人居之"②，所以用佛寺道观镇之。城内其余的几条高岗阜也被王宅与寺观占据。

大兴城的布局，还特别注意了城郭四角与边缘部分的设置，以实现良好的空间平衡。如城郭东南地势最高，"宇文恺营建京城，以罗城东南地高不便，故缺此隅头一坊，馀地穿入芙蓉池以虚之"③。不久又在这里兴建了离宫，唐时称为芙蓉苑。郭城北部，在宫城之北为大兴苑（唐禁苑），东靠浐水，西包汉长安，北枕渭河，"东西27里，南北33里"④为皇帝游猎禁区，当然也起着宫城北面的防卫作用。

在布局上，隋唐两代统治者还在城市四缘边角地区布置王宅或寺院，以形成对全城的钳控之势。如在外郭城东北隅一坊，唐代时将全坊布置王宅，称"十王

①
[唐]韦述《两京新记》卷3。

②
到了唐代，由于将王宅集中于大明宫附近，外郭城南部诸坊，"率无居人第宅。虽时有居者，烟火不接，耕垦种植，阡陌相连"。《唐两京城坊考》卷2。

③
[清]徐松《唐两京城坊考》卷4。

④
《全汉文》卷43，王闳，"上书谏尊宠董贤"："武丁显傅说于版筑。"

宅"，后又称"十六宅"，不久，又将该坊全部并入禁苑中。外郭城西北隅（修真坊）本是汉灵台旧址，坊内建造了积善寺。外郭城西南隅，将永阳坊与和平坊的南半部布置为大庄严寺与大总持寺。隋代的王宅多建在城的南部，"隋文帝以京城南面阔远，恐竟虚耗，乃使诸子并于南郭立第"①。如将蜀王、汉王、秦王、蔡王的宅第分别设置在城南的归义、昌明、道德、敦化四坊内，而这四坊正处在横亘大兴外郭城的南部岗坡之地上。②此外，唐代官宦之家多住在朱雀街东，尤其是东北近大明宫的诸坊之内，而朱雀街西则以下层居民及外来商贾为多，

这样布置的目的，是加强对普通居民的控制。长安城内，除在每坊置里司外，各坊中的"坊角有武侯铺"，"左右金吾卫，左右街使，掌分察六街缴巡"，专司坊市门启闭，城内有严格的宵禁制度，天色一晚，街鼓齐鸣，各坊门立即关闭，街上除巡逻卫兵外，各色人等一律不得走动，这种宵禁制度直到中唐才有所松懈。

（三）建筑

1. 城郭

大兴城进行了一次性的整体规划，将全城分为宫城、皇城与外郭城三个部分。先筑宫城，其次建皇城，最后建外郭城。外郭城内由若干条东西、南北向的街道将城市划分为里坊，这些坊又分属大兴、长安两县。宫城与皇城位于外郭城北部正中。宫城之北则为规模宏大的皇家禁苑大兴苑，即后来的唐长安禁苑。

由于中古时期建筑技术与建筑材料的限制，从考古学角度观察隋唐长安城，除了唐代建造的大明宫等部分城垣用了包砖技术，或在城垣转角处用砖石砌筑外，外郭城主要是用夯土版筑而成："初移都，百姓分地版筑。"③版筑是一种自商、周以来就存在的用土筑墙的建造技术，广泛应用于城垣、宫垣及房屋墙体的建造中。如孟子中就有"傅说举于版筑之间"，讲的是商王武丁因版筑技术而赦免并起用罪犯傅说的故事④，说明殷商时代版筑已经成为一门重要的技术。

据考古发掘，郭城东西长9721米，南北长8651.7米，墙基厚9～12米，城周36.7公里，全城面积约为84平方公里。在外郭城城墙之外，距墙基3米处，有宽约9米、深约4米的护城壕。

2. 城门

大兴城按照《周礼·考工记》中王城每面设三门（"方九里，城三门"）的规则，在东西南三面各设三门，除南壁正中与朱雀大街相连的明德门上开有5个门洞外，其余各门均仅设有3个门洞。

南面三门：（西）安化门 （中）明德门 （东）启夏门

东面三门：（北）通化门 （中）春明门 （南）延兴门

西面三门：（北）开远门 （中）金光门 （南）延平门

外郭城的北面正当禁苑之南，设有三座门。由于宫城西部为大明宫，唐代的

郭城北门均设在宫城西部的外郭城垣上，其中西为光化门，中为景耀门，东为芳林门。作为郭城正门的明德门设5个门道，各宽约5米，深18.5米，门洞之上的城台设置了门楼。（图5-2（a）~（e））

3．街道与里坊

郭城内有南北向大街11条，东西向大街14条。通向南面三门和东西六门的所谓"六街"，是城内的主干大道，除城南连接延平门与延兴门的东西大街宽度为55米外，其余5条的宽度都在100米以上，其中尤以中轴线上的朱雀大街为最，宽度为150~155米，由史料可知，唐时人将朱雀大街称为"天街"。这条宽阔的中央大道，还构成了大兴、长安（唐代时称万年、长安）两县的界限。

其他不通城门的大街，宽度一般在35~65米之间。顺城街的宽度为20~25米。各条街道的路面均为夯土筑造，路的横剖面为中间高，两侧低，路两侧建有宽约2.5米的排水沟。这反映了隋唐时人已经很注意街道的排水问题。城内一些居住有官宦贵胄的里坊街道上，还特别铺设了便于车行的"白沙路"。

0 5 10米

（a）陕西西安唐长安明德门遗址实测图

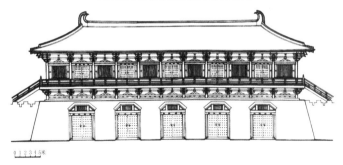

（c）陕西西安唐长安明德门立面复原图

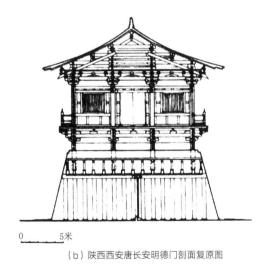

0   5米

（b）陕西西安唐长安明德门剖面复原图

（d）陕西西安唐长安明德门外观复原图

0 1 2 3 4 5米

（e）陕西西安唐长安春明门、延兴门平面图

图5-2 陕西西安唐长安的明德门、春明门、延兴门

（傅熹年. 中国古代建筑史. 第二卷 [M]. 中国建筑工业出版社，2009：336-337.）

①②
[宋] 宋敏求《长安志》卷7，"唐京城"。中华书局，第84页。

这些城市街道，除宫城、皇城和东西两市外，把郭城以内划分为108个坊，各坊的面积大小不一。

（1）108坊

皇城以南，朱雀大街两侧各坊：

第一列　350步×350步　合500余米见方。

第二列　350步×450步　合南北500余米，东西700余米。

皇城南，朱雀大街两侧各坊：

第三列至第五列　350步×650步，合南北500余米，东西1000余米。

宫城左右两侧各坊：

两侧各有12座，450步×650步，合南北700余米，东西1000余米。

皇城左右两侧各坊：

这里集中了长安城最大的12座里坊，其尺度为 550步×650步，合南北850余米，东西1000余米。

（2）里坊与道路的布置特点

隋唐长安城在古代城市规划史上具有重要的地位，其基本的特点如下：

① 对位。街道与里坊彼此相互对位，形成整齐有序的井字形街道网格分划。所谓"棋布栉比，街衢绳直，自古帝京，未之有也"[①]。

② 简单、明了的节奏感。外郭城内的里坊，以其分别为350步、450步、550步、650步，即50步的7倍、9倍、11倍、13倍的富于节律感的尺度韵律关系，突出了位于城市北部中心的皇城与宫城。这样一种简单明了的尺度节奏感，与同时代长安城中大雁塔那富于简单节奏感的造型形式，有着同样的内在审美原则。大雁塔的节级之间所表现出来的异常明朗的整数数列式的节奏感，以其单纯的节律、分明的层次及各个层次之间疏朗、明了的尺度比例差异，充分表现了古代中国人特有的审美趣味，而这种趣味也同样显现在了大兴城（长安城）里坊的规划布局上，这反映了大兴城的规划在艺术上与大雁塔的造型设计有着某种相通之处。

③ 城内里坊布置有着某种象征意义。

南北13座里坊，象征一年有闰，即代表一年中的13个月（含闰月）。

皇城以南的4列里坊，象征一年有四时；这4列里坊共分为9行，与周礼以九为尊的思想吻合，突出皇城与宫城的重要地位。

（3）里坊内的街道及坊门的设置

城内各坊中，除位于皇城之南、朱雀大街两侧的四列坊，因为其在宫城之南，"不欲开北街泄气，以冲城阙"[②]，只设有一字形东西向的横街，其余各坊内都设有十字街（图5-3，图5-4），即按东西、南北各为一条街道布置，街道的宽度为15米左右，街道两端开设坊门，每坊在四个方向上各设一门，共开四门，坊四周筑有夯土墙，墙基的厚度为2.5～3米。

每座设有十字街道的里坊内，除了由十字街所划分的四个区域外，每一区域内又用十字小街再划分成四个更小的区块。故一座里坊内共有16个小区。古代日本城

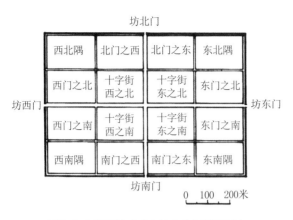

图5-3 陕西西安唐安坊内十字街示意图
（傅熹年. 中国古代建筑史. 第二卷 [M]. 中国建筑工业出版社，2009：340.）

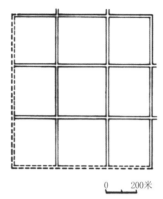

图5-4 陕西西安唐长安西市实测平面图
（傅熹年. 中国古代建筑史. 第二卷 [M]. 中国建筑工业出版社，2009：340.）

①
《全汉文》卷6，第65页。

②
《考古》，1978年，第1期。

市里坊中"十六町"的分割方法，就是源于隋唐长安或洛阳城中的这种里坊分割制度。在小区块内，还可以进一步分割为更小的"曲"。可以说，长安城内的一座里坊，就是一座小型的城池，其规模也与明清时代常见的"城周四里"的县城相当。这样一种规划方法，使得唐代人也颇为欣赏与赞叹，如白居易诗中就有"百千家似围棋局，十二街如种菜畦"，正是这种规划整齐的城市里坊的写照。

4．宫城与皇城

大兴城对京城内的不同区域做了明确的划分，将宫城与皇城布置在城市中轴线的北端，并用城垣与普通里坊加以分隔，初步形成了影响后世的宫城与皇城之制。这一点是古代城市规划史上的一个创新。

（1）大兴城的宫城位于郭城北部正中，其前是皇城，其后与郭城之北的大兴苑（即唐禁苑）相接，唐代时称为"西内"。宫城南北长1492.1米、东西长2820.3米。（史载宫城东西四里，南北二里二百七十步，周一十三里一百八十步，崇三丈五尺。①）

宫城的城郭为夯土版筑，基宽一般在18米左右。宫城正南为广阳门（唐代称承天门），有三个门道，门基铺有石板，这一做法未见于其他城门。

宫城中轴线上，仿周代宫殿的三朝制度，设有太极、两仪等殿，宫殿区的东部为东宫，宽800余米（最初的推测为150米，后又经考古发掘推测为833.8米②）。宫城内西部为掖庭宫与太仓。

（2）皇城紧靠宫城南侧，东西与宫城齐，南北长约1843.6米，其南壁正中的皇城正门朱雀门，北与宫城正门广阳门（承天门）相对，南经朱雀大街与郭城南垣正中的明德门相通。

皇城内有东西向街道七条，南北向街道五条，街道的宽度为"百步"，其间设立有中央各衙署及其附属机构。这些街道大多为后来重建的西安城所利用，并沿用

①
[宋] 宋敏求《长安志》卷7，第78页。

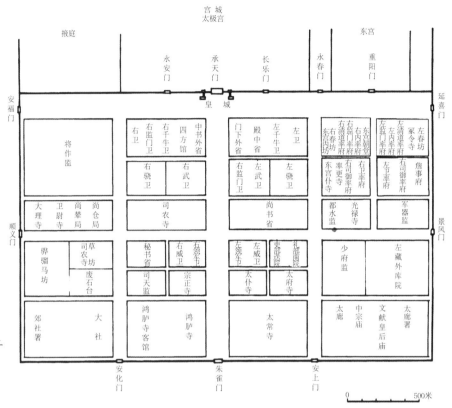

图5-5 陕西西安唐长安皇城平面图
（傅熹年. 中国古代建筑史. 第二卷 [M]. 中国建筑工业出版社, 2009: 339.）

至今。城内列有六省（如尚书省等）、十二寺（如大理寺、司农寺等）及四监（如将作监、少府监等），并按照《周礼·考工记》中有关"左祖右社"的描述，分别设有太庙（左）与社稷坛（右）。（图5-5）

（3）皇城宫城隔了一条很宽的街，名为横街。这条街道在史料记载中的宽度为300步，实测宽度为220米，正当中为承天门。这一方面保证了宫城的安全，另一方面则相当于一座开阔的广场（东西长2820米、宽度220米，面积约合今日的60余公顷）。唐代的承天门是大朝之所，皇帝在这里举行大型朝会时，百官与各国使节均在横街上觐见皇帝。每当元旦、冬至日，会在这里"陈乐，设宴会，赦宥罪"，以表示"除旧布新"。而在规划上设这样一条"横街"，使人与宫殿区之间隔开一定距离，则更增加了宫城之"九天宫阙"的神秘与雄伟感。

（4）自曹魏邺城开始，历代王朝都城内的中央衙署便开始集中，如两晋、北魏的洛阳，其中央衙署即集中在宫城南面大街铜驼街两侧，但在衙署外围筑皇城，则是隋以前所未有的：

"自两汉以后，至于晋、齐、梁、陈，并有人家在宫阙之间，隋文帝以为不便于民，于是皇城之内惟列府寺，不使杂人居之，公私有便，风俗齐整，实隋文新意也。"①

5．两市

大兴城内设有集中的交易市场，称为东西两市，东曰"都会"，西曰"利人"，对称地置于皇城外的东南和西南方向。每市各占两坊之地，周围建有夯土围墙，墙上开有8座门，使市内形成井字形街道及沿墙垣的街道，以布置交易市肆。街道宽约30米，井字形街两侧各有剖面为半圆形的排水沟。市内设有管理市场的市署和平准署。两市中的"街市内货财二百二十行，四面立邸，四方珍奇，皆所积集"[1]。两市中的店铺大多在市墙以内临街布置，距街两侧排水沟约两米处设店，邸店市肆栉比鳞次，由考古发掘可知，每座店铺的面宽均在4～10米。

东市内的行业有铁行、笔行、肉行、绢行及酒肆等。西市则因为比较接近西门，方便由西域而来的商人，所以比东市更加繁荣。西市内有收购宝物的胡商，有胡商开设的波斯邸，此外，西市附近的里坊中还有波斯寺、祆寺、摩尼寺、景教寺等供外国商人使用的宗教场所，这说明隋唐长安城不仅是一座国际化的大都市，也是一座文化包容性很强的城市。

隋唐长安实行宵禁制度，且要求在固定的市场内进行交易，从而使得长安城内的商业交易活动受到了空间与时间上的双重限制。随着长安工商业的日益繁盛，限制工商业集中于东西二市的规定渐行不通，大约自初唐高宗起，两市四周各坊和位于重要交通线上的城门附近，还有大明宫前各坊，逐渐出现了一些大小工商行业。这些行业在盛唐以后发展得很快，到了中晚唐时，位于东市西北的崇仁坊内，已经是"一街辐凑，遂倾两市"[2]了。而西市东北的延寿坊则"推为繁华之最"[3]。

在这些工商业集中的里坊和两市中，到了中晚唐时期，更出现了夜市，崇仁坊内甚至"昼夜喧呼，灯火不绝，京城诸坊，莫之与比"[4]，"开成五年（840年）十二月敕：'京夜市宜令禁断'"[5]，足见其禁断之难。中晚唐长安工商业对于交易活动在空间与时间的限制上所造成的这种冲击，正说明社会经济的发展与变化已经开始对城市结构产生影响。这种在坊内临街开店以及逐渐形成夜市的交易形式，初步孕育了宋以来晚近城市的街市雏形。

6. 佛寺与道观

长安城内，佛寺与道观林立。"文帝初移都，便出寺额一百二十枚于朝堂下，制云：有能修造，便任取之。"[6]城内寺院多达百余座，规模均很大，如晋昌坊慈恩寺，占半坊之地，凡十余院，有寺舍佛殿总1897间之多。大型寺院可以占有一坊之地，如大兴善寺，以靖善坊一坊为寺院基址，面积有510.4唐亩。另外，崇贤坊内竟有八座佛寺。长安城内的道观也有十余处之多，如辅兴坊东南隅的金仙女冠观与西南隅的玉真女冠观，是为唐睿宗的女儿出家为女冠（女道士）而建造的。从外郭城西门开远门进城入皇城西门安福门，西来的车马商贾，可以从街上望见这两座道观中突出墙之上的高大华丽的楼阁，景象十分壮美繁华，尤其令那些西域商人及初到京城者印象深刻。

"此二观南街东，当皇城之安福门，西出京城之开远门，车马往来，实为繁会。而二观门楼绮榭，苕对通衢，西土夷夏自远而至者，入城遥望，宛若天中。"[7]

在这些寺观，尤其是佛寺中，矗立着许多高大的楼阁和佛塔，与位于城市北部的宫殿建筑群遥相呼应，形成了长安城内十分丰富而壮阔的空间轮廓线。其中一些

① [清] 徐松《唐两京城坊考》卷3。

② [宋] 宋敏求《长安志》卷8，第97页。

③ [唐] 苏鹗《杜阳杂编》卷下。

④ [宋] 宋敏求《长安志》卷8，第97页。

⑤ [宋] 王溥《唐会要》卷86。

⑥ [清] 徐松《唐两京城坊考》卷4。

⑦ [唐] 韦述：《两京新记》。

①

[清] 徐松《唐两京城坊考》卷4。

②

关于这座木塔的高度有三种记载，一为330尺，《两京新记》载为130仞，《校正两京新记》载为330仞，而以330尺似较为可信。

③

《太平御览》卷173。

④

[宋] 王溥《唐会要》卷86，"城郭"。

佛塔的设置，表明规划者一开始就注意到了城市建筑空间构图问题。如长安城西南隅的永阳坊位于汉长安旧时的昆明池附近，地势比较低，所以宇文恺"乃奏于此建木浮图，崇三百三十尺，周回一百二十步，大业七年成，武德元年，改为庄严寺，天下伽蓝之盛，莫与于此"①。塔为四方形平面，每边长30步，合150尺，以每尺为0.28米记之，为42米，其高度为330尺②，合92.4米。而在与庄严寺毗邻的禅定寺（隋总持寺）内，有一座完全相同的木塔。两座同样高度与造型的木塔，分别坐落在长安西南隅永阳坊内的两座大寺院中，在空间构图上，东与芙蓉园的高地相平衡，北与宫城内高大雄伟的宫殿建筑相呼应，起到了使全城整体空间得以均衡的作用。

这样突兀而起的高塔、楼阁，还有晋昌坊慈恩寺西院浮图（今大雁塔），六级，崇300尺（84米）；曲池坊荐福寺内的弥勒阁，崇150尺（42米）；丰乐坊内的法界尼寺，寺内有双塔，各崇130尺（36.4米）；延康坊内的静法寺西院木塔，崇150尺（42米）；怀德坊中佛寺内亦有9层浮图，高150尺（42米）；怀远坊大云寺中的楼阁，有百尺之崇（28米）。这些高大挺拔的浮图、楼阁，极大地丰富了长安城内的城市空间与建筑天际线。

7．大明宫、兴庆宫、夹城与曲江芙蓉苑

唐代在隋大兴城的基础上继续营造长安城，陆续增建了大明宫、兴庆宫、曲江芙蓉苑与夹城等几个部分。

（1）大明宫

唐初改大兴城为长安城，贞观八年（634年）在太极宫东北禁苑内的龙首原高地上建永安宫，次年改名为大明宫。这座宫殿最初是供高祖李渊（当时的太上皇）避暑用的，高宗龙朔二年（662年），高宗以宫内湫湿，又修大明宫，龙朔三年（663年）迁大明宫听政，自此，大明宫就一直充当唐代主要的朝会之所。

由大明宫的修建，可以看出隋初营建大兴城时存在的问题。为了追求宫城居中，不能根据实际情况来布置宫殿，故宫城所处的位置，北有隆起的龙首原，南有起伏的岗阜，使宫城一带因地势低下而极易积水，潮湿而不适宜居住。此外，从政治的角度考虑，这座地势较低的宫殿，也不利于防止突然的事变，而新建的大明宫"北据高岗，南望爽垲，终南如指掌，坊市俯而可窥"③，从根本上改变了这种情况。

大明宫宫城除城门附近和城垣拐角处的内外表面为砖砌筑外，其余皆为夯土版筑。宫四周各门中，只有南面正中的丹凤门设有三个门道，其余皆仅一个门道（图5-6）。

（2）兴庆宫

开元二年（714年），玄宗将自己旧日藩邸所在的兴庆坊建为兴庆宫，十四年（726年）扩建，在内置朝堂，十六年（728年）工竣，玄宗即移此听政。天宝十二年（753年），又"雇华阴、扶风、凤翔三郡丁匠，及京城人夫一万三千五百人，筑兴庆宫城，并起楼"④。这座宫城紧傍郭城东壁，东西宽1080米、南北长

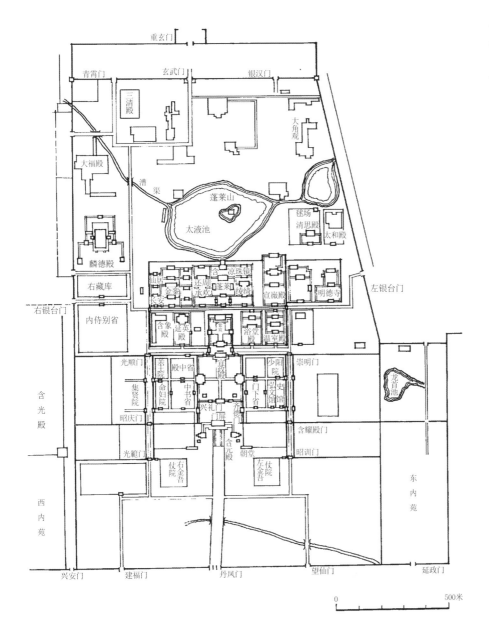

0   500米

①②
[清] 徐松《唐两京城坊考》卷3。

图5-6　陕西西安唐长安大明宫复原图
（傅熹年. 中国古代建筑史. 第二卷 [M]. 中国建筑工业出版社，2009：403.）

1250米，面积有135公顷之多。宫城城墙的宽度为5～6米，其南壁20米外还筑有宽3.5米的复城（图5-7，图5-8）。

当时称隋初所建的太极宫为"西内"，唐初新建的大明宫为"东内"，而以盛唐时所建的兴庆宫为"南内"。白居易《登乐游原望》诗有"'东北何霭霭，宫阙入烟云'，盖言南内之宫阙也"。①乐游原是位于兴庆宫西南升平坊中的一片高地，其"四望宽敞，京城之内，俯视指掌。每正月晦日，三月三日，九月九日，京城士女，咸就此登赏祓禊"②。也是唐代西京的一大景观。

（3）曲江芙蓉苑

"开元中凿池引水，环植花木"的曲江芙蓉苑，本是汉代的宜春园（汉上林苑之一部分）。苑中有水流曲折名曲江，玄宗开元间凿为池，称曲池或芙蓉池，环

201

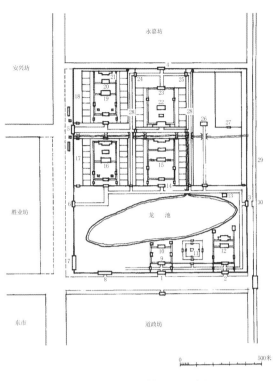

1. 通阳门	7. 花萼相辉楼	13. 沉香亭	19. 兴庆殿	25. 芳苑门
2. 明义门	8. 勤政务本楼	14. 瀛洲门	20. 交泰殿	26. 新射殿
3. 初阳门	9. 明光楼	15. 南薰殿	21. 龙池殿	27. 金花落
4. 跃龙门	10. 龙堂	16. 大同殿	22. 跃龙殿	28. 巷道
5. 兴庆门	11. 五龙坛	17. 翰林院	23. 跃龙殿门	29. 夹城
6. 金明门	12. 长庆殿	18. 廨署	24. 丽苑门	30. 夹城门

图5-7　唐长安兴庆宫平面复原示意图

（傅熹年. 中国古代建筑史. 第二卷 [M]. 中国建筑工业出版社，2009：421.）

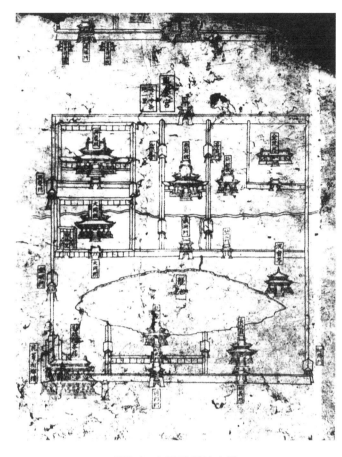

图5-8　宋代石刻兴庆宫图

（傅熹年. 中国古代建筑史. 第二卷 [M]. 中国建筑工业出版社，2009：420.）

①
《全唐文》卷74，"文宗"。

②
《唐摭言》卷3。

③
《唐会要》卷30。

④
《长安志》卷9。

⑤
《樊川文集》卷2，《长安杂题长句》。

池建造了不少离宫别馆，杜甫有诗"江头宫殿锁千门"句，就是说的曲江芙蓉苑的景色。这里青林重复，绿水弥漫，时称帝城胜景。唐文宗时（太和九年）发神策军1500人淘竣曲江池，增修紫云楼、彩霞亭等，并下诏"其诸司如有力及要创置亭馆者，给予闲地，任其营造"①。9世纪中叶之后，除皇室外，不少官署也在苑中建置，"进士开宴常寄其间，大中、咸通以来，……曲江之宴，行事罗列，长安几乎半空"②，说明这里已是与乐游原类似的具有城市公共游乐地性质的园林。

（4）夹城

开元十四年（726年），修外郭城东壁，建造兴庆宫北通大明宫的复壁，开元二十年（732年）又修外郭城东壁，建造兴庆宫南通曲江芙蓉池的复壁，这就是所谓"筑夹城至芙蓉园"③的"夹城"。复壁东距外郭城壁23米，与外郭东壁南北平行，但近城门处则向东斜，使复壁与郭壁的间距缩小到10米左右。这条长达7970米的复壁，版筑坚实，目的只是供皇帝潜行，"外人不知之"④，主要是为了皇帝外出游玩。诗人杜甫曾讽咏道，"花萼夹城通御气，芙蓉小苑入边愁"，"六飞南幸芙蓉苑，十里飘香入夹城"⑤。这种专为皇帝修建的夹城，9世纪初在大明宫的东、北、西三面也有兴建。

概而言之，隋唐长安城总结了曹魏邺城、北魏洛阳城等古代城市规划与建设的经验，在方整对称的原则下，沿着南北轴线，将宫城和皇城置于全城的主要地位，并以纵横交错的棋盘型道路，将其余部分分成若干里坊和集中的市场，使分区明确，街道整齐，又较好地解决了城市的供水与排水问题，考虑了城市的绿化及城市公共游乐绿地等问题。唐代继续营造时，采取更为务实的态度，改进了隋大兴城的某些不合理之处，使长安成为当时世界上规模最宏伟，规划最完善的都城。

①②③④
《隋书》卷3，帝纪第三。

二、隋唐洛阳城——隋唐东都的规划与建设

隋唐东都洛阳始建于隋大业元年（公元605年），与西京长安城一样，也是一座中古时代宏伟的城市。由于地理位置更接近帝国经济的中心地带，所以在隋唐两代，特别是唐代武周以后，洛阳是宫廷与百官更多驻留的地方，因而在建筑上也有很多的建树。

（一）创建

公元589年，隋统一全国，经济迅速恢复，隋炀帝即位的第二年，即大业元年3月，炀帝诏杨素、宇文恺等人营建东都，"徙豫州郭下居人以实之。……徙天下富商大贾数万家于东京"①。大业"二年（606年）春正月辛酉，东京成"②，前后用了不到一年的时间。

建造东都洛阳的原因，一方面是为了方便对关东和江南地区的控制，"此（大兴）由关河悬远，兵不赴急"③。另一方面，是因为关中物资不足以供应隋中央政府的所需，洛阳地位适中，转运物资比较便利，所谓"控以三河，围以四塞，水陆通，贡赋等"④。尤在南北两段运河开成后，洛阳作为衔接点，成为南北经济交流和物资集中的枢纽。隋初已经显示出了宫廷在物资供给上对洛阳的依赖，开皇四年（584年）和开皇十四年（594年），隋文帝曾先后两次率百官到水运便利、"舟车所会"的洛阳"就食"。唐代皇帝也时常到洛阳居住，"就食"东都，武则天时甚至常驻洛阳，并将之改称"神都"。

西周时，曾在洛阳地区建立成周城，以居殷商遗族，同时又在成周城的西侧建王城，作为西周陪都——东都城，这种设立陪都的两京制，一直被秦、汉、隋、唐所沿用。周平王东迁，以王城为都城，是为东周。春秋时，又迁至成周城，以后的秦、两汉、魏晋、北魏，仍以成周城为陪都或京城，这就是隋唐以前的洛阳城。隋代之洛阳，是在旧成周城之西18里、旧王城之东5里处建造的一座新洛阳城。这里地势较为平坦，所以新城布局十分整齐，由于是陪都，规模比长安略小，皇城、宫城、里坊、街道也相应缩小，宫城并不居中，而偏于西北隅，以区别于首都西京的规制。

（二）皇城与宫城

隋唐洛阳城分为宫城、皇城、郭城以及东城、含嘉仓城等几个部分（图5-9）。

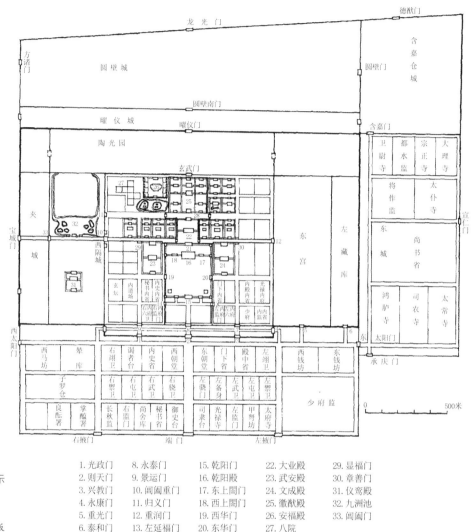

图5-9 隋东都宫城平面复原示意图

（傅熹年. 中国古代建筑史. 第二卷 [M]. 中国建筑工业出版社, 2009：392.）

1. 光政门	8. 永泰门	15. 乾阳门	22. 大业殿	29. 显福门
2. 则天门	9. 景运门	16. 乾阳殿	23. 武安殿	30. 章善门
3. 兴教门	10. 阊阖重门	17. 东上阁门	24. 文成殿	31. 仪鸾殿
4. 永康门	11. 归义门	18. 西上阁门	25. 徽猷殿	32. 九洲池
5. 重光门	12. 重润门	19. 西华门	26. 安福殿	33. 阊阖门
6. 泰和门	13. 左延福门	20. 东华门	27. 八院	
7. 会昌门	14. 右延福门	21. 大业门	28. 永巷	

　　宫城位于郭城内西北隅，在皇城之北，南北约1270米、东西约1400米，城墙内外用砖包砌，其中夯筑部分的宽度在15米左右。宫城北面有两座单独的小城，一座叫曜仪城，一座叫圆璧城。

　　皇城围绕在宫城的东、西、南三面，城墙为土夯筑，内外砖砌。宫城与皇城所处的洛阳郭城西北隅，是外郭城内地势最高的部位，所以洛阳规划较之长安城更切合实际，皇城内分为南北四街，东西四街。

　　皇城之东为东城，东城内有尚书省、大理寺、司农寺、光禄寺等。

　　东城之北为含嘉仓城（图5-10），是隋唐时代重要的皇家粮仓。城东西长600余米，南北长700余米。城内粮窖分布密集，东西成行，南北成列。含嘉仓城内有储粮窖400余座，窖口最大约18米，窖深达12米。窖壁和窖底经过防潮处理，每窖能储粮约60万斤。除含嘉仓城外，洛阳附近还有回洛仓城、洛口仓城。

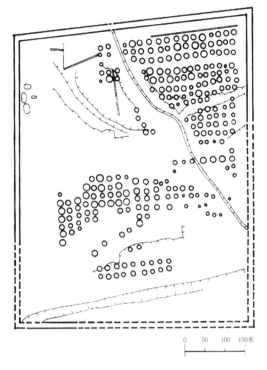

图5-10 河南洛阳唐东都含嘉仓城平面图

（傅熹年. 中国古代建筑史. 第二卷 [M]. 中国建筑工业出版社，2009：352.）

①
[唐] 李林甫等《唐六典》卷7，
"尚书工部"。

②
刘敦桢《中国古代建筑史》，第
125页。

③
此说见于《隋唐五代史纲》，实际
坊数与坊址尚需文献与考古依据来
进一步确定。

（三）外郭城

东都外郭城的城墙为以土夯筑而成，据史料记载唐代的洛阳城"*东面十五里二百一十步；南面十五里七十步；西面连苑，距上阳宫七里……郛郭南广北狭，凡一百三坊，三市居其中焉*"①。大约是个方形的平面，只是宫城所在的北部稍狭。经实际测量，其东壁长7312米；南壁长7290米；西壁纡曲，长6776米。南壁设三门，各开三个门道。正中定鼎门的门址宽28米，中间门道宽8米，两侧门道宽7米。城东面设三门，北面设三门。

城内纵横各十街，将全城划分为103个坊②，洛水横贯城中，将城分为南北两部分。一种说法是，洛水南有96个坊，北有36个坊③，"*每坊东西、南北各广三百步，开十字街，四出趋门*"（图5-11）。

1. 外郭城内街道

城内街道以正对皇城与宫城正门的定鼎门大街最为宽广，文献记载街道宽百步，实测121米。其余街道，如上东、建春二横街，宽75步。长夏、厚载、永通、徽安、安喜等街，宽62步，其余小街各宽31步。

2. 布局

洛阳城前直伊阙，后据邙山，东出瀍水之东，西出涧水之西，洛水贯都，以象征天界河汉。这是因为《三辅黄图》中说，秦始皇筑咸阳宫，端门四达，以象紫

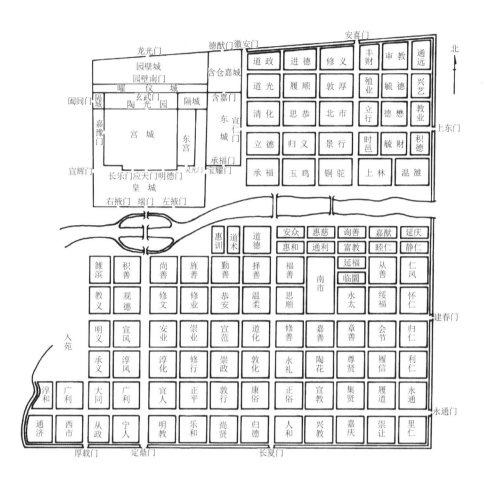

图5-11 河南洛阳隋唐东都平面复原图

（同济大学. 中国城市建设史[M].
中国建筑工业出版社, 1982.）

宫，引渭水贯都，以象天汉，所以隋炀帝仿秦始皇而为之。城之西为东都苑，隋称会通苑。隋代时，苑周回有200多里，巨大的皇家禁苑，对宫城与皇城构成了一种保卫的态势。

出皇城正南的端门，是架在洛水上的天津桥。大业初建城时，曾用大船相连，以铁索钩连，实为一座浮桥，并在河两岸对起四楼。唐贞观时，累石做桥墩。过天津桥为东都主要街道——定鼎门大街，街南通伊阙，北对端门。隋时，街两侧种樱桃、石榴、榆柳，中为御道，通泉流渠。唐时杂植槐柳等树两行。

定鼎门大街两侧诸坊，较为集中地布置着寺院和道观，如街东有龙兴观（明教坊）、宏道观（修文坊）、菏泽寺（宜人坊）等；街西有龙兴寺（宁人坊）、安国寺（宣风坊）、景福寺（观德坊）、泰微宫（积善坊）等。

定鼎门大街之西第二街，是邻近御苑的诸坊，或布置专供歌舞艺人居住的教坊，或设置贵族宅第，如教义坊即为武则天的母亲荣国夫人的住宅，与禁苑连在一起。最北的洛滨坊也筑入苑中。显然，在布局上，隋唐统治者都不使靠近禁苑的诸坊有普通居民居住。

外郭城内西南，即定鼎门大街之东、洛水之南诸坊，多为住宅，其中许多都有"馆宇清华，竹木幽邃"的私家园林。洛阳以园林著称正是始于这一时期。宋人李格非著有《洛阳名园记》，其中云，洛阳名园多因唐之旧，如复道坊有白居易宅，宅内"竹木池馆，有林泉之致"，与白居易宅毗连的尚书崔群宅内"修篁迥舍，流水潺湲"，集贤坊裴度宅"筑山穿池，竹木丛萃，有风亭水榭，梯桥架阁，岛屿迥环"。这样的例子很多，长夏门以东部分数坊，"去朝市远，居止稀少，惟园林滋茂耳"[1]。

洛水之北、宫城之东的诸坊内，除设立一些佛寺、道观外。主要仍然是住宅及旅舍、酒店等，亦有波斯胡寺，住宅内也有一些小园林。

3．三市

隋时城内有东西二市，东市曰"丰都"，西市曰"大同"。唐时，改隋东市为南市，将西市移至原固本坊，将原西市改为坊，称大同坊，又在洛水以北里坊间增置一市，称为北市，南市较大，占有两坊之地，北市与西市各占一坊地。

洛阳城内，除洛水贯都外，又将瀍水、伊水引入城内，所以城内漕渠贯通，三市附近都可抵达。这些漕渠不仅满足了城内用水，而且使舟运十分方便，因而洛阳三市的工商业较之长安更为繁荣。如隋代的丰都市（唐南市），有"一百二十行，三千余肆，四壁有四百余店，货贿山积"[2]，"市周八里，通门十二，其内一百二十行，三千余肆，甍宇齐平，四望一如，榆柳交阴，通衢相注，市四壁有四百余店，重楼延阁，互相临映，招致商旅，珍奇山积"[3]。

概言之，洛阳城的建设比长安城更从实际出发，在地形利用、舟运条件、三市设置等方面都更为合理，里坊尺度也较适宜。另外，洛阳之兴建，反映了中国封建社会帝国重心东移的开始。因国家经济仰仗江左地区，庞大的皇室与贵族、官宦阶层，必须依赖江左的供给，而洛阳即是江左及中原物质运至长安的重要中转站，故而隋唐统治者时常要就食东都。到了唐末五代，一直到北宋时期，国家政治文化中心一直是在洛阳、开封一带，而西京长安已风光不再，其原因亦在于此。由此可以看出，一座城市的兴衰，与经济因素有着密切的关联，是政治、经济、军事、文化、地理、交通诸因素综合的结果。

第三节　隋、唐、五代时期地方城市

隋、唐、五代时期，还出现了一些规划与建设出众的地方性城市。隋唐时期比较重要的地方性城市是隋代的江都城，即唐代的扬州城。经过南朝数百年的经营，到了隋代，江南地区已经成为经济富庶之地。隋炀帝开凿大运河之后，扬州又成为江南向两京进行漕运的集散地。在隋代以及后来的唐代，江都（扬州）成为一个地区性的中心城市。

隋江都或唐扬州，是一座经过规划的城市。据宋人沈括《梦溪补笔谈》的记载：

扬州在唐时最为富盛，旧城南北十五里一百一十步，东西七里十三步，可纪者有二十四桥。最西浊河茶园桥，次东大明桥，入西水门有九曲桥，次东正当帅牙

① 均见于[宋]李格非《洛阳名园记》。

② [清] 徐松《唐两京城坊考》卷5。

③ [唐]杜宝《大业杂记》。

①
[宋]沈括《梦溪补笔谈》卷3,
"杂志"。

②
[宋]李昉《太平广记》卷273,
2374页,哈尔滨出版社,1995年。

③
[唐]李林甫等《唐六典》卷3,
"尚书户部"。

④
《新唐书》卷37,"志第二十七·地
理一"。

南门,有下马桥,又东作坊桥,桥东河转向南,有洗马桥,次南桥,又南阿师桥、周家桥、小市桥、广济桥、新桥、开明桥、顾家桥、通泗桥、太平桥、利园桥,出南水门有万岁桥、青园桥,自驿桥北河流东出,有参佐桥,次东水门,东出有山光桥。又自衙门下马桥直南有北三桥、中三桥、南三桥,号"九桥",不通船,不在二十四桥之数。①

　　这里记述的可能已经不是隋唐时期扬州城的城市情况,但也大略可以看出一些痕迹。如这是一座水渠纵横的城市,因此城内桥梁很多。城市略呈南北长、东西狭的格局。其东西的宽度略近其南北长度的一半。城有西水门,西水门以东正当府衙的南门。而府衙之南当有通衢,故与衙门相对有数座桥。衙之南门邻近下马桥,这无疑是因其位置靠近州衙而起的桥名。与南门前的下马桥相对并成南北直线的是号称"九桥"的北三桥、中三桥与南三桥。这九桥可能正是沿扬州城的主要街道布置的。

　　据现代学者的复原研究,隋唐扬州城是一座规划严谨的城市,设置衙署的子城位于城北偏西的位置上,而子城以外,则以整齐的里坊布置,形成一个略与隋唐长安或洛阳城内里坊近似的街道网格。其里坊的划分东西长而南北狭,与城市东西狭而南北长的形态恰相对应。街道网格呈纵五横十三的格局。河渠从街道网格中贯穿而过,正与沈括所描述的"二十四桥"的城市空间特征相吻合。

　　由于江南经济发达,隋唐时期的扬州城已经成为一个十分繁华的地方性城市,引得一些诗人骚客流连其地。晚唐时期风流倜傥的诗人杜牧就是其中之一。《太平广记》中载:

　　"扬州胜地也,每重城向夕,倡楼之上,常有绛纱灯万数,辉耀罗列空中。九里三十步街中,珠翠填咽,邈若仙境。(杜)牧常出没驰逐其间,无虚夕。"②

　　这里的九里三十步街,可能指州衙南门下马桥直南而去有九桥之多的城市主干道。其繁庶与熙攘似乎已经不亚于明清时代之晚近城市的景象(图5-12,图5-13)。

　　如果说隋唐时期主要的城市建设集中在东西两京,那么唐末五代时期,随着地方割据政权的出现,一些地方性城市开始发展,如五代都城开封便在唐末大规模战争的破坏之后得到了一定的恢复,并成为北宋的都城。

　　此外,五代南唐的都城建康、吴越的都城杭州、西蜀的都城成都、闽王王审知的都城福州等,都得到了一定程度的建设。除了这些地区性的中心城市之外,随着隋唐地方州郡的设置与建设,也出现了一些不同等级的地方性城市,如府城、州城、县城等。按照唐代的统计,唐开元二十二年(734年),"凡天下之户八百一万八千七百一十,口四千六百二十八万五千一百六十一"③。而据唐贞观十三年(639年)的统计,全国"凡州府三百五十八,县一千五百五十一。明年,平高昌,又增州二,县六。……景云二年,分天下郡县,置二十四都督府以统之。既而以其权重不便,罢之"④。也就是说,唐代曾经有州府360个,县1557个。因此,也应该有相应数量的州城、府城与县城。后来的景云二年(711年),又曾设

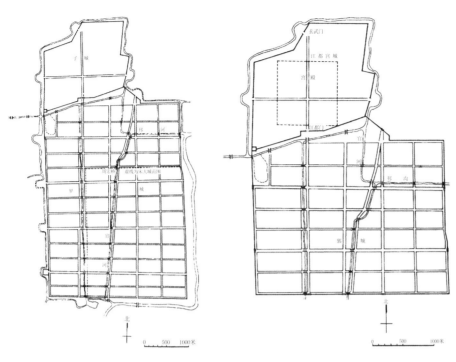

图5-12 江苏扬州唐扬州城平面复原图
（傅熹年. 中国古代建筑史. 第二卷 [M]. 中国
建筑工业出版社，2009：365.）

图5-13 江苏扬州隋江都城平面复原图
（傅熹年. 中国古代建筑史. 第二卷 [M]. 中国
建筑工业出版社，2009：362.）

①
[唐]李林甫等《唐六典》卷3，
"尚书户部"。

置24个都督府，只是出于政治上的考虑，这样一级行政单位并没有持续下去。但也可以由此推测出，在唐代的360座州府城市中，至少有24座等级比较高的府城。

这些州、府、县城是怎样布置的，并没有详细的资料加以印证，但据《唐六典》，这些地方州、府、县城的城墙以内，也都划分为里坊，并设置了里正、保长之类的基层管理人员，形成了一个严密的体系。

两京及州县之郭内分为坊，郊外为村。里及村、坊皆有正，以司督察。（里正兼课植农桑，催驱赋役。）四家为邻，五家为保。保有长，以相禁约。①

隋唐五代的城市建设，为后来宋代城市的建设、发展与繁荣奠定了基础。

第四节　宫殿与离宫别馆

从历史文献的角度来看，隋唐时期见于史书记载的建筑活动中，最为宏大的建筑工程，最为宏伟的建筑物，几乎都是皇家宫殿、苑囿与陵寝建筑。隋代开启了这一时期大规模宫殿建筑之端。唐代继续了这一大规模的营造活动。

一、隋唐时期的宫殿建筑

隋唐两代在西京长安先后建造了西内太极宫、东内大明宫、南内兴庆宫三组宏

①
[后晋]刘昫《旧唐书》卷38，"志第十八·地理一"。

大的宫殿建筑群，又在东都洛阳建造了洛阳宫殿与上阳宫。在两京以外还建造了一些离宫，如华清宫、九华宫等。

（一）长安宫殿

1. 太极宫（西内）

太极宫位于长安城中轴线的北部，始建于隋文帝时期。唐高宗永徽年间曾经加以修缮与改建。其南部正门是承天门（隋称广阳门，神龙年间曾改名顺天门），在中轴线上依序布置有太极门、太极殿、两仪门、两仪殿、甘露门、甘露殿等十余座重要门殿。

太极宫之南为皇城。这是首次出现将政府办公机构集中设置在一起，并用一道城墙加以环绕而形成皇城的做法，开启了后世以宫城大内为中心，用皇城围绕其外，更外再环以外郭城的天子都城三套方城制度的先河。

太极宫以北为禁苑，这是一个规模巨大的皇家苑囿。太极宫的东西两侧分别是太子居住的东宫与太后居住的掖庭宫。隋代初建太极宫时，附会西周时代的三朝制度，一改南北朝时期的东西堂之制。周礼中规定天子与诸侯宫殿应采用三朝之制，即将宫殿建筑按前后序列分为外朝、治朝与内朝，又称大朝、中朝与燕朝。

宫殿之制，自秦汉以来，凡三变。秦汉时代并没有严格地遵循周制，采用的是宏大的前殿制度，如秦阿房宫前殿、汉未央宫前殿等，并有东西厢的制度。南北朝时，宫殿建筑中的"东西堂"之制渐渐形成，即在大朝太极殿两侧分别设立东堂与西堂，据推测可能是并列的三座大殿。这一在魏晋南北朝300多年间一直沿用的东西堂之制，于隋初建立大兴城时，依据周礼改为依序布置的"三朝之制"，即以承天门为外（大）朝，太极殿为治（中）朝，两仪殿为内（燕）朝。这种三朝之制，在唐宋和明清时代一直沿用了下来，只是形式略有不同，如明清北京故宫将三朝，即太和殿、中和殿、保和殿，象征性地设置在高大的三重汉白玉石阶之上，称之为"前三殿"。

太极宫内的建筑物，见于史籍记载的有正殿太极殿及其后的两仪殿，武德殿、长安殿、长庆殿、承乾殿、芳兰殿、灵符殿、戢武殿和凝晖阁、戢武阁等殿阁建筑，还有承天门、金飙门、兴安门、显道门、金液门、白兽门、玄武门等门殿建筑。如《旧唐书·地理志》所载："正门曰承天，正殿曰太极。太极之后殿曰两仪。内别殿、亭、观三十五所。"①大致勾勒出了西内太极宫的建筑规模与数量。太极殿前还东西对峙有钟楼和鼓楼。

从布局上看，太极宫的正门为承天门，承天门之东、西两侧分别是长乐门、广运门。长乐门以北对应的是恭礼门，再北是虔化门，与宫内相接。广运门以北对应的是永安门，再北是安仁门，其北还有肃章门与宫内相接。宫内的格局，在大朝之所的正殿太极殿之前有太极门。太极殿两侧有东、西上合门和东、西廊，并在两廊设左延明门与右延明门。太极殿以北为朱明门，其左接虔化门，右接肃章门。朱明门以北为两仪门，两仪门之内是常朝之所两仪殿。两仪殿的东侧有万春殿，西侧有千秋殿。

两仪殿前东西对峙有献春门与宜秋门。两仪殿之北是甘露门，其内是内朝之所甘露殿。两仪殿东侧对应着献春门的是立政门，其内有立政殿。立政门再向东，对应的是大吉门，门内有大吉殿。两仪殿西侧对应着宜秋门的是百福门，其内有百福殿。百福门再向西，对应的是承庆门，门内有承庆殿。[①]

甘露殿前东西两侧也对峙有两座门殿，东为神龙门，西为安仁门。神龙门以内是神龙殿，安仁门以内是安仁殿。这样就形成了太极殿中心地区三纵（东长乐门轴线、西广运门轴线与承天门中轴线）、三横（前太极殿、中两仪殿、后甘露殿）的规整严谨的宫殿布局。不同于后世三朝制度的是，明清宫殿的三朝殿堂布置在一座大型台座上，并由一个巨大的院落所环绕，而唐太极宫则将外朝、常朝和内朝各以其门殿与院落分隔，每一院落不仅有前后的联系，也有左右的联系，形成了一个较之明清故宫前三殿远为繁复而多变的建筑空间组群。

隋唐长安西内太极殿前还对称地布置有钟楼与鼓楼。后世佛教寺院内的钟、鼓楼之设，可能与此有所关联。宫城内的东北隅建有唐太宗画功臣像的功臣阁与凌烟阁，而宫城西北隅则有一组院落，院内仿照唐代两京私家宅第中流行的山池院，并设有千步廊等建筑。出于礼教的需要，在宫城内还设有供皇帝祭祀的孔庙。中轴线上的门殿两旁殿堂用回廊曲庑连接成一进进院落。

凌烟阁是太极宫内的一座重要建筑（图5-14）。其位置据《资治通鉴》卷193，"贞观四年"注中所记，*两仪殿之北为延嘉殿，延嘉殿之东为功臣阁，功臣阁之东为凌烟阁*"。这里的延嘉殿位置，似应在与两仪殿紧邻的甘露殿之北。而其东侧仍然以门殿形成了一个向东延伸的轴线。这也从另外一个侧面反映了唐代宫殿建筑空间之繁复。凌烟阁内有唐初功臣的画像。而这座楼阁又与功臣阁相邻。这两座纪念性的殿阁，正处于太极宫核心建筑组团的边缘。这种在皇家宫殿内的核心位置上，特别为纪念开国功臣而设立一区的做法，是唐代宫殿中所特有的。

2．大明宫（东内）

唐代建造的大明宫位于长安城东北地势高爽的龙首原上。太宗贞观八年（634年）初置为永安宫，次年改为大明宫，以供太上皇（李渊）清暑之用。龙朔二年（662年），高宗李治以宫内潮湿，更修大明宫，并改名蓬莱宫，咸亨元年（670年）改称含元宫，长安元年（701年）又改回大明宫。宫垣南宽北窄，西墙长2256米、北墙长1135米，东墙由东北角起向南偏东斜长1260米，东折300米，然后再南折1050米，与南墙相接，南墙则是长安外郭城的北墙，外郭墙在大明宫范围内的部分长度为1674米。大明宫宫城周回总长度为7628米。

大明宫南垣正门为丹凤门，门内经龙尾道而到达的高台上即正殿含元殿，殿为大朝之所。含元殿矗立在高于地面40余尺的台地上，又与含元门有400余步（600余米）的距离，形成一个开阔的殿前广场。广场的东西宽度约为500步，近750米。殿两侧有两座前出的阙阁，东为翔鸾阁，西为栖凤阁。高大的殿堂，东西对峙

①
参见[唐]李林甫等《唐六典》卷7，"尚书工部"。

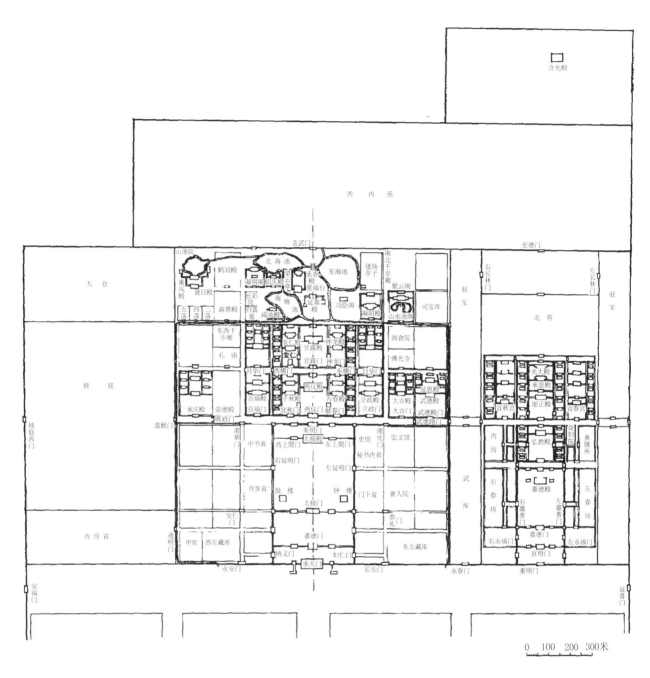

图5-14 唐长安太极宫平面复原示意图
（傅熹年. 中国古代建筑史. 第二卷 [M]. 中国建筑工业出版社，2009：385.）

的阁阙，左右延伸的龙尾道以及巨大的殿前广场，形成了含元殿极其雄壮恢宏的空间氛围与场面，正与西汉萧何所说的"天子以四海为家，非壮丽无以重威"的象征性意义相合。丹凤门两侧，东为望仙门，其北接延政门；西为建福门，其北接兴安门。

含元殿前两侧，东有通乾门，西有观象门。含元殿后是宣政门，门内是宣政殿，为常朝之所。宣政殿后是紫宸门，门内是紫宸殿，为内朝之地。所以，大明宫仍然沿用了太极宫所采用的殿院相接的三朝之制。每一朝会之所都有独立设置的门殿，门两侧有廊，连成院落。宣政门前东廊有齐德门，西廊有兴礼门。

宣政殿前东廊有日华门，门东对门下省；西廊有月华门，门西对中书省。门下省之东与中书省之西，各有南北街一道。东侧的南北街，南面直对含耀门，并从昭训门出。西侧的南北街，南面直对昭庆门，并从光范门出。这两条南北街及其对应的门殿，应是门下省与中书省官员出入的通道。

宣政殿的左右两侧还分别有东上合门与西上合门。西上合门以西是延英门。延英门内，左右对峙有延英殿与含象殿两座建筑。紫宸殿前的紫宸门两侧，对称布置有两座门，东为崇明门，西为光顺门。紫宸殿的东西两侧又分别有左银台门与右银台门。紫宸殿的北面与之对应的是大明宫的北门玄武门。玄武门两侧，东为银汉门，西为青霄门。玄武门以内及大明宫以含元殿、宣政殿、紫宸殿为中心的核心空间之外，还有麟德殿、凝霜殿、承欢殿、长安殿、金銮殿、蓬莱殿、含凉殿以及郁仪阁、结邻阁、承云阁，修文阁等殿阁建筑。

与太极宫相比，大明宫在保持了三纵、三横大致格局的基础上，强化了丹凤门、含元殿、宣政门、宣政殿、紫宸门、紫宸殿，直至玄武门的宫殿中轴线的空间，而将两侧对应的纵轴线及横轴线加以弱化。这使得大明宫纵深方向的空间序列感更为强烈。

与太极宫一样，大明宫正殿含元殿前两侧，也设有钟楼与鼓楼。在紫宸殿的西北部，是供帝王与群臣宴筵的麟德殿。这些主要殿堂，如含元殿、宣政殿、紫宸殿及麟德殿，都矗立在龙首原的高岗之上。此外还有弘文殿、白莲花殿、乘云阁、蓬莱书阁、明义观、望仙观、玉晨观等殿阁建筑和长乐门、玄化门等门殿建筑。而在紫宸殿之北及麟德殿之东地势较为低平的地方，布置有一个很大的水面，即太液池。太液池分东西两部分，中以渠道相连，面积较大的西池，东西500米、南北320米，池南岸有廊400余间。池中心有蓬莱山，沿池岸则分布有连廊，构成了一片园林区。

大明宫北面正门为玄武门，玄武门外有隔城，设重玄门。大明宫北有三重的防卫性门殿及空间设置，包括玄武门、重玄门与内重门。重玄门与玄武门的距离为156米。内重门的做法亦见于兴庆宫的布局中。《旧唐书》中亦称东内大明宫中有"别殿、亭、观三十余所"[1]。说明从建筑的数量上，东内大明宫与西内太极宫是大体相当的。应当然这里的"三十余所"，应当是指主要殿堂所组成的建筑群落而言，其义为有三十余处门殿（堂、阁）建筑院落组群。

（1）含元殿

建于龙朔二年（662年），在丹凤门以北610米处，与丹凤门南北相对，位于龙首原的南沿上，其址高出平地15.6米。有遗址可知，大殿台基东西长75.9米、南北长41.3米；由遗址推测的大殿面阔11间，进深4间，每间面广约5.3米，殿外四周有宽5米余的副阶。殿左、右、后三面夯筑有厚1.3米的土墙，墙的内外壁上涂有白灰，底部绘有朱红色边线。

台基下周砌散水砖，台基前设长约75米、向南延伸的三条平行阶道，即所谓"龙尾道"。阶道为砖石铺砌，中间一道宽25.5米，两侧各宽4.5米，中间与两侧的阶道间距约8米。阶道坡度缓和而有节奏。大殿两侧向外各有延伸，并有向南折

①
[后晋]刘昫《旧唐书》卷38，"志第十八·地理一"。

①
《旧唐书》卷17上：宝历元年
（825年）三月，"宴群臣于三
殿"。又卷28：乾元元年三月，
"召太常乐工，上临三殿亲观考
击，皆合五音，送太常"。《唐两
京城坊考》，卷1："殿有三面，
南有阁，东西有楼，故曰三殿。"

出的廊道，廊道与殿东南的翔鸾阁及殿西南的栖凤阁相接，形成一个凹字形的空间，形如后世的五凤楼之制。

东西两阁的台基高出地面约15米，台基周围包砌有60厘米厚的砖壁。含元殿遗址出土的黑色陶瓦，大者直径23厘米，约是殿顶的用瓦，而小者直径约15厘米，应是两廊及东西两阁屋顶的用瓦。遗址中还曾出土有绿琉璃瓦残片，推测含元殿在中晚唐时已经开始使用琉璃瓦顶。

由含元殿台基四周出土的残石柱及螭首等石刻残片，可以推知台基周围应安装有石栏与螭首等装饰构件（图5-15～图5-19）。

（2）麟德殿

麟德殿的兴建略迟于含元殿，其遗址位于太液池西隆起的高地上，西距宫城西墙仅90米。夯土台基为两层重台，第一重台南北长130.41米、东西宽77.55米，在高出地面1.4米处，东西两侧各向内收6.2米，南侧收8米（北侧不详），然后再起第二重台，高1.1米、东西宽65.15米。两层重台共高5.7米。台基周围砌砖壁，其下绕铺散水砖。由遗址推测麟德殿的面积，约相当于明清北京故宫太和殿面积的3倍。

台基上当有三座殿前后毗连，所以又称"三殿"。[①]三殿中的前殿面阔11间，长58米，进深4间。平面为金箱斗底槽殿堂结构，其前有副阶一间，副阶前有东西两条阶道。前殿后有一条宽约6.2米的过道，其北与中殿相接。

图5-15　陕西西安唐长安大明宫含元殿遗址图
（孙蕾 摄）

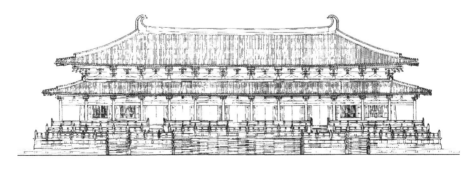

图5-16　陕西西安唐长安大明宫含元殿立面复原图
（傅熹年. 中国古代建筑史. 第二卷 [M]. 中国建筑工业出版社，2009：405.）

图5-17 陕西西安唐长安大明宫含元殿全景复原图
（傅熹年.古建腾辉——傅熹年建筑画选[M].中国建筑工业出版社，1998.）

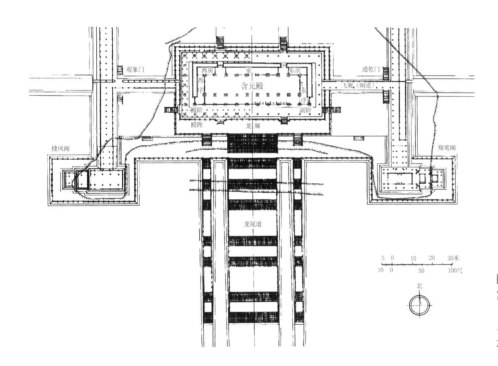

图5-18 陕西西安唐长安大明宫含元殿平面复原图
（傅熹年.中国古代建筑史.第二卷 [M].中国建筑工业出版社，2009：405.）

图5-19 陕西西安唐长安大明宫含元殿剖面复原图
（傅熹年.中国古代建筑史.第二卷 [M].中国建筑工业出版社，2009：405.）

①
[清] 徐松《唐两京城坊考》卷1：
"殿东即寝殿之北相连，各有障日
阁，凡内宴所于此。"

②
[清] 徐松《唐两京城坊考》卷1：
"东楼曰郁仪，即《裴度传》之东
廊。西楼曰结邻，亦曰西廊。"

③
[宋] 王谠《唐语林》卷5，补遗一。

④
《册府元龟》卷110。

中殿面阔与前殿相同，进深为五间，以隔墙将内部分为中、左、右三室。前、中两殿和其间的过道地面，原铺有对缝严密的磨光矩形石块。后殿的面阔与中殿同，进深三间。后殿之后另附有一座面阔九间、进深三间的建筑物。这座附属建筑没有两侧山墙的遗迹，很可能是所谓的"障日阁"①。后殿与所附建筑的地面原铺有方砖。建筑物的南北总长度为85米。

在后殿的东西两侧是两座长方形的楼，东为郁仪楼，西为结邻楼。②楼的外端与东西廊相接。在两楼的前面，有两座东西对称的亭子，即东西亭，其遗址的南北宽约10.15米、东西长约11.5米。从遗址看，不计两廊与前廊副阶，共有柱子164根，而若加上两廊及副阶，则大殿柱子的总数有204根之多。大殿四周的廊院面积宽广，据记载，唐玄宗"尝三殿打球，荣王堕马闷绝"③。可以在院落之中骑马击鞠，其空间还是相当宽阔的。

麟德殿的布局和建筑造型严谨规整，各部分均为对称布置，如东西亭、东西两楼、东西廊及相对的院门等，因而形成了主次分明、主殿突出的建筑艺术格局。这座大殿是一处宴乐之所，大历三年（768年）五月，"宴剑南陈郑神策军将士三千五百人于三殿，赐物有差"④。可以赐宴3000余人，足见麟德殿的规模之大。这样大规模的宴席，应使用了殿内、前院与两廊的空间（图5-20～图5-23）。

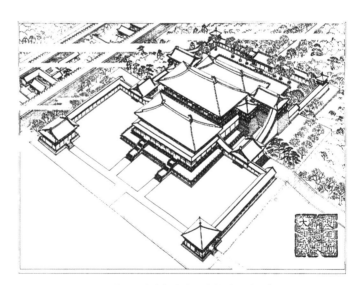

图5-20　陕西西安唐长安大明宫麟德殿全景复原图
（傅熹年. 中国古代建筑史. 第二卷 [M]. 中国建筑工业出版社，2009：411.）

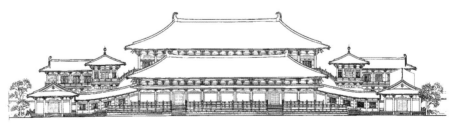

图5-21　陕西西安唐长安大明宫麟德殿正立面复原图
（傅熹年. 中国古代建筑史. 第二卷 [M]. 中国建筑工业出版社，2009：410.）

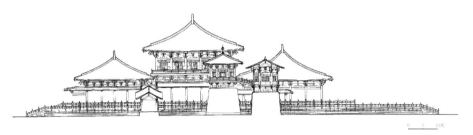

图5-22 陕西西安唐长安大明宫麟德殿侧立面复原图

（傅熹年. 中国古代建筑史. 第二卷 [M]. 中国建筑工业出版社，2009：410.）

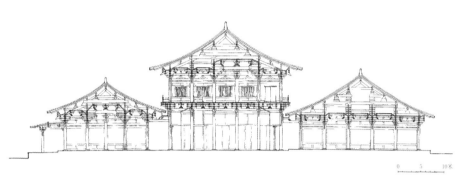

图5-23 陕西西安唐长安大明宫麟德殿剖面复原图

（傅熹年. 中国古代建筑史. 第二卷 [M]. 中国建筑工业出版社，2009：409.）

3. 兴庆宫（南内）

兴庆宫建于开元二年（714年）（图5-24）。南北长1250米，东西宽1080米。宫城四面皆设门（图5-25），正门兴庆门在西壁北部。正殿为兴庆殿，其南有大同殿。殿前有钟、鼓楼之设，仍沿用了唐代宫殿建筑的格局。另有南薰殿，似与主殿不在一条轴线上。主殿也并未布置在宫城的中轴线上，而是偏于西侧。宫城内以墙分割为南北两部分。北部为宫殿区，南部为园林区。南区正中有一个东西长915米、南北宽214米的椭圆形大水池，称龙池。

宫城西南隅有两座楼，一是花萼相辉楼，一是勤政务本楼，据说是玄宗登楼眺望与俯瞰东市景象之处。两楼的平面呈曲尺形。在楼的北部，有东西宽63米、南北长92米的回廊院。院内北部为一座30米×20米的建筑遗址。建筑两侧有短廊与东西回廊相接。回廊内的南部有长宽各20余米的庭院。此外，宫内还有一些方形与圆形的建筑遗址，可能是亭、阁之类园林建筑的遗存（图5-7，图5-8）。

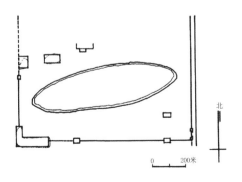

图5-24 唐长安兴庆宫发掘平面图

（傅熹年. 中国古代建筑史. 第二卷 [M]. 中国建筑工业出版社，2009：418.）

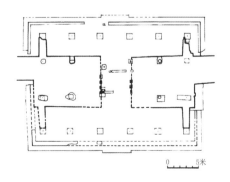

图5-25 唐长安兴庆宫西南角门址实测图

（傅熹年. 中国古代建筑史. 第二卷 [M]. 中国建筑工业出版社，2009：422.）

①
《旧唐书》卷38。

兴庆宫以园林为主体，建筑平面多样化，建筑装饰瓦件较为丰富，如已发现的莲花瓦当有73种之多，还发现了黄、绿两色的琉璃滴水。说明盛唐时所建的兴庆宫较之初唐所建的大明宫更偏奢华富丽。

（二）洛阳宫殿

1. 宫城，隋称紫微宫，唐改为洛阳宫

隋初建时，宫中正殿为乾阳殿。殿左右建文成，武安二殿。现略存东西二堂的余意。

据《旧唐书》："宫城，在都城之西北隅。城东西四里一百八十步，南北二里一十五步。宫城有隔城四重。正门曰应天，正殿曰明堂。明堂之西有武成殿，即正衙听政之所也。宫内别殿、台、馆三十五所。"①宫城正门为应天门（又称则天门），上有一座两层的楼观，曰紫微观。门左右向前突出而连阙。根据发掘，向外伸出的巨大双阙，阙身宽30米，向南突出至约45米处，两阙东西的距离为83米。阙与城门之间有厚16.5米的南北向城墙相接，相接处加宽到21米，整组建筑的平面呈凹字形。这可能就是明清故宫午门之五凤楼制度的早期形式。

应天门内40步是永泰门，永泰门内40步是乾阳门。同应天门一样，永泰门与乾阳门都是重楼建筑。乾阳门内即是主殿乾阳殿。乾阳殿向东，经东上阁、东华门、文成门，即是文成殿；向西经西上阁、西华门及武安门，即是武安殿（又称武成殿）。宫城内以乾阳殿为中轴线，依序排列着贞观殿、徽猷殿等几十座殿堂院落。

洛阳宫殿同样大体上延续了西京太极宫核心部分三纵三横的空间格局。宫城的南面有三座门（光政门、应天门、兴教门），正中为应天门，其内有乾元门，乾元门内为乾元殿，后来的武则天明堂就建造在乾元殿的基址之上。这里是洛阳宫殿最为核心的部位。在这个核心的庭院四周围绕着回廊，东廊有左延福门，西廊有右延福门。乾元殿的左右两侧还分别对称地布置有春晖门和秋澄门。乾元门两侧还对称地布置有两座门，东为万春门，西为千秋门。乾元殿以北设有一门，称为烛龙门。

在应天门两侧对称布置有二门，东为兴教门，西为光政门。兴教门以内对应会昌门，会昌门以北对应章善门。光政门以内对应广运门，广运门以北是明福门。这样就形成了东、中、西三条纵向的轴线。明福门以东为武成门，其内有武成殿；明福门以西有崇贤门，其内有集贤殿。武成殿以北有仁寿殿，集贤殿以北有仙居殿。这样似乎在中轴线西侧沿光政门、广运门、明福门又有一条比较重要的轴线，其左右又对峙有分别以武成殿和仁寿殿，集贤殿和仙居殿组成的两条较为次要的纵轴线。

2. 洛阳宫中的主殿与明堂

由史料可知，在洛阳宫的乾阳殿，隋唐两代几起几伏，在同一个基址上先后建造了数座雄伟高大的重要殿堂，演绎了一场颇有意味的建筑兴衰史。

隋大业初年在这里建造了乾阳殿（唐代重建后改称乾元殿），殿基高9尺（约

2.52米），从地至鸱尾的高度为170尺（约47.6米）。殿面广为13间，进深29间，按照后来在其遗址上建造的唐代乾元殿的尺寸推测，这座大殿的面广接近100米，进深约在50米，殿周围有回廊。

隋代洛阳宫殿的主殿乾阳殿，殿身为三重檐（三陛轩），柱大24围。据记载，隋时为建东都宫殿，"往江南诸州采大木，引至东都。所经州县，递送往返，首尾相属，不绝者千里，而东都役使促迫，僵仆而毙者，十四五焉"①。又载，"隋家造殿，伐木于豫章（今江西）。二千人挽一材，以铁为毂，行不数里，毂辄坏，别数百人赍毂自随，终日行不三十里。一材之费，已数十万工"②。其柱子之巨大，可由此略窥一斑。

乾阳殿前两侧各置重楼，可能是钟楼、鼓楼。据记载：

永泰门内四十步有乾阳门，并重楼。乾阳门东西亦轩廊周匝。门内一百二十步有乾阳殿，殿基高九尺，从地至鸱尾高二百七十尺，十三间二十九架，三陛轩，文□镂槛，栾栌百重，楶棋千构，云楣绣柱，华榱壁珰，穷轩甍之壮丽；其柱大二十四围，倚井垂莲，仰之者眩曜。③

这样一座雄伟壮丽的建筑，却于武德四年（621年）被李世民因其过于奢费而烧毁，同时焚毁的还有应天门等其他重要建筑。

唐高宗麟德二年（665年），命司农少卿田仁汪于乾阳殿旧址上建含元殿，后改称乾元殿。乾元殿东西345尺，约108米；南北176尺，约55米；高120尺，约37.5米。

武则天垂拱四年（688年），即乾元殿建成33年时，又拆除了乾元殿，在其旧址上建造明堂（图5-26～图5-28）。

关于明堂之设，隋唐两代争执不休，隋初曾准备建明堂，宇文恺画了设计图，制作了木模型，献给了隋文帝，并撰述了有关明堂的论文，对古来明堂建设上的争论提出了一些见解，但终隋一代却未见付诸实施。

唐初又曾议及此事。高宗时，曾发动许多人讨论这件事，并将其中的一个方案交百官讨论，此即总章二年（669年）的明堂方案。这是一座建在八角形台基上的

①
《隋书》卷24，志第十九。

②
《新唐书》卷103，列传第二十八。

③
[唐] 杜宝《大业杂记》。

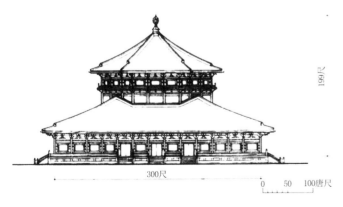

图5-26　唐洛阳武则天乾元殿立面复原示意图
（傅熹年. 中国古代建筑史. 第二卷 [M]. 中国建筑工业出版社，2009：439.）

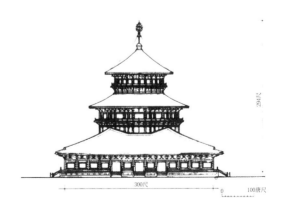

图5-27　唐洛阳由武则天改建的明堂立面复原示意图
（傅熹年. 中国古代建筑史. 第二卷 [M]. 中国建筑工业出版社，2009：438.）

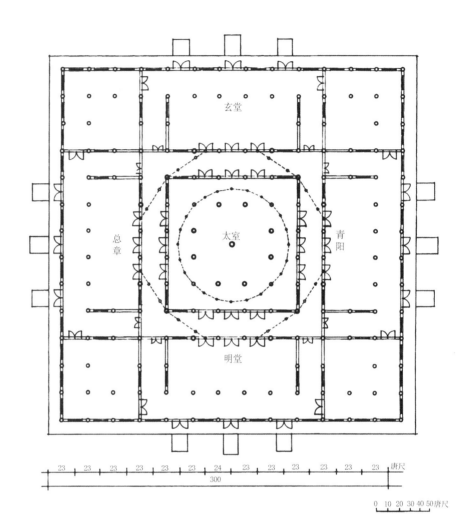

图5-28　唐洛阳由武则天改建的乾元殿立面复原示意图
（傅熹年. 中国古代建筑史. 第二卷 [M]. 中国建筑工业出版社, 2009: 439.）

所谓上圆下方的建筑，殿内有128根柱，殿檐经288尺，即屋顶的直径约为90米。高宗为这座建筑下了详细的诏书，但因争论不休也未能实现。武则天主张"我自作古"，不顾百官的争议，按照自己的设想在拆除的乾元殿旧址上建造了一座形状怪异的明堂。

这座明堂于垂拱三年（687年）动工，垂拱四年（688年）正月五日建成，高294尺（以一唐尺为0.295米计，合86.73米），东西南北各广300尺（88.5米）。明堂有三层，下层平面为正方，象征一年四季与四方，各随方色（春—东—青、夏—南—朱、秋—西—白、冬—北—黑）；中层为十二边形，圆顶，顶上用九龙盘绕以捧上层；上层为二十四边，也是圆顶。堂中央有一根木柱，粗有十围（直径约5.5米），上下通贯，略似早期佛塔建筑中常用的塔心柱的做法，堂顶施铁凤雕饰，并用黄金装饰，屋顶用瓦为木质雕刻而成，夹紵漆之。建成后，号为"万象神宫"。据说，由于武则天佞佛，在明堂之后又建造了高大的佛堂。

证圣元年（695年），在明堂建成仅七年后的正月，明堂之后的佛堂火灾，延烧明堂，使两座巨大的建筑物均成灰烬。其年三月，又依旧原有的规制重建明堂，高度仍为294尺，东西南北各广300尺，只是将屋顶的宝凤改为火珠。至天册万岁二年

（696年）三月二日，重建明堂，号"通天宫"，大赦改元，年号为"万岁通天"。这年四月，又铸造了九州鼎，置于明堂的庭院之中，铸鼎用铜达56.7万多斤。

　　玄宗开元二十五年（737年），在新的明堂建成41年时，唐玄宗因明堂怪异而命人拆除，但仅拆了上层，就因工程烦琐而停止，所余的高度为199尺（约58.7米）。以此为基础，玄宗在第三层平座之上，另建八角楼，楼上屋顶用八龙腾身，以捧火珠，火珠的直径为5尺。并改殿名，仍称为乾元殿。此后，终唐一世未曾再建明堂。

3. 上阳宫

　　高宗乾封二年（667年），"帝登洛水高岸，有临眺之美"[①]，于是在洛阳城西皇家苑囿之东靠近洛阳城之处，修建了上阳宫。

　　据《旧唐书》："上阳宫，在宫城之西南隅。南临洛水，西拒谷水，东即宫城，北连禁苑。宫内正门正殿皆东向，正门曰提象，正殿曰观风。其内别殿、亭、观九所。上阳之西，隔谷水有西上阳宫，虹梁跨谷，行幸往来。皆高宗龙朔后置。"[②]"大帝（高宗）末年，常居此宫听政"[③]。上阳宫内的基本格局是有一条东西向的轴线，并在主要殿堂门前相对树立了两座楼阁，"东面两门：南曰提象门（即正衙门），北曰星躔门。提象门内曰观风门。南曰浴日楼，北曰七宝阁，其内曰观风殿"[④]。这组以提象门、观风门、观风殿为主体，门前左右对峙浴日与七宝两座楼阁的规整建筑群，形成了上阳宫的核心空间。但上阳宫的其余部分，则表现了皇家园林建筑的自由、丰富与变化，如"观风之西曰本枝院，又西曰丽春殿，殿东曰含莲亭，西曰芙蓉亭，又西曰宜男亭。北曰芬芳门，其内曰芬芳殿（又有露菊亭、互春、妃嫔、仙杼、冰井等院散布其内）"[⑤]。显然，这是一座集起居、理政与休憩等功能在内的皇家园林式宫殿。在都城附近林泉滋茂之地设置具有离宫性质的郊区皇家园林，无疑对后世皇家园林的发展产生了影响。宋代汴梁郊区的金明池、琼林苑，金代燕京郊区的万安宫，还有清代北京西郊的三山五园，都在一定程度上受到了这一做法的影响。

　　从此，上阳宫成为东都的主要宫殿之一。和长安大明宫一样，上阳宫避开了原来的宫城布局，在与都城依傍的禁苑中自成一体，并与原来的宫城有着密切而恰当的联系。值得注意的是，上阳宫"正门正殿皆东向"的做法，反映了上阳宫的规划者十分注意城市的整体空间关系，新建的宫殿既考虑了与全城在功能上的联系，又考虑了总体规划上的呼应与建筑向背关系，使城外的上阳宫，实际上也成了洛阳城市空间的一个有机组成部分。

二、隋唐时期的离宫别馆

　　隋唐时期建造了许多离宫别馆。隋炀帝四处巡幸，每到一处都建造离宫，如为南巡江都，除大肆营建江都宫外，他还沿运河"自长安至江都，置离宫四十余所"[⑥]。

---

① 《册府元龟》卷14，"帝王部·都邑第二"。

② 《旧唐书》卷38。

③ [清] 徐松《唐两京城坊考》卷5，"上阳宫"。

④⑤ [唐]李林甫等《唐六典》卷7，"尚书工部"。

⑥ [清] 焦循、江藩《扬州图经》卷2。

①②③
[宋] 佚名《炀帝迷楼记》。

④
《新唐书》卷37，志第二十七。

⑤
《唐会要》卷30，"玉华宫"。

（一）隋代离宫

1. 仁寿宫

位于今陕西凤翔县。开皇十三年（593年）诏营仁寿宫，由杨素监理，宇文恺为将作大匠，"夷山湮谷，以立宫殿，督役严急，丁夫多死，而疲顿颠扑者，皆推入坑坎，复以土石，以筑平地，死者以万数"。宫成，崇台累榭，颇为壮观，初文帝见过分绮丽，不悦，杨素惧，独孤皇后曰："帝王法有离宫别馆，今天下太平，造此一宫，何足损费。"开皇十八年（598年），文帝又诏，自京师至仁寿宫，置行宫十二所。

2. 江都宫

隋炀帝建造了许多离宫，如昆陵宫，宫周围十二里，内有离宫十六所，为隋炀帝南巡之用。此外还有晋阳宫、榆林宫、江都宫等，尤以江都宫经营最久。江都宫在今扬州，隋炀帝曾几次巡幸江都，最后被弑于江都宫。江都宫中最著名的一座建筑，是所谓的"迷楼"。

"迷楼"一反隋代宫殿雄阔质朴之风，"楼阁高下，轩窗掩映，幽房曲室，玉栏朱楯，互相连属，回环四合，曲屋自通。千门万牖，上下金碧。金虹伏于栋下，玉兽蹲乎户旁。壁砌生光，琐窗射日。工巧之极，自古无有也。费用金玉，帑库为之一虚，人误入者，虽终日不能出。"[①]隋炀帝很得意，曰："使真仙游其中，亦当自迷也，可目之曰迷楼。"[②]后来，唐高祖巡幸江都时，见迷楼如此壮丽工巧，"（说：）'此皆民膏血所为也！'乃命焚之。经月火不灭"[③]。

（二）唐代离宫

自初唐至盛唐，唐代统治者营建了不少离宫，如武德五年（622年）营弘义宫，武德七年（624年）营仁智宫于宜州宜君县，武德八年（625年）营太和宫于终南山，贞观十一年（637年）营飞山宫，贞观十四年（640年）营襄城宫。仅营襄城宫一役，便用工190余万。可见其规模之大。贞观二十一年（647年），营翠微宫，该宫是在太和宫的旧址上建造的。"南五十里太和谷有太和宫，武德八年置，贞观十年废。二十一年复置，曰翠微宫。笼山为苑，元和中以为翠微寺。"[④]宫建于终南山中，地形隘险，正门北开，谓之云霞门，视朝殿名翠微殿，寝殿名含风殿，并为太子构别宫，连延里余。太子别宫的正门西开。

同年又在宜君县凤凰谷建玉华宫，其正门曰南风门，殿名为玉华殿。这一处离宫除正殿用瓦覆盖外，其余殿都用茅葺。故唐太宗说，"唐尧茅茨不翦，以为盛德。不知尧之时，无瓦。瓦盖桀纣之为。……今朕构采椽于椒风之日，立茅茨于有瓦之时，将为节俭，自当不谢古者。"[⑤]玉华宫在今陕西铜川地区，是太宗的避暑之地，内有正宫及后妃住的东宫、西宫等，现在尚有部分遗址。高宗时废为玉华寺，玄奘曾在此翻译经书。

另外，太宗贞观十八年（644年）在秦之骊山宫旧址上建离宫，开元十一年（723年）再扩之，称为温泉宫，天宝六年（747年）改名华清宫。永淳元年（682年）为登封告成而建奉天宫于嵩山之南，圣历三年（700年）造三阳宫于嵩阳县，另外还曾建有九成宫（又称万年宫）。

三、小结

秦汉时期的皇家宫殿虽然规模很大，但其建筑组群的规制还在探索之中，远不如隋唐宫殿建筑之谨严、工整。秦汉宫殿惯于设置尺度恢宏的前殿，如秦之阿房前殿，汉之未央前殿。既然是前殿，就应该有其后排列的殿堂，故而形成一个沿前后纵深排列的序列。南北朝时期又惯于将宫殿的正殿处理成东西堂的格局。即在宫殿正衙两侧布置两座次要的殿堂，形成并列三座大型殿堂的空间格局，这实际上是在秦汉前后排列的序列中，又加入了东西两个平行的空间。隋唐宫殿，则是在这样一些先例的基础上，发展出了三横、三纵的空间格局，即在主要宫殿轴线两侧，再辅以左右两条辅助的空间序列，形成一个略近"田"字形的空间格局。"田"字的每一个交角，就是一组殿堂的院落所在。这无疑丰富了中国古代建筑的空间组织形式。

隋唐宫殿建筑在艺术上的发展也是明显的。隋代洛阳宫前使用双阙的格局，使得宫殿建筑前导的空间序列显得更为整肃、庄严，增加了皇家建筑的神秘感与威严感，同时也开启了后世在宫城前两出阙的空间布局之先例。宋、金及元、明、清的大内宫城，逐渐完善了这一空间艺术手法，渐渐发展了明清故宫紫禁城午门的"五凤楼"式的格局。

而唐代大明宫，将正殿含元殿置于高大的台地之上，通过龙尾道登临，殿两侧对峙设置有两座如门阙一般的楼阁建筑，并将殿前的空间设置得空敞而巨大。这种种手法，都以一种艺术的方式烘托出唐代帝王宫殿之高高在上、不可一世的傲然之势。建筑的造型语言与空间语言，与统治者意欲君临天下、领驭万邦的思想恰相吻合。

第五节　苑囿、园林、住宅与陵寝建筑

隋唐两代的苑囿建设是一脉相承的。隋唐长安禁苑与隋代洛阳西苑（唐代洛阳神都苑）都是历史上著名的具有巨大空间尺度的皇家苑囿。而在陵寝建设方面，则主要是唐代帝王的陵寝。唐太宗的昭陵，还有唐高宗与武则天合葬的乾陵，尽管地面遗存已经很少，但仅从其因山为陵的宏大气势，大量的功臣陪葬墓，还有陵前与墓前石像雕刻的情况来看，仍然堪称中国历史上最为宏伟的皇家陵墓建筑群。

①②
[清] 徐松《唐两京城坊考》卷3。

一、隋唐时的苑囿

（一）西京长安苑囿

西京长安苑囿与园林，除了宫中的园池外，还包括西内苑、东内苑、禁苑以及具有城市公共园林性质的曲江芙蓉园（图5-29）。

西内苑在西内太极宫宫城之北，南北约一里宽，苑内除一些建筑如观德殿、大安殿、广达楼外，还有樱桃园、冰井台等景观。东内苑在东内大明宫东南隅，内有龙首池，另有看乐殿、小儿坊、毯场，太和九年（835年）还填龙首池为鞠场，是一个带体育性质的园林。

禁苑，即隋之大兴苑，东至浐水，西包汉长安城旧址，北枕渭水，南接长安外郭城，东西27里，南北33里，周回120里，面积254平方公里，比汉上林苑略小。禁苑中有宫亭24所，如南望春亭、坡头亭、九曲宫、鱼藻宫等，并曾对汉未央宫旧址中的约249间房屋加以修葺（武宗会昌元年），以做游览之用。园内还有不少桥梁建筑和水面，如青城桥、龙鳞桥及鱼藻池、广运潭等。这是一座游猎性质的园林，内还有虎圈之类圈养动物的地方。此外还有梨园、葡萄园等园林区，其中梨园曾作为培养歌舞人才的地方，唐明皇时在这里设立了专门的机构，故后世有"梨园弟子"之说。

如果说，东、西内苑带有宫廷后花园性质，类似北京故宫的御花园，并兼有一些体育及娱乐功能，那么禁苑则沿袭了秦汉上林苑的围猎园林的特点。这种园林在真山真水中散置离宫别馆，并圈养一些奇禽异兽与珍贵花草，是带有集锦猎奇性质的游赏性园林。其基本特点是自然主义的，却着意设置了一些景区，并有意识地修复了一些古迹作为游赏的内容，从而又超越了纯粹的自然主义园林。

曲江芙蓉园则不同，这里虽然是一个主要供皇帝游赏的园林区，却也略有一些城市公共游赏区的性质。在中国园林发展史上，这是一个重要的新事物。曲江芙蓉苑不仅容许一般人游览，还容许皇室以外的人建造房屋亭阁，"如有力要创置亭馆者，宜给与闲地任营建"[1]。类似的园林景区在长安城内还有，如升平坊的乐游原，地势较高，武后长安年间（702—704年），"太平公主于原上置亭游赏，……其地居京城之最高，四望宽敞，京城之内，俯视指掌。每正月晦日、三月三日、九月九日，京城士女咸就此登赏祓禊"[2]。可以说，曲江芙蓉苑与乐游原是后世兴起的城市公共游赏区之滥觞。

（二）东都洛阳苑囿

隋之东都苑，名会通苑，又称西苑、神都苑，苑周围有墙垣高一丈九尺（图5-30）。

东都苑周回二百里，苑内有一条屈曲环绕的龙鳞渠，隋时沿着龙鳞渠修建了16座院落，号称"十六院"，每个院落都在西、东、南三个方向向龙鳞渠开门，也就是说，每一个院落组群都是被曲折的水系环绕的半岛。庭院内种植有从各地收

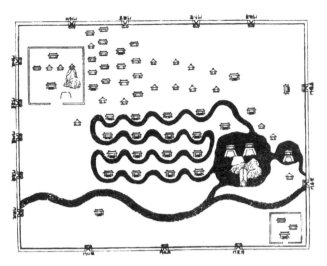

图5-29 《元河南志》所附《隋上林西苑图》（一）
（傅熹年. 中国古代建筑史. 第二卷 [M]. 中国建筑工业出版社，2009：478.）

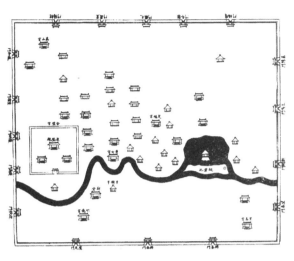

图5-30 《元河南志》所附《隋上林西苑图》（二）
（傅熹年. 中国古代建筑史. 第二卷 [M]. 中国建筑工业出版社，2009：478.）

集而来的名花异草。炀帝时，冬季花凋叶谢，还剪杂色彩帛制成各色的花草点缀在院内，花色稍一减退立即更换新彩。院内池沼中种植有莲荷，冬天莲荷败落，亦剪彩做成莲荷的样子漂浮于水面之上，以保持娱目的景观效果。另外，在这些院落中央，还"穿池养鱼为园，种蔬植瓜果，……水陆之产，靡所不有"[1]。

龙鳞渠宽约20步，合33米多，渠上横跨飞桥，可由院中到对岸，过桥百步，种植有杨柳修竹、名花异草，郁郁葱葱中，掩映着一些园林建筑。苑内开凿了一座大池沼，周围有十余里，象征大海，池北通龙鳞渠，池中筑有方丈、蓬莱、瀛州诸仙山，山与山之间相距各300步（约500米）左右，山顶高出水面百余尺（约30米），山上建有各种风亭月观，如道真观、集灵台、总仙宫等。隋炀帝还在这些亭观建筑中设有机关，造成一种忽起忽灭、若隐若现、如有神变的海上仙山的神秘气氛。此外，苑内还有许多殿阁、亭榭等园林建筑。

唐代时，将隋东都苑加以收缩，由原来的周回200里缩小为周回120里。并在其东邻郭城处建上阳宫。武则天时改称神都苑（图5-31）。

①
[唐] 杜宝《大业杂记》，"每院开东西南三门，门并临龙鳞渠。渠面阔二十步，上跨飞桥。过桥百步，即种杨柳、修竹，四面郁茂，名花美草，隐映轩陛。

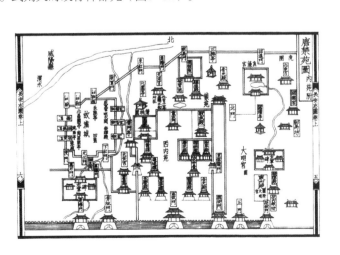

图5-31 《长安志图》中的唐禁苑图
（傅熹年. 中国古代建筑史. 第二卷 [M]. 中国建筑工业出版社，2009：479.）

① 《汉书》卷56，"董仲舒传第二十六"。

② 《三辅黄图》卷4。

③ 《尚书》周书，旅獒第七。

④ 《全唐文》卷177，王勃，"九成宫东台山池赋"。

隋唐东都苑，仍然沿袭了秦汉时流行的一池三山式追求仙居生活的大型园林特点，同时带有一定的集锦猎奇式观赏园林的特色。苑内收集名花异草、奇珍异兽，并着意于悦目的景观处理，反映了这时的造园思想已经由秦汉以来的自然主义，向着意创造的景观园与娱乐园过渡。这种一池三山式的园林，对后世中国及日本、韩国的园林都有较为深远的影响。

二、隋唐两京私家园林

私家营造园池的做法至迟在汉代就已经开始，董仲舒有"三年不窥园"①之说，汉代茂陵富人袁广汉"于北邙山下筑园，东西四里，南北五里，激流水注其中。构石为山，高十余丈，连延数里"②。史书多以此为人工叠山之始。但另有一说，认为中国园林叠山理水，古自有之，周文王建灵沼为理水之始，而《尚书》中的"为山九仞，功亏一篑"③之说，说明春秋之前已有叠山造景的做法。

如果说，隋唐以前的私家园林追求宏大的规模，自然主义地模仿自然，山如真山，水如真水，那么自南北朝至隋唐，私园则为之一变，不求巨大真实，而求奇巧感人。晋以来士大夫已然兴起崇尚奇石之风，唐时则有"纤波成止水之源，拳石俨干霄之状"④的说法，将小尺度的奇岩怪石置于庭院中，间以纤波小溪，象征性地表现了名山大壑，以寄托某种感情，带有浪漫主义的色彩。正是在这种潮流下，唐代两京城内里坊宅院中盛行山池院式的小园林（图5-32，图5-33）。

图5-32 莫高窟壁画中的池塘

（傅熹年. 中国古代建筑史. 第二卷 [M]. 中国建筑工业出版社，2009：492.）

①
[清] 徐松:《唐两京城坊考》卷5。

②
[清] 徐松:《唐两京城坊考》卷4。

图5-33 莫高窟第338窟初唐壁
画中的园林
（孙儒僩，孙毅华. 敦煌石窟全集.
21，建筑画卷[M]. 商务印书馆，
2001：74.）

隋唐两京私园之兴，以东都洛阳为盛。《河南志》引韦述《两京新记》云，长夏门往东，"北侧数坊，去朝市远，居止稀少，惟园林滋茂耳"①。这一带有许多山池院、山亭院，如集贤坊裴度宅，"筑山穿池，竹木丛萃，有风亭水榭，梯桥架阁，岛屿回环"；询善坊郭广敬宅，有山池院；崇让坊韦瓛宅，"有竹千杆，有池一亩，……叠石数片"。又如白居易在履道坊的住宅，"竹木池馆，有林泉之致"，"地方十七亩，屋室三之一，水五之一，竹九之一，而岛树桥道间之"；归仁坊牛僧儒宅，"嘉木怪石，置之阶庭，馆宇清华，竹木幽邃"；履信坊李仍淑宅，有"樱桃池"，池中有"樱桃岛"；同一坊中的将军柳当宅"有楼台水木之盛"。这些园林中，还有一些特殊的园林建筑，如凉台、暑馆、流杯亭。西京太平坊有王珙宅，内有自雨亭，"檐上飞流四注，当夏处之，凛若高秋"②。

三、隋唐时期的住宅

由敦煌壁画五代卫贤绘《高士图》不仅可以窥见当时私园之一斑，也可以了解到一些隋唐住宅的简单情形。如一般住宅都用廊院连接各部分屋舍，房屋与廊院及山石植物等园林结合在一起，构成一个完整的园林式居住环境。此外，随着南北朝以来西域等外来文化的入侵，诸多胡人的家具及其使用习惯也渐渐传入，如高架的"胡床"、高脚的"胡凳"等，使隋唐时人一改秦汉时人席地而坐的习惯，渐渐习惯了以床榻、椅凳为日常生活用具。这种起居习惯的改变，也深刻地影响了隋唐时人的住宅建筑，特别是住宅的室内空间与陈设，使隋唐时期的住宅室内开始萌发晚近住宅的氛围。

①
[宋]李昉《太平广记》卷176，器量一，郭子仪条，引《谭宾录》。另见《长安志》卷8，第101页。

②
[唐]魏徵等《隋书》卷28，志第二十三，第540页。

③
[后晋]刘昫等《旧唐书》卷152，第2651页。

④
[后晋]刘昫等《旧唐书》卷12，第152页。

⑤
[后晋]刘昫等《旧唐书》卷12，第190页。

⑥
宋敏求《长安志·附长安图志》二卷10，第137页："次南归义坊，全一坊，隋蜀王秀宅。"

⑦
宋敏求《长安志·附长安图志》二卷9，第126页："次南昌明坊，全一坊，隋汉王谅宅。谅败后，赐零官，属家令寺。"

⑧
宋敏求《长安志·附长安图志》二卷9，第125页："次南崇德坊，本名宏德，神龙初改。西南隅崇圣寺。寺有东门、西门。本济度尼寺。隋秦孝王俊舍宅所立。"

⑨
宋敏求：《长安志·附长安图志》一卷7，第85页："次南开化坊，半以南大荐福寺。寺院半以东，隋炀帝在藩旧宅。"

⑩
《太平御览》卷180。

然而，隋唐时期的住宅，规模尺度及组群布局有着很大的差别。官宦贵胄之家的住宅规模往往十分宏大，如唐代名将郭子仪的住宅，据《太平广记·郭子仪》记载，"其宅在亲仁里，居其地四分之一，通永巷，家人三千，相出入者，不知其居"①。由于隋唐时期城市中的人口相对还比较稀疏，这为官员肆意扩大自己的住宅建筑基址规模与尺度提供了方便，因而隋唐官宦在私邸建造中多有逾制的现象。

隋代曾设四品衔的"司隶台大夫"，其下辖"别驾"（从五品）两人，分别掌管两京的巡察；另辖刺史14人（正六品），巡察京畿之外的地区；下面配置有从官40人，分察诸郡事务，其所巡察的重要内容之一，仍然是"田宅逾制"：

> 其所掌六条：一察品官以上理政能不。二察官人贪残害政。三察豪强奸猾，侵害下人，及田宅逾制，官司不能禁止者。四察水旱虫灾，不以实言，枉征赋役及无灾妄蠲免者。五察部内贼盗，不能穷逐，隐而不申者。六察德行孝悌，茂才异行，隐不贡者。每年二月，乘轺巡郡县，十月入奏。②

唐代宅第屋舍逾制的问题尤为严重，特别是天宝末年丧乱以来，地方势力膨胀，一些地方藩镇势力甚至在京师大兴土木，逾制无算，被时人讥为"木妖"：

> 久将边军，属西蕃寇扰，国家倚为屏翰。前后赐与无算，积聚家财，不知纪极。在京师治第舍，尤为宏侈。天宝中，贵戚勋家，已务奢靡，而垣屋犹存制度。然卫公李靖家庙，已为嬖臣杨氏马厩矣。及安、史大乱之后，法度隳弛，内臣戎帅，竞务奢豪，亭馆第舍，力穷乃止，时谓"木妖"。③

京师宅第逾制，尤以宰相元载、军将马璘及宦官刘忠翼等朝中权贵为甚。马璘宅中，仅中堂建筑便"费钱二十万贯，他室降等无几"，在他发丧期间，京师人众数十百人，假称是他的旧吏，争相赴其宅中吊唁，其实就是想一睹其宅第中堂的豪奢宏大之貌：

> 德宗在东宫，宿闻其事；及践祚，条举格令，第舍不得逾制，仍诏毁马璘中堂及内官刘忠翼之第；璘之家园，进属官司。自后公卿赐宴，多于璘之山池。④

> 壬申，毁元载、马璘、刘忠翼之第，以其雄侈逾制也。⑤

当然，唐代宅第舍屋的逾制问题，绝不仅仅是发生在官宦之家，皇亲国戚的逾制现象尤为严重，如史书中提到的太平公主、安乐公主，都是因宅舍僭越而获罪的。特别是一些亲王，其住宅的规模，往往有一坊之大。从史料可见，其中占一坊之地的隋代亲王宅第有蜀王秀宅，占归义坊一坊之地⑥；汉王谅宅，占昌明坊一坊之地。⑦此外，秦王俊宅，占崇德坊西南隅之地⑧；晋王广宅，占开化坊横街以南的1/4坊之地。⑨此外，隋炀帝的皇子齐王暕在东都洛阳的赐宅初拟占一坊之地，后占半坊之地，韦述《两京新记》曰："东京宜人坊，其半本隋齐王暕宅，炀帝爱子，初欲尽坊为宅。帝问宇文恺曰：'里名为何？'恺曰：'里名宜人。'帝曰：'既号宜人，奈何无人？可以半为王宅。'"⑩

当然，隋唐两京普通士人和居民的住宅就狭窄得多了。但一般来说，按里坊设置的隋唐两京，在既有的规划中，还是划分出了一定的地块格局以进行住宅的建设，这就是汉代晁错所谓的"营邑立城，制里割宅"的规划思想。统一营立和割制的里坊与住宅，最初应当是存在一些基本规则的，只是由于权势者的侵夺或贫困者的鬻卖，才使里坊内住宅基址规模渐渐呈现了两极化。而一般居于中层的士人官吏，则可能拥有较为标准的城市住宅地块。在唐代官宦园宅的相关史料中，记述最肯定也较精确者，可以长夏门之东第四街、从南第二坊履道坊中的白居易宅为例：

西门内，刑部尚书白居易宅。《旧唐书·白居易传》中记载："居易罢杭州，归洛阳，于履道里得故散骑常侍杨凭宅，竹木池馆，有林泉之致"，其亲自撰写的《池上篇》中亦载："都城风土水木之胜在东南偏，东南之胜在履道里，里之胜在西北隅，西闬北垣第一第，即白氏叟乐天退老之地。地方十七亩，屋室三之一，水五之一，竹九之一，而岛树桥道间之。"

白居易在洛阳的住宅，有17亩左右的规模，恰是洛阳里坊中经过严格的割宅分划之后的一个地块，这应当是一个标准的唐代文人的园林式住宅。

当然，实际的情况是，即使是普通市民住宅的基址面积，也一定是参差不齐的。如前面提到的永崇坊李晟宅前的"小宅"可以"戏马""击毬"，其面积当有数亩之多；而永平坊西南隅内"小宅"，"地约三亩，榆楮数百株"；安仁坊"有屋三十间"，约合三个院落的"孤贫"之宅，而三个院落的基址大小，也略接近3亩的规模。

然而，也有居住空间十分狭小的住宅：

唐永州刺史博陵崔简女讳媛，嫁为朗州员外司户河东薛巽妻。……惟恭柔专勤，以为妇妻……无忮忌之行，无犯迕之气，一亩之宅，言笑不闻于邻。[①]

一个官宦之家仅有一亩之宅，这虽是后世官吏屋宅常见的规模，但在唐代官吏住宅中，却是非常狭小的宅舍了。

而因住宅规模大小的不同，也会有建筑组群格局的差异。如据唐代王梵志的诗，隋唐时除了较大规模住宅中使用回廊院、山池院、山亭院等形式外，已经出现了四合院落式住宅的建筑空间形式。

生坐四合舍，死入土角黑暗眠，永别明灯烛。……。[②]

好住四合舍，殷勤堂上妻。无常煞鬼至，火急被追催。……。[③]

当然，在隋唐时期，四合院式住宅往往是小规模住宅的组群方式。较大的住宅都有外门、中门等门院之设，其间间以距离，连以廊舍（图5-34）。描写唐人生活的小说《太平广记》中有诸多有关住宅门户、廊舍、院落的描述，从中可以略窥其与后世四合院式住宅在空间上的差异：

相与策杖至通利坊。静曲幽巷，见一小门。胡芦先生即扣之，食顷，而有应门者开门延入。数十步，复入一板门。又十余步，乃见大门，制度宏丽，拟于公侯之家。[④]

但见朱门素壁，若今大官府中。……乃与入内，门宇严邃，环廊曲阁，连亘相通。中堂高会，酣燕正欢。[⑤]

归纳起来，隋唐时代虽然由于均田制的影响而对不同等级第宅屋舍的基址面积有一定的规定，如每3口人可以有一亩居住园宅，但实际情况却十分复杂，如长安城居住里坊内的第宅屋舍基址面积中，亲王宅第的面积之大，可以有一坊之地，达

① 《全唐文》卷89，"朗州员外司户薛君妻崔氏墓志"。

② 《全唐诗补编·全唐诗续拾》卷2。

③ 《全唐诗补编·全唐诗续拾》卷5。

④ 《太平广记》卷118，"韦丹"，见《太平广记选》，上册，第123页。齐鲁书社，1980年，济南。

⑤ 《太平广记》卷118，"韦丹"，见《太平广记选》，上册，第340页。

图5-34 莫高窟第148窟唐代壁画中的住宅

（孙儒僩，孙毅华. 敦煌石窟全集. 21，建筑画卷[M]. 商务印书馆，2001：167.）

①
[宋] 司马光《资治通鉴》卷179。

②
《隋书·杨素传》卷13。

③
《隋书》卷8，志第三，礼仪三。

600～900亩地之多，小者也占一隅（约1/16坊），有不小于50亩的宅基地；而官宦第宅中，第宅大者可以有1/4坊，200余亩地。这在一座大都市中，是具有相当规模的第宅空间。

而长安城一般人士的宅舍，有3亩、9亩、20余亩不等，城市贫苦阶层的舍屋面积，一般在0.8～0.9亩，在更为拥挤的情况下，里坊中的舍屋基址面积可能仅有0.5亩。奇怪的是，唐代在大都市以外的一些地区，仍然很难达到均田制中所规定的每3口人有一亩宅基地的规模，如唐代西州实际的舍屋基址，小者仅在40步（0.17亩）～70步（0.29亩）。因而，从贫苦农人屋舍的0.17亩到一般城市居民宅舍的0.5亩、0.9亩，乃至数亩，或10亩、20亩，再到王公贵族的50～900亩，勾画出了隋唐时代住宅基址规模的巨大差异。

四、隋唐时代的陵寝建筑

（一）隋代帝陵

隋文帝殒后，葬于太陵（604年）。陵址为仁寿二年（602年）诏杨素为文献皇后葬地所选，在陕西凤翔县东南。最初，萧吉为皇后之葬择吉地，号曰："卜年二千，卜世二百。"隋文帝曰："吉凶在人，不在于地。高纬葬父，岂不卜乎！俄而国亡。正如我家墓田，若云不吉，朕不当为天子；若云不凶，我弟不当战没。"[①]但也不能说隋文帝不信"吉地"之说，在献皇后葬入太陵后，文帝曾下诏褒奖经营葬事有功的杨素："诏以'杨素经营葬事，勤求吉地，论素此心，事极诚孝，岂与夫平戎定寇比其功业！可别封一子义康公，邑万户'。并赐田三十顷，绢万段，米万石，金珠绫锦称是。"[②]

炀帝被宇文化及弑于江都，草草埋葬，至唐武德时，复葬之江都。

（二）隋代葬制

隋开皇时，曾定葬制："其丧纪，上自王公，下逮庶人，著令皆为定制，无相差越。……在京师葬者，去城七里外。三品以上立碑，螭首龟趺。趺上高不过九尺。七品以上立碣，高四尺，圭首方趺。"[③]（图5-35，图5-36）

（三）唐代帝陵

唐陵的特点是利用地形，因山为坟。唐代一共有十八座帝王陵寝，除高祖献陵、敬宗庄陵、武宗端陵是在平原地区建造外，其余都是利用山峰、山丘建造的，如太宗昭陵，建于陕西礼泉县的九嵕山，墓室由山崖壁间凿入。建陵时，曾在半山修栈道，入葬后撤掉。昭陵前有两列浮雕马，即昭陵六骏，如太宗喜爱的"飒露紫""特勒骠"等，都布置在陵前。昭陵前有陪葬的后妃、王公、公主、功臣等墓，其茔地迤延十余公里（图5-37）。

唐代帝陵中以高宗与武后合葬的乾陵最为典型，其平面布局，是在山陵的四周

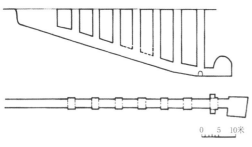

（a）西安市郭家滩隋姬威墓

（b）陕西三原县双盛村隋李和墓

图5-35 隋隧道天井式墓
（傅熹年. 中国古代建筑史. 第二
卷 [M]. 中国建筑工业出版社，
2009：444.）

图5-36 陕西西安出土隋李静训墓石椁
（陕西西安碑林博物馆藏）

图5-37 陕西礼泉县唐昭陵远景
（赵立瀛，刘临安. 中国建筑艺术全集. 第6卷 元代
前陵墓建筑[M]. 中国建筑工业出版社，2009：105.）

筑方形陵墙，四面辟门，门外立石狮。四角设角楼。陵前有神道，顺着坡势向南伸延，神道上布置有门阙与石像生。

乾陵唐时属奉天县，陵建于梁山。秦代先祖"古公亶父逾梁山至于岐下"[①]即指此山，秦代曾立梁山宫于此。乾陵所建的梁山原有三峰，以其南左右并立的二峰为阙。这种做法，在中国古代城市与陵墓的选置中经常使用。如秦阿房前殿"表南山之颠以为阙"。福州旧以"三山"为城，以北面的越王山为背屏，以其南的于山、乌山为阙山，都是这种布局的例子（图5-38～图5-40）。

乾陵神道上有华表、飞马、朱雀及石马、石人、碑、阙等，并左右排列着当时臣服于唐朝的外国君王石像60座。进入陵墙门就是献殿，献殿之北是地宫。从第一道门到地宫墓门处，前后绵延有4公里之长（图5-41）。

唐代帝陵还有专门的守陵官员："献陵、昭陵、乾陵、定陵、桥陵、恭陵署：令各一人，从五品上；丞一人，从七品下；录事一人。陵令掌先帝山陵，率户守卫之事；丞为之贰，凡朔望、元正、冬至、寒食，皆修享于诸陵。……凡功臣、密戚，请陪陵葬者听之，以文武分为左右而列。"[②]这说明唐代帝陵中还有许多日常的仪式性活动。而功臣、密戚的陪葬墓所形成的拱卫之势，也使得唐陵的规模，比起后世帝陵更为宏大。

①
《元和郡县图志》。

②
[唐]李林甫等《唐六典》卷14，
"太常寺"。

第五章 隋、唐、五代时期的建筑

231

图5-38 陕西乾县唐乾陵远眺
（赵立瀛，刘临安. 中国建筑艺术全集. 第6卷 元代前陵墓建筑[M]. 中国建筑工业出版社，2009：110.）

图5-39 陕西乾县唐乾陵陵冢
（赵立瀛，刘临安. 中国建筑艺术全集. 第6卷 元代前陵墓建筑[M]. 中国建筑工业出版社，2009：111.）

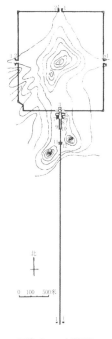

1. 阙； 　　2. 石狮一对；　3. 献殿遗址；　4. 石人一对；
5. 蕃酋像；　6. 无字碑；　7. 述圣记碑；　8. 石人十对；
9. 石马五对；10. 朱雀一对；11. 飞马一对；12. 华表一对

图5-40 陕西乾县唐乾陵总平面示意图
（傅熹年. 中国古代建筑史. 第二卷 [M]. 中国建筑工业出版社，2009：450.）

（a）唐乾陵神道上的华表

（b）唐乾陵神道上的朱雀

（c）唐乾陵神道上的飞马

（d）唐乾陵神道上的石人

（e）唐乾陵神道上的无字碑

（f）唐乾陵神道上的石阙

图5-41 唐乾陵神道上的石像生等
（赵立瀛，刘临安. 中国建筑艺术全集. 第6卷 元代前陵墓建筑[M]. 中国建筑工业出版社，2009：113-118.）

唐代除了帝陵之外，还有一些太子或公主的陵寝，也各有自己的守陵官员，并有属于自己的祭享之庙。例如："隐、章怀、懿德、节愍、惠庄、惠文、惠宣七太子陵署：各令一人，从八品下；丞一人，从九品下、太子陵令、丞皆掌陵园守卫。诸太子庙，令各一人，从八品上；丞一人，正九品下。太子庙令、丞皆掌洒扫开阖之节，四时祭享之礼。" 从这些官员的设置中，我们略可以想见，唐代太子陵及庙也是有一定的规模的。既有开阖洒扫，就一定有一些庭院的空间并设置门殿。虽不若帝王之陵般气势磅礴，但也比后世一般的亲王陵墓要宏伟许多。这一点从已经发掘的唐代永泰公主墓中可以略见一二。

永泰公主墓为平地建造，地面上为梯形夯土台，四周设有陵墙，范围为二百多米见方。陵四角有角楼，正南有阙，并有石狮、石人、华表等（图5-42）。墓中有墓道、砖砌甬道及前后两个墓室，墓道两壁绘有龙、虎及阙楼、仪仗队等壁画。甬道顶部绘宝相花平棊棊图案，前后墓室中有人物题材的壁画（图5-43～图5-45），墓室穹顶上绘有天象图。

图5-42　陕西乾县唐永泰公主李仙蕙墓墓冢

（赵立瀛，刘临安. 中国建筑艺术全集. 第6卷　元代前陵墓建筑[M]. 中国建筑工业出版社，2009：142.）

图5-43　陕西乾县唐永泰公主李仙蕙墓后室

（赵立瀛，刘临安. 中国建筑艺术全集. 第6卷　元代前陵墓建筑[M]. 中国建筑工业出版社，2009：143.）

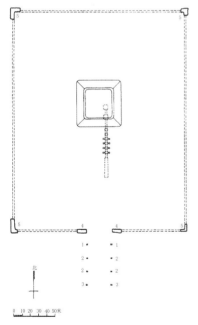

1. 石狮；2. 石人；3. 华表；4. 夯土残阙；5. 夯土残角阙

图5-44　陕西乾县唐永泰公主李仙蕙墓平面图

（傅熹年. 中国古代建筑史. 第二卷 [M]. 中国建筑工业出版社，2009：452.）

图5-45　陕西乾县唐永泰公主李仙蕙墓壁画单阙

（傅熹年. 中国古代建筑史. 第二卷 [M]. 中国建筑工业出版社，2009：453.）

① 杨鸿年《隋唐两京坊里谱》,第320页,上海古籍出版社,1999年。

② 《四库全书》,史部,地理类,游记之属,《游城南记》。

③ 《旧唐书》卷118,列传第六十八。

第六节　佛教建筑

隋唐时期,尤其是唐代,对于各种宗教采取了兼容并蓄的态度,除佛、道二教外,大秦景教、波斯摩尼教、西域袄教(拜火教)及伊斯兰教都有流行,在长安等地也都曾建有这些宗教的寺院。

唐代以李姓为尊,尤崇道教,唐统治者自称是老子李耳的后裔。太宗贞观十一年(637年)曾下敕规定道先佛后,引起佛教徒的纷纷反对。高宗时又追尊老子为太上玄元皇帝。两京和天下州府都置有玄元皇帝庙。唐西京长安城中先后建有道观30余所。

但相比之下,唐代佛教的流布之广,势力之大,仍然远在道教之上。而且现今遗存的隋唐建筑遗址中,也主要是佛教建筑遗址,如寺塔、石窟等,所以本节内容仍以佛教建筑为主。

一、隋唐时期佛教发展概况

隋初立国,与北周武帝灭法之事相去不远。武帝建德三年(574年),下诏废毁寺塔,焚烧经像,令沙门还俗。建德六年(577年),北周灭北齐后,又下诏毁北齐境内的佛寺经像,并令僧尼三百余万还俗。北地之佛教一时绝其声迹。这就是佛教历史上著名的三武一宗之厄中的第二次灭法事件。

事情过去仅仅几年,隋代周而立,隋文帝立即下诏兴复佛寺。有隋两代皇帝都大力提倡佛教。仅隋文帝在位时就曾度僧尼23万人,写佛经46藏13万卷,造佛像60余万躯,营造寺塔5000余所。

唐代统治者对佛教也是大力提倡,尤以武则天佞佛为甚。有唐一季的佛教之盛,可以说是达到了高潮。繁衍之宗派,有十三宗之多。如由印度传来的三论宗、净土宗、律宗、法相宗、密宗,还有由中国僧徒创造或改造的天台宗、华严宗与禅宗,号称唐代佛教八宗。其中的净土宗,以颂念佛号为修行的方式,宣扬西方净土极乐世界,描绘了一个尽善尽美的理想境界。因而吸引了许多佛教信徒。

由于佛教兴盛,隋唐时代的佛教寺院往往规模宏大。如唐初所建长安晋昌坊的慈恩寺,占地面积为半坊之地,规模有"凡十余院,总一千八百九十七间,敕度三百僧"①。代宗时(767年)在长安东门外建章敬寺,"殿宇总四千一百三十间,分四十八院"②。而且,唐代统治者在佛教建筑上往往不惜工本,许多寺院都建筑宏伟,穷极壮丽。如代宗时在五台山修建的金阁寺屋顶,铸铜为瓦,涂金瓦上,照耀山谷,费钱巨亿。③其装饰规格之高,已逾帝王宫殿。

如果说汉魏南北朝时期是中国佛寺建造的第一次高潮,那么接踵而至的隋唐时期,同样是佛教建筑大为兴盛的时期,尤其是在隋唐长安城中,有许多令今人咋舌的巨大寺院建筑(图5-46)。如隋初建大兴城,就在城西南隅的永阳坊建造了大庄严寺与大总持寺两座寺院:

①
[清]徐松《唐两京城坊考》卷4，
第127页。

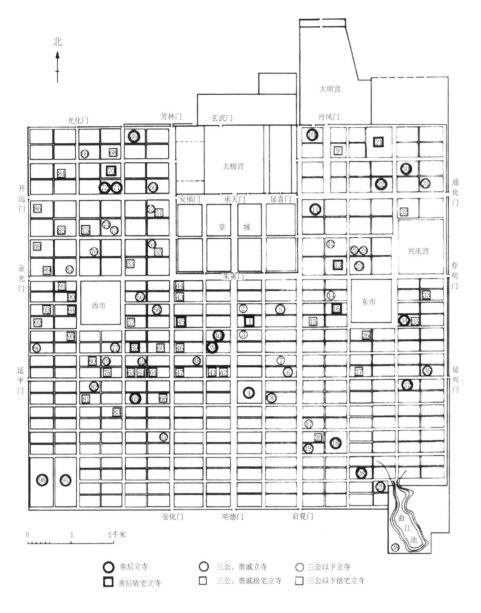

北

图5-46　隋唐长安主要佛寺分布示意图
（傅熹年. 中国古代建筑史. 第二卷 [M]. 中国建筑工业出版社，2009：496.）

○ 帝后立寺　　　○ 三公、贵戚立寺　　○ 三公以下立寺
□ 帝后依宅立寺　□ 三公、贵戚捨宅立寺　□ 三公以下捨宅立寺

0　　　1　　　2千米

　　次南永阳坊。坊之西南即京城之西南隅。半以东，大庄严寺。……仁寿三年，
文帝为献皇后立为禅定寺。宇文恺以京城之西有昆明池，池势微下，乃奏于此寺建
木浮图，崇三百三十尺，周回一百二十步，大业七年成。武德元年，改为庄严寺，
天下伽蓝之盛，莫于于此。……西，大总持寺。隋大业三年（《两京新记》作"元
年"），炀帝为文帝所立，初名大禅定，寺内制度与庄严寺正同，亦有木浮图，高
下与西浮图不异。武德元年改为总持寺。①

　　在永阳坊之北，有和平坊，以和平坊十字街为界，十字横街以南的东侧，后来
筑入了庄严寺，而横街之南的西侧，则筑入了总持寺。

　　这两座位于长安西南隅的里坊，都是南北深350步、东西广650步的大坊。取
十字横街及两寺间的道路为30步，一隋开皇尺为0.295米，一隋步为5尺，则这两座
寺院各自的基址面积均为34.5公顷，略小于北京紫禁城的1/2，这还不计两坊间道

①
[宋]宋敏求《长安志·附长安图志》一卷7.北京：中华书局，1991年，第87页。

②
宋敏求《长安志·附长安图志》二卷9.第121—122页。

③
据考古实测的面积，兴善寺所在的靖善坊面积约为261082平方米，这应当也是兴善寺的面积，见孙昌武.唐长安佛寺考//唐研究.第二卷.北京大学出版社，1996，19。

路的面积。寺院中各矗立着一座高层木塔，周回120步，则每面30步，塔基的面积就有3.75亩，塔高330尺，仍以隋开皇尺计，则合今97.35米，在历史上几乎是仅次于北魏永宁寺塔的高层木结构塔。

隋初建大兴城时，还曾将位于皇城南朱雀大街两侧，从北第五坊的靖善坊与崇业坊的全坊之地，分别设定为一座道观与一座佛寺。

次南靖善坊，大兴善寺，尽一坊之地。（初曰遵善寺。隋文承周武之后，大崇释氏，以收人望。移都先置此寺，以其本封名焉。）①

次南崇业坊（街前为选场），玄都观。（隋开皇二年，自长安故城徙通道观于此，改名玄都观。东与大兴善寺相比。初宇文恺置都，以朱雀街南北尽郭，有六条高坡，象乾卦。故于九二置宫殿，以当帝王之居；九三立百司，以应君子之数；九五贵位，不欲常人居之，故置此观及兴善寺，以镇之。）②

这两座坊的规模均为东西350步、南北350步，故这两座占一坊之地的佛寺与道观分别为510.4亩，仍以隋开皇尺推算，其东西长与南北宽均为516.25米，合今约26.7公顷。③以其长宽推测，其基址的规模略近于明清北京紫禁城的1/3。

唐代长安城中见于记载，并有考古发掘资料为证的寺庙之一，有位于城西延康坊的西明寺（图5-47）。这座寺院曾是玄奘法师栖居与译经的处所，在历史上

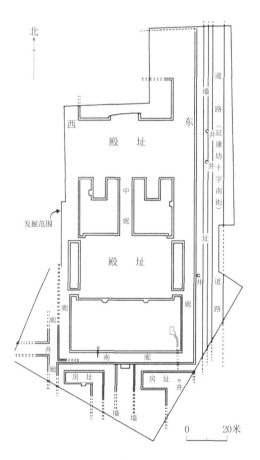

图5-47 西明寺遗址发掘平面图
（宿白.试论唐代长安佛教寺院的等级问题[J].文物，2009（1）：33.）

具有一定的地位。史籍中对西明寺的描述比较简略，如《唐两京城坊考》卷4，在"次南延康坊"条中，仅提到"西南隅，西明寺。……显庆元年，高宗为孝敬太子病愈立寺"[①]。另外，由记载中的"入西门南壁，杨廷光画神两铺。东廊东面第一间传法者图赞，褚遂良书"等，可略知西明寺有西门、东廊之设。据安家瑶《唐长安西明寺遗址的考古发现》中引《大慈恩寺三藏法师传》中记载，西明寺"其寺面三百五十步，周围数里，左右通衢，腹背廛落。青槐列其外，渌水亘其间。……都邑仁祠，此为最也。而廊殿楼台飞惊接汉，金铺藻栋眩目晖霞，凡有十院四千余间，庄严之盛，虽梁之同泰、魏之永宁所不能及也"[②]。文中又引《佛祖统记》所载："敕建西明寺，大殿十三所，楼台廊庑四千区。"[③]

据考古发掘，《长安志》中所说西明寺位于延康坊西南隅，实际上是延康坊西南1/4坊的面积。[④]则西明寺基址为东西长约500米，南北宽约250米，基址面积约在12.5公顷。与由唐代步尺折算出的规模十分接近。西明寺显然比大兴善寺又小了许多，但比较今日尚存之明清佛寺而言，却已是非常之大了。

据考古学者的分析，西明寺在南北两个面上应各有三座门，如文献所载，寺有西门，以其东墙临十字南街，亦当有东门。据考古发掘，寺院东部"自南向北排列着三座主要建筑，并由回廊和廊房相连接，构成三对相对独立的院落。三座院落中，以南殿为最重要。……南殿的台基东西长50.34米，南北宽32.15米。……中殿在南殿北面29.5米处，建筑形制比较特殊，殿东西与廊房连成一片，东西总长超过68米，南北宽29米。……北殿址距中殿21米，仅发掘出很少部分，形制还不清楚。南殿的东、西、南三面有回廊，廊基宽约6米。东西回廊北伸进入中院的时候，廊基加宽至12米，有可能是廊房"。以寺东侧院落的宽度为近70米，若设想其为横排三路的布置，西侧亦有一路宽约70米的辅院，则中部院落的宽度应当在360米左右。以东西两翼共有6个院落，以总计10个院落推算，则中心应有4个院落，若想象其前有两个小院，其后有一个稍大的小院，围绕着一个大型中心院落，则中路主院的规模亦应在南北150米左右。则中心庭院的面积可能在5.4公顷左右，以一唐亩合今523.11平方米计，合唐亩当为103.2亩。

当然，实际上由于建筑遗存的稀少，对于隋唐佛寺的形式与规制做出系统的说明是困难的，只能从文献记载及遗存壁画中得到一些零星的概念，以期发现隋唐佛寺区别于其前与其后佛寺的主要特点所在。

早期的佛寺多是以塔为中心，这从文献记载与现存石窟寺中以塔柱为窟室中心的平面特点都可以得到印证（图5-48~图5-52）。

①
[清]徐松《唐两京城坊考》卷4，第109页。

②
慧立《大正藏》卷50，大唐大慈恩寺三藏法师传. //唐研究. 第六卷. 北京大学出版社，2000年，第341页。

③
慧立《大正藏》卷49，大唐大慈恩寺三藏法师传. //唐研究. 第六卷. 北京大学出版社，2000年，第341页。

④
安家瑶. 唐长安西明寺遗址的考古发现. //唐研究，第六卷：第339页。

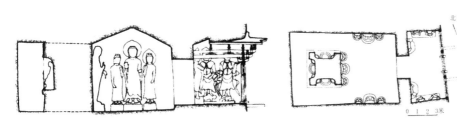

（a）剖面图　　（b）平面图

图5-48　甘肃敦煌莫高窟隋代第427窟实测图
（傅熹年. 中国古代建筑史. 第二卷 [M]. 中国建筑工业出版社，2009：558.）

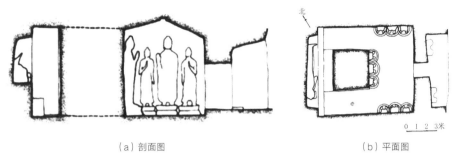

（a）剖面图　　　　　　　　　　　　　（b）平面图

图5-49　甘肃敦煌莫高窟初唐第332窟实测图

（傅熹年.中国古代建筑史.第二卷 [M].中国建筑工业出版社，2009：558.）

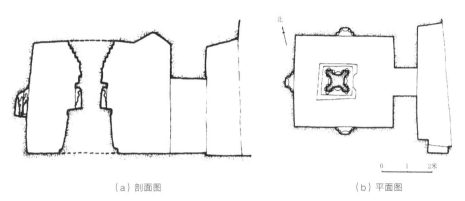

（a）剖面图　　　　　　　　　　　　　（b）平面图

图5-50　甘肃敦煌莫高窟隋代第302窟实测图

（傅熹年.中国古代建筑史.第二卷 [M].中国建筑工业出版社，2009：556.）

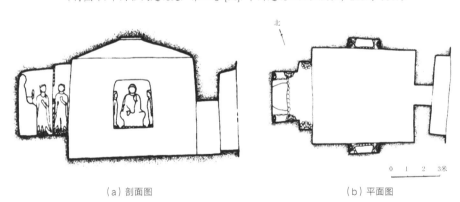

（a）剖面图　　　　　　　　　　　　　（b）平面图

图5-51　甘肃敦煌莫高窟隋代第420窟实测图

（傅熹年.中国古代建筑史.第二卷 [M].中国建筑工业出版社，2009：558.）

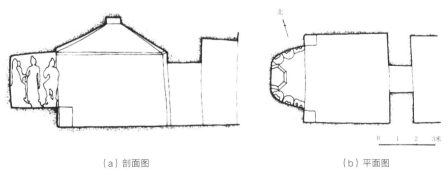

（a）剖面图　　　　　　　　　　　　　（b）平面图

图5-52　甘肃敦煌莫高窟盛唐第45窟实测图

（傅熹年.中国古代建筑史.第二卷 [M].中国建筑工业出版社，2009：558.）

隋唐时，随着佛教的发展，以宣讲佛教仪礼所必需的佛殿、讲堂为主的寺院形制得到了发展。另外，随着东汉以来舍宅为寺的风气有增无减，佛寺渐渐变成类似中国住宅式的院落型格局，佛殿也渐渐成为寺院建筑的主体。院落成为寺院建筑群的基本单元，而佛塔则由寺院的中心地位，渐渐退居至次要的，甚至可有可无的位置。

隋唐时期的佛教寺院，基本上是回廊院式的格局。这种回廊院式建筑空间，在住宅、宫殿建筑中也多有所见。周绕回廊的佛寺建筑，在许多文献中都有记载，如段成式《酉阳杂俎》中记载的长安寺院，多有东廊、西廊，或南廊、北廊之称。有时又称"院两廊"。敦煌壁画中表现的佛寺，往往也都是周绕回廊。这些回廊又将许多庭院周边的建筑，如门楼、角楼等，连接在一起。主要佛殿一般位于回廊院的北侧，殿前有比较开阔的庭院空间。这个较大的庭院空间，一方面是为了衬托出主要建筑的雄伟壮丽，同时也有一定的实用性，因为唐代是佛教的鼎盛时期，寺院中常有人数众多的宗教活动，如讲经说法，设斋供等，像扬州开元寺一次设斋供就要提供500位僧人的活动空间。寺院中还有演出活动，如钱易《南部新书》云："**长安戏场多集于慈恩，小者青龙，其次荐福，永寿。**"[1]俗讲变文，也都是在寺院中举行，每至开场，万头攒动，这都需要一个很大的空间。

此外，回廊院还是一个文化艺术的场所，唐代寺院中，在庭院两廊都有名家所绘的壁画，壁画内容多为西方净土变或地狱经变。有时除在殿堂内塑造佛像外，也往往在殿前两廊中设有很多精美的塑像，所以唐代佛寺中的回廊院，又是一座座名副其实的画廊与雕塑艺术展廊。

这种回廊院在平面上一般分成多进院落，中间有横廊，使平面呈日字形或目字形。有的廊院还在横向上展开，即在主回廊院之外，又有一个较小的廊院。如《酉阳杂俎·寺塔记》中有"**东廊南院**""**西廊北院**""**东廊从南第二院**""**东廊从南第三院**"等描述。主要院落之间都设有门，如文献中的"**中三门内东门**""**三阶院门**"等，这些记载从敦煌壁画及《戒坛图经》中所表现的寺院形制中可以得到印证（图5-53）。

值得一提的是，唐代佛寺建筑，与后世寺院有一些明显的不同之点。

①
[清] 徐松《唐两京城坊考》卷2。

图5-53 《戒坛图经》南宋刻本附图
（傅熹年. 中国古代建筑史. 第二卷 [M]. 中国建筑工业出版社，2009：506.）

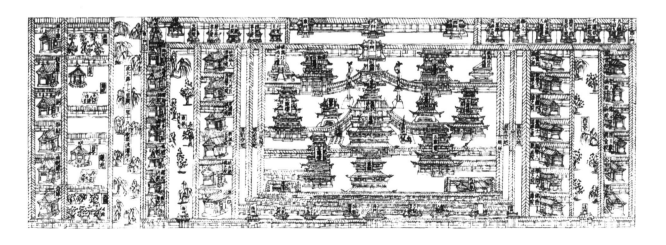

① 《全唐文》卷332，房琯："龙兴寺碑序"。

② 《维摩诘所说经》。

③ 释施护《佛说法印经》。

④ [唐]段成式《酉阳杂俎》续集卷5，"寺塔记上"。

（一）三门

隋唐时寺院一般为南向，寺院最前面的入口在《戒坛图经》中被称为外门，外门以内的回廊院大门，在《戒坛图经》称为中门，日本飞鸟、奈良时代的寺院也在廊院中设有中门，但在唐代的文献中，多称此门为"三门"，如《酉阳杂俎》中提到长安的寺院多用"三门"之称。三门其实并非是由三座门组成的。虽然当时长安寺院确有并列三座门的做法，或以左右两侧的单层门屋夹着中间一座二层的门楼，所谓"高阁叠起以下覆，三门并建以相挟"①，但即使仅有一座门殿，也往往被称为"三门"，其意当来自佛经中的"三解脱门"，如《维摩诘所说经》中就有："于一解脱门，即是三解脱门者，是为入不二法门。"②《佛说法印经》中有："此法印者，即是三解脱门，是诸佛根本法。"③由此可以推测，唐时寺门称"三门"，正是采用了佛经中"三解脱门"的象征意义，意思是说，入寺院门可得三解脱。唐代寺院三门使用门楼的情形很多，也建得比较壮丽，不像后世寺院的寺门多以单层为主。后世寺门多称"山门"，此"山门"很可能是由"三门"的称谓演变而来，晚唐、辽、宋时的寺院中已是"三门""山门"的称谓兼而有之了（图5-54）。

（二）钟楼与经藏楼

后世寺院的山门以里，往往对峙有一组楼阁建筑，其上设置钟、鼓，即钟鼓楼。唐代宫殿里，如长安、洛阳宫殿的主要殿堂前，都设有钟鼓楼。但由文献可知，唐代寺院中并不设置钟鼓楼，而是在三门以内对称布置有一座钟楼与一座藏经楼。另外，《酉阳杂俎》中关于长安平康坊菩提寺的记载有云："寺之制度，钟楼在东，唯此寺缘李右座林甫宅在东，故建钟楼于西。"④既然是因为担心钟声搅扰而将钟楼设于西侧，则不会在同一位置再设一座鼓楼，这是显而易见的，所以，其结果可能是将钟楼与藏经楼加以调换。日本早期寺院中，也多作东钟、西经的格局。唐代寺院中不设鼓楼，可能与当时长安、洛阳城内各里坊中遍设街鼓实行宵禁的做法有所关联。宋以后的寺院中，则多以钟鼓楼对称设置于寺院前部，而将藏经阁（楼）移于寺院的后部。

（三）角楼

由许多敦煌隋唐时期洞窟的净土变壁画可以看出，隋唐时寺院的回廊院转角处，多采用角楼之设。廊院的角楼或是自成一楼，或是从廊庑屋顶上伸出柱子，用斗栱承托其上的平座勾栏，再在平座上架造一个单层建筑。在回廊角楼与居中的主体建筑之间，还常常架有飞跨的复道（弧形的廊桥，或称飞虹桥），角楼与门楼等互相呼应，对主要佛殿起到拱卫与衬托作用，丰富了由庭院中至庭院四周回廊上空的天际线轮廓。

另外，隋唐时期与后世寺院十分明显的区别，是连廊建筑的大量使用，这一点不仅是在寺院中，而且在宫殿与住宅中也十分普遍。回廊使一座座独立的建筑物更为紧密地联系为一个有机的整体，因而构成了中国古代建筑组群中最为活跃与积极

地神坚牢院　天童院　僧家净人坊　医方之院　阴阳书籍院　书院　韦陀院　诸龙王像院

流厕

浴坊

四天王献佛食坊

佛病坊

圣人病坊院

无常院

大绕佛墙房

绕佛房

大巷

佛衣服院

佛经 行所

佛洗衣院

论院　修多罗院

持律院　戒坛院

西佛院　东佛院

三重阁

阁西宝楼　阁东宝楼

第二大复殿

复殿西台　复殿东台

大佛殿

西夹殿　东夹殿

前殿西楼　前殿东楼

西钟台　七重塔　东钟台

戒坛　戒坛

垣墙　绕佛墙　垣

大院西门

大院东门

西门　中街　中门　中街（中永巷）　东门

五门　端门　五门

凡夫禅思之院　学人住止听法之院　佛油库院　佛香库院　诸仙之院　文殊师利菩萨之院　僧库院

外道来出家院　无学人问法之院　他方诸佛之院　居士之院

乌头门　乌头门　乌头门

学人十二因缘之院　角力之院　缘觉四谛之院　菩萨十二因缘之院　他方菩萨之院　教诫比丘尼院　龙王之院　复殿之院

魔王施物院　大佛像院

学人四谛之院　他方三乘学人八生道之院　缘觉十二因缘之院　菩萨四谛之院　他方白衣菩萨之院　比丘尼来请教授之院　大梵天王之院　知时之院

梵天王魔王帝释院　大千世界力士院

西门　大院南门　东门

图5-54　据《戒坛图经》所绘佛院平面示意图

（傅熹年. 中国古代建筑史. 第二卷 [M]. 中国建筑工业出版社，2009：507.）

的因素。廊子的形式或是通透而空敞的；或是向外一面为实墙，向里一面则是透空的，形成一个内聚性的空间；或是在廊道的中央设置隔墙，形成两侧虚空的复廊。在廊墙上，往往绘有壁画，或在廊中布置塑像，使回廊既具有空间联系的功能，又具有艺术展廊的作用（图5-55）。

二、现存佛教建筑遗迹简介

（一）佛殿

虽然有唐一代的佛教建筑盛极一时，但唐代木构佛殿建筑之存世者却寥寥无几。年代可考而硕果仅存者，唯有中唐之南禅寺大殿与晚唐之佛光寺大殿。初唐、

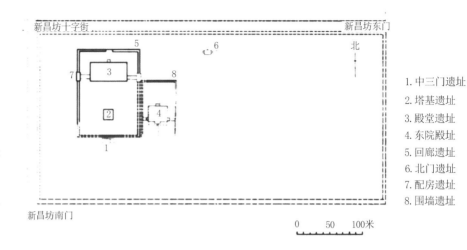

图5-55　陕西西安唐长安青龙寺遗址勘测平面图

（傅熹年. 中国古代建筑史. 第二卷 [M]. 中国建筑工业出版社，2009：509.）

新昌坊十字街　　　　　　　　新昌坊东门

北

1. 中三门遗址
2. 塔基遗址
3. 殿堂遗址
4. 东院殿址
5. 回廊遗址
6. 北门遗址
7. 配房遗址
8. 围墙遗址

新昌坊南门

0　　50　　100米

盛唐时期的佛殿建筑已无实例可寻，但尚有一幅较为清晰的石刻佛殿图，从中可以对初唐时的佛殿形象与结构有一个粗略的了解，这便是西安大雁塔门楣石刻。

1. 大雁塔门楣石刻

这是一幅刻于初唐时期的线刻图，图中有一座佛殿，忠实地再现了初唐时期木构佛殿建筑的主要特征。慈恩寺大雁塔在今西安城南8里，这里是唐长安城的晋昌坊。现存塔是武后长安年间（701—704年）重建的，并经后世尤其是明代重修，但门楣上的石刻图却是唐时之物。图在塔一层西门的券内门楣上，上刻释迦说法图，并画佛殿五间，殿立于阶基之上，翼以回廊，其阶基的踏步作东西阶的形式（图5-56）。

由图5-56可以看出，中国古代木构建筑的主要特点在初唐时期已经具备，台基、柱子、斗栱、屋顶各部分均已完备，檐部已经有了檐椽、飞椽的分别。这座佛

图5-56　陕西西安唐代大慈恩寺塔门楣石刻拓片

（傅熹年. 中国古代建筑史. 第二卷 [M]. 中国建筑工业出版社，2009：657.）

殿建筑区别于后世建筑的几个主要特点如下：

（1）**阑额**：双层阑额，其间设立旌。若以后世构件名称言之，当称上层为阑额，下层为由额。

（2）**斗栱**：阑额之上仅用柱头铺作，为五铺作出双杪。补间用人字栱与斗子蜀柱，不设有出跳的补间铺作。转角铺作上已经有了垂直于正、侧两面的列栱，而从文献上可知，更早一些的木构殿堂，如高宗总章二年（669年）诏定明堂中尚没有转角铺作列栱做法，飞鸟时期的日本木构殿堂中，只出45°方向的斜栱与斜昂。

（3）**檐部**：殿檐平直而无角翘，转角似用短椽而非翼角椽。

（4）**正脊**：脊平直，上用鸱尾而非鸱吻；正脊中央有仰莲宝珠脊饰。

大雁塔门楣石刻中所记录的殿堂，其基本特征都早于尚存的唐代木构殿堂，而晚于总章二年明堂，从而是理解唐代木构建筑发展演变之链条中不可或缺的一环。

2. 南禅寺正殿

南禅寺正殿是已知国内现存最早的木构殿堂建筑，建于唐建中三年（782年），位于今山西五台县境内。殿进深、面广各三间，单檐歇山顶（九脊顶或厦两头造），殿内无柱（图5-57～图5-60）。

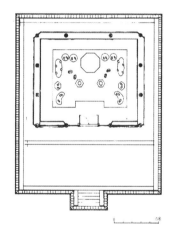

图5-57　山西五台唐南禅寺平面图
（傅熹年.中国古代建筑史. 第二卷 [M].
中国建筑工业出版社，2009：657.）

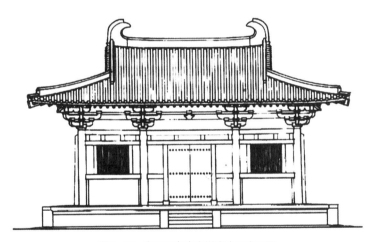

图5-58　山西五台唐南禅寺大殿立面图
（傅熹年.中国古代建筑史. 第二卷 [M]. 中国建筑工业出版社，2009：524.）

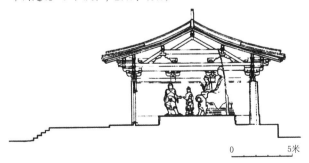

图5-59　山西五台唐南禅寺大殿横剖面图
（傅熹年.中国古代建筑史. 第二卷 [M].中国建筑工业出版社，
2009：524.）

图5-60　山西五台唐南禅寺大殿纵剖面图
（傅熹年.中国古代建筑史. 第二卷 [M]. 中国建筑工业出
版社，2009：524.）

特点：

（1）双层阑额用立旌。

（2）无补间铺作，但亦未用人字栱。两跳偷心斗栱承令栱，转角用列栱，与大雁塔门楣石刻佛殿斗栱做法基本相同。

（3）檐口已有轻微的角翘。

（4）现状瓦顶、垂脊、戗脊及鸱尾为后世所修复。

（5）柱身有明显的侧脚与生起。

（6）直棂窗亦似为后世所修复。

（7）阑额至转角不出头，额上无普柏方。

尽管经过修复，但其主体结构与梁架、斗栱体系为中唐时期原构则是无疑的。

3．佛光寺大殿

在山西五台县豆村东北十里五台山西麓的一个山坳中，有国内现存最古老的一座大型木构殿堂建筑。佛光寺相传建于北魏孝文帝时（471—499年）。唐代时，五台山成为佛教中心，并作为弥勒的道场供人们礼拜，佛光寺便是当时五台山的十大寺院之一。敦煌唐代石窟壁画中所绘的五台山图中，即有佛光寺的建筑形象。

唐会昌五年（845年）武宗"灭法"，诏废全国佛寺，佛光寺受到破坏。寺内现存建筑，除祖师塔外，都是唐宣宗大中年间"复法"以后陆续建造的。寺利用山坡布置，正殿、山门均坐东面西，因地制宜。寺内主要庭院中，原有文殊殿与观音殿对峙而立，但观音殿早已无存，文殊殿则是金天会15年（1137年）重建的。寺内主殿（大雄宝殿）建于大中十一年（857年），比南禅寺大殿晚75年，距今已有1160多年的历史。大殿左右各有五间配殿，现存遗构为后世所修。大殿前原有一座七开间三层的弥勒大阁，阁高95尺（28米余），但已毁于唐会昌灭法之时。

寺址坐东面西，有一条纵贯东西的中轴线。寺内自山门向东，随山势筑成三层依次升高的平台。第一层平台，在中轴线有唐僖宗乾符四年（877年）所建的陀罗尼经幢，其北侧是金代的文殊殿，南侧与之对称的观音殿（一说普贤殿）已不存。第二层平台，在中轴线两侧是近代所建的两庑和跨院。北跨院地面埋有巨大的唐代覆莲柱础，说明当时这里曾有巨大的建筑（可能是弥勒阁）。第三层平台就土崖削成，陡然高起10余米，中间有踏步通上，台上正中即唐代所建的东大殿。殿前正中有唐大中十一年所立的经幢。殿东南有祖师塔。殿两侧有后世所建的配殿。大殿后倚山崖，崖上建有寺院后墙。寺左右为山岗所环抱，大殿高踞台地之上，其选址及地形利用都相当成功（图5-61~图5-64）。

东大殿：殿面阔7间，长34米；进深4间，宽17.66米，平面为唐代殿堂中规格最高的金箱斗底槽格局。正面两尽间与山面后梢间装有版棂窗。正面当心间与左右两次间（即中5间）装版门。大殿立于低矮的台基之上，前檐各柱下用宝装莲花柱础，其余为素平石柱础（图5-65，图5-66）。

由佛光寺大殿可知，唐代尤其是晚唐时，中国木构建筑技术与造型已经十分成

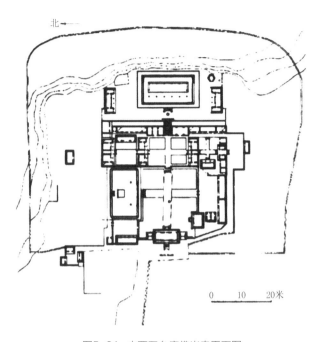

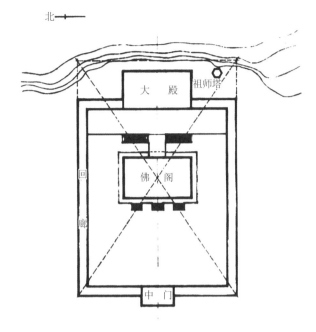

图5-61　山西五台唐佛光寺平面图

（傅熹年.中国古代建筑史.第二卷 [M].中国建筑工业出版社，
2009：526.）

图5-62　山西五台唐佛光寺中院平面复原示意图

（傅熹年.中国古代建筑史.第二卷 [M].中国建筑工业出
版社，2009：527.）

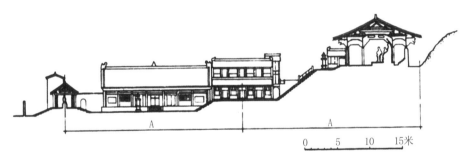

图5-63　山西五台唐佛光寺剖
面图

（傅熹年.中国古代建筑史.
第二卷 [M].中国建筑工业出版
社，2009：526.）

图5-64　山西五台唐佛光寺大
殿外景

（辛惠园摄）

第五章　隋、唐、五代时期的建筑

245

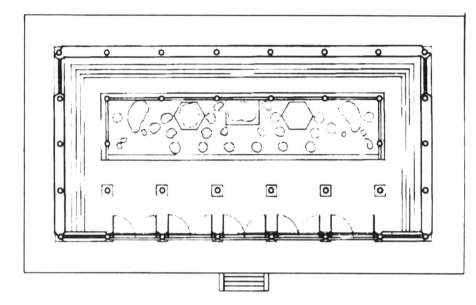

图5-65 山西五台唐佛光寺大殿平面图
（傅熹年. 中国古代建筑史. 第二卷 [M]. 中国建筑工业出版社，2009：528.）

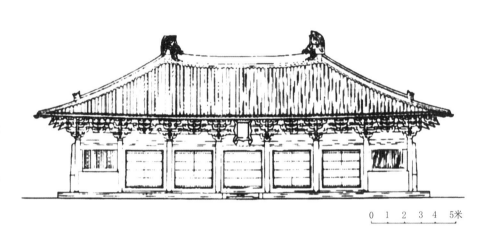

图5-66 山西五台唐佛光寺大殿正立面图
（傅熹年. 中国古代建筑史. 第二卷 [M]. 中国建筑工业出版社，2009：528.）

0 1 2 3 4 5米

熟。唐宋木构建筑构架主要分为殿堂型与厅堂型两种，佛光寺大殿是现存殿堂型构架中最古老、最典型、规模也最宏大的一例（图5-67～图5-69）。

斗栱：大殿檐下及室内斗栱雄壮而硕大，斗栱型制也已趋于成熟。

外檐斗栱（外檐铺作），分柱头铺作、补间铺作、转角铺作3种。柱头铺作为"七铺作双杪双下昂重栱偷心造"，出跳2.02米；补间铺作比柱头铺作少一跳，下用蜀柱支撑。由于硕大的斗栱出跳，檐口自柱心向外悬出近4米。斗栱的尺度很大，如柱头栌斗的斗平部分，宽度为60多厘米，栱用一等材，高30厘米，厚20厘米，足材的高度为43厘米。

内槽所出斗栱，为身槽内铺作，有4种形式。柱头出四跳偷心栱，使室内空间有一种渐变的韵律感。外檐斗栱的总高度为2.49米，相当于柱高的一半。挑檐的深度是檐口距地面高度的一半。深远的挑檐，粗壮的柱列，古朴的门窗，舒展而平缓的屋顶，共同构成这座大殿浑朴而又雄壮豪放的外观。

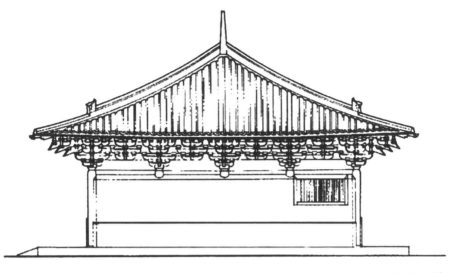

0 1 2 3 4 5米

图5-67　山西五台唐佛光寺大殿侧立面图

（傅熹年. 中国古代建筑史. 第二卷 [M]. 中国建筑工业出版社，2009：529.）

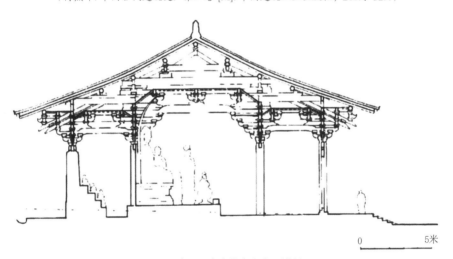

0　　　　　5米

图5-68　山西五台唐佛光寺大殿横剖面图

（傅熹年. 中国古代建筑史. 第二卷 [M]. 中国建筑工业出版社，2009：529.）

0 1 2 3 4 5米

图5-69　山西五台唐佛光寺大殿纵剖面图

（傅熹年. 中国古代建筑史. 第二卷 [M]. 中国建筑工业出版社，2009：529.）

室内空间：室内的内外槽空间，在高度上有所不同。外槽只出一跳斗栱承月梁，内槽却用四跳偷心斗栱。平闇距离地面的高度也有差异，从而形成殿堂中部高敞的空间，以建佛坛供奉佛像，而外槽则成为环绕中央主体空间的较低的环廊空间。这种高度上的差异，恰好起到了突出与烘托礼佛空间的作用。

殿内雕塑：殿身内槽后部，设置有宽五间深一间的佛坛。坛上中央设释迦、弥勒、阿弥陀三尊坐像，左右梢间是普贤、观音及在旁侍立的天王等像。殿内塑像为唐塑，但因后世重妆，艺术风貌受损。另有两座略小于真人的男女坐像，男像为唐大中时重兴此寺的愿诚和尚像；女像为出资建殿的供养人，名宁公遇。殿内两山与后壁塑有290座罗汉像，均为明清时遗物。

壁画与题记：殿内残存唐宋时期壁画与唐五代时的题记。题记是判断年代的重要依据，殿内梁下题有"功德主故右军中尉王"与"佛殿主上都送供女弟子宁公遇"等字样。这里的"故右军中尉王"当是中唐时的宦官王守澄，宁公遇是他的亲眷，家住长安。由此题记可知，这座地处偏僻的寺院大殿，却与当时统治阶级的上层有所关联，其建造技术与艺术也应该具有一定的典型性与代表性。

特点：

（1）已经使用了补间铺作。

（2）屋顶峻起已较南禅寺有明显的提高，但与后世屋顶举折相比仍较平缓。

（3）正脊有弯曲，鸱尾已变成鸱吻。

（4）脊榑下仅用大叉手，但不用宋代建筑中常见的蜀柱。

（5）有生起与侧脚。

（6）阑额已成单层，但阑额至转角不出头。额上亦无普柏方。

佛光寺是晚唐时期建筑，在结构及脊饰上已与宋代建筑没有太大的差别，只是艺术风格上仍有唐代雄浑、硕大、古朴的气质，而不见宋代建筑之纤秀、柔美与华丽。

4. 其他唐与五代木构建筑

除了上面两座大殿外，还有几座佛寺，虽经后世修葺，却仍大略保存了唐代的遗构，如山西平顺县天台庵正殿、山西晋城县青莲寺下寺大殿、河北正定开元寺钟楼及山西芮城县五龙观正殿等（图5-70~图5-73）。而河北正定县文庙大殿，从规制上看，也保留了唐末五代时期木构建筑的遗制。

（二）佛塔

1. 佛塔的划分

（1）按材料与结构划分，有木塔、砖塔、石塔。

（2）按形式划分，有楼阁式、密檐式、单层式（后世又有喇嘛塔与金刚宝座塔）。

① 楼阁式塔：可为木造、砖造、石造。砖石造塔多有仿木造的细部处理。

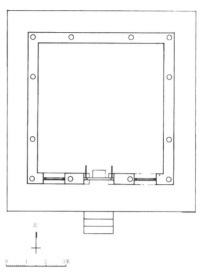

图5-70 山西平顺唐天台庵大殿外景
（孙蕾 摄）

图5-71 山西平顺唐天台庵大殿平面图
（傅熹年. 中国古代建筑史. 第二卷 [M].
中国建筑工业出版社，2009：530.）

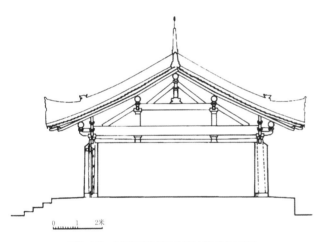

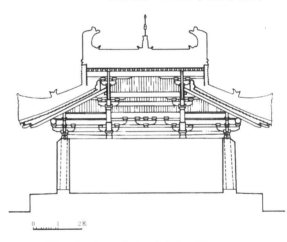

图5-72 山西平顺唐天台庵大殿横剖面图
（傅熹年. 中国古代建筑史. 第二卷 [M]. 中国建筑工业出版社，
2009：531.）

图5-73 山西平顺唐天台庵大殿纵剖面图
（傅熹年. 中国古代建筑史. 第二卷 [M]. 中国建筑工业出版社，
2009：531.）

② 密檐式塔：只用砖造和石造。

③ 单层式塔：多为僧尼墓塔，亦多用砖或石造。

已知现存的唐代佛塔，无论楼阁式、密檐式，还是单层式，其平面均为正方形。唐塔中仅有一座八角形平面塔的例子，虽为唐之孤例，却开后世塔幢之一代新风。宋代以后八角形平面佛塔广为流行，而方形塔渐形绝迹。

2. 实例

（1）楼阁塔

① 西安兴教寺玄奘塔

寺在今西安城南40里，建于唐总章二年（669年），为高僧玄奘墓塔。

塔平面正方，高5层，约21米，底层每边长5.4米，以上逐层累减，砖叠涩出檐，檐下有用砖做成的简单斗栱，二层以上有用砖砌成的倚柱（八角形柱之一半），再在倚柱上隐起阑额、斗栱。这座塔是现存楼阁或砖塔中年代最早，且造型最为洗练、疏朗而庄重者。与隋唐长安城规划之平面尺度的简单节律感一样，表现为一种简单而明确的渐变韵律，与中国人的审美心理相合。

塔之前对称设立了两座小塔，一是窥基塔，一是圆测塔（图5-74）。这两人是玄奘的高徒，其中的圆测法师是新罗人。

② 西安慈恩寺大雁塔

塔建于公元8世纪初（武后长安中，701—704年），但经明代重修，已非原来风貌，仅保持唐塔之基本特征。平面为正方形，首层边长约25米，有7级，总高约60米，立于边长约45米，高约4米的台基之上。

塔以砖砌，叠涩出檐，壁面隐出倚柱及阑额，柱上施大斗一个，无补间铺作，每层正中辟圆券门，塔内中空，各层以木构成楼板，用木楼梯升降，如前所述，首层西面门券内楣上石刻弥足珍贵（图5-75）。

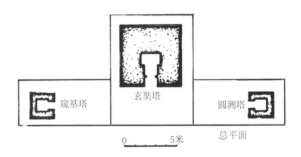

(a) 陕西西兴教寺玄奘法师塔平面图

（傅熹年. 中国古代建筑史. 第二卷 [M]. 中国建筑工业出版社，2009：549.）

（b）陕西西兴教寺玄奘三塔（陕西省古建筑地图集）

图5-74 陕西西兴教寺玄奘法师塔

图5-75　陕西西安唐慈恩寺大雁塔
（孙蕾 摄）

③ 香积寺塔

　　该塔底层较高，其上各层遽然变得低矮，塔身宽度由下至上逐层递减。塔形式十分怪异，总体造型似为密檐式塔的权衡，却又按楼阁式塔的造型处理各层细部，且整体轮廓较为简直，无密檐式塔之柔曲，故仍应归于楼阁式塔之列。

　　寺在今西安西南50里处，今唯有一塔尚存。塔建于唐开耀元年（681年）。平面为正方，高13层（仅存十层半），底层边长为9.5米。第一层平素无饰，叠涩出檐，以上各层，表面用砖仿倚柱及阑额，为四柱三间，柱上施大斗一个，补间亦用一大斗，其上叠涩出檐，每层四面当心间均辟圆券门，次间壁面砌立颊及假直棂窗。塔顶已毁。

　　塔为中空，空敞部分为方形，各层楼板已毁，自下层可仰视至顶（图5-76）。

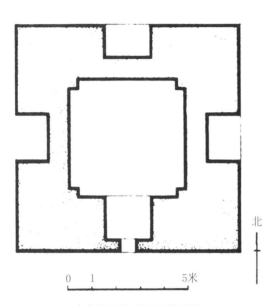

（a）陕西西安唐香积寺塔平面图
（傅熹年. 中国古代建筑史. 第二卷 [M]. 中国建筑工业出版社，2009：540.）

（b）陕西西安唐香积寺塔
（贺从容 摄）

图5-76 陕西西安唐香积寺塔

（2）密檐塔

① 西安荐福寺小雁塔

寺在西安南郊，距城约3里的旧安仁坊内。寺原为隋炀帝藩邸，武后文明元年（684年）起寺，景龙元年（707年）起塔。塔原高15层，明嘉靖34年（1555年）陕西地震时，震塌2层，故只余13层。地震后塔身断裂，后又经一次地震而复合（图5-77）。

塔平面正方，首层边长11.25米，立在砖砌高台上。塔全高约50米，底层特别高，其他层则骤然变得低矮。砖砌叠涩出檐，壁面无饰，檐上砖砌低矮平座，内为方室，可达顶部。

② 登封嵩山法王寺塔

相传寺创于汉明帝时，塔平面为正方，底层高耸而瘦削，以上骤然低矮，叠涩出密檐。塔高15层，40余米，内辟方室，直通顶部，壁面无饰（图5-78）。

③ 云南大理崇圣寺千寻塔

建于唐时的南诏国后期。平面方形，密檐16层，造型陡高。左右有两座八角形平面的小塔，为宋朝（大理国）时的遗物（图5-79）。

图5-77 陕西西安荐福寺小雁塔
（孙蕾 摄）

图5-78 河南登封嵩山法王寺塔
（孙蕾 摄）

图5-79 云南大理崇圣寺千寻塔
（田馨瑶 摄）

第五章 隋、唐、五代时期的建筑

（3）单层塔

① 山东历城县柳埠镇神通寺四门塔

一说建于东魏武帝二年（544年），又一说建于隋大业七年（611年），寺已废，现仅存塔。塔全部为青石砌成，是现存最早的石塔。塔高仅一层，平面为正方，四面各辟一个半圆形拱券门，所以又称四门塔。每塔面宽7.38米，塔高约13米。

塔内正中有一根塔心柱，柱为四面方形，柱上刻佛像，刻工十分精细。

塔为叠涩出檐，上砌四角攒尖顶，顶上塔刹，用山花蕉叶承托相轮（图5-80）。顶为截头锥形，塔顶部有方形须弥座，上置山花蕉叶，中安塔刹。塔刹的形制简单、朴素。

② 嵩山会善寺净藏禅师塔

塔距河南登封县城20里，在会善寺山门西侧，唐天宝五年（746年）建。塔为砖构，平面为等边八角形，单层重檐，立在高大的台基之上。塔全高9米余。塔身下段砌出一层低矮的须弥座。塔角各隅均有凸出壁面呈五角形（柱为八角形，露出五面，柱下无础）的壁柱，柱头上有栌斗，斗上承一斗三升，栌斗口中出批竹昂。各面柱间施阑额，阑额上施人字栱为补间，上托塔檐。

塔正面南向，开圆券门，内辟八角形内室。门的上部为阑额，阑额上正中置栌斗，托于塔檐下之。门左右两侧下部砌出横枋，绕到塔的东南、西南两侧面为止，横枋之下又饰有间柱。塔背面嵌有铭石一块。塔东、南两面，在长方形的门框内刻有门扇，门扇上装饰有门钉八行，每行四钉。

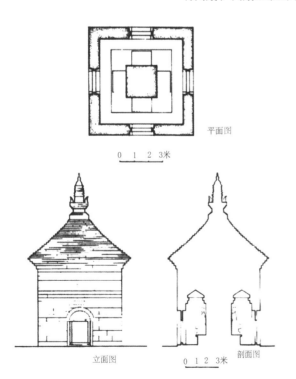

平面图

0　1　2　3米

立面图　　　剖面图

0　1　2　3米

（a）隋神通寺四门塔平面、立面、剖面图

（傅熹年.中国古代建筑史.第二卷 [M].中国建筑工业出版社，2009：544.）

（b）隋神通寺四门塔实景

（山东省古建筑地图集）

图5-80　山东历城隋神通寺四门塔

塔的四个斜侧面，即东南、西南、东北、西北四面，各在上下横枋之间，浮雕直棂窗。

塔身之上施叠涩檐一层，唯檐的上层早已破坏，故形制不明。其顶上置须弥座与山花蕉叶各一层，平面仍为八角。自此之上复又残破。其上再施以平面圆形的须弥座与仰莲各一层，中央各砌小复钵，承载石制的莲座、莲盘，并以火焰宝珠收顶。

自辽、宋起，八角形塔成了最为常见的形式，但唐以前，除嵩岳寺塔之十二角与佛光寺无垢净光塔之六角形等罕见之例外，一般塔幢均为四角形（方形）。这座八角单层塔不仅是唐代唯一留存的八角形平面塔遗例，也是八角形塔中最为古老的实例（图5-81）。塔为仿木结构，很可能是模仿当时寺院中的小型八角形殿堂而建的。

③ 海会院明惠大师塔

塔在山西平顺县海会院内，高约6米，建于唐乾符四年（877年），是一座精美的唐代单层方形石塔。其下为方形基座，座上置须弥座，以承塔身。塔身上刻有天神及门窗，内部有平闇天花。塔身上部覆以石雕的屋顶，其上为由四层雕刻组成的塔顶，全塔为精致而工细的雕刻，比例适当而不烦琐。

塔顶的四层雕刻中，下用须弥座承山花蕉叶，其上复用须弥座承山花蕉叶，花上用仰覆莲承塔刹。整个四层雕刻部分，也可看作一个完整的塔刹。在须弥座转角处使用了螭首，屋顶戗脊端也用了刻兽，反映了这一时代木构建筑的某些细部做法（图5-82）。

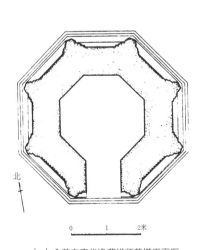

（a）会善寺唐代净藏禅师墓塔平面图
（傅熹年. 中国古代建筑史. 第二卷 [M]. 中国
建筑工业出版社，2009：547.）

（b）会善寺唐代净藏禅师墓塔实景
（孙蕾 摄）

图5-81 河南登封会善寺唐代净藏禅师墓塔

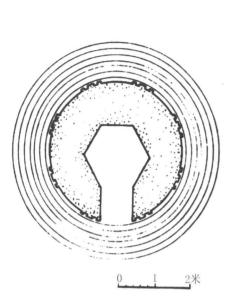

（a）唐代泛舟禅师墓塔平面图

（傅熹年. 中国古代建筑史. 第二卷 [M]. 中国建筑工业出
版社，2009：547.）

（b）唐代泛舟禅师墓塔实景

（曹昌智. 中国建筑艺术全集第12卷佛教建筑（一）北方[M]. 中国建筑工业出版社，
2000：46.）

图5-82 山西运城唐代泛舟禅师墓塔

除了佛殿与佛塔之外，隋唐时代的佛教建筑遗迹，还包括敦煌石窟与龙门石窟
中隋唐时代的雕刻与壁画，从中可以看出唐代建筑与艺术所达到的高度。

第七节 建筑技术与艺术

如果说秦汉时代是中国古代建筑的开创期，魏晋南北朝时期是中国古代建筑的
发展期，则隋唐时期是中国古代建筑的成熟期。自隋初的公元581年到唐末的907
年的300余年间，中国古代文化发展到了它的鼎盛时期，唐代艺术在综合水平上达
到了很高的层次，建筑艺术与技术也达到了一个新的水平。

一、砖石技术的发展与应用

中国古代的砖石技术，很早就已经发展到了相当高的水平，现存遗物中，汉代
的石构墓阙、北魏的嵩岳寺塔，都是砖石技术应用的重要例证。

但在隋唐以前，将砖石应用于建筑还不广泛，不过砖石建筑技术仍然达到了
相当高的水平，如隋代建造的河北赵县安济桥，就是巧妙地利用石材特性，使造
型与结构达到高度统一的具有高度技术水准的重要例证。安济桥建于隋大业年间
（605—617年），是由匠师李春主持修造的。这座石造拱桥弧形主拱券的跨度为

37.37米、高7.23米，主券横跨于河上，两肩又各凿有两个小石券，是已知现存世界上最早的敞肩券。桥两侧栏杆上的石刻动物与植物纹样，也达到了相当高的艺术水平。

此外，隋唐时代高层砖石结构达到了很高的水平，如初唐时建造的兴教寺玄奘塔、慈恩寺大雁塔、荐福寺小雁塔等，都说明唐代对于建造高层砖石塔幢已经驾轻就熟。特别值得称道的是，这一时期对于砖石的应用，还比较注意顺应砖石材料的特性，虽然也有一些用砖石仿木结构的迹象，但是经过了简化，并充分顺依了砖石材料的性能。

砖石材料的应用，与一定的经济条件有关，也与生产力的发展有关。唐代砖石材料的应用日渐广泛，唐代营建大明宫，已经在宫城墙脚及城门左右，在夯土墙内外用砖包砌。可以说，砖的大量使用，是在中唐以后。这显然是因为随着经济与生产力的发展，砖石的生产量大大增加，而成本有所降低，有了大量使用的先决条件。而到了唐末五代，南方的一些城市，如成都、苏州、福州，都相继用砖筑造外郭城。初盛唐时期的公主墓，如唐永泰公主墓，其墓室、墓前门阙、角楼都是以夯土为主筑造的，墓室也只用了少量砖石。而到了唐末五代，一些地方性的陵墓都已经开始用砖石筑造。如五代的南唐陵及前蜀的王建墓，几乎完全是用砖或石建造的空间复杂的墓室，墓室中反映出来的用砖石筑造拱券与穹窿的技术也已经相当成熟，而这也正是唐代数百年建筑技术积累与发展的结果。

二、木构技术的发展

中国建筑的主流是木结构建筑，其技术一直是中国古代建筑发展的主要标志。中国古代木构建筑的发展，一开始就受着两个方面因素的制约，一个是木材本身材料特性的制约，另一个是中国古代文化的价值取向及哲学思想等方面的制约。

木材固有的材料性能主要是尺度及受力性能，还有主要是由梁架支撑与选挑的木构架结构体系，使得中国建筑物在单层空间的高度及单间的跨度方面，受到了一定的限制。

而在中国的文化与思想体系中，儒家思想占了很大的比重，儒家提出了"卑宫室，致力于沟洫"的主张，在建筑方面主张节俭，对土木建筑采取了抑制的态度，并成为儒家对统治阶层的宫室建筑所要求的典范。此外，中国古代一向倾向于"人本"思想，现世的君主比上帝鬼神的权威更为重要，国家最重要的建筑是皇家宫室，而不是宗教寺庙。因而，中国古代建筑的主流是供现世人使用的建筑，以人的尺度为标准，因而在空间与尺度的发展上受到了一定的限制。所以中国古代建筑倾向于既不很高，也不很大，而是采用"适形"的尺度。

但是，自魏晋以来，随着佛教的传入和流行，由于宗教因素的刺激作用，出现了一种将木构建筑向高向大发展的尝试。如著名的北魏洛阳永宁寺塔，就是这种尝试的较早也较为大胆的例子。据记载，永宁寺塔塔身的高度为49丈，有100多米高。这种将木构建筑向高向大发展的尝试，一直延续到隋唐时代。如隋初营大兴城，隋文帝与隋炀帝先后在城西南隅永阳坊建造了两座木构高塔。这两座塔建得一样高，塔身周回120步，每面按30步计，约150尺，也有40余米的面宽。塔的高度有130仞（或330尺），以330尺计，也高达90多米，在高度上几乎是可以与永宁寺塔相比的，而在当时的长安城中，木造的高塔或高层楼阁，在150尺，即40多米高以上的，不止一座。

唐代洛阳的武后明堂，又是一个高层木构建筑的例证。这座建筑每面广300尺、高294尺，高广都在80多米以上，是一座尺度与高度都十分巨大的建筑物。唐代建筑除了向高发展外，还向大而深邃的空间发展，如唐大明宫中的麟德殿，殿身有164根柱子，加上廊柱，有204根之多，面积有今日太和殿的3倍之多。唐高宗总章二年（669年）拟建造明堂，在由皇帝颁布的建筑方案中，其平面也有128根柱之多。同样尺度宏大的木结构建筑，还有隋代洛阳宫中的正殿——乾阳殿，其柱子原材料十分巨大，移动一根柱子就需要2000个人夫，其建成以后的结构与空间之巨大，也是可以想见的。而这些都充分反映了隋唐时代的中国古代木构建筑技术已经达到了一个相当高的水平。以木构建造的个体建筑，这一时期在向高与大的方向发展，达到了一个高峰。

三、斗栱的发展

中国古代木构建筑中最为特殊的部分就是斗栱。正是在隋唐时期，作为中国古代建筑典型特征的木结构斗栱体系，已经在技术上与型制上基本趋于成熟、完善。

初唐时期建筑的斗栱，虽然已经相当完备，但还存在几个方面的问题：

一是补间铺作的问题。初唐至盛唐时期的建筑，都没有补间铺作，两柱之间的阑额与柱头枋间，仅仅加入人字栱或斗子蜀柱，起到一点视觉的补偿作用，而不管这里是否需要出挑的构件。因而，唐代木构建筑的补间铺作，在承托挑檐方面，成为结构上的一个薄弱环节。直到中唐时期的南禅寺大殿，在两柱间还没有设补间铺作。这种情况直到晚唐时期建造的佛光寺大殿中，才有了较大程度的改变。

在佛光寺大殿的檐下，我们可以看到已知最早的使用出跳斗栱的补间铺作与柱头铺作共同承托挑檐的例证。而正是在这个基础上，宋以后木构建筑的补间铺作日益完善，并开始变为装饰性的构件。

二是转角铺作的问题。隋代与初唐时，木构建筑檐下转角部分，仅仅在45°方向有出挑的斗栱与昂来承托其上的角梁，而没有后世常见的列栱之制。这显然使得木构建筑的转角檐子成为结构中的一个薄弱环节。而唐代的木构建筑，渐渐在转角铺作中出现了旨在加强转角部分结构强度的列栱做法，这为宋代木构建筑中斗栱的进一步完善提供了基础。

三是屋檐的角翘问题。唐以前，檐口多为平直而无角翘的。初唐时的大雁塔门楣石刻中的佛殿，采用的还是平直的屋檐。而到中唐时期的南禅寺大殿及晚唐时期的佛光寺大殿，已经有了明显的角翘，这说明角翘的出现是唐代以来木结构技术逐渐发展与完善的结果。

此外，从史料文献来看，隋唐时代的木造技术及铸造技术都曾达到了很高的水平。在金属铸造方面，唐武则天时曾用铜铸造天枢，并在明堂前铸九州鼎。其巨大的明堂建筑上先后安装的铁铸金凤及宝珠，都反映出相当高的铸造水平。

四、建筑装修的发展与建筑风格的演变

这里所说的建筑装修，包括瓦饰、砖石雕饰、小木作等几个方面。

以瓦饰论，瓦的使用早在西周就已出现，后由纯功用渐渐有了装饰的意匠，如采用有文字或各种纹样的瓦当之饰等。隋与初唐时的宫殿建筑中，主要以灰瓦黑瓦为主，并开始少量使用琉璃瓦。初唐所建的最高等级的建筑——大明宫含元殿，用的仅是黑色陶瓦，可能配有绿色琉璃的脊饰与檐口剪边。然而，到了盛唐所造的兴庆宫中，琉璃瓦已经用得相当多，并采用了黄绿两种颜色，瓦当的式样也非常丰富。

此外，唐代还有用木做瓦，外涂夹纻漆的武后明堂，以及"镂铜为瓦"的京兆尹王珙宅，或"铸铜为瓦，涂金瓦上"的五台山金阁寺。仅从这些瓦饰材料，已经可以看出唐代建筑在装饰材料、装饰技术与装饰艺术方面所达到的水平。

再看门窗，从实物及绘画雕刻可知，唐代建筑的窗子以直棂窗为主，外观显得古朴简洁，即使是等级最高的建筑，如唐总章二年（669年）诏建明堂，也采用的是用直棂窗。门及隔扇，在唐以前使用的是较为简单的板门，而唐代时已经变为或在门扉上部装较短的直棂窗，或将隔扇分为上中下三部分，而上部较高的部分装设直棂，以便光线的透过，如李思训《江帆楼阁图》中所表现的建筑。到了中晚唐，乃至五代时期，门窗的装修形式已经相当丰富，如公元866年建造的山西运城招福寺禅和尚塔，已有了龟锦文窗棂图案，五代末年的虎丘塔则在窗子上使用了球纹，这些都为后来宋代与金代建筑中式样繁多、空灵通透的门窗纹样提供了一个很好的基础。

总体来说，唐代建筑在艺术风格上雄浑质朴。如唐代最尊贵的含元殿，其墙壁表面只是涂以白灰，并且仅仅在底部绘有朱红色饰线。木构架上采用的彩画也比较质朴，很可能也仅仅采用赤白两色了，作为装饰的主调。后世宋代彩画中"七朱八白"的做法，很可能就是保留的唐代建筑装饰遗风。

此外，从外形上看，隋唐时期的建筑举折比较平缓，屋檐平直而出檐深远，给人一种平和而飘逸的感觉。自晚唐以来，举折渐渐趋于高峻，屋檐角翘发生弯曲，建筑风格开始趋向宋金时代的柔和、圆润与纤弱。而隋唐时期建筑的风格，则表现为质朴、雄壮、浑厚、遒劲与舒展，从而给人一种感人的艺术气势。但这一气势在其后的宋、金建筑中，却渐渐失去不存了，代之而起的是繁缛、纤弱、曲缓、柔丽与华美的氛围，其风格与繁华与柔弱并存的宋王朝在基本气质上是一致的，并因而影响到了其后金与南宋时代建筑的风格。

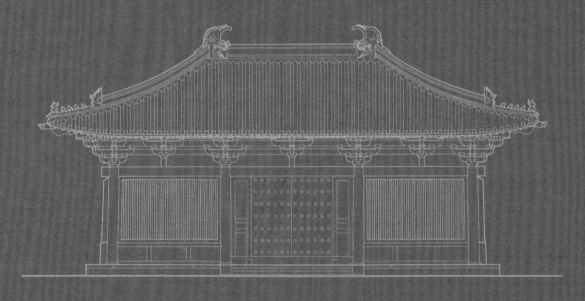

第六章 ———— 宋、辽、金、西夏时期的建筑

第一节　历史背景与建筑概况

　　宋代（960—1279年），分为北宋和南宋。公元960年，宋太祖赵匡胤夺取后周政权，建立北宋王朝，占据中原地区和长江以南，与辽（916—1218年）和西夏（1038—1227年）对峙于河北、山西、陕西一带。公元1127年，北宋亡于金后，在淮河以南建立南宋，与金（1115—1234年）对峙。13世纪，西夏、宋、金先后为蒙古所灭。

　　两宋时期，国土分裂、武功不利，屡为北蛮诸邦所困，但是宋代却在一个比唐代小的疆域内创造出高于唐代的经济水平，在文化与科学方面都达到了前所未有的高峰。正如李约瑟所概括的，在这一时期，"深奥的散文代替了抒情诗，哲学的探讨和科学的描述代替了宗教信仰。在技术上，宋代把唐代所设想的许多东西都变为现实。……每当人们在中国的文献中查考任何一种具体的科技史料时，往往会发现它的主要焦点就在宋代。不管在应用科学方面或在纯粹科学方面都是如此。"[1]

　　中国的政治和经济在中唐至宋初经历了一个大的转折，在某种意义上，可说是"从中世过渡到近世"[2]。由于门阀政治的衰落，政治权力逐渐集中到天子的手中。均田制不再实行，租庸调废止，代之以缴纳货币，人民不再作为贵族的奴隶，而是直属于天子。在官吏选拔方面，九品中正的门阀主义逐步被科举制度所取代，宋代的政治思想确立为"与士大夫治天下，非与百姓治天下"[3]，对文化教育给予了空前的重视，"师道之更尊于君道，其事皆从宋代起。"[4]这是推动宋代文化和科技繁荣的内在原因。在经济结构方面，宋代的大贵族减少了，中上层的富人却大大增加，市民经济渐趋发达，中上阶层广泛追求奢侈与享乐。这样的社会风气，使宋代的建筑风格不复有汉唐那种宏大开朗的气魄，而是转而追求精妙、醇和、富丽。

①
[英] 李约瑟《中国科学技术史》，第1卷·总论，香港：中华书局，1975年，284–287。

②
[日] 内藤湖南《概括的唐宋时代观》《日本学者研究中国史论著选译》第1卷，中华书局，1992年。（原载《历史与地理》第9卷第5号，1910年）

③
[宋] 李焘《续资治通鉴长编·神宗熙宁四年》，卷221。

④
钱穆《中国文化演进之三大阶程及其未来之演进》（1983年），载于钱穆：《宋代理学三书随劄》，北京：生活·读书·新知三联书店，2002年，219–220。

① 关于这一时期的主导哲学思想究竟应该称为"道学"还是"理学"，冯友兰有专门的论述，认为从"名从主人"的角度来说，应该叫"道学"。但"理学"一词出现于南宋，为清朝及现代所习用。见冯友兰：《中国哲学史新编》（1964年初版），人民出版社，2004年。下册，27-30。

② 冯友兰《中国哲学史新编》（1964年初版），人民出版社，2004年，下册，23-25。

③ 冯友兰《中国哲学史新编》（1964年初版），人民出版社，2004年，下册，31。

④ 傅熹年《中国古代建筑概说》，载于傅熹年，《中国古代建筑十论》，复旦大学出版社，2004年，12。

⑤ 梁思成《中国建筑史》，天津：百花文艺出版社，1998年，170。

在哲学思想方面，宋代也是一个重要的转折时期，这一时期形成了"理学"（或称"道学"①）的哲学体系。理学的目的和方法，可以概括为"穷理尽性"与"格物致知"②，它融合了佛教、道教思想，继承并发展了儒家思想，成为"包括自然、社会和个人生活各方面的广泛哲学体系"③，在巩固中央集权和多民族融合方面起到了巨大的作用。

在上述思想背景下，产生了现存中国古代最早的建筑法规和正式建筑图样——《营造法式》，它把唐代已经形成的以"材"为模数的大木构架设计方法、其他工种的规范化做法和工料定额作为官定制度确定下来，并附以图样，反映出当时的建筑设计和施工已经达到了较高的标准化、定型化水平。

北宋立国后，定都于汴梁（今开封），便于通过运河得到江南经济上的支持。汴梁于是成为手工业、商业发达的城市，经济活动繁荣，日夜不辍，冲破了自古以来将居民和商肆封闭在坊、市之内的传统，成为拆除坊墙、临街设店、居住小巷可以直通大街的开放型街巷制城市。这是中国古代城市结构的巨大变化。

在建筑类型方面，由于对文化教育的重视，书院建筑得到了较大的发展，北宋时期出现了四大书院，即白鹿洞书院（江西庐山）、岳麓书院（湖南长沙）、嵩阳书院（河南登封）和睢阳书院（河南商丘）。另外，由于禅宗的兴盛，宗教建筑朝世俗化的方向发展，而佛、道教建筑也随着思想的融合而趋同。宋代追求享乐的风气使得园林建筑兴盛起来。宋代园林植根于深厚的文学艺术土壤，与诗词、绘画的意境相结合，"寄情深远，造景幽邃，建筑精雅"④，达到很高的水平，虽实物不存，却还可以在宋代绘画中窥见其概貌。

在单体建筑和群体组合方面，这一时期都有很大的变化。建筑群体纵深加大，更加注重前导空间的处理和建筑与环境的结合。单体建筑平面形式和屋顶组合都比唐代更加丰富错落，并增加了很多细腻的手法，装修和彩画的品种也大大增加。唐时门窗只有板门、直棂窗，宋代开始出现复杂的格子门，建筑风格向精巧绮丽方向发展。自晚唐至北宋，室内家具也从低矮的供人跪坐的床榻几案转变为垂足而坐的椅子和高桌，人们的室内起居方式发生了重大变革。建筑色彩由于使用琉璃和彩绘而复杂华丽，不同于汉、唐明朗简朴的风格。彩画中碾玉装饰在南宋之后渐居优势，成为明代旋子彩画的先声。总的来说，在建筑艺术方面，建筑的造型日趋复杂多样，艺术风格则向精巧、秀丽、绚烂的方向转变。

在建筑技术方面，宋代木构建筑已开结构简化之端，建筑结构和造型趋于定型化、制度化。同时，砖石结构和木构高层建筑亦得到发展，在桥梁建造方面，出现了植蛎固基、浮运法等领先于世界的技术。

在地域特征方面，由于这一时期南北分裂，南方和北方在政治上和经济上均相对独立，中国南北建筑风格逐渐产生差异。虽然属于北宋、南宋的汉文化核心区域在战争中屡败于辽金，但是在文化上则是"辽、金节节俯首于汉族。文物艺术之动向，唯宋是瞻"⑤。概括说来，不同地域的同时代建筑遗物，越边远的地区便越多地保留早期的特征。以下略述辽、金、西夏的概况：

①
《宋史·夏国列传》，四库本，卷
486，27。

②
[宋] 王溥《五代会要·城郭》，四
库本，卷26，8-9。

辽（907—1125年）为契丹族在中国北方所建，占据着东北地区、蒙古和华北平原北部，与北宋对峙。在1125年，辽败于金之前，辽国对于中国北方的控制一直延伸到黄河北岸，并已大部汉化。它的建筑可以看作唐代北方建筑的余波和发展，其早期建筑，如公元984年所建的蓟县独乐寺观音阁，几乎与唐代建筑无异。公元1056年建造的应县佛宫寺释迦塔，为八角形五层全木构塔，高67米，是现存最高的古代木构建筑，其设计运用了高层筒体结构和多层次的模数控制体系，设计极为精密。辽在经济、文化和技术上都落后于同时期的北宋，而能达到如此卓越的成就，可以推知在两宋的中心地区，其建筑水平应该更高于此。

与南宋同时的金国（1115—1234年），先后武力征服辽和北宋，灭北宋后，掳掠其文物、图籍和工匠北返。虽然金所占据的主要是辽的故土，但辽的文化落后于北宋，故金朝的典章制度、宫室器用多受北宋影响。金皇室奢侈无度，故装饰更趋繁复，建筑曲线更为柔和。

与南宋同时期的另一个北方少数民族割据势力是西夏（1038—1227年），为党项族所建，属地横跨"古代丝绸之路"，占据甘肃和宁夏。党项族与汉族相濡杂处几个世纪，其贵族虽为藩镇势力，形式上却是唐、五代各国、宋朝的地方官员，读书写字、公私文书尽用汉字，更多地接受了唐宋文化的影响，正如《宋史》所载，西夏"设官之别，多与宋同，朝贺之仪，杂用唐宋，而乐之器与曲，则唐也。"①

总的来说，宋辽金时期是中国建筑史上的高峰和转折时期，在这一时期，适应中国传统木结构体系的整套建筑技术和形体组合方式均已成熟定型，总体艺术风格由豪劲转向精雅，在建筑理论方面则由创新和融合转向归纳和总结，出现了《营造法式》这样具有高度系统性和科学性的建筑专书。

第二节　城市

宋、辽、金时期，由于唐末、五代以来手工业和商业的发展，全国各地出现了若干中型城市，城市格局也发生了变化。这一时期主要的城市有北宋都城东京（今河南开封）、南宋都城临安（今浙江杭州）、辽南京与金中都（今北京西南郊）、手工业、商业城市扬州、平江（今江苏苏州）、成都，以及港口商贸城市广州、明州（今浙江宁波）、泉州等。

一、北宋东京

东京（又名汴州，今河南开封），位于河南省东部黄河以南的豫中平原之汴河南岸，创建于春秋时期（公元前770—前476年），到唐代已成为中原地区的一座州城，五代时期（公元907—979年）先后成为后梁、后晋、后周的都城，并升为东京。后周显德二年至显德三年（公元955—956年），对汴京进行了较大规模的改建，开拓街坊，展宽道路，疏浚河道，加筑外城，以供市坊之需。②

①
[宋] 李焘《续资治通鉴长编·太祖开宝九年》，卷17。宋太祖语。

②
[宋] 李焘《续资治通鉴长编·仁宗景祐三年》，卷118。范仲淹语。

③
[宋] 李焘《续资治通鉴长编·仁宗景祐三年》，卷118。范仲淹语。13-14。

④
《宋史·地理志》，《续资治通鉴长编》，《元丰九域志》。

北宋初年，东京仿洛阳之制，扩建宫城、营建宫室，并修外廓，仍继承了唐代的市坊制度。北宋中叶，因商品经济迅速发展，城市经济职能愈加显著，因此城市结构也受到了巨大的冲击，旧的将住宅与商业区分开管制的"坊市制"崩溃，形成了新的"坊巷制"，坊巷与官府、酒楼、茶馆、商铺、寺观相处，坊巷布局已不受坊门约束。

东京城从公元 951 年后周定都到公元 1127 年被金兵攻破的 178 年间，由一个面积约 1000 万平方米的州府，拓展为一座面积超过 5000 万平方米，人口超过百万，为同时期世界上规模最大的国际化政治、经济、宗教、文化中心之一。

（一）京畿概况

北宋统一全国后，虽也曾拟定都洛阳，甚至西迁长安，以"据山河之胜"[①]，但考虑洛阳"空虚已久，绝无储积"，[②]容易陷入经济上的困境，而汴州虽无险可凭，却与江南经济中心有运河相连，唐时已跃居全国重要的商业大都会，仅次于扬州、益州，因此，出于经济和军事的双重考虑，北宋政府一方面结合中央集权的推行，在东京屯驻重兵，一方面以洛阳为西京，以备不虞，形成"太平则居东京通济之地，以便天下；急难则居西洛险固之宅，以守中原"[③]的格局。因此，北宋东京和中国历代首都一样，均是与京畿区域相结合而规划的，除了上述的西京洛阳之外，还有真宗时期建制的"北京"大名府（今山东济南）及仁宗时期建制的"南京"宋州应天府（今河南商丘南部）[④]，南、北、西三京作为陪都，环布在东京周围，以为京畿弼辅，凭借以东京为核心的水陆交通网络，形成一个京畿区域城市群体组织（图6-1）。

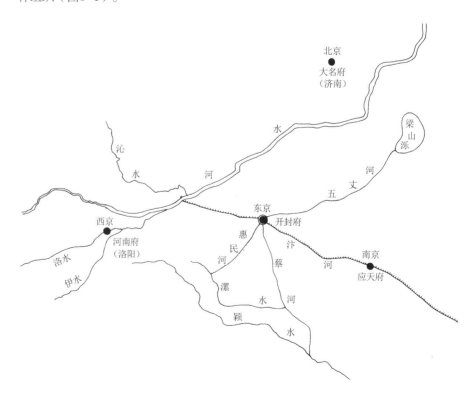

图6-1 北宋四京位置示意图
（贺业钜. 中国古代城市规划史[M]. 中国建筑工业出版社，1996：399.）

（二）城市格局

东京有皇城、内城、外城三重城墙，皇城居于城市中心，内城围绕在皇城四周。最外为外城（亦称罗城）。外城平面近方形，东墙长7660米，西墙长7590米，南墙长6990米，北墙长6940米（图6-2～图6-4）。罗城东、西、南三面皆三门，北面四门，此外还有专供河流通过的水门10座。[①]

①
开封市文物工作队.《开封考古发现与研究》，郑州，中州古籍出版社，1998年，134-143。

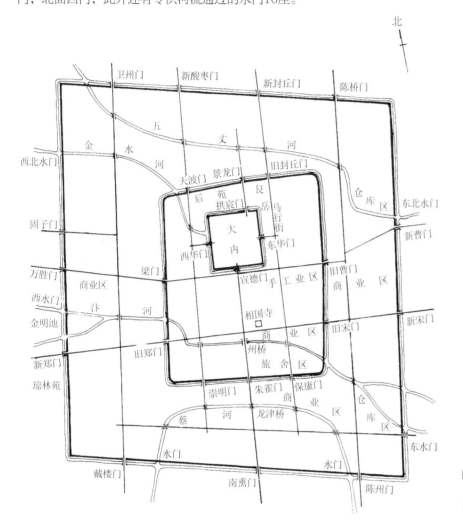

图6-2 北宋东京城市规划轮廓图
（贺业钜. 中国古代城市规划史[M]. 中国建筑工业出版社，1996：508.）

图6-3 北宋张择端《清明上河图》中的街市和城门
（傅熹年. 中国美术全集·绘画编3：两宋绘画(上)[M]. 文物出版社，1988：134-135.）

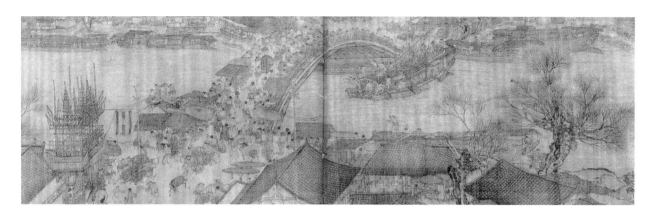

图6-4 北宋张择端《清明上河图》中的东京虹桥
（傅熹年. 中国美术全集·绘画编3：两宋绘画(上)[M]. 文物出版社，1988：130-131.）

（三）城市道路与水系

全城道路从城市中心通向各城门，主干道称为"御路"者有三条：第一条为从皇城南门至外城南门的南北向干道，宽200米，是全城的主轴线；第二条为皇城南侧的东西向干道；第三条为皇城东侧的南北向干道。此外还有一些次要道路，组成多层次的、不均匀的道路网。北宋东京的街道和街坊不受里坊约束，有着浓厚的商业氛围，标志着传统的、封闭的、内向的、具有强烈限制性的里坊制度被新的、开放的、外向的、自由的街坊制度代替。

在东京，河道也成为城市的重要经济命脉，史称"四水贯都"。四水即指汴河、蔡河（惠民河）、五丈河、金水河。在城墙外又各有护城河一道，四水通过护城河相互沟通，在城内形成便利的水上运输网络，可将东南方粮食和物资运入城内。金水河通往宫殿区，供给宫廷园林用水。横贯东京城之汴河，是沟通长江、淮河、黄河之大运河的组成部分，也是联络北宋三陪都的重要通道，故对城市总体规划影响也最深。东京的繁盛商肆，主要分布在城之东、南，汴河两侧。

（四）城市结构

以坊巷为骨架的宋东京，城市面貌颇具特色，与前代相比，存在诸多变化。

其一，主要街道和中心区域的政治性和纪念性减弱，而商业性大大增强，住宅与商业区分段布置或混杂布置。皇城正南的御路两旁有御廊，允许商人交易，城南州桥地段及城东宫城附近地段商肆云集，形成内城的中心商业区。御路两旁，州桥以北为住宅，州桥以南为店铺。而城东的马行街则街道住宅与商店混杂（图6-5）。

其二，商业区域线面结合，既有集中成片的"市"，又有线性的商业街。例如作为"瓦市"的大相国寺，"中庭、两庑可容万人，凡商旅交易，皆萃其中，四方趋京师以货物求售、转售他物者，必由于此"[1]。在一些街区还存在夜市，酒楼、餐馆通宵营业，如马行街"夜市直至三更尽，才五更又复开张"[2]。北宋名画《清明上河图》真实地反映了东京商业街的繁荣面貌（图6-6）。此外，随着经济的发展和文化的繁荣，出现了大型综合娱乐场所——"瓦子"，其中包括有各种杂技、游艺表演的勾栏，还有茶楼和酒馆，一个"瓦子"可有"大小勾栏五十余座""最大可容数千人"[3]。

① [宋] 王栐《燕翼诒谋录》，四库本，卷2，13。

② [宋] 孟元老《东京梦华录》，四库本，卷3，6。

③ [宋] 孟元老《东京梦华录》，四库本，卷2，5-6。

图6-5 北宋末年东京城市用地
性质示意图
（邓烨. 北宋东京城市空间形态
研究[D]. 清华大学）

图6-6 北宋张择端《清明上河
图》中的商业街
（傅熹年. 中国美术全集·绘画
编3：两宋绘画(上)[M]. 文物出版
社，1988：136. ）

二、南宋临安

杭州原为五代时期吴越国（907—978年）的都城，宋室南迁，于公元1138年以杭州为行都，改称临安。建都之初，因局势动荡，因陋就简，基本维持旧貌。绍兴十一年（1141年），南宋与金人讲和，偏安局势稍趋稳定，在公元1142—1162年，大力营建宫室、庙坛、府库、官署、御苑等，以满足建都之需；此外更彻底废除集中市制，大力扩展手工业区，发展商品生产，增设各种行业街市及坊巷商业网点、生活服务设施，以促进城市交换经济的进一步繁荣。自建都临安直至公元1276年南宋灭亡，前后共计138年，在此期间，临安不仅是南宋的政治文化中心，还是当时最大的商业都会。

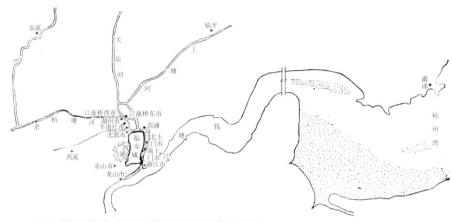

注：1. 临安城河道纵横，本图只绘与郊区市镇直接相关的溪河，其余从略。
2. 汤村镇在城北五十里，俗称乔司镇，为临安盐场之一，明永乐十一年镇为海潮冲陷，见《乾隆志》。今乔司非宋之汤村镇，故本图未收入。
3.《梦粱录》载有江涨桥东市及江涨桥西市，可见南宋时江涨桥实有二市。

图6-7 南宋临安区域布局概貌
（贺业钜. 中国古代城市规划史[M]. 中国建筑工业出版社，1996：609.）

（一）城市与区域格局

临安南倚凤凰山，西临西湖，北部、东部为平原，利用水乡城市的航运优势，积极发展郊区卫星城镇，形成以城为中心，大小河道所构成之航运网为脉络，联系周围一系列大小卫星城市之区域格局（图6-7）。

临安城由于地形所限，东西狭，南北长，外轮廓不规则，但城市结构仍在一定程度上保持了"前朝后市"的规划特点。其宫殿独占南部的凤凰山，街巷则集中于城市北部，形成"南宫北市"的格局（图6-8）。

临安城以纵贯宫城的南北主轴为规划主轴线，在轴线上修筑被称为"御街"的城市主干道，城内遍布商业、手工业网点。御街贯穿全城，成为全城最繁华的区域。御街南段为衙署区，中段为综合商业区，商业与政治功能杂处。城中还有若干行业市街及综合娱乐场所"瓦子"，御街南段东侧有官府商业区。

临安城的格局以市坊结合为主要特色，城市与自然地形相互渗透，并有园林点缀其间。居住区位于城市中部，已完全突破封闭型的"里坊制"，而按开放型的"坊巷制"组织聚居。坊巷内设商业网点和学校，贵族府邸与商业街市毗邻。官营手工业区及仓库区在城市北部。以国子监、太学、武学组成的文化区则位于靠近西湖西北角的钱塘门内。

（二）城市道路与水系

临安城南北长、东西狭，加之地形起伏、河道纵横，城市道路布局基本按照传统的经纬涂制规划，但又在很大程度上受到地形条件的影响。

御街是临安路网的主干，从皇城北门和宁门起，至城北景灵宫止，全长约4500米。此外还有四条与御街大致平行的南北向道路。东西干道四条，均贯通东西城门。另有次一级的街道若干，均按照干道网部署。全城因地制宜，形成不均匀的网格，道路多为斜向，并以"坊"命名，这亦是里坊制已经消亡却仍存在于人们记忆中的佐证。

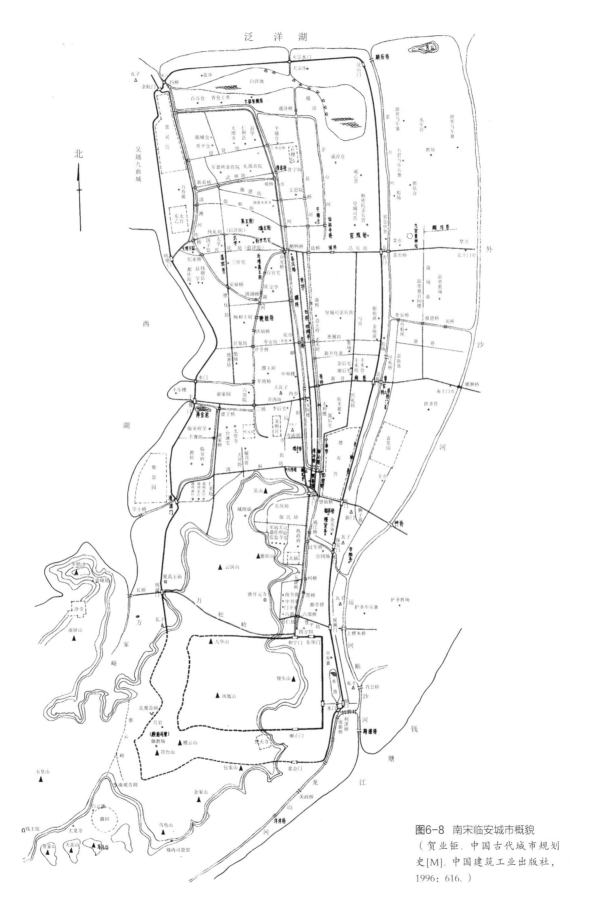

图6-8 南宋临安城市概貌

（贺业钜. 中国古代城市规划
史[M]. 中国建筑工业出版社，
1996：616.）

①
[宋] 吴自牧《梦粱录·团行》，四库本，卷13，3。

临安是水乡城市，故城市交通除了路网之外，尚有水上交通。城内河道有四条，即茅山河、盐桥河（大河）、市河（小河）及清湖河（西河）。这四条河均为南北向，是城内水运干线，其中盐桥河为主要运输河道，沿河两岸多闹市。城外有多条河流，与大运河相连，城西则为西湖。这些纵横相交的河和湖构成了一个水运网络，对临安经济发展起了重要作用。

（三）城市商业网

临安城市规划的一大特色，就是彻底废除了集中市制，建立了由各种商业行业及新型服务行业（如酒楼、茶坊、瓦子、浴室）所构成的覆盖全城的点面结合的商业网络体系。贯穿全城的御街，"自和宁门权子外至观桥下，无一家不买卖者"①。这里属于中心综合商业区，其中有特殊商品的街市，如金、银，也有一般商品的市场。此外还有"瓦子"多处，其内包括茶楼、酒店及杂技表演场。临安官营手工业作坊多集中在城市北部武林坊、招贤坊一带；瓷器官窑在城南凤凰山下，称内窑。私营手工业遍布全城，丝纺业多为亦工亦商的作坊，集中在御街中段官巷一带。御街中段的棚桥是临安最大的书市，附近设有刻版作坊。

三、辽南京与金中都

辽设五京，即上京临潢府（今内蒙古巴林左旗南）、中京大定府（今内蒙古宁城西）、东京辽阳府（今辽宁辽阳市）、南京析津府（今北京市）及西京大同府（今山西大同市）。

辽南京又称燕京、析津府，公元1122年被女真族攻占。公元1127年女真族打败北宋，建立金朝，公元1153年迁都南京，改名中都，史称金中都。辽南京和金中都，既是历史上重要的少数民族王朝都城，又对明清北京城市结构的形成有着深远的影响（图6-9，图6-10）。

（一）辽南京的城市格局

辽南京大体沿袭了唐代幽州城的旧有规模，周长约25里，约呈正方形。城垣上有八座城门，连接城市主要道路。东西干道自清晋门至安东门一线，沿袭唐幽州城的檀州街，南北干道自拱辰门至开阳门。其余道路均被子城拦断，未能贯穿全城。

辽南京子城又称内城、皇城，偏处城之西南隅，与大城共用西门、南门。子城内以宫殿区和皇家园林区为主，宫殿区偏处子城东部，并向南突出到子城的城墙以外。南为南端门，东为左掖门（后改称万春门），西为右掖门（后改称千秋门）。宫殿区东侧为南果园区，西侧为瑶池宫苑区，瑶池中有小岛瑶屿，岛上建有瑶池殿，皇亲宅第建于瑶池旁。

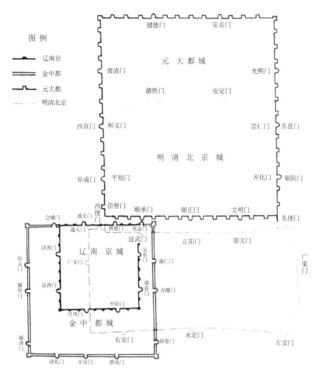

图6-9　辽南京、金中都、元大都、明清北京位置比较图

（郭黛姮.宋、辽、金建筑[A].乔匀等编.中国古代建筑[M].新世界出版社，2002：图5-4）

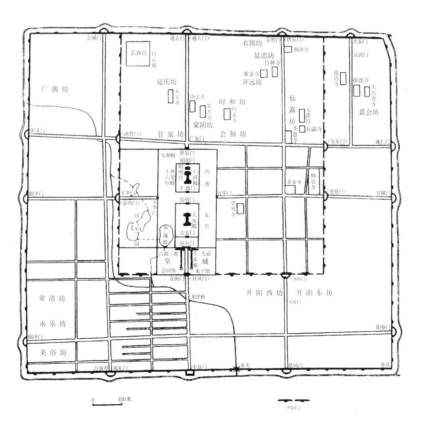

0　　400米

图6-10　辽南京与金中都示意图

（侯仁之，邓辉.北京城的起源与变迁[M].中国书店，2001.）

①
据明太祖《洪武实录》,明洪武年间实测数据。转引自贺业钜,同上,619。

②
《日下旧闻考·京师》,四库本,卷37,16。

③
《中国大百科全书·考古学·金中都遗址》。

④
[元] 托克托《金史·世宗本纪》,四库本,卷8,30。

城市路网除干道之外还有次一级道路。里坊区分布在子城周围,从文献中可以确定方位的有归厚、显中、棠阴、甘泉、时和、仙露、敬客、铜马、奉先9坊。坊内一些寺观留存至今,如现在的北京法源寺即当时城东之悯忠寺,现在的北京天宁寺塔(图6-11)即是当时城北天王寺内之塔。

(二)金中都的城市格局

金中都是金代五座都城中最重要的一座(另四座为南京开封府、北京大定府、东京辽阳府和西京大同府)。金天德三年(1151年)就辽代南京城旧址扩建,贞元元年(1153年)建成,定名中都大兴府。城遗址在今北京市区西南部,地上仅见零星城墙夯土残址。

金代迁都中都后,参考北宋东京的格局,对中都进行了大规模扩建,并修建皇城、宫城,形成宫城居中的格局。城垣向东、西、南扩展,成为周长5328丈(约合17.8公里)①,近似方形的规模。据《金图经》载,"都城之门十二,每向分三门,一正两偏,……共十二门"。②

金世宗大定十九年(公元1179年),又于城北(今北京城内北海琼华岛)建大宁宫,以为离宫,并在城东北角增建一座城门,为皇帝赴东北郊离宫琼华岛大宁宫之用。

中都城每边三门,相对布置,相对之城门间以街道连接,但贯通全城的街道只有三条:第一条是在檀州街基础上向东西延伸而成,第二条在檀州街以南,第三条是南北向大街,是在辽南京大街的基础上向南延伸而成。其余六条街道均被皇城拦断。

城市结构的另一个变化是从里坊制向坊巷制的转变,据文献记载,中都城有62个坊,其中一部分继承辽燕京的旧坊,仍保持了唐代街坊的形式,而金代扩展的部分,如城南,则仿效北宋东京,改为沿街两侧平行排列街巷的方式。③金中都商业已相当繁荣,檀州街便是商业活动的中心,成为南方与东北进行贸易的市场。金中都时期除檀州街市场以外,还出现了城南东开阳坊新辟的市场(图6-12,图6-13)。

金中都的规划特点,相对于辽南京而言,主要是仿照北宋东京的格局,汲取中原城市的模式,向《周礼·考工记》的规划思想靠拢,体现在以下几个方面:

第一,宫城居中。据《金史》载,"仁政殿,辽时所建"④,为宫殿正衙,沿袭了辽代的位置,但宫城的规模是仿北宋东京的宫室制度,并且以宫城南北中轴线作为全城规划结构的主轴线。

第二,左祖右社。中都皇城之内、宫城之外布置行政机构及皇家宫苑。皇城南部从宣阳门到宫城大门应天门之间,以当中御道分界,东侧为太庙、球场、来宁馆,西侧为尚书省、六部机关、会同馆等。这种安排是仿照北宋东京的布局,如左侧设太庙,右侧设政府官署、监察机关,接近《考工记》中"左祖右社"的规定。

第三,城内增建礼制建筑,如祭祀天、地、风、雨、日、月的郊天坛、风师坛、雨师坛、朝日坛、夕月坛等,吸取了中原城市的建筑文化模式。

图6-11 北京辽天宁寺塔
(李路珂 摄)

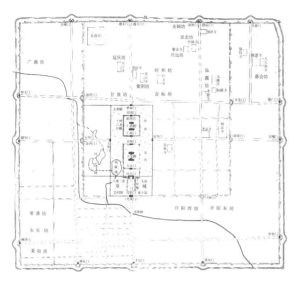

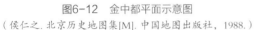

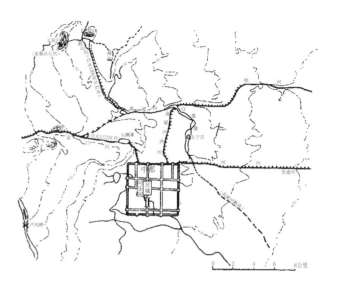

图6-12　金中都平面示意图

（侯仁之.北京历史地图集[M].中国地图出版社，1988.）

图6-13　金中都宫苑水系示意图

（侯仁之.北京历代城市建设中的河湖水系及其利用[A].
侯仁之文集[J].北京大学出版社，1998.）

中都城宏伟壮丽，对元代大都城在布局、规模上都有很大影响。

四、平江府

平江府位于今江苏苏州，地处富饶的江南平原，扼南北交通之要道，南宋时为地区性的行政中心，手工业、商业繁荣。绍定年间郡守李寿明主持修刻的"宋平江图碑"（图6-14，图6-15），形象、准确地记载了南宋平江府城的面貌。城轮廓呈长方形，南北长约4公里，东西宽约3公里余，城墙上开有5座城门，城内水网发达，设有水、陆两套交通系统。城内主要水道南北4条，东西3条，均与城市干道平行。另有次一级的河道和街道，与干道共同构成城市的水陆交通网络。商店、住宅多为前街后河，充分利用水陆交通条件。城外有护城河环绕，除了防卫作用之外，也是水运网络的有机组成部分。

五、港口商贸城市

中唐以后，陆上"丝绸之路"渐趋衰微，"海上丝绸之路"逐渐崛起，成为主要的对外贸易渠道。东南沿海的港口城市广州（今广东广州）、泉州（今福建泉州）、明州（今浙江宁波）随之迅速发展起来（图6-16）。这几个城市均属典型的港口商贸城市，有以下共同特点：

其一，城市突破传统里坊制模式，城市形态发展适应城市经济的发展与城市性质的变化。

例如泉州的轮廓为不规则多边形，至南宋时期，城内干道已有顶、中、下三个十字街。顶十字街是唐代州治时期的子城十字街的保留和延伸；中十字街兴起于五代时期，位于城的南部，向南一直延伸到晋江边；南宋扩城后，三个十字街的六条街道已可直达周围各县，通江入海，形成发达的交通网（图6-17）。

广州历经修缮扩建10余次，前后曾筑有中、东、西三城，直到明初才合而为一，并向东、北方向扩展。

其二，有方便的陆路或水路交通系统，与城外的水运码头相连。

例如泉州、明州全城河网密布，有三江六塘河，从子城前通过的东西向干道贯穿全城，干道两侧街巷如叶脉状分布，并多与河网平行。

其三，商业、手工业网点密布于城区，并设市舶司和蕃坊，以适应外贸及侨民的需要。

广州在南宋时期与五十多个国家有贸易往来，泉州是货物转运港口。城内设有"蕃坊"，作为侨民的聚居地。泉州的蕃坊设在城南，坊内始建于北宋时期的清净寺便是为满足阿拉伯人的宗教活动需求而建造的一座伊斯兰教寺院，全城侨民最多时超过万人。广州外国人更多，公元787年已达12万人，蕃坊内建有伊斯兰教寺院怀圣寺，寺内的光塔保存至今。

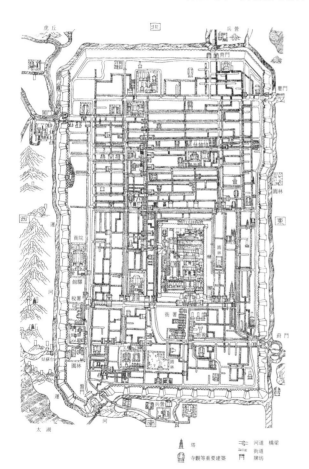

图6-14 宋平江府图碑摹本
（刘敦桢. 中国古代建筑史（第2版）[M]. 中国建筑工业出版社，1984：181.）

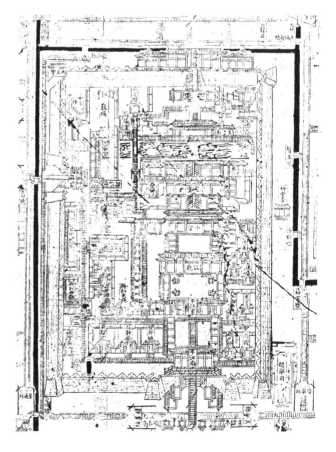

图6-15 宋平江府图碑中的"子城"拓本
（刘敦桢. 中国古代建筑史（第2版）[M]. 中国建筑工业出版社，1984：182.）

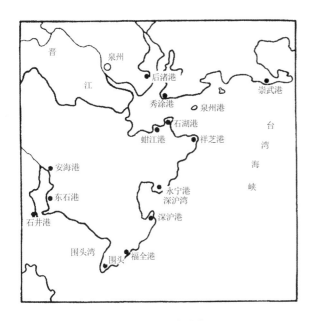

图6-16　南宋泉州港图

（陈泗中，庄炳章.泉州[M].中国建筑工业出版社，1990：6.）

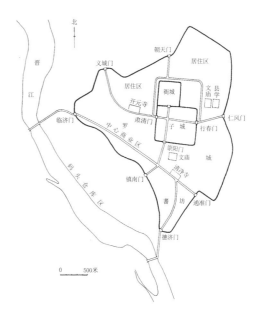

图6-17　晚唐至北宋时期的泉州城市轮廓图

（贺业钜.中国古代城市规划史[M].中国建筑工业出版社，1996：539.）

第三节　宫殿

一、北宋东京宫殿

北宋定都东京后，宋太祖对五代时期的宫殿进行了较大规模的扩建，使之从一个普通的州衙升级为国家级宫殿，成为东京城中最壮丽的建筑群。宋太祖之后的诸位国君基本因循宋初的宫室规模，仅有局部增建。公元1127年，金人占领东京，北宋宫殿沦为废墟。

宋太祖对东京宫殿的扩建工程，主要以唐洛阳西京宫室为蓝本[①]，调整了宫殿建筑群组的主轴线。主轴线上修建御路，向南延伸，经州桥、内城南门朱雀门，直至外城南门南薰门，充分烘托了宫殿在城中的核心地位。

东京宫殿又称大内、宫城，据《宋史·地理志》载："宫城周回五里，南三门，中曰乾元（明道二年改称宣德），东曰左掖，西曰右掖，东西两门曰东华、西华，北一门曰拱宸。"宫殿包括外朝、内廷、后苑、学士院、内诸司等部分。

在总体布局方面，东京宫殿的重要建筑群组未能沿一条中轴线安排，是因五代旧宫改造所致。整个宫殿建筑群中，只有大庆殿建筑群组的中轴线穿过宫城大门。而外朝的文德、垂拱等殿宇，只好安排在大庆殿的西侧，中央官署也随之放在文德殿前，出现了两条纵轴平行的格局（图6-18，图6-19）。

宫城大门宣德门的形象，可从宋画《瑞鹤图》（图6-20）及辽宁省博物馆藏的北宋铁钟上铸图（图6-21）推知。宣德门中央是城门楼，门墩上开五门，上部为带平座的七开间四阿顶建筑，门楼两侧有斜廊通往两侧朵楼，朵楼又向前伸出

①
[宋]邵伯温《闻见录》，四库本，卷1，7："（东京大内）梁太祖因宣武府置建昌宫，晋改曰大宁宫。周世宗虽加营缮，然未如王者之制。……太祖皇帝受天命之初，即遣使图西京大内，按以改作。"

行廊，直抵前部的阙楼。宣德楼采用绿琉璃瓦，朱漆金钉大门，门间墙壁雕镂龙凤飞云。

外朝部分的主体建筑为大庆殿，作工字殿形式，是举行大朝会的场所。大殿面阔9间，两侧有东西挟殿各5间，东西廊各60间，前有大庆门及左右日精门。殿址现已发掘，其台基呈凸字形，东西宽约80米，南北最大进深60余米，殿庭可容数万人。大庆殿西侧的文德殿建筑群，是皇帝主要政务活动场所；北侧的紫辰殿是节日举行大型活动的场所；西侧垂拱殿为接见外臣和设宴的场所；集英殿及需云殿、升平楼是策进士及观戏、宴饮的场所。

外朝以北，垂拱殿之后为内廷，是皇帝和后妃们的居住区，有福宁、坤宁等殿。皇室藏书的龙图、天章、宝文等阁以及皇帝讲筵、阅事之处也在内廷。宫殿北部为后苑。后又在东南部建明堂。

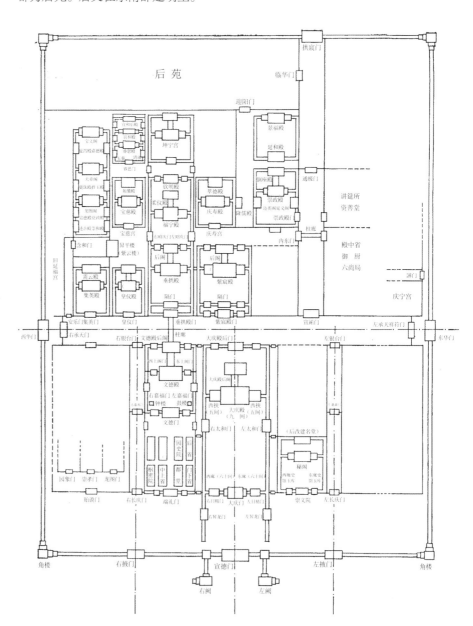

图6-18　北宋东京宫城主要部分平面示意图

（傅熹年. 山西繁峙岩山寺南殿金代壁画中所绘建筑的初步分析[A]. 建筑历史研究，第1辑[C]. 建筑工业出版社，1982.）

图6-19 北宋东京宫殿图

（傅熹年.山西繁峙岩山寺南殿金代壁画中所绘建筑的初步分析[A].建筑历史研究，第1辑[C].建筑工业出版社，1982.）

图6-20 北宋赵佶《瑞鹤图》中的东京宣德门形象

（辽宁省博物馆藏，引自傅熹年主编.中国美术全集·绘画编3：两宋绘画（上）[M].文物出版社，1988：96.）

图6-21 辽宁省博物馆藏铁钟上的宫城门楼图案

（傅熹年.宋赵佶《瑞鹤图》和它所表现的北宋汴梁宫城正门宣德门[A].傅熹年书画鉴定集[M].河南美术出版社，1999.）

二、南宋临安宫殿

南宋临安宫殿是绍兴二年（1132年）以杭州为"行在"之后，在北宋杭州州治基础上扩建而成，称大内。由于当时政局动荡、财力不足，宋高宗又不敢丧中原之志，因此临安宫殿是按照"行宫"建设的。这就导致临安宫殿的位置未能居北面南，而且宫殿的规模亦较精省。

临安大内位于临安城南端，范围从凤凰山东麓至万松岭以南，东至中河南段，南至五代梵天寺以北的地段，分为外朝、内朝、东宫、学士院、宫后苑五个部分。外朝居于南部和西部，内廷偏东北，东宫居东南，学士院靠北门，宫后苑在北部，大体呈前朝后寝格局。宫城四周有皇城包围，皇城主要城门共四座，南为丽正门，北为和宁门，东为东华门，西为府后门。宫城有南北宫门，与皇城南北门相对。

外朝建筑主要有四组：大庆殿、垂拱殿、后殿（又称延和殿）、端诚殿。大庆殿位于南宫门内，供大型朝会所用；垂拱殿在大庆殿西侧偏北，是常朝四参官起居之地；后殿在垂拱殿之北，淳熙八年（1181年）之后作为皇帝遇冬至、正旦等节日的斋宿之处；端诚殿在后殿以东，是一座多功能殿宇，作为明堂郊祀时称"端诚"，策士唱名曰"集英"，宴对奉使曰"崇德"，武举授官曰"讲武"，随时更换匾额，这种"多功能厅堂"的出现，实为当时国力状况下的权宜之计，但也可算是设计上的进步。

内朝为帝后生活起居之处，殿宇众多。皇帝寝殿有福宁殿、勤政殿，嘉明殿为皇帝进膳之所。皇后及太后寝殿有秾华殿、坤宁殿、慈元殿、仁明殿、受厘殿等，贵妃、昭仪、婕妤等人的住所称为"直舍"，靠近内朝东部。内朝还有皇帝与群臣议事的选德殿、举行讲学的崇政殿及藏书阁等。

东宫的宫门在丽正门与南宫门之间，为太子宫。其内主要包括太子读书的宫殿新益堂，寝殿彝斋及瞻箓堂，还有太后寝殿慈宁殿。此外还有博雅楼、绣春堂等园林建筑，环境幽雅。

宫后苑在内朝西北，有人工湖，称"小西湖"，并有殿宇翠寒堂、观堂、凌虚楼、庆瑞殿及若干亭榭。

学士院在和宁门内，承袭了唐代北门学士院之制，有玉堂殿、擒文堂等建筑（图6-22）。

三、金中都宫殿

金天德三年（1151年），完颜亮对中都城进行扩建，同时建筑皇城、宫城。宫城位于皇城中部，分成中、东、西三路，中路为朝寝区，采用前朝后寝格局；东路为太子居住的东宫和太后居住的寿康宫及内务府；西路有御花园，如琼林苑、蓬莱院，还有妃殡居住的寝宫。据《金图经》载，"亮（完颜亮）欲都燕，遣画工写

①
[宋]徐梦莘《三朝北盟会编·炎兴下帙》，四库本，卷244，2。

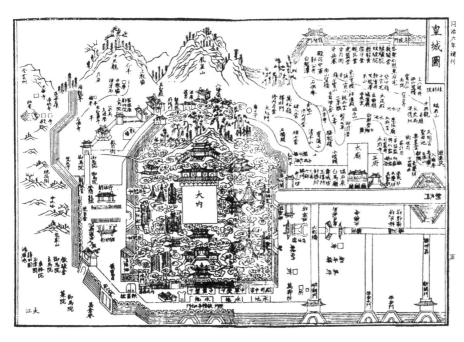

图6-22　《咸淳临安志》所载《皇城图》
（《咸淳临安志》，《宋元方志丛刊》四）

京师宫室制度，至于阔狭修短，曲尽其数，授之左相张浩辈，按图修之。"①

　　据文献记载，中路前朝正殿大安殿群组与东京大庆殿群组的形制几乎相同，只是规模有所增加。大安殿11间，两侧朵殿各5间。大庆殿7间，两者均为东西廊各60间。殿前为大安门9间，左右有日华、月华门，北宋东京宫殿相应位置为大庆门及左右日精门。大安门前为宫城大门应天门，相当于东京宫殿的宣德门，两者均有城楼、朵楼、东西阁，其间以廊道相连，不过应天门规模更大，有11间，东京宣德门仅7间。

　　中路后部的仁政殿群组为帝后寝宫，也是一座廊院式建筑群。殿两侧各有三间楼阁，称为东西上阁门；东西廊各30间；院内廊间设有钟鼓楼。仁政殿是一座常朝便殿，其北为昭明宫，内有昭明殿、隆徽殿，均为寝殿（图6-23）。

　　中都宫殿绝大部分建筑为金代始建，受前代限制较少，因此向《考工记》营国制度靠拢，将中路做成前朝后寝的格局，而将东、西路做成后妃、太子寝殿及御花园，以突出中路在总体布局中的地位。这对以后元明各朝的宫殿发展产生了重要影响。金中都宫殿早已坍毁，但现存的山西繁峙县岩山寺南殿金代壁画出自金代宫廷画匠王逵之手，其中西壁所绘的宫殿形象，与文献记载的金中都宫殿格局有诸多相似之处，在一定程度上反映了金中都的宫廷制度（图6-24，图6-25）。

　　中都宫殿虽然是少数民族女真人所建，但由于有宋朝匠人参与设计施工，并仿照北宋东京宫城建筑进行设计布局，因此仍然反映了中国传统宫殿格局的特征。

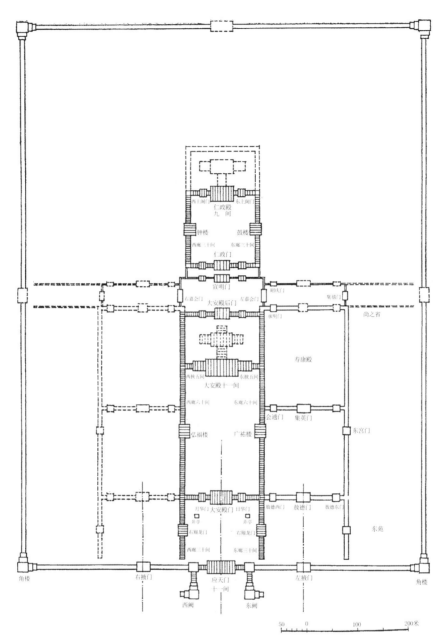

图6-23 金中都宫城平面示意图

（傅熹年. 山西繁峙岩山寺南殿金代壁画中所绘建筑的初步分析[A]. 建筑历史研究，第1辑[C]. 建筑工业出版社，1982.）

图6-24 山西繁峙县岩山寺南殿西壁金代壁画摹本

（傅熹年. 山西繁峙岩山寺南殿金代壁画中所绘建筑的初步分析[A]. 建筑历史研究，第1辑[C]. 建筑工业出版社，1982.）

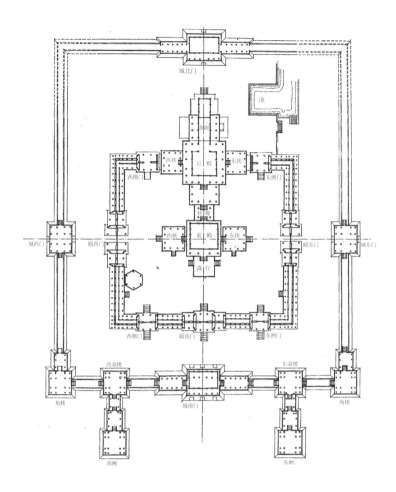

①
[宋] 李焘《续资治通鉴长编》卷
119，5-6。

图6-25　山西繁峙县岩山寺南殿西壁金代壁画所绘宫殿平面示意图
（傅熹年．山西繁峙岩山寺南殿金代壁画中所绘建筑的初步分析 [A]．建筑历史研究，第1辑[C]．建筑工业出版社，1982.）

第四节　住宅与园林

一、住宅

宋代住宅不仅在建筑单体方面渐趋完备，而且对建筑人文精神的追求尤为突出，这主要体现在以下两个方面。

其一，在官颁文书中明确规定建筑的等级。

其二，在建筑配置上，对于各类住宅的构件、装修、色彩以及体量，首先不是考虑使用功能的需要，而是着眼于礼制功能的差别。

例如宋仁宗景祐三年（1036年），诏令"天下士庶之家，屋宇非邸店楼阁临街市，毋得为四铺作及斗八，非品官毋得起门屋，非宫室寺观毋得彩绘栋宇，及间朱黑漆梁柱、窗牖，雕镂柱础。"[①]农村住宅的等级制度不是那么严格，规划受地形、风水影响较大。

大量的宋代绘画为研究宋代住宅提供了珍贵的资料（图6-26～图6-33）。

从宋画中可以看出，住宅存在明显的等第差别，品官住宅大都采用多进院落式，有独立的门屋，主要厅堂与门屋间形成轴线。建筑物使用斗栱、月梁、瓦屋面，住宅后部带有园林。

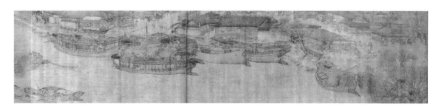

图6-26 北宋张择端《清明上河图》中的农村住宅
（傅熹年主编. 中国美术全集·绘画编3：两宋绘画(上)[M]. 文物出版社，1988：131-132.）

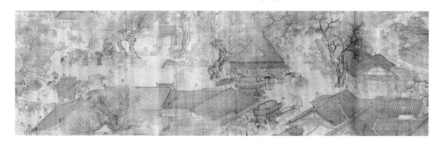

图6-27 北宋张择端《清明上河图》中的城市住宅
（傅熹年主编. 中国美术全集·绘画编3：两宋绘画(上)[M]. 文物出版社，1988：134-135.）

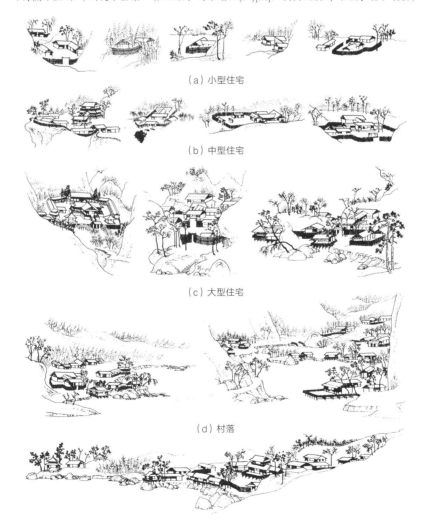

（a）小型住宅

（b）中型住宅

（c）大型住宅

（d）村落

图6-28 北宋王希孟《千里江山图卷》中的北宋住宅
（傅熹年. 王希孟〈千里江山图〉中的北宋建筑[A]. 傅熹年书画鉴定集[M]. 河南美术出版社，1999.）

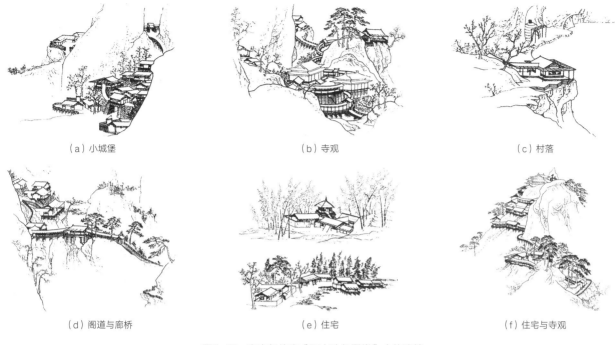

(a) 小城堡　　　　　　　　　　(b) 寺观　　　　　　　　　　(c) 村落

(d) 阁道与廊桥　　　　　　　　(e) 住宅　　　　　　　　　　(f) 住宅与寺观

图6-29　南宋赵伯驹《江山秋色图卷》中的建筑
（刘敦桢. 中国古代建筑史 第二版[M]. 1984：190.）

图6-30　南宋刘松年《四景山水图》中的住宅园林一
（傅熹年主编. 中国美术全集·绘画编4：两宋绘画(下)[M]. 文物出
版社，1988：81.）

图6-31　南宋刘松年《四景山水图》中的住宅园林二
（傅熹年主编. 中国美术全集·绘画编4：两宋绘画(下)[M]. 文物
出版社，1988：81.）

图6-32　南宋刘松年《四景山水图》中的住宅园林三
（傅熹年主编. 中国美术全集·绘画编4：两宋绘画(下)[M]. 文物出
版社，1988：80.）

图6-33　南宋刘松年《四景山水图》中的住宅园林四
（傅熹年主编. 中国美术全集·绘画编4：两宋绘画(下)[M]. 文物
出版社，1988：80.）

与品官住宅形成对比的是郊野农舍，在王希孟《千里江山图卷》、赵伯驹《江山秋色图》和张择端《清明上河图》中，均可看到规模不一的郊野农舍，小者三五间，大者十余间，皆呈院落形态。宅院无论大小，多有围墙和院门。主要建筑有一字、丁字、曲尺、工字等不同形式，其中工字形尤多。一般住宅作两坡悬山顶，偶有九脊顶，个别还有二层楼带平座腰檐的形制，其中茅草顶占有相当大的比例。邻水者则作干阑式。

二、皇家园林

宋代的皇家园林集中在东京和临安两地，若论园林的规模和造园的气魄，不如隋唐，但规划设计的精致则过之。园林的内容比之隋唐较少皇家气派，更多接近于私家园林，南宋皇帝就经常把行宫御苑赏赐臣下，或者把臣下的私园收为御苑。之所以出现这样的情况，固然是由于国力国势的影响，但与当时朝廷的政治风尚也有直接的关联。

（一）北宋东京的皇家园林

东京的皇家园林包括大内御苑和行宫御苑。大内御苑包括后苑、延福宫、艮岳三处；行宫御苑分布在城内外，城内有景华苑等，城外有琼林苑、宜春园、金明池等。其中比较著名的为北宋初年的“东京四苑”——琼林苑、玉津园、金明池、宜春苑，还有宋徽宗时期的延福宫和艮岳（图6-34）。

艮岳兴建于北宋徽宗时期政和七年（1117年），宣和四年（1122年）建成，建园工作由徽宗亲自参领。

艮岳位于东京城东北部。其内东北有寿山，作一山三峰状，中部为主峰，高90步，约150米；次峰万松岭在主峰之下，有山涧灌龙峡相隔。寿山嵯峨，两峰并峙，列嶂如屏；山中景物如石径、蹬道、栈阁、洞穴层出不穷。寿山东南方为芙蓉城，横亘一里。

艮岳西南部为池沼区，池水经回溪分流，一条流入山涧，然后注入大方沼、雁池；另一条绕过万松岭注入凤池。全园水系完整，河湖溪涧融汇其中，风格自然。

全园建筑40余处，造型各异，华丽的轩、馆、楼、台和简朴的茅舍村屋兼而有之。艮岳西部还有两处模仿乡野景色的园中园——名药寮和西庄。山水之间点缀名木花果，形成许多以观赏植物为主的景点，如梅岭、杏岫、丁嶂、椒崖、龙柏坡、斑竹麓等，林间放养珍禽异兽（图6-35）。

金明池是一座以水为主的园林，位于东京城新郑门外干道之北，本为后周世宗显德四年（957年）开凿的教习水军之处，后为宋太宗检阅“神卫虎翼水军”的演习之地。北宋政和年间（1111—1118年），徽宗兴建殿宇，进行绿化，使之成为一座以水池为主体的园林，水军操演变成了龙舟竞赛和争标表演，宋人谓之“水嬉”，皇帝亲临观看。金明池每年定期开放任人游览，水嬉之日，东京居民更是

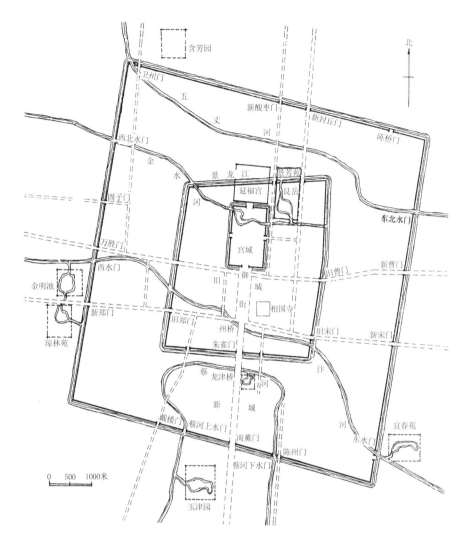

图6-34 北宋东京主要宫苑分布图
（郭黛姮. 中国古代建筑史. 第3卷[M]. 中国建筑工业出版社，2009：559.）

倾城前往。据《东京梦华录》卷7的记载可知园中建筑的布置：池南建有宝津楼群组，楼南为宴殿，宴殿之东有射殿、临水殿。宝津楼下架仙桥连接于池中央的圆形建筑群组——水心殿。宋画《金明池夺标图》（图6-36）真实反映了金明池的面貌，可以据其作出金明池平面设想图（图6-37）。

（二）南宋临安的皇家园林

临安的皇家园林亦分为大内御苑和行宫御苑。

大内御苑即宫城的苑林区——后苑，位于临安城南的凤凰山西部、宫殿区的后部，地势高爽，"山据江湖之胜，立而环眺则凌虚骛远，瓖异绝胜之观举在眉睫"[1]，成为当时宫廷内部的避暑之地。后苑内有人工开凿的水池约10亩，称为小西湖，湖边有长廊180间，与其他宫殿相连。据《南渡行宫记》载[2]，后苑以小西湖为中心，山上山下散置若干建筑，形制灵活多变，有茅亭"昭俭"，也有松木建造、不施彩绘、"白如象齿"的翠寒堂。后苑广种梅花、牡丹、芍药、山茶、桂花、柑橘、木香、松、竹等花木，形成以植物为特色的景点。

①
[明] 田汝诚《西湖游览志·南山胜迹》，四库本，卷7，1。

②
[宋] 陈随应《南渡行宫记》，见引于[清]顾炎武《历代宅京记》，中华书局1984年，248-249。

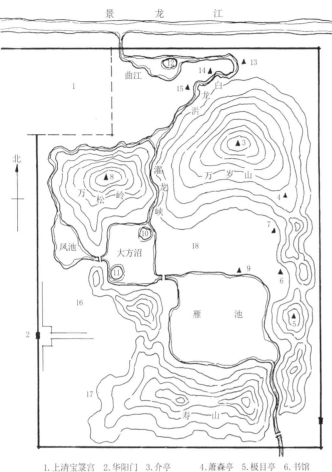

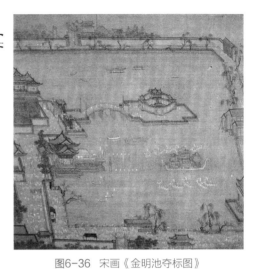

图6-36 宋画《金明池夺标图》
（周维权. 中国古典园林史[M]. 清华大学出版社，1999：106.）

1.上清宝篆宫　2.华阳门　3.介亭　　4.萧森亭　5.极目亭　6.书馆
7.尊绿华堂　8.巢云亭　9.绛霄楼　10.芦渚　11.梅渚　12.蓬壶
13.消闲馆　14.漱玉轩　15.高阳酒肆　16.西庄　17.药寮　18.射圃

图6-35 艮岳平面设想图
（周维权. 中国古典园林史[M]. 清华大学出版社，1999：280.）

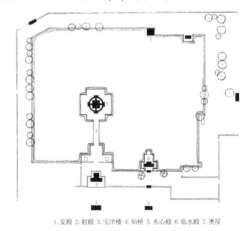

1.宴殿 2.射殿 3.宝津楼 4.仙桥 5.水心殿 6.临水殿 7.奥屋

图6-37 金明池平面设想图
（周维权. 中国古典园林史[M]. 清华大学出版社，1999：105.）

①
《梦粱录·园囿》，四库本，卷
19，1。

行宫御苑大多坐落在西湖岸边风景优美的地段，如湖北岸有集芳园、玉壶园，湖南岸有屏山园、南园，湖东岸有聚景园，湖北部的小孤山上有延祥园。这些御苑充分利用西湖的自然景观，"俯瞰西湖，高挹两峰；亭馆台榭，藏歌贮舞；四时之景不同，而其乐亦无穷矣"①。

此外，在宫城附近还有德寿宫、樱桃园，城西天竺峰下还有天竺御园等。还有一些行宫御苑分布在城南郊钱塘江畔和东郊的风景地带，如玉津园、富景园等。其中德寿宫最具特色，规模和地位均不同于一般的行宫御苑（图6-38）。

德寿宫位于外城东部望仙桥之东，系宋高宗晚年（绍兴三十二年，公元1162年）利用秦桧旧邸扩建而成。宫内后苑分成东、南、西、北四区，景色各不相同。东区以花木为主，西区以山水为主，溪流、池水、假山、叠石，各得其所，从池中可乘画舫至西湖；北区建有各式亭榭以供游憩；南区则为文娱活动所用，设有举行宴会的载忻堂及射箭、跑马、赛球等场地。四区之中央为人工开凿的大水池，引西湖之水注入，名"冷泉"，又名"小西湖"。

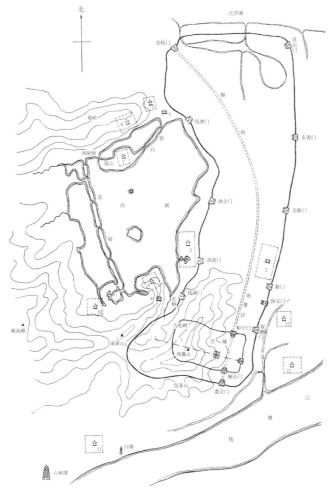

1.大内御苑 2.德寿宫 3.聚景园 4.昭庆寺 5.玉壶园 6.集芳园 7.延祥园
8.屏山园 9.净慈寺 10.庆乐园 11.玉津园 12.富景园 13.五柳园

图6-38 南宋临安主要宫苑分布图
（周维权. 中国古典园林史[M]. 清华大学出版社，1999：108.）

（三）金中都的皇家园林

金章宗年间（1189—1208年），是金中都园林建设的盛期，当时中都内外约有20处皇家园林，其中大宁宫（今北京北海公园）和玉泉山行宫是两处最主要的行宫御苑。

大宁宫系在中都城东北郊的一片沼泽地上开挖出人工湖，湖中筑琼华岛，岛上建广寒殿。金章宗时"燕京八景"，大宁宫竟占其二：琼岛春荫、太液秋波。另据《金鳌退食笔记》载，琼华岛上假山叠石雄伟高耸，是金人掠自北宋东京艮岳的战利品。[1]

玉泉山行宫在中都城北郊的玉泉山，创于辽代，金章宗时在山腰建芙蓉殿。玉泉山以泉水闻名，有泉眼5处。泉水出石隙间，潴而为池，再流入长河以增加高梁河之水量，补给运河与大宁宫园林用水。玉泉山行宫是金代的"西山八院"之一，也是燕京八景的"玉泉垂虹"之所在。

①
[清] 高士奇《金鳌退食笔记》，四库本，卷上，29。

①
[宋] 李格非《洛阳名园记》，四库本，5。

②
[宋] 司马光《独乐园记》，《传家集》，四库本，卷71，14。

③
《梦粱录》，四库本，卷19，1。

④
《梦粱录》，四库本，卷19，2。

⑤
[宋] 周密《武林旧事·湖山胜概》，四库本，卷5，4。

三、私家园林

中原和江南是宋代的经济、文化发达地区，又相继为北宋和南宋政权的政治中心所在，因此私家园林主要集中于此，见于记载较多的，中原有洛阳、东京，江南有临安、吴兴、平江（苏州）等地。

（一）洛阳私家园林

宋人李格非的《洛阳名园记》记载了他曾亲临的18处著名私家园林。这些园林大多利用唐代废园的基址，布局可分为山池型和花园型。山池型园林有一池二山的富郑公园，为仁宗、神宗两朝宰相富弼的宅园；还有二池一山的环溪，是宣徽南院使王拱辰的宅园。花园型园林如归仁园，原为唐代宰相牛僧儒的宅园，宋绍圣年间归中书侍郎李清臣，是洛阳城内最大的私家园林，园内有"牡丹芍药千株"，还有"竹百亩""桃李弥望"[①]。

在私园中，司马光的独乐园最具特色。据司马光《独乐园记》，园中有藏书五千卷的读书堂。堂北有大池，池中筑岛，环岛密植篁竹。池北有竹斋，土墙茅顶。读书堂南面有弄水轩，轩内有水池，从暗渠引水入池，内渠分成五股，又称"虎爪泉"。池水过轩后成两条小溪，流入北部大池。此外还有大片的药圃和花圃。[②]整个园子格调简素，园名和园景的题名都与园林的内容、格调吻合，其中意境深化的意图已经很明显了。

（二）临安私家园林

临安作为南宋的"行在"，既是当时的政治、经济、文化中心，又有湖山胜景，得天独厚，因而自南宋与金人达成和议，形成偏安局面以来，临安私家园林的盛况比北宋的汴京和洛阳有过之而无不及，文献中提到的私园名字计近百处，大多分布在西湖一带，大致可分为宅园和别墅两类。

宅园是临安城内私家园林最为普遍的类型，仅在住宅一侧开辟小园，如《梦粱录》所记之蒋苑，占数亩之地，内设亭台花木，"桃村、杏馆、酒肆，装成乡落之景"[③]。

别墅则多筑于钱塘江畔，或西湖附近山区，规模大小不一。平原郡王韩侂胄的南园在西湖东南岸之长桥附近，其内"有十样亭榭，……射圃、走马廊、流杯池、山洞、堂宇宏丽，野店村庄，装点时景"，[④]"有许闲堂和容射厅、寒碧台……多稼、晚节香等亭，秀石为山，内作十样锦亭，并射圃、流杯等处"[⑤]。

（三）平江、吴兴私园

两宋时期，江南地区经济和文化均超越关中地区，因此成为民间造园活动最兴盛的地区。有关私家园林，记载较为翔实的，除了临安之外，还有吴兴（今浙江湖州）、平江、润州（今江苏镇江）、绍兴等地，这些城市亦为经济发达、富贾文士聚集之地，因此也是私家园林荟萃之地。

南宋人周密所著《吴兴园林记》，记载了36处吴兴园林，其中既有占地百余亩的大园，也有宅旁小园。

南宋人范成大所著《吴郡志》，记载了平江的十多处私家园林，其中一些留存至今，如苏州沧浪亭。

平江、吴兴靠近园林用石的产地，叠石之风很盛，因而叠石的技艺也得到很大的发展，出现了专门叠石的技工，吴兴称之为"山匠"，平江则称之为"花园子"。

第五节　宗教、祠庙建筑

以礼治国是宋代君王的基本国策。经过唐末、五代的战乱，统治者需要通过礼制活动来强化君权神授的观念，把祈求神灵保佑作为维护自己统治的精神支柱，因此宋代是中国礼制建筑发展的鼎盛时期之一。

宋代和金代的祠庙建筑主要包括祭坛和祠庙。祭坛主要用于祭祀天、地、日、月、社稷等自然之神，祠庙是为纪念先贤、英雄、豪杰以及人格化的神所建造的建筑。

还有一类是"明堂"，由于是集祭祀、布政于一身的礼制建筑，且多规章限制，建筑形制尤为特殊。

宋代祭坛、明堂没有遗迹可考，祠庙则尚有实例遗存。

在宗教方面，宋代官方的支持比不上唐代和元代，也比不上同时期的辽、金、西夏。宋代皇室的主要宗教政策是"存其教"，稍有推崇而又多加限制。[1]对佛教的利用之意大于信仰之心。太祖建隆元年（公元960年）六月曾有诏书："**诸路州府寺院，经显德二年停废者，勿复置，党废未毁者存之。**"[2]道教在宋代比佛教受到更多的青睐，宋王朝甚至强行推崇道教，崇道抑佛。如真宗皇帝试图借助神力"镇服四海、夸示夷狄"[3]。徽宗甚至自称梦遇老子，以"教主道君皇帝"[4]自诩。

对于辽代统治者来说，信奉佛教是其吸取汉地文化、统治汉人的工具。金代统治者征服了辽、宋之后，确立了"以儒治国，以佛治心"[5]的统治策略，由皇室出资兴建佛寺。西夏王朝所在的地域正处佛教从西域进入中原的通道，颇兴崇佛之举。佛教成为其统治的精神支柱。

宋辽金时期的宗教建筑虽然受到较大的限制，但遗存至今的实例却大大增多，总共有50余处，其中10余处大致保持原来的总体布局，并包括这一时期的木构单体建筑70余座[6]，为我们研究空间构图、形体处理等提供了宝贵的形象资料。

一、祭坛

祭坛类建筑"不屋而坛，当受霜露风雨，以达天地之气"[7]，是人与天进行对话的场所。坛的大小、高低、层数、形状等，随所祭之神而不同。坛旁设有供帝王、官员斋戒、更衣的建筑，即大次、小次、青城（斋宫）等。

① 程民生《略论宋代的僧侣与佛教政策》，《世界宗教研究》，1986年第4期。

② 《续资治通鉴长编》，卷1。

③ [宋]陈均《九朝编年备要·真宗皇帝大中祥符元年》，四库本，卷7，29。

④ 《宋史·徽宗本纪》，四库本，卷21，10。

⑤ [元]耶律楚材《湛然居士集·寄万松老人书》，四库本，卷13，22。

⑥ 统计数字根据萧默主编《中国建筑艺术史》，北京：文物出版社，1999年，415。

⑦ 《续资治通鉴长编·神宗元丰八年》，卷351。

① 《宋史·礼志》，四库本，卷100，7。

② 见《旧唐书·礼仪志》，四库本，卷24，27："天宝三年，有术士苏嘉庆，上言请于京东'朝日坛'东置'九宫贵神坛'，其坛三成，成三尺，四阶，其上依位置九坛，坛尺五寸。"

北宋祭天之坛为南郊圜丘坛，位于都城南郊，宋初为四层圆坛，北宋末年改为三层圆坛形式，层数及尺寸皆用阳数（九的倍数）。底层径81丈，二层径54丈，三层径27丈，总高81尺。四面设有台阶。坛外筑围墙三重（图6-39）。南宋临安圜丘尺寸减小，用四层，各层未合阳数。

北宋祭地之坛称为方泽坛，在都城北郊，元丰七年（1084年）改圆坛为方形，将原有的三层坛改为二层，尺寸皆取偶数，并"治四面稍令低下，以应泽中之制"[①]，即四周低于地平面，以完成"地"的象征意义。

此外，有的祭坛建筑做成多坛组合式，如祭祀主管风雨之神的"九宫贵神坛"[②]，形式特殊，方坛上置9个小坛，宋初采用二层的形式，政和时期改为三层。

二、祠庙

祠庙一般采取建筑群的形式，以主祭殿为中心，沿纵轴布置多重院落，其构成模式仿照当时最高等级的宫殿。一般来说，有以下几种典型要素：前导空间，庙垣，正南门及多重门殿，正殿、寝殿及正殿前殿庭。保存至今的祠庙遗迹有山东曲阜孔庙、山西汾阴后土祠、山西太原晋祠等，在一定程度上保留了当时的格局。

（一）曲阜孔庙

北宋时期，帝王对儒家进一步推崇，尊孔活动逐步升级，对孔庙的扩建亦达到前所未有的水平，突破因宅立庙的限制，达到太庙等国家级建筑的规模。据《宋阙里庙制图》（图6-40）可知，宋代的孔庙由东西两部分组成，西半部为祭祀部分，东半部为庙宅。建筑群等级分明，正殿用七开间重檐歇山顶，依次为御书楼、郓国夫人殿等，皆为五开间。其他建筑等级稍低，作三开间。院落空间随建筑体量大小而变化，以空间之广狭衬托建筑的主从。正殿前的庭院采用廊院形式，有唐代遗风。

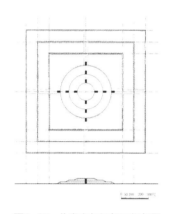

图6-39 北宋南郊坛复原想象图
（郭黛姮. 中国古代建筑史. 第3卷[M]. 中国建筑工业出版社，2009：148.）

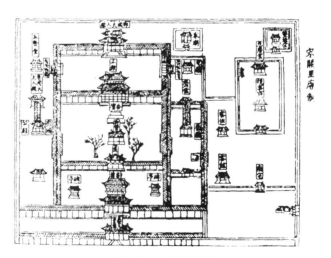

图6-40 宋阙里庙制图
（《孔氏祖庭广记》，转引自郭黛姮. 中国古代建筑史. 第3卷[M]. 中国建筑工业出版社，2009：151.）

金灭宋时，对孔庙造成了毁坏，后来金代统治者逐渐认识到儒家学说的作用，开始修缮孔庙，在宋代孔庙的基础上向四面扩展，仍保留了庙区中部最核心的一组，但正殿被施以绿色琉璃剪边瓦顶、青绿彩画斗栱、红色栏杆、雕龙石柱，改变了北宋时期的素雅风格，并更名为大成殿，与后部郓国夫人殿用连廊连接成一座工字形的建筑。杏坛上建起了一座小殿，对书楼加以扩大，更名"奎文阁"。奎文阁后的两座金代碑亭保存至今（图6-41）。

孔庙经金代扩建之后，包括了住宅、袭封宅、族人住所等，内容更为丰富。此外，由于沿着中轴线展开空间序列，核心部分大成殿的主体地位更加突出。

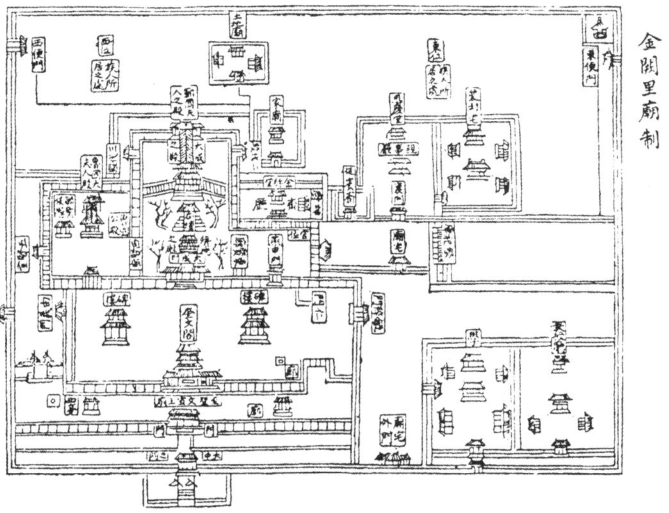

①
据《太原县志》，转引自郭黛姮，中国古代建筑史·第3卷，155。

图6-41　金阙里庙制图
（《孔氏祖庭广记》，转引自郭黛姮. 中国古代建筑史. 第3卷[M]. 中国建筑工业出版社，2009：153.）

（二）山西太原晋祠

晋祠始建年代不详，本是为纪念周武王的次子叔虞兴修农田水利有功而建，北魏《水经注》中已有记载，称"唐叔虞祠"，因临晋水，又称晋祠。宋太宗太平兴国四年（979年）移并州治于唐明镇（今山西太原），并扩建晋祠；仁宗天圣年间（1023—1032年）增建了纪念叔虞之母的祠；真宗时因祈雨有应，封之为"昭济圣母"[①]，因此殿宇改称圣母殿。金代在圣母殿前又建献殿，后又经元、明、清各代增建和重修，形成了现在的格局（图6-42，图6-43）。其中圣母殿是宋、辽、金时期祠庙建筑中唯一留存的宋代木构遗物。

圣母殿面宽七间，进深六间，重檐九脊顶，殿身面阔五间，进深八架椽，采用殿堂式构架，形制为乳栿对六椽栿用三柱，内外柱同高。副阶构架为乳栿、剳牵插入殿身檐柱，至前檐改用四椽栿，其上叠架三椽栿，插入殿身内柱。殿身前檐作短柱，立在三椽栿上，从而使大殿前廊加宽，形成较开敞的祭拜空间。前檐柱采用木雕盘龙柱形式，为宋元祐二年（1087年）遗物，是我国现存最早的木雕盘龙柱。今圣母殿斗栱有多种形式，是历次重修所留下的遗迹。圣母殿西立面栱眼壁，在

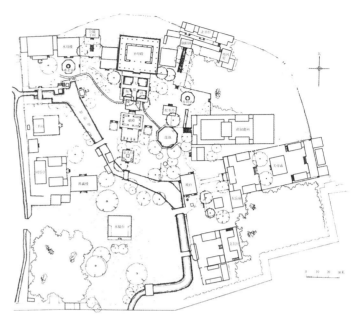

图6-42 山西太原晋祠总平面图
（刘敦桢. 中国古代建筑史 第二版[M]. 1984：196.）

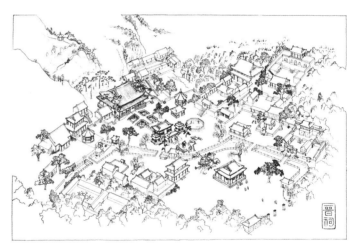

图6-43 山西太原晋祠鸟瞰图
（刘敦桢. 中国古代建筑史 第二版[M]. 1984：197.）

1993年落架大修时发现了早期彩画遗迹，其装饰风格接近宋《营造法式》所规定的"五彩遍装"。圣母殿的屋顶轮廓微微向上弯曲，柔和秀美，总体造型舒展而庄重，是宋代建筑风格的典型代表。

圣母殿内有圣母像及侍女像43尊，尺度与真人相近。人物造型优美，性格、表情、姿态、服装、发式各不相同，是宋代塑像中的上品。

圣母殿前有一水池，系以晋水蓄为池沼，因游鱼众多，故称鱼沼。池上架一座十字形平面的飞梁，合称"鱼沼飞梁"。飞梁东西方向的主桥为平桥，宽约5米，南北方向次桥宽约3.5米，斜搭在主桥上。桥下有34根石柱，也排列成十字形，上有木制梁、枋及桥面板。

献殿在圣母殿前，是金大定八年（1168年）所建，作供奉圣母祭品之用。该殿面阔、进深均为三间，单檐九脊顶，斗栱使用了金代建筑中极为少见的平出昂做法，与圣母殿相似（图6-44～图6-50）。

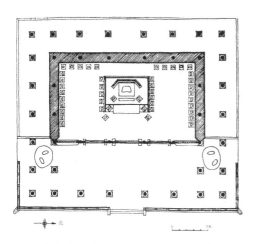

图6-44 山西太原晋祠圣母殿平面图
（刘敦桢.中国古代建筑史 第二版[M].1984：198.）

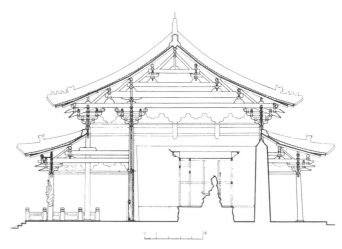

图6-45 山西太原晋祠圣母殿横剖面图
（刘敦桢.中国古代建筑史 第二版[M].1984：198.）

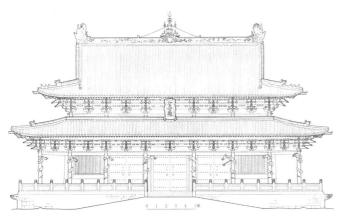

图6-46 山西太原晋祠圣母殿立面图
（刘敦桢.中国古代建筑史 第二版[M].1984：199.）

图6-47 山西太原晋祠圣母殿外观
（李路珂 摄）

图6-48 山西太原晋祠圣母殿西立面栱眼壁彩画
（李路珂 摄）

图6-49 山西太原晋祠圣母殿鱼沼飞梁
（李路珂 摄）

① 《礼记注疏》，四库本，卷25，28。

② 《宋会要辑稿·礼二十八》。

③ 《宋会要辑稿·礼二十六》。

④ [宋] 李攸《宋朝事实·仪注一》，四库本，卷11，19。

图6-50　山西太原晋祠献殿
（郭黛姮摄）

（三）汾阴后土祠

后土即地神，关于地神之祭，在《礼记·郊特牲》中有所记载："社祭土而主阴气也……社，所以神地之道也。地载万物，天垂象，取材于地，取法于天，是以尊天而亲地也。"①

汾阴（今山西荣河县）后土祠始建于西汉后元元年（公元前163年），自汉至唐，几代皇帝都曾亲祀后土于此。宋太宗太平兴国四年（979年）诏重修后土庙，"命河中府岁时至祭……用中祀礼"②。宋真宗景德四年（1007年），将祭祀活动升为大祀礼③，并于大中祥符三年（1010年）动工修庙，用了"土木工三百九十万余"④，此后未有重大修建之举。明万历年间汾河缺口，原庙已无存，今后土庙为康熙、同治两次异地重建。关于原庙的概貌，仅存金天会十五年（1137年）《蒲州荣河县创立承天效法厚德光大后土皇地祇庙像图》碑（简称庙貌碑，图6-51）可见。

据庙貌碑及碑文可知宋景德四年后的祠庙面貌（图6-52）：后土祠位于汾河与黄河交汇之处的东南侧，建筑群组规模宏大，建筑单体丰富多样。整组建筑前后有八进院落，以中轴线贯穿所有重要建筑，南北长732步（约合1102米）、东西宽320步（约合524米），周围以方整围墙环绕，末端作半圆形，呈南方北圆式。主要建筑有大门、碑楼、延喜门、坤柔门、钟楼、坤柔殿、寝殿、旧轩辕扫地坛等，两侧有若干附属殿堂，围墙四角建有角楼。

主殿坤柔殿面阔九间，重檐四阿顶，殿前设五重大门，门数与皇宫制度相同。主殿与寝殿做成前后相连的工字殿，殿前院落采用围廊形式。

第二进院落东部有一座高大建筑，为宋真宗碑楼，外观为二层，上下皆为重檐带斗栱，中为平座，内部看应为三层，其中平座和下层腰檐处为暗层，据此可做出复原图（图6-53）。

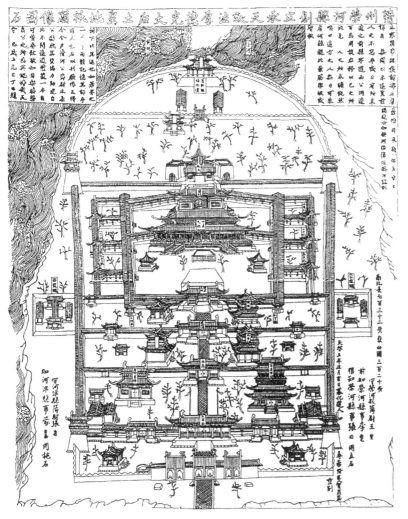

图6-51 宋汾阴后土祠庙貌碑摹本

（萧默. 敦煌建筑研究[M]. 中国建筑工业出版社，2019：93.）

图6-52 宋汾阴后土祠复原鸟瞰图

（傅熹年. 古建腾辉——傅熹年建筑画选[M]. 中国建筑工业出版社，1998.）

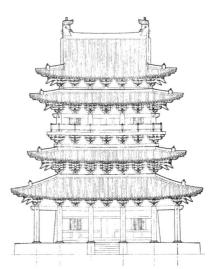

图6-53 宋真宗碑楼立面复原想象图

（郭黛姮. 中国古代建筑史. 第3卷[M]. 中国建筑工业出版社，2009：159.）

①

[宋] 曾巩《隆平集》，四库本，卷1，20："治平三年（1066年）诏：一应无额寺院，屋宇及三十间以上者，并赐寿圣为额。不及三十间者，并行拆毁。"

②

《元一统志》，转引自《日下旧闻考·城市》，四库本，卷59，12。

三、佛教建筑

由于宋代官方对佛教的发展采取了限制与利用相结合的态度，因此一方面僧尼人数增多，出现了大量私创寺院的情况；另一方面官方又通过寺额制度来限制寺院数量，规定寺院屋宇及30间以上者，可以申请寺额，不及此规模者则必须拆毁或依靠大寺院[1]。由此出现了一种以大寺院的佛殿、法堂为核心，周围布置子院的寺院总体布局关系。

宋辽金时期的佛教建筑与其他类型建筑相比，有较多的实物遗存，主要包括寺院、塔、经幢。

（一）寺院建筑布局

佛寺建筑布局主要可以分为5种：以塔为主体；以高阁为主体；前殿后阁；以佛殿为主体，殿前置双阁；七堂伽蓝式。

以塔为主体的寺院布局，出现于汉代佛教传入中国之始，一直影响到公元10世纪以后的一些辽代寺院，例如建于辽清宁二年（1056年）的山西应县佛宫寺，便以释迦塔为主体，塔内塑佛像，塔后建佛殿。建于辽重熙十八年（1049年）的内蒙古庆州白塔，也是一座以塔为中心的寺院遗存，塔后原有佛殿。建于辽清宁三年（1057年）的锦州大广济寺，寺院主体为一座砖塔，前后均有殿宇。辽南京大昊天寺在九间佛殿与法堂之间建有一座木塔，"高二百尺，有神光飞绕如火轮"[2]。

以阁为主体，阁在前，殿在后的寺院类型，在敦煌唐壁画中已出现，现存实物可以蓟县独乐寺为代表。独乐寺建于辽统和二年（984年），辽构仅存山门和观音阁，其布局原貌不得而知。辽宁义县奉国寺也属此类寺院。据金、元碑记等载，辽代的奉国寺有七佛殿9间，又有后法堂、正观音阁、东三乘阁、西弥陀阁、伽蓝堂、四圣贤洞（即围廊）120间、前山门5间，还有斋堂、僧房、方丈、厨房等。对照寺址现状，可知其原以观音阁为寺院主体，阁后有佛殿及法堂。

以殿为主体，将高阁放在殿后的布局见于敦煌盛唐、晚唐壁画，现存实例如河北正定隆兴寺。隆兴寺始建于隋，中轴线上有山门、大觉六师殿、摩尼殿、大悲阁、阁前的转轮殿、慈氏阁及阁后建筑。北宋初年，重建寺内主要建筑大悲阁（现已非原物），并于其北拆去9间讲堂。摩尼殿建于北宋皇祐四年（1052年），是现存寺内主要佛殿；慈氏阁、转轮藏殿均为宋构；大觉六师殿原建于元丰年间（1078—1085年），后遭毁，现仅存基址；山门建于金代（1115—1234年）。寺院建筑群纵深展开，院落空间收放错落，高潮迭起。大悲阁与两侧的转轮藏、慈氏阁巍峨耸峙，成为整组寺院建筑群的高潮。类似布局的例子还有东京大相国寺，寺院轴线末端为资圣阁，北宋中叶在资圣阁前增建文殊、普贤两阁，形成三阁对峙的局面（图6-54）。

以佛殿为主体，殿前置双阁的寺院是辽金寺院的典型形式，可以山西大同善化寺为代表。善化寺始建于唐开元年间，现存木构皆为辽金遗物，中轴线的建筑有山

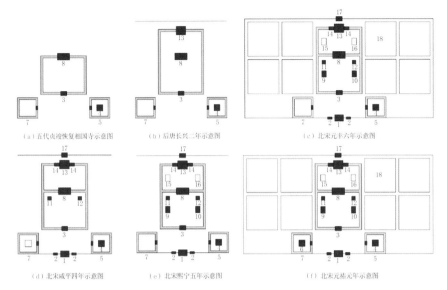

(a) 五代贞凌复恢相国寺示意图　　(b) 后唐长兴二年示意图　　(c) 北宋元丰六年示意图

(d) 北宋咸平四年示意图　　(e) 北宋熙宁五年示意图　　(f) 北宋元祐元年示意图

1. 大三门　2. 胁门　3. 第二三门　4. 普满塔　5. 东塔院　6. 广愿塔　7. 西塔院　8. 佛殿　9. 宝奎殿
10. 仁济殿　11. 经藏　12. 钟楼　13. 资圣阁　14. 渡殿　15. 文殊阁　16. 普贤阁　17. 便门　18. 别院
注：1. 内部不填充的建筑表示尚无法准确判断它的存在。
　　2. 别院的形态仅为示意。

图6-54　五代至北宋东京大相国寺演变图
（徐雄. 唐宋时期汴州（东京）相国寺形制发展历程的研究[D].清华大学，2004：21-22.）

门、三圣殿、大雄宝殿。大雄宝殿坐于高台之上，前置文殊、普贤双阁，周围绕以回廊。文殊阁及回廊现已无存，但寺院布局仍清晰可见。山西大同华严寺始建于辽代，也曾采用"两阁夹一殿"的布局形式，金大定二年（1162年）《重修薄伽教藏记》载，华严寺在金天眷三年（1140年）"仍其旧址而时建九间、五间之殿，又构慈氏、观音降魔之阁"；《大同县志》卷5记华严寺"旧有南北阁"。辽南京大昊天寺也是"中广殿而崛起……傍层楼而对峙"[1]的格局。

　　七堂伽蓝式属于禅宗寺院格局。据《安斋随笔》后编14记载，禅宗佛寺有七堂，为山门、佛殿、法堂、僧房、厨房、浴室、西净（便所）。[2]南宋时期，以五山十刹为代表的禅宗寺院，多受七堂伽蓝制的影响。日本京都东福寺所藏《大宋诸山图》，约绘于南宋淳祐七年至宝祐四年（1247—1256年），记有南宋时期灵隐寺、天童寺、万年寺的平面草图（图6-55），反映了当时禅宗寺院布局的一些特点。这几座寺院的主体建筑群均沿中轴线布置，两侧分布附属建筑。灵隐寺中轴线上的建筑有山门、佛殿、卢舍那殿、法堂、前方丈、方丈、坐禅室等，而佛殿东西两侧有库院与僧堂，是所谓"山门朝佛殿，厨库对僧堂"[3]的格局。天童寺、万年寺也都在中轴线上设山门、佛殿、法堂、方丈，佛殿两侧有库院和僧堂，可算是南宋禅宗寺院的典型格局。这类布局的寺院，中轴线上的建筑主要是宗教礼仪性建筑，两侧建筑则多为僧人日常活动所用。僧堂置于佛殿近旁，并与库院相对，提高了僧舍在建筑群中的地位（图6-56）。

（二）佛寺中的单体建筑

　　佛寺中的单体建筑，除了佛殿、佛塔、经藏之外，较具时代特色的类型主要有山门、楼阁、僧堂、罗汉院、回廊等。

①
辽咸雍三年（1067年）王观《御笔寺碑》，转引自《日下旧闻考·城市》，四库本，卷59，12。

②
[日本江户时代] 伊势贞丈《安斋随笔》，转引自郭黛姮主编《中国古代建筑史》，第3卷·宋、辽、金、西夏建筑，建筑工业出版社，2003年，257。

③
宋僧《大休录》，日本寿福寺语录，转引自郭黛姮主编《中国古代建筑史》，第3卷·宋、辽、金、西夏建筑，建筑工业出版社，2003年，258。

①
《参天台五台山记》第四。

②
楼钥《径山兴圣万寿禅寺记》。

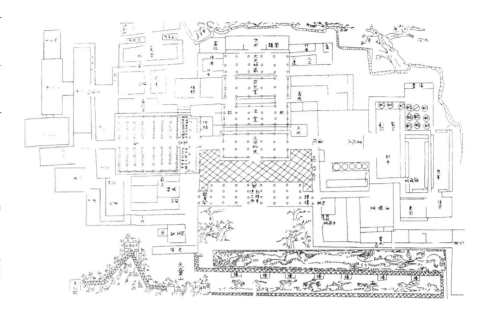

图6-55　南宋时期宁波天童寺平面布局图

（关口欣也：《五山与禅院》，小学馆，1983年，转引自郭黛姮. 中国古代建筑史. 第3卷[M]. 中国建筑工业出版社，2009：274.）

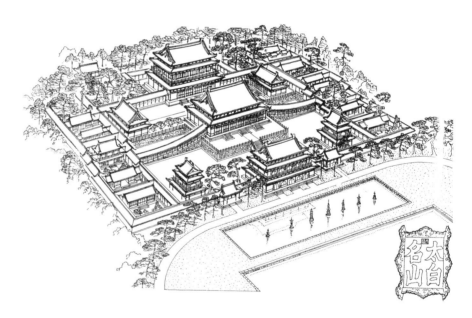

图6-56　南宋时期宁波天童寺复原图

（傅熹年. 古建腾辉——傅熹年建筑画选[M]. 中国建筑工业出版社，1998.）

1．山门

宋辽金时期佛寺的大门又称"山门""三门"，"三门"喻"三解脱"，即"空门""无相""无作"，而"山"则是大型寺院的代称。山门形式多样，小型如三开间的门屋，见于独乐寺、善化寺等。大型的作楼阁式，可与宫殿大门媲美，例如东京大相国寺山门为"四重阁"①，杭州径山寺山门为"五凤楼九间……翼以行道阁"②，宁波天童寺山门为七开间三层楼。

2．楼阁

寺内楼阁根据其使用的具体情况，位置、规模各不相同。主轴线上的楼阁规模宏大，成为建筑群组的高潮或主体。如辽宁义县奉国寺正观音阁，面阔七间；正定隆兴寺大悲阁，面阔七间，进深五间，前出抱厦五间，阁内现存佛像高21.3米，像下须弥座高2.35米，由此可推知阁高约4层，37米左右；河北蓟县独乐寺观音阁是此类楼阁仅存的实例。主轴线两侧的楼阁规模较小，如现存的善化寺普贤阁，面阔进深仅三间，单檐九脊顶，两层楼带平座、腰檐；正定隆兴寺慈氏阁、转轮藏也仅为大三间。

3．僧堂

南宋大寺院为了容纳更多的僧人，僧堂体量加大，位置显赫，成为禅宗寺院的特色。例如杭州径山寺于绍兴十年（1140年）建千僧阁；宁波天童寺于绍兴二年至四年（1132—1134年）建大僧堂，堂中有佛像，僧人睡长连床，同时也在此坐禅。这种大僧堂在元代以后屡遭火灾，到明代分化成禅堂、斋堂、僧寮。

4．罗汉院

宋、辽寺院中常有五百罗汉置于山门或楼阁之内，但净慈寺较为特殊，单独设有五百罗汉院，据成寻《参天台五台山记》载，该寺罗汉院内有二石塔，高三丈许，九层，每层雕造五百罗汉，塔置于重阁之内。罗汉院在南宋初年失火，绍兴二十三年至二十八年（1153—1158年）曾再建罗汉殿。

5．回廊

宋辽金寺院的主体殿宇周围多有回廊院，如文献所记，大奉国寺有"四圣贤洞一百二十间"；东京大相国寺主院四面有廊约三百间；余杭径山寺也是"宝殿中峙，……长廊楼观"[①]；廊中多绘佛教故事画。在寺院遗址中，善化寺回廊基址较为清晰。

（三）山西应县佛宫寺释迦塔

山西应县佛宫寺于辽清宁二年（1056年）由田和尚奉敕募建，至金明昌三年增修完毕[②]，据文献记载，寺内除了现存的释迦塔以外，原有大雄宝殿九间，位于塔后，塔前还有钟楼和山门。

释迦塔高67.31米，平面八边形，四周有回廊；底层边长5.58米，外观五层，内部还有四个暗层，共九层。柱子作内外双环布置，暗层柱间设有斜撑，近似桁架的做法，形成四个刚性较大的环，犹如现代建筑中的圈梁。外檐柱间除了四个正面之外，四个斜面均为灰泥墙，墙内原有斜撑[③]，形成双层套筒式结构。整座塔的结构有着很强的整体性，历经多次地震而无恙。

木塔各层平面逐层向内收缩，层高逐级减少，各层斗栱形制和出檐长度随之调整，不但创造了稳重而匀称的总体轮廓，产生了高耸向上、统一而丰富的艺术效果，而且通过屋檐和平座层叠再现，产生了优美的节奏和韵律，是结构技术与造型艺术合一的典范（图6-57～图6-59）。

①
转引自郭黛姮，中国古代建筑史，第三卷，北京：中国建筑工业出版社，2003年，263。

②
田蕙《重修佛宫寺释迦塔记》。

③
李世温《应县木塔历史上加固整修评述》。

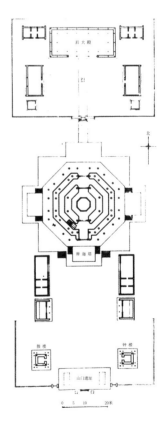

图6-57　山西应县佛宫寺现状总平面图

（陈明达. 应县木塔[M]. 文物出版社，1980；实测图1）

图6-58 山西应县佛宫寺释迦塔外观
（李路珂 摄）

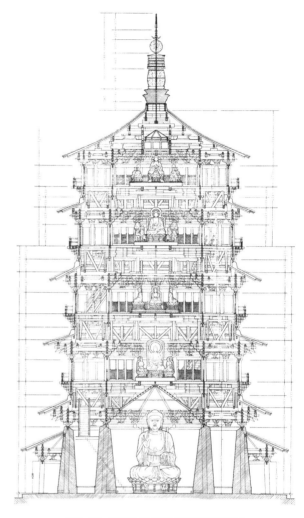

图6-59 山西应县佛宫寺释迦塔剖面图
（陈明达. 应县木塔[M]. 文物出版社，1980：实测图2）

（四）河北蓟县独乐寺山门、观音阁

蓟县独乐寺创建年代不详，辽统和二年（984年）重建，现存辽构有山门和观音阁两座（图6-60）。

山门坐落在低矮的台基上，面阔三间，进深两间，四阿顶。檐柱有明显的生起和侧脚，屋顶平缓舒展，斗栱雄大，出檐深远，保留了较多的唐风（图6-61，图6-62）。

观音阁面阔五间，进深四间，单檐歇山，外观两层，内部有一暗层，共计三层，总高23米。因梁柱接榫位置、功能之不同，共用斗栱24种。柱子布置成内外两环，内部贯通三层作六角形空井，以容纳16米高的观音像。构架四角、暗层及空井，均有柱间斜撑或斜梁，形成空间结构体系，其中柱间斜撑似为后世所加（图6-63～图6-65）。

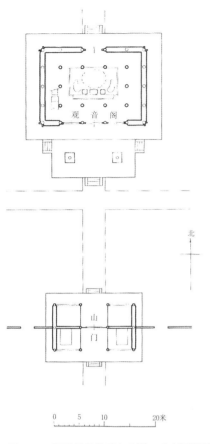

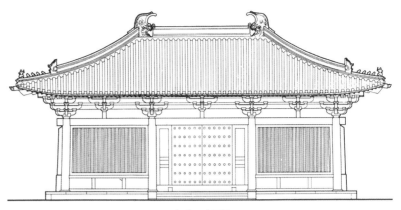

（a）正立面图

0　5　10　20米

图6-60　河北蓟县独乐寺山门、观音阁平面图
（刘敦桢. 中国古代建筑史 第二版[M]. 1984：206.）

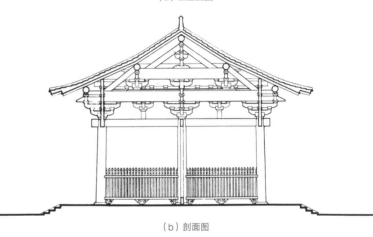

（b）剖面图

图6-61　河北蓟县独乐寺山门剖面、正立面图
（刘敦桢. 中国古代建筑史 第二版[M]. 1984：207.）

图6-62　河北蓟县独乐寺山门外观
（袁牧 摄）

图6-63　河北蓟县独乐寺观音阁外观
（袁牧 摄）

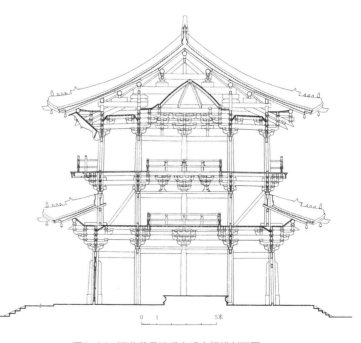

0　1　5米

图6-64　河北蓟县独乐寺观音阁横剖面图
（刘敦桢. 中国古代建筑史 第二版[M]. 1984：208.）

图6-65　河北蓟县独乐寺观音
阁内部
（罗德胤摄）

（五）河北正定隆兴寺

　　正定隆兴寺始建于隋开皇六年（586年），初名龙藏寺，唐代改名隆兴寺。北宋开宝二年（969年），宋太祖下诏重建寺内佛香阁（大悲阁），并铸铜观音像。观音像留存至今，高21.3米；楼阁清末民初失修毁圮，20世纪90年代末重建。摩尼殿为皇祐四年（1052年）所建，面阔、进深皆七间，十字形平面，内部采用殿堂型构架，重檐歇山顶，四面出抱厦。转轮藏殿和慈氏阁皆为宋代楼阁，外观均为单檐歇山三开间二层楼，下层带抱厦，但楼层结构做法有所不同。转轮藏殿采用叉柱造，柱子分作三段，上层柱插入平座斗栱，柱子对中；平座柱插入下层斗栱，柱脚立于栌斗上，比下檐柱后退20厘米。殿内的转轮经藏为北宋原物，是我国最早的藏经橱遗物。慈氏阁采用永定柱造，立柱通高，是现存宋代建筑中的孤例（图6-66～图6-72）。

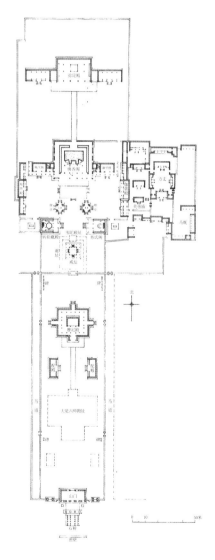

图6-66　河北正定隆兴寺总平面图
（刘敦桢. 中国古代建筑史 第二版[M]. 1984：203.）

图6-67　河北正定隆兴寺摩尼殿外观
（李路珂 摄）

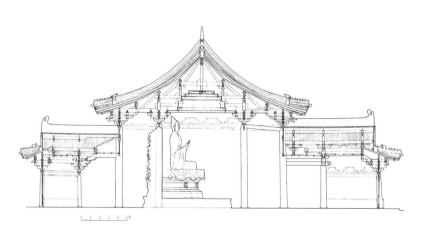

图6-68　河北正定隆兴寺摩尼殿剖面图
（刘敦桢. 中国古代建筑史 第二版[M]. 1984：205.）

图6-69 河北正定隆兴寺转轮藏殿外观
（李路珂 摄）

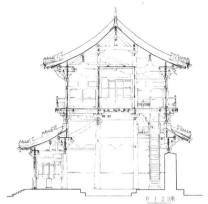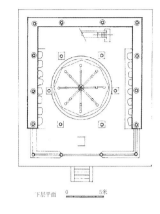

图6-70 河北正定隆兴寺转轮藏殿横剖面及平面图
（中国科学院自然科学史研究所主.中国古代建筑技术史[M].科学出版社，1985.）

图6-71 河北正定隆兴寺慈氏阁外观
（李路珂 摄）

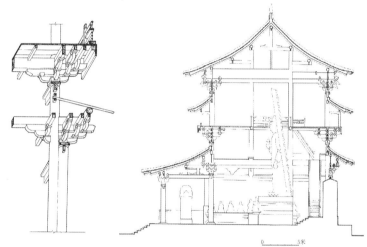

图6-72 河北正定隆兴寺慈氏阁横剖面及永定柱造示意图
（中国科学院自然科学史研究所主.中国古代建筑技术史[M].科学出版社，1985.）

（六）山西大同华严寺

华严寺创建于辽清宁八年（1062年），始置时用于"奉安诸帝石像、铜像"[1]，具有辽代帝王家庙的性质。金天眷三年（1140年）重修，至元代初年仍为巨刹，元末"屡经兵焚，倾圮特甚"[2]，在明代分为上下两寺。寺中辽金遗构仅存上寺大雄宝殿和下寺薄伽教藏殿。

下寺薄伽教藏殿建于辽重熙七年（1038年），面阔五间，进深八架椽，山面作四间，单檐九脊顶。殿内沿四壁安放壁藏38间，后部当心间壁藏作飞桥式天宫楼阁。殿内另有塑像31尊，容貌端庄，体态丰满，亦为上乘之作。

上寺大雄宝殿建于金天眷三年（1140年），面阔九间，进深四间，四阿顶，坐落在4米高的台基之上。殿内采用殿堂型和厅堂型的混合构架，室内空间恢宏，外观庄重，气势雄伟，是现存最大的辽金佛殿之一（图6-73～图6-81）。

①
《辽史·地理志》，四库本，卷41，2。

②
明成化元年《重修大华严禅寺感应碑》。

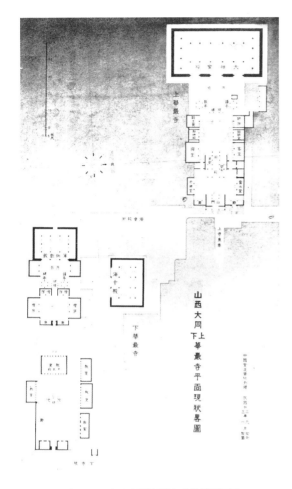

图6-73　山西大同华严寺现状总平面图

（梁思成，刘敦桢. 大同古建筑调查报告[J].中国营造学社
汇刊. 第4卷，1933(0304).）

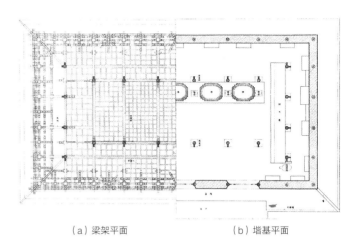

（a）梁架平面　　　　　　（b）堦基平面

图6-74　山西大同华严寺大雄宝殿平面图

（梁思成，刘敦桢. 大同古建筑调查报告[J].中国营造学社汇刊. 第4卷，
1933(0304).）

图6-75　山西大同华严寺大雄宝殿外观

（山西云冈石窟文物保管所. 华严寺[M]. 文物出版社，1980：6.）

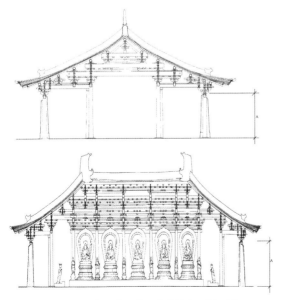

图6-76　山西大同华严寺大雄宝殿剖面图

（梁思成，刘敦桢. 大同古建筑调查报告[J].中国营造学社汇
刊. 第4卷，1933(0304).）

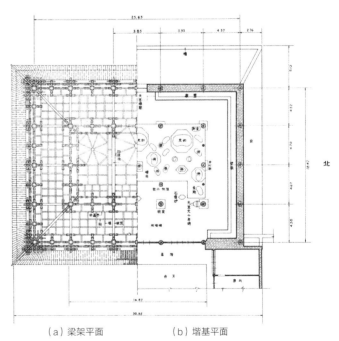

（a）梁架平面　　　　（b）堦基平面

图6-77　山西大同华严寺薄伽教藏殿平面图

（梁思成，刘敦桢. 大同古建筑调查报告[J].中国营造学社汇刊. 第4卷，
1933(0304).）

图6-78　山西大同华严寺薄伽教藏殿外观
（袁牧 摄）

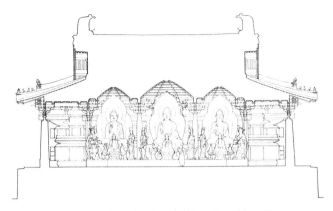

图6-80　山西大同华严寺薄伽教藏殿纵剖面图
（梁思成，刘敦桢.大同古建筑调查报告[J].中国营造学社汇刊.
第4卷，1933(0304).）

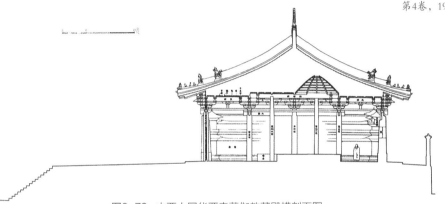

图6-79　山西大同华严寺薄伽教藏殿横剖面图
（梁思成，刘敦桢.大同古建筑调查报告[J].中国营造学社汇刊.第4卷，1933(0304).）

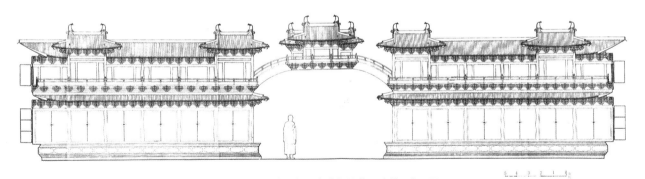

图6-81　山西大同华严寺薄伽教藏殿壁藏西立面图
（梁思成，刘敦桢.大同古建筑调查报告[J].中国营造学社汇刊.第4卷，1933(0304).）

（七）山西大同善化寺

山西大同善化寺建于唐开元年间，原名开元寺，辽末毁于兵火，金天会六年至皇统三年（1128—1143年）大规模重建。寺内中轴线上现存山门、三圣殿、大雄宝殿，中轴西侧现存普贤阁。

大雄宝殿为辽代遗构，面阔七间，进深五间，四阿顶，殿内供奉五方佛。大殿内部结构为殿堂、厅堂混合型，当心间及次间采用前部四椽栿、中部六椽栿，后部乳栿用四柱；稍间及尽间为十架椽屋用六柱。由此，内柱柱网减去两列，扩大了拜谒空间。

三圣殿、山门及普贤阁皆金代遗构。三圣殿面阔五间，进深八架椽，山面用五柱，隐于山墙之内，四阿顶，构架为厅堂型，当心间为六椽栿对乳栿用三柱，次间梁架为五椽栿对三椽栿用三柱，室内空间因此产生了"移柱"的效果（图6-82~图6-87）。

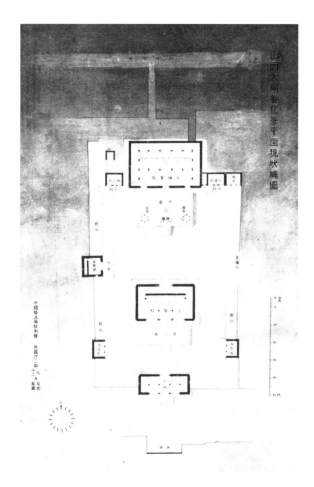

图6-82　山西大同善化寺总平面图
（梁思成，刘敦桢. 大同古建筑调查报告[J].中国营造学社汇刊. 第4卷，1933(0304).）

图6-83　山西大同善化寺大雄宝殿外观
（李路珂 摄）

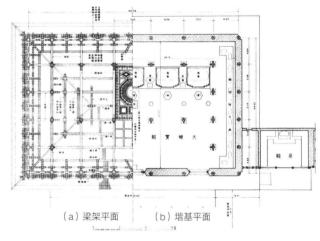

（a）梁架平面　　　（b）墙基平面

图6-84　山西大同善化寺大雄宝殿平面图
（梁思成，刘敦桢. 大同古建筑调查报告[J].中国营造学社汇刊. 第4卷，1933(0304).）

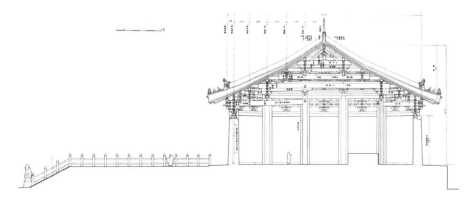

图6-85　山西大同善化寺大雄宝殿剖面
（梁思成，刘敦桢. 大同古建筑调查报告[J].中国营造学社汇刊. 第4卷，1933(0304).）

图6-86 山西大同善化寺普贤阁外观
（李路珂 摄）

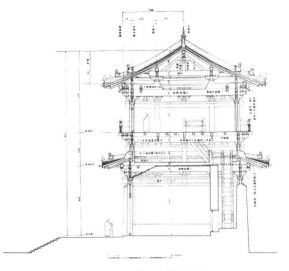

图6-87 山西大同善化寺普贤阁剖面图
（梁思成，刘敦桢. 大同古建筑调查报告[J].中国营造学社汇刊.
第4卷，1933(0304).）

（八）浙江宁波保国寺大殿

宁波保国寺初名灵山寺，唐僖宗广明元年（880年）赐额保国寺，宋真宗大中祥符年间（1008—1016年）重建，两宋时期多次增修，其中宋代遗物今仅存佛殿和净土池。保国寺大雄宝殿建于大中祥符六年（1013年），大殿面阔、进深皆五间，但四周副阶为清代增建，仅中部三间为宋代原构。宋构部分有四椽梁架，中间两缝为厅堂型，八架椽屋前三椽栿、中三椽栿、后乳栿用四柱。前檐柱与前内柱间作藻井和平棊、平闇等天花装修，其余部分则彻上露明。其中斗栱、下昂以及拼合柱做法均与《营造法式》十分吻合，在现存诸多宋代建筑遗物中亦属难得（图6-88~图6-90）。

图6-88 浙江宁波保国寺大殿外观
（郭黛姮 摄）

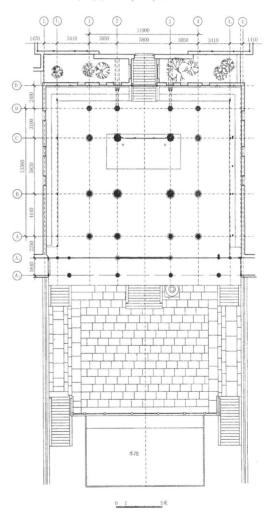

图6-89 浙江宁波保国寺大殿平面图
（中国科学院自然科学史研究所主. 中国古代建筑技术史
[M]. 科学出版社，1985.）

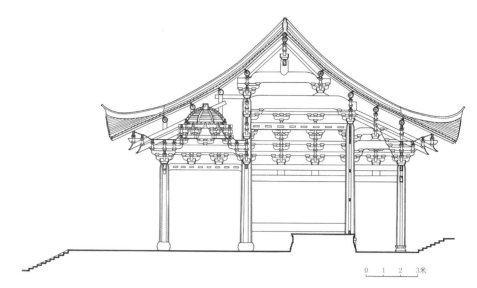

图6-90　浙江宁波保国寺大殿剖面图

（中国科学院自然科学史研究所主. 中国古代建筑技术史[M]. 科学出版社，1985.）

（九）河南登封少林寺初祖庵与塔林

少林寺初祖庵位于中岳嵩山西麓，相传为禅宗初祖达摩面壁修行之处。初祖庵始建年代不详，现存大殿为北宋宣和七年（1125年）所建。大殿面阔、进深均为三间，九脊顶。大殿构架采用彻上明造，由16根石柱和天然圆木的弯梁组成，基本属于殿堂构架，但后内柱向后移动了半架，便于布置佛坛。斗栱、门窗方整规矩，石柱雕刻菩萨、化生、飞天、游龙、舞凤、花草等纹样，细腻生动（图6-91～图6-95）。

图6-91　河南登封少林寺初祖庵大殿外观

（李路珂 摄）

图6-92　河南登封少林寺初祖庵大殿室内

（李路珂 摄）

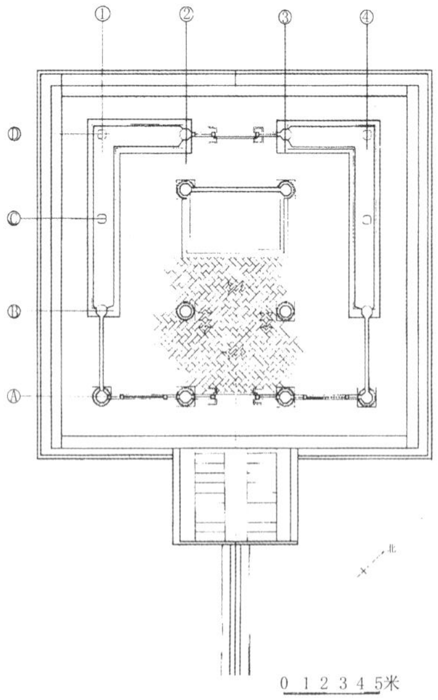

图6-93　河南登封少林寺初祖庵大殿平面图

（郭黛姮. 中国古代建筑史. 第3卷[M]. 中国建筑工业出版社，2009：420.）

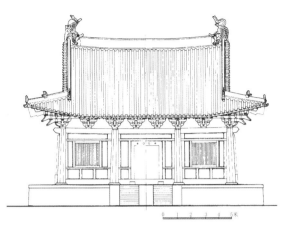

图6-94 河南登封少林寺初祖庵大殿立面图
（郭黛姮.中国古代建筑史.第3卷[M].中国建筑工业出版社，
2009：421.）

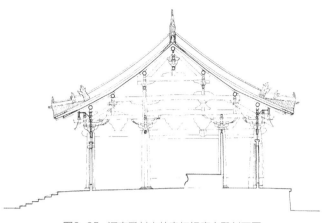

图6-95 河南登封少林寺初祖庵大殿剖面图
（郭黛姮.中国古代建筑史.第3卷[M].中国建筑工业出版社，
2009：422.）

少林寺塔林在少林寺西南300米处，有唐贞元七年至清嘉庆八年（791—1803年）之间历代砖石墓塔200余座，造型、做法各异，其中有宋塔3座、金塔6座，北宋宣和三年（1121年）的普通塔、金正隆二年（1157年）的西堂塔是这一时期的代表作（图6-96～图6-98）。

图6-96 河南登封少林寺塔林早期塔群
（李路珂 摄）

图6-97 河南登封少林寺塔林北宋宣和三年（1121年）普通塔
（李路珂 摄）

图6-98 河南登封少林寺塔林金正隆二年（1157年）西堂塔
（李路珂 摄）

四、道教建筑

宋代帝王崇道抑佛。真宗曾举行帝王迎天书活动，诏"天下并建天庆观"[①]；徽宗曾导演"天神降诏"[②]的闹剧，并自称"教主道君皇帝"[③]，建立迎接天神的"迎真馆"，再次掀起兴建道观的热潮。南宋时期道观的建设活动一如既往，仅杭州一地便建了30多处道观。金代道教在民间有所流传，西夏统治者也对道教实行保护和宽容。

一般道教宫观有如下几种建筑类型：用于祭奉的神殿，供信徒修真的斋馆，用于藏经的殿阁，用于宣讲的法堂及客室、园林等。

① [清]徐乾学《资治通鉴后编》，四库本，卷27，15.

② 《宋史·徽宗本纪·政和三年》，四库本，卷21，4.

③ 《宋史·徽宗本纪》，四库本，卷21，10.

①
参见郭黛姮主编《中国古代建筑史》第3卷，宋、辽、金、西夏建筑，建筑工业出版社，2003年，518，表6-5-2。

两宋时期著名的山岳道观有河南嵩山崇福宫、临安大涤山洞霄宫、山东泰山碧霞祠等，这类道观一般选择有溪流、山洞、水池、山崖的环境，并有漫长的前导空间，如洞霄宫至山门有18里林路。另一类为城市道观，如当时东京、临安、长安的一批道观。宋、辽、金时期创建的道观，存12处①，如江西贵溪上清镇天师府、山西晋城玉皇庙、西安东岳庙、山东蓬莱阁等，但其中有宋代建筑遗存者仅3处，分别为苏州玄妙观三清殿、莆田玄妙观三清殿、四川江油窦圌山云岩寺飞天藏殿及飞天藏。

（一）苏州玄妙观

苏州玄妙观始建于西晋咸宁二年（公元276年），初名真庆观，唐更名为开元宫，北宋时更名为天庆观。宋室南渡，金兵屠戮平江时观毁，南宋时修复，为当时著名大型道观之一。在南宋《平江府城图》碑中可见其大体面貌：有棂星门、中门、三清殿及两廊，其中三清殿为重檐顶，两侧有挟殿（图6-99）。此观于元代改称玄妙观，后历经重修、扩建，但三清殿未改宋构主体。

三清殿面阔九间，进深六间，重檐九脊顶，坐落在低矮的石砌阶基上，前出月台，围以石勾阑，东、西、南三面设踏跺，殿内柱网网格交点皆施内柱，形成满堂红式柱网，为北方同时期木构建筑以及《营造法式》所未见，体现了一种结构标准化的理念。该殿外立面之瓦饰门窗等形象已非南宋原物（图6-100，图6-101）。

图6-99 《平江府城图》碑中的苏州玄妙观三清殿棂星门
（刘敦桢. 苏州古建筑调查记[A]. 刘敦桢文集. 第2卷[C]中国建筑工业出版社，1984.）

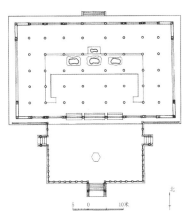

图6-100 苏州玄妙观三清殿平面图
（刘敦桢. 苏州古建筑调查记[A]. 刘敦桢文集. 第2卷[C]中国建筑工业出版社，1984.）

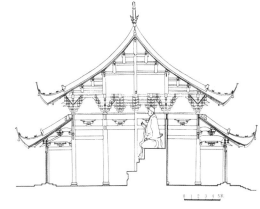

图6-101 苏州玄妙观三清殿剖面图
（郭黛姮. 中国古代建筑史. 第3卷[M]. 中国建筑工业出版社，2009：532.）

（二）四川江油云岩寺飞天藏

四川江油云岩寺敕建于唐乾符年间（874—879年），宋代曾一度改为道观。大殿建造年代不详，但其结构保留了一些宋代建筑的特征，其中飞天藏为南宋淳熙七年（1180年）原物。

飞天藏与佛教储经之转轮藏有着相似的外观，却不作储存道藏之用。其外观作小亭子形，中心有转轴，上置若干星官神灵像，又称星辰车，信众可通过推转星辰车来祈愿。飞天藏总高近10米，直径7.2米，由藏座、藏身、天宫楼阁三部分组成，内部为八棱柱体，中心有一根长木柱作为转轴。在藏身屋檐平座和天宫楼阁中共有6层斗栱、20种类型，形式多样，组合巧妙。藏身门窗雕镂精致，生动自然，体现了很高的写实技巧（图6-102）。

第六节 墓葬

一、北宋皇陵

宋代是历史上首次集中设置帝王陵区的朝代，对后世王陵建制有着深远的影响。北宋9帝之中，除徽宗、钦宗之外，其余7位皇帝的陵墓均设在河南巩县，分别为永昌陵、永熙陵、永定陵、永昭陵、永厚陵、永裕陵、永泰陵，再加上宋太祖赵匡胤父亲赵宏殷的永安陵，共有帝陵8座，另有后陵21座。陵域占地约60平方公里，其内还有皇亲、皇族未成年子孙墓、功臣墓300余座。根据当时流行的一种风水观念，即"五音姓利"之说，由于皇族姓"赵"，因此陵域地形以"东南地弯、西北地垂"为吉。8座帝陵在这一地段中分成3组布置，彼此相距不超过5公里。

北宋各陵建置格局大体相同，皆坐北面南，偏东约6度。每陵所占地域称"兆域"或"茔域"。兆域之内分为帝陵区、后陵区、陪葬墓区，帝后陵区又分别有上宫和下宫。兆域外围植篱为界，称篱寨，篱寨又有内、外之别。兆域之内禁止采樵放牧，并有专人看守；兆域之外还有一些自为茔域的亲王坟、供帝王谒拜山陵时下榻的行宫、为死者祈福的禅院、看守山林培育柏林的"柏子户"住宅等。

帝陵上宫是陵区的核心部分，位于陵区的南部，面积5公顷左右，以高耸的陵台为核心。上宫四周环以围墙，围墙四面设神门及角楼。南神门外设献殿，是朝陵的祭奠之所。献殿旁还有一些附属建筑。帝陵陵台为阶级式三层方形土台，逐级上收，每层土台上植柏树；后陵陵台则为二层。陵台之下即存放棺椁的地宫，深57尺至100尺不等。上宫以南，沿中轴线向南延伸，排列门阙、石像生，形成一条长约300米的神道，最南为一对鹊台，台上建楼观（图6-103，图6-104）。

图6-102 四川江油云岩寺飞天藏立面图

（郭黛姮. 中国古代建筑史. 第3卷[M]. 中国建筑工业出版社，2009：536.）

图6-103 北宋皇陵永定陵神道石刻

（李路珂 摄）

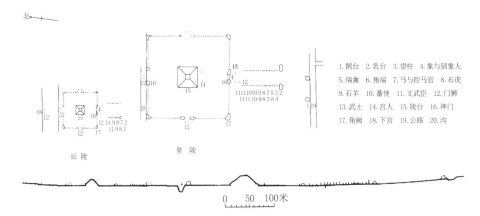

1. 鹊台　2. 乳台　3. 望柱　4. 象与驯象人
5. 瑞禽　6. 角端　7. 马与控马官　8. 石虎
9. 石羊　10. 蕃使　11. 文武臣　12. 门狮
13. 武士　14. 宫人　15. 陵台　16. 神门
17. 角阙　18. 下宫　19. 公路　20. 沟

图6-104　北宋皇陵永定陵平面、剖面图
（郭湖生. 河南巩县宋陵调查[J]. 考古, 1964(11).）

后陵上宫建制大体与帝陵相同, 仅规模缩小, 其位置皆在帝陵上宫神墙外西北方向, 具体方位及尺寸各不相同。

下宫亦称寝宫, 方位在帝后上宫之"壬"方, 及北偏西方向, 或"丙"方, 及南偏东方向, 是供奉帝后遗容、遗物和守陵、祭祀的场所。下宫的主要建筑有正殿、影殿、斋殿、浣濯院、神厨、陵使廨舍、宫人住所、库房等, 四周以围墙环绕。

各帝陵地宫均未发掘, 仅宋太宗之元德李后陵因被盗掘而打开。该地宫由墓道、甬道、墓室组成, 总长约50米。陵台高出地表8米。墓室平面近圆形, 直径7.95米, 穹顶中心距地面12.26米, 用砖砌成。墓室壁面砌出10根倚柱, 柱间墙面雕出门窗轮廓以及桌椅、梳妆台等家具。墓顶彩绘宫殿、楼阁、白云星辰等。墓室下部有棺床, 呈门字形, 反映了唐末及宋代室内床榻形式及家具特点（图6-105）。

宋陵神道上的石像生保存较完整, 其石刻风格基本统一, 但前后又有微妙变

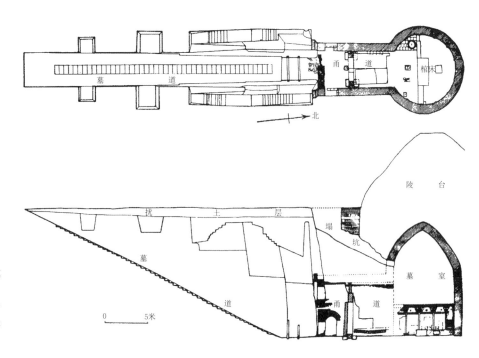

图6-105　宋太宗元德李后陵墓室平面、剖面图
（河南省文物研究所、巩县文物保管所. 宋太宗元德李后陵发掘报告[J]. 华夏考古, 1988(3).）

化。早期保留了较多的晚唐、五代风格,造型质朴,雕凿技巧亦较粗犷;中期强调写实风格;晚期则更加生动活泼,技巧娴熟,刻画细腻。

二、西夏王陵

西夏王陵在西夏都城兴州(今宁夏银川)西郊的贺兰山东麓,共有帝陵9座、陪葬墓70余座,明《嘉靖宁夏新志》称"其制度仿巩县宋陵而作",概括了西夏王陵建制的基本特征。

目前西夏王陵仅发掘一座,即神宗李遵顼(1211—1223年)陵,从中可略知王陵建制。王陵地上部分为一有南北轴线的建筑群,群组中部为内城,南北长183米、东西宽134米,内城南部有子城,两城之间有两列文武官像遗迹,子城以南为碑亭、阙台。陵周又有外城一重。内城建筑布局不规则,献殿在南门内偏西,靠北门处有一座八边形阶梯状陵台,边长12米、残高16.5米,分成7级,逐渐收缩。当年上部及各层皆有木屋檐,做绿色琉璃瓦顶,墙身刷饰赭红色,像一座八边形塔。地宫位于献殿与陵台之间,陵台与地宫没有对位关系,不具有封土冢的作用。地宫由中室和墓道组成,中室两侧带有耳室,耳室的平面为梯形,南北长6.5米、东西宽6.7～7.8米,埋深24.9米。墓室及墓道完全是在黄土层中挖出的洞穴,未用砖包砌,仅于四壁立木护墙板。由此推想其构造,可能甬道、墓室、耳室等皆系在生土中挖出土洞后,用木护墙板加以修饰,而墓道则另有木骨架支撑顶部(图6-106,图6-107)。

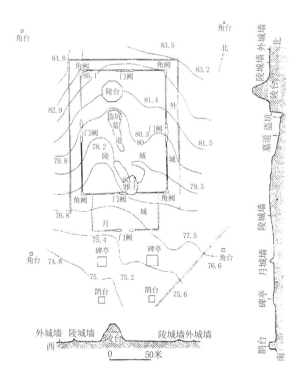

图6-106 西夏神宗李遵顼陵平面、纵剖面、横剖面图
(郭黛姮.中国古代建筑史.第3卷[M].中国建筑工业出版社,2009:238.)

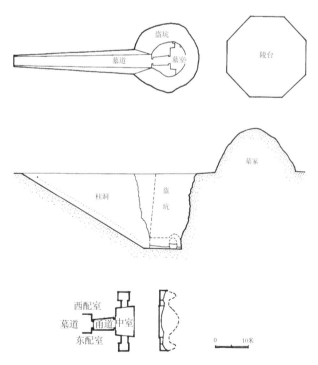

图6-107 西夏神宗李遵顼陵墓室平面、剖面图
(郭黛姮.中国古代建筑史.第3卷[M].中国建筑工业出版社,2009:238.)

三、民间墓葬

宋、辽、金时期的民间墓葬有墓室葬、石棺葬、木棺葬、火葬等类型，其中墓室葬最为考究，多系官吏、地主、富商之墓。

墓室葬又有多室墓、三室墓、二室墓、单室墓等不同形式。

多室墓以北京南郊辽赵德钧墓规模最大，前后三进，共9室，每进中部为大室，两侧为耳室。中央主室最大，直径4.12米，陈放棺木。其他室陈放锅灶、餐具、粮食等，写仿住宅布局。[①]宋墓中墓室最多的是陕西丹凤县商雒镇六室墓，其中室作六角攒尖顶长方形室，面积4平方米、高3.2米，以中室为核心，向五面扩展，以甬道相连。正南面设门，墓室顶部用砖叠涩。[②]

二室墓可以河南禹县白沙宋墓和洛阳新安宋墓为代表。其中白沙宋墓一号墓有墓道、甬道、前室、过道、后室五个部分，以一条轴线贯穿；在已挖出的黄土洞穴内砌筑砖墙和穹窿顶，砖墙与土洞之间留有空隙。前室为扁方形，南北长1.84米、东西宽2.28米、高4.22米；后室为六边形，边长1.26~1.30米、高4米（图6-108，图6-109）。二室墓还有左右并列的形式，多见于长江以南。墓室平面主要有长方形、船形、梯形等。

单室墓有方、圆、八边、六边等不同形式。北方的宋、金单室墓主要采用砖结构穹窿顶，南方宋墓一般为筒券或平顶。有的还做成两层，上层放随葬品，下层放棺木。

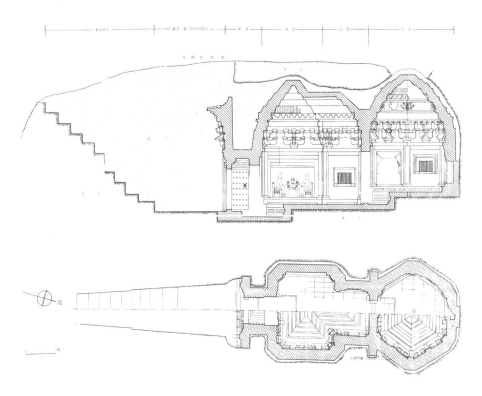

图6-108 河南禹县白沙宋墓一号墓平面、剖面图

（宿白. 白沙宋墓[M]. 文物出版社，1957：图版肆）

图6-109 河南禹县白沙宋墓一号墓剖轴测图

（宿白. 白沙宋墓[M]. 文物出版社，1957：9.）

图6-112 山西侯马董海墓前室

（杨道明主编. 中国美术全集 建筑艺术编2：陵墓建筑[M]，中国建筑工业出版社，1988.）

图6-113 山西侯马董海墓墓门

（山西省考古研究所. 平阳金墓砖雕[M]. 山西人民出版社，1999.）

民间墓葬多有仿木装修。墓门多做仿木结构的倚柱、额枋、斗栱、檐橡、瓦头、屋脊等，有的安装木门扇，有的以砖填封洞口。墓室装修常做出梁柱、斗栱等结构构件以及门窗、家具等，并刻墓主人像，表现墓主人生前的生活场景。宋墓及早期金墓中流行妇人启门的雕刻，以示墓室后部还有住屋（图6-110~图6-113）。

辽代民间墓室虽也常写仿木结构的装修，但相对简单，一般以壁画为主要装饰手法。例如内蒙古哲里木盟的辽墓，在墓道墙壁上绘有反映墓主生前活动的《出行图》和《归来图》，绘有男女主人、仆人、侍从、鼓手、马夫等，人物造型比例准确，表情、姿态、服饰各不相同。辽宁法库叶茂台辽墓以木制九脊小帐罩在石棺之外，极为罕见（图6-114~图6-116）。

此外，四川、贵州一带的宋墓常以大石块砌筑，石块表面雕出仿木构的柱、梁、斗栱及装修。

图6-110 河南禹县白沙宋墓一号墓后室北壁

（宿白. 白沙宋墓[M]. 文物出版社，1957：图版贰捌）

图6-111 河南禹县白沙宋墓一号墓后室北壁妇人启门形象

（宿白. 白沙宋墓[M]. 文物出版社，1957：图版贰玖）

图6-114 河北宣化下八里辽张匡正墓室内（1093年）

（河北省文物研究所《宣化辽墓》）

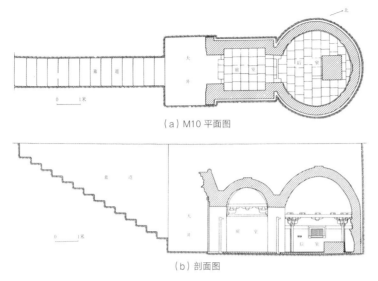

(a) M10 平面图

(b) 剖面图

图6-115　河北宣化下八里辽张匡正墓平面、剖面图
（河北省文物研究所. 宣化辽墓1974—1993年考古发掘报告[M]. 文物出版社，2001.）

图6-116　辽宁法库叶茂台辽墓出土的木制九脊小帐
（曹汛. 叶茂台辽墓中的棺床小帐[J]. 文物，1975(12).）

第七节　桥梁

宋代桥梁在桥梁发展史上有着重要地位，其中重要者有洛阳桥、五里桥、湘子桥、汴梁虹桥、绍兴八字桥等。金代的卢沟桥也可与宋桥媲美。

宋代桥梁按照结构类型，可分为梁桥和拱桥两大类。梁桥有竹、木梁桥与石梁桥；拱桥材料有竹、木、石等。拱的形状有圆形拱、折边拱、敞肩拱等多种。此外还有浮桥、索桥等特殊桥梁类型。但只有石梁桥和石拱桥能够长久留存。

一、福建泉州洛阳桥

洛阳桥是宋代东南沿海地区跨大江的石梁墩桥的代表，跨于福建省泉州市东北10公里的洛阳江上，又称万安桥，宋皇祐五年（1053年）至嘉祐四年（1059年）建，历时6年完成。全长540米，桥宽7米。

该桥所处地段濒临洛阳江入海口，潮水涨落造成很大的冲击力，靠石块自重来达到桥墩的稳定非常困难，故首先要解决基础的问题：首先在江底沿桥中线铺满大块石，成一条横跨江底的石基，相当于现代的"筏形基础"；然后植入牡蛎，利用牡砺无孔不入的繁殖特性，将分散的石块胶固成整体，以作为桥的基础。繁殖砺房胶固石基，使其成为一个整体，是桥梁工程史上的重大发明，也是中国古代利用"生物工程"解决建筑问题的例证。

在砺房基础上，是用大石块砌出的46座桥墩，上放巨大石梁，并铺石板。沿岸开采的石梁自重很大，不易搬运，因此开采后预先放在木浮排上，等到两座邻近桥墩完成后，趁涨潮时运至两桥墩间，潮退时木排随之下降，使石梁正确地落在石墩上，此即所谓"浮运架桥"。

二、福建晋江安平桥

安平桥又称五里桥，从晋江安海镇跨海直达南安县水头镇，建于绍兴八年至二十一年（1138—1151年），长810丈（2500米），是中国古代最长的桥，也是古代最大的石墩梁桥之一。桥面用巨大石梁拼成，桥墩用条石垒砌，石材纵、横分层排列，形状有长方形、船形等，桥下采用筏形基础。后世历经飓风、海潮、地震等袭击，曾有6次修理，桥长因自然淤积而缩短为2070米，桥下海湾现已淤积成稻田。桥上还存有一座六角五层砖木结构宋塔和五座桥亭（图6-117）。

图6-117 福建晋江安平石桥
（郭黛姮. 宋、辽、金建筑[A].
乔匀等编. 中国古代建筑[M].
新世界出版社，2002：154图
5-35）

三、广东潮州广济桥

广济桥通常被称为湘子桥，建于南宋乾道年间（1165—1173年），是一座梁桥与浮桥结合的组合型桥，全长518.13米。

桥横跨韩江（或称恶溪），地处闽、浙、百越交通要冲，常有大型船舶经过。又由于中流激湍，不可为墩，故东西两端建为石梁桥，中间以浮桥相连，可开可合，创造性地解决了急流险滩处的水陆交通问题。该浮桥现已易为三孔钢筋混凝土桥。

四、北京卢沟桥

卢沟桥位于北京市西南13公里处的永定河上，是一座多孔连拱石桥，建于金明昌三年（1192年），明清两代多次修缮，但基本保持旧貌，其基础和主要结构为金代原物。桥长265米、宽8米，桥高约10米，共12孔。桥墩迎水面为尖形，以分散水的冲击力，后部为方形，墩下地质为冲积砂卵石，因之打短木桩以加固。该桥不仅结构坚实，桥上石雕也以精美著称（图6-118）。

图6-118 北京卢沟桥
（郭黛姮. 宋、辽、金建筑[A].
乔匀等编. 中国古代建筑[M].
新世界出版社，2002：154图
5-36）

第八节　建筑著作和匠师

《营造法式》刊行于北宋崇宁二年（1103年），是一部由官方向全国发行的建筑法规性质的著作，由当时主管宫廷建造事宜的将作监李诚主持编修。

李诚，字明仲，管城（今河南郑州）人，出身于官吏世家，生年不详，卒于北宋大观四年（1110年）二月。李诚元祐七年（1092年）入将作监，任职十七年，直到逝世前两年离职。《营造法式》的编修始于绍圣四年（1097年），上距王安石变法（1069—1085年）仅10年，其目的是为了加强对官办建筑行业的管理，应受到了变法思想的影响。

一、内容

《营造法式》于元符三年（1100年）完成编修，崇宁二年（1103年）经过皇帝批准刊印，敕令公诸于世。全书内容包括4个部分：

（一）"总释" 2卷
"考阅旧章"，系将前代典籍中有关营造的史料整理汇编而成。

（二）"制度" 13卷
按不同工种分门别类，编制技术要点和操作规程。其中主要包括以下工种：

（1）大木作制度：建筑主体木结构类型及构造做法；

（2）小木作制度：建筑门、窗、栏杆、龛、橱等装修的样式及构造做法；

（3）石作制度：建筑中石构件的使用、加工及石雕的题材和技法；

（4）壕寨制度：房屋地基及筑城、筑墙、测量、放线等技术；

（5）彩画作制度：建筑彩画的类型、样式及颜料的运用和操作方法；

（6）雕作制度：细木工雕刻的题材与技法；

（7）旋作制度：旋雕木工构件的规格及加工技术；

（8）锯作制度：木质材料切割的规矩及节约木料的方法；

（9）竹作制度：竹编构件的规格及加工技术；

（10）瓦作制度：瓦的规格及使用；

（11）砖作制度：砖的规格及使用制度；

（12）泥作制度：垒墙及抹灰技术；

（13）窑作制度：垒造窑及烧制砖瓦的技术。

（三）"功限""料例"15卷

总结编制各工种的用工及用料定额标准。

（四）"图样"6卷

从形象上说明各作制度。

二、特点

《营造法式》全面、准确地反映了北宋末年建筑行业的科学技术水平和管理经验。它不仅向人们展示了北宋建筑的技术、科学、艺术风格，还反映出当时的社会生产关系、建筑业劳动组合、生产力水平等状况。其编纂宗旨和成书过程主要有以下特点：

（1）以"考阅旧章，稽参众智"[1]为编书基础。

其中"考阅旧章"是指援引古典文献中有关土木建筑方面的史料，共283条。"稽参众智"是指李诫向各行业的工匠调查、收集各个行业中世代相传的口诀经验，并整理、总结出各行业的技术制度和管理方法，共计3272条。[2]

（2）反映了建筑标准化、定型化的思想。

例如，对于结构构件采用材分模数制；对门窗装修控制构件比例；对于砖、瓦等构件制定出与主体结构相匹配的系列定型制品；对于彩画、雕刻等艺术性较强的工种，则对当时流行的式样、风格加以归纳和整理，并概括指出其特征和变化规律。

（3）"别立图样，以明制度"[3]。

《营造法式》有6卷为"图样"，与各个工种相对应。大木作图的内容主要包括：地盘图、正样图、侧样图，即建筑的平面、立面、剖面图；构架节点大样图，如斗栱图；构件大样图，如梁、柱乃至斗、栱、昂的图样。小木作图主要包括门、窗、栏杆大样图；佛龛、藏经橱图。此外还有彩画及雕刻纹样图、测量仪器图等（图6-119～图6-122）。

①

《营造法式·进新修营造法式序》。

②③

《营造法式·总诸作看详》。

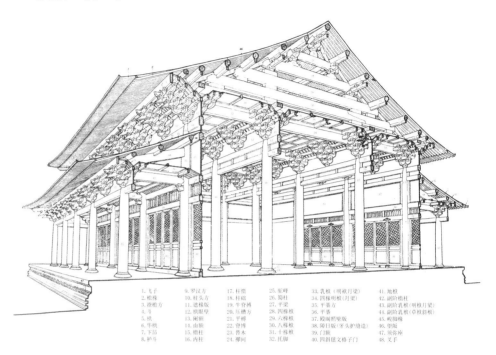

①
李约瑟《中国之科学与文明》，陈立夫主译，台湾：商务印书馆，1985年。第10册，第193页。

这些图样的绘制方法有正投影，也有近似的轴测图，绘制精细，自成体系，如李约瑟所说，"房屋构架各组成部分的形状被李诫手下的绘图员如此清楚地描画出来，以致我们最后几乎以现代的意识来称它们为'施工图'——可能是任何文明国家的第一次"①。

1. 飞子	9. 罗汉方	17. 柱櫍	25. 驼峰	33. 乳栿（明栿月梁）	41. 地栿
2. 檐椽	10. 柱头方	18. 柱础	26. 蜀柱	34. 四椽明栿（月梁）	42. 副阶檐柱
3. 遮椽版	11. 遮椽版	19. 牛脊槫	27. 平梁	35. 平基方	43. 副阶乳栿（明栿月梁）
4. 斗	12. 栱眼壁	20. 压槽方	28. 四椽栿	36. 平基	44. 副阶乳栿（草栿斜栿）
5. 栱	13. 阑额	21. 平槫	29. 六椽栿	37. 殿阁照壁版	45. 岔脚椽
6. 华栱	14. 由额	22. 脊槫	30. 八椽栿	38. 隔目版（牙头护缝造）	46. 望版
7. 下昂	15. 檐柱	23. 替木	31. 十椽栿	39. 门额	47. 须弥座
8. 栌斗	16. 内柱	24. 襻间	32. 托脚	40. 四斜毬文格子门	48. 叉手

图6-119 宋《营造法式》大木作制度示意图（殿堂）
（刘敦桢. 中国古代建筑史 第二版[M]. 1984：图134-1. ）

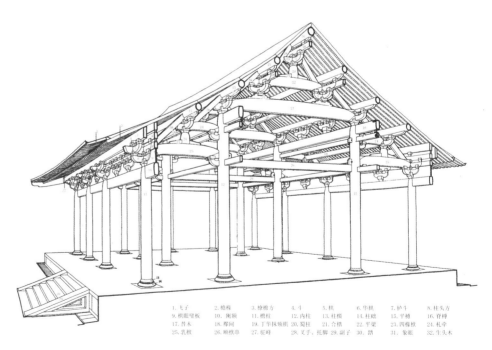

1. 飞子	2. 檐椽	3. 橑檐方	4. 斗	5. 栱	6. 华栱	7. 栌斗	8. 柱头方
9. 栱眼壁版	10. 阑额	11. 檐柱	12. 内柱	13. 柱櫍	14. 柱础	15. 平槫	16. 脊槫
17. 襻间	18. 替木	19. 丁华抹颏栱	20. 蜀柱	21. 合㭼	22. 四椽栿	23. 四椽栿	24. 托脚
25. 乳栿	26. 顺栿串	27. 驼峰	28. 叉手，托脚	29. 副子	30. 踏	31. 象眼	32. 生头木

图6-120 宋《营造法式》大木作制度示意图（厅堂）
（刘敦桢. 中国古代建筑史 第二版[M]. 1984：图134-2. ）

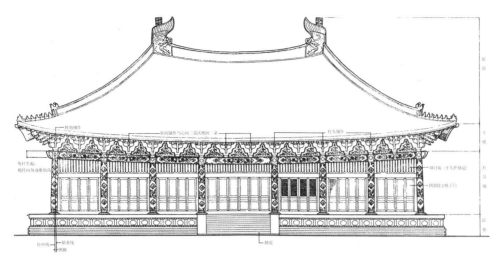

图6-121 宋《营造法式》立面处理示意图

（刘敦桢. 中国古代建筑史 第二版[M]. 1984：图134-3.）

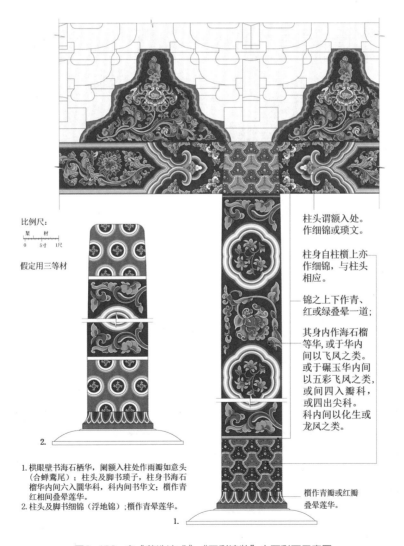

柱头谓额入处。
作细锦或琐文。

柱身自柱櫍上亦
作细锦，与柱头
相应。

锦之上下作青、
红或绿叠晕一道；

其身内作海石榴
等华，于华内
间以飞凤之类。
或于碾玉华内间
以五彩飞凤之类，
或间四入瓣科，
或四出尖科。
科内间以化生或
龙凤之类。

櫍作青瓣或红瓣
叠晕莲华。

比例尺：

架 材

0 5寸 1尺

假定用三等材

1. 栱眼壁书海石榴华，阑额入柱处作雨瓣如意头
（合蝉蒠尾）；柱头及脚书琐子，柱身书海石
榴华内间六入圆华科，科内间书华文；櫍作青
红相间叠晕莲华。
2. 柱头及脚书细锦（浮地锦）；櫍作青晕莲华。

2.

1.

图6-122 宋《营造法式》"五彩遍装"立面彩画示意图

（李路珂 绘）

第七章 ——————————— 元代的建筑

第一节　历史背景与建筑概况

　　元代结束了宋、辽、金、夏等政权对峙的局面，实现了空前规模的大统一。蒙古族在入主中原之前，尚处于游牧为主的阶段，即使王公大臣也只是居住在高大华美的帐幕中。在征服其他民族后，其建筑方面既保留着本民族的生活习俗，又吸收当地建筑形式与技术，各种建筑风格都得到了自由发展。元代出现了中国历史上从未有过的各民族大交流和交错杂居的现象，极大地促进了经济、文化各方面的交流，也形成了中国历史上少有的建筑文化交流的盛况。对藏传佛教（亦称喇嘛教）的尊崇，促进了藏传佛教建筑的发展和汉藏建筑的交流。来自中亚的伊斯兰教建筑也在大都、新疆及东南地区陆续兴建，并开始出现中国式的伊斯兰教建筑形式。汉族固有的建筑形式和技术在元代也有所变化，例如在官式木构建筑上直接使用未经加工的木料等，表现出一种粗犷豪放的风格。

　　中国的建制城市在元代大量兴起与蓬勃发展，主要分布在华北和长江中下游两大区域。商业的繁荣导致各地出现了许多商业都会：地处北疆的上都、和林、镇海等城市聚集了大批汉族和西域商人；西南的中庆（昆明）和大理、东北的肇州成为地区性商业中心；沿长江和运河，众多原有的大中城市和集镇蓬勃发展；海外贸易促使沿海城市如广州、泉州、福州、温州、庆元（今宁波）、杭州、上海等，成为重要港口。被称作"汗八里"的大都城，则是规模巨大、规划完整、完全按街巷制创建的新都城，不仅是元朝政治中心，也是世界闻名的贸易中心。

　　元代的宫殿建筑主要有蒙古国都和林宫殿、上都开平宫殿与大都燕京宫殿三处，因建造时间和所处地域环境的不同而各具特色，代表着这个时期的建筑技术与艺术水平。祭坛与祠庙都是祭祀神灵的场所。元初对坛庙建筑的营造并不重视，蒙古统治者入主中原后发现儒学对笼络士人的重要作用，开始尊孔崇儒，各地纷纷新

①

《宸垣识略》卷八。

②

《元史》："时宫阙未建，朝仪未立，凡遇称贺，臣庶杂至帐殿前，执法者患其喧扰，不能禁。"卷160，列传第47，王盘传，3753页。又《日下旧闻考》引《使蒙日录》："端平甲午九月初一抵燕京，十二日同王檝谒宣庙，即是金密院，因就看亡金宫室，瓦砾填塞，荆棘成林。"可见忽必烈定都燕京时，已无旧中都宫殿可用。

建或修缮孔庙。随着忽必烈对"汉法"的推行逐渐深入，各种坛庙先后建造起来。

宗教建筑方面，由于元代统治者提倡藏传佛教，因而藏传佛教建筑发展迅速，不仅在西藏地区得到继续发展，而且影响到甘、青、川、蒙古地区以及中原地区。大都城内出现一些藏传佛教寺庙，其中部分建有供奉帝后御容的神御殿。北京西四的妙应寺白塔，就是大都城内的喇嘛塔，由尼泊尔工匠阿尼哥设计建造。

由于元廷对各种宗教采取包容的态度，道教、伊斯兰教、基督教建筑在元代也获得较大发展。建于元中统三年（1262年）的山西芮城永乐宫，是一组保存较为完整的元代道教建筑，体现了元代官式大木建筑特点，其中纯阳殿、重阳殿内的元代壁画是我国古代艺术中的瑰宝。

元代住宅是宋、金向明、清发展过渡的中间环节，住宅制度较为疏阔。北方住宅较多受到元大都住宅的影响，而南方住宅则在宋制的基础上发生了某些变化。元代文人住宅十分重视环境，住宅与自然融合是其重要特色。元代少数民族住宅丰富多彩，建筑材料、结构形式、平面形态、群体布局都与汉族住宅大相径庭，自成体系。

蒙古统治者在都城内建有园林。元大都的皇家园林集中在皇城的西部与北部，包括宫城以北的御苑、宫城以西的太液池以及隆福宫西侧的西前苑。另外，元代还有一些不同于一般私园的公共园林。例如，在大都城内海子西岸的万春园，"进士登第恩荣宴后，会同年于此"①，颇似长安之曲江，属于公共园林的性质。

此外，元代有类似宋《营造法式》体例的政府颁行的建筑法规——《经世大典》，书中"工典"一项分22种工种，其中与建筑有关的即占一半以上。同时，元代涌现出多位杰出建筑匠师，如也黑迭儿、杨琼、阿尼哥、刘秉忠等。

总之，元代建筑继承了宋、金传统，并影响到明、清建筑发展，具有承前启后的意义。

第二节　城市

公元1255年，忽必烈任命汉人刘秉忠在今内蒙古多伦附近的封地修建开平城；1263年，已经即位为元世祖的忽必烈加开平为上都，与此同时，为了加强对全国的统治，决定将政治中心南移。因原金中都旧城屡经战火，宫殿已破败不堪，②且旧城规模狭促，与蒙古国强盛的国势不相称，便在中都东北，以琼岛（今北京北海琼华岛）一带的金离宫为中心，仍由刘秉忠主持，建造新城。至1272年，新都基本建成，名曰大都，成为此后元代全国政治中心。

一、元大都

蒙古族在草原崛起之初，曾以位于漠北草原中央的哈剌和林作为都城，忽必烈即位初期又在漠南的开平府兴建新的都城。灭金后，蒙古政权占领了广阔的中原地区，出于统治需要，决定将都城迁往燕京，在金中都旧城东北另建新城——大都城。元大都的规划设计借鉴前代都城设计的经验，将宫殿区置于城内中央偏南的位置，力图按照《周礼·考工记》中"旁三门""九经九纬""左祖右社""面朝后市"等原则设计；同时，城市规划布局又结合蒙古族生活习俗与具体地理环境条件进行创新，如将太液池水与海子纳入城市中心，是前代都城所未有的，这是蒙古族"逐水草而居"的生活习俗的体现。又如城墙共设十一门，也与《周礼·考工记》"旁三门"的规定略有出入①。元大都的设计者刘秉忠精于易理，规划大都城时也有意附会《周易》象数与堪舆之说，宫室、王府的位置均是依照堪舆星象之说而定，如将海子置于城市之中的位置，使其格局对应天象，所谓"取象星辰紫宫之后，阁道横贯，天之银汉也"②（图7-1）。

①
对于元大都设十一门的原因，黄文仲《大都赋》中认为是将阳数的中位数五与阴数的中位数六相加而成，象征阴阳和谐相交，衍生万物。另有陈学霖认为十一门与哪吒传说有关，象征哪吒三头六臂两足。（陈学霖：《刘伯温与哪吒城：北京建城的传说》，台北，东大图书公司，1996年。）

②
《元一统志》，15页。

③
《元史》，卷58，地理志一。

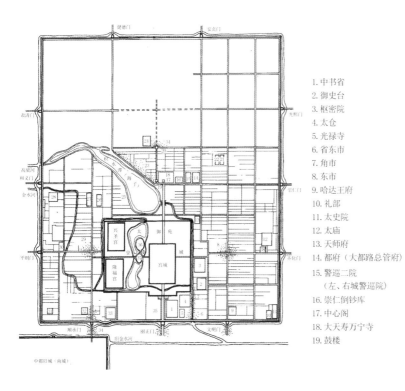

1.中书省
2.御史台
3.枢密院
4.太仓
5.光禄寺
6.省东市
7.角市
8.东市
9.哈达王府
10.礼部
11.太史院
12.太庙
13.天师府
14.都府（大都路总管府）
15.警巡二院
　　（左、右城警巡院）
16.崇仁倒钞库
17.中心阁
18.大天寿万宁寺
19.鼓楼

20.钟楼
21.孔庙
22.国子监
23.斜街市
24.翰林院国史馆(旧中书省)
25.万春园
26.大崇国寺
27.大承华普庆寺
28.社稷坛
29.西市（羊角市）
30.大圣寿万安寺
31.都城隍庙
32.倒钞库
33.大庆寿寺
34.穷汉市
35.千步廊
36.琼华岛
37.圆坻
38.诸王昌童府

图7-1 元大都平面图
（潘谷西.中国古代建筑史.第四卷[M].中国建筑工业出版社，2009：18.）

（一）元大都的规划布局

元大都规划最具特色之处是以太液池水面为中心确定城市布局，在水面的东西两岸布置大内宫城、隆福宫、兴圣宫三组宫殿，环绕三宫修建皇城。将湖光山色纳入城市核心区域，这与以往历代都城明显不同，是城市规划设计思想的重大突破。

在宫城南北轴线之北、积水潭的东北岸选定全城平面布局的中心，设石刻的测量标志，名为"中心之台"，并以此中心台为基准点，确定全城的中轴线与四周城墙位置。在通过中心台的南北大街上建钟楼与鼓楼，作为全城的报时机构。

（二）城墙与城门

新建的大都城，平面呈南北略长的长方形，《元史》记载大都"城方六十里，十一门"③，实测大都城周长28600米，面积约50平方公里。

① 《元大都的勘查和发掘》。

② 《马可·波罗行纪》第二卷第84章。

③ 《马可·波罗行纪》第二卷第11章。

④ 《析津志辑佚》，"城池街市"条。

元大都城墙全部用夯土筑成，城墙的基宽、高与顶宽的比例约为3∶2∶1。[①] 经实测，墙基宽度24米，可知城墙顶宽约为8米。意大利旅行家马可·波罗在他的行纪中描写大都的城墙"墙根厚十步，然愈高愈削，墙头仅厚三步"[②]，与实测结果非常接近。城墙顶部沿中心线铺设半圆形瓦管，系排泄雨水的设施，城墙外覆以苇草，避免雨水冲毁城墙。

元大都共十一座城门，东、南、西三面各三门，北面二门。东面三门，自南至北分别为齐化门（今朝阳门）、崇仁门（今东直门）、光熙门（明毁）。西面三门自南至北分别为平则门（今阜成门）、和义门（今西直门）、肃清门（明毁）。南面三门自东至西分别为文明门（今崇文门北）、丽正门（今天安门南）、顺承门（今宣武门北）。北面二门分别为安贞门（今安定门北）与健德门（今德胜门北）。

大都城四隅建有巨大的角楼，城墙外侧建有箭楼，马可·波罗在行纪中记录道："每个城门的上端以及两门相隔的中间，都有一个漂亮的建筑物，即箭楼。所以每边共有五座这样的箭楼。箭楼内有收藏守城士兵的武器的大房间"[③]。箭楼面阔三间，进深三间，是防御火攻的设施。

（三）城市街道与坊巷

城门内是宽阔笔直的大街，宽24步，两座城门之间大多加辟宽12步的干道，这些干道纵横交错，连同顺城街在内，大都城东西干道与南北干道各九条。此外有"三百八十四火巷，二十九胡同"[④]与干道相连。城中街道系统整齐规则，胡同之间的距离大致相等，使大都城呈现庄严、宏伟的外貌。从中心台向西，沿积水潭东北岸辟有全城唯一一条斜街，为棋盘状的街道网增添一点变化。

据《析津志》与《元一统志》等文献记载，大都城划为五十坊，由左、右警巡院管辖。

坊各有门，门上署有坊名，但大部分坊已不设坊墙，酒楼茶肆开始遍布于街头巷尾（图7-2）。

图7-2 元大都城市街道与坊巷
（赵正之. 元大都平面规划复原的研究[A]. 科技史文集[C]. 1979：23（转引自：孙浩杰. 北京老城胡同空间尺度的演变研究[D]. 北京建筑大学，2020：55）.）

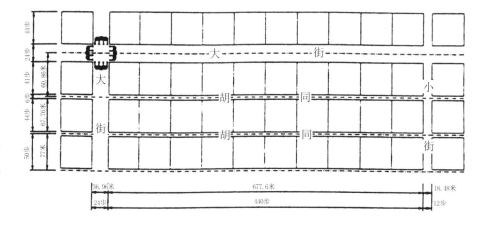

大都城初建成时，忽必烈下诏，"旧城居民之迁京城者，以赀高及居职者为先，仍定制以地八亩为一分。其或地过八亩及力不能作室者，皆不得冒据，听民作室。"[1]根据八亩一分的住宅用地之制，可以推测大都城内住宅分布情况。例如今日北京城东四头条至东四十二条间平行排列的胡同，仍保持着元代旧迹，相邻两条胡同之间，从西口到东口占地八十亩，恰可安置十户住宅。[2]

（四）居民区与商业街市的分布

据文献记载，大都城居民大致分布在四个区。

（1）东城区：是各种衙署与贵族住宅的集中区，元代中书省、枢密院、御史台三大政权机构都设在这一区，其他如光禄寺、侍仪司、太仓、礼部、太史院等，也在东城区。达官权要纷纷在此区建宅，便于就近上朝与相互结交，如昌童府第在齐化门内太庙前，哈达王府在文明门内。这一区人口非常密集，商业也很繁荣。

（2）北城区：皇城北面的海子（积水潭）是南北大运河的终点，水运便利，成为繁荣的商业区，歌台、酒馆、商市、园亭汇聚于此。钟楼北面有全城最大一处穷汉市，表明钟楼附近及以北地区多为下层民众聚居的地方。

（3）西城区：这里的居民也较密集，但层次稍低于东城。顺承门一带是连接新旧两城的交通枢纽，酒楼、茶肆特别集中，并设有都城隍庙、倒钞库、酒楼、穷汉市等。

（4）南城区：包括金中都旧城城区与新城前三门关厢地区。南城旧居民区以大悲阁周围居民最为稠密，集中了南城市、蒸饼市、穷汉市三处商市。这里居民多为既无份地又无财力的下层民众。

大都城内的市场分布于全城，但主要市肆集中于三处：一处为积水潭东北岸的斜街，名为斜街市，四时游人不绝，商业活动格外兴隆；一处在平则门大街与顺承门大街交会口附近（即今西四牌楼附近），名为羊角市，买卖牲口的驼市、羊市、牛市、马市集中于此；还有一处在皇城外东南角，名为枢密院角市。此外，各城门内外也成为商业集中的场所。

（五）城市引水、排水系统

大都城的规划充分考虑了当地河湖水系的分布，并进行了有计划的利用与改造。城内有太液池与积水潭两处水泊，世祖时郭守敬主持通惠河建设与白浮引水济漕工程，引水自积水潭东出南转，傍皇城东墙（萧墙）南下，流出大都城，这段水体，忽必烈赐名为"通惠河"。白浮引水工程则将昌平白浮泉及西山诸泉汇集到瓮山泊（今昆明湖）导入通惠河，大大拓展了元大都的水源，保障通惠河漕运充足的水量。这样，积水潭就成为京杭大运河的终点，"川陕豪商，吴楚大贾，飞帆一苇，径抵辇下"，积水潭中"舳舻蔽水"，船货云集。通惠河建设与白浮引水济漕工程目的在于保证大都的漕运供给，是元大都利用、改造河湖水系的一个创举，在北京城市建设史上具有极为重要的意义。

①
《元史》，本纪第十三，世祖十。

②
按元代一尺合0.315米，一步合1.575米，大都城胡同间距离为77米，约合50步。去掉胡同本身六步的宽度，则相邻两条胡同距离为44步。按八亩一分的住宅用地规定，可以求得每户住宅东西方向长度为8×240/44步=43.6步，约44步，两条胡同之间恰可分配十户住宅。

① 《元史》，河渠志，隆福宫前河。

大都另有一条名为"金水河"的水道，直接从玉泉山下引水，自和义门南水关入城，曲折南下，转至皇城西南隅外，分为两支：一支向东由皇城西南角入皇城，经隆福宫前注入太液池；另一支北流，傍皇城西墙，绕过西北城角，从皇城北面入太液池。金水河为宫廷御苑用水而开凿，百姓不得汲用，元初"金水河濯手有禁"①是悬为明令的。

大都城的排水系统包括明渠与暗沟。城内南北主干道的两侧设有用条石砌筑的明渠，深约1.65米、宽约1米，局部沟段用条石覆盖，排水方向与大都城的地形坡度完全一致。在干渠的两旁，还设有与其垂直的暗沟。

元大都城市布局既依照中原王朝都城规制，又融入蒙古族建筑特点与生活习俗，呈现出不同于历代都城的鲜明特色与独特魅力，并深刻地影响到明、清北京城的建设，在中国古代城市规划史上占有重要地位。

二、元上都

元上都是元代第一个有计划建设的都城，它的遗址在今内蒙古自治区多伦以北八十里，滦河上游北岸，迄今保存较好。在元世祖迁都大都后，历代元朝帝王均于每年四五月到八九月间至上都居住，以为定制，上都因此成为陪都，具有避暑离宫的性质。

元上都全城分外城、皇城和宫城三个部分（图7-3）。外城为方形，边长2200米，土筑城墙，位于皇城西、北两侧。皇城据外城东南面，呈边长1400米的方形。宫城在皇城内北部正中，平面呈长方形，南北长度为620米、东西宽度为570米，面积约相当于北京明清紫禁城的一半。城墙多用黄土板筑而成，高约5米、上宽2.5米、下宽10米，四角建有角楼。

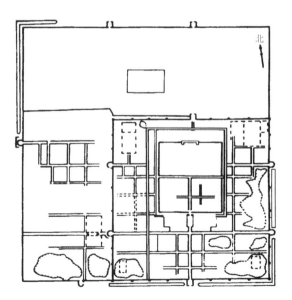

图7-3 元上都城遗址图

（李逸友. 元上都遗址[A]. 元上都研究文集[C]. 中央民族大学出版社，2003：64.）

外城的西南部有较多街道和建筑，北部是一条东西向的山岗，可能是御苑所在地。皇城内街道齐整，东南角有孔庙，西南角有华严寺，东北角有龙光华严寺，西北角有乾元寺。宫城的东、南、西三墙正中各设城门一座，其中以南边的御天门最为重要，它与皇城的南城门在一条直线上，是出入的主要通道。宫城内的街道，主要是一条通往三座城门的T形大街。宫城内分布着一个个自成一组的建筑群，多由围墙包围，或做一进二进院落，或做东西相连的跨院。

上都的城市布局建设吸收了不少中原传统，但又保留了较多的游牧民族特点，是一座富有特色的草原城市。

第三节 宫殿、坛庙、住宅及园林

一、宫殿

宫殿是帝王处理朝政和日常起居的场所，直接反映统治者的政治意图和喜好，作为封建社会最高等级的建筑，往往是一个国家在特定历史时期建筑技术和艺术水平的集中体现。元代宫殿建筑主要有蒙古国都和林宫殿、上都宫殿与大都宫殿三处。

（一）和林宫殿

和林宫殿是蒙古统治者在其发祥地建造的，具有多重功能，在布局、设置、建筑用材等方面，既保留和发扬蒙古族传统习惯，又吸收了汉民族文化。忽必烈称汗之前，和林一直是蒙古国的都城。

据考古发现，此城平面为不规则矩形，南北长约2500米、东西宽约1300米，周围有土墙，四面设门。和林宫殿遗址位于西南部，宫墙为不规则方形，边长约255米，内有五个台基，中央台基高约2米，面积约55米×45米，为大型宫殿基址，推测是与其他四座宫殿共同形成的宫殿群即为1235年窝阔台所建的万安宫。和林宫殿分为三层，一层专为蒙古大汗所用，二层供后妃使用，三层供侍臣与奴仆之用。大殿周围的四座小殿为宗王、护卫的居所。万安宫遗址上，曾出土当时地面铺设的绿琉璃方砖。

和林地处蒙古统治者肇兴之地，蒙古族斡尔朵制度以及传统习俗、宗教观念的影响，使得和林宫殿具有鲜明的蒙古族特色。同时，宫殿布局、形制、材料等方面又融入汉族文化的特征。然而，这只是蒙古国在宫殿建造上吸取汉族文化的开端，无法与其后建造的大安阁、大明殿等建筑群相媲美。

（二）上都宫殿

上都所在地初为蒙古札剌儿部兀鲁郡王的营幕地，元宪宗五年（1255年），蒙哥汗命忽必烈居其地，逐步发展为巨镇，次年忽必烈命刘秉忠设计筑城。中统元年（1260年），忽必烈即位，改此地为开平府，中统四年（1263年）元大都城成，开平府改称上都，亦称上京、滦京。上都位于滦河上游北岸的冲积地带，地处蒙古高原的南部，既便于与和林联系，又利于对汉人地区进行控制。

宫城靠北墙正中，考古勘测已探明其中矩形宫殿基址，东西宽150米、南北长45.5米，南面两侧各有向前突出的方形部分，当是宫殿群中的主体建筑。这座宫殿以南散布着多组建筑，多数为一殿带两厢的品字形结构。宫城中举行重大典礼的大安阁，是至元三年（1266年）拆北宋汴京熙春阁材并模仿建成。

上都宫殿兼具行政和避暑游乐的功能，体现着汉族传统的宫城布局与蒙古族生活内容的结合。一方面，宫城的前导空间井然有序，中轴对称，进入宫城后的主干也讲究秩序分明，与行政的功能相适应；另一方面，宫城内许多殿堂楼阁随意自由布局，呈现出离宫的特色，此外还保留着一些蒙古人特有的建筑形式，如水晶殿、香殿等（图7-4）。

（三）大都宫殿

元大都宫殿包括三个部分，即一是大内宫殿，二是隆福宫，三是兴圣宫。大内宫殿位于太液池东侧大都城中轴线上，占据显要位置，为宫殿的核心部分，帝王朝寝之所。隆福宫位于太液池西南侧，初为皇太子东宫，后改为皇太后的居所。兴圣

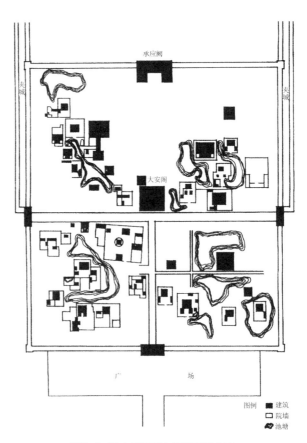

图7-4 元上都开平宫殿平面示意图

（潘谷西. 中国古代建筑史. 第四卷[M]. 中国建筑工业出版社，2009：106.）

宫位于太液池西北侧，初为武宗为其母所建之宫殿，嫔妃亦居此，兼有处理政务、军务等其他功能。

元大都大内宫殿（即宫城）在皇城东部，东西480步、南北615步，宫城周回2190步（图7-5）。按1元里240步计，恰为9里30步。宫城面积295200平方步，合1230亩。宫城辟东、西、南、北四门，四角设角楼，南侧崇天门前设千步廊和周桥，形成宫城前导空间。中轴线上置两组以工字殿为主体的宫院，前宫主殿是大明殿，东西200尺、深120尺、高90尺，规模宏伟，皇帝登极、寿节、朝会等重大仪式都在此举行。殿基高十余尺，殿陛三重，殿内并设帝后御榻，帝后同时临朝，这

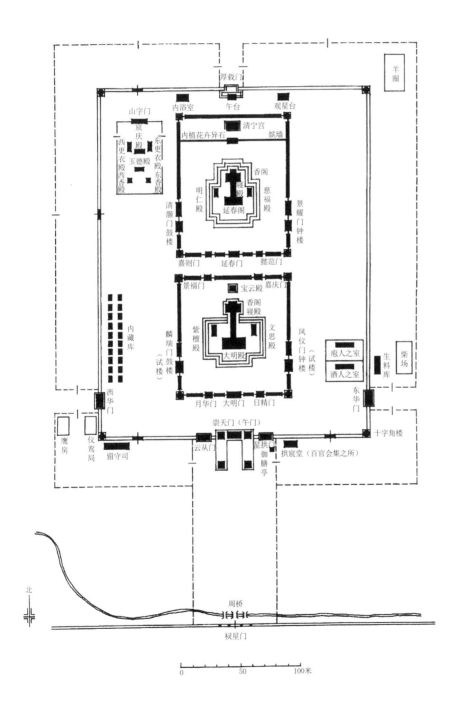

图7-5 元大都大内宫殿图
（潘谷西. 中国古代建筑史. 第四卷[M]. 中国建筑工业出版社，2009：108.）

是与中原王朝不同的制度。御塌前置灯漏和酒瓮，酒瓮高一丈七尺，可储50余石酒，朝会时有御酒之赐，体现着蒙古族生活习俗。后宫主殿是延春阁，可举行日常朝会和召见。两组宫院形制大体相同，均设寝殿，周围墙垣廊庑围绕，四面设门，四角有十字角楼，后宫宫院规模仅略小于前宫，反映出元代"帝后并尊"的特点。大内西北角有一组建筑，主殿为玉德殿，以奉佛为主，兼有朝政之用；东南角设有"庖人之室"和"酒人之室"，为大都保留蒙古人豪饮习俗的痕迹。大都宫前广场继承了金中都T形形式，但位置由宫城正门移到皇城正门前，并在宫城正门与皇城正门间设置第二道广场，强化了宫前纵深空间的层次和威严。元大都宫殿上承宋金，下启明清，是中国宫殿建筑形制发展的一个重要环节。

隆福宫位于太液池之西，原为世祖皇太子真金的居所，是元大都皇城内一处重要的宫殿建筑群。其前部是光天殿组群，光天殿广98尺、深55尺、高70尺，高敞明旷。殿后通过7间柱廊与寝宫相连，平面为工字殿形式。光天殿后柱廊两侧对称布置寿昌、嘉禧两座暖阁，皆为3间、重檐、前后轩的形式。光天殿寝殿后北庑中央有针线殿，殿后有侍女直庐、侍女室、左右浴室等建筑，这是至元三十一年（1294年）元成宗改隆福宫为崇奉皇太后的处所后兴建的，在别处很少见到（图7-6）。

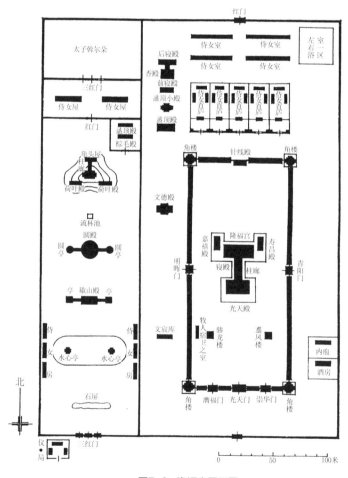

图7-6 隆福宫平面图

（潘谷西. 中国古代建筑史. 第四卷[M]. 中国建筑工业出版社，2009：109. ）

　　兴圣宫位于大内宫殿西北、太液池之西，是元武宗为其母兴圣皇后答吉而建，始建于至大元年（1308年），至大三年（1310年）完工。兴圣宫组群的建筑布局与大内前宫大致相同，轴线上依次布置兴圣门、兴圣殿、柱廊和寝殿。兴圣门是兴圣殿的正门，五间三门。主殿兴圣殿广100尺、深97尺，两重白玉石砌陛基，朱红栏杆，元帝常在殿内举行佛事活动和宴会（图7-7）。

　　元大都的宫殿形式承袭汉族传统，同时吸收了其他各民族的建筑特点。例如，宫城主殿用柱廊连接前后殿，形成工字形平面，就是对前代建筑形式的继承；殿内普遍使用壁衣和地毯，用织物遮盖木结构的显露部分，则是蒙古族生活习俗的鲜明体现；再如畏兀儿殿、鬃毛殿、温石浴室和水晶圆殿等，也都是不同于汉族传统建筑之处，显示出各民族工匠的高超技艺。

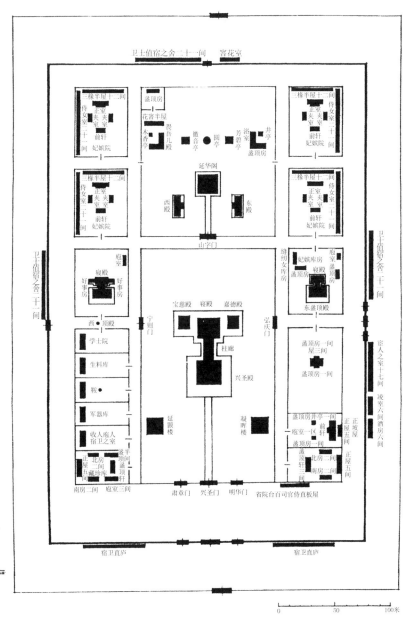

图7-7　兴圣宫平面图
（潘谷西. 中国古代建筑史. 第四卷[M]. 中国建筑工业出版社，2009：110.）

①
岳镇海渎主要指四岳、五镇、四海、四渎，包括东岳泰山、西岳华山、中岳嵩山、南岳衡山、北岳恒山、东镇沂山、西镇吴山、中镇霍山、南镇会稽山、北镇医闾山、东海、南海、北海、西海，以及江渎、河渎、淮渎、济渎。

二、坛庙

成宗大德九年（1305年）在大都南郊建天坛，设坛祭天，日月、星辰从祀于此。占地约300亩，坛作三层，每层高8.1尺，合乾阳九九之数，坛面用砖铺砌，坛外设二壝，壝各有四门。壝外又设外墙一道，墙上南有棂星门三座，燎坛、香殿和其他附属建筑都设在外墙内。元代社稷坛建于至元三十年（1293年），在大都和义门内少南，占地40亩。社坛祭祀土地，相比于地坛祭祀和"天"相对的宇宙观上的"地"，社坛强调土地的地域性和生养性，因此地坛唯天子可祭，而社坛遍及各王国郡县，府有府社，州有州社，县有县社，各祀一方辖地。稷社是祭五谷之神，谷类种类繁多，稷就被作为祭祀对象的代表。元大都社稷坛采用"同壝异坛"的分祀形制，太社、太稷二坛平面皆为边长5丈的方形、高度5尺，二坛间距5丈。社稷坛共两道壝垣，内壝垣广30丈，社坛与稷坛同处其内，二坛南面各植杉树一株，以表彰土地养育的功绩，称为"社树"。外壝垣内设望祀堂、齐班厅、馔幕殿、厨库等附属建筑。此外元代还有太岁坛、风云雷雨坛、岳镇海渎庙等祭祀场所。

元代太庙建于至元十四年（1277年），至元十七年（1280年）完工，位于大都宫城东北齐化门内。庙制为前殿后寝，大殿七间，深五间，内分七室，仿金代宗庙形制，庙外"环以宫城，四隅重屋，号角楼"，设东、南、西三神门，南神门外有井亭二座。宫城之南复为门，外有棂星门，门外驰道抵齐化门之通衢。至治元年太庙寝殿火灾，改原大殿为寝殿，在其前另建十五间的大殿，庙室亦增为九室。

"元兴朔漠，代有拜天之礼"，在蒙古人观念中，天具有无上神性，元帝依照汉法在大都城内及城边修建八处礼制建筑，却每年到上都附近的山按蒙古习俗祭祀天、地、祖神，很少亲祭南郊、太庙。祭祀活动也杂糅蒙古礼俗，太庙祭祀中甚至引入藏传佛教的因素，并由蒙古巫觋充任祭祀活动的实际主持者。在这些礼制建筑中，汉族的形式与蒙古族的内容互为表里。

祭祀名山大川的岳镇海渎庙[①]，是元代坛庙建筑的重要组成部分。河北曲阳北岳庙创建于北魏，唐宋时期有重建记录。元世祖至元八年（1271年）在原有基础上进行重建，现有规模形成于明嘉靖十四年（1535年）。大殿德宁殿为元代遗构。殿身七间，进深四间，副阶周匝，前设月台，四周围廊。殿身柱头为单杪重昂六铺作，副阶重昂五铺作。殿内东西两壁及背屏均绘有大型神仙题材的壁画。

三、住宅和园林

元大都住宅建在经过规划的街坊里，住宅用地深度为44步，火巷（胡同）为6步阔，长度约为住宅深度的10倍，即440步。北京后英房住宅遗址是一幢典型的元代汉地大型住宅（图7-8），分为东、中、西三路。中路主院正房宽三间，前出轩廊，两侧出挟屋，有东西厢房。东路正房为工字屋，前后屋均宽三间，由穿廊连

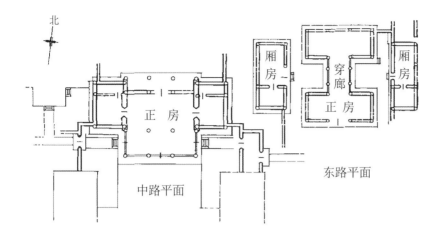

图7-8 北京后英房元代住宅局部平面示意图

（潘谷西. 中国古代建筑史. 第四卷[M]. 中国建筑工业出版社，2009：243.）

接。住宅正房前出轩、两侧挟屋以及东路正房工字形平面屡见于宋、辽、金建筑，生动地表现了宋、辽、金住宅形式向明、清的过渡。此外，还有西绦胡同居住遗址、雍和宫后居住遗址、后桃园居住遗址、一〇六中学居住遗址等。至元十八年（1281年），大都城内居民已达7.95万户，平均每户居民住宅面积不足1亩。权贵富户的住宅基址规模很大，可达8亩的标准，下层民众住宅的基址则相当狭促。

元代的园林分皇家园林与私家园林两类。宫城北门厚载门北面的御苑内以花木为主，间以金殿、翠殿、花亭、毡阁等，并设有水碾，可引太液池水灌溉花木，类似于园圃。太液池苑囿区是在金代离宫万宁宫（即大宁宫）基础上建设发展的，水体中有琼华岛、圆坻及犀山台，是传统的神山仙岛构想的延续。太液池西岸隆福宫西面是西前苑，较为清静而封闭，主要供皇后与嫔妃休息。苑内主景是一座高50尺的小山，用怪石叠成，间植花木。

元代私园的记载很少，发展几乎陷于停顿状态。元大都城内官僚士大夫麇集，出现一些私家园林，但持续时间不长，从文献记载可以看到粗略的痕迹。江南私家园林只是南宋的余音，新的营造活动不多，园主以高人韵士居多。元代私园的景物、命名以及所表现的士大夫审美趣味，大致是宋代园林的延续，规模较大的私园往往有花、竹、水、石、亭台之胜，如大都城东的姚仲实园，阳春门外之匏瓜亭等。

第四节 宗教建筑

一、佛教建筑

（一）藏传佛教建筑

藏传佛教自9世纪中叶一度沉寂，在元代由于获得政府的支持而发展迅速藏传佛教建筑也随之兴盛。元朝历代帝王都曾建造佛寺，以元大都为例，规模较大的佛寺有忽必烈所建大护国仁王寺与大圣寿万安寺，成宗所建大天寿万宁寺，武宗所建大崇恩福元寺（初名南镇国寺）与大承华普庆寺，泰定帝所建大天源延圣寺，文宗所建大承天护圣寺等。这些大型佛寺大多属藏传佛教。

①
潘谷西《中国古代建筑史（元明卷）》，341。

②
刘敏中《中庵集》，卷14，大智全寺碑，四库全书本。

③
宿白《元大都〈圣旨敕建释迦舍利灵通之塔碑文〉校注》，《文物》1963年第1期。

西藏佛教寺院的平面布局，在7世纪已基本定型。寺院呈院落式布局，但没有明确的中轴线。将主体建筑（"错钦"）置于重要位置，与低矮的次要建筑形成对比，形成鲜明的群体艺术形象。藏传佛教寺院一般包括供奉佛像的殿堂，供喇嘛研究佛学、讲解佛理的经坛，供教民转经的转经廊，活佛的"镶谦"，喇嘛住宅以及作为宗教象征的喇嘛塔。

藏地以外的藏传佛教建筑是伴随藏传佛教的传入而开始兴建的，在建筑总体布局、主体建筑形制、装饰艺术等方面都受到西藏佛教建筑的影响，但同时也出现一些与当地建筑形式结合的新变化。

根据现存实例，可以将藏地以外的藏传佛教建筑分为"藏式""汉式""藏汉结合式"三种类型。"藏式"的建筑布局与西藏佛教寺院类似，单体建筑之间没有明确的关系。"汉式"的总体布局、单体建筑都与内地佛寺类似，组群布局有明确的中轴线。最为常见的是"藏汉结合式"，它以汉式佛寺为基础，在中轴线后部通常布置主体建筑经堂[①]。

一般来说，藏式建筑的影响随传播距离的增加而减弱。蒙古地区的藏传佛教是由藏地经青海、甘肃等地传入，必然受到甘肃、青海地区变异过的"藏式"的影响，同时蒙古地区与中原内地有着广泛的联系，长期受汉族建筑文化的影响，因此这一地区藏传佛教寺院仍以汉式为主体，并吸收藏族建筑平面形制和某些装饰手法。

蒙古民族入主中原后，皇家敕建的大型寺院虽多属藏传佛教，但其建筑布局仍以汉式为主体，与藏式佛寺自由布局的特点截然不同。如皇庆元年（1312年）兴建的大智全寺，"寺之制，正殿为三世佛。前殿为观世音菩萨，右为九子母之殿，左为大藏经之殿，北有别殿以备临幸。前为三门，设四天像，而僧房、斋堂、库禀、庖湢，甍连栋结，络绎周匝。三门之外二亭，西曰宝华，东曰瑞庆，中为池"[②]，寺院平面布局基本与汉式佛教建筑无异。只有如大承华普庆寺、大天源延圣寺和大崇恩福元寺等部分寺院加立了高百尺、象征藏式佛教建筑的幡竿，说明元代藏式建筑进入内地后，逐渐被汉地建筑文化所同化，最终产生一种藏、汉结合的建筑形式。

藏传佛教的佛塔大致可分为白塔、金刚宝座塔、过街塔三类，元代藏传佛塔实物中仅见白塔与过街塔两类。元大都大圣寿万安寺（今北京妙应寺）白塔是中原地区现存最大、年代最早的喇嘛塔。白塔塔高50.86米，由塔基、塔身、塔刹三部分组成，塔身为圆形白色覆钵体，上肩略宽，造型稳重、浑厚。塔身上方为亚字形平面的"塔颈"和圆形平面的相轮，相轮顶部冠以铜制的华盖和宝顶。据《圣旨特建释迦舍利灵通之塔碑文》载，白塔"取军持之像"[③]。所谓军持，梵语为Kundika，意为"储水，随身用于洗手的瓶子"，白塔塔身和相轮部分的形状显然仿自"军持"。这种瓶形白塔，元代在全国各地大量建造。

过街塔是元代出现的藏传佛塔形式，建于街道中央供人通行，按藏传佛教的说法，人们从塔下通行一次就等于向佛进行了一次膜拜。元代过街塔现存甚少。北京居庸关云台原是过街塔的塔座，据《析津志》记载："至正二年（1342年），今上始命大丞相阿鲁图、左丞相别儿怯不花创建过街塔。"台上原有三塔，毁于元末明初一次地震，现仅存塔座部分。台座用青灰色汉白玉砌筑，高9.5米，台基底部东西长20.84米，南北深17.57米。台顶四周设石栏杆和排水螭头。台正中辟一南北向券门，可通车马，券顶为折角形，保留了唐宋以来城门洞的形式（图7-9）。券门的两端及门洞内壁遍布精美的浮雕，内容属藏传佛教密宗一派，具有很高的艺术和历史价值。江苏镇江云台山过街塔也是元代建造（图7-10），门洞形式同居庸关云台券门（图7-11），台上之塔为瓶形白塔形式。

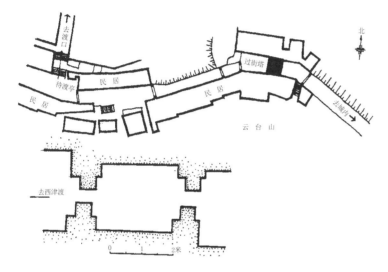

图7-9　镇江云台山过街塔平面图
（潘谷西. 中国古代建筑史. 第四卷[M]. 中国建筑工业出版社，2009：363.）

图7-10　镇江云台山过街塔
（潘谷西. 中国古代建筑史. 第四卷[M]. 中国建筑工业出版社，2009：363.）

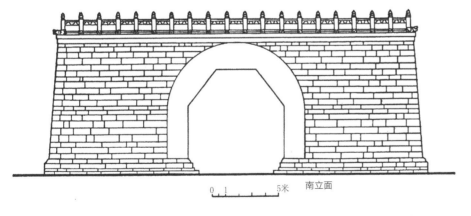

南立面

图7-11　北京居庸关云台立面图
（潘谷西. 中国古代建筑史. 第四卷[M]. 中国建筑工业出版社，2009：362.）

（二）汉地佛教建筑

元代汉地佛教以禅宗为主体，江浙二地元代五山十刹的伽蓝形制，具有典型性和代表意义。元代江南禅院基本承袭宋代格局，可以根据描绘南宋江南禅宗伽蓝布局的"五山十刹图"推知元代江南禅院形制。

南宋江南禅院布局是在唐后期禅寺基本布局模式的基础上发展而来，佛殿的活动随着法堂职能的减弱而增强，佛殿在伽蓝布局上逐渐取代法堂的中心地位，伽

①
大休正念《大休录》。

蓝构成从以法堂为中心转向以佛殿为中心。元代五山十刹的伽蓝布局，大致当与南宋末年时一致，中轴线上从南到北依次设山门、佛殿、法堂、方丈，厨库与法堂相对。从《金陵新志》中元天历二年（1329年）敕建的金陵大龙翔集庆寺平面图中可以看出，元代禅寺中僧堂、厨库仍分置于佛殿两侧，与宋代"山门朝佛殿，厨库对僧堂"[①]的布局一致。（图7-12）

元代禅寺布局在大致沿袭宋末基础上，也出现一些新的变化。例如，宋代禅寺中法堂两侧，多置有东西两配殿，一般东为伽蓝堂，西为祖师堂，元代时可能开始将此二配殿移至佛殿两侧，反映禅寺的中心由法堂转向佛殿。日本现存的中世古图《建长寺指图》（1331年）中土地堂与祖师堂已位于佛殿两侧（图7-13），根据宋元与日本禅林密切的源流关系，可以作为上述推测的重要依据。再如，宋代禅宗伽蓝中设置阅经用的看经堂与专门用来藏经的经藏两个独立部分，宋崇宁二年（1103年）的《禅苑清规》中就有这样的记载，但元代后期看经堂消失，正如元代《敕修百丈清规》载："各僧看经多就众寮。"

随着元代佛教思想的发展演变，佛教各宗派走向融合，尤其是禅宗与净土宗相融，形成"禅净双修"的模式，这一发展趋势大大改变了宋代以来成为定制的禅寺格局与形式。

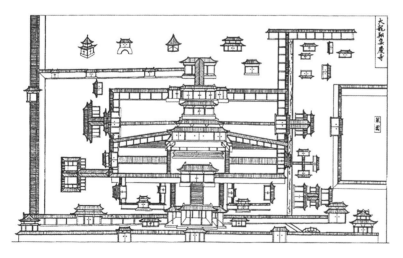

图7-12　金陵大龙翔集庆寺平面图
（《金陵新志》中元天历二年（1329年））

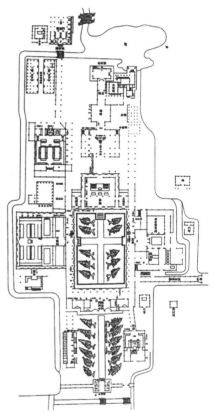

图7-13　日本现存的中世古图《建长寺指图》
（1331年）

（蔡敦达. 日本中世禅宗寺院的中国文化影响——以十境为例[J]. 中国建筑史论汇刊，2017(2)：21.）

山西洪洞县广胜寺是元代佛教建筑的重要遗迹。该寺分为上、下寺。广胜上寺位于山顶，大部分经明代重建，但基本格局变动不大。下寺位于山脚，与水神庙相邻，保持元代的面貌较多，现存轴线上的三座主要建筑都是元代遗构。

广胜下寺寺院区沿坡地布置，南低北高，共三进院落。山门三间，单檐歇山顶，前后檐各加一个披檐。前殿五间，悬山顶。后殿重建于1309年，面阔七间，悬山顶。内部梁柱结构大胆而灵活，采用减柱法和移柱法，增加殿前的活动空间；采用不规则斜梁代替平直梁栿，节约了木材的使用。

二、道教建筑

元代对道教采取兼容态度。当时道教中影响最大的派别是全真教和正一教，此外还有一些较小的道教派系也不同程度地得到元室的扶持。元代道观分布主要集中在汉族地区，建筑基本形制多有模仿佛寺之处，通常采用院落式布局形式。

元代敕修道观都采取对称布局的形式，于中轴线上设宫门（龙虎殿）、主殿、后殿（或祖师殿），两庑设配殿、方丈和斋堂之类，此外还有焚诵、课授、修炼、生活等用房。而募建之道观，则多因地而异，并不追求严格的对称布局。

道教神祇系统芜杂，神殿也因此名目繁多。规模较大的道观，除三清殿外，还设有众多神殿，三清殿位于宫观中心，规模最大，等级最高。次殿和配殿则供奉四圣元辰或祖师等众多神像。根据碑文的记载，元初道观已出现钟鼓楼，或只设钟楼，或钟鼓楼俱设，只是位置尚不确定，使用钟鼓楼的范围亦仅限于中原地区，元中叶以后，江南部分道观亦设钟鼓楼。

元代道观周围开始出现别院，往往规模较小，环境清幽，具有园林景色。别院内亦建有三清殿、斋堂、厨舍等，有些别院内部挖泉掘池，借石临水，整溪建桥，构筑亭榭，种植花木，成为园林式宫观。道观别院之功用，是为避开道宫香火繁盛而造成的喧扰，寄情山水、修性养真，达到道教修炼追求的"致虚极，守静笃""归根回静"的境地，别院所居多为年高德劭的道士。正如王磐在《创建真常观记》中所说："夫道宫之有别院，非以增添栋宇也，非以崇饰壮丽也，非以丰阜财产也，非以资助游观也。贤者怀高世之情，抗遗俗之志……故即此近便之地，闲旷之墟，以暂寄其山林栖遁之情耳"[1]。

山西芮城永乐宫是保存较好的元代道教建筑群（图7-14）。它是道教全真派重要据点之一，传说是"八仙"之一吕洞宾的诞生地。始建于1247年，中统三年（1262年）主体建筑完成，至正十八年（1358年）诸殿壁画完成。中轴线上布置无极门（龙虎殿）、三清殿、纯阳殿、七真殿（重阳殿）四座殿宇，均为元代官式建筑（图7-15）。其中三清殿为主殿，面阔七间，单檐庑殿顶，黄绿二色琉璃瓦，立面比例和谐，端庄而清秀，仍有宋代建筑特征。殿内壁画精美，构图宏伟，线条流畅，人物生动传神，为元代壁画的代表作（图7-16～图7-18）。

①
王磐《创建真常观记》，真常观是长春宫之别院。

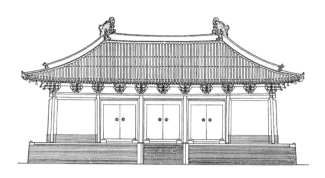

图7-15　永乐宫无极门正立面图

（潘谷西.中国古代建筑史.第四卷[M].中国建筑工业出版社，
2009：375.）

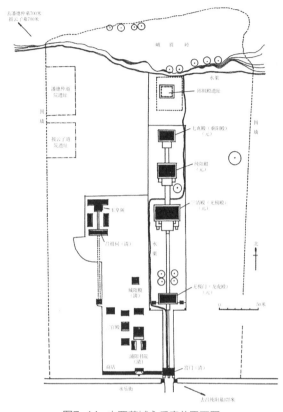

图7-14　山西芮城永乐宫总平面图

（潘谷西.中国古代建筑史.第四卷[M].中国建筑工业出版社，
2009：375.）

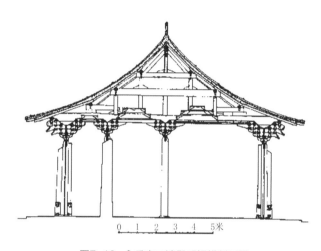

图7-16　永乐宫三清殿明间横剖面图

（潘谷西.中国古代建筑史.第四卷[M].中国建筑工业出版社，
2009：377.）

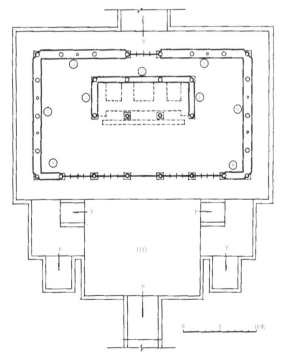

图7-17　永乐宫三清殿平面图

（潘谷西.中国古代建筑史.第四卷[M].中国建筑工业出版社，
2009：376.）

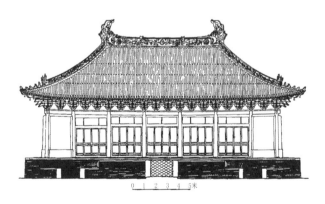

图7-18　永乐宫三清殿正立面图

（潘谷西.中国古代建筑史.第四卷[M].中国建筑工业出版社，
2009：376.）

①
潘谷西《中国古代建筑史》第四
卷，北京：中国建筑工业出版社.
2009：388。

三、伊斯兰教建筑

元代是我国伊斯兰教建筑极为重要的发展转折期。元代伊斯兰教建筑在形制和风格上已渐分为两大系统：其一是阿拉伯、波斯和中亚伊斯兰教建筑传入我国后渐渐融于汉式木构建筑体系形成的回族系统；其二是新疆维吾尔族系统，是中亚伊朗-突厥伊斯兰教建筑体系在我国境内的一个分支[①]，它以波斯伊斯兰建筑早期形态为基础，并吸收了中亚原有佛教、景教、祆教建筑的特征。

回族系统清真寺分布遍及全国各地，表现出明显的汉式建筑影响。建筑布局多采用中心轴线、左右对称的方式，礼拜方向朝向麦加天房，即西向，一般包括大门、大殿、邦克楼、望月楼、水房等建筑。大殿是清真寺内主体建筑，殿内不设偶像，礼拜对象以背面朝西的礼拜墙代替，平面可以布置成任何形状，造型丰富而奇特。礼拜墙与凹壁是大殿内最重要的部分，多采用阿拉伯习惯的砖石结构、穹窿结构、拱券结构，因而这一部分也称作窑殿。邦克楼用于召唤穆斯林参加礼拜，通常为高楼或高塔的形式，也称宣礼楼。望月楼是为观月确定开斋日期而建，多为高耸的楼阁建筑，可与邦克楼合一。水房为礼拜前净身之所。

忽必烈时代（1260—1295年）上都附近建有一座砖砌穹顶无梁殿，被称作"忽必烈紫堡"（The Violet Tower of Kubilai Khan），推测为元初一座皇家礼拜殿或某色目权贵的玛札。杭州真教寺重建于元代，现存三座穹顶后窑殿中殿可能宋代已有，其余两座应是元构（图7-19）。穹顶距地14米，最大跨度8.1米，以平砖和菱角牙子交替层叠出挑形成三角形穹隅，这种做法正是11世纪前后在波斯和中亚盛行过的一种伊斯兰教穹顶构成法。

维吾尔族系统清真寺全部分布在新疆地区，主体部分是大殿，另有大门楼、光塔及附属建筑。大门楼是清真寺的进出口与重要标志，一般比较高大、宏伟、华丽。大殿是礼拜活动的主要场所，设有礼拜墙、凹壁和宣礼台。维吾尔族系统清真寺的光塔地位并不突出，仅是一种象征与装饰。

维吾尔伊斯兰教建筑类型还有礼拜寺、玛札和经学院。玛札是伊斯兰教圣裔或

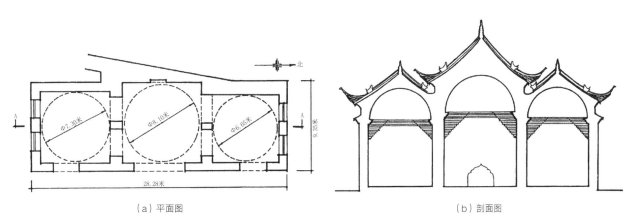

(a) 平面图   (b) 剖面图

图7-19 杭州真教寺后窑殿平面、剖面图

（潘谷西. 中国古代建筑史. 第四卷[M]. 中国建筑工业出版社，2009：392.）

①
常青《西域文明与华夏建筑的变迁》，湖南教育出版社，1992年，第5章。

贤者的坟墓，是穆斯林心中的神圣之地。伊犁地区霍城的秃忽鲁克·帖木尔汗玛札（Tughuluk Temer Khan Mazar）建于1363—1364年，是新疆仅存的一座比较完整的元代砖砌穹顶无梁殿，充分体现了伊朗–突厥式建筑形制和风格。库车的默拉那额什丁玛札礼拜寺，是新疆现存最早的一座，正殿有外廊，与喀拉汗王朝的外廊式礼拜寺相近，而不同于后期的内外殿制度，从形制特征分析当始建于元代。寺内后部的玛札是一座平顶木构建筑，一般认为是元代遗构。这种礼拜寺与玛札结合的建置源于中亚和新疆突厥族建筑习俗，溯其源流又与汉地坟庙制度及东伊朗佛教塔寺制度有关联①。礼拜寺原先单一的礼拜功能增加了祭祀的内容，已具有寝庙的性质（图7-20）。

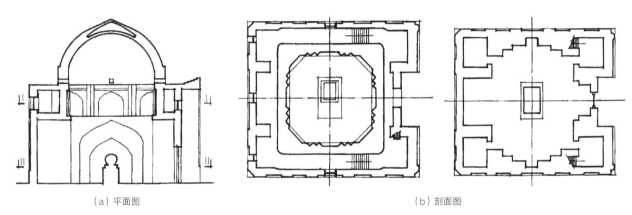

（a）平面图　　　　　　　　　　　　　　　　　　　　（b）剖面图

图7-20　秃忽鲁克·帖木尔汗玛札平面、剖面图
（潘谷西. 中国古代建筑史. 第四卷[M]. 中国建筑工业出版社，2009：395. ）

　　元代统治者在崇奉藏传佛教的同时，对其余宗教也平等对待，道教、基督教、伊斯兰教在元代都有新的发展和演变，建造了很多宗教建筑，不乏精妙巧构之作。来自西域的工匠将异域建筑风格带入内地，为中国建筑发展注入了新的血液、生机与活力。

第五节　建筑技术与艺术

一、木构技术

　　文献所载的元代宫殿建筑极为雄伟壮丽，可惜早已荡然无存，元代又无专门的建筑著作传世，因此这一时期建筑技术的发展至今无法窥其全貌。幸而通过保存至今的几座元代建筑，可以对元代木构的技术成就获得一些规律性的认识。

　　元代木构建筑的技术与工艺变化很大，南北差异扩大，在梁架体系、斗栱用材、翼角做法等方面都出现较大突破，建筑的结构构件和装饰构件分野日趋明显。总的来说，南方建筑沿袭唐、宋以来木构建筑的传统并继续发展，但风格上从简去华，结构手法与艺术风格都出现明显变化。北方地区的建筑则继承金代传统，大胆运用"大额式"结构和"斜栿"构架法，具有很高的创造性，呈现粗犷自然的风格特征。木构建筑的特点主要表现为以下几个方面：

（一）柱网布置自由化

唐、宋以来，木构建筑的柱网排列一般呈整齐对称的格局，柱列与梁架位置上下对应。但有些建筑柱网布置却非常灵活，根据实际需要减去或移动柱子，形成"减柱法"或"移柱法"的柱网形式。元代以前的"减柱法"建筑实例如佛光寺文殊殿，虽然通过使用大内额与托架减少了内柱，但梁架与檐柱仍清楚地标示着开间的大小与数量。

元代的柱网布局具有更大的灵活性与创造性，在内柱柱头上横施通长2~3间的大内额承托上部梁架，是元代木构中常见的一种做法。通过这种做法，减少室内柱子数量，扩大了活动空间，不仅可以节省几根大梁，而且使结构体系发生了变化，这是元代匠师在结构设计上的大胆尝试。

元代木构不但在室内沿袭前代的"减柱法"，而且将减柱法用于檐柱，将大檐额置于柱头之上，呈连续梁状。如陕西韩城禹王庙大殿，前檐用长16米、高30厘米的大额连跨通面阔五间，但前檐却用四柱，呈三开间形式（图7-21~图7-23）。

（二）节点构造简化与梁栿作用增强

宋代《营造法式》中规定三种结构形式：层叠式（殿阁式）、混合式（厅堂式）及柱梁作，其使用地位在元代发生转变，混合式做法逐渐普及。节点做法趋于

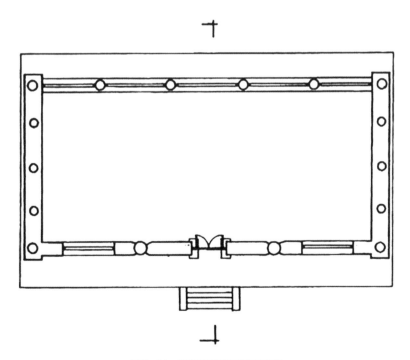

图7-21　陕西韩城禹王殿平面图

（潘谷西. 中国古代建筑史. 第四卷[M]. 中国建筑工业出版社，2009：445.）

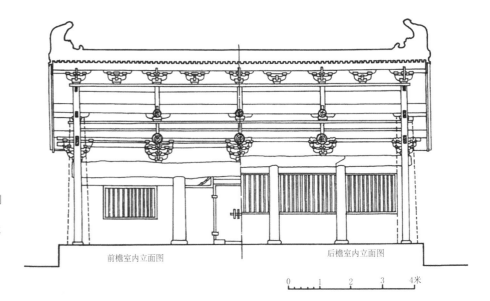

图7-22　陕西韩城禹王殿纵剖面图

（潘谷西. 中国古代建筑史. 第四卷[M]. 中国建筑工业出版社，2009：446.）

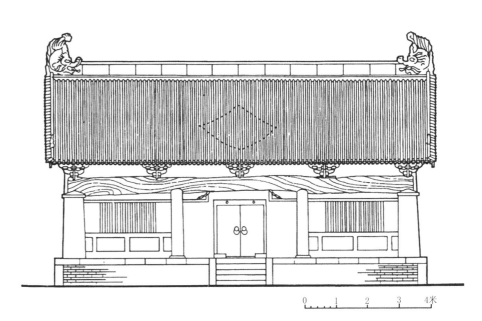

图7-23　陕西韩城禹王殿正立面图

（潘谷西. 中国古代建筑史. 第四卷[M]. 中国建筑工业出版社，2009：446.）

简化，早期木构建筑中习惯使用的栌斗、驼峰和骑栿令拱等联结构件在元代逐渐被淘汰，混合式以及柱梁作的节点手法得到普遍应用。梁身往往直接置于柱上或插入柱内，柱、额、槫、枋的交接点大量使用榫卯取代斗拱，简化了施工过程，也发挥了长材的作用，建筑结构的整体性增强。

随着混合式结构应用范围的扩大与建筑节点的简化，引起室内外斗拱出跳减少，梁的跨度与断面随之扩大，梁栿的作用日趋增强。元代还出现了出跳梁头的外端直接承托出檐的做法，显示梁栿不仅成为最重要的简支构件，而且开始取代斗拱成为悬挑构件，建筑结构的刚度与稳定性加强，引起明、清木构技术的一系列变化。

（三）草栿做法盛行

唐、宋时期的木构殿阁，室内明栿与草栿有严格的区分。一般来说，彻上露明造的梁架均采用明栿的做法，加工细致，棱角规整，表面光滑。有天花的建筑，天花以上的梁架用草栿，制作粗糙，天花以下的梁架则采用明栿做法。

北方所见元代木构建筑，草栿做法地位突出。有些殿宇虽然属彻上露明造，也采用草栿做法。用材不讲究规格，梁架、叉手、大托脚及挑斡等多用原材简单锯解使用，加工比较粗糙，很少雕饰，呈现粗犷自然的风格。

（四）斜栿、翼角与抹角梁

辽宋时期的木构殿阁，外檐斗栱多用真昂，借昂尾承托平槫。宋《营造法式》虽已出现斜栿，但应用很少，元代斜栿做法得到进一步发展，在梁架中占有突出的地位。这种方法在平梁之下使用巨大的斜栿作为承重构件，外端搁在外檐柱头斗栱上面，后尾搭在内额上，承托两步至三步椽子。广胜上寺前殿斜栿就是一个典型实例。

元代内檐四个转角部分多使用抹角梁，在加强四个屋角建筑刚度方面起到重要作用。元代抹角梁的应用非常广泛，如定兴慈云阁、芮城永乐宫无极门与济南正觉寺大殿等都是成功的范例（图7-24，图7-25）。

元代翼角做法也发生巨大变化。在使用直梁型抬梁式建筑的黄河流域，元代建筑摒弃了《营造法式》中作为正统官式原则的、将大角梁简支于撩檐枋及平槫之上的做法（简称大角梁法），而多采用增加隐角梁并将大角梁后尾置于平槫之下形成杠杆的方法（简称隐角梁法），梁架结构更加符合力学原理。同时增加虚柱，通过此柱将大角梁、转角铺作斜出斗栱里跳连为一体，上托平槫，再承隐角梁，下搁置于抹角梁之上。这样，梁架结构形成一个整体，稳定性大大增强，如永乐宫无极门等。

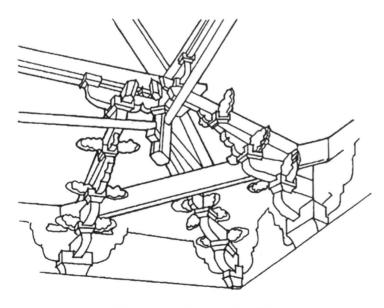

图7-24 山西芮城永乐宫转角做法

（潘谷西. 中国古代建筑史. 第四卷[M]. 中国建筑工业出版社，2009：451.）

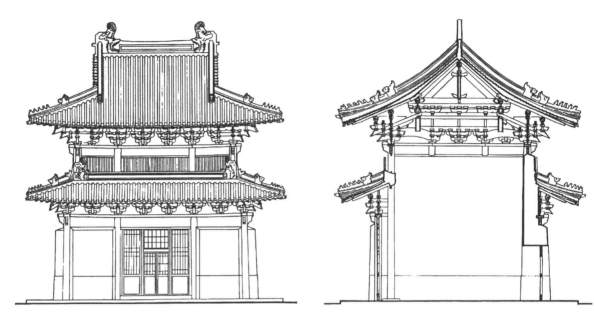

图7-25 河北定兴慈云阁立面、横剖面图
（潘谷西. 中国古代建筑史. 第四卷[M]. 中国建筑工业出版社，2009：444.）

（五）斗栱地位的下降与宋材分制度的解体

元代大木技术最显著的变化表现在斗栱上。元代木构用材尺寸大为缩小，基本用材由宋代的三等材降至相当于《营造法式》中的六等材，斗栱出跳尺寸随之减少，铺作层高度在建筑立面中所占比例下降。梁栿直接伸出柱头斗栱的外侧承托挑檐枋，斗栱的结构作用减弱，装饰意味增强。斗栱的转变还有以下三种表现：

（1）北方元构中的要头改为足材，齐心斗消失，与相对增大的梁头一致。

（2）琴面昂完全取代了批竹昂，不少元构中琴面昂略略上翘，成为明清两代象鼻昂、凤头昂等装饰性极强的昂的先声。宋金时代已经出现的柱头铺作用假昂的做法更为普遍，并出现了假华头子。上昂出现隐刻或以彩画画出，如永乐宫纯阳殿。

（3）补间铺作开始增多，北方木构中斜栱出现仅具外跳的做法。

此外，元代斗栱用材减少，但由于计算长度增大，梁栿断面反而加大，宋《营造法式》中的材分制度随之解体。

（六）刚度与整体性的改进

元代建筑的刚度与整体性较唐宋时期显著增强。元代楼阁取消了早期惯用的"叉柱造"做法，将内柱直接升向上层。这不仅简化了结构，而且加强了建筑的整体性，使楼阁建筑的结构体系发生重大变革，对明、清楼阁建筑产生深远影响。

元代后期的某些殿宇出现了穿插枋、跨空随梁枋及额枋等辅助性构件，如曲阜颜庙杞国公殿等。纵架中的襻间结构，这一时期也趋于简化，取消了襻间斗栱，代之以随梁枋或足材实拍襻间，对改善建筑结构的刚度与整体性产生很好的效果。

二、砖石结构技术

元代砖石结构技术蓬勃发展，给传统建筑技术注入新的因素，拱券的跨度较前代加大。据考证，元上都主要宫殿就是一组砖券建筑[①]。伊斯兰教礼拜寺的后殿往往是中亚地区常见的穹窿顶形式，如杭州凤凰寺大殿由砖砌的三个并列穹窿顶组成。元代全国兴建了不少砖构喇嘛塔，最著名的是尼泊尔匠师阿尼哥设计的北京妙应寺白塔，至今仍屹立在北京阜成门内。元代砖石筑城也逐渐普及，考古发现元大都和义门瓮城门洞采用传统的纵联拱形式，拱跨4.62米，用券四层，未见用栿。这表明宋《营造法式》虽有"于斧刃石上用缴背一重"的规定，但在明代之前并未形成定制。此外，元代出现了新的穹窿顶结构的地面砖石建筑，这是前代所未有的。

三、彩画技术

元代彩画留存甚少，至今保存较好的有山西芮城永乐宫、广胜寺明应王殿等。通过现存的彩画概括，元代彩画的特点主要有：

（1）构图无定则，画面不受拘束。

（2）图案多与宋《营造法式》有直接传承关系，但也出现旋花这种新的变体。旋花通常用于藻头部分，由牡丹花演变而成，表现出元代彩画开始摆脱写生花的风格特征。旋子彩画基本构图方式是采用一整两破式的花纹构图，这种构图方式伸缩性大，能够适应各间梁枋的宽窄尺度和长短比例的变化。旋花图案经过不断演变，成为明清两代彩画的主要题材之一。

（3）色彩多用青绿二色，以冷色为主。斗栱多用宋《营造法式》青绿叠晕棱间装的手法，表现出由雄伟华丽向清淡素雅风格的转变。

（4）彩画做法在继承宋代的基础上，又有新的创造，如在宋代彩画贴络雕饰技法的基础上，产生了更为合理而省工的沥粉贴金做法。

四、琉璃技术

元代琉璃技术得到较大发展，建筑琉璃广泛使用，如元大都宫殿皆用琉璃瓦，元大都城外海王村设琉璃窑厂。元代建筑琉璃在造型上受宋、金雕塑的影响，刻画形象表现力强，鸱吻、垂兽、角神不脱宋金的形制。如山西芮城永乐宫无极殿殿顶脊兽，即为琉璃制孔雀蓝盘龙鸱吻，高达3米，用黄、绿、蓝三彩烧制，历经近千年而釉色鲜艳如初，充分反映元代建筑琉璃工艺达到的卓越成就。元初的正脊和垂脊仍沿用唐代以来的垒脊做法，后来才出现琉璃通脊。元代琉璃颜色有白、黄、碧、青几种，色彩素朴典雅。元大都宫殿建筑中多见白色琉璃屋顶的建筑，如兴圣宫延华阁等。

① 梁思成、林徽因、莫宗江《中国建筑发展的历史阶段》，《建筑学报》，1959年第2期，《文物》1961年第9期。

第七章　元代的建筑

①
朱启钤校刊《梓人遗制》，永乐大典本，序，2，京城印书局，1933年。

②
《元史》："（中统二年十二月）初立宫殿府，秩正四品，专职营缮。"卷四，本纪第四，世祖一，76—77。

元代建筑技术继承和发展了宋、辽、金传统建筑技术，又吸收蒙古族与中亚的手法，出现一些独具特色的做法，对明清建筑木构技术与装饰手法产生了较大影响。

总之，元代中国虽然最高统治者是蒙古族，但汉族传统文化并没有中断。其建筑成就在唐、宋的基础上继续发展，吸纳了草原民族和中亚建筑文化因素，为中国建筑发展注入新的血液和生机活力，对明、清建筑产生了深远影响。元代建筑承前启后，在中国建筑史上留下了属于自己的印迹。

第六节　建筑著作和匠师

元朝建立之初，"百艺繁兴，颛书续出"[①]，成立了专门负责建造宫殿的"宫殿府"[②]，并有类似宋《营造法式》体例的政府颁行的建筑法规——《经世大典》，书中"工典"一项分22种工种，其中与建筑有关的即占一半以上。元时著名的建筑匠师有以下几人。

（1）也黑迭儿：阿拉伯人，是元初燕京宫殿建设的实际指挥者，亲自负责指挥大都宫殿、官署、祠庙、苑囿、宿卫宿舍、百官宅邸等工程建设。大都宫殿布局、建筑形式、装饰风格等方面显示出来的有别于中国传统的风格和情趣中，不可避免地包含了通过也黑迭儿掺入的某些西域文化因素。

（2）杨琼（？—1288年）：保定路曲阳县人，元世祖时宫廷建筑石作负责人。中统二年（1261年）到至元四年（1267年）间，参加上都开平与中都燕京的建设工程，至元九年（1272年）参与大都宫殿大殿和朝阁（香阁、延春阁等）工程，至元十三年（1276年）兴建宫城轴线上位于崇天门前的周桥，因功绩卓著于至元二十四年（1287年）授武略将军判大都留守司兼少府监。杨琼的主要作品还有两都和涿县的寺庙石作工程，察罕脑儿行宫的凉亭、石洞门、石浴室以及北岳庙的石鼎炉和山西的三清石雕像等。

（3）阿尼哥（1245—1306年）：尼波罗国工匠，主要成就是把印度式的白塔营建技艺和佛教梵像传到中国。1260年参加在西藏建造金塔的工程，之后随帝师八思巴至大都朝见元世祖，备受赏识。1273年负责诸色人工匠总管府，1278年升任大司徒，领导将作院事务。阿尼哥的主要建筑作品有三座佛塔、九座大寺、两座祀祠和一座道宫，其中以至元八年（1271年）建的大都大圣寿万安寺（明改为妙应寺）白塔最为著名，属元代喇嘛塔的代表作（图7-26）。建于大德六年（1302年）的山西五台山塔院寺白塔也是阿尼哥的作品。

（4）刘秉忠（1216—1274年）：字仲晦，邢州人，元初政治家，是忽必烈的重要谋士，建筑方面的贡献在于负责都城建设。蒙古宪宗六年（1256年）奉忽必烈之命修建开平府城，即后来的元上都。至元四年（1267年）又负责建造燕京新都，即后来的大都城。

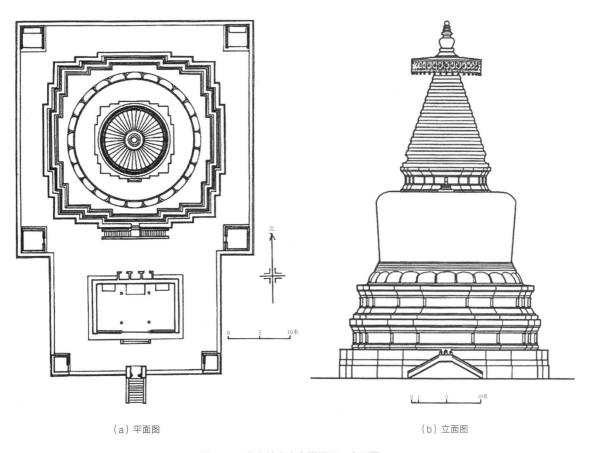

（a）平面图   （b）立面图

图7-26 北京妙应寺白塔平面、立面图
（潘谷西.中国古代建筑史.第四卷[M].中国建筑工业出版社，2009：357.）

第八章 —————————— 明代的建筑

第一节　历史背景与建筑概况

　　继元之后建立的明朝，是中国古代建筑由宋向清过渡的重要时期。这一时期的建筑制度，在结合前朝经验的基础上，伴随着国家礼制的重新解释而逐步确定，并大部分为其后的清代所沿用。

一、历史背景

　　1368—1644年是中国的明朝，这一时期元朝的异族统治结束，汉族统治者重新掌握国家政权。明朝的创始者——太祖朱元璋以江淮地区为基地，进而取得了国家的领导权，并于1368年在南京称帝。太祖是这一时代的开创者，明代一系列建筑制度的创新也在洪武年间完成，鉴于元朝制度涣散，这些制度表明了取代其的大明王朝的正统合法性，并且制度中的大部分最终持续到清朝。这些建筑制度包括宫殿、坛庙、陵墓等，与政权和皇室有着直接的联系。太祖希望构筑一个儒家传统理想中的稳定社会，因此以法令的形式对社会的等级进行严格规定、用里甲制度保证社会基层的秩序，倡导自给自足、反对奢侈浪费，建筑制度也体现出严格的等级性，并且宫殿和住宅中一概禁止修建园林等游玩之所。

　　成祖永乐皇帝通过"靖难"夺取皇位之后，将都城从南京迁往北京，随之又进行了一系列大规模的皇室营造活动。这一次的营造活动在制度上基本沿袭洪武之创，但迁都带来的工匠大规模迁移，则导致了江南技术与北方技术的一次融合，并在此基础上形成了影响后世的明官式建筑。永乐迁都带来的另一对明代历史产生重大影响的事件，是1415年京杭运河的全线恢复使用。运河疏浚的最初目的是为了将南方各省的税粮运抵北京，却同时带来了交通的便利和运输成本的降低，使跨地域的商业贸易成为可能，后来商业目的的运输使得运河成为南北商业交通的大动脉，并因此部分地改变了地域经济的结构。运河的沿岸出现了一些新兴的城市，比如临清和德州。

明代中期"一条鞭法"税制改革的最终实施，使得所有通过里甲制所征收的徭役转换成按田亩征银，进一步刺激了地方商业的发展，也直接导致了明代的江南出现了棉纺业高度集中的市镇。商业的发达刺激了消费的发展，至明中期以后，太祖制定的住宅制度在江南等经济发达的地方早已不被严格遵守，以苏州为代表的江南园林开始成为风尚，并形成自己的风格。江南建筑的地域特征进一步凸显。

在明朝统治的近300年间，国家经历一个稳定的发展时期，明代建筑无论是制度还是技术都开启了一个新的时代，完成了由宋向清的转变。

二、建筑概况

明朝先后建设了南京、中都、北京三座都城，并重新确立了都城内的宫殿和坛庙制度；地方城市以府、州、县三个等级形成行政体系；在江南等地，出现了高度发达的商业市镇。明代陵寝，开创了明清陵寝的新制度，并且创造了与自然地形结合的陵区建筑艺术。明朝在南京建造了多个汉传佛寺，另外，藏传佛教寺庙建筑自元朝因皇室推崇而兴盛以来，至明朝也继续被皇家供奉。明初制度严格，崇尚节俭，住宅、园林的建设多有限制，而至明中期以后，风俗渐侈，留下了诸多雕饰精美的住宅建筑遗构，地域特征鲜明。江南私家住宅中的造园艺术也随着社会风尚的流行而得到普及，造园手法与造园理论日渐成熟。明代中国建筑的大木技术发生了较大的转变，官式建筑的外观与设计手法都已经呈现出与清代建筑接近的特征。砖石材料在明代地面建筑中被广泛运用，由于存在持续的外患，明代兵器有了很大的进步，火器在战争中广泛运用，因防御的要求，从明初到明末有着持续不断的砌筑砖城的活动；另外，采用了砖拱券技术的无梁殿建筑，在明代的佛寺、坛庙和皇家档案馆中都曾使用。

第二节　城市

明代的都城规划体现了国家制度的性质与特点，明初都城历经南京与中都建设的规划，最终积累的规划经验反映在了北京城的建设上。地方城市与以往历朝一样，贯彻着国家政治体制的层级，其建置要保证国家的政令有效下达地方。明代城市另一显著的特点，是因经济的发展而出现的城市间的经济网络关联。水运交通的便利与税制改革促进了明代的手工业和商业的发展，江南地区出现高度的城市化，城市与市镇之间出现专业分工。本节将分别从行政层级中的城市与经济网络中的城市两个角度来观察明代的地方城市。

一、都城

明初以金陵为南京，建造宫殿；洪武二年（1369年），以临濠为中都，规划建造宏伟的中都城，但洪武八年（1375年）又停止了中都建设，转而以南京为京师，开始集中力量将南京建设为国家的都城。永乐以"清君侧"的名义发动靖难之役，夺取帝位之后，以其亲王时的封土所在北京为都城，并开始明北京的建设。永乐十八年（1420年），明朝正式迁都北京。此后的大部分时间，北京一直是明朝正式的首都，而在南京同时配备了一套国家机构；至于中都城，则从未被作为都城正式使用过，却是明代都城建设过程中的一个重要实例。

（一）南京

元末各地起义并起，群雄割据，元廷面临覆灭。元至正十六年（1356年），在江淮一带活动的义军中的一支，在朱元璋的领导下攻下元集庆路城（宋建康府，元集庆路，明应天府），在修建新的宫殿之前，以元南台衙署为宫殿。至正二十六年（1366年），朱元璋自称吴王，并于吴元年（1366年）在建康开始了吴王宫殿的建设和建康城的拓建，修筑了宫城、前三殿后两宫、太庙、社稷坛等建筑，拓建康城，将整个宫城包括在内，"东北尽钟山之趾，延亘周回凡50余里，规制雄壮，尽据山川之胜焉"[①]。当时的建设并未将建康城以都城对待，按照统一中国的国都惯例和出于军事的考虑，朱元璋仍然希望定鼎中原。直至正式称帝的洪武元年（1368年）八月，朱元璋才下诏"以金陵为南京，大梁为北京，朕以春秋往来巡守"。洪武二年（1369年）九月，又"诏以临濠为中都，……命有司建置城池、宫阙如京师之制"[②]。之后的六年间，国家的建设力量主要集中在中都临濠，南京城的建设几乎停顿。洪武八年（1375年），朱元璋忽然停止了中都城的建设，而以南京为京师，集中力量建设国都。

南京城与中国北方平原地区的城市不同，自然地形比较复杂。西北为长江，城南丘陵起伏，城东北为钟山，城正北有玄武湖。先后曾为东吴、东晋，南朝宋、齐、梁、陈以及五代南唐等朝代的国都，旧城内居民稠密，商业繁荣。因此在国都的规划中，朱元璋将宫城安排在钟山之南、旧城之东、白下门之外二里的空旷地带，填燕雀湖作为宫殿基址，又将旧城外西北的广大地区围入城驻扎军队，旧城内的主要商业和居民集中于城南，旧城内北半部原为六朝和南唐时代的宫殿区。新修筑的砖石城墙将上述地区包括进来，并与自然地形结合形成了明南京城的不规则形态，周长的实测数据为33.68公里，设城门13座。南京内城的砖石城墙至今仍基本完整保留，城墙大部分以条石为基础，用砖或者条石两面贴砌，有些部位全部用城砖砌筑。在砖石城墙之外还有一道土筑的外郭城，全长约50公里，开外郭门18座。

城东宫殿区以富贵山山头的南北向轴线为中轴，有宫城和皇城两重城墙。宫城在内，中轴对称，皇城在外，西阔东狭，史书记载皇城周长为2571.9丈。皇城内宫城南，东设太庙，西列社稷坛，比附中国古代文献《周礼》中的"左祖右社"。国

① 《明太祖实录》卷二一。

② 《明太祖实录》卷四十五。

家五府五部的官署沿轴线在宫前御街的东西两侧布置，六部中的刑部与都察院、大理寺一起并称三法司，比较特殊的设置在都城北的太平门外。存放全国户口名册的黄册库则设置在玄武湖中的岛上。

南京应天府城的附郭为上元和江宁二县，城北属上元，城南属江宁。下设坊、厢、乡的居民管理单位，所谓"城中曰坊，近城曰厢，乡都曰里"。洪武二十五年（1392年）南京人口的统计数字约为473000，分为24坊、24厢、39乡，但是此时的坊已经不同于唐代都城的里坊概念，更多地作为城市居住的管理单位存在。应天府、上元县、江宁县的衙署都设置在旧城之内。居民基本按职业分类集中在旧城区内居住；达官贵人的宅第集中于秦淮河沿岸以及各府部衙署的附近。

洪武初，南京设四十八卫，分前、后、中、左、右五军都督府。洪武四年（1371年），驻扎在南京的士卒数目为207800有余。其中负责皇城守护的卫所驻扎在皇城周边。

关于洪武年间对南京城的建设，一部重要的明代文献——《洪武京城图志》进行了专门的描述。除去宫殿和政府机构外，还有其他一些重要建筑分布在城内外。明初国子监位于城北鸡鸣山东，"凡为楹八百一十有奇"，至永乐时，国子监延袤十里，灯火辉映。太祖敕建了灵谷寺、天界寺、天禧寺等寺庙，其中位于城外东南的灵谷寺为天下丛林之首。天界寺、天禧寺都位于城南聚宝门外。天禧寺是在始建于晋初的长干寺基址上扩建而成，洪武朝之后，毁于火灾，成祖皇帝原址重建，更名大报恩寺，并在寺内建造琉璃塔。报恩寺琉璃塔无疑是当时南京的著名景观，登至九层塔的最高层，都城内外、远至江上的景物尽收眼底（图8-1）。

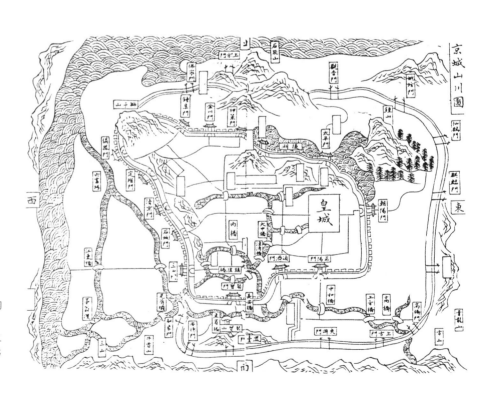

图8-1 《洪武京城图志》中的南京城图

（北京图书馆古籍珍本丛刊 史部 地理类. 洪武京城图志[M]. 书目文献出版社，5.）

永乐十八年（1420年）迁都北京后，南京除去京师名号，成为真正意义上的南京，但是与帝国以往的"留都"不同，南京仍然设置了具有行政功能的"六部"等国家机构，且因据帝国东南财赋重地的"形势之要"，而成为北京之外的政治和经济重地。

明初对都城南京的规划，既满足了都城的需要，又尊重了南京的自然地形和历史状况。在宫殿、坛庙的设置上则影响了北京的都城规划（图8-2）。

（二）中都

中都城临濠（今凤阳）为朱元璋的家乡，洪武二年至八年（1369—1375年），朱元璋在此建造中都城。中都城选址在临濠旧城西，规模、气势都甚于朱元璋自封吴王时所建的南京城。

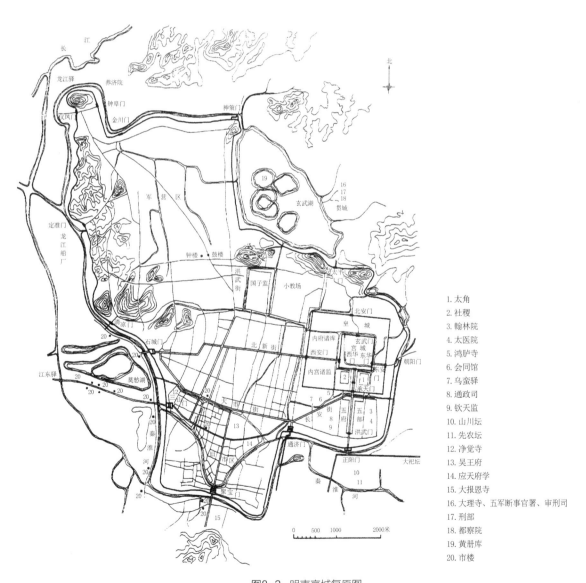

1. 太角
2. 社稷
3. 翰林院
4. 太医院
5. 鸿胪寺
6. 会同馆
7. 乌蛮驿
8. 通政司
9. 钦天监
10. 山川坛
11. 先农坛
12. 净觉寺
13. 吴王府
14. 应天府学
15. 大报恩寺
16. 大理寺、五军断事官署、审刑司
17. 刑部
18. 都察院
19. 黄册库
20. 市楼

图8-2　明南京城复原图

（潘谷西. 中国古代建筑史. 第四卷[M]. 中国建筑工业出版社，2009：26.）

中都城坐落于临濠旧城西侧淮河南岸地势较高之处，规划中将凤凰山置于城市的中心，吸取南京宫殿地势"前昂后洼"的教训，将中都皇城修筑在凤凰山之阳的缓坡上。皇城在城中偏西，日精、月华二山与凤凰山相连，横亘于城中，皇城将凤凰山的主峰和与其相连的万岁山包绕在内。皇城前横街两侧东西对称设置鼓楼、钟楼，宫阙在山体的环抱和钟鼓楼的对峙中，显得宏伟壮丽。

明中都城大致为方形，有城垣、皇城和宫城三重城墙，周围五十余里，万岁山的山峰作为制高点居于城市中心。与南京的宫殿居于城市一隅不同，中都城的宫城位于城市中部。宫阙布局继承了此前南京修建的吴王新宫的设计，但从中都遗址中发现的石构件来看，雕刻比南京的华丽精细，宫城的占地规模也大于南京宫殿。

明中都第一次明确地把太庙和社稷坛置于宫城午门前左右，并且完成了"三朝五门"的设置，午门建成带有两观的门阙形式，开启了一代制度，为洪武八年后的南京都城改造提供了蓝本。

洪武五年（1372年）定中都城基址的同时，规划了城内二街十六坊。城内建造了坛庙、官署、仓库、公侯宅第和军士营房等。中都城营建时，朱元璋还从江南和北方等地迁富户与平民到中都居住。

在中都南门外西南，有朱元璋父母的陵墓——皇陵。为了与中都城取得呼应，皇陵的轴线序列由北向南，且与一般的明代陵墓制度不同，采用了三道城的格局，在位置和布局上都比较特殊。

洪武八年（1375年），朱元璋以劳费太多为由罢建中都，建设没有最终完成。到洪武十六年（1383年），朱元璋命撤中都宫室建造大龙兴寺。洪武朝之后，中都修建了几处高墙，作为关押宗室罪人的场所（图8-3）。

明中都没有成为行政意义上的真正都城，但它是朱元璋作为统一帝国的皇帝全新规划建造的第一座完整的国都，很多经验直接影响了洪武八年后对南京作为帝都的改造以及永乐年间的北京建设。

（三）北京

明永乐十八年（1420年），朱棣将首都迁往其作为亲王时的藩封所在，亦即元朝的大都——北京。明北京系在元大都的旧址上改造而成，关于北京作为明朝都城的改造，许多史实因史料表述的模糊还存在很多争论，比如宫殿中轴线的位置有无变化、明初元大都宫殿的毁坏程度等。

在明朝建立之初，大将军徐达攻下元大都之后曾对其进行过改造。为了便于防守，他将元大都北城墙向南缩进5里，并将新旧城墙的外侧包砖。

永乐十四年（1416年）朱棣决定迁都北京之后，北京便开始了作为都城的改造。模仿中都城中心的万岁山，在原元大都宫城的中心堆造土丘，将宫城位置南移；拓展皇城南的序列，容纳太庙和社稷坛；相应地，城市南城墙南移约1里，御道轴线东西依次布置官署。

嘉靖间，北方蒙古人屡屡侵入边塞，甚至逼近北京。嘉靖三十二年（1553年），

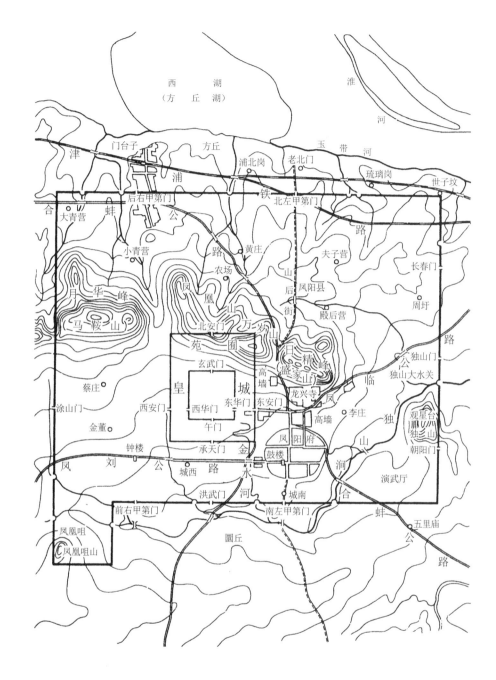

图8-3 凤阳明中都示意图
（王剑英. 明中都[M]. 中华书局，
1993.）

出于防御的考虑，增筑北京外郭城。最初计划四周增筑全长70里，后因财力不足，仅将城南的居民区及天坛、先农坛等包围起来，在内城以南修筑了13里长的外郭城。北京城的凸字形平面由此形成。

明代北京内城东西6650米、南北5350米，共九门。南面三门，中为正阳门，西为宣武门，东为崇文门；西二门，阜成门在南，西直门在北；北面二门，自西向东分别是得胜门与安定门；东二门，北为东直门，南为朝阳门。外城东西7950米、南北3100米，南三门，东西各一座门，北五门。诸门各有瓮城，建有城楼，内城东南、西南两角建有角楼。内外城均有宽约30米的护城河环绕。

北京宫殿亦由皇城与宫城两重城墙围合，居于内城的中心。皇城与南京城类似，东狭西阔，西侧将元大都宫殿西苑的水面包括进来。皇城内除了宫城之外还有苑囿、寺庙、官署、作坊、仓库等建筑。宫城位于皇城的核心部分，城的四角建有角楼，外有护城河。明代宫城的尺寸与元人记载的元大都宫城完全相同，只是位置上有所移动。宫城前继承了中都和南京的"三朝五门"制度，增加了前导序列。"五门"分别为大明门、承天门、端门、午门、奉天门，其中承天门为皇城南门，午门则为宫城的开始。承天门与大明门之间为一个由御街千步廊围合起来的T形广场，两侧为五府六部的国家机构。

北京城中轴线从外城南门永定门一直延续到北端的鼓楼和钟楼，中间穿越御街千步廊广场、宫城中轴线的各门各殿、宫城后的万岁山、皇城的北门地安门，全长约7.5公里，体现了这座都城的威严与壮丽。

明代北京内城基本沿用了元大都的路网格局，城内道路为规则整齐的方格网。南侧外城的发展比较自由，部分区域的街道呈现不规则形态。

明代北京城的建设是利用了南京和中都的建城经验，在元大都旧城基础上改造而成的。规制上仿照明朝的前两座都城，但其壮丽更甚于太祖皇帝建造的南京城。朱棣的建设奠定了明清两代500年间北京城的基本格局，创造了这座近代之前最后一座、最壮丽的统一国家都城。从建成后直至18世纪末的大部分时间里，北京一直是当时世界上最大的城市（图8-4）。

二、行政层级中的城市——府、州、县城

明代的中国实行府、州、县的行政区划。终明之世，全国设置南京与北京二直隶，十三个布政司，分领天下140个府、193个州、1138个县，及19个羁縻府、47个羁縻州、6个羁縻县；此外，还存在着一些军事卫所统辖的政区。帝国的行政命令正是通过各级政府下达到地方。府、州、县所在的城市首先体现着其政治上的特征。一般来说，府、州、县城的城市规模，随着行政等级的降低呈递减的趋势，明代的三座都城规模远远大于任何一座府城。

在某些重要的城市，皇帝分封亲王前往镇守，其作用在洪武朝尤其受到重视。明太祖朱元璋选择了一批军事或政治地位比较重要的城市，作为其诸子的藩封所在，并赋予他们一定的军事权力。这些城市大部分都是府一级的城市，如西安、开封、大同、太原、成都等。在这些城市中，为亲王就藩准备的、按照国家统一规制建造的亲王府第，往往占据了很大的面积，对城市的格局造成较大影响，并且经常导致该城市面积的扩大。

在一般的府、州、县城中，最突出的建筑群往往是衙署，同时还有国家派出机关的办公场所。城内还有地方的税课司、巡检司、阴阳学、仓库、学校、文庙、城隍、寺观，城郊设置社稷坛、山川坛等坛庙。关于城内的建筑设置，明太祖曾经针对性地做出过一些制度上的规定。布局的方式由于城市地理条件的不同而各有差异，平原地带的城市多为方形，城内道路十字形或T形布置，城市中心常常设置鼓楼、钟

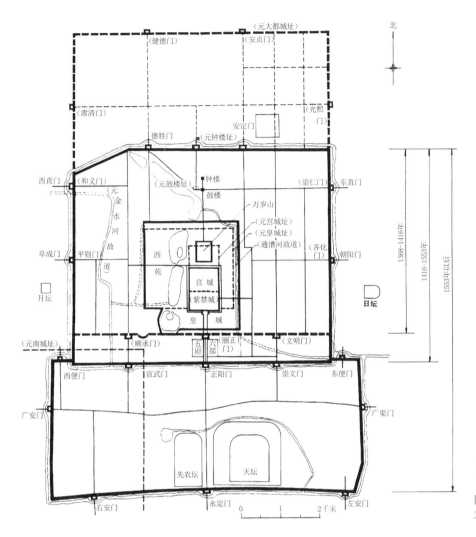

图8-4 明北京发展三阶段示意图
（潘谷西. 中国古代建筑史. 第四卷
[M]. 中国建筑工业出版社，2009：
35.）

楼；而在地形复杂的地区，城市的形态可能随自然地形呈现不规则状态。

明初，出于防御的考虑，国家在很多城市周围修建砖石砌筑的城墙，城外挖有城壕，史料证明，这是明初一项全国范围内的行动。明代在东部沿海和北方长城沿线还出现很多防御性的城堡和卫所。

（一）淮安府

淮安位于南北大运河的要冲之地，明代在淮安府城先后设置漕运总兵官和漕运总督，明嘉靖三十九年（1560年）为了加强防御，在淮安府城新旧两城之间筑造城墙，这种三城南北纵连的格局，被称为"联城。"

旧城的城墙明代包砖，周围十一里，开门六座，角楼三座，其中两座为水门，可通舟楫。新城位于旧城北一里外，原为北辰镇，其北处即为淮河。元代末年张士诚的守将在此筑造土城以加强守卫，明洪武十年（1377年）增筑砖石，因有淮河及运河做屏障，易守难攻。城墙周七里二十丈，七座城门，四座角楼，其中两座门为

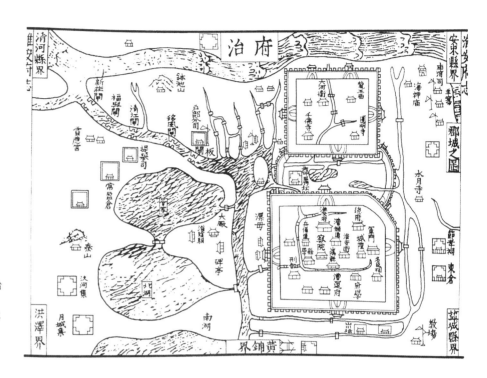

图8-5 万历《淮安府志》府治图（摹本）

（潘谷西. 中国古代建筑史. 第四卷[M]. 中国建筑工业出版社，2009：5.）

水门，不可通舟。嘉靖三十九年（1560年）为防止倭寇二筑造东西两侧700丈的城墙将新旧两城联为一体。

淮安府城旧城、新城、联城中的重点在旧城衙署、淮安府、山阳县各机构都建设在旧城。新城是由原有的城镇发展而来，有较好的基础，大河卫驻军于此处。城内繁荣，拥有55座牌坊，旧城内仅有44座牌坊。联城内则遍布大片水域，居民较少。

淮安为指挥使司衙署位于旧城中心位置，此处原为宋、元时期的府治所在，明初改为卫所。距离卫所20丈处有一座三层的谯楼，台基高2.5丈，内储铜壶、刻漏、更筹、十二辰牌、二十四气牌，是全程的宝石中心。漕运总兵府有南北两处，背负是常驻之处。府治在指挥使衙署的后方，县治则在谯楼的西侧。

明代淮安府城的商业遍布新旧内外，旧城内四处，旧、新城内一处，城外西北沿运河一袋分布五处，是淮安伏城外最热闹的商市区（图8-5）。

（二）太原

山西因其地形险要，在整个中国的北方地区具有枢纽性的地位。山西首府太原，更是"襟四塞之要冲，控五原之都邑"，为北方侵略者进入中国腹地的门户。洪武三年（1307年），朱元璋将第三子封为晋王，镇守太原。

洪武初的太原城沿用了宋代太原城旧址，周围一十里二百七十步，设四门。为了容纳晋王规模宏大的府邸以及随之而来的护卫等，太原城向东、南、北三个方向扩展为二十余里，周围八门，每面开两门，城墙外侧包砖。

城内比较重要的道路，有连接城西侧南门迎泽门、北门镇远门的道路，晋王府前连接新城与旧城的东西向道路，还有晋王府中轴线上连接王府南门与太原城南门的道路。

城内最大的建筑群为晋王府，在宋太原城址外东北，占据明代太原新城的东部大半。王府为两重城布局，外萧墙周八里余，内砖城"周围三里三百九步五寸，东西一百五十丈二寸五分，南北一百九十七丈二寸五分"，约合476米×626米，占地规模半于天子宫殿，这一尺寸也被作为明朝王府制度的标准。宫城墙外环绕城壕。晋府内外墙垣都辟有四门。王府宫殿的布局和宫城前对称设置社稷坛与王府宗庙规划，都与都城宫殿有着礼制上的联系，但规制有所减杀。晋府宗室陆续修建的郡王府，几遍布于拓建的新城内，成化间多达10余处。

明太原城的衙署，如布政司、提刑按察司的衙署、太原府署、阳曲县署等，大多集中在宋旧城范围内的北部。明初的军队多驻扎在废弃的宋子城范围内。

城内比较重要的地方是祭祀建筑，除去亲王主祀的社稷坛等设置于王府南门外西侧以外，太原府和阳曲县的文庙基本都沿袭了前朝的旧址，位于北门正街附近。

明代太原城内分布着众多佛寺，其中最大的为晋王建造的崇善寺，位于城市拓建的东部，晋府南侧，占地东西88丈、南北172丈，约合279米×546米。

明代太原城内主要的商业区，主要分布在旧城内与晋王府前的横街上。宋旧城内中部，迎泽门、镇远门之间的主要道路附近以及晋王府前横街的钟楼附近，都是当时商业繁荣的区域（图8-6，图8-7）。

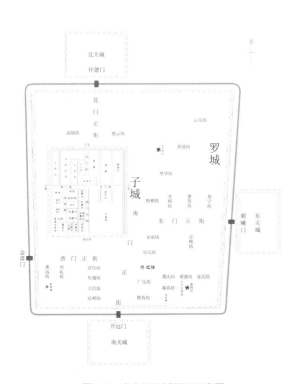

图8-6 宋太原府城平面示意图

（闫婷婷. 北宋太原府军事研究[D]. 西北师范大学, 2016: 23.）

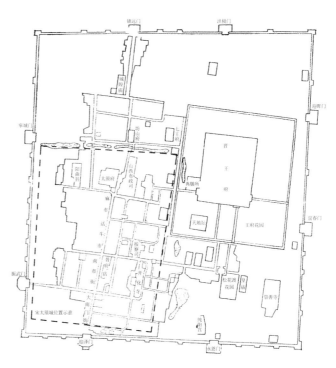

图8-7 明太原城示意图

（依据《山西通志·城乡建设环境保护志中明太原城示意图》绘制）

①
《镇吴录》。

三、经济网络中的城市——地方经济中心的兴起

明代迁都北京后，对东南财赋的仰仗，使明朝政府重新疏浚了元末淤塞的会通河。大运河在元以前经由汴梁，而元定都北京之后，在山东境内开凿会通河，不必再绕道河南，但元开凿的河道岸狭水浅。经明永乐朝疏浚后，大运河全线贯通。从此，运河成为南北间漕运和商运的主要通道。以货币形式交纳税款的改革进一步刺激了区域商品经济的发展。

通过上述两点，区域间的联系更加紧密，分工合作成为可能，某些轻工业出现了劳动分工和生产专业化。

这其中最有代表性的区域便是以苏、松、杭、嘉、湖地带为中心的江南地区。这一区域市镇密集，在明清时代城市化程度极高，形成了一个有机的城镇网络，除去府、州、县城以外，江南市镇在城市空间、经济地位和人口规模等方面，甚至超越了一般的县城。

由于运河的存在，明代在山东运河沿线建起了一批因水运而发达的工商业城市，如德州、临清、聊城、张秋、济宁等。其中，临清因运河之便，成为明清时期山东最重要的商业城市。

（一）苏州

苏州建城始于吴王阖闾时期。明初为朱元璋的对手张士诚所占，张士诚失败后，朱元璋用高强度的赋税和强制性的移民作为对苏州的惩罚。但由于地缘的优势，苏州仍然不可避免地成为区域经济的中心并再度繁荣。成化年间，苏州城已经恢复了繁荣景象。至万历时，"苏州为江南首郡，财富奥区，商贩之所走集，货财之所辐辏，游手游食之辈，异言异服之徒，无不托足而潜处焉。名为府，其实一大都会也"①。苏州在国家的行政层级中属于南直隶政区内的府城，而在国家的经济网络中，到明代中期以后，苏州则具有更高的地位，成为最重要的工商业城市。

苏州地处长江三角洲，位于太湖水系的中央，处于大运河与娄江交汇处，是江南经济区最重要的中心城市。土壤肥沃，物产丰富，城内外水道纵横。明初，江南地域以稻米等农产品的生产与供应而知名，明代中期以后，苏州更以手工业和商业的发达而著称。

明代在苏州设立了织造府。明中期以后，苏州成为丝织业的中心，分官营和私营两部分。城内从事私营丝织业者有数千户之多，集中于城东，随着生产的进行，出现了规模的扩大、专业的分工，劳动力买卖形成专门的市场。其他重要的手工业还有棉纺业、刺绣、裱褙、砖瓦石灰业、铜作、印刷业等。

自吴王阖闾扩筑苏州城墙以来，苏州城市范围基本确定。明初重新修筑苏州城，周45里。城内主要河道三横四直。明代苏州城的公署多集中于城西，城内在明初至明中叶东旷西狭，而至明末，随着工业的发展和人口的增加，府城内已无隙地，民众侵占河道盖房的现象日益严重。

明代苏州的工商业发展，使城市的发展突破了城墙限制。除了城内商业区以外，城厢附郭成为重要的商业区。苏州城内著名的商业区有西城、阊胥二门以西、阊门虹桥西至枫桥。特别是阊门一带，因邻近运河，船只首尾相接，货物堆积如山，店铺中的商品来自全国各地。苏州城的扩张辐射到郊区，形成了众多以工业生产为主的市镇（图8-8）。

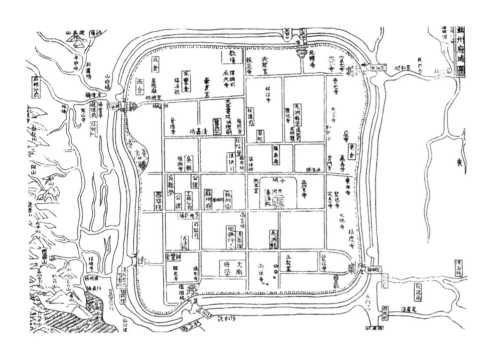

图8-8 明苏州府城图
（王鏊. 姑苏志 卷一[M]. 台湾商务印书馆，1969.）

（二）临清

临清位于山东省西北部，属东昌府，位于会通河与卫河交汇处，北界直隶，西近河南，实为运河进入京师之门户。永乐迁都之后对运河的倚重，带动了临清的飞速发展。临清明初为东昌府辖县，永乐朝后，经济迅速发展，至弘治二年，升为州，并成为山东最繁盛的商业城市。

临清作为商业中转地，为南北货物积聚之所，明代在此设钞关，征收商税与船料；弘治时，临清钞关的税收居全国八大钞关之首；大量的客商在此积聚，江南的棉布也借由运河北运至临清再转手至北方贩卖。

临清原本为漕粮北运的屯积中转之地。景泰元年（1450年），移治于会通河东，在原广积仓的基础上修建砖城，周九里一百步，城内政府粮仓占城市面积的1/4。随着工商业的繁盛，城垣不断扩大，至嘉靖二十一年（1542年），在旧城的西北至东南扩建延袤二十余里的土城。官署与粮仓居原砖城内，新城主要为商业区和居民区。新土城内，卫河与运河分流又合流，将城分为五个部分。其中，卫河汶河（运河）环流的中洲是城内最繁盛的地方，经营皮货、纸张、布匹、粮食等物品的店铺林立，榷税分司亦设置中州，南北船只在此验关交税（图8-9）。

图8-9　康熙《临清州志》中的临清州城图
（临清州志）

第三节　宫殿

　　明代的宫殿制度开启了明清宫殿制度的新篇章。明太祖时代是个规制创立的时期，明初在三座都城先后进行了宫殿建设，在建设的过程中形成了明清宫殿制度的基本格局。明代宫殿制度体现出国家对恢复传统礼制的强调。

一、明初三都的宫殿：宫殿的模仿和创新

　　洪武元年（1368年）朱元璋作为吴王建造南京宫殿的时候，大将军徐达攻下了元朝的大都，并派人绘制了大都宫殿图样，在洪武二年（1369年）上呈给朱元璋过目。元大都宫殿究竟有没有被拆毁不得而知，但是不可否认，元大都宫殿是朱元璋建设南京宫殿的唯一可能的实物参照。南京宫殿的建设中可能参考了元大都宫殿的某些方面，比如宫城大致规模的确定等，但更重要的是朱元璋参照儒家礼仪文献对宫殿制度的重新创造。在南京宫殿最初的建设中，"前朝后寝"的制度得以确立，在"朝"的部分设置了前三殿，"寝"的部分设置了后两宫，后宫两侧分别依次设立后妃所居的六宫。

　　明初的宫殿制度，在洪武二年（1369年）开始的中都建设中得到了进一步完善。留存下来的关于中都宫殿的文献资料缺乏，实物也已大多无存，与之前南京宫殿建设的明显不同之处除了太庙和社稷坛置于午门东西外，还有午门采用了左右阙制度以及在中都完成的《礼记》中所描述的"三朝五门"的设置等。洪武八年（1375年）放弃中都宫殿建设，重新建设南京宫殿的时候，参照了中都宫殿的太庙、社稷坛和午门制度，改造已初具规模的南京宫殿，南京午门正是在此时增建了两翼；到洪武二十五年（1392年），第三次南京宫殿扩建完成，增加了宫前建筑序列，完成了"三朝五门"制度。至此，南京宫殿制度基本确定。

　　建成后的明南京宫殿位于南京城东的钟山之阳，并在城东形成一条宫殿中轴线，南起都城南门正阳门，经由洪武门至承天门之间的御道和外五龙桥，穿过朝寝正殿，向北延伸至富贵山头。南京宫殿有皇城与宫城二重墙垣，分别有城壕环绕，外皇城与内宫城各开四门。轴线上为三朝五门，五门由南至北分别为洪武门、承天

门、端门、午门、奉天门，三朝则对应前朝部分的奉天、华盖、谨身三殿。午门为宫城的正门，洪武八年（1375年）增添两翼，形成门阙形制，完成了礼制规定中的天子之制（图8-10）。

成祖皇帝朱棣于1402年通过军事政变取得皇位，并于永乐四年（1406年）下诏于明年营建北京宫殿。但一直到其在南京即位18年后，才将都城迁往他作为亲王时候的藩封所在——北京。迁都后，南京成为留都，宫殿几乎不再使用，经清与太平天国兵火的毁坏，今仅有一些砖石遗址留存。

永乐十八年（1420年），北京宫殿建成。明北京宫阙规制悉如南京，而壮丽过之。从遗迹的尺寸来看，从未投入使用的中都宫殿在三都宫殿中规模最大，气势最为恢宏（图8-11）。

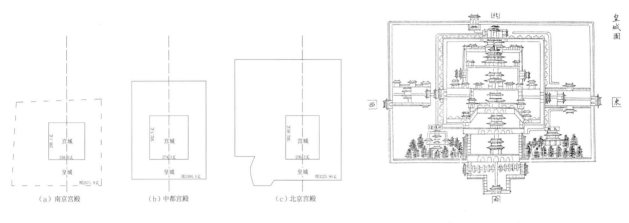

图8-10　明代三都宫殿尺寸示意图
（白颖 提供）
注：图中南京宫殿宫城的尺寸为根据遗址的有关数据推测

图8-11　《洪武京城图志》中的南京宫殿图
（北京图书馆古籍珍本丛刊 史部 地理类. 洪武京城图志[M]. 书目文献出版社：5.）

二、明代北京宫殿

永乐皇帝为燕王时，其王府建筑利用了元大都宫殿的基址。有迁都的打算之后，他便开始着手准备营建北京所需的建筑材料。但北京宫殿的大规模建设，发生在此后的永乐十四年（1416年）至永乐十八年（1420年）间。永乐十八年，以迁都北京诏告天下。成祖营建的北京宫殿，利用了元大都宫殿旧址，一切悉仿南京宫殿制度。北京宫城的规模与元大都宫城几乎相同，位置略有偏移，制度上则总结了上述南京与中都宫殿的经验。

北京宫殿是明代三都宫殿留存下来的唯一相对完整的实例。清代沿用明代旧宫，虽有改建，但大体布局仍保持明代原貌，至今仍有不少殿宇为明代遗物。

明代北京宫殿仍为两重，外皇城内宫城。宫城又称紫禁城，东西约753米、南北约961米，东西向宽度不及南京与中都宫城，南北向深度比南京宫城增约200米，与中都宫城接近。周围城墙四面辟四门：南曰午门，北曰神武门，东曰东华门，西曰西华门，各门设重檐门楼；四隅有角楼。东、西华门的南北位置位于宫城前部，奉天门与午门之间。宫城墙外有城壕。北京城内无山，为了制度上仿照南京宫殿与中都宫殿以自然山体作为屏障，而在宫城北人工堆筑了景山。

宫城延续南京宫殿三朝五门和前朝后寝的布局。前朝为举行典礼、处理政务、经筵讲学的场所，主体为中轴线上建造一个三重台基上的奉天、华盖、谨身三殿。三殿两侧原有廊庑连接殿庭，后为阻止火灾蔓延，改为砖墙，奉天、华盖、谨身三殿原本也为工字殿中间连廊加圆顶的形式，后亦改为独立的三殿。奉天门至奉天殿之间的殿庭，宏伟庄严。正殿奉天殿面阔九间，重檐庑殿顶，为明朝等级最高的殿宇。

正殿庭院的东西两侧，有文华殿与武英殿两组院落，文华殿为太子读书、经筵讲学、召见学士的场所，武英殿为召见大臣议事及皇帝斋居之处。

后寝在前朝之北，前朝与后寝之间，以一个横向广场分隔。从乾清门开始，中轴线上依次为乾清宫和坤宁宫，分别为皇帝正寝和皇后正寝。嘉靖时又在两宫之间的台基上加建了交泰殿，后寝部分自此形成与前三殿类似的格局。后寝院落的东西两侧仍设东西六宫以居妃嫔。十二宫各有砖墙围合，中以长街连接。轴线上的后寝，由两庑的门通往东西六宫的长街。北京宫殿中东西六宫之后，还设乾清宫东西五所，亦为妃嫔居所。

明代宫殿还于宫内后寝东设奉先殿祭祀先皇，史书以"内太庙"呼之，制度仍然源于南京宫殿，为除去太庙大祀之外的皇帝日常祭祀祖先的场所。

宫城内最北，后寝之后，为御花园，内树木交荫，有嘉靖间建造的钦安殿，供玄天上帝。

明代宫殿宫城内除去位于午门内东西的内阁和六科廊之外，不设其他官员的官署。部分宦官与宫女的机构与居住场所散布于紫禁城内中轴线东西。

此外，在宫城西侧，皇城之内，元大都宫殿西苑的基础上，还修建了规模巨大的苑囿（图8-12）。

图8-12 明北京宫殿图
（白颖 提供）

明朝修建的北京宫殿建筑确定了明清宫殿建筑制度，并基本为其后的清朝所沿用。

第四节　坛庙

坛庙建筑是与中国传统祭祀礼仪相关的建筑。原始社会的建筑遗址中已经有坛庙建筑的痕迹。坛庙建筑超出简单的宗教信仰的范围，而与国家政权的合法性联系在一起，因此一直为历代帝王所重视，对坛庙制度的修改和变革也常常被视作确立政权过程中的重要事件。

明代的坛庙制度创于洪武朝。朱元璋认为蒙古人统治的元朝制度涣散，而明朝则继承汉族正统文化，因此建国之初便在礼仪制度上进行了详细的规划。对作为某些与国家合法性相关的特定礼仪进行场所的坛庙建筑，也给出了详细的规定，且这些规定在初创阶段经常随着儒臣的讨论而变更。明代另外一个与礼仪制度密切相关的朝代是嘉靖朝，嘉靖皇帝从亲王之位入继大统，对礼制给予了特别的关注，并对坛庙制度做出了一些修改。

明代创建的坛庙制度体系庞杂，《明史·礼志》吉礼条中记载了明代国家坛庙系统的祭祀对象，分大、中、小祀。大祀为圜丘（天）、方泽（地）、宗庙、社稷；中祀为朝日、夕月、先农、太岁、星辰、风云雷雨、五岳五镇、四海四渎、山川、历代帝王、先师孔子、旗纛、司中、司命、司民、司禄、寿星；诸神则为小祀。其中天地、宗庙、社稷、山川，皇帝要亲自祭祀。另外，城隍庙的地位在明代较往朝更为突出，国家建庙祀历代帝王亦为明代首创。

在明代地方城市，官方祭祀建筑一般有府、州、县的社稷坛、山川坛、城隍庙、先师孔子庙、旗纛庙、厉坛等，各地可能还有与地方相关的先贤庙宇以及东岳庙、关帝庙等。

一、天坛

祭天是皇帝专有的祭祀礼仪，因此祭天所用的天坛只在都城建设。按照中国的五行观念，一般设在都城的南郊。

明初，太祖在南京建圜丘于钟山之阳，冬至日祀天；建方丘于钟山之阴，夏至日祀地。洪武十年（1377年），改天地合祀，用圜丘旧址为坛，并在坛上建大祀殿以避风雨。洪武十一年（1378年）冬，大祀殿建成，面阔十一间，殿前左右为东西廊庑三十一间，殿南为大祀门五间，殿北为天库以"储神御之物"。各殿起初皆覆黄色琉璃瓦，后大祀殿改用青色琉璃瓦。周围两重垣，外周垣九里三十步，中为甬道。斋宫在外垣内之西南。

永乐十八年（1420年），北京天坛建成，依照洪武十年以后南京制度，天地坛合祀。嘉靖皇帝即位后，按照明初天地分祀的制度改建北京天坛，嘉靖九年

（1530年）建圜丘于大祀殿之南，每岁冬至日祀天；又在圜丘北建泰神殿，主殿藏昊天上帝木主，配殿藏从位诸神之主；另建方泽于安定门外，每岁夏至祀地，方泽坛南建皇祇室，藏皇祇及从位木主。

明北京天坛位于北京外城，永定门大街以东，天坛始建的时候，这里是明北京城的南郊。现有格局基本保持了嘉靖年间形成的制度，明代建筑原物除祈年门及斋宫外多已不存。

天坛有内外两重垣，垣墙附会"天圆地方"的说法南方北圆，四面各开一门，以南门为正门，西门邻近永定门大街，出入最方便。嘉靖改制之后，轴线上的主体建筑分为南北两区，北区以祈年殿为主体，祈谷祭天场所，南区以圜丘为主体，为祭天场所。中有宽28米、长400米的甬道相连。皇帝祭祀前斋居的斋宫位于内垣西门内以南。

祈年殿位置为嘉靖改制前的大祀殿，原本是天坛的祭天场所，为方形殿宇。嘉靖皇帝认为在室内祭天不合古制，因此另建祭天的圜丘坛。大祀殿于嘉靖二十年（1541年）被拆除。嘉靖二十四年（1545年）仿照古代明堂形式，在大祀殿旧址建造"泰享殿"，清改名为"祈年殿"。殿立于三层汉白玉台基之上，圆形，三重檐攒尖顶，上檐用青色琉璃瓦，中檐用黄色琉璃瓦，下檐用绿色琉璃瓦，象征天、地、万物，清通改为青色。殿前为祈年门，殿后有皇乾殿，两侧建有东西配殿。整组祈年殿院落，建造于一个高出地面的砖台之上，远远高出周边地面。祈年殿建筑以蓝天为背景，纯净而神圣。

南区的主体圜丘为圆形的三层露天祭台，每层高度、直径的取值都为与象征皇帝等级的九、五等数有关的特定数字。祭祀时，皇帝立于二层台上，随着祭祀程序的进行多次上下。坛有围墙两重，内圆外方，四边各开棂星门。坛西南为望灯台，内墙外东南有燎炉、毛血池，为祭祀后焚烧祭品和掩埋毛血之用。圜丘坛北建有圆形小殿"泰神殿"，后改名"皇穹宇"，殿内供奉祭天时所用"昊天上帝"牌位，殿前有配殿，供奉祭天配享神主，周围有圆墙环绕（图8-13）。

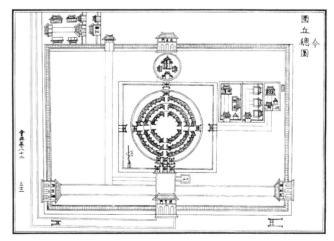

图8-13 《大明会典》所载嘉靖圜丘总图

（转引自潘谷西. 中国古代建筑史. 第四卷[M]. 中国建筑工业出版社，2009：134.）

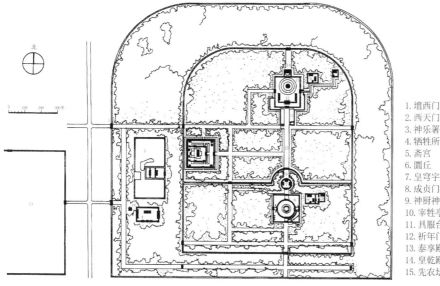

1. 坛西门
2. 西天门
3. 神乐署
4. 牺牲所
5. 斋宫
6. 圜丘
7. 皇穹宇
8. 成贞门
9. 神厨神库
10. 宰牲亭
11. 具服台
12. 祈年门
13. 泰享殿
14. 皇乾殿
15. 先农坛

图8-14 北京天坛平面图
（潘谷西. 中国古代建筑史. 第四卷[M]. 中国建筑工业出版社，2009: 133. ）

皇帝在祭天前，需到天坛内的斋宫斋居。斋宫位于内垣内，中轴线的西侧，邻近西门。有围墙两重，环以御沟，便于守卫。内有正殿寝殿，另设钟楼。斋宫正殿为一座砖石无梁殿建筑，仍为明代原构。

沿天坛中轴线，连接各建筑的为一条南北向贯通宽28米的甬道。整个天坛地势南高北低，甬道由南向北渐次高出地面。从圜丘至祈年门之间，甬道已高出地面，两侧柏树林立，祈年殿立于甬道端头，神圣庄严。

嘉靖以后，皇帝冬至日祭天基本上在圜丘区域完成。祭天前日，皇帝参拜太庙后出皇宫正门，再出正阳门，至天坛西门入，检查祭祀的准备情况后，晚宿斋宫。次日三更，皇帝由斋宫乘舆出，至神路西侧下舆，至神路东的"大次"更换服装，然后从左棂星门入至内墙圜丘开始祭天礼仪。祭祀完毕返回斋宫，稍事休息后回宫，至太庙参拜，再返奉天殿。

整个天坛内遍植柏树，环境庄严肃穆，建筑采用圆形与方形等纯粹几何形式，创造了祭祀建筑的神圣氛围（图8-14）。

二、太庙

祖先崇拜在中国传统中由来已久，家庙与墓葬是和祖先崇拜相关的建筑类型，这两种建筑类型的明确几乎从中国建筑发端时就已经开始，至帝国晚期的几千年间，根据各朝代对上古传统的不同理解而产生一系列的宗庙和墓葬建筑形式。太庙为皇帝祭祀祖先的祠庙，明代太庙制度为这一建筑类型的最后创制，清沿用了明代创立的太庙制度。

明代的太庙制度经过几次变革。洪武年间建造的南京太庙起先为四祖各居一庙，每庙俱为南向。洪武四年（1371年）修建的中都太庙，改为同堂异室制度，

北

0 100 200 300米

前殿后寝，两殿面阔均为十五间。至洪武九年（1376年）改建南京太庙时，亦采用了中都的同堂异室制度，设寝殿九间，每间各为一室，寝殿前有正殿，奉祖先座位及衣冠。

永乐十八年（1420年）建北京太庙时，仿照南京太庙制度，现存太庙建筑的占地规模与《明太祖实录》中记载的南京太庙规模几乎完全相同。至弘治元年（1488年），宪宗神主入祔时，因太庙九室已满，需将旧神主祧迁出寝殿，故于寝殿后新建祧庙，藏迁出的祖先牌位。明代太庙制度自此完成。嘉靖年间，世宗皇帝为了让自己父亲的牌位进入太庙祭祀系统，又经过一次九庙制的改革，废除同堂异室制度，改建为九庙，结果新建的八庙毁于火灾，在此后太庙重建时又恢复了同堂异室制度。

北京太庙位于宫城午门前东侧，有内外两重垣。外垣南琉璃庙门内东为神库，西为神厨，东西各有一井亭。内垣轴线上的主要建筑依次为戟门、正殿、寝殿、祧庙，四座建筑都保留了明代建筑的特征。戟门面阔五间，单檐庑殿顶；正殿和寝殿位于一工字形平台之上，正殿下有三重台基，殿身面阔九间（总面阔十一间），重檐庑殿顶，殿内梁柱均使用楠木，内设神舆；寝殿面阔九间，内按昭穆顺序安放帝后神主，祭祀前，神主由寝殿移至正殿，祭祀完毕再移回寝殿；祧庙与前组院落间有门隔开，自成一院，祧庙面阔九间，安放祧迁的神主。寝殿与祧庙均为黄琉璃单檐庑殿顶。轴线两侧的配殿中安放配享的亲王和功臣神主（图8-15～图8-17）。

太庙祭祀为大祀，四季首月及岁末祭，皇帝要祭祀祖先；另外，婚丧、登极、亲政、册立、征战前都要祭祀太庙，告知祖先。日常的祖先祭祀，在"内太庙"即宫内奉先殿进行，"每日焚香，朔望、荐新、节序及生辰皆于此祭祀，用常馔，行家人礼"。

三、社稷坛

社为五土之神，稷为五谷之神。古代中国作为农业国，社稷坛是祭祀土地的场所。社稷坛在都城与地方都有设立。都城社稷坛祭祀的是太社、太稷，为大祀，由皇帝亲自祭祀。地方城市的社稷坛则由封土上的亲王或地方官员主持祭祀。

吴元年，朱元璋将社稷二坛定制为异坛同壝制度，社坛与稷坛在同一壝墙内，相隔五丈，各立石主于坛正中。洪武三年（1370年），为了防止风雨阻碍祭祀的进行，于坛北增设享殿与拜殿各五间，此后都城的社稷坛建殿固定为制度。洪武十年（1377年）迁南京社稷坛于午门外之右，与太庙对称设置，并改坛制为社、稷共为一坛。永乐中，迁都北京，仿照南京社稷坛制度建造了北京社稷坛。

北京社稷坛，以北门为正入口，由北向南依次为正门、拜殿、祭殿、坛，祭祀时社稷也北向受祭。主体为方坛，居于社稷坛建筑群的中心。明初洪武九年（1376年），规定太社稷坛为二层，上广五丈，下如上之数而加三尺，崇五尺，四出陛。北京社稷坛现为三层，上铺五色土，各以颜色象征天下的方位，东方为青

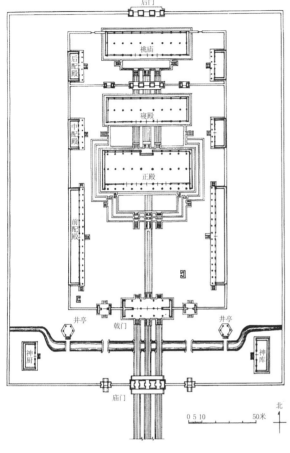

图8-15 北京太庙平面图
（潘谷西. 中国古代建筑史. 第四卷[M]. 中国建筑工业出版社，
2009：164.）

图8-16 太庙戟门
（孙蕾 摄）

图8-17 太庙正殿
（孙蕾 摄）

色土，西方为白色土，北方为黑色土，南方为红色土，中心用黄土，坛四面的围墙也各随方色，坛中埋方形石主。墙四面开棂星门四座。雨天时祭祀在坛北的拜殿与祭殿室内进行，二殿均为明代遗物，面阔均为五间，单檐歇山顶，黄琉璃瓦顶，尺寸与文献记载的南京社稷坛拜殿、祭殿完全相同。

太庙与社稷坛在中都城规划以及后来的南京改建中，被并置于宫城前，东为太庙，西为社稷坛，北京太庙社稷坛一仿南京规制，北京社稷坛的建筑尺寸与明实录中记载中的南京社稷坛建筑尺寸几乎完全相同。遵循《周礼》"左祖右社"制度，北京社稷坛与太庙并列的午门外东西，占地面积均为93明亩。

明代的地方城市，社稷坛一般设置于城外西北，坛方二丈五尺，较都城的太社稷有所减杀。此外，明代将亲王分封至地方，亲王分封所在城市的社稷坛，移至亲王府正门前西南，与王国宗庙东西对峙，由亲王主持祭祀，明初规定亲王社稷分坛而祀，每坛方三丈五尺，高三尺五寸，四出陛，两坛相去亦三丈五尺。大于一般地方城市的社稷坛，而小于都城中的太社稷。

四、文庙

文庙即供奉孔子的祠庙。儒学一直居于与政权相关的正统地位，历代帝王授予孔子各种尊号。立文庙自唐代开始成为国家制度，文庙建筑一般与地方的学校结合设置。明代规定全国府、州、县皆立文庙，地方官员到任的首要任务之一便是修葺地方的文庙，以表示对孔庙祭祀及教育的重视。

（一）曲阜孔庙

山东曲阜为孔子的诞生地，曲阜孔庙为鲁哀公十七年（公元前478年）以孔宅立庙，历朝屡有修建，孔庙规模不断扩大。金元之际，孔庙殿宇毁坏严重，元朝经过几次修理。明朝屡次颁诏修曲阜孔庙，现曲阜孔庙的规模在明弘治年间基本形成（图8-18）。

与地方文庙相比，曲阜孔庙有孔子家庙的性质，且因孔子经历代加封尊号，唐宋以来为"文宣王"，尽管嘉靖间取消封爵，改称"至圣先师"，以孔宅改建的孔庙仍有宫殿制度的特点。

曲阜孔庙南北约644米，东西约147米。沿中轴线共有九进院落，主殿前轴线上共有5座门殿。从轴线最南端的石牌坊到大中门的三进院落为前导序列，建筑以门、坊为主，院内遍植柏树。圣时门为孔庙大门，门前有三座石坊和一座棂星门，三座石坊均为明代所建。圣时门之后，为弘道门，门前有泮河，河上架石拱桥。弘道门之后的大中门，为孔庙第三道门。从大中门开始，进入孔庙主体部分，围墙四隅仿照宫殿建筑建造角楼。大中门北的院落内，有同文门与奎文阁。奎文阁创建于宋初，现存建筑建于明代，面阔七间，进深五间，外观三檐两层，黄色琉璃瓦顶，上层为藏书楼，下层无装修与隔断，有门殿的功能，同时为祭仪演习处。阁前有四座明代碑亭，阁后现存的13座碑亭中，有金、元时期遗构各2座。碑亭与之后的大成门之间，为一条东西向的通道。

大成殿院落为孔庙建筑群的主体院落。大成殿为孔庙的正殿，前为大成门。院庭中设杏坛，上覆明时所建重檐十字脊亭一座，相传为孔子生前讲学处；大成殿后设寝殿，从大成门至寝殿周围有廊庑连接。现存大成殿建于清雍正七年（1729年），立于两重台基之上，面阔九间，重檐歇山顶。殿前檐用蟠龙石柱10根，两山及后檐用镂花石柱，此形制与明弘治年间重建的大成殿相同，仅琉璃瓦颜色由绿色改为黄色。

大成殿院落两侧，东路轴线有供族人进斋的诗礼堂和供奉孔子以下祖先的家庙，西路轴线有演习乐舞的金丝堂和供奉孔子父母的启圣殿。

大成殿以北，还有陈列"圣迹图"的圣迹殿，以及其他辅助祭祀功能的建筑。圣迹殿面阔五间，单檐歇山，仍为明代木构。

孔庙东侧为孔子嫡传后代衍圣公的府第。曲阜孔庙与孔府以及孔子的墓葬孔林一起，于1994年被列入世界文化遗产名录。

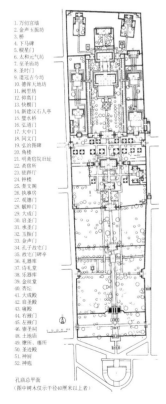

1. 万仞宫墙
2. 金声玉振坊
3. 桥
4. 下马碑
5. 棂星门
6. 太和元气坊
7. 至圣庙坊
8. 圣时门
9. 道冠古今坊
10. 德侔天地坊
11. 阙里坊
12. 仰高门
13. 快睹门
14. 新建汉石人亭
15. 璧水桥
16. 弘道门
17. 大中门
18. 同文门
19. 弘治图碑
20. 角楼
21. 明斋宿院旧址
22. 斋宿所
23. 驻跸所
24. 钟楼
25. 奎文阁
26. 执事房
27. 观德门
28. 毓粹门
29. 大成门
30. 启圣门
31. 承圣门
32. 玉振门
33. 金声门
34. 孔子故宅门
35. 故宅门碑亭
36. 礼器库
37. 诗礼堂
38. 乐器库
39. 金丝堂
40. 杏坛
41. 大成殿
42. 启圣殿
43. 寝殿
44. 右掖门
45. 左掖门
46. 崇圣祠
47. 土地祠
48. 瘗所、瘗所
50. 圣迹殿
51. 神厨
52. 神庖

孔庙总平面图
（图中树木仅示干径40厘米以上者）

图8-18 曲阜孔庙平面图
（南京工学院建筑系. 曲阜孔庙建筑[M]. 中国建筑工业出版社, 1987.）

曲阜城内陋巷还有供奉孔子弟子颜回的颜庙，规制低于孔庙，规模亦在明代达到顶峰。

（二）岳庙

五岳祭祀的传统，很早就已经形成。中岳、东岳、西岳在汉代就已立庙祭祀，唐时初步确立了五岳、五镇、四海、四渎的祭祀，北宋真宗时期将祭祀建筑制度进一步系统化，岳镇海渎庙建筑制度亦在其中基本奠定。五岳的封号也在北宋真宗时达到顶峰，由唐时的"王"升为"帝"。明洪武三年（1370年），去五岳封号，仅称本名，岳庙祭祀为中祀，建筑制度上多延续了宋代确立的规制。

1. 岱庙

泰山为五岳之首，岱庙位于泰安州城内西北，泰山南麓，汉代就已经立庙祭祀，但位置与今庙不在一处。现岱庙的规模为宋代确立，宫城范围呈长方形，南北约405.7米、东西约235.7米，占地规模接近泰安州城的1/4。金末庙内建筑大部分毁于兵火，元明时期又有修治。庙前有遥参亭，前为遥参门，门之前为御街。遥参亭北为岱庙正门正阳门（图8-19），为城楼形式，下为城台，开三门道，门道存古制使用排叉柱，上立城楼，正阳门东、西又开二门。城墙环绕庙域，其余三面各开一门，四角按照宫殿规制设角楼，按照方位，东南曰巽楼，东北曰艮楼，西北曰乾楼，西南曰坤楼。正阳门北为第二道门配天门，配天门后为仁安门，仁安门内即为岱庙主殿峻极殿所在院落，院内原应有回廊环绕，鼓楼、钟楼东西对峙，楼后各为斋房。峻极殿后为寝宫，宫左右有配寝，再北为岱庙北门鲁瞻门。鲁瞻门外，即为泰山登山道之始。正殿峻极殿（明初称仁安殿）立于两重台基之上，殿前有巨大月台，殿面阔九间（殿身七间），重檐庑殿顶，虽经明清重修，木构仍保留了相当多的早期建筑的特征，殿内墙壁上保留了大幅壁画（图8-20～图8-23）。

图8-19 岱庙正阳门

（孙大章. 中国建筑艺术全集 第9卷 坛庙建筑[M]. 中国建筑工业出版社，2000：34）

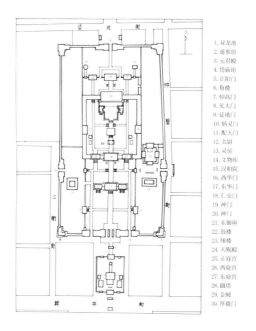
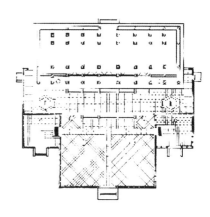

1. 双龙池
2. 遥参坊
3. 元君殿
4. 岱庙坊
5. 正阳门
6. 角楼
7. 仰高门
8. 见大门
9. 延禧门
10. 炳灵门
11. 配天门
12. 太尉
13. 灵侯
14. 文物库
15. 汉柏院
16. 西华门
17. 东华门
18. 仁安门
19. 神门
20. 神门
21. 东御座
22. 鼓楼
23. 钟楼
24. 天贶殿
25. 正寝宫
26. 西寝宫
27. 东寝宫
28. 铜塔
29. 金阙
30. 厚载门

图8-20　岱庙平面图
（同济大学80年代岱庙测绘图）

图8-21　岱庙正殿——天贶殿平面图
（同济大学81年代岱庙测绘图）

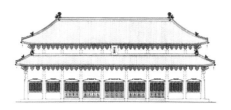
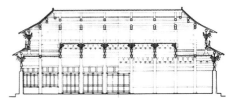

图8-22　岱庙天贶殿正立面图
（同济大学82年代岱庙测绘图）

图8-23　岱庙天贶殿纵剖面图
（同济大学83年代岱庙测绘图）

与皇帝宫殿相比，岱庙建筑群属于"王"的宫殿等级，在建筑群的占地规模、建筑群门的配置以及正殿建筑的形制和细节等方面，都比帝王宫殿有所减杀。

东岳信仰是五岳信仰中最普遍的一个，从唐宋时代开始，东岳庙就在各个城市普遍设立。明代几乎所有的城市都有东岳庙的设置，但从规模和等级来说，都远逊于泰安的岱庙。

2．西岳庙

其他四座岳庙建筑群与岱庙有相同之处，也各有差异，但总体来说，五岳建筑群都体现出次于天子宫殿的"王"的等级特征。

西岳庙位于陕西省华阴县，位于华山之北。始建于汉武帝时，在黄神谷，后迁今址。西岳庙建筑群的规制同样是在宋代确立，明代成化、嘉靖、万历年间对其进行了大规模修建。

明万历年间的西岳庙，正门为五凤楼，楼为城台上建门屋形式，下门道有三，左右再各建两门。从五凤楼开始，庙域周围有城墙环绕，四隅建角楼。五凤楼前，还有灏灵门一道。由五凤楼向内为棂星门，棂星门两侧有碑亭。从棂星门向北为金城门，金城门内为西岳庙正殿院落。正殿灏灵殿，明时面阔为五间，单檐，殿前有月台，后寝殿面阔三间，正殿与寝殿以穿堂连接。正殿前院内立钟鼓楼，凿有水池。寝殿后有鱼池，水与殿前水池通。池后有北城墙连接的土台，上建楼阁。清代西岳庙又经修建，现存正殿面阔七间，进深五间，周围环廊，单檐歇山黄琉璃瓦顶（图8-24，图8-25）。

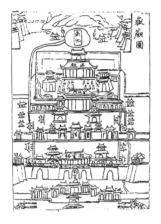

图8-24 万历西岳庙平面图
（明万历三十四年（1606年）
王民顺《续刻华山志》之庙图）

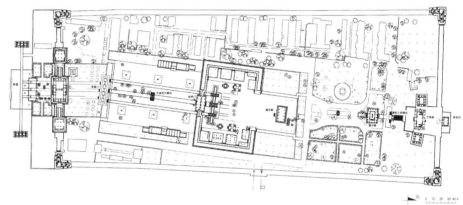

图8-25 西岳庙总平面图
（清华大学建筑学院2008年测绘）

第五节 墓葬

明代的陵墓制度是中国古代陵寝制度发展史上的一个转折点。祭祀制度的变化是导致陵寝建筑制度变化的根本原因。唐宋的陵墓基本上都由陵体、献殿所在的区域和寝殿所在的区域组成，唐宋称二区为上下宫。献殿为举行大礼的场所，而寝殿中供奉逝者的衣冠，有守陵宫人如其生前一样每日上食洒扫，寝殿中亦举行日常的祭祀活动。顾炎武在《日知录》中提到明代陵寝制度时认为："明代之制，无车马，无宫人，不起居，不进奉。"明代的陵寝制度革除了前朝的每日起居和宫人供奉的内容，将上下宫合并，将献殿与寝殿的功能集中于祾恩殿。有观点认为这种变化表明了陵寝祭祀中"灵魂"观念的淡化和礼制观念的加强。

明代帝陵共有18处，包括安徽凤阳朱元璋父亲的陵墓，江苏盱眙朱元璋祖父的祖陵、南京的孝陵、北京昌平的十三陵和西山的景帝陵、湖北钟祥嘉靖皇帝父亲的显陵等。其中，皇陵与祖陵的形制比较特殊；孝陵奠定了明代陵墓的新规制；孝陵之后的十三陵制度成熟，形成宏伟陵区；显陵乃由藩王墓改建为帝陵规制。明代皇家陵寝与清代皇家陵寝于2000年一起被列入《世界文化遗产名录》。

一、明皇陵

明皇陵为朱元璋父母的葬地，是明代最早营建的陵寝。洪武二年（1369年）以临濠为中都时，皇陵命名并着手建造；洪武八年（1375年）十月，筑皇陵城；洪武十一年（1378年）改建皇陵，洪武十二年（1379年）皇陵祭殿建成。

皇陵位于中都城外西南，因与中都城的位置关系，陵区坐南朝北，北门与中都城遥遥相对。整个皇陵规模庞大，有皇城、砖城、土城三道城。最外的城墙为土筑，周二十八里，四向开门，北门为正红门，三座，正红门与北墙有一夹角，故意扭向中都城南门方向，东、西、南三门各一座，各为三间。土城内为砖城，内外砖砌，周六里一百二十八步，砖城四向各开一门，门为城台，上有楼五间重檐，城楼又称明楼，北城门外另筑一道凸出的墙，墙上开门。北城门内神道两侧立华表、石人、石兽等共三十余对，直抵内皇城门外的御桥。御桥以北，便为祭殿所在的皇城，皇城墙为砖砌红墙，高二丈，周七十五丈五尺，正门为金门，面阔五间，门前有二碑亭东西对峙，西侧为皇陵碑。正殿又称皇堂，面阔九间，黄琉璃瓦顶，下为丹陛三级，殿前东西庑配殿，各十一间。皇堂南为皇城南门，出皇城后，即为陵体。陵体在砖城内偏南。神厨等辅助在北城门外，土城与砖城之间（图8-26，图8-27）。

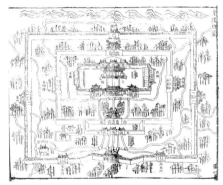

图8-26 中都志皇陵图
（王其亨. 中国建筑艺术全集(7)——明代陵墓建筑[M]. 中国建筑工业出版社，2000.）

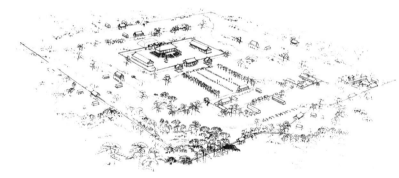

图8-27 皇陵复原图
（王其亨. 中国建筑艺术全集(7)——明代陵墓建筑[M]. 中国建筑工业出版社，2000.）

明皇陵的规划继承了前代帝王陵寝中心对称、四向开门的一些特点，但又有很大的不同，如按照与中都城的位置关系设置朝向，仿照官殿规制设置城门与院落，还有祭殿院落成为皇陵的核心区域等。这些特点中，对祭殿院落的重视，为之后的明代陵寝规划所继承。处在陵墓制度转折时期的明皇陵规划，在古代陵寝制度中具有承上启下的地位。

二、明孝陵

孝陵为太祖朱元璋陵墓，在南京城东钟山之阳，于蒋山寺旧基建成。洪武十五年（1382年），葬马皇后于孝陵，次年建孝陵享殿。永乐三年（1405年）建碑亭，九年（1411年）建大金门。

孝陵有内外两重垣。外垣周45里，从南京朝阳门东行至下马坊，有神烈山碑，折向北至大金门，进入孝陵外垣，至神功圣德碑亭，过大石桥，神道开始，为了绕开孙权墓梅花山山头而显曲折，沿神道两侧布置石像生12对，石望柱1对，石人4对。神道尽为棂星门三道，又北，为御河桥，再北为文武方门，即孝陵内垣之南门。再北，为享殿之门，后即孝陵享殿，又称孝陵殿，丹陛三层，均用楠木。殿已毁，唯余台基。殿北有门三道，过石桥后即为宝城，宝城南为方城明楼，下有甬道，台上建明楼，甬道的端头，在明楼与宝城宝顶之间形成一个哑巴院，院两侧有楼梯可登明楼。皇帝梓宫就葬于宝城之下。孝陵垣内有松10万株，鹿千头（图8-28）。

图8-28　明孝陵复原鸟瞰图
（王其亨. 中国建筑艺术全集(7)——明代陵墓建筑[M]. 中国建筑工业出版社，2000.）

明孝陵改皇陵四向开门的格局，结合自然地形，采用了弯曲神道，强调了纵向轴线，开创了明清陵寝制度的新格局。孝陵保留了皇陵明楼的设置并加以简化变通，继续了皇陵对享殿祭祀区域的强调，明清陵寝制度自此开始定型。

三、十三陵

明成祖以下诸帝，除了景泰皇帝葬于西山，其余十三帝均葬于北京西郊昌平天寿山麓，后人通称其为十三陵。在大约80平方公里的范围内，各陵以天寿山为屏障，三面环山，南面开敞，形成气势宏大的陵区。各陵公用一个陵区总入口与一条总神道，总神道长约7公里，依次建有石牌坊、大红门、碑亭、华表、神道柱、石像生及棂星门。每座陵墓各占据一片山坡，形成各自的陵区，规制接近而大小不同，其中以十三陵中最早建设的成祖皇帝的长陵规模最大（图8-29）。

各陵陵区的布置，轴线上依次为陵门、祾恩门、祾恩殿、内红门、二柱门、方城明楼、宝城宝顶；有些陵区略有增减。祾恩殿为陵区的主体建筑，内供奉逝者牌位；方城明楼内立皇帝庙谥石碑，楼前置石几筵，上为石五供；陵体称为宝城，下为地宫。

长陵始建于永乐七年（1409年），十一年正月地宫建成，二月葬成祖之仁孝皇后，永乐二十二年（1424年）十二月葬成祖。长陵在十三陵中居于陵区中心，位置最为显著。长陵祾恩殿为中国现存最大的木构殿宇，面阔9间，66.64米，进深5间，29.30米，重檐庑殿顶，建筑面积约2000平方米，殿内32根楠木柱，直径达1.17米，殿立于三重台基之上。宝城亦长陵最大，史书记载其直径为明尺一百零一丈八尺（图8-30）。

定陵为神宗皇帝的陵寝，位于长陵西南，万历十二年（1584年）始建，泰昌元年（1620年）葬神宗与其皇后，天启元年（1621年）筑宝城宝顶。定陵在十三陵中属规模较大的陵寝，位于长陵西南约2.3公里。定陵布局与长陵类似，略有不同，陵区绕以两重墙垣，祾恩殿后无内红门。定陵地宫为唯一经考古发掘的明代帝王陵寝地宫。地宫埋于宝城下30余米。墓室为石砌拱券结构，有前、中、后三殿和左右配殿，后殿中安放帝后棺椁，中殿安放随葬物品和帝后御座，左右配殿中有棺床，各殿之间有石门隔开，前殿前有隧道券，外封以金刚墙（图8-31）。

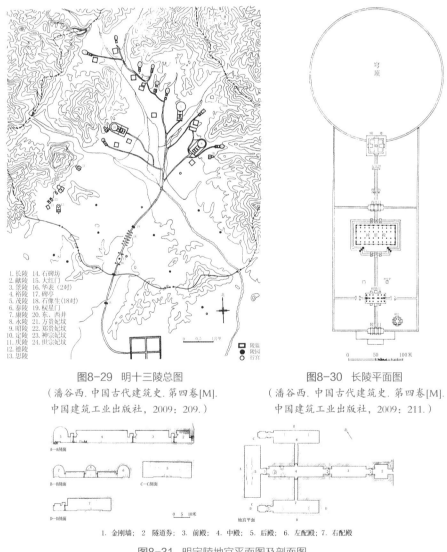

1. 长陵 14. 石碑坊
2. 献陵 15. 大红门
3. 景陵 16. 华表（2对）
4. 裕陵 17. 碑亭
5. 茂陵 18. 石像生(18对)
6. 泰陵 19. 棂星门
7. 康陵 20. 东、西井
8. 永陵 21. 万贵妃坟
9. 昭陵 22. 郑贵妃坟
10. 定陵 23. 神宗妃坟
11. 庆陵 24. 世宗妃坟
12. 德陵
13. 思陵
陵监
陵园
行宫
北

图8-29 明十三陵总图

（潘谷西. 中国古代建筑史. 第四卷[M]. 中国建筑工业出版社，2009：209.）

穹顶
0 50 100米

图8-30 长陵平面图

（潘谷西. 中国古代建筑史. 第四卷[M]. 中国建筑工业出版社，2009：211.）

A—A剖面
B—B剖面
C—C剖面
D—D剖面
地宫平面
0 5 10米
北

1. 金刚墙；2 隧道券；3. 前殿；4. 中殿；5. 后殿；6. 左配殿；7. 右配殿

图8-31 明定陵地宫平面图及剖面图

（王其亨. 中国建筑艺术全集(7)——明代陵墓建筑[M]. 中国建筑工业出版社，2000.）

四、明显陵

明显陵位于湖北钟祥，为明世宗皇帝父亲的陵寝。钟祥，明为安陆州，世宗之父朱祐杬为宪宗皇帝第四子，成化二十三年（1487年）封为兴王，封国在安陆。正德十四年（1519年）兴王去世，正德十六年（1521年），因武宗崩逝无嗣，按照规定，兴王世子入北京继承皇位，即世宗。

兴王去世后，按照王的礼仪葬在安陆松林山。世宗即位后，追封其父为兴献帝，因此对其坟墓进行了帝陵的改造。从嘉靖二年（1523年）开始，至嘉靖十八年（1539年）献皇后入附，显陵改造持续了十余年的时间。

改造完成的显陵，与北京十三陵布局接近，但仍有其独特之处。整个陵区有一条溪水蜿蜒贯穿；在陵区的新红门外，有一水池，名为外明塘；在祾恩殿院落前，祾恩门外有一圆形水池，曰内明塘；另外，显陵有独特的双宝城布局，前宝城为兴献帝原梓官所在，后宝城为改建后的帝后合葬墓。享殿院落内，祾恩殿五间，重檐歇山顶，祾恩门三间，门外碑亭二座，左为纪瑞文碑，右为纯德山祭告文碑。木构都已毁坏，仅存台基遗址（图8-32）。

明代帝陵的建筑形成了4种类型：一是皇陵和祖陵，主要参照宋代陵寝制度而略有变革，属于初始型；二是孝陵和长陵，集成前代陵寝制度要素而鼎力更新，创立了明代特有的规制，并成为后世各帝陵的基本范型，属于创制型；三是逊制型，包括献陵、景陵、裕陵、泰陵、康陵、显陵、永陵、昭陵、定陵、庆陵和德陵等绝大多数帝陵，效仿孝陵和长陵制度却又不同程度地缩减了规模，以"逊避祖陵"；四是景泰陵和思陵，分别由亲王坟和贵妃坟改建形成，属于特例型，实际也是最简陋的明代帝陵[①]（图8-33）。

明代的陵墓制度、建筑艺术和技术都凸显出了强烈的等级差别，如方城、明楼只出现在帝陵之中，是其重要标志之一，藩王及其他皇室成员的陵墓都不得使用。在陵墓择地方面也一改前期帝陵建筑表现高大陵体和环境的处理手法，而是注重建筑与山、水之间的协调。除祾恩门、祾恩殿、厢房配殿之外，明代陵寝建筑的陵门、碑亭、方城、明楼等重要建筑都采用砖石拱券砌筑。明代陵墓制度、建筑特征和构造方式在清代得到了继承和发展。

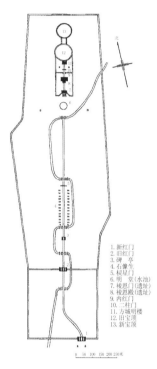

1. 新红门
2. 旧红门
3. 碑 亭
4. 石像生
5. 棂星门
6. 明 塘（水池）
7. 祾恩门（遗址）
8. 祾恩殿（遗址）
9. 内红门
10. 二柱门
11. 方城明楼
12. 旧宝顶
13. 新宝顶

0 50 100 150 200 250米

图8-32 明显陵总平面图
（潘谷西. 中国古代建筑史. 第四卷[M]. 中国建筑工业出版社，2009：216.）

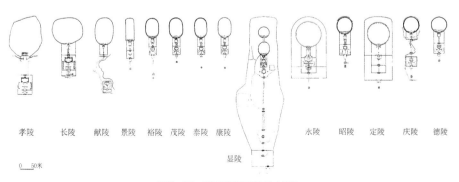

孝陵　长陵　献陵　景陵　裕陵　茂陵　泰陵　康陵　　永陵　昭陵　定陵　庆陵　德陵

显陵

0 50米

图8-33 明代帝陵平面比较图
（王其亨. 中国建筑艺术全集（7）——明代陵墓建筑[M]. 中国建筑工业出版社，2000.）

① 王其亨. 中国建筑艺术全集 7 明代陵墓建筑[M]. 中国建筑工业出版社，2000：6.

第六节 宗教建筑

一、佛教建筑

明代的佛教以禅宗、净土宗最为流行,而此时的禅宗与早期的禅宗不同,呈现出诸宗融合的势态,净土信仰的流行是佛教进一步世俗化的标志,"禅净双修"的模式是明代寺院的重要特征。明太祖将寺院分为禅、讲、教三类功能,其中"教"寺即是专为举行法事而设,这一世俗功能在明代的佛教寺院中占了很大比重。明代佛教四大名山的信仰已经形成,分别是山西五台山的文殊菩萨道场,浙江普陀山的观音菩萨道场,四川峨眉山的普贤菩萨道场和安徽九华山的地藏菩萨道场。四大名山宗派杂处,如五台山就兼有青庙与黄庙①。

藏传佛教在元代受到了蒙古王族信奉,至明洪武、永乐时期均有藏传佛教僧人在皇室活动,尤其是永乐时期对藏僧崇敬有加,但明代的相关藏传佛教政策本质上是一套羁縻御边的统治政策。明代的藏传佛教寺庙多见于藏区,蒙古地区也建造了一些,汉地则仍然以禅宗寺庙为主。

(一)明代南京的佛寺

明初都城南京的寺庙是当时佛寺建设活动的集中反映。明太祖本人登基前曾经出家为僧,且太祖、成祖二帝都崇信佛教,在定都南京后建造恢复了一批佛寺。关于南京佛寺,一本明代文献《金陵梵刹志》留下了丰富的资料。

书中记载明代南京有"大寺三,次大寺五,中寺三十二,小寺一百二十,其最下不入志者百余"。三座大寺分别为灵谷寺、天界寺和天禧寺(报恩寺),五座次大寺分别为能仁寺、鸡鸣寺、栖霞寺、静海寺和弘觉寺,均在洪武永乐年间落成。寺庙之间有因属关系,大寺统中寺,中寺统小寺。规模稍大的寺院主体建筑一般有山门、金刚殿、天王殿、大雄宝殿、法堂、毗卢阁或藏经殿、方丈等,钟楼、鼓楼对称设置在山门或金刚殿之后,伽蓝殿、祖师殿或者观音殿、轮藏殿(或地藏殿)往往设置为大雄宝殿前后的配殿;面积最大的大寺占地600亩,如城南的天界寺,面积小的小寺可能只有一院,在1~2亩。

南京大报恩寺位于南京城聚宝门外,旧址为东晋长干寺。明初,太祖对之进行重建,永乐十年,成祖敕工部重建寺内梵宇,样式模仿大内宫殿,并赐额大报恩寺,为其父母祈福。寺北临护城河,主要轴线坐东朝西,轴线上建筑依次为金刚殿、天王殿、大佛殿、塔、观音殿、法堂。天王殿前,碑亭左右对立,天王殿、大佛殿与塔周围有回廊环绕,大佛殿前经藏殿和轮藏殿分列左右,观音殿前左右有伽蓝殿与祖师堂。主轴线的南侧,还有禅堂、方丈、经殿、僧房、旃檀林等建筑,寺后有放生池占地八亩。整座报恩寺规模巨大,占地周围"九里十三步",面积四百亩。报恩寺正殿,三重台基,露台雕栏,石陛九级,丹墀之广一仿天子宫殿。报恩寺内的琉璃塔,前身为东晋时长干寺的阿育王塔,琉璃塔为永乐十年(1412年)

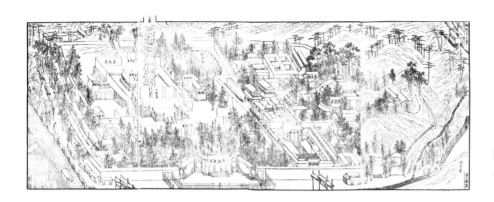

图8-34 《金陵梵刹志》中的报
恩寺图
（金陵梵刹志）

朱棣命工部重建。这座建筑在建成后的四百年间一直被视作南京的象征，至清咸
丰六年（1856年）被毁。报恩寺琉璃塔，平面八边形，"下周广四十寻"（合32
丈），九级，"通高地面至宝珠顶二十四丈六尺一寸九分"。报恩寺塔外表的琉璃
构件在烧造的时候，一式三份，用一份，剩余的两份埋入地下，编号以备修补时替
换。现报恩寺唯余碑亭内的碑刻留存于地面之上（图8-34）。

（二）北京智化寺

智化寺位于北京东城区禄米仓胡同，建于明正统八年（1443年），由太监王
振的家庙改建。寺庙的布局比较典型：入口有山门，门内钟鼓楼对峙，入山门后第
一进为天王殿（智化门），后为正殿智化殿，殿前西为轮藏殿，东为大智殿，再后
为如来殿，殿实为两层楼阁，下称如来殿，上称万佛阁（图8-35）。

山门为砖石建筑，单檐歇山顶，单门道。山门内的钟鼓楼，下檐为三踩单翘斗
栱，转角使用了附角斗，上檐为三踩单昂斗栱。天王殿面阔三间，单檐歇山顶，用
三踩单昂斗栱，门左右开欢门式窗，门窗间装障日板。正殿智化殿面阔三间，单檐
歇山黑色琉璃瓦顶，门窗均为菱花格栅，檐下斗栱为五踩重昂，面阔方向明间平身
科六攒，次间四攒，转角用附角斗，殿后为后代加建之抱厦。智化殿前西侧，为轮
藏殿，殿内设八角形转轮藏，下为须弥座，上为木质轮藏，轮藏上雕刻受藏传佛教
的影响。殿顶原设藻井，下方上圆。万佛阁在智化殿北，为楼阁，下层面阔五间，
各间为菱花格栅门窗，上层面阔三间，每间供佛一尊，壁面设小佛龛，顶部中央原
有精美的斗八藻井，为明代旧物，20世纪30年代流失海外，现藏于美国纳尔逊博
物馆，顶部天花和室内梁架上保留了明代彩画。下檐斗栱五踩单翘单昂，上檐七
踩单翘重昂，斗口约为8厘米，面阔方向明间平身科六攒，次间四攒，下檐梢间一
攒；两山方向，下檐中间平身科八攒，前后间一攒，上檐平身科九间（图8-36，
图8-37）。

智化寺规模不大，殿宇等级也不高，却为现北京城区保存最完整的明代寺庙建
筑群，其组成、建筑构架、室内小木装修以及建筑的彩画均保存了明代风格，异常
精美，是明代佛寺的珍贵实例。

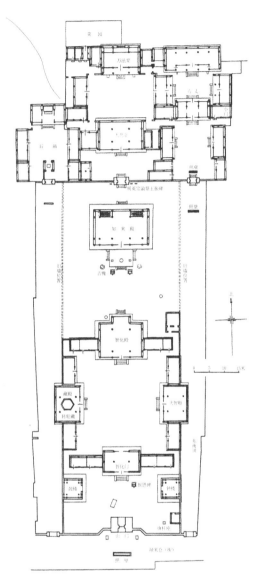

图8-35 智化寺平面图
（潘谷西. 中国古代建筑史. 第四卷[M].
中国建筑工业出版社，2009：330.）

图8-36 智化寺智化殿
（白颖 摄）

图8-37 智化寺万佛阁
（白颖 摄）

（三）平武报恩寺[①]

平武报恩寺位于四川省西部平武县龙安镇东北角山麓，为龙州土司金事王玺奏请朝廷为报答皇恩而建，动工于明正统五年（1440年），至正统十一年（1446年）完工，壁画、塑像等至天顺四年（1460年）完成。

平武报恩寺坐西向东，规模宏阔，占地面积约2.5公顷。寺前为广场，沿轴线方向依次为山门、石桥、天王殿、大雄宝殿及万佛阁。天王殿前左为钟楼，大雄宝殿前大悲殿和华严藏殿左右对立，万佛阁前庭院立有二碑亭，万佛阁两侧有廊庑至华严藏殿与大悲殿两侧，大雄宝殿左右有斜廊与之连接，此种廊院式的格局为明代大型建筑群常用之手法，但留存下来的实例甚少（图8-38）。

寺内主要建筑大部分为明代原物，建筑手法结合明官式特征与四川地方做法。

①
李先逵《深山名刹平武报恩寺》古建园林技术，1994年第2期。

大雄宝殿殿身面阔三间，周围廊，重檐歇山顶，殿前有月台。上檐斗栱采用了45度方向的斜栱。殿内彩画、雕塑、壁画均为明代遗物。华严藏殿中的转轮藏为不多见的明代实例。

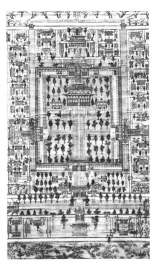

（四）太原崇善寺

崇善寺位于山西省太原市东南，为洪武十四年（1381年）明太祖第三子晋王朱棡为纪念其母而建。清同治三年（1864年）寺庙大部分被毁，现仅余原寺内后部大悲殿院落一组建筑，其中面阔7间的大悲殿仍保留着明初木构建筑的特征。

寺内藏有成化十八年（1482年）的寺庙总图，从中可以看出明代该寺庙的布局特点。寺庙布局规整，东西各八小院布置在主院周围的通道旁，朝主院方向开门。主院落居于建筑中心，周围廊庑环绕。中轴线上，寺庙入口为金刚殿，后为天王殿，殿前东西伽蓝殿对峙；天王殿即为寺庙的正殿，面阔总为九间，重檐，与其后毗卢殿间有穿廊连接，形成工字殿布局，规格较高。正殿前东西两侧回廊间分别有罗汉殿与轮藏殿，毗卢殿后有东西向通道，通道后为现仍留存的大悲殿院落。大悲殿院落东西两侧原还有方丈。该图体现了明代早期大型建筑群的布局手法（图8-39~图8-41）。

图8-39 明成化年间太原崇善寺全图

（张纪仲，安笈. 太原崇善寺文物图录[M]. 山西人民出版社，1987.）

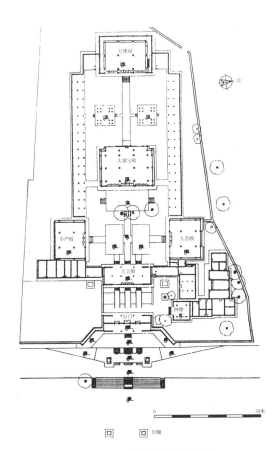

图8-38 平武报恩寺总平面图

（潘谷西. 中国古代建筑史. 第四卷[M]. 中国建筑工业出版社，2009：337.）

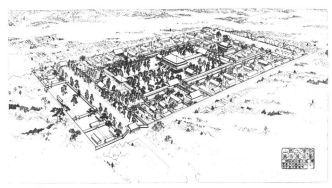

图8-40 太原崇善寺复原图

（刘敦桢. 中国古代建筑史. 第二版[M]. 1984：373.）

图8-41 崇善寺大悲殿

（张纪仲，安笈. 太原崇善寺文物图录[M]. 山西人民出版社，1987./（山西古建筑地图集更新））

①
张驭寰，杜仙洲《青海乐都瞿昙寺调查报告》，《文物》1964：5，46-53。

根据记载，明崇善寺"南北袤三百四十四步，东西广一百七十六步"，约为550米×280米。

（五）青海乐都瞿昙寺①

青海乐都瞿昙寺是一个采用了汉地建筑形式的藏传佛教建筑群。

乐都明初置碾伯卫。瞿昙寺位于乐都城南40里，坐北朝南，南临湟水，北靠群山。寺周有城墙，为夯土砌筑，城分内外两部分，外为民居，内为寺，现周边土墙已不完整。

瞿昙寺是太祖朱元璋为喇嘛三罗敕建，洪武二十六年（1393年）赐额"瞿昙"。永乐间，成祖下诏重修佛殿，至宣德二年（1427年），宣宗又于寺后修建隆国殿（图8-42），寺庙规制至此达到顶峰。此后寺庙又经局部修补，加建了四座喇嘛塔。总体来说，瞿昙寺是一个保持完整、规模宏阔的明代建筑群。

山门为建筑群的入口，面阔三间，单檐歇山顶。门外有八字墙，门内东西碑亭两座，再北为金刚殿，殿面阔三间，单檐悬山顶，不施斗栱，两侧通以连廊。金刚殿后为瞿昙殿（图8-43），总面阔五间，重檐歇山顶，太祖赐额"瞿昙寺"便悬于该殿内，殿前后代添设抱厦三间，四座加建的喇嘛塔位于瞿昙殿周围。瞿昙殿后为宝光殿，总面阔五间，重檐歇山顶，规模大于瞿昙殿，四面围廊，殿前有月台，两侧砌砖墙，宝光殿外檐上还保留着部分明代旋子彩画。宝光殿后，为全寺中最大的殿宇隆国殿，殿立于高大须弥座台基之上，前有巨大月台，殿身面阔五间，总面阔七间，重檐庑殿顶，下檐四周环廊。正面除去下檐尽间以外，其余各间平身科俱为四攒。下檐用重昂五踩斗栱，上檐用单翘重昂七踩斗栱，一些构件的细节特征与北京的明官式建筑非常接近，建筑上仍留存了明代旋子彩画的痕迹。从金刚殿至隆国殿，院落整个为回廊环绕，廊内墙面绘有壁画，木构上保留了部分明代彩画的痕迹。瞿昙殿至宝光殿之间的两侧回廊上，设前钟鼓楼；隆国殿前两侧回廊上，设后钟鼓楼。回廊至宝光殿后，随地势升高，以斜廊与隆国殿连接，体现了明代早期回廊院布局的特点（图8-44）。

瞿昙寺内大部分建筑都保留着明代官式建筑的特征，同时在院落组合上，也是一个非常珍贵的明代建筑群实例。

图8-42　瞿昙寺隆国殿
（故宫博物院官网）

图8-43　瞿昙寺瞿昙殿
（故宫博物院官网）

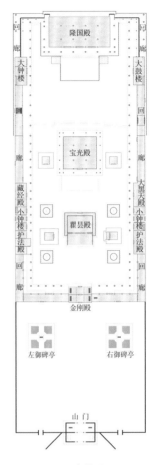

（六）北京真觉寺金刚宝座塔

金刚宝座塔供奉金刚界的五部主佛，属于密宗信仰，是在一座台基之上建造五塔，以中部塔为主体，四角各附一塔，五塔象征金刚界的五座主佛，中为大日如来佛。北京真觉寺金刚宝座塔创于明永乐年间，建成于成化九年（1473年），是现存金刚宝座塔的最早实例。

真觉寺金刚宝座塔台基高7.7米，接近方形。五塔均为密檐式方塔，中塔十三层檐，四角塔十一层檐。台基内有踏道，踏道出口处覆一亭。台基内有环形通道，中心柱四面有佛龛。台基与塔身周围遍布雕刻。

二、道教建筑

明代关于道教建筑最著名的事件便是永乐朝成祖对武当山的建设。成祖起兵北京，南下从其侄子建文帝的手中夺取了政权，声称受到北方之神真武大帝的庇佑，于是即位后就在真武得道之处的武当山修建宫观。武当又名"太和""玄岳"，人谓其非真武莫可以当，因名为"武当"。武当山位于湖北省北部，主峰天柱峰海拔1612米，唐至元之间屡有修建。永乐朝的建造工程历时十四年（1411—1424年），共建成净乐、玉虚、遇真、紫霄、五龙、南岩、太和等七宫和元和、回龙、八仙、仁威、复真等九观，加上行宫、庵、祠、岩庙等，共有33处，后成化年间又增迎恩宫。整个永乐年间的武当山营造，从湖广、浙江、四川、陕西、河南等地调集军民夫匠20万人。

武当山道教建筑群沿着山北麓的两条溪流布置，明代所建工程中的大多数集中于剑河东侧，整个路线由均州城的净乐宫出发，经治世玄岳坊至遇真宫，然后分两路入山，终点为天柱峰顶的太和宫（图8-45，图8-46）。

图8-44　瞿昙寺总图
（故宫博物院官网）

图8-45　武当山道教建筑分布图
（潘谷西.中国古代建筑史.第四卷[M].
中国建筑工业出版社，2009：383.）

图8-46　武当山金顶太和宫
（祝建华.世界文化遗产——武当山古建筑群[M].中国建
筑工业出版社，2005：132.）

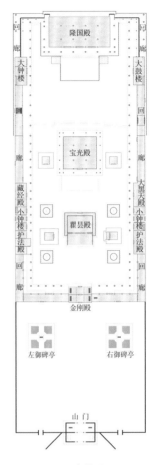

（一）玉虚宫

玉虚宫在展旗峰北，传为真仙张三丰结庵之处，在今武当山镇，海拔约189米。在永乐所建的宫观中，玉虚宫规模最大，基址范围南北370米、东西170米，明时为武当山甲宫，"凡遇为国为民修崇醮典，须设总坛于此"。永乐年间营建武当宫观时，以其为建设工程的总指挥部，明清两代曾驻军于此。

玉虚宫建筑坐南朝北，"规模广阔，形势雄伟，左引崇岗，右浚曲水，前列翠屏，后枕华麓"。永乐十年（1412年）奉敕始建，嘉靖三十一年（1552年）扩建，有"玄帝大殿、山门、廊庑、东西圣旨碑亭、神厨、神库、方丈、斋堂、厨堂、仓库、道众寮室、浴堂、井亭、云堂、钵堂、圜室、客堂，山门外左右真官二祠、东岳庙、祭祀坛，宫之左圣师殿、祖师殿、仙楼、仙衣亭、仙衣库、西道院"，"宫之右涧东有东道院，计五百三十四间。其宫门外复设东天门、西天门、北天门，俱有道院"①。现玉虚宫建筑已大部分毁于火，仅余门、碑亭、殿基的残余，从残存殿宇仍能看到敕建时的气势和格局。中轴线上由北到南依次为大宫门、玉带桥、二宫门、龙虎殿、大殿、父母殿。正殿基址，面阔七间，为武当明初敕建宫观中正殿之最大者。宫内残存的明代琉璃焚帛炉采用琉璃构件仿木构的形式，门窗、彩画纹样都是明代官式建筑的做法，屋面用黑琉璃瓦绿剪边（图8-47）。

图8-47 武当山玉虚宫遗址

（祝建华.世界文化遗产——武当山古建筑群[M].中国建筑工业出版社，2005：41.）

（二）紫霄宫

紫霄宫位于天柱峰北展旗峰下，海拔804米左右，为武当山明代宫观中建筑保存最完好者。紫霄宫始建于北宋年间，明永乐十一年（1413年）依山扩建，随着山势逐渐升高。宫前有桥跨过溪水，轴线上建筑依次为龙虎殿、十方堂、紫霄殿、父母殿。紫霄殿为全宫正殿，现存大殿总面阔五间，约26.27米，进深五间，约18.38米，重檐歇山顶，殿前月台两重，木构架大部分仍保留明初官式建筑特征。斗口约10.5厘米，下檐五踩重昂后尾镏金斗栱，上檐七踩单翘重昂斗栱。柱头科栱和昂的宽度都约为1.7斗口，面阔方向平身科明间6攒，次间4攒，下檐尽间1攒，山

图8-48 武当山紫霄宫正殿
（张亦驰 摄）

面明间平身科4攒，次间2攒，下檐尽间1攒。平板枋仍接近宋元时代的特征，宽于额枋，呈"T"形断面，与清官式不同。门窗采用三交六椀菱花格扇。建筑的彩画瓦作等后代改动较大。

紫霄宫内保留的琉璃焚帛炉以及八字墙等有明代特征（图8-48）。

（三）南岩宫

南岩宫东连紫霄宫，南向天柱峰，西邻青羊涧，北瞰五龙宫，坐南朝北，海拔964.7米。建筑初创于唐，宋、元初具规模。唐时吕洞宾曾于此修道，赋诗刻碣，今仍存于宫内两仪殿外。宋初设南岩为大道场，宋理宗时，召道士刘真人赐住南岩办道，并"引以石经，荫以松杉"。宋德祐年间（1275年）异人曾大宥皈依道人汪真常，独结茅于南岩，募化修庙。元初至元二十一年（1284年），高道张守清在此"凿岩平谷，广建宫廷"，于至大三年（1310年）竣工，皇太后赐宫额"天乙真庆万寿宫"，并赐张守清为"体玄妙应太和真人"。延祐元年（1314年）赐加宫额"大天乙真庆万寿宫"。元末均罹兵焚，大部分殿堂焚为废墟。永乐年间，南岩宫建成玄帝大殿、龙虎殿、玉皇殿、圆光殿、五组殿等。明嘉靖年间（1552年），南岩宫扩建至600余间。

南岩宫建筑群利用地形，沿崖面展开布局，明王世贞《武当歌》比较南岩、紫霄二宫，认为"南岩雄奇紫霄丽"。南岩宫建筑群有南北二入口，分别为南天门与北天门，碑亭沿山势不对称设置，由南天门经碑亭，绕过突出的崖面南转，为主院落的入口龙虎殿，龙虎殿内高大的二层台基上为正殿玄帝殿，玄帝殿后为悬崖，东南角方向顺崖面展开一组进深较小的建筑，分别为两仪殿、藏经楼以及元代天乙真庆宫石殿，龙头香向崖面外挑出。整组建筑布局回旋错落，有很好的视觉效果（图8-49～图8-51）。

图8-49 南岩宫平面图
(《武当山建筑群》)

图8-50 南岩宫剖面图
(《武当山建筑群》)

图8-51 南岩宫远眺
(唐恒鲁 摄)

正殿玄帝殿,民国年间毁于火,仅余残垣与柱础,近年重建。从遗留的平面柱网看,南岩宫玄帝殿的开间进深与同时所建的紫霄宫大殿几乎完全相同。

(四)太和宫

太和宫位于武当山主峰天柱峰顶,为武当诸宫观的点睛之笔。太和宫模仿宫殿的格局,山顶周以石砌城墙,名为紫禁城,四面辟门。城内最高处为金殿,永乐十四年(1416年)铸于北京,构件由运河经长江、汉水运至武当山。金殿面阔进深都为三间,重檐庑殿顶,殿内供奉真武披发跣足像。金殿下檐用七踩重昂仿木斗栱,上檐用九踩重昂仿木斗栱,阑额与平板枋仍为"T"形断面(图8-52,图8-53)。

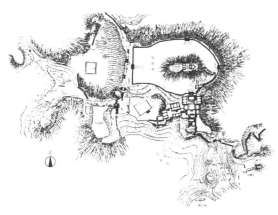

图8-52 武当山金顶太和宫平面图
(《武当山建筑群》)

图8-53 武当山金顶太和宫剖面图
(《武当山建筑群》)

金殿为铜铸镏金的铸造物,却精细地模仿了当时的官式木构建筑,铸造的木构件形象、彩画纹样、屋脊瓦作的样式为标准的明初官式。

1994年12月,武当山古建筑群被联合国教科文组织列入《世界文化遗产名录》。

三、伊斯兰教建筑

伊斯兰教自唐传入中国，经宋、元两代已有了较大的发展，大致形成了回族和维吾尔族两大系统。回族在全国很多城市都有分布，元代时蒙古人统治欧亚大陆，大批阿拉伯、波斯、中亚的穆斯林到达中国内地。明朝建立以后，中国与阿拉伯联系频繁，阿拉伯国家常有使节来华。永乐时的航海家郑和本身便是回族人，他曾多次下西洋，并到过圣城麦加。英宗时代也曾迁甘肃一带的回民千余人到江南定居。因此元明之后，回族的伊斯兰教建筑在中国广泛分布。清真寺建筑样式也逐渐融入汉式木构建筑体系。而维吾尔族主要分布在新疆，建筑样式受中亚伊斯兰教建筑影响很大，多用穹顶和拱券结构。

化觉巷清真寺位于明代西安城鼓楼西北，始创于唐玄宗天宝年间，现存格局为明洪武二十五年（1392年）所建。整座建筑坐西朝东，信徒礼拜时朝向圣城麦加所在方向。建筑群采用中国传统合院式布局，将伊斯兰教建筑中的邦克楼（或称光塔、宣礼塔）移到中轴线上，采用中国传统木结构的三重檐八角楼阁，名为"省心楼"。楼前轴线上依次有木牌楼、大门、石坊和二门，楼后有砖雕门、一真亭（又称凤凰亭）和礼拜殿。礼拜殿平面呈凸字形，面阔五间，总进深九间，屋顶为前后两个歇山顶勾连搭形式，有较大的室内空间，殿内不设塑像，凸出的后窑殿设拱形圣龛，供信徒礼拜，殿前有宽大的月台。轴线两侧结合伊斯兰教的礼仪和习惯，设浴室、客房、讲堂等建筑。整座建筑群的装饰，以阿拉伯文字、植物纹样及几何图案为主（图8-54～图8-57）。

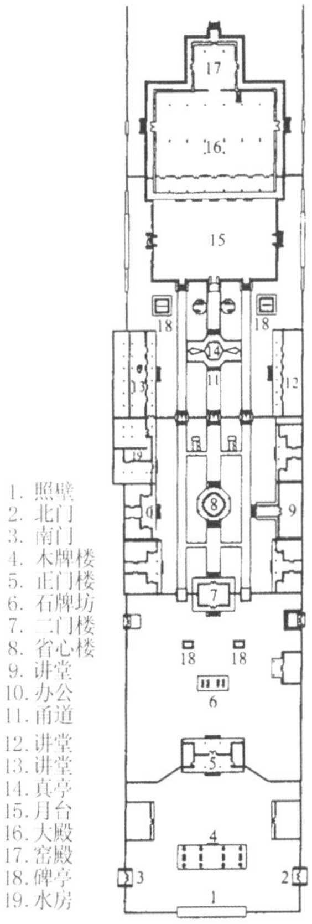

1. 照壁	
2. 北门	
3. 南门	
4. 木牌楼	
5. 正门楼	
6. 石牌坊	
7. 二门楼	
8. 省心楼	
9. 讲堂	
10. 办公	
11. 甬道	
12. 讲堂	
13. 讲堂	
14. 真亭	
15. 月台	
16. 大殿	
17. 窑殿	
18. 碑亭	
19. 水房	

图8-54 化觉巷清真寺平面图
（路秉杰. 中国建筑艺术全集(16)——伊斯兰教建筑[M]. 中国建筑工业出版社，2003.）

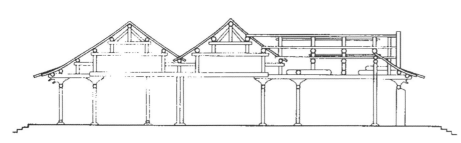

图8-55 化觉巷清真寺剖面图
（路秉杰. 中国建筑艺术全集(16)——伊斯兰教建筑[M]. 中国建筑工业出版社，2003.）

图8-56 化觉巷清真寺大门楼
（路秉杰. 中国建筑艺术全集(16)——伊斯兰教建筑[M]. 中国建筑工业出版社，2003.）

图8-57 化觉巷清真寺二门子及石牌楼
（路秉杰. 中国建筑艺术全集(16)——伊斯兰教建筑[M]. 中国建筑工业出版社，2003.）

①
"至于台榭苑囿之作，劳民财以为游观之乐，朕决不为之"。亦曾制定严格的舆服制度，不允许百官在"宅前后左右多占地，构亭馆，开池塘，以资游眺"。

第七节　园林

明代是中国造园史上承上启下的时期，实现了造园艺术从宋到清的过渡。

明初，天下初定，明太祖着力促进生产，恢复经济，以节俭治国，而园林被视作劳民伤财之举，制定了严格的制度来限制园林的建设，①因此，明初到明中叶园林的建设较少。随着经济的恢复与发展，禁令松弛，奢侈之风渐起。在北京，从宣宗、英宗时即开始了对西苑的营造活动。在民间，自正德以后，各地也开始大量兴建私家园林。私家园林造园手法的发展和成熟，可以看作明代园林发展的主要成就。

一、皇家园林

明初因为明太祖以节俭治国，视园林为"劳民财以为游观之乐"，因此在南京并没有大规模的皇家园林建造活动。

迁都北京后，先后营建了几处皇家园林：位于紫禁城中轴线北端的御花园，位于紫禁城内廷西路的建福宫花园，位于皇城北部中轴线上的万岁山，位于皇城西部在元大都宫苑基础上改建的西苑，位于西苑之西的兔苑，位于皇城东南部的东苑，还有在北京城南二十里的南苑。

御花园在紫禁城坤宁宫之北，始于永乐朝建北京宫殿之时，历代有增建。园内建筑沿着宫殿轴线呈大致的对称布置，中为钦安殿院落，院内有钦安殿及天一门两座建筑，院落周围配合花园尺度用矮墙围合。东西分别有养性斋、千秋亭、澄瑞亭和绛雪轩、万春亭、浮碧亭等建筑。院内假山池沼，花木扶疏。

西苑利用元代太液池的旧址改建而成。永乐迁都后，明成祖曾燕游于此，但当时不曾进行大的建设，基本依元之旧。至天顺年间（1457—1464年），开始进行大的建设活动。通过这次扩建，在圆坻上修建了团城，填平了圆坻与东岸间的水面，将圆坻与西岸间的木吊桥改建为大型石拱桥；往南开凿南海，扩大太液池的水面，奠定了北、中、南三海的布局；在琼华岛和北海北岸增建若干建筑物。此后嘉靖（1522—1566年）及万历（1573—1620年）两朝，又陆续在中、南海一带增建新的建筑，开辟新的景点。

明代的西苑整体布局继承了中国古代皇家造园艺术的传统，以太液池为中心，环池组织沿岸景点，西苑的水面面积占全园面积的一半以上，景观比较开阔。水面、岛和各种建筑物交相掩映，组成一个整体，诸多景点高低错落点缀其中。这一基本格局一直沿用到清朝。

明代南苑亦是在元飞放泊基础上改建的，又称南海子、上林苑，是习射打猎、训练兵马的场所，周160里。

二、私家园林

（一）明代江南园林

明代私家园林遗存至今的实例极少，拙政园、寄畅园等名园虽然始创于明代，但因后世的改造已非原貌。不过，通过当时的文献记载，尤其是各类造园记，可以对明代私家园林的情形进行分析。

明代私家园林的兴建以江南地区的太湖流域为中心，包括周边的扬州、徽州南部等地。江南地区自唐代开始就逐渐成为全国的经济中心，在宋室南迁后，因具有造园的自然环境优势，园林数量众多。其造园的风格，对明代北京等地的私家园林也产生了影响。

造园中心由唐宋时代的长安、洛阳向江南地区的转移，既带来了新的有利因素，同时也因新的限制条件而产生了新的园林风格。以苏州为例，与唐长安及北宋洛阳相比，差异非常明显。

就城市规模而言，隋唐长安及洛阳都是作为都城建造，在当时世界上是屈指可数的大型城市，而明代的苏州作为一地方性城市，其规模不能和隋唐长安、洛阳相比。

就城市密度而言，长安与洛阳因为规模空前宏大，城内建筑密度始终不高。如长安城南部诸坊始终未能发展起来，"自兴善寺以南四坊，东西尽郭，随时有居者，烟火不接，耕垦种植，阡陌相连"。而苏州城，在明初建筑还比较稀疏，[1]但随着江南经济的发展，自成化以后，人口剧增，密度增加，所谓"闻阎辐辏，绰楔林丛，城隅濠股，亭馆布列，略无隙地"。

就园林数量来说，唐代长安及北宋洛阳城内的园林主要为皇亲贵戚及高级官僚所建，一般的士庶阶层建造园林的记载则相对较少。而明代江南地区本为人文荟萃之地，在明代中期之后，更因商品经济的发达而产生了崇尚消费的奢侈之风，因此造园成为苏州的一种时尚。随着这一风气的流行，一般的士大夫阶层及富商等都开始建造园林，"苏州好，城里半园亭"，"虽闺阁下户，亦饰小山盆岛为玩"[2]。据统计，明代苏州城乡共有大小园林200多处，为全国之首。

在以上因素共同作用下，江南地区的园林规模远小于唐宋长安、洛阳的园林，动辄便占地一坊、半坊的大园林已不再出现，"纳须弥于芥子"成为私家园林理景的集中追求。

归田园居位于苏州娄门内春坊巷（今东北街），此处原是拙政园东侧的一部分，崇祯年间被贩售给御史王心一，于明末崇祯四年至八年（1631—1635年）建造完成。园内可分为两部分，东侧为荷池与秫香楼，西侧为山水亭台，中间以竹香廊分开。除大片荷塘外，还有诸多湖石在南侧堆叠假山，兰雪堂作为园内的主要建筑，与假山上的"缀云峰"隔涵青池相望，这也是明代园林中常见的山水与主体建筑的组合模式（图8-58）。

此外，明代中期之后，江南地区市民文化的兴盛，江南活跃的文人绘画与文人造园的结合，以及江南发达的建筑技术都对明代江南园林的风格产生了影响。

① 15世纪后期苏州人王锜说："吴中素号繁华，自张氏之据，天兵所临，虽不致屠戮，人民迁徙，实三都，戍远方者相继，至营籍教坊，邑里萧然，生计鲜薄，过者增感。正统、天顺间，余尝入城，咸谓稍复其旧，然犹未盛也。"

② 《吴风录》。

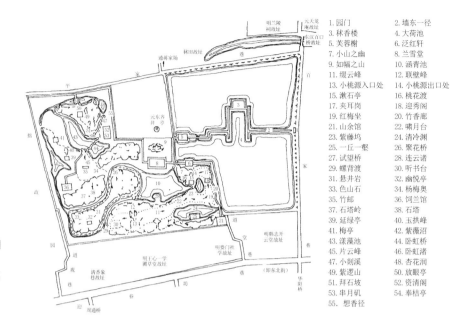

1. 园门　　　　　　2. 墙东一径
3. 秫香楼　　　　　4. 大荷池
5. 芙蓉榭　　　　　6. 泛红轩
7. 小山之幽　　　　8. 兰雪堂
9. 如幅之山　　　　10. 涵青池
11. 缀云峰　　　　　12. 联壁峰
13. 小桃源入口处　　14. 小桃源出口处
15. 漱石亭　　　　　16. 桃花渡
17. 夹耳岗　　　　　18. 迎秀阁
19. 红梅坐　　　　　20. 竹香廊
21. 山余馆　　　　　22. 啸月台
23. 紫藤坞　　　　　24. 清冷渊
25. 一丘一壑　　　　26. 聚花桥
27. 试望桥　　　　　28. 连云诸
29. 螺背渡　　　　　30. 听书台
31. 悬井岩　　　　　32. 幽悦亭
33. 色山石　　　　　34. 杨梅奥
35. 竹邮　　　　　　36. 饲兰馆
37. 石塔岭　　　　　38. 石塔
39. 延绿亭　　　　　40. 玉拱峰
41. 梅亭　　　　　　42. 紫薇沼
43. 漾藻池　　　　　44. 卧虹桥
45. 片云峰　　　　　46. 卧虹渚
47. 小剑溪　　　　　48. 放眼亭
49. 紫逻山　　　　　50. 放眼亭
51. 拜石坡　　　　　52. 资清阁
53. 串月矶　　　　　54. 奉桔亭
55. 想香径

图8-58　王氏后人所绘归田园
居复原图

（潘谷西. 中国古代建筑史. 第
四卷[M]. 中国建筑工业出版社，
2009：412.）

1. 叠石造山

在中国园林史上，早期的造山主要见于皇家园林与贵族的大型园林中，其山以土山为主，山体尺度较大。唐代园林中对石材的使用，主要以单块石材的欣赏为主，布置手法主要为置石，即石材横向的列、布。北宋末年艮岳的修建，带来了叠石造山技术的发展，石材开始应用于竖向的叠、掇。与土山相比，以石材叠成的山体更适合在小的空间内使用，而且江南多产名石，因此艮岳所采用的叠石造山技术在明代江南得以发展，出现了张南垣、计成等著名的叠山匠人，叠山理论也得到重大发展。

2. 理水技术

在早期园林中，园林水面以大型开敞式水面为主，水中多置小岛，在水中可以泛舟。

而明清江南园林因为已不可能建造大的水面，同时因为假山的流行，使园林中山与水的关系更为紧密，所以明代江南园林的水面处理一般有聚有分，且多是以聚为主，以分为辅，同时多在水池一角结合假山或建筑，用桥梁划分出一小部分的水面，以制造水源深远的感觉。

3. 园林建筑

明代江南园林在功能上也和唐宋长安、洛阳的园林不同。唐宋的大园林以宴游为主，平常主人不居于园中，只在宴饮时才来，因此园中的建筑不会太多。而明代江南园林一般紧邻住宅，与日常生活的关系更为紧密，园林具有宴饮、游赏、居住、读书等功能，甚至还包括祠堂、佛堂等，建筑类型更为丰富，建筑密度也大大增加。因此，建筑在明代江南园林中的地位非常重要，是组织、划分园林空间的重要手段。而空间组合更加灵活，运用衬托对比等多种手法，来追求园林空间的曲折、空透等效果。

在以上因素的共同作用下，形成了明代江南园林的风格。而在江南区域内，地区间的园林风格也有差异。比如苏州因文风昌盛，造园者多为仕人或者致仕还乡的官宦，园林风格保持着士流园林的格调；而扬州因居运河要路，为商贾聚集之所，园林兼有士流园林与商贾园林的特点，名贵石料云集，叠山技术特别发达，"名园以叠石胜"。明代江南园林的风格与造园手法对明清以来全国各地的园林都产生了或大或小的影响。

（二）明代北京园林

明代南北方私家园林的数量存在差异，据现有文献的不完全统计，南方的数量要大于北方。南方以江浙地区数量最多，北方则以北京数量为最。形成这种情况的原因有几个方面：一是自然气候不同，南方多雨，气温适宜花木生长；二是城市的文化与经济的差距，江南一带文人、商贾聚集，明中叶资本主义也在此地区开始萌芽；三是官僚文人聚集程度与民俗的区别，北京是明朝的政治文化中心，据《日下旧闻考》记载，明代的私家园林多为官僚士大夫所有。

明代北京城内集中了大量的皇亲、官宦，他们的住宅中往往有园林的设置。这些私园多因水而筑，以什刹海一带最为集中，如英国公的新园。据说英国公经过银锭桥时，为从水面观西山的开敞景色所震惊，于是买附近的观音庵地造新园。

西北郊海淀一带有众多私人别墅，比较著名的如清华园（李伟园）、勺园（米万钟园）等。清华园为神宗皇帝的外祖父武清侯李伟别业，被誉为"京国第一名园"，园以水为重点，水程数十里，除去大片水面之外，还有其他的水景处理，如"垒石以激水，其形如帘，其声如瀑"等。园内堆砌假山，水中起高楼，可俯瞰玉泉山。清康熙年间，在清华园的故址上修建了京郊五园之一畅春园。"李园壮丽，米园曲折"。米万钟的勺园占地百亩，亦是以水为主，幽亭曲榭，山水迂回，不可一览而尽。

三、造园家与造园著作

明代的私家造园在广泛实践的基础上积累了大量的创作经验，文人的参与又促使这些经验向系统化和理论性方面升华。于是，这个时期出现了许多造园家与有关造园理论的著作。造园家以张南垣父子为代表，计成的《园冶》和文震亨《长物志》为造园理论的代表。

（一）张南垣

张南垣，名涟，生于万历十五年（1587年），原籍华亭，晚年居嘉兴。张南垣少时工绘画，后毕生从事造园活动，为诸公贵人的座上客，"东南名园大抵多翁所构也"[①]。张南垣声名远播，亦受到京师造园的延请，还在清初参加了北京皇家

① 戴名世《张家翁传》。

图二一九十三
短棂式十七

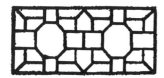

图二一九十四
短尺棂式一

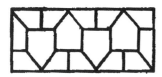

图二一九十五
短尺棂式二

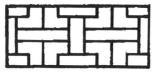

图二一九十五
短尺棂式三

图8-59 《园冶》中的短尺栏式
（计成，陈植. 园冶注释[M].
中国建筑工业出版社，1988：
169.）

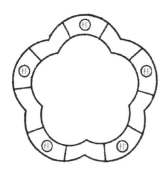

图8-60 《园冶》中的梅花亭
地图式
（计成，陈植. 园冶注释[M].
中国建筑工业出版社，1988：
107.）

园林畅春园的建设。张南垣以山水画意通之于造园叠山，主张以写意的方式，在版筑的平冈小阪间用石脉模仿自然山势，反对以奇峰异石生硬地拼凑出群峰蔽天、深岩蔽日的场景。

张南垣四子均继承父业，其中以次子张然最为著名。张然，字陶庵，清初代其父赴北京参加西苑之役，康熙年间再度北上，供职于京师内廷。张然在苏州东山营建了几座名园，其后人的一支移居北京，成为北京著名的叠山世家"山子张"。

除去张南垣父子之外，江南地区的造园家为数甚多，尤其集中于苏州和扬州两地，造园家与文人之间的来往也非常密切，这为造园专业著作的产生提供了条件。

（二）《园冶》

明末造园家计成著，崇祯四年(1631年)成稿，崇祯七年（1634年）刊行。作者计成，字无否，号否道人，松龄（今江苏吴江）人，生于万历十年（1582年），早年习画，工山水。

全书共三卷，第一卷首篇"兴造论"和"园说"是总论，下为"相地、立基、屋宇、装折"四篇；第二卷"栏杆"；第三卷分"门窗、墙垣、铺地、掇山、选石、借景"六篇。从园林的总体规划到个体建筑位置，从建筑结构形式到建筑装修，从景境的意匠到具体手法，涉及园林创作的各个方面（图8-59，图8-60）。

《园冶》提出了园林设计"巧于因借，精在体宜"的基本准则。"因"是因地制宜，"随基势高下，体形之端正，碍木删桠……宜亭斯亭，宜谢斯榭，不妨偏径，顿置婉转"；"借"是借景，"俗则屏之，佳则收之"；"体宜"就是各种分寸掌握得当，景物处理自然贴切。《园冶》一书，是中国造园艺术发展成熟的理论总结，至今仍有重要的参考价值和借鉴意义。

（三）《长物志》

明末文震亨（1585—1645年）著，成书于崇祯七年（1634年）。文震亨，字启美，长洲（今江苏苏州）人，他是明代大书画家文征明的曾孙，天启间选为贡生，任中书舍人，书画咸有家风。

《长物志》是作者从自身的文人视角来描写文人生活方式的一部著作。全书共十二卷，直接与园林有关的有"室庐、花木、水石、禽鱼、蔬果"五志，另外七志"书画、几榻、器具、衣饰、舟车、位置、香茗"亦与园林有间接的关系。相比于《园冶》，《长物志》更多地注重对园林的玩赏，与《园冶》更多地注重园林的技术性问题正可互为补充。

第八节 住宅

住宅是数量最多的建筑类型，也是构成城市乡村机理的最主要的建筑。明代的汉地住宅建筑在整体布局上遵循着礼制前堂后室的规定，在等级上受到国家制度的约束，同时又呈现出很大的地域性差异。明初国家颁布了严格的住宅建筑等级制度，至明中叶之后，等级的约束渐渐松弛，住宅建筑呈现出僭越的趋势。

一、住宅制度

中国历代帝王为了别贵贱、明等威，保持社会结构的稳定，都会对各等级的建筑制度作出限制规定。关于明代的住宅制度，《明史·舆服志》作了如下记载：

百官第宅：洪武二十六年定制，官员营造房屋，不许歇山转角，重檐重栱，及绘藻井，惟楼居重檐不禁。公侯，前厅七间、两厦，九架。中堂七间，九架。后堂七间，七架。门三间，五架，用金漆及兽面锡环。家庙三间，五架。覆以黑板瓦，脊用花样瓦兽，梁、栋、斗栱、檐桷彩绘饰。门窗、枋柱金漆饰。廊、庑、庖、库从屋，不得过五间，七架。一品、二品，厅堂五间，九架，屋脊用瓦兽，梁、栋、斗栱、檐桷青碧绘饰。门三间，五架，绿油，兽面锡环。三品至五品，厅堂五间，七架，屋脊用瓦兽，梁、栋、檐桷青碧绘饰。门三间，三架，黑油，锡环。六品至九品，厅堂三间，七架，梁、栋饰以土黄。门一间，三架，黑门，铁环。品官房舍，门窗、户牖不得用丹漆。功臣宅舍之后，留空地十丈，左右皆五丈。不许挪移军民居止，更不许于宅前后左右多占地，构亭馆，开池塘，以资游眺。三十五年，申明禁制，一品、三品厅堂各七间，六品至九品厅堂梁栋祗用粉青饰之。

庶民庐舍：洪武二十六年定制，不过三间五架，不许用斗栱、饰彩色。三十五年复申禁饬，不许造九五间数，房屋虽至一二十所，随基物力，但不许过三间。正统十二年令稍变通之，庶民房屋架多而间少者，不在禁限。

在等级制度中，等级最高的住宅就是天子所居的宫殿，皇子（亲王）住宅即王府的等级次于天子，居第二，等级最低的为庶民的住宅，《明史》中关于宫室与亲王府制度记载得比较详细，前文没有完全征引。数量最多的、形成城市主要机理的是百官和庶民的住宅。百官的住宅，按照其品级，有着面阔、进深、斗栱以及装饰上的明确规定。这些规定大多在洪武年间确定。宫殿、百官和庶民的住宅形成了秩序谨严的城市机理，这一秩序象征了明太祖心目中稳定的社会结构等级。

明太祖时代制定的这些制度，在明中叶以前都得到了比较严格的遵守。而到了明中叶以后，由于商品经济的发达及其带来的民间风俗的转变，房屋僭越情况时有发生，江南等地住宅已经明显超出了上述规定。

二、亲王府第

明代的亲王府是次于帝王宫殿的最大的宅第。从太祖朝开始，除了太子以外，皇帝的其他儿子都会被封为亲王，成年后派往重要的地方城市，在那里建造王府，并且没有皇帝的许可不能返回京城。明初的王府都由国家拨款建造，国家对王府的建筑制度作了统一的规定，并申明必须依照格式建造，不许僭越。

明代王府制度虽号称府第，实际上可比拟宫殿，民间往往将地方的王府建筑群称为紫禁城。根据《明会典》所载王府制度，王府建有内宫城和外皇城两重墙垣，"宫城周围三里三百九步五寸，东西一百五十丈二寸五分，南北一百九十七丈二寸五"，这样的规模接近明代北京宫殿的一半。王府宫城的建筑制度也与紫禁城的宫殿有着比附关系。宫城前左右对称设立王国的宗庙与社稷，宫城四周开四门，周边有城壕。建筑采用类似皇宫前朝后寝的制度，前为两大殿，中间有穿堂，后为前后两寝宫，中亦有穿堂，等级上低于帝王宫殿。王宫正殿名曰承运殿，与明初皇宫正殿奉天殿的名字都取自"奉天承运"一词，《明会典》记载的洪武年间的承运殿间数规定为十一间，这个面阔过大，可能并不是明初王府的普遍状况，在弘治八年（1495年）的规定中，王府正殿间数改为七间，其他建筑的等级也有所下降。宫前序列上依次有灵星门、端礼门、承运门三门，等级低于帝王的"五门"制度。

明代王府分封地范围较广，各王的地位也互不相同。虽然明初对王府建筑制度进行了统一的规定，但是王府建筑无论规模还是建筑风格都有很大的差异，尤其是在明代中后期。

明代王府建筑大多在明末的战乱中被毁，如今除了个别城市残存部分宫城城墙外，建筑实物已无留存，但王府建筑因其巨大的规模，对所在城市的格局产生了很大的影响，在曾经分封亲王的地方城市中，留下了很多与王府相关的地名与城市道路。

三、品官住宅

明代的大型住宅完整留存的不多，以下选取的两例中，孔府为北方官宅的代表，而浙江东阳的卢宅则为南方大型住宅的实例。

（一）曲阜孔府

秦汉以来，历代帝王都为孔子的嫡传后代封爵，明代朱元璋升衍圣公秩为正二品，专主孔庙祀事。孔府即为衍圣公的府第，位于曲阜孔庙的东侧。孔府现有的格局形成于明弘治年间，明代孔府中轴线上的布局在明《阙里志》中有记载，"头门三间，二门三间，二门内有仪门；仪门之北为正厅五间，东西司房各十间；后厅五间，穿堂与正厅连接；退厅五间，东南廊房各五间，左为东书房，右为西书房，退厅东南为家庙，祀高曾祖弥五代衍圣公；退厅之后为内宅，楼阁房室不能具载"。当时孔宅的占地规模大约为240亩，现仅余68亩，但主要的建筑仍然保存明代规制。

孔府建筑有左、中、右三路轴线；中路为主轴，主要建筑基本为明代原物，依次为大门、二门、仪门，礼仪活动部分的大堂、穿堂、二堂、三堂，从内宅门开始，其后的前上房及前后堂楼属于生活起居部分，轴线的端头为后花园；东路前为书房，后为袭封翰林院五经博士的内宅，中有家庙；西路前为家族会客、读书用房，后为内眷活动的花厅。中轴线上的孔府正厅为五间九架，大约相当于明代规定中一、二品官宅第的等级（图8-61）。

整座孔府建筑谨遵"前堂后寝"的古制，严格遵循礼教和宗法的原则布局规划。

（二）东阳卢宅

卢宅位于浙江中部东阳旧城东门迎晖门外三里处，为雅溪卢氏聚居之宅。明清两代，卢氏家族人烟鼎盛，科第绵延，名臣辈出。永乐年间卢氏家族卢睿始登进士，官至都察院右副都御史。与城内的住宅相比，卢宅规模宏大，更接近聚落的性质。

卢宅的规模在明代中叶形成，其选址讲究风水，南对三座山峰的笔架山，北面有北山作为屏障，宅东西北三面有水环抱，为藏风纳气的上佳之处。

卢宅前列有多座牌坊。总体布局采用前堂后宅的方式，东侧布置有宗祠。卢宅有多条并列的纵轴，肃雍堂为主轴线上的正堂，建于景泰年间，面阔三间，左右带挟屋，屋顶采用勾连搭形式，进深共十檩，正堂与后楼用廊连接呈工字殿形式。肃雍堂梁架彩绘、雕饰华丽。后宅部分多采用楼的形式。主轴线周围还有业德堂、柱史第、五云堂等轴线（图8-62，图8-63）。

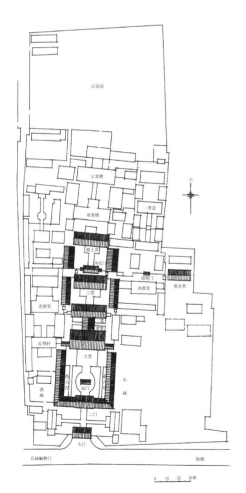

图8-61　孔府平面图

（潘谷西. 中国古代建筑史. 第四卷[M]. 中国建筑工业出版社，2009：257.）

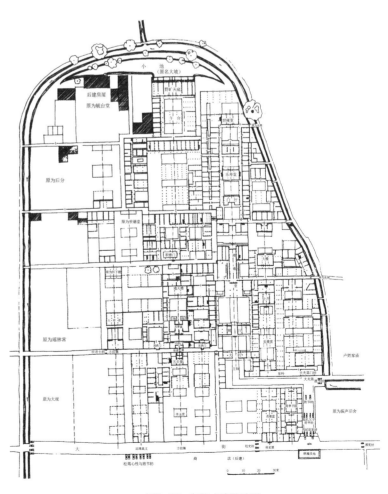

图8-62　东阳卢宅平面图

（潘谷西. 中国古代建筑史. 第四卷[M]. 中国建筑工业出版社，2009：266.）

图8-63 东阳卢宅入口序列
（贺从容 摄）

（三）绍兴吕府

吕府为吕本的府第。吕本，字汝立，嘉靖十一年（1532年）进士，嘉靖三十三年（1554年）为太子太保兼文渊阁大学士，位至一品。吕府位于绍兴城西北，坐南朝北，北、西、南三面临河。

吕府建筑群保存较为完整，有左、中、右三条并列轴线，布局严整。前堂后宅，之间用宅内道路分隔。前部有轿厅与正厅，正厅永恩堂七间十一架，用直梁，结构体系介于穿斗和抬梁之间，前后用船篷轩，梁架上施以彩绘，无雕饰。吕府正厅为江南现存等级最高的厅堂建筑（图8-64，图8-65）。

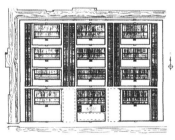

图8-64 绍兴吕府平面图
（潘谷西. 中国古代建筑史. 第四卷[M].
中国建筑工业出版社，2009：268.）

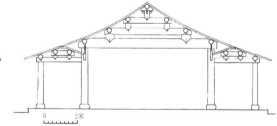

图8-65 绍兴吕府永恩堂（直梁）剖面图
（潘谷西. 中国古代建筑史. 第四卷[M]. 中国建筑工业
出版社，2009：269.）

四、各地民居住宅

民居是在地方文化中累积自发形成的凭经验建造的建筑，集中反映了各地方的气候、地理、风俗观念、经济状况的差异。从整个时代的总体来看，明代建筑技术和建筑材料的发展，尤其是砖的大量运用，改变了建筑形式和外观；另外风水术在全国的普遍盛行，产生诸多流派，对住宅建筑产生了很大的影响。

明代各地的民居风格有显著的差异，以南北方的区别最为明显。谢肇淛在《五杂俎》中区分了南北方建筑的基本特点："南人有无墙之室，北人不能为也，北人有无柱之室，南人不能为也；北人不信南人有架空之楼行于木杪，南人不信北人有万斛之窖藏于地中。"

以下将选取几个地域的代表性实例，描述明代民居建筑的地方性特征。

（一）山西丁村住宅

丁村位于山西省襄汾县，紧临汾河，为明清丁氏家族所有，现保存有比较多的明清住宅，其中明代住宅集中于村内的北部，多为口字形四合院，布局规整。万历二十一年（1593年）建造的四合院，入口受风水影响，位于院落东南角，正屋三间，东西厢房各三间，南端倒座三间，倒座内部隔成楼的形式，正房梁架上保留有明代题记与彩画，并使用了叉手。规模较大的四合院分前后两进，建于万历四十年（1612年）的住宅便是两进院落，前后院之间有中轴线上的门连接。与丁村的清代建筑相比，明代建筑较为朴素（图8-66，图8-67）。

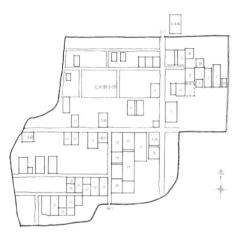

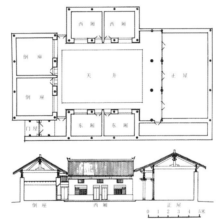

图8-66　山西丁村住宅总平面布局示意图
（潘谷西. 中国古代建筑史. 第四卷[M]. 中国建筑工业出版社，2009：262. ）

图8-67　丁村3号住宅平面、剖面图
（潘谷西. 中国古代建筑史. 第四卷[M]. 中国建筑工业出版社，2009：262. ）

（二）徽州明代住宅

明代徽州商人在当时的中国经济中起着举足轻重的作用，经商致富的商人往往会回乡建造住宅、祠堂。徽州地区的土地以丘陵为主，地狭人稠，徽州的明代住宅装饰精美，合院内天井狭小且楼屋居多的特点，均与上述状况有关。

明代典型的徽州住宅除了上述特点外，在构件的细部和装饰上更有时代和地域的特征，比如独特的"冬瓜梁"月梁形式以及彩画装饰的手法等。冬瓜梁断面接近圆形，两端有腮状的曲线，梁出头雕饰精美的纹理。徽州明代住宅外观多用高墙封闭，封火山墙的处理手法也成为徽州明清街巷的标志性特征。

从建筑群组合上看，徽州建筑平面变化较多，三合院、四合院，或者规模较大的多进院落都很常见，天井一般比较狭小，正房厢房多为楼屋。木雕、砖雕的精美，斗栱的使用，都已经超出明初的制度规定。

徽州风格的住宅除了分布在皖南的徽州地区以外，还包括赣北与浙西地区（图8-68～图8-70）。

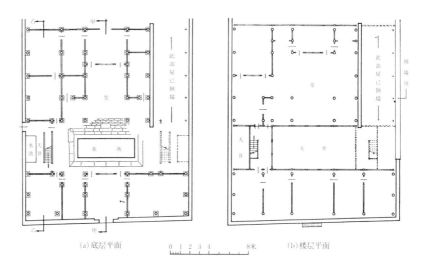

（a）底层平面　　0 1 2 3 4　　8米　　（b）楼层平面

图8-68　歙县西溪南乡吴息之宅平面图

（张仲一. 徽州明代住宅[M]. 建筑工程出版社，1957：55 图版19）

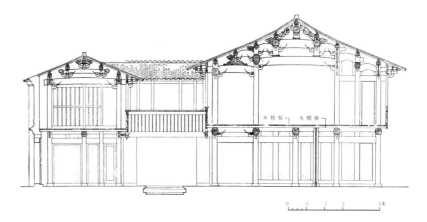

0　1　2　3　　5米

图8-69　歙县西溪南乡吴息之宅明间纵剖面图

（张仲一. 徽州明代住宅[M]. 建筑工程出版社，1957：56 图版20）

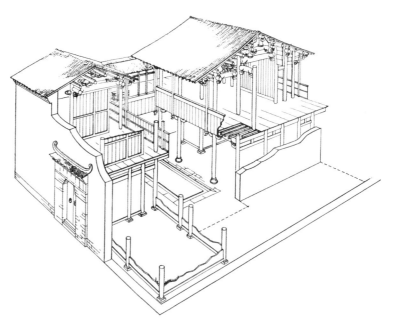

图8-70　歙县西溪南乡吴息之宅剖视图

（张仲一. 徽州明代住宅[M]. 建筑工程出版社，1957：59图版23）

（三）苏州明代住宅

明代苏州经济发达，建筑工艺水平较高，苏州东山一带保存了数量较多的明代住宅。苏州民居建筑工艺细致，用料考究。

苏州明代住宅以小天井为院落组合的基本形式，比较大的住宅沿轴线有多进院落。正厅在住宅中地位突出，厅内构架考究者一般采用扁作月梁形式，月梁有斜项；楼屋一般居后。门楼、照壁等砖细作法非常精致（图8-71，图8-72）。

苏州地区由于水道密集，建筑与河流之间有着紧密的联系。住宅往往前后临河，临河处有泊岸。有园林的住宅中，园林水面与河道相通。

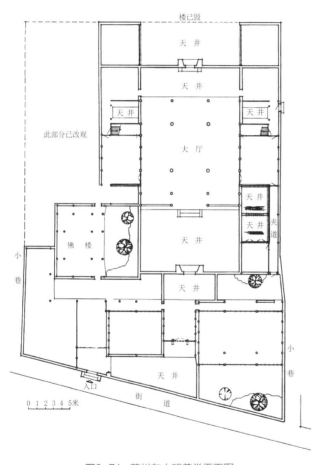

图8-71　苏州东山明善堂平面图
（潘谷西. 中国古代建筑史. 第四卷[M]. 中国建筑工业出版社，2009：277.）

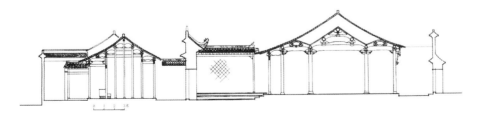

图8-72　苏州东山明善堂明间纵剖面图
（潘谷西. 中国古代建筑史. 第四卷[M]. 中国建筑工业出版社，2009：278.）

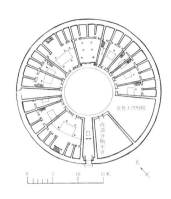

图8-73　福建华安升平楼平面图
（潘谷西．中国古代建筑史．第四卷[M]．中国建筑工业出版社，2009：300．）

（四）闽粤土楼

土楼为中原居民逃避战乱迁移至闽粤一带建造的住宅形式，这些南迁而来的客家人一般采用聚族而居的模式，比较注重建筑防御性，外表一般为很厚的夯土墙，因此被称为土楼。土楼在形式上，与北方汉代的坞、堡有一定的渊源关系，夯土的技术也可能与北人南迁的技术传播有一定的联系。明代闽西、粤东一带，宗族械斗与倭寇骚扰频繁，因而土楼的形式非常普遍。

明代土楼平面有一字形、圆形和方形三种。圆形和方形土楼内有庭院，周为多层的回廊。大型土楼中央设宗族祠堂或水井，为楼内的生活中心。土楼的底层多为厨房、餐室，二层为谷仓，三四层为卧房。周围的夯土墙厚度一般都达到一米多，一层二层不开窗，上部开小窗，顶部屋檐外挑。

现存明代土楼有华安县庭安村日新楼、华安县沙建乡升平楼（图8-73）、漳浦镇马坑村一德楼、霞美镇过田村贻燕楼以及霞美镇运头村庆云楼等。

第九节　建筑技术与艺术

明代统治的时间长达近300年，城市和建筑的形态在其间发生了重要的变化，国家进行了一系列大规模的营造活动，是中国古代建筑发展的又一高峰期。

本节着重于明代官式建造技术的发展，官式建筑是工部主持营造或派员督造的建筑，在宋清两代因为文献的存在而有明确的样式定义。从宋清两代来看，官式建筑应该作为一个相对独立的体系存在，国家有直属的建筑队伍，其间有固定的人员控制建筑营造的技术和样式，并且应该有作为政府文件的样式规定文献存在，以约束整个国家范围内皇家主持修造的建筑的样式、规模与花费。但官式建筑也并非一个完全封闭的体系，官式的样式选择受到民间建筑的影响，甚至因工匠的传承而直接来源于各个地方，官式也并非不变的体系，其本身在历史过程中也发生着各种变化。集中了国家的财力，由精英匠师主持设计的官式建筑代表着国家的建筑技术水平。

明代官式建筑指由国家派其下属的工部主持营造的建筑，在样式上有着固定的特征。明代官式建筑相对于元代建筑制度是一个重新秩序化的阶段，虽然无类似宋代《营造法式》或清代《工程做法》的官方建筑文献传世，但明代建筑实例的研究表明这一时期的建造技术有着上承宋官式的某些特征，下启清代建筑制度的性质（或者地位）。

元代的大式建筑有着明显的地域差别，南方遗存的建筑沿袭南宋官式的较多；而北方如永乐宫一样完整的、承袭北方官式传统的元官式实例非常缺乏，多数建筑遗存表现出相对随意的建筑特点，如弯梁在建筑中的大量使用，大横额结构可能也是一种相当地方性的做法。明代官式建筑的制度应该在明初营建南京与中都时开始形成，迁都北京后，永乐皇帝调动南方数十万工匠北上，在北京营建了大量的明官式建筑。现遗存的明代官式建筑主要集中于南北二京、武当山等地。

与宋代的建筑文献相比，清代建筑文献中的很多建筑构件名称发生了改变，鉴于目前在明代文献中散见的部分构件名称接近清式，还有明清建筑特征的类似与更紧密的承接关系，在描述明官式建筑的特征时，本文将采用清官式的名称（图8-74）。

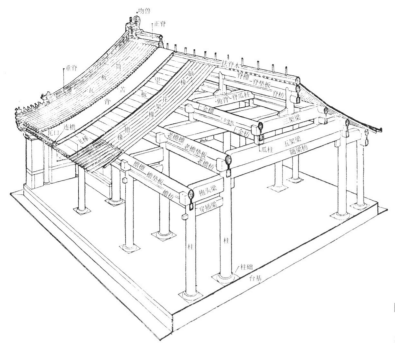

图8-74 清官式建筑木构架构件名称
（刘敦桢. 中国古代建筑史[M]. 中国建筑工业出版社，1984：4.）

一、官式大木构架的特征

（一）面阔开间的大小

从明代木构的实测尺寸看，明代官式建筑明间尺度明显扩大。宋元之前木构建筑当心间面阔大多小于18尺，而明代官式木构建筑遗存明间尺寸超出18尺的非常多见，长陵祾恩殿明间面阔达约32尺。此外，明代官式建筑各间面阔递减的趋势明显，与明初开始形成的攒挡距离接近而各间平身科数目递减的原则互相匹配。

（二）斗栱结构的变化

从明初开始，明间平身科数目开始显著增多，次间、稍间平身科数目依次递减。宋、元时代，北方建筑的补间铺作数目一般为2攒，南方建筑的补间铺作数目一般在4攒左右，明初洪武年间建设的西安钟鼓楼，明间平身科为4攒，而永乐年间的长陵祾恩殿明间平身科数目就已为6攒。

平身科数目增加的同时，斗栱用材明显变小，斗口的尺寸不再与建筑物的体量等级一一对应，体量最大的长陵祾恩殿斗口仅为3寸，在明代实例的斗口取值中仅属中等，大约相当于宋代的八等材；各间攒挡的距离开始接近统一，明代官式建筑的攒挡都在10～12斗口，可见在明官式建筑中以斗口为模数，用攒挡来控制面阔进深尺度的斗口模数制已经开始代替唐宋的材分模数制。

另外，整个斗栱层高度变小的趋势，从宋以后已经开始，明代用材的进一步减小导致了斗栱层在整个建筑中的结构作用进一步削弱，每攒斗栱间也不再有紧密的联系。

（三）梁架体系的特征

由于明官式建筑中斗栱层作用的减退，柱间使用顺栿串的井字拉结方式和梁架的直接连接关系更加紧密，顺栿串这一原本只在江南宋元建筑中出现的构件，开始在全国的明官式建筑中大量使用。但是较清代而言，明代的梁柱交接中仍然保留了一些早期的特征，如梁枋结点处普遍使用斗栱，而清代以后则大大简化；又如明官式的檩与枋之间仍然使用襻间斗栱，而在清官式中，则简化为简单的檩、垫、枋构件。

（四）屋架的特征

举折与举架是宋、清的两种不同屋面折线设计方法。举折的概念如前所述，相比而言，清代举架的屋面折线设计方式则更为直接、简便。明官式建筑的剖面设计在明代中后期用举架之法逐步取代了举折之法。

（五）一些细节的特征

木构建筑的一些特定细节的做法特征往往直接表达了建筑的年代。明代建筑的大木构架特征除了上述几点结构上的显著变化之外，还有一些细节做法上的特点。

宋官式中常见的阑额与普拍枋的"T"形断面在明初的官式中还可以经常见到，而明代后期，这一断面逐步演变成清代实例中的平板枋窄于大额枋的关系；明代比较多见的溜金斗栱往往使用内外贯通的真昂，清代溜金斗栱则很少使用真下昂；生起和侧脚是宋代建筑普遍采用的做法，清代官式建筑已经没有生起的做法，侧脚也只在外檐柱保留，而在明官式的实例中，外檐柱有明显的生起，内外檐所有柱均有侧脚。

二、琉璃与彩画

（一）琉璃

琉璃瓦是在陶瓦胚表面涂釉烧制而成的，其正式用于建筑屋面是在南北朝时期，宋代使用渐广。明代是中国建筑琉璃发展的成熟期，琉璃烧造工艺进一步完善，官方和民间都有大规模的琉璃生产。明初营建三都，三都附近都有皇家的琉璃厂；民间琉璃的烧造集中于山西。

明代官式琉璃制度至迟在万历四十三年（1615年）之前已经形成了十个等级的成套构件的尺寸规定，文献称之为"十样"。很多与清式相同的琉璃件名称此时也已经出现在文献记载中。

这一时期留下了很多建筑琉璃的实例，如南京大报恩寺琉璃塔构件、山西洪洞广胜寺飞虹塔（图8-75，图8-76）、长陵的琉璃陵门和琉璃焚帛炉以及武当山遗存的几处琉璃焚帛炉等。一般来说，明代琉璃的色彩以黄、红等级最高，青绿次之，黑色最低，在色彩要表达特殊象征意义时，等级成为次要考虑的因素。洪武年间的宫殿就使用了黄色琉璃瓦，而各王府的正殿建筑则规定使用青色琉璃瓦，大报恩寺琉璃塔的屋面使用了青色琉璃瓦，北京的智化寺使用了黑色琉璃瓦。

（二）彩画

彩画因比较容易损毁，留存下来的木构明代实例并不多见，部分砖石建筑上有明代彩画纹样可以作为参考。明代官式彩画与明代官式木构一样，开启了清代官式制度的先声。

明代是旋子彩画的定型期，现遗存的明官式彩画实例以旋子彩画[①]为主，其他类型的官式彩画也有个别实例，江南还有一些有地方特点的明代包袱彩画[②]的实例。

明代旋子彩画实例基本都采用了三廷划分，其中枋心占构件长之1/3~1/2，枋心内大多不绘花纹，藻头部位旋花的构图方式与清代旋子彩画相比较为自由，花心图案在旋花中比较生动且突出。根据彩画用金的部位与多少，一般将明代旋子彩画分为"金线大点金""墨线大点金""墨线小点金""雅伍墨"4种，青、绿二色在彩画中最为常用。

明代江南地方彩画多以包袱锦为主要内容，延续以织锦包裹梁枋的视觉效果，色彩淡雅，发展至清代后，影响了北方官式彩画中的苏式彩画（图8-77）。

三、地面砖石技术的发展

地面砖石建筑在明代达到发展的高峰期，数量大大增加。明代砖石建筑的发展从明初的造城运动开始，以砖造城可以更好地防御宋元以后发达火器的攻击，同时遍布全国的砖的生产也保证了大范围修筑城墙活动的进行。

①
又称学子、蜈蚣圈，因藻头绘有旋花图案而得名。是中国古代建筑上彩画的一种，等级仅次于和玺彩画，广泛见于宫廷、公卿府邸。

②
明清江南地区的一种彩画形式。看似用锦绣织品包裹在构件上的彩画，是早期用织品包裹构件以装饰建筑的演变。图案多为织锦纹，用色淡雅，且不饰油漆，直接以颜料在梁枋木上作画。清代被引进京城，转型成为苏式彩画。

图8-75　山西洪洞广胜寺飞虹塔
（孙蕾 摄）

图8-76　山西洪洞广胜寺飞虹塔细部
（孙蕾 摄）

图8-77　智化寺明式烟琢墨碾玉装彩画图样
（清华大学建筑学院资料室藏）

①
[明]王樵《方麓集》卷十一。

明代地面建筑使用的拱券技术据说来源于元代的伊斯兰传统，用这一技术构筑的砖石建筑被称为"无梁殿"，15世纪开始在伊斯兰教以外的其他建筑类型中出现，并在16世纪中晚期开始盛行。无梁殿建筑提高了耐火性能，因此适合作为藏经楼或者档案库房使用，但因与"无量殿"的谐音关系，也常作为寺庙的正殿。砖拱券技术还可以在明代华北地区的窑洞住宅中见到，这说明该技术此时已经开始在多类型的建筑中普遍使用。明代由于砖山墙的普及，硬山顶的建筑开始在全国范围内推广。

（一）明代南京城墙的建造

明初都城南京城墙的建造是一项浩大的工程，城周长33.68公里，设城门13座，城上设雉堞13616个，窝铺200座。城基宽14米左右，高14～21米，顶宽4～9米。建筑材料为城砖与条石，其中环绕皇城东、北两面约5公里长的一段全部用砖实砌而成。每块城砖大约长40厘米、宽20厘米、厚10厘米，重15～25千克，重要部位的黏结材料使用了糯米汁石灰。明代南京的城砖来自长江中下游五省的府、州、县，几乎每块砖上都有负责烧造的各级人员的姓名和烧造的时间。

聚宝门（今中华门）为明南京城13门之一，设有3重瓮城4道城门，至今城台保存完好，城楼已无存（图8-78）。聚宝门内共有藏兵洞27个，可屯驻大约3000名士兵以及配套的粮食物资。

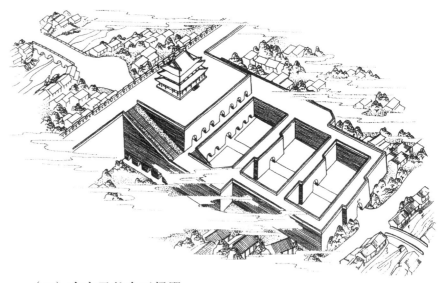

图8-78　南京中华门鸟瞰图
（段智钧. 古都南京[M]. 清华大学出版社，2012.）

（二）南京灵谷寺无梁殿

南京灵谷寺为明初南京三大寺之一，无梁殿为灵谷寺正殿，为明代无梁殿之年代最早、体量最大者，平面尺寸为53.3米×37.35米，重檐歇山顶，正面三门二窗，背面三门，两山各开三窗，门拱券用三券三伏形式（图8-79）。明代人王樵描述灵谷寺无梁殿"乃纯用瓴甋，如造城闉之法，广深与修皆以洞相通无异"①，殿内沿进深方向为三列横栱，中列跨度最大，达11.25米，净高14米，前后两券跨度各5米，净高7.4米。屋顶正脊上有3座小喇嘛塔，中间塔下开洞，提供室内采光。

（三）五台山显通寺无梁殿

五台山显通寺现存有三座无梁殿建筑，均为明万历三十四年（1606年）建造（图8-80）。大无梁殿位于中轴线上大雄宝殿后，又称七处九会殿，面阔七间28.2米，进深三间16米，高20.3米，两层，歇山顶。外表面做出仿木垂莲、壁柱、斗栱，有砖雕花纹装饰。室内整个空间为一横向筒栱，分为三间，上下两层，底层正中用砖做出四角叠涩斗八藻井，楼梯在两侧山墙内。两座小无梁殿位于铜殿左右两侧，面阔三间进深一间，结构方式与大殿不同，下层为三个并列纵向栱，二层三间为一横栱。

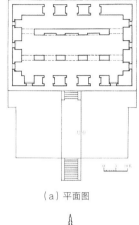

（a）平面图

（b）剖面图

图8-79 南京灵谷寺无梁殿平面、剖面图

（潘谷西. 中国古代建筑史. 第四卷[M]. 中国建筑工业出版社，2009：483.）

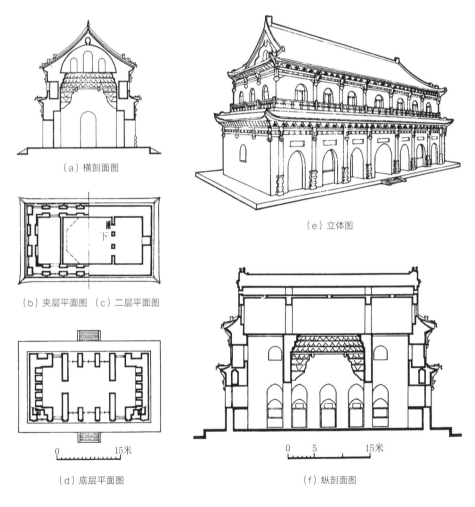

（a）横剖面图

（b）夹层平面图 （c）二层平面图

（d）底层平面图

（e）立体图

（f）纵剖面图

图8-80 五台山显通寺大无梁殿

（潘谷西. 中国古代建筑史. 第四卷[M]. 中国建筑工业出版社，2009：487.）

（四）北京皇史宬

皇史宬位于北京皇城内东南，嘉靖十三年（1534年）秋七月始建，嘉靖十五年（1536年）七月建成，内藏太祖以来的实录宝训。著名的《永乐大典》修编完成后，正本藏于文渊阁，副本即储于皇史宬。

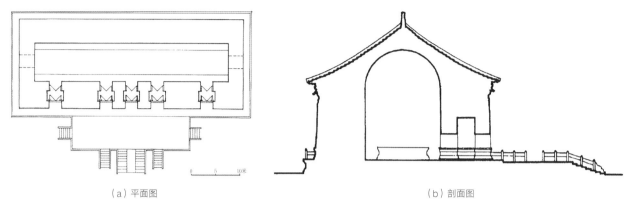

（a）平面图　　　　　　　　　　　　　　　　（b）剖面图

图8-81　北京皇史宬平面、剖面图
（潘谷西. 中国古代建筑史. 第四卷[M]. 中国建筑工业出版社，2009：484.）

皇史宬大殿用砖石仿木，面阔九间，进深五间，单檐庑殿顶（图8-81）。立面上用石料雕刻出柱子、额枋、斗栱、椽等构件，下以砖墙围护，开五个券门，山墙上各开一窗。殿内为一通长的半圆形筒栱，跨度9米，拱顶距地面12米，支撑拱券侧推力的前后墙厚度达6米。

除此之外，明代比较著名的无梁殿结构形式的建筑还有北京天坛斋宫、山西太原永祚寺无梁殿、山西中条山万固寺无梁殿、苏州开元寺无梁殿等。

四、匠师与建筑著作

中国古代社会中，工匠一直处于比较低的社会层级，政府的官吏多由士人担任。唯元、明、清三代有从工匠中选拔工部官吏的实例，其中尤以明代最为显著。明由工匠升任工部侍郎或尚书的就有蔡信、杨青、陆祥、蒯祥、郭文英、徐杲等人，时称为匠官，他们分别负责了各个时代的皇家大营造项目，技艺精湛。明代江南出现了一批造园家，《园冶》的作者计成是他们的突出代表。

明代没有类似宋代《营造法式》和清代《工程做法》的专门的官方建筑文献流传，零散留存的工部文书中偶尔可见与建筑营造相关的片断描述，如《工部厂库须知》与《缮部纪略》等。明代最著名的民间建筑文献当为《鲁般营造正式》与《鲁班经》。

（一）蒯祥

苏州香山人，曾历永乐至成化年间的国家营缮事务，有"蒯鲁班"之称。永乐年间建造北京宫殿时，来京参与宫殿建设。正统年间，参与北京三大殿的重建工程。天顺末年，主持英宗皇帝陵墓裕陵的建造，之后更为皇帝信任，官至工部左侍郎，禄至从一品。成化辛丑（1481年）三月卒，年八十四岁。[①]

蒯祥师从的群体被称为"香山帮"，这个工匠群体不仅工种齐全，且分工细密，能够适应建筑工艺的各种难度的需求。如木匠分为"大木"和"小木"，大木

① 《双槐岁抄·卷第八·木工食一品俸》。

从事房屋梁架建造，上梁、架檩、铺椽、做斗栱、飞檐、翘角等；小木负责门板、挂落、窗格、地罩、栏杆、隔扇等建筑装修。小木中有专门从事雕花工艺者（清以后木工中产生了专门的雕花匠）。木雕的工艺流程有整体规划、设计放样、打轮廓线、分层打坯、细部雕刻、修光打磨、揩油上漆。除了分工细密外，香山帮工具也很先进，例如木匠用的凿子分手凿、圆凿、翘头凿、蝴蝶凿、三角凿5种，而每一种又有若干不同的尺寸或角度。

香山帮建筑具有色调和谐、结构紧凑、制造精巧和布局机变的特点，可谓技术精湛，名享天下，代代相传。

（二）阮安

交趾人，一名阿留，永乐中被选入宫中做太监，清廉忠正。永乐皇帝草创燕都之时，派阮安监督整项工程，阮安身为太监，却"长于工作之事"，工部几乎只要奉行即可。阮安负责的项目有永乐时代的北京宫殿城池、百官府廨的营建；正统二年至四年（1437—1439年）负责北京城楼的修建；永乐十九年（1421年）火灾毁三大殿后，正统五年（1440年）阮安又负责了三殿两宫的重建。景泰年间，山东张秋河决久不治，阮安奉命前往修治，卒于途中。

（三）计成与《园冶》

计成，字无否，松陵人，明代造园家，生于1582年，卒年无考，有《园冶》一书传世。青年时曾游历山川，中年归江南，后居镇江。计成工诗文书画，以画理叠山，居他人之上。天启年间造常州吴玄东第园，一举成名。其作品还有仪征汪士衡的"寤园"、南京阮大铖的"石巢园"以及扬州郑元勋的"影园"改建。《园冶》一书在修造寤园时写成，并由阮大铖资助刊行。

（四）《鲁班营造正式》与《鲁班经》[1]

《鲁班营造正式》，根据其内容推测，成书于元代，现仅存天一阁所藏残本，推测为明中叶刻本。《鲁班经》现在流传的版本较多，以国家文物局收藏的万历本为最早。

二书的内容有所重合，但侧重点不同。

《鲁班营造正式》从留存的部分来看，内容以房舍大木作为主，是一部大木作工匠的职业用书，很多做法上保留了与宋《营造法式》的描述类似的特征，大致反映了元明时期南方地区的建筑技术情况，书中留存的图样有很高的学术价值。

《鲁班经》是从包括《鲁班营造正式》在内的诸多相关书籍上摘抄而成，内容并不局限于大木作技术，而是加入了小木作、家具等内容，还掺入了大量的仪式、风水等内容。《鲁班经》有助于我们全面认识明代南方地区的民间木工行业和建筑工程，书中关于明代家具和常用木工工具的文字与图样是研究相关内容的重要资料。

① 本条参照郭湖生《关于〈鲁班经〉和〈鲁班营造正式〉》（科技史论文集第七辑）一文改写。

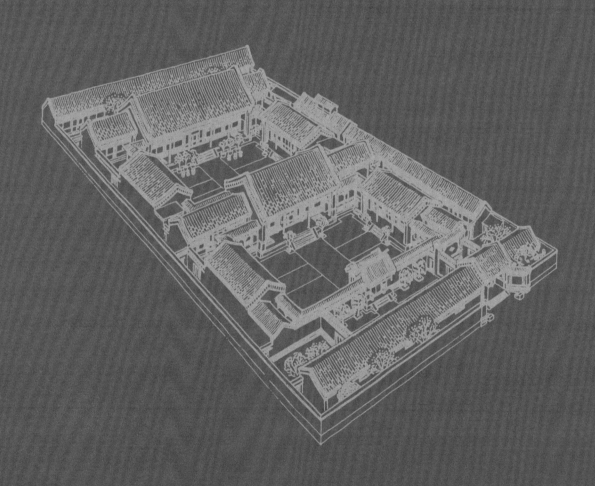

第九章 ——————————— 清代的建筑

清朝从关外鼎立到入主中原，建立了一个统一而幅员辽阔的多民族帝国，形成了更加集权的政治统治，强硬怀柔兼施的民族统治，学习汉族和倡导黄教的文化统治。在经历了统治稳定、经济发展及后来内忧外患的历史背景下，清代建筑文化上承明朝，肇于太宗（皇太极），勃于高宗（乾隆），微于穆宗（同治），其整体文化可谓集历代王朝之大成，是规制与自由并存的时代。就建筑文化成分而言，在帝国版图内呈现出以汉地建筑为主，满族、藏族建筑等地方建筑为重要补充的文化交融形势；进而，放之于世界建筑文化迅速发展的大背景下，不可避免地存在与西方世界的交流，但自身仍呈现出相当稳定而发展极度缓慢的态势。

清代建筑文化直接继承明代衣钵，又给传统的汉地建筑文化添加了丰富的满、蒙、藏文化的审美色彩，不仅反映在皇家园囿、寺庙的建设中，而且渗透进了寻常百姓的居室设计、装饰纹饰当中。由于清代大型建设项目繁多，建筑创作因此兴盛，规章控制也相应加强。文人园林更求意境，更趋细腻，官式建筑则如带着枷锁的舞蹈，其大貌虽平平，其意匠也悠悠。此即清代建筑文化的美学特点。

大量的现存实例表明，木结构仍然是清代建筑的结构主体，以木材架构门阙、殿堂、楼阁、廊庑、亭榭，又有清皇家《内庭工程做法》、清工部《工程做法》等官私匠作则例刊行或传抄于世；至于砖石砌筑的桥座、地宫、无梁殿宇诸般，虽营造频繁，却仅为辅弼，仍不入主流；其他主要结构材料如混凝土、钢材、玻璃的使用，则更加滞后，仅为舶来奇异，偶有为之[1]。清代建筑材料和工艺技术的缓慢发展，事实上反映出清代建筑行业物质特点和从业人员素质特点。进一步而言，更说明了建筑从业人员所构成的社会体系的稳定性和惰性特征。

有清一代的建筑类型继承了明代的体系，并且随着历史的演进，以城市、宫殿、陵寝、礼制、宗教、园林、民居建筑等为代表的各种类型均发生了悄然的变化，以适应时代生活的需求。同时，西方建筑文化走入中国的步伐非常缓慢，清晚

①
如紫禁城内延禧宫内灵沼轩。参见章乃炜《清宫述闻》初续合编本，紫禁城出版社，1990年。

①
NiKolaus Pevsner, A History
of Building Types, London:
Thames and Hudson, 1976.

②
《清朝文献通考》卷一七九. 兵
考一。

期以降西方文化的流传带则有鲜明的殖民色彩,虽势力强劲,却实属清代建筑文化的旁流与末流。在世界的参照系下,清代建筑文化更加鲜明的特点是,与同时代的西方随着建筑功能的增长和变化诞生了医院、学校、工厂等大量新的建筑类型相比①,中国清代建筑相对突出地表现出了类型学意义上的稳定性,未出现前代没有的、特点显著的新类型。这一点可以视为清代中国建筑的大时代特征。

第一节 历史背景与建设概况

一、历史背景

清代作为少数民族统治中原地域的历史时期,扩大了明代的版图,人口也急剧增加。其经济体制的僵化与缓慢发展见证了中国古代王朝最后的繁荣,也见证了封建帝国走向瓦解,在外国武力威慑下走向动荡、混乱,也走向开放的历史。清代社会历史特点对物质文化的建设产生了巨大的影响,尤其是建筑,它综合了艺术、技术乃至社会文化的影响,直接反映在了规模、数量、风格诸方面。

清朝统治阶级的核心是崛起于东北建州卫的满族,即明代的女真族。努尔哈赤统一了女真各部落,形成强大的军事集团。明万历十五年(1587年)起,其先后以佛阿拉、界藩、萨尔浒、赫图阿拉、辽阳、沈阳为核心据点,明万历四十四年(1616年)正式建国称帝,国号金(史称后金),建元天命,与明朝廷对抗。其子皇太极更国号为"清",族名改为满洲,是为前清时期。

明崇祯十七年(1644年)四月,李自成所率领的农民起义军在山海关石河口被清兵击败以后,放弃了北京,败走西安。当年五月,睿亲王多尔衮率满军入京,十月清世祖福临抵达北京即皇帝位,建元顺治元年,开始了清代276年的统治。历经顺治、康熙、雍正、乾隆、嘉庆、道光、咸丰、同治、光绪诸帝,至宣统三年(1911年)辛亥革命,清帝逊位,清朝覆灭。

在这二百多年间,建筑行业缓慢但深刻地演进,具有鲜明的文化交流、社会体系特色,同时清代距今尚近,史料遗存最为丰富,更有大量的历史档案为直接证据,是了解中国古代建筑史最为明晰、雄辩的时代。可以说,今天人们心目中的中国传统建筑艺术形象,大部分是从现存的清代建筑中读取的。

清代的稳定得益于其政治军事制度,得益于民族政策,得益于经济改革,也得益于吸收汉文化的意识形态和先进制度。这些政策、制度也具体体现在建筑文化上。借用《中国古代建筑史》第五卷的总结,可以归纳为以下四个方面:

第一,满族的统治和扩展基于其军事力量。其采用兵民合一、全民皆兵的制度,即"八旗制度","以旗统人,即以族统兵"②,"出则备战,入则务农"。将所辖人民编为八旗,各立旗色,分为黄、白、红、蓝,正、镶各四旗,称为满洲八旗;后又将归附的蒙古族及汉族编入,并设蒙古八旗及汉军八旗。按规定每三丁抽一从军,军备由旗人供给,军令政令皆统一于旗主手中。清军入关定鼎中原,按当时满州八旗的建制推算，当时满族不过六十万人[①]，以此力量统治中原数千万的汉族人民及其他各族人民并非易事，所以清代统治阶级实行了一系列具有鲜明特征的军事、政治、经济政策。

在军事上为了巩固八旗体制，入关后在京畿地区圈占土地作为份地分给八旗兵，同时给带甲士兵发月饷，分配住房，增加了国家层面对八旗官兵的供应，旗民成为享有特殊待遇的居民。另外，将归降的汉兵编为绿营兵，与八旗官兵协同作战，在消灭江南明代政权及平定三藩之乱中起了很大作用。除拱卫京师以外，八旗兵还驻扎在全国各要冲城市，包括江宁、杭州、福州、西安、荆州、成都、归化等共计十三处。在这些城中划定特区，建造满城，设将军府以总督地区军事活动，以少制多，是清政府统治的重要武器。但清朝后期八旗制度走向其反面，旗民因世袭供应，长期坐吃皇粮，游手好闲，训练松懈，至清末基本完失了战斗力。在清代末期的战争中，汉人地方武装成为战斗的主力军，而清朝统治也走向了崩溃边缘。

第二，清朝政府在政治上大力吸取汉族制度，大量启用汉官参加行政管理，中央政府各部等标榜"满汉一体"，当然实权还是掌握在满洲贵族手中，行政管理方面基本维持明代的行政区划。科举制度依然实行，这也使清政权很快得到地主士绅的支持。建筑上基本维持明代的建制和建筑，如明代皇城紫禁城仍然沿用，并依原规划制度加以恢复，京城内广建王府。地方上府、州、县的治城皆依明旧不变，加建新城的实例很少。城市布局也多沿明城之旧，仅局部改造，衙署、仓场等充分利用旧屋，连许多满城也是依阶旧城而建。汉族建筑艺术风格及技术工艺仍然传承下来，并对满蒙贵族高级建筑产生巨大影响。

第三，经济上大力恢复农业生产，免除了明代末年增加的一切苛捐杂税，按亩征收租税，有些遭受战乱的地方还减收若干。清初规定"丁随地派"的制度，即原按劳动人口（丁数）摊派的徭役，折价摊入地亩田赋之中，农民可免受差徭之困扰，而地主大量兼并土地的趋势也有所收敛，使大量自耕农得以维持生活。同时政府大力提倡垦荒与屯田，耕地面积有所扩大，使农业经济迅速恢复并有所增长。清政府在商税方面亦较宽松，有助于物品运转流通，至乾隆时期社会经济实力大增。经济增长导致官私建筑数量大增，有余力追求高质量的享受型建筑及礼仪性、宗教性建筑，如厅堂、楼阁、园林、戏馆、寺观、祠庙等都发展很快。商业的发展也带动了会馆、行会、作坊、典当、票号等建筑类型的产生与发展。

第四，在文化上除了推行科举制度以笼络知识阶层外，还大力推行宗教信仰，特别是藏传佛教在元明的基础上进一步兴盛起来。有清一代敕建藏传寺庙众多。政府还在职官中设置僧录司、道录司，府道衙署内设僧纲司、道纪司，由政府参与管理宗教事宜。藏传佛教特别对徕远西藏、怀柔蒙古具有特殊的意义。西藏达赖五世早就与清廷有所来往，顺治二年（1645年）还受到册封，后来依附准噶尔的噶尔丹对抗清廷，关系一度恶化。清政府在康熙五十九年（1720年）派兵入藏，立噶桑嘉措为达赖六世（后称七世）。雍正三年（1725年）又派驻藏大臣，协同达赖、班禅办理西藏事务，并主持金瓶掣签，确定达赖及各地活佛转世的制度，有效

①
《中国通史简编》（中篇资料）.
东北书店印行. 1947.

地控制了西藏的政教权力。蒙古各部族早已内附于清迁理藩院，设旗籍、王会、典属等清吏司，掌内外蒙古各旗的朝会、封爵、绥抚之事，并在蒙古族地区推行藏传佛教。康熙时代敕封内蒙古的章嘉呼图克图及外蒙古哲布尊丹巴呼图为转世活佛，总统内外蒙古宗教事务。为了表示政府对宗教的支持，清政府在蒙古地区广建寺院。自康熙时在多伦建汇宗寺始，续建善因寺、庆宁寺以及五当召、席力图召、大召、贝子庙，最多时达到一千余处。另外，藏、青、川、甘地区的藏族寺宇亦得到发展，如著名的黄教六大寺宇皆有重大的扩建与改建，其中甘肃拉卜楞寺完全是清代兴建的。同时中原地区的五台山、承德、北京地区亦修建了一批汉-藏式藏传寺庙，并以北京城内的雍和宫为藏传寺院的管理中心。据康熙六年（1667年）统计，全国敕建大寺庙达6073处，其中绝大多数为藏传寺院。

清代在文化上的另一举措是尊孔读经，宣扬程朱理学，同时对关羽的忠义行为大加褒扬，所以清代的孔庙及关帝庙十分兴盛，遍布全国城乡。此时又对全国的礼制建筑加以整顿，形成完整的以天、地、日、月、自然神祇及宗庙、祠堂等人文鬼神为主题的祭祀系列。

当然清初大兴文字狱，实行海禁，维护满族特权等措施对当时的社会生产有一定的不利影响，但总的来说，国家政治形势稳定，经济逐步上升。

乾隆时期，随着生产发展和版图扩大，社会产生了新的问题，主要反映在屯田、工商业及民风等方面。迅增的人口多集中在京畿及江南一带，分布极不平衡，因此政府多次移民晋北、甘肃、四川等地。平定新疆准部以后，又在伊犁、迪化（乌鲁木齐）一带建城实行军屯，携眷定居垦荒，屯田达30余万亩。另外为开发沿海滩涂荒地，制定了奖励垦植政策，使劳动力分布有了一定调整。大规模的移民活动使全国的建筑技艺得到了交流、融汇与提高。如川南建筑带有两湖风格；内蒙古部分地区建筑受晋陕建筑影响明显。生产的发展带动工商业的兴旺，出现了一批富商世贾，特别是盐商、票号，更是清代商业中独有的特色行业。此外窑业、铸钱、纺织、井盐、印刷等产业亦十分发达。经济的繁荣及财富的相对集中，使民风逐渐向奢靡享乐方面发展，从皇帝、八旗贵族到中小地主、富商巨子，皆追求锦衣玉食、楼台房舍的生活享受，所以这时的园林建筑和日常用品都十分精致。帝室经营北京西郊园林及热河避暑山庄，官僚地主广建私园，这些宫廷建筑、园林建筑及官邸大宅中的内外檐装修质量皆有明显的提高，讲求观赏艺术价值。如苏州地主宅院的一座砖刻门楼，动辄使用二千余工。扬州为恭迎乾隆南巡，盛饰城市园林，自天宁门至平山堂，沿瘦西湖一路行来，十里楼台衔接，笙歌不断。当时宫廷建筑装修、家具、陈设皆由内务府造办处承办，处内集聚各行能工巧匠，还特别令江宁、苏州、广州等地织造署特制贡品，说明当时官私建筑的奢侈程度。但从另一方面讲，清代中期也是中国传统建筑装饰艺术的大发展、大创新时期，为古代建筑增添了异彩。

嘉庆以后，清朝政府腐败，政局动荡，农民起义不断。道光二十年（1840年），中英鸦片战争以清廷失败而告终，闭关自守的封建王朝被打开大门，西方经济、文化潮流进入中国，中国开始走向半封建半殖民地社会。清朝的统治，在内部农民战争、外部帝国主义侵略以及统治阶级日益腐败的状况下，走向崩溃。从建筑上讲，呈现因循守旧，修补维持，崇慕洋风，华靡烦琐的特点。

二、建筑概况

（一）顺治、康熙时期（1644—1722年）

顺治初年至康熙朝近八十年间，国祚初定，国力不阜。清初帝王在土木建设方面皆极为节俭，务水利，兴基础，以实用为主。即使是帝王所居的北京紫禁城宫殿，也仅将坐朝理政、后妃居住的前三殿、后二宫及东西六宫、天安门、午门等处修缮恢复，其他嫔妃、皇子居住的宫室及宗教、宴游的建筑皆未复建。

当时，重要的土木建设是在北京城中建造大量的王府。清代与明代不同，同姓王、异姓王皆不分封外地，而在京城集中建府居住，即所谓"建国之制不可行，分封之制不可废"，仅有封号而无领土，于帝辇之下集中管理。清初封亲王、郡王的共有六十人，但因早卒、战死、无后等原因，实际在京城建府的并不足此数。此外京城还有不少贝勒、贝子、镇国公、辅国公等次等封爵的府第。至乾隆时，有封爵的王公有四十七人，府第四十二处，至嘉庆时增至九十二处，如此集中的王府建筑群是历代帝京所不曾有过的。北京内城改为满城，驻防八旗官兵亦是京城一大变化。由于供应旗民口粮的增加，京师、通县张家湾一带皆增加了仓场。北京最大的变化是外城的繁华，汉民官商尽迁外城，使前门外、崇文门外、宣武门外一带迅速繁华起来，宅邸、会馆、客栈鳞次栉比，形成前门商业大街、琉璃厂文化街、宣外会馆街等。

此时期的园林建造亦有恢复，顺治时在北海建永安寺及白塔，开辟了南苑，康熙年间改建了西苑的南台，建造了勤政殿、涵元殿、丰泽园等建筑，正式形成北海、中海、南海三海联并的新西苑格局。康熙二十三年（1684年）在西郊建畅春园，四十二年（1703年）在热河建造避暑山庄，成为清廷最大的离宫，奠定了清代宫廷苑囿发展的基础。清初的园林有两个特点：一是建筑装修简素，追求自然风趣；二是多数苑囿修建皆有一定政治目的。

宗教建筑方面，虽然帝王对汉传佛教有深入的了解与信仰，但是占据宗教界统治地位的仍是藏传佛教。清代陵寝建造方面亦沿循明陵制度，采取集中陵区的方式，形成规模庞大之势。陵域选址为山环水绕、风景绝佳之处，反映出风水堪舆理论在建筑环境学方面的成就。

礼制建筑方面基本沿用明代的各坛庙，并在各地广建文庙及关帝庙。这说明了清代统治者利用儒家的礼教精神与关羽的忠义气节为其思想教化服务的政治目的。

（二）雍正、乾隆、嘉庆时期（1723—1820年）

从雍正至嘉庆朝，约略百年，堪称清代的鼎盛时期。当时全国上下、宫廷内外大兴土木，诞生大量质量上乘、规模宏巨的建筑。纵观中国古代建筑史，这个时代可以说是封建社会最后一次建筑发展高潮，在艺术上形成了突出的时代风格。具有代表性的观点认为，这个时代的精华在于乾隆朝，清代建筑的艺术风格应以乾隆时期为代表，甚至可称之为乾隆风格。

在雍正朝政治、经济体制改革的基础上，乾隆时期的建筑大发展有了雄厚的经济基础。当时耕地面积已由清初的500余万顷增至800余万顷。人口接近3亿大关。政府储粮丰厚，库存银两充裕，"是为国藏之极盛"。

对于建筑行业而言，尤其重要的是雍正时期内政趋于平稳，朝廷在整顿吏治的同时又着手建立一系列规章制度。较突出的事例是雍正十二年（1734年）颁布清工部《工程做法》，将当时通行的27种建筑类型的基本构件做法、功限、料例逐一开列出来，目的是统一房屋营造标准，加强宫廷内外工的工程管理。《工程做法》一书基本上是明末清初北方官式建筑技术与艺术的总结，反映了当时的建筑水平，同时也为下一步乾隆时期的建筑大发展准备了技术条件。

在宫殿建筑中，雍正皇帝把自己起居理政的宫殿移到了养心殿，为以后皇宫的功能布局奠定了基础。雍正朝的礼制建筑有所发展，以藏传佛教为主的宗教建筑也大为普及。这一时期园林建设已成潮流，圆明园的落成是其重要标志。

乾隆时期的官方建筑活动涉及各个方面，早期营缮范围包括北京宫城内外以及京郊等地，工程量大增。如增建、改建礼制建筑；扩建园林建筑、增建写仿江南的皇家园林及行宫；在京城内外、热河行宫、青藏地区以及甘肃等西北地区敕建藏传佛教寺院等。乾隆五十年（1785年）以后因其年逾古稀，游观之兴已减，所以建筑活动也明显减少。

乾隆时期民间的土木建筑亦有巨大的发展。如私家园林的修建热潮迅速遍及江南地区，以苏州、杭州、扬州为盛，从园林环境艺术上讲，可称封建社会之顶峰。

乾隆时期的工程技术亦有较大的进步，如推广木材包镶技法，将小料拼接成大料，在木料拮据的时代得以建造体量巨大的建筑。清代中期结构方面亦有创意，此时已不再重视千百年流传下来的以斗栱为特征的构架方式，而用杠架法构造出较大型的高层建筑。乾隆时将具有高度水平的工艺品技艺与建筑结合起来，将南北方建筑风格融合在一起，开辟了建筑装饰艺术繁荣的新途径。

嘉庆时期，清朝衰颓迹象已见，绝少建造大规模工程，主要为修缮整理。嘉庆十四年（1809年）扩大圆明园绮春园，仅是将附近公主、亲王的赐园并入而已，并无新的兴建。此时敕建工程几乎停止，仅局限在皇陵、宫殿的建造上。由于经济困窘，民生转艰，故追求精神寄托的民间宗教建筑仍在发展。

（三）道光至宣统时期（1821—1911年）

道光至清覆的九十年间，建筑的突出特点在于传统建筑的延续和外来建筑样式的登陆。

从嘉庆末年起，国家经济已不堪土木大工，而官方和民间的奢靡之风并未收敛。以装饰工艺为代表，所谓"周制度"最具雕镂、镶嵌特色，依然为时人所崇。其时民间私园数量也有所增加，游乐性的戏园进一步发展。岔曲、说书、京戏的盛行也影响到了会馆建筑，皆在其内增设戏台。此时期的民间住宅密度增加，规模变小，但装修考究，装饰繁多，流于庸俗。

道光二十年（1840年）鸦片战争，在西方列强的坚船利炮之下，中国开始了半封建半殖民地社会，标志着中国古代社会的终结。但是传统的建筑活动并没有随着社会经济的变革而中止，它的许多方面仍在继续。如民居建设方面，除沿海、京畿等地区吸收西洋土木建筑技术，开始砖木、砖石、钢筋混凝土建筑以外，大部分内陆地区仍沿用传统建造方式，以木构架为主。民间的桥梁工程大部分也是传统构造。城市的地区性会馆也向行业性会馆转变，由于商品流通量增大，贸易活动增多，城市消费扩展，使店铺的店面大为改观，纷纷用牌坊、挑木、招幌来装修。在宫廷建筑方面，除因火灾重修紫禁城的武英殿、太和门、天坛祈年殿以外，最大的举措是慈禧太后为了游宴之需，重修被英法联军烧毁的清漪园，并更名为颐和园，建园资金全部为挪用海军建设经费。此外，慈禧太后还动用巨大的财力，为自己营造了清东陵的定东陵园寝。当时清廷已内外交困，朝不保夕。这种大兴土木现象仅是其灭亡前夕的回光反照而已。

研究分析清代建筑发展历史，不能不将鸦片战争以后的近代建筑史中的若干内容一并叙述，因为建筑的发展是相辅承传，不能割裂的，如北京紫禁城的发展变化，西郊皇家园林的兴废，各地寺庙的改建扩建，还有私家园林的易主改造等，都有前后相承的关系，至于广大的民居建筑，虽然现存的多为咸、同以后，甚至民国初年的实物，但是其工程技法及建筑艺术皆是在较长的历史时期内、经民间匠师衣钵相传而形成的，甚至包括清代中叶的建筑技艺，所以不应单以建造年代来决定其历史价值。

第二节　城市

一、新建城市

清代大部分城市皆沿袭明代城市之旧，稍有改造。从《明史·地理志》与《清史稿·地理志》中记载的中原各省明清两代府、州、县数目来看，直隶、山东、河南、浙江、江苏、福建等省基本上相等；山西、四川、两湖、广东略多；广西、云南因改土归流集中管理的影响，则相对较少。造成这种现象的原因是多方面的。首先，清代全国的交通格局没有重要的变化，水陆交通已经定型，不像明代因开发运河漕运而带动了沿河城市的发展。而清初实行海禁，因商贸而兴起的沿海城市发展受到制约。其次是政治比较稳定。清王朝全面接收了明代政治机构及行政体制，中原各省基本沿用明代十三布政使司管辖的行中书省的建制，省治、府治乃至县治仍因其旧，所以没有因政治变革而另建的新城。再者，三藩乱后，中原地区没有大的战争破坏，因此没有毁城现象。相反，中原过剩的人口通过移民，迁往边防人口空虚之处，有助于人口布局的平衡。中原北境的蒙古已统一在版图之内，东南沿海的倭寇已戡消，故城防卫所亦无增建。此外，手工业及商业经济在明代已初具规模，有了一定的分工及交易特色，清代只是进一步发展的问题，虽然刺激了城市内部结构的变化，但并未改变城市地位和位置。

二、旧城市改造

清代宣统年间人口达4亿，比起明万历时期的6000万人口增加了近6倍。其中有国家地理版图扩大的因素，但人口增加的大部分来源仍是中原各地，一般省份皆增加3~5倍，个别省区如四川、两湖、福建等达十余倍。城市人口密集度增加尤甚，城市内的住宅以及商业建筑的密度都大大增加，这也使城市道路出现了相应的变化。旧城进行新开发首先多在原城廓内的空闲地上，如北京的外城、苏州的城南、南京的城北一带；或者把城市发展用地安排在城门外的关厢一带，如山西大同在北、东、南三面关厢发展。清代城市多为扩建，新的发展用地多有自发建造的特点，因此相较于明代，清代城池在道路布局上更为自由，或斜行或疏密不均，这也是对清朝末期商业发展情况的一种反映。

三、城市建筑内容构成上的变化

封建社会早期的城市建造受政治、军事因素的影响较深，城市建设有很大的人为成分，除国都以外按照政体制度的规定，可以把全国城市分为三个等级，即府城、州城、县城，这种分类也是对城市的大小及组成内容的反映。在这些城市中，以衙署或军署，以及代表儒学的孔庙为主体，结合实际需要配备布置庙宇、宫观，以及与居民生活有关的集市、草场等，从谯楼演变而来的钟鼓楼也是城市的重要景观。这种按政治、军事意图建立的城市，大多有完整的规模，在地形允许的情况下，多取规整的形状，城内道路呈井字或十字格状，便于安排民居用房，衙署位于中心，统领全城。

清代，资本主义经济成分逐渐增加，除手工业以外，商业、服务业在城市生活中占有很大比重，在某些城市甚至成为主体。如陶瓷业中心的江西景德镇、江苏宜兴，纺织业中心的苏州，制盐业中心的四川自贡，钱业中心山西平遥、太谷，交通运输中心的江苏淮阴、山东济宁，九省通衢的武汉三镇，海外贸易中心的广州及宁波等。这些城市不仅是行政中心，而且兼为经济中心，其扩建往往突破了原来的规划模式，并且在建筑内容上也有很大不同。如手工业作坊、货栈、会馆、票号、典当、戏园、旅店、外商的商馆，以及随之而来的天主教堂等都在古老的城市中出现。在城市某些地段形成商业集中的商业街，与定期的集市贸易互为补充。可以说此时的城市性质分类更繁多，内容更丰富，以封建礼制为序的规划格局越来越被突破。

（一）清北京城

今天的北京城定型于明代。明燕王朱棣选定北京为都城，永乐元年（1403年）改北平为北京，改建元大都城，北墙南缩5里，南墙向南展出2里，成为东西向的长方形，并重建了宫城和皇城。嘉靖三十二年（1553年）又修筑外城，仅筑成南侧一面，遂成今制。至此，北京城的基本轮廓已经构成，即宫城、皇城、内城和外城（图9-1）。

宫城即紫禁城，也就是今天北京的明清故宫，位于内城中部偏南地区，周长六里一十六步，南北长960米、东西宽760米，面积0.72平方公里，为南北向的长方形。宫城设置八门，南五门，即承天门（清改为天安门）、端门、午门、左掖门、右掖门，东为东华门，西为西华门，北为玄武门（清改为神武门）。清代紫禁城的建筑物多有重建，名称也有变迁，但基本上维持了明代的规模。

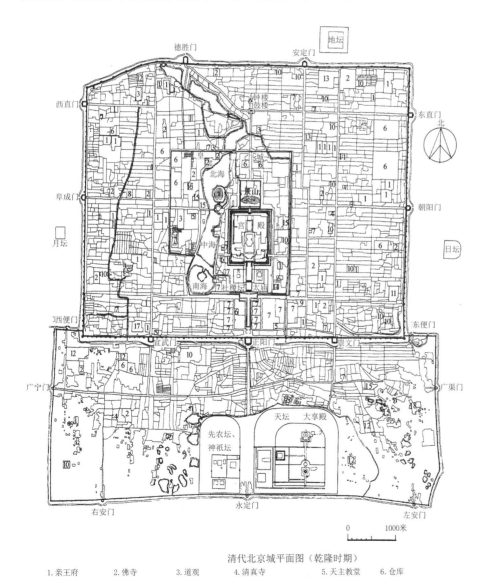

清代北京城平面图（乾隆时期）

1.亲王府	2.佛寺	3.道观	4.清真寺	5.天主教堂	6.仓库
7.衙署	8.历代帝王庙	9.满洲堂子	10.官手工业局及作坊	11.贡院	12.八旗营房
13.文庙 学校	14.皇史宬	15.马圈	16.牛圈	17.训象所	18.义地 养育堂

图9-1 清代北京城平面图
（孙大章. 中国古代建筑史（第五卷）[M]. 北京:中国建筑工业出版社, 2002: 11.）

皇城在宫城之外，周长十八里有奇，缺其西南角，南北长2.75公里、东西宽2.5公里，面积6.87平方公里。东部为宫城，西部为西苑（元为西御苑），中部为太掖池（即元太液池，增开南海）。皇城有六门，正南曰大明，清代改称大清门，东曰东安，西曰西安，北曰北安，即清地安门，大清门东转曰长安左，西转曰长安右（图9-2）。

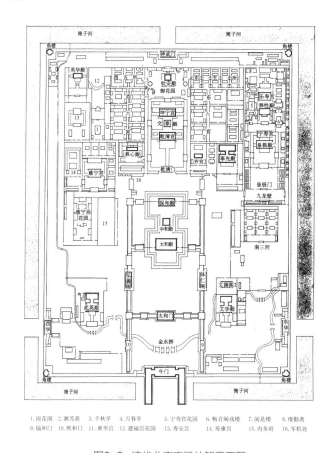

1. 雨花阁 2. 漱芳斋 3. 千秋亭 4. 万春亭 5. 宁寿宫花园 6. 畅音阁戏楼 7. 阅是楼 8. 倦勤斋
9. 协和门 10. 熙和门 11. 重华宫 12. 建福宫花园 13. 寿宫 14. 寿安宫 15. 内务府 16. 军机处

图9-2 清代北京宫殿外朝平面图
（孙大章. 中国古代建筑史（第五卷）[M]. 北京：中国建筑工业出版社，2002：45.）

内城即元大都城改建而成，周长45里，9门，东西长6.65公里、南北宽5.35公里，面积35.57平方公里。正南为正阳门（即前门），左崇文门，右宣武门；东之南为朝阳门，北为东直门；西之南为阜成门，北为西直门；北之东为安定门，西为德胜门。明嘉靖时筑重城，包京城之南，转抱东西角楼，长二十八里。门七，正南曰永定，南之左为左安，南之右为右安；东曰广渠，东之北曰东便；西曰广宁（清称广安），西之北曰西便。

北京内外城的街道格局，以通向各个城门的街道为最宽，是全城的主干道，大都呈东西、南北向，斜街较少，但内、外城也有差别。外城先形成市区，后筑城墙，街巷密集，许多街道都不端直。通向各个城门的大街也多以城门命名，如崇文门大街、长安大街、宣武门大街、西长安街、阜成门街、安定门大街、德胜门街等。被各条大街分隔的区域又有许多街巷，根据《京师五城坊巷胡同集》的统计，北京内、外城及附近郊区，共有街巷1264条左右，其中胡同457条左右。比较而言，正阳门里、皇城两边的中城地区街巷最为密集，达300余条。这是由于中城地理位置优越，处在全城的中部，又接近皇城和紫禁城，人口自然稠密。居民区仍以坊称呼，坊下称铺，或称牌、铺。居民住宅就是典型的四合院（图9-3）。

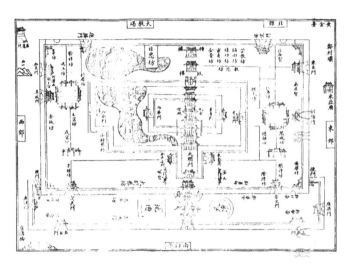

图9-3 京师五城坊巷胡同图
（刘承干校. 京师五城坊巷胡同集[M]. 南林刘氏求恕斋刊, 1900.）

清代时北京的坊、街、巷、胡同多有变迁和易名，但大体沿袭明代规模。其管理除仍置宛平、大兴二县外，又划归八旗驻防。正黄旗居德胜门内，镶黄旗居安定门内，正白旗居东直门内，镶白旗居朝阳门内，正红旗居西直门内，镶红旗居阜成门内，正蓝旗居崇文门内，镶蓝旗居宣武门内，分为左右两翼。

北京的市场沿街道布设，并形成几个主要的市场区。明初的市主要集中在皇城四门、东四牌楼、西四牌楼、钟鼓楼以及朝阳、安定、西直、阜成、宣武诸门附近，后来正阳门里棋盘街、灯市、城隍庙市、内市和崇文门一带的市场也十分繁华。如大清门前棋盘街，"百货云集"，由于"府部对列街之左右"，"天下士民工贾各以牒至，云集于斯，肩摩毂击，竟日喧嚣"，一派热闹景象。这显然是因为位置居中，又接近皇城、宫城和政府军、政机关，来往人多，商业自然兴盛。又如灯市"在东华门王府街东，崇文街西，互二里许。南北两廛，凡珠玉宝器以逮日用微物，无不悉具。衢中列市棋置，数行相对，俱高楼……市自正月初八日起，至十八日始罢"。清代的"灯市在东华门崇文街，今亦在琉璃厂"，可见，明清两代的灯市也在不断变迁，并非固定在一个地方。东华门外的灯市，今名灯市口（东西向街），琉璃厂在外城，也是一条东西街。再如城隍庙市在西城西南隅，即今复兴门里以北，"月朔望，念五日，东弼教坊，西逮庙西墀庑，列肆三里。图籍之旧古今，彝鼎之曰商周，匜镜之曰秦汉，书画之曰唐宋，珠宝、象、玉、珍错、绫锦之曰滇、粤、闽、楚、吴、越者集"。证明这里是明清北京城的古董市场，规模宏大，生意兴隆。内市是皇亲贵族购物的市场，位于"禁城（紫禁城）之左（东），过光禄寺（东安门内街北）入内门，自御马监以至西海子一带，皆是。每月初四、十四、二十四三日，俱设场贸易"。明、清两代，运河进城在崇文门一线，水路交通方便，商业自然繁荣。清代时崇文门额征正税银94483两，为各个额征点之冠，就是典型例证。

北京城的园林分布于城内和城外。城内西苑位于西华门之外，也就是元代的西御园，殿亭楼阁与太液池交相辉映，景色壮丽。清代进一步开发，并成为皇帝召见王公大臣和接见外宾的地方，像敦叙殿、涵元殿、瀛台、紫光阁等，都成为皇帝休息和进行国事活动的场所。太液池也就是今天的北海、中海和南海，其中南海为明代所开凿。

城外有西郊的三山五园。三山即万寿山、玉泉山和香山，五园即圆明园、静明园、静宜园、杨春园、清漪园。圆明园之东有长春园，长春园之南有绮春园（后改万春园），共同构成一个庞大的风景区。1860年第二次鸦片战争中，圆明园等被英法侵略军付之一炬。清代末年，清王室在清漪园旧址上修建了颐和园。

（二）工商城市——平遥

山西的平遥古城拥有2700多年的历史，旧称"古陶"，明朝初年为防御外族南扰始建城墙，洪武三年（1370年）在旧墙垣基础上重筑扩修，并全面包砖，以后弘治、正德、嘉靖、隆庆和万历各代进行过十余次补修和修葺，更新城楼，增设敌台，康熙四十三年（1703年）因皇帝西巡途经而增筑四面城楼。平遥城墙总周长6163米，墙高约12米。城墙以内街道、铺面、市楼保留明清形制，曾是清代晚期中国的金融中心，并有中国目前保存最完整的古代县城格局。

平遥有"龟"城之称。街道格局为土字形，建筑布局则遵从八卦的方位，体现了明清时期的城市规划理念和形制分布。城内外有各类遗址、古建筑300多处，有保存完整的明清民宅近4000座，街道商铺体现历史原貌，是研究中国古代城市的活样本。

平遥城墙现存有6座城门瓮城、4座角楼和72座敌楼。城内交通脉络由纵横交错的四大街、八小街、七十二条蚰蜒巷构成。南大街为平遥古城的中轴线，北起东、西大街衔接处，南到大东门（迎熏门），以古市楼贯穿南北，街道两旁，老字号与知名店铺林立，是最为繁盛的传统商业街，清朝时期，南大街控制着全国百分之五十以上的金融机构；西大街，西起下西门（凤仪门），东和南大街北端相交，与东大街成一条笔直贯通的主街；东大街，东起下东门（亲翰门），西和南大街北端相交，与西大街成一条笔直贯通的主街；北大街，北起北门（拱极门），南通西大街中部。八小街和七十二条蚰蜒巷，名称各有由来，有的得名于附近的衙门、书院等建筑或醒目标志；有的得名于祠庙；有的得名于当地的大户。

平遥古城民居，以砖墙瓦顶的木结构四合院为主，布局严谨，左右对称，尊卑有序。大家族则修建二进、三进院落甚至更大的院群，院落之间多用装饰华丽的垂花门分隔。民居院内大多装饰精美，进门通常建有砖雕照壁，檐下梁枋有木雕雀替，柱础、门柱、石鼓多用石雕装饰。平遥民居大多为单坡内落水，能够有效地抵御风沙、利用雨水、保障安全。而院内紧凑的布局则显示了对外排斥、对内凝聚的民族性格。

平遥城坛庙、寺观种类多样，包括文庙、城隍庙、罗汉庙、火神庙、关帝庙、真武庙、五道庙、清虚观等。其中城隍庙位于城东南的城隍庙街，由城隍庙、财神庙、灶君庙三组建筑群构成，是一组规模较大的综合祠庙（图9-4）。

① 沈阳故宫博物院编：《盛京皇宫》，20页，紫禁城出版社，1987年。

② 阎崇年：《清宫建筑的满洲特色》，载于《满学研究》第三辑，民族出版社，1996年。

③ 稻叶岩吉：《兴京二道河子旧老城》，[伪满]建国大学，1939年（伪满康德六年）。

④ 《盛京城阙图》，辽宁省档案馆，舆字220号。

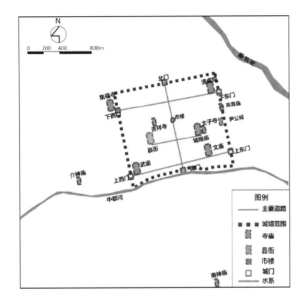

图9-4　清末平遥古城空间形态

（赵元凯. 平遥县城的空间组织与庙会活动的开展研究[D]. 深圳大学，2018：18）

第三节　宫殿与王府

一、满汉文化融合与皇宫王府制度的建立

清代皇宫是满族宫廷建筑文化确立的重要标志。清帝前垂天贶遂有清之北京故宫；而入关之前的盛京皇宫格局则是满汉文化前期融合的结果。《盛京皇宫》云："从建州卫佛阿拉传统的女真住室建筑到赫图阿拉的简陋宫室，乃至辽阳、沈阳正规宫殿的建成，经历了一个由简到繁、由单一的女真建筑发展为汉满蒙等多民族建筑艺术大融合的过程。"①如果抛开不同学者对普通住宅和宫室建筑界定的差异不谈，那么显而易见，关于沈阳故宫的形制研究能够上溯至二道河子老城佛阿拉，而多数学者以关外兴京、东京作为盛京宫殿的原型②。通盘考察关外满族的宫室建筑文化，可以阅读朝鲜李朝申忠一撰写并绘制的《建州纪程图记》③，保存至今的《盛京城阙图》④，目睹经过后期添建、改建的沈阳故宫。辅以丰富的清代文献，我们可以看到，营建沈阳故宫的清太宗皇太极少年时代在佛阿拉生活了十一年，盛京宫室规制格局与佛阿拉有着诸多共同之处。

①

辽宁大学历史系编，《清初史料丛刊第九种：建州闻见录校释》，1979年9月。笔者将此段重新断句。原句读如"四壁筑东西南面，皆辟大窗户"，不确。

②

周苏琴《清代顺治康熙两帝的最初寝宫》，47-48，《故宫博物院院刊》，1995年第3期；另见阎崇年《清宫建筑的满洲特色》，载于《满学研究》第三辑，民族出版社，1996年。

③

茹竞华《紫禁城位置及中轴线布局的探讨》，载于《禁城营缮记》，152-162，北京：紫禁城出版社，1992年。

④

《十三经注疏·周礼注疏》，秋官·朝士，卷三五。[清]阮刻本影印本，上海：上海古籍出版社，1997年。

⑤

《十三经注疏·周礼注疏》，天官·大宰，卷二。

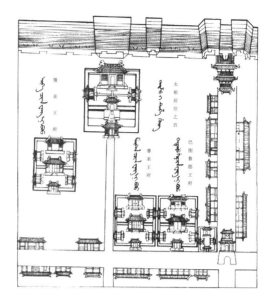

图9-5 盛京城阙图《建州纪程图记》
（《建州纪程图记》）

其一，不像传统的汉族宫殿那样将主要的朝寝空间沿中轴线布置，而按照东西二院并置的模式进行布局（图9-5）。

其二，寝居建筑均位于高处，而朝政建筑均地势较低，同时以两座楼台——飞龙楼和翔凤楼——作为处于不同地势的寝居和朝政空间之间的过渡。

其三，后宫殿宇室内布置采用门偏设、周围炕等生活措施，形成室内开敞空间，少设隔断，近乎"窝舍之制，覆以女瓦，柱皆插地，门必南向，四壁筑，东西南面皆辟大窗户，四壁之下皆设长炕，绝无遮隔"①的满族传统室内格局。

至顺治入关之后，满族统治者几经反复②，逐渐接纳了汉族朝寝制度的内核并进行了改造。微观而言，清帝先是调整了坤宁宫的使用功能，后又在雍正朝将皇帝的寝宫移至内廷西路的养心殿；宏观而言，则是将明代确立的朝仪功能与宫禁大殿的对应关系予以重新组织。系统的大内建筑格局和功能制度真正完整形成，应当是在乾隆年间。

有学者认为，明代紫禁城可以附会以三朝五门制度③：（1）"把承天门、端门、午门、奉天门、乾清门，相比于五门的皋门、库门、雉门、应门、路门，是比较相近的"；（2）大明门、承天门、午门均有符合周制外朝的功能，"明代的常朝和御门听政同时在奉天门举行"，而"乾清门……清代御门听政……正符合周制治朝在路门外"，"乾清宫……相似于周制燕朝的内容"。但是，周制中"朝"的功能分别在紫禁城的不同空间中体现，无法简单地将三朝中的任何一朝固定于某一宫殿或门庑中：外朝功能主要包括询国危、询国迁、询国君④，皆系国家、百姓之事，当涵盖颁诏、颁历、献俘、秋审等事务，分别于午门前不同的殿宇门庑中执行；治朝"听治"，大宰"赞"之⑤，系国家政治之事，当涵盖君礼、臣奏诸事，有大殿和御门当之；燕朝则应包括接晤、议事、燕饮等事务，宫殿的使用更加不固定。

经过历代朝仪和宫禁制度的严格和完善，清代朝门布置已不可能妥帖地附会于三朝午门制度，或者历史上的其他朝门说法[1]。而我们仍然可以看出乾隆帝是继承并借鉴关外盛京皇宫格局为紫禁城朝仪空间定位的：首先，在盛京皇宫中，若以事关百姓国政大事的区域为外朝[2]，以国政大典空间为治朝，以常务内务空间为燕朝，便可清晰地区分大政殿区、崇政殿区和清宁宫区的朝仪功能属性。乾隆时期对盛京皇宫的改建也并不影响此格局。进而，按照同样的思路，清代三朝区域的划分不同于明代，大致是以大清门至午门间区域为外朝，以自午门、经太和门至乾清门区域为治朝，以乾清内区域为燕朝，且辟养心殿为勤政寝兴之所（图9-6）。这样的划分既反映了前清与清中期朝仪安排的一贯性，又在每个区域中容纳了周制"朝"的各种功能，反映出满汉文化深层次上的融合。

在外朝空间的制度化之余，紫禁城宫殿内廷的后宫部分在乾隆时期逐渐走向了生活化。总体来看，乾隆帝对于紫禁城的改造是一个从"破"到"立"的过程。

除宫禁之地外，王府作为仅次于皇宫的建筑群，其规制也鲜明地反映了满汉文化融合的现象。

北京现存的王府大多是在清顺治至乾隆年间建造的，而早在崇德年间，《清实录》中便记载有关于亲王、郡王、贝勒、贝子的府制的规定。其中尤其值得注意的是，这四个等级的王府应当分别建在十尺、八尺、六尺高的台基和平地之上。几经调整之后，到了乾隆年间，此规定在《大清会典》中更趋细致，按照前朝后寝的方式进行布局，其中诸级府邸正殿台基高度分别定为四尺五寸、三尺五寸、二尺五寸和二尺。这种尺度规制上的变化代表性地反映了满族"择高而居"的传统与汉地院落式建筑的逐步融合。在北京现存的王府中，尤以摄政王府、睿亲王府、恭亲王府、礼亲王府、顺承郡王府、孚郡王府、循郡王府、宁郡王府、涛贝勒府等保存完整。

二、满汉文化融合与帝王贵胄生活空间形态

如果说王朝规制确立中的文化融合在很大程度上来自于帝王意志的话，那么生活空间形态范畴内所反映出的不同民族的建筑文化融合则是潜移默化的。

第一则有趣的故事是康熙皇帝对生活空间的阐述，他认为起源于辽金、定制于后金的满族居室风格应当得到完全的继承。"训曰：朕从前曾往王大臣等花园游幸，观其盖造房屋率皆效法汉人，各样曲折隔断，谓之套房。彼时亦以为巧，曾于一两处效法为之，久居即不如意，厥后不为矣。尔等俱各自有花园，断不可作套房，但以宽广宏敞居之适意为宜。"[3]其中"宽广宏敞"当指满族传统的"口袋房、万字炕"的室内视觉效果。康熙自己承认，清帝园囿中存在"一两处"殿宇，其内部采用南方汉族民居、园林中采用灵活的空间语汇，形成"套房"，而王大臣府邸中则此风更甚。

雍正皇帝登基后，由各种形式的罩槅组成内檐空间的做法在宫廷中确立，同时将满族常用的炕的做法融合进来，使内檐装修的布局、手法、风格逐渐达到了多

① 如天子九门之说。《十三经注疏（上）·礼记正义》，月令，卷五，"季春之月，日在胃，昏七星中，旦牵牛中……毋出九门"，一三六三页，上海：上海古籍出版社，1993年。

② 参见外朝"三询"。《十三经注疏·周礼注疏》，小司寇，卷三五，页八七三；另见司马光《资治通鉴》，宋太宗淳化二年"今之乾元殿，即唐之含元殿也。在周为外朝，在唐为大朝，冬至、元旦立全仗，朝万国在此殿也"。

③ 《庭训格言》，本文所据载于《望三益斋所刻书》卷六十一，页五十七，雍正刊本。

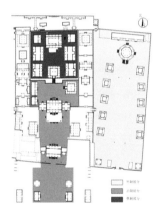

图9-6 盛京皇宫朝仪格局
（刘畅 提供）

①
万依等《清代宫廷史》，沈阳：
辽宁人民出版社，1990年，600，
《附：清代宫廷史大事记》。

样、成熟、稳定的水平，反映出内檐装修设计所依据的原则兼顾了帝王朝仪、理政、居住、逸乐等功能要求，帝王重威、返朴、遗天缩地等形式要求。特别是紫禁城中保留了坤宁宫的祭祀场所，还精心地装饰了养心殿。

坤宁宫，本为明代皇后正宫，清代除延续其皇后正宫的地位外，将殿宇室内划分为二，西侧为祭祀萨满之所[①]，东侧则为皇帝大婚的洞房。坤宁宫西间（图9-7）入门设灶台以备祭祀所需，主要空间内以口袋房、万字炕为主要特征，不施隔断，形成一完整的大空间；洞房内部则按照功能的需求营造了私密和半私密的小空间。

这样的生活空间布置方法从江南文人商贾的私斋中走向满族文化生活圈，不仅在紫禁城的坤宁宫、建福宫、宁寿宫中随处可见，在亲王大臣的府第中也是主导潮流，成为当时的社会风气。

图9-7　北京紫禁城坤宁宫
（《建州纪程图记》）

（一）清紫禁城

北京紫禁城作为明、清两个朝代的大内宫城，居北京城之中心，规制仿明南京皇宫布局。始建于明成祖朱棣永乐四年（1406年），十八年（1420年）十一月竣工，次年元旦正式启用。全城南北长961米、东西宽753米，呈纵长形，总面积达72公顷余，总建筑面积为16万平方米，是世界上现存最大、历史最久的宫殿建筑群。紫禁城四面设城门，南为午门，北为玄武门（清代改称神武门），东为东华门、西为西华门，设角楼于城墙四隅。城墙高约10米，墙顶厚6.66米，基部厚8米余。

紫禁城内分为外朝与内廷两部分，乾清门以南为外朝区域，城内外朝区域的起点是午门。午门建于明永乐十八年，顺治四年（1647年）重修。午门上有崇楼五座，俗称五凤楼。正楼重檐庑殿顶，面阔九间；左右四楼为重檐攒尖方形亭楼，内设钟鼓，每逢大典，钟鼓齐鸣，颁历、献俘等典仪也在此举行。楼下为砖石墩台，台中有门三座，左右各一掖门。午门内外太和间形成一宽阔广场，内金水河自西向东横贯而过，河上架内金水桥。此广场与午门外南北狭长空间形成了强烈对比。

太和门内建有平面为工字形的三层汉白玉台基，其上为三大殿（奉天、华盖、谨身三殿，后改为皇极、中极、建极三殿），占据紫禁城几何中心。太和殿是三大殿之首，现存建筑建成于清康熙三十四年（1695年），面阔十一间，重檐庑殿顶，内有沥粉贴金木柱和蟠龙藻井，陈设宝座、大柜，一切形制均采用中国古典建筑的最高等级。中和殿采用方形平面，单檐攒尖顶，为大典前皇帝的休息场所，也在此接受朝贺；保和殿面阔九间，重檐歇山顶，为宴请、殿试的场所。三大殿院落之外，左右为文华殿、武英殿及内阁、库厩、值房等附属建筑。

乾清门以北及文华、武英殿以北，为内廷部分。内廷建筑功能多样，其中包括位于中部的后三宫、养心殿（雍正后为皇帝起居、勤政之地）、斋宫、后妃居住的东西六宫；东西路太后太妃居住的慈宁宫、慈庆宫（乾隆年间改为皇子居住的南三所）、咸安宫等；皇子居住的乾清宫东北五所；乾隆修建的太上皇宫宁寿宫；宗庙建筑奉先殿，佛寺英华殿，道观钦安殿、隆德殿等；各区域内还穿插分布着御花园、慈宁宫花园、建福宫花园、宁寿宫花园。全城布局井然规整有序，轴线明确，是集中国历代宫殿建筑精华于一身的杰作（图9-8）。

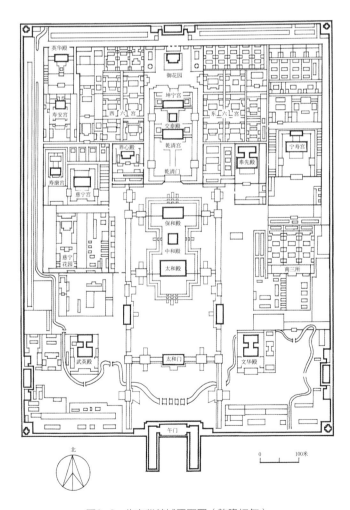

图9-8 北京紫禁城平面图（乾隆初年）

（孙大章. 中国古代建筑史（第五卷）[M]. 北京：中国建筑工业出版社，2002：44.）

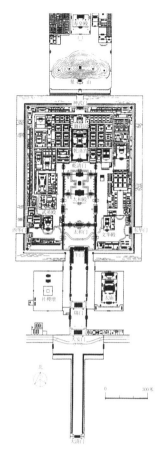

图9-9 清代北京宫殿总平面图
（孙大章. 中国古代建筑史（第五卷）[M]. 北京：中国建筑工业出版社，2002：42.）

在建筑设计上，紫禁城突出天子的至尊地位，择中立国、立宫，以轴线建筑艺术烘托帝王的无上威仪。紫禁城以中心轴线为布局基础，贯穿了一系列门、阙、殿、阁。在轴线上安排外朝内廷的主殿——三大殿、后两宫，前面以午门、端门、承天门（清改天安门）为入口，后部以御花园、景山为屏障，前面并联千步廊、大明门（后改大清门）、正阳门、永定门，后部以地安门、钟鼓楼为终点。前后全长8000米的轴线一气呵成，而紫禁城宫殿是其高潮。主轴两侧还安排了若干副轴以为陪衬，益发显露中心朝寝的重要地位。

紫禁城布局充分反映了封建礼仪规制及阴阳五行思想。不仅"周礼"中规定的"前朝后市，左祖右社"在紫禁城中得到体现，"前朝后寝"更是禁城宫阙的主导形制。以乾清门为界，在内外分别布置施政部分及宴寝部分，同时又按古代的"五门三朝"制度，在轴线上安排从大明门至乾清宫等一系列门殿。至于数列中用九、五象征天子的例子更不胜枚举。层顶形式、台基高度、彩画制度、梁架数目、斗栱踩数等也都透露着封建等级制度，突出了天子的至高地位。禁城宫殿的命名多取阴阳五行之意，如乾坤、日月、春秋、文武、左右等。东西各六宫以象征后妃的"六宫六寝"，总共十二，与一年十二月令相符。乾东西五所为皇子所居。五属阳，为男子之象；六属阴，又为后妃之象。各宫所在之方位，也是按五行、五色、五方的对应关系安排，如前朝位南，从火属长，后寝位北，从水属藏。文治建筑在东，从木，从春，有滋生之气；武功建筑在西，从金，从秋，有肃杀之气。紫禁城用水自西方引入，流经大内，称金水河，西方属金，金能生水。紫禁城北面以景山为屏，遮风引阳，形成背山面水的风水格局（图9-9）。

（二）盛京皇宫

努尔哈赤于1616年建立后金政权后，曾先后在建州（今辽宁省新宾县）、赫图阿拉、界藩山、萨尔浒（今辽宁抚顺县）经营过宫室，通常为青砖民房，栅木为墙，宫室混居，之后又建立了用于处理政务的"大衙门"。后金政权进入辽沈地区之后，首先营建辽阳城，在城区山冈上修建了琉璃瓦的八角殿和汗宫，初具宫殿雏形。天命十年（1625年）定都沈阳，后改名为盛京。与此同时，一方面从东、南、西三个方面扩建旧城；另一方面在盛京城中心偏北处建造宫室，原称"盛京宫阙"，又称"后金故宫""盛京皇宫"。清兵入关以后，盛京改为留都，称留都宫殿，或奉天行宫，即今天的沈阳故宫。

盛京宫殿是清代入关以前的施政中心，肇业重地，基本规模形成于清代初期，距今已有370年的历史，它反映了清初建筑艺术及技术风貌，具有独特的历史价值。

盛京宫殿占地面积63000余平方米，共有房间419间，虽然规模不及北京故宫，但也是一组大宫殿建筑群。宫殿的总体布局分为东、中、西三路，分三期陆续建造起来，东路大政殿及十王亭始建于天命十年，努尔哈赤时代；中路大清门、崇政殿、凤凰楼及后五宫始建于皇太极天聪六年（1632年）；中路两侧的东西两所行宫及崇政殿配套建筑建于乾隆十年（1745年），西路文溯阁及嘉荫堂戏台建于乾隆四十六年（1781年）。

　　盛京宫殿三路的规划布局及建筑皆各有特色（图9-10），反映了不同历史时期的建筑思想取向，在建筑艺术上承袭了中国古代建筑的传统，集汉、满、蒙等多民族的建筑艺术于一身，在建筑史学上有着重要的地位。

1. 大政殿　2. 左翼王亭　3. 镶黄旗亭　4. 正白旗亭　5. 镶白旗亭　6. 正蓝旗亭　7. 右翼王亭　8. 正黄旗厅　9. 正红旗亭
10. 镶红旗亭　11. 镶蓝旗亭　12. 奏乐亭　13. 奏乐亭　14. 大清门　15. 大政殿　16. 崇政殿　17. 凤凰楼　18. 清宁宫
19. 配宫　20. 关雎宫　21. 衍庆宫　22. 麟趾斋　23. 日华楼　24. 左翊门　25. 飞龙阁　26. 太庙　27. 太庙门　28. 配殿
29. 配宫　30. 东七间楼　31. 颐和殿　32. 介祉宫　33. 敬典阁　34. 配宫　35. 麟趾宫　36. 永福宫　37. 协中殿
38. 湲绮楼　39. 右翊门　40. 翔凤阁　41. 西七间楼　42. 迪光楼　43. 保极宫　44. 继思斋　45. 重漠阁　46. 七间殿
47. 值房　48. 值房　49. 扮戏房　50. 戏台　51. 转角房　52. 嘉阴堂　53. 宫门　54. 文溯阁　55. 仰熙斋　56. 九间殿
57. 碑亭　58. 奏乐亭　59. 西朝房　60. 奏乐亭　61. 东朝房　62. 东朝楼

图9-10　沈阳故宫总平面图
（陈伯超. 沈阳都市中的历史建筑汇录[M]. 南京：东南大学出版社，2010：2.）

（三）恭王府

　　该府邸位于什刹海西北角，建于1777年，是北京保存最完整的清代王府，曾是乾隆后期大学士和珅的宅邸。嘉庆四年（1799年），和珅因罪赐死，一度改为庆王府。咸丰元年（1851年）改赐道光皇帝第六子恭亲王奕䜣，始称恭王府，次年工成。府后有一独具特色的花园，名萃锦园，同治间所成。花园东、南、西三面被马蹄形的土山环抱，园中景物别致精巧。恭王府总面积达5.7公顷，其中花园面积2.8万平方米。

　　恭王府府邸部分由平行的东、中、西三路组成，是世界最大的四合院。中路的三座建筑是府邸的主体，一是大殿，二是后殿，三是延楼。延楼东西长160米，有四十余间房屋。东路和西路各有三个院落，和中路建筑遥相呼应。清代王府有严格的规制，规定亲王府有大门五间，正殿七间，后殿五间，后寝七间，左右有配殿，形成多进四合院，不少府邸有后花园。但大多王府经历沧桑，早已面目全非，只有恭王府保存最完整、布置最精致。著名学者侯仁之先生称，"一座恭王府，半部清代史"。

王府的最后部分翠锦园，经恭亲王调集百名能工巧匠融江南园林与北方建筑格局为一体，汇西洋建筑及中国古典园林建筑为一园，添置山石林木，分划景区，代表了晚清园林的建筑水平。花园的正门五开间，进行后设一块高五米的太湖石——独乐峰，欲扬先抑；后面的大厅是恭亲王招待客人之处，中部还布置倚松屏和蝠厅，是消夏纳凉的好地方；园中东部主要建筑是大戏楼，建筑面积6895平方米，建筑形式是三卷勾连搭全封闭式结构。厅内南边是高约1米的戏台，厅顶高挂宫灯，地面方砖铺就。园中西路的主要景观是湖心亭，以水面为主，中间有敞轩三间，供观赏，垂钓，水塘西岸有"凌倒影"，南岸有"浣云居"，园中遍布叠石假山，曲廊亭榭，池塘花木，曲回轩院（图9-11）。

图9-11 北京恭王府全景图
（恭王府博物馆）

第四节 坛庙

清代继承了明代祭祀天地、社稷、祖宗等礼制崇拜体系。

北京最早的坛庙建于公元前11世纪，蓟侯按"周礼"规定，于其封国建造祭祀祖先的神庙。春秋时期燕国君主于蓟城建造元英、历室，既为宫殿，也为燕国国君祭祀祖先的太庙。东晋永和年间建燕太庙。隋大业七年（611年）隋炀帝驾幸蓟城，筑社、稷二坛。辽代于南京城中建太庙。金代于天德三年（1151年）在中都宫城南兴建太庙，名衍庆宫，此后又建社稷坛。世宗时，按中国古代礼制于南郊建圜丘，北郊建方丘。元代于皇城之左建太庙，于皇城之右建社稷坛。蒙古至元七年（1270年）于大都东南郊建先农坛及先蚕坛。元大德六年（1302年）建孔庙，大德十年（1306年）建成。明代太庙、社稷坛均坐落于皇城之南，天地坛（见天坛）位于正阳门外东南，山川坛（见先农坛）位于正阳门外西南。嘉靖九年（1530年）对旧有坛庙进行全面改造，奠定了北京的坛庙格局。清代对北京坛庙进行大规模改建，至乾隆年间达到鼎盛时期。就其祭祀对象而言，北京的坛庙大致可以分为两类：一类是祭祀自然神之坛庙，自然神包括天上诸神（如天帝、日月星辰、风云雷雨之神）以及地上诸神（如社稷、先农、岳镇、海渎、城隍、土地、八蜡等），如天坛、先农坛、社稷坛、地坛、日坛、月坛、先蚕坛、火德真君庙、昭显庙、凝和庙、宣仁庙等；另一类是祭祀鬼神之坛庙，包括祖先和历代圣贤、英雄人物等，如孔庙、太庙、历代帝王庙、关岳庙等。1949年后，政府对原有坛庙多次进行修缮。至2003年，被列为国家级文物保护单位的坛庙建筑有孔庙、太庙、历代帝王庙、天坛、先农坛、社稷坛等，被列为市级文物保护单位的有地坛、日坛、月坛等。

一、郊祀礼制建筑的继承与确定

清代北京城郊祀建筑的分布格局继承明嘉靖以来的传统，大致按照古代人理解的天南、地北、日东、月西的方位思维，将祭天的圜丘坛布置在了正阳门外的南郊（明代中叶以后囊括进了后来建造的外城），将祭地的方泽坛布置在安定门外的北郊，将礼拜太阳的朝日坛布置在朝阳门外的东郊，而将礼拜月亮的夕月坛布置在阜成门外的西郊（图9-12）。这样一种建筑空间布局，似乎符合古代人的空间方位逻辑。虽然在很早的时候，就有了分南北东西四郊祭祀天地日月的做法，但是，至迟在北宋时代以前，中国古代都城的郊祀建筑分布，还没有将我们今天认为理所当然的南郊祭天、北郊祭地、东郊拜日、西郊拜月的郊祀礼仪明确地确定下来。我们在今日北京城所看到的这样一种郊祀格局，其实并不是从自认为正统的汉族统治政权那里开始的，其最直接的来源，是一个北方少数民族政权——金代。后来才被同样是在燕山脚下的这块土地上建立首都的明清两代统治者所吸纳，并且成为正统的皇家郊祀建筑格局。

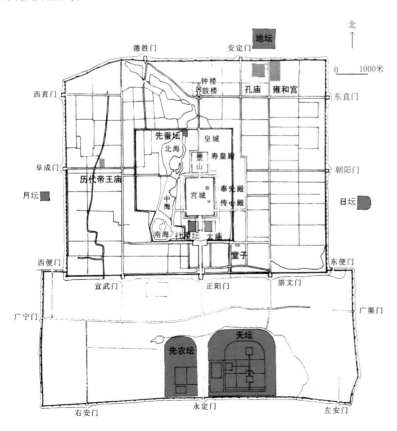

图9-12 北京城坛庙分布图
（孙蕾 绘制）

①
《元史·卷七十二·志第二十三·祭祀一·郊祀上》。

②③④⑤
《明史·卷四十九·志第二十五·礼三·朝日夕月》。

就目前的资料来看，金代以后定都在今北京的元代并没有在大都城沿用金代中都城的郊祀礼仪，而是沿用了历代南北郊坛的做法，"一切仪注，悉依唐制修之"。元至大二年（1309年），"南郊祭天于圜丘，大礼已举。其北郊祭皇地祇于方泽，并神州地祇、五岳四渎，山林川泽及朝日夕月"①。然而，元人却并没有像金中都那样在大都东、西郊设立日、月之坛。据《明史》记载："元郊坛以日月从祀，其二分朝日夕月，皇庆中议建立而未行"②。元代的郊祀仪式，可能是采取了比较简约的方式，集中在南郊进行。

明初的洪武三年（1370年），围绕郊祀礼仪中日月之坛的设立，进行了一番讨论，并确定"稽古正祭之礼，各设坛专祀。朝日坛宜筑于城东门外，夕月坛宜筑于城西门外。朝日以春分，夕月以秋分。星辰则附祭于月坛"③。到了洪武二十一年（1388年），明太祖认为日神大明与月神夜明已经在南郊礼仪中做了从祀的角色，就没有必要再重复举行祭典了，因而"罢朝日夕月之祭"④。这说明在明代南京城，东郊日坛与西郊月坛还没有成为定制。

明嘉靖年间，又是一个制度变动的时代，嘉靖九年（1530年）将天地分祀，并对南郊天坛建筑加以变化与完善：

> 建朝日坛于朝阳门外，西向；夕月坛于阜城门外，东向。坛制有隆杀以示别。朝日，护坛地一百亩；夕月，护坛地三十六亩。朝日无从祀，夕月以五星、二十八宿、周天星辰共一坛，南向袝焉。春祭。时以寅，迎日出也。秋祭，时以亥，迎月出也⑤。

至此，明清北京城四郊的郊坛建筑规制终于最后确定了下来，也就是我们今日所看到的南郊天坛、北郊地坛、东郊日坛、西郊月坛的建筑格局。这一格局也在很大程度上影响了北京城的城市空间格局。

正是天坛、地坛、日坛、月坛以及先农坛、先蚕坛等，构成了北京城完整的城市空间体系，也体现了明清时期中国都城所意欲表达的明晰的宇宙图像式象征观念。

二、清代礼制建筑的改造

北京清代礼制建筑除了继承，也有大量的改造和重建。各坛庙均经历了不同程度的工程。清顺治入关以后，即在明代坛壝的基础上，于正阳门外南郊建圜丘坛，安定门外北郊建方泽坛。其后雍正、乾隆时期更对各处坛庙进行了调整，清末也有修缮之举。在清代的改造中，具有代表性的当属北京天坛。

明初曾在南京建造了圜丘坛与方泽坛，分别祭祀天与地。洪武年间首开天地合祀做法，在南郊大祀殿中祭祀天地。永乐迁都北京后，嘉靖九年（1530年）恢复天地分祀做法，并于嘉靖十九年（1540年）将原来面阔11间的合祀殿改为三重檐圆形明堂大享殿，后又改为祈谷坛，同时分别设置南郊圜丘坛与北郊方泽坛。自此，南郊皇家祭天之所正式命名为"天坛"。

天坛在清代基本沿用了明代的规制，规划布局基本没有改变。位于中轴线上的主要建筑圜丘坛、皇穹宇、祈年殿，由一条长360米、宽29.4米，通贯南北的丹陛桥联系在一起。祈年殿由祈年门、祈年殿前东西配殿、皇乾殿及位于庭院东侧的神厨等建筑组成。皇穹宇由一道圆形围墙环绕，并设有神厨、宰牲亭、神库（祭器库、乐器库）等附属建筑。清代仅就单体建筑做了一些被当代学者视为"有益"的改动。这些改动使天坛单体建筑的形象更为完整端庄，整体色调更趋纯正典雅，堪称成功之举（图9-13）。

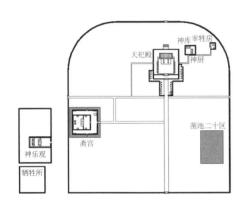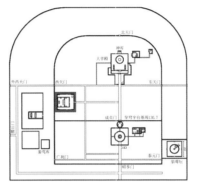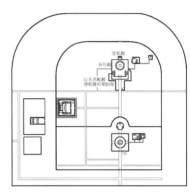

图9-13 三个时期的天坛平面图

（辛惠园.中国明清时期和韩国朝鲜时期的坛壝建筑形制比较研究[D].清华大学：68.）

（一）明代的祈年殿

祈年殿从明代中叶至清初沿用了多年天坛"大享殿"的名字，在乾隆十六年（1751年）更名为"祈年殿"，即今日我们所熟知的殿名。大殿的三重檐琉璃瓦屋顶原本采用三种色彩的组合——上层青色、中层黄色、下层绿色——至乾隆十六年全部改用深蓝色琉璃瓦（图9-14）。

图9-14 天坛祈年殿

（孙蕾 摄）

（二）明代的皇穹宇

皇穹宇是圜丘坛的附属建筑，位于圜丘坛以北。因其功能是存放皇帝祭天时所供奉的昊天上帝牌位，所以拥有重要的地位。明嘉靖十年（1531年）初建的皇穹宇为圆形的平面，采用重檐圆顶攒尖屋顶，其下有台基。乾隆时期将皇穹宇改为单檐圆顶攒尖的建筑，并与祈年殿一样采用深蓝色琉璃瓦（图9-15）。

①
《清史稿·卷八十二·志五十七·礼一》。

②
乾隆七年六月初七日《相度胜水峪万年吉地折》，《工科题本》，中国第一历史档案馆藏。

图9-15 天坛皇穹宇
（民国双联民信片）

（三）明代的圜丘

经过乾隆朝改筑的圜丘坛，比顺治朝的圜丘坛在尺寸上有了明显的增大。其形制仍为三重坛台，上层坛台的直径为9丈（顺治圜丘为5.9丈），中层坛台的直径为15丈（顺治圜丘为9丈），底层坛台为21丈（顺治圜丘为12丈）。但是在坛台的高度上，却比顺治圜丘有了缩减。乾隆圜丘上层坛台高5.7尺（顺治圜丘为9尺），中层坛台高5.2尺（顺治圜丘为8.1尺），底层坛台高5尺（顺治圜丘仍为8.1尺）。其结果是，乾隆圜丘更为舒展、平阔、宏敞，其建筑空间的艺术效果显然比顺治圜丘及明代圜丘，有了明显的增强，象征意义也在原来的基础上有了进一步提炼与浓缩（图9-16）。

图9-16 天坛圜丘坛
（孙蕾 摄）

清代天坛的最后一次大规模工程是在光绪年间。光绪十五年（1889年）八月丁酉日，天坛祈年殿灾，到了同年九月壬子日，就开始了重修祈年殿的工程，并将第二年即将在祈年殿举行的祈谷仪式暂定于圜丘坛举行。按照《清史稿》的记载，重建的祈年殿，"营度仍循往制"①。

第五节　陵寝

清代帝王陵寝建筑可以用"遵照典礼之规制，配合山川之胜势"②一语概括。"典礼之规制"就是陵寝建筑的形制基础，是清王朝用以体现王权正统的重要手段，反映建筑文化严谨性和稳定性的一面；而"山川之胜势"则具体说明了陵寝建筑多样性的根源，反映建筑创作意匠多样性和灵活性的一面。

一、陵寝规制嬗变

清代皇陵共有六处，除关外四陵，东京陵、永陵、福陵、昭陵以外，还包括关内的河北遵化清东陵、易县清西陵两处。东京陵位于清代东京城外1公里处，即辽宁省辽阳市太子河东35公里的积庆山上，为清太祖努尔哈赤迁都辽阳以后，于后金天命九年（明天启四年，1624年）为其祖父、父、伯父、弟、长子等人所建的陵墓。永陵原称兴京陵，位于辽宁省新宾县启运山南麓，面临苏子河，距后金政权发祥地赫图阿拉约5公里。该陵始建于明万历二十六年（1598年），是努尔哈赤远祖盖特穆、曾祖福满的陵墓。顺治十五年（1658年）又将努尔哈赤祖父觉昌安、父亲塔克世之墓由东京陵迁此，改名永陵。福陵在沈阳东郊35公里的天柱山上，又称东陵，建于后金天聪三年（明崇祯二年，1629年），是清太祖努尔哈赤及皇后叶赫那拉氏的陵墓，后经康熙、乾隆两朝增修。昭陵坐落在沈阳市区北郊隆业山，又称北陵，建于崇德八年（明崇祯十六年，1643年），竣工于顺治八年（1651年），是清太宗皇太极和皇后博尔济吉特氏的陵墓，康熙、嘉庆年间均有所增建。

清东陵位于河北遵化马兰峪的昌瑞山下，这里建有顺治孝陵、康熙景陵、乾隆裕陵、咸丰定陵、同治惠陵等五座帝陵及昭西陵、孝东陵、定东陵等四座后陵和妃园寝五座、亲王公主园寝七座（图9-17）。清西陵位于河北易县永宁山下易水河旁，这里建有雍正泰陵、嘉庆昌陵、道光慕陵、光绪崇陵等四座帝陵及泰东陵、昌西陵、慕东陵等三座后陵和王公、公主、妃子园寝七座（图9-18）。

清东陵陵区东西宽20公里，位于昌瑞山前后的前圈和后龙之间，南北总进深达125公里，面积为2500平方公里，是中国古代最大的集群式皇家陵区。陵区始建

图9-17 河北遵化清东陵总平面图

（孙大章. 中国古代建筑史（第五卷）[M]. 北京：中国建筑工业出版社，2002：259.）

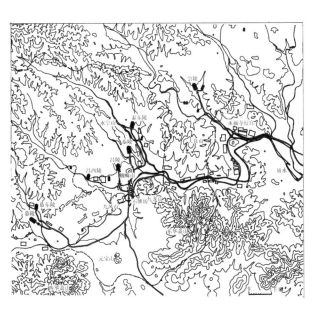

图9-18 河北易县清西陵总平面图

（孙大章. 中国古代建筑史（第五卷）[M]. 北京：中国建筑工业出版社，2002：264.）

图9-19 清咸丰帝定陵底盘图
（曾辉.清代定陵建筑工程全案研究[D].天津大学，2005：16.）

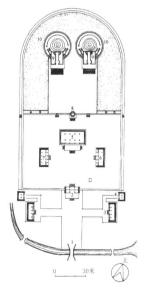

1.一孔桥 2.大门 3.厢房 4.班房 5.享殿
6.东庑 7.西庑 8.琉璃花门 9.方城 10.宝城

图9-20 清东陵景妃园寝平面图
（孙大章.中国古代建筑史（第五卷）[M].北京：中国建筑工业出版社，2002：272.）

于顺治十八年（1661年），康熙二年（1663年）建成孝陵，康熙死后亦葬东陵。昌瑞山原本计划作为清代历代帝室的统一墓地，但雍正帝因政治上的考虑，在河北易县另择万年吉地，即今清西陵所在。清西陵约始建于雍正八年（1730年），至乾隆二年（1737年）建成泰陵，至民国四年（1915年）崇陵完工，前后工程进行了180余年。各帝分葬两陵，形成东西并峙的建置。

乾隆初年规定，帝王死后葬入地宫，墓门封闭后不可再启，凡皇后死于帝王之后者，则不能合葬于帝陵之中，需在附近另营兆域，规制减帝陵一等。

清朝在东西陵设立了分司典礼及工程之事的"陵寝礼部衙门"和"陵寝工部衙门"，同时派遣内务府旗人管理各陵寝日常祭扫守护。这些部门长年驻守在陵区，拥有各自的营房，是陵区的建筑设置之一。内圈陵区设陵墙，陵区周围开辟出二十丈宽的火道，以为防火之用，同时也可以保护陵区的设施和自然环境。为禁止闲杂人等进入，东西陵沿大道设红桩，红桩外二十丈设白桩，白桩十里外设青桩，用三圈桩做限制。此外，青桩外还有二十里宽的官山，用作禁止樵采的警示。盛京陵区附近同样设置了红白桩。清陵布局很大程度上受明陵的影响，但又各具特色。

清代陵寝建筑格局规制严密，虽有因地制宜者，"黜华崇实"者，但一座标准的帝陵需要依次建有：圣德神功碑亭、五孔神路拱桥、石望柱、石像生、龙凤门、下马碑、神道碑亭、神厨、井亭、三路三孔券桥、东西朝房、隆恩门、东西燎炉、东西配殿、隆恩殿、玉带桥、陵寝门、二柱门、石五供、玉带桥、方城、明楼、哑叭院、宝城、宝顶（其下地宫）（图9-19）。

一座标准的皇后陵依次建有下马牌、神厨、井亭、三孔券桥、东西朝房、东西班房、隆恩门、东西燎炉、东西配殿、隆恩殿、陵寝门、石五供、方城、明楼、宝城、宝顶（其下地宫）。其建筑尺度略小于帝陵。妃嫔坟墓则称为园寝，多人合葬，制度相对简单。清初皇妃园寝的宝顶前亦有设方城明楼者，如景妃园寝（图9-20）、裕妃园寝（图9-21）。

上述一般规制既非简单地照搬明代陵寝制度，也非独创，而是历史地继承和发展的结果。对比清代关外三陵与关内东、西陵，这种历史的继承便更加明晰地呈现了出来。关外的永陵规模最小，未形成突出的陵墓建筑氛围。坐落在沈阳的昭、福二陵则具有比较鲜明的特色。二陵均以小城堡为陵园主体，福陵更建于20米高的天柱山山顶，引导以一百零八级台阶，具有很强的防御性，陵内建筑规制比较朴素。关内的清东、西陵则是陆续营建的结果，陵区规划、各陵规格制度、建筑细部设计都形成了自己的特点。

首先从总体规划的角度来看，清东西陵除了开辟一条指向主陵的神道以外，还恢复了中国早期陵寝营建中各个帝陵单独建造神道的做法，同时因此没有采用明十三陵陵区特有的各陵拱卫一条神道的组团式布局，而是随山地形式和对景朝向安置建筑院落和谒陵路径。

进而从陵寝制度的角度来看，每座陵寝大致遵循着相同的规制，也存在小的调整。清代九座帝陵，前五陵规制基本相同，后三陵则以道光慕陵为前导[1]，形成了另一种模式。由于东陵宝华峪陵寝工程出现问题，迁至西陵龙泉峪的慕陵既没有圣德神功碑楼、华表、石像生，又没有建方城、明楼，隆恩殿后三座门也用一座三间四柱的石牌坊替代。到咸丰皇帝营建定陵时，王公大臣几经争论，达成了遵照历代"成规"，同时秉承慕陵主旨的做法[2]。此后，惠、崇二陵基本按照定陵的格局，不建大碑楼、二柱门，将后寝部分收缩变窄。

再从建筑单体设计的角度来看，清代陵寝建筑反映出一些独特的倾向。清代陵寝以隆恩门为前门，并于左右建东西朝房，再加上横亘的水道和前面的神道碑亭，一起形成了虽未封闭却神气相合的空间。这种改造突破了明代形成的以券门作为祭祀用院落大门的通常做法，丰富了陵前区的空间形态。另据历史档案反映，乾隆皇帝十分欣赏明代采用的砌体券结构的大碑亭和明楼做法[3]，但可能由于工艺技术方面的时代风尚，乾隆心愿未遂，有清一代陵寝楼座均采用木结构加格井天花的做法。

二、陵寝风水与景观意匠

陵寝建筑强烈的礼制和纪念性，决定了陵寝的设计理念和营造过程会极其突出地反映意识形态的内容，即盛行于当时的风水之术。换言之，清代陵寝的设计者和营造者正是将风水术和基于风水形势的景观意匠，与当时规划与建筑设计的一般手法相结合，来完成陵寝设计的。这种文化现象反映了清代建筑文化中的"准科学"（quasi-science）意识形态层面。

陵寝建筑中，风水术最朴素的作用体现在选址过程对地形、地质的勘察上。

卜选万年吉地，例由皇帝亲自委派重臣，并组织钦天监遴选的堪舆人员和负责设计制图的样式房人员协同进行[4]。勘察的要点大致包括选择方位朝向、周围山形水系植被等环境、工程地质条件三个主要方面。所有自然景观条件要便于直接建设利用，或只需略作培补，而毋庸大费周章。方位、山水等地形条件对于建筑工程的作用无须赘言。日照、自然风、地表径流等因素无不直接影响建筑的安全性和功能性。陵寝建筑长期存在于自然环境之中，虽功能单纯，但其对于帝王的重要性无疑使之必须占有一切最佳的环境要素。选址应地处高爽而不宜陡峭；周边山体围合而不宜"冲冒四面之风"；水流应面前环绕而不宜近浸。至于风水对于地质状况的要求，则不似今日之科学系统，细言之，即"土厚水深"之类，希望土质坚实、地下水位较低。

清帝陵寝选址"点穴"以及营造过程中一种名为"金井"的做法，是风水术中将技术成分与迷信成分混杂的具有代表性的例证。研究表明，陵寝建筑的前期勘察、设计、施工过程中，清代陵寝的探测地质、设计基准、施工控制这一系列工作均由"金井"贯穿联系：在确定陵寝基址时，根据现场地质先挖一个中心探井，即"金井"，作为地宫地平设计标高依据；设计过程中，进一步以此为基础规定地宫基础挖深及结构层次；施工进程当中，金井处遗留下的土墩（金井吉土）作为原土

① 《宣宗实录》卷38："国家定制，登极后选建万年吉地……朕于嘉庆二十三年随侍皇考仁宗睿皇帝巡幸盛京，恭谒祖陵，瞻仰桥山规制，实可为万世法守……是以节经降旨，概从撙节，俾世子孙仰体此意，有减无增，永守淳朴家风，从此累次递减，相传勿替，实为我皇清万世无疆之福也。"

② 中国第一历史档案馆藏，《内务府来文》，陵寝事务，第2966包。

③ 乾隆五十二年三月十一日《录副奏折》，卷号2。

④ 此类做法多见于中国第一历史档案馆藏，《内务府来文·陵寝事务》；中国国家图书馆藏"样式雷图文档案"之《随工日记》等。

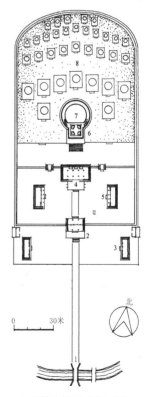

1. 一孔桥 2. 大门 3. 厢房 4. 享殿
5. 配房 6. 方城 7. 宝顶 8. 嫔妃墓

图9-21 清东陵裕妃园寝平面图
（孙大章. 中国古代建筑史（第五卷）[M]. 北京：中国建筑工业出版社，2002：272.）

① 王其亨：《清代陵寝地宫金井研究》《风水理论研究》，天津大学出版社，1992年。

② 《高宗实录》，卷三十七。

层留下的唯一标志，作用至关重要。另外，"金井"又被风水术神化并尊崇，金井吉土被称为"气土"，帝后棺椁入葬前，要由大臣将此"吉土"放回棺床正中的金井中，之后再安放棺椁；帝后对此井也重视有加，慈禧曾经亲投一珍珠手串于其中，清宫更有《金井安放账》，时人敬畏可见一斑①。

陵寝建筑中，风水术还对环境景观的创造产生了深远的影响。

中国建筑文化中景观设计重要特点是追求将人文景观与自然景观统一为和谐的整体。清代陵寝表现这一特点的具体手段，便是通过风水术指导"形势"而创造的。

从整体环境构成的角度来看，风水观念重视"龙穴砂水"的总体搭配。山体形势须有主次、高下、远近、虚实，分别冠以主山、朝山、案山、砂山诸名称；水法则忌"直冲走窜、激湍陡泻"；建筑有形制规模的要求，与自然要素配合时，极其重视空间序列和山形水系配合的关系，如有窒碍，或巧妙化解或宁有不为，如泰陵神道前由于空间"系随山川之形势盘旋修理，如设立石像生，不能依其丈尺整齐安供，而甬路转旋之处，必有向被参差之所，则于风水地形不宜安设"，而最终仅于蜘蛛山南排列五对石像生一例，便是有力的说明②。

从局部景观设计的角度来看，在风水观念的辅助之下，营造设计人员以现场视点、视线、视野的组织为出发点，建构了变幻丰富而构图典雅的视觉艺术景象。仍以泰陵为例，建筑群体中重要的景观点均经过精心的设计。

清东陵神道（图9-22）沿蜘蛛山脚向东迂回，透过苍松翠柏可见色彩鲜艳的龙凤门。门前并未罗列石像生，但山体树木的转折引导却给人以更加丰富的空间感受。此即第一处景观设计要点。

龙凤门前向北望，门框部分形成一绝妙取景框（图9-23）：五百余米开外的神道碑亭、隆恩门、隆恩殿，直至八百米开外的方城明楼，形成一个严谨对称、层叠延伸的远景画面；取景框内背景部分全是苍翠的山峦，而景框外部则为纯净的天穹，衬托出主题凝重的色彩；还有地面笔直而起伏的白石神道，遮掩了一切芜杂，更加净化了取景框中的画面。此即第二处景观设计要点。

第三个要点是一条景观走廊，视野随神道的引导而经历一系列的变化：从券桥栏杆与行道树围合成的视觉构图，逐渐过渡到神道路面起伏所造成的景观微妙的变

图9-22　清东陵神道
（孙蕾 摄）

图9-23　清东陵龙凤门
（孙蕾 摄）

化，再到神道桥上，形成神道碑亭构图突出于一切背景景观，而远山同样被后部建筑群体遮挡的视觉效果（图9-24）。

这些景观节点和路径的设计成功地将建筑、桥梁、山体、树木的近、中、远景互相配合，采用转折和起伏的道路变化，组织门、亭、殿、楼的体形变化，借助天际、山峦、植被的色彩对比，巧妙地凸显了陵寝建筑的庄严氛围。另外应当强调的是，设计过程中工匠普遍以风水讲究为禁忌、借助风水术语为交流和表达手段，进而最终实现景观创作，是中国建筑文化史独具的现象。

图9-24 清东陵孝陵碑亭
（孙蕾 摄）

（一）盛京三陵

永陵是清代皇陵中最早建造的陵墓，但规模较小，规划布置相对简单（图9-25）。由前院、中院、定城三部分组成，四周围红墙，正红门位于前院正南，院内横排颂扬努尔哈赤四世祖先业绩的四座碑亭，神功圣德碑立于其中。中院为启运门，院中有启运殿，为一五间重檐歇山黄琉璃瓦顶建筑，供养神主牌位。该殿相当于历代皇陵的享殿和明陵的棱恩殿。启运殿东西原有配殿，现已毁。殿后地势逐渐上升，有踏步相连，台地上环列着五座墓冢宝顶。该陵墓无地宫，为捡骨迁葬或衣冠冢。永陵建造时期较早，与明帝陵或清代其他皇陵形制上有很大区别，但陵址靠山面河，环境极佳。另外，前院四亭并列的布局亦十分新颖，为永陵增添了许多气氛。

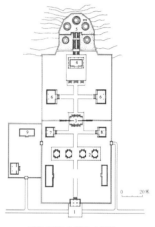

图9-25 辽宁新宾清永陵平面图
（孙大章. 中国古代建筑史（第五卷）[M]. 北京：中国建筑工业出版社，2002：255.）

福陵位于天柱山山坡下，背靠天柱山，占据部分台地，南面有浑河环绕，雄峙四方，环境景观极佳（图9-26）。全陵可划分为正红门、神道、碑亭、方城及宝城5个部分。正红门前为烘托出气氛，左右分别设下马碑、石牌坊、华表、石狮各一对。门内地势渐高，神道由此向前伸展，漫长深远，松柏林立，两侧分别布置石望柱一对、狮、虎、马、驼等石像生各一对。随地势的增高，设石阶共一百零八磴，层叠递上，更增神道"深邃高耸，幽冥莫测"之感。登上台地以后，神功圣德碑亭矗立于前，碑亭之后为方城。隆恩门位于方城之南，为一座建于城台之上的三层楼城门，方城四角有与隆恩门呼应的重檐十字脊歇山顶角楼。隆恩殿面阔五间，位于方城院内的中央，左右设置配殿。重檐歇山顶的明楼位于方城北墙正中，"太祖高皇帝之陵"位于其中。方城与宝城之间有一月牙形院落，称月牙城，又称哑叭院，院内有坡道可通宝城顶部。月牙城是明代后期的陵寝宝城形制，清代继承后将其定为清陵的通例。福陵的规制很明显受到了明陵影响，但长磴道、古松林及城堡式的方城，又是后金时期陵墓建筑对自然牧放环境的回应以及占高地经营城堡的民族特色的体现。

昭陵选址则位于平坦地带，建筑布局比较紧凑，背靠隆业山，形制与福陵类似（图9-27）。沿纵轴布置正红门、碑亭院、方城宝城三部分。设置下马碑、华表、石狮于正红门前起前导作用，并在广场中央建青石牌坊一座。正红门内为神道，沿神道呈梯形排列设石望柱一对，狮、獬豸、麒麟、马、驼、象等石像生六对，利用透视学原理以增加神道的视觉景深，延长了深邃的视觉感受。神功圣德碑

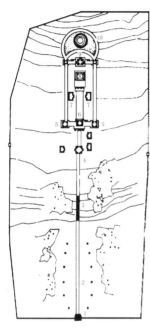

1.正红门 2.石象生 3.一百零八蹬 4.碑楼
5.角楼 6.隆恩楼 7.配殿
8.隆恩殿 9.明楼 10.宝城

图9-26 辽宁沈阳清福陵平面图
（孙大章.中国古代建筑史（第
五卷）[M]. 北京：中国建筑工业
出版社，2002：256.）

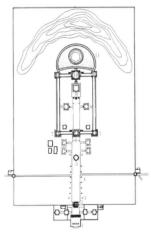

1.石牌坊 2.陵门 3.望柱 4.石象生 5.碑楼 6.隆恩门
7.角楼 8.配殿 9.隆恩殿 10.明楼 11.宝城

图9-27 辽宁沈阳清昭陵平面图
（孙大章.中国古代建筑史（第
五卷）[M]. 北京：中国建筑工业
出版社，2002：257.）

亭位于石像生北面，碑亭四角都设置华表。同福陵一样，昭陵的方城、明楼、隆恩门、隆恩殿也采用了城堡式的形制。此外，昭陵的另一特点即宝城后的隆业山不是自然山峰，而是人工堆造的假山，也就是说此时的清陵已经开始将风水景观的某些原则运用到陵区的规划之中。昭陵建筑布局尺度比较适宜，疏密得当，建筑空间感较强，陵区建筑、石刻、砖刻、琉璃饰面砖应用较多，具有强烈的装饰性，且刀法刚劲，刻镂深邃，表现出北方艺术特色。

（二）清东陵

东陵处于一个环形盆地之内，北靠昌瑞山，西依黄花山、杏花山，东以磨盘山为界，南为芒牛山、天台山、象山以及金星山。中间有48平方公里的平坦原野，西大河、来水河流贯其间，山水灵秀，郁郁葱葱，风景绝佳。根据文献记载，风水堪舆师并未参与选址，而是顺治帝亲自选定了此处陵域。清东陵共葬有五位皇帝、十五位皇后、一百三十六个妃子，以顺治帝的孝陵为主体，左右分列康熙帝的景陵、乾隆帝的裕陵，咸丰帝的定陵以及同治帝的惠陵，昭西陵位于清东陵大红门外的东侧，其余的三座后陵、五座妃园寝布置在各自相关的帝陵附近。在陵区的风水围墙之外，分布着亲王、公主、皇子等人的园寝。陵区内遍布松柏，红墙黄瓦交相辉映，各皇陵的神道势若游龙，呈现出清幽肃穆、古朴自然的景象。

东陵的主陵孝陵，主轴线长达5.5公里，沿神道井然有序地排列着石牌坊、大红门、更衣殿、神功圣德碑楼、十八对石像生、龙凤门、七孔桥、五孔桥、三路三孔桥、神道碑亭等建筑，层层叠叠，气魄雄大。位于神道之首的五间六柱十一楼汉白玉大石坊、高达30余米的大碑楼以及长达百米的七孔大石桥，皆为孝陵神道上的巨制（图9-28～图9-30）。

清东陵内各个帝陵陵园规制类同，均可分为前朝后寝两部分。进隆恩门后，院中为面阔五间的隆恩殿，殿后经琉璃花门进入后院。院中经过二柱棂星门、石五供案后，达方城明楼及长圆形的宝城（图9-31）。陵园轴线脉络清晰，以12米的神道贯穿，建筑层次分明，高低错落，疏密有致，节奏强烈。孝陵布局基本仿效明陵，东陵的其他帝陵在规制上较孝陵稍减，各陵都有各自的神道、碑楼、石像生以及龙凤门。各神道均与孝陵神道相接，为的是突出主陵孝陵。清东陵道路规划干支分明，最终融为一体，这与明十三陵仅设一条总神道的做法不同。

另外，清东陵内还有两处特殊的后陵，分别为清太宗皇太极孝庄皇后的昭西陵以及咸丰帝两位贵妃（即慈安皇太后与慈禧皇太后）的定东陵。昭西陵位于孝陵神道之首，其隆恩殿为五开间重檐庑殿顶，建筑等级高于各帝陵的重檐歇山顶，在陵区之首设立神道碑亭和下马坊，这些布置都是与其他后陵的不同之处，并恰当地反映出孝庄皇后的特殊地位。定东陵为双陵，亦称东、西太后的陵墓，这种双陵并列的陵寝堪称历史孤例。双陵规制虽然相同，但建筑装修质量相差极大。慈安陵建筑仅用一般松木，装饰青绿旋子彩画。慈禧陵的建筑则大量使用花梨木、汉白玉、片金，并绘制和玺彩画，采用贴金砖雕等装饰料，建筑外观豪华富丽。

图9-28 河北遵化清东陵石牌坊
（孙蕾 摄）

图9-29 河北遵化清东陵神功圣德碑亭
（孙蕾 摄）

图9-30 河北遵化清东陵七孔桥
（孙蕾 摄）

（三）清西陵

清西陵被永宁山、来凤山、大良山等群山环抱，正南以东西华盖山为门阙，中有元宝山为朝挹，南易水横穿其中，景色清幽，两万余株苍松翠柏形成优美的自然环境，选址可谓是风水吉壤。陵区内共有帝陵四座、后陵三座、妃嫔园寝三座、王爷公主坟四座，共十四座陵寝。西陵以雍正帝泰陵为主陵，其西侧的嘉庆帝昌陵及后妃陵为一区，再西为道光帝的慕陵一区，光绪帝的崇陵则单独位于东北方的金龙峪。三个区域都有独立的通道，各成一区，若即若离，形成一个带状的陵墓群，所以从整体气势上看不如东陵。

泰陵的主神道与孝陵相似，三座巨大的汉白玉石牌坊位于入口处，在大红门前围成门字形广场，气概雄伟，强调了神道入口的重要性。泰陵轴线自大红门起，至宝城长2.5公里沿轴线布置大红门、神功圣德碑亭、七孔桥及石像生群，再北为蜘蛛山。大红门左右有九龙山、九凤山为神道辅翼，行进中两次经过流水，自然环境雄伟壮观，形成了天然的陵区入口景观。神道自蜘蛛山后开始微向西偏，沿途布置龙凤门、三孔石桥、三座并列石桥（图9-32）、碑亭，而后到达隆恩门。隆恩门后为五间面阔的隆恩殿、卡子墙、琉璃花门、二柱棂星门，石五供、方城、明楼、宝城，布局与孝陵无大差异（图9-33，图9-34）。

清西陵的其他几座帝陵在形制上与泰陵基本一致，仅在规模和建筑等级上略有缩减。西陵虽然规模比东陵小，但现存的建筑状况较好，陵区整体比较完整，是研究清代陵寝制度极好的实例。

图9-31 自昌瑞山鸟瞰孝陵
（王其亨. 中国建筑艺术全集
（7）——明代陵墓建筑[M]. 中
国建筑工业出版社，2000：45.）

图9-32 河北保定清西陵泰陵石桥
（孙蕾 摄）

图9-33 河北保定清西陵泰陵隆恩殿
（孙蕾 摄）

第六节 宗教建筑

图9-34 河北保定清西陵泰陵
方城明楼
（孙蕾 摄）

清代政权继承明代对宗教严格管理的做法，并且出于政治目的弘扬藏传佛教，控制甚至限制汉传、南传佛教等其他佛教流派和道教、伊斯兰教等其他宗教，因而清代的宗教建筑具有比较鲜明的政治文化特征——尤其是敕建了大量蒙藏风格的黄教寺庙。如承德外八庙的建设还具有特殊的政治意义——怀柔蒙藏，从而在宏观历史的层面终结了长城建设史。而其他宗教建筑则多在民间发展，同时具有相互影响和相互容纳的趋势。譬如始建于北魏的山西浑源县悬空寺，便正是在清代晚期同治年间重建的，同时供奉了儒、释、道三教的偶像。在建筑方面，工匠吸取了前辈方法，利用修建栈道的原理悬挑架构，终使工成，凌于峭壁，其势卓然。简单而言，可以从皇家和民间两个主要角度体会清代各类宗教建筑的文化内涵。

一、藏传佛教建筑

元明时期，藏传佛教已经完成了在西藏地区和蒙古地区宗教与政权的融合，清朝入关之前，努尔哈赤便确立了利用藏传佛教怀柔蒙、藏民族的政策。这对清代蒙、藏地区的政治、经济、文化发展，还有清初多民族国家的统一都有着重要影响。广建寺院则是清政府实行这一怀柔政策的重要举措之一。后金政权崇德三年（1638年）即在沈阳城四门之外建造藏传佛教寺院，"每寺建白塔一座，云当一统"，当权者皇太极积极和西藏佛教领袖人物建立联系，并于清崇德七年（1642年，明崇祯十五年）在沈阳接待达赖、班禅和固始汗的使臣。

清入关后，开始由政府出资在北京修建或者改建藏传佛教寺院，如于顺治八年（1651年）在北海建造永安寺及白塔，于顺治九年（1652年）在北京北郊建黄寺作为西藏黄教首领五世达赖喇嘛觐见时"驻锡之所"。宏仁寺（康熙四年）、嘛哈噶喇庙（康熙三十三年）、福佑寺（雍正元年）、雍和宫（乾隆九年）、阐福寺（乾隆十一年）、嵩祝寺（乾隆三十七年）、西黄寺清净化城塔（乾隆四十七年）等的建造以及护国寺、隆福寺、白塔寺、五塔寺等的改建，使北京成为内地的一个藏传佛教中心。

此后，河北承德成为另外一个内地的藏传佛教中心。康熙四十二年（1703年）承德行宫避暑山庄建成以后，康熙、乾隆两朝在山庄北面及东面陆续修建了12座藏传寺庙，用以拉拢蒙古地区，俗称"外八庙"（图9-35）。这些庙宇皆有一定修建意义，或庆功，或宴赏，或为达赖、班禅来热河的驻居之所，或为内迁之少数民族的礼佛之处等。其中很多寺庙皆仿效蒙藏地区某寺庙的原型，以便蒙藏领袖有认同之感。

清前期的顺治、康熙、雍正、乾隆等皇帝曾多次以巡幸为名，到五台山佛教胜地作道场参拜，发帑银修缮寺庙，并将十座寺庙改为藏传佛寺，形成内地又一处藏传佛教中心（图9-36）。

康熙三十年（1691年）在内蒙古多伦宴赉喀尔喀蒙古（外蒙）外藩诸部，即著名的多华侨会盟，并建"汇宗寺"，是清政府在蒙古建藏传佛寺的先例。其后雍正、乾隆都曾在蒙古、青海、新疆的蒙古族居地区敕建寺庙，但大部分寺庙仍是各地部族建造的。

在藏族地区，藏传寺庙亦有较大发展，除继续扩大黄教五大寺——拉萨的甘丹寺（图9-37）、哲蚌寺（图9-38）、色拉寺（图9-39），日喀则的扎什伦布寺（图9-40），青海湟中的塔尔寺（图9-41），又在甘肃夏河建成拉卜楞寺（图9-42），从而形成黄教六大寺院。后又在札囊县建成红教主寺之一的敏珠林寺。这时期划时代的标志是拉萨布达拉宫的建成，它集中了藏族建筑的传统技艺，标志着藏族建筑发展到了一个新的水平，进而促使藏传佛寺建筑发展到了新的高峰。

清王朝为了崇奉和扶持喇嘛教，除了广建寺庙以外，在政治上，还赐给大喇嘛名号，使他们享有很高的社会地位；在经济上，也给予大喇嘛种种特权和优待，如免除喇嘛的差徭、赋税，用不同名目赏赐喇嘛大量钱财等。

此外，清政府又采取措施避免宗教的过度发展。康熙五十二年（1713年）正式敕封五世班禅罗桑意希为"班禅额尔德尼"，与达赖并称西藏地区的两大教主，分管前藏与后藏；同时又敕封哲布尊丹巴胡图克图为喀尔喀蒙古宗教领袖，封章嘉胡图克图为内蒙古宗教领袖。之后又封了160余名胡图克图，他们各有领地，互不统属，而分辖于清廷派驻各地的大臣，这样就大大削弱了宗教势力。虽然此时藏传佛教有了很大发展，但终究不能形成一个强大的威慑力量。在对蒙藏青新地区的行政管理方面，设立了"掌外藩之政令，制其爵禄，定期朝会，正期刑罚"的中央政府机关——理藩院，以管理民族地区事务，对"防害国政"的喇嘛要按律治罪。同时，限制藏传寺庙规模，控制寺院经济，规定出寺院僧人的定额。对京城、内地及蒙古地区包括青海、甘肃等地各寺的喇嘛，颁发度牒、札付。度牒是僧人的身份证，札付是给寺庙任低级管理职务喇嘛的委任书。凡外出的僧人都要持路引，即通行证。对喀尔喀蒙古及西藏的喇嘛，虽不发度牒，但也规定了达赖喇嘛所辖庙宇的喇嘛数目及哲布尊丹巴胡图克图年辖的僧众数目，皆要清查造册，报理藩院备查。

图9-35　河北承德避暑山庄及外八庙总布置图

（孙大章. 中国古代建筑史（第五卷）[M]. 北京：中国建筑工业出版社，2002：286.）

1.菩萨顶 2.广宗寺 3.圆照寺 4.显通寺
5.罗睺寺 6.广仁寺 7.塔院寺 8.万佛阁

图9-36　山西五台山台怀佛寺分布图

（孙大章. 中国古代建筑史（第五卷）[M]. 北京：中国建筑工业出版社，2002：287.）

图9-37　西藏拉萨甘丹寺

（陈耀东. 中国建筑艺术全集(14)——佛教建筑（三）（藏传）[M].
中国建筑工业出版社，2003：31.）

图9-38　西藏拉萨哲蚌寺

（陈耀东. 中国建筑艺术全集(14)——佛教建筑（三）（藏传）
[M]. 中国建筑工业出版社，2003：32.）

图9-39　西藏拉萨色拉寺
（孙蕾 摄）

图9-40　西藏日喀则扎什伦布寺
（孙蕾 摄）

图9-41　青海湟中塔尔寺明清建筑分布图

（孙大章. 中国古代建筑史（第五卷）[M]. 北
京：中国建筑工业出版社，2002：303.）

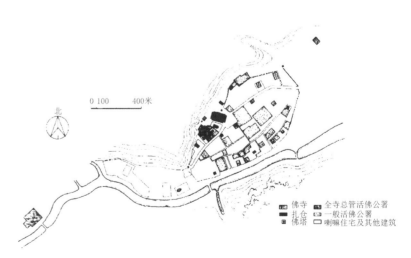

图9-42　甘肃夏河拉卜楞寺平面图

（孙大章. 中国古代建筑史（第五卷）[M]. 北京：中国建筑工业出版社，
2002：300.）

藏传佛教是中国佛教中一个较特殊的宗派，它不仅有宗教活动的内容，又兼有教育及行政管理方面的职能，因此，藏传佛寺建筑以其庞大复杂而有别于汉传佛寺。一个完整的藏传佛寺包括信仰中心——佛殿（藏语称"拉康"）、宗教教育建筑——学院（藏语称"扎仓"）、本寺的护法神殿、室外辩经场、佛塔、瞻佛台等；有活佛用房、僧舍、招待来往香客用房、管理人员用房、厨房、仓库、马厩等生活及服务性用房；在较大的寺院里，有一个或几个管理活佛宗教、生活、财产事务的机构——活佛公署（藏语称"拉章"，或写作"喇让"，甘肃地区称为"囊谦"或"昂欠"，青海地区称"尕哇"）。此外，供达赖和班禅驻锡的寺庙中还有宫室建筑，藏语称"颇章"。以上众多的寺院建筑内容说明，清初藏传佛教寺院的建筑类型已经发展齐备，而且已形成固定的格式，技艺也已成熟。

二、汉传佛教建筑

清初继承明代的制度，对汉传佛教进行严格的管理，朝廷设僧录司，各府州县设僧纲司、僧正司、僧会司专司其事。对原有各庙僧人数目进行限制，不许私自剃度，必须持有官给度牒才可为僧，并稽查设教聚会状况。顺治二年（1645年）诏令禁止京城内外擅造寺庙佛像，这些措施对抑制宗教活动，恢复战乱后的生产有着积极的保证作用，所以延至康熙二年（1663年），据官方的礼部统计，全国共有寺院79622处，其中官建的仅12482处，大部分为私建。乾隆十九年（1754年）以后取消了官给度牒制度，佛教的发展才渐有恢复。清初几代帝王虽然也表示对汉传佛教有一定兴趣，如顺治晚年曾召浙江玉林通琇（1614—1676年）、木陈道忞（1596—1674年）进京说法；康熙时巡视江南，常住名山巨刹与佛教名师讲论佛学；雍正时参拜著名禅僧伽陵性音而悟性大进，并提倡净土信仰，专心念佛，主张儒佛道三教一致，佛教中诸宗一致，禅家中五家一致；乾隆时亦提倡崇佛，并出版了规模巨大的"大藏经"等；但总的来讲，出于政治的需要，清朝政府始终没有把汉传佛教提到首要的地位，故其发展更多依靠民间信徒，而绝少官方的助力，因此也不具备太多宗教特权。这些都影响到清代汉传佛教及其建筑的发展，使其未能具备唐宋时的规模，但也创造出某些新的特色。

清代汉传佛教的经济实力多依靠信士，在家的居士对其发展作用很大，著名的有乾隆时期的彭绍升、光绪时的杨文会等人，都对其传播起到了较大的作用。至于寺庙，一般中小寺院的建筑较少受官式建筑规制的拘束，更多地吸收民间工艺技术，采用地方建筑风格，表现出灵活自由的布局规式。即使一些大型寺院，如唐代以来即香火极盛的佛教四大名山，也都受到地方建筑风格影响，形成富有地方色彩的佛教寺庙。如福建地区的寺院建筑多喜用红金装饰，木雕复杂，同时屋顶多采用叠落式，闽南建筑风格较明显（图9-43）。两湖一带小型寺院建筑多用外檐砖墙封护，红黄粉刷，出檐短小，有地方民居色彩。而川南寺庙则多用板壁及圆形窗，朴素自然。

图9-43 福建泉州承天寺
（孙蕾 摄）

清代汉传佛教理论受儒、道影响明显加深，禅宗独领各宗的局面减弱，禅净结合，普遍以念佛为信仰仪式，宗教理论上没有大的突破，具有独特形制的寺庙也不多，一般皆以佛殿为寺院布局之主体，只不过是殿堂多少、大小之区别。但清代却对大量的元明寺庙进行了扩建与改造，如北京香山寺、卧佛寺、碧云寺、戒台寺、潭柘寺、宁波天童寺、育王寺，天台国清寺，福州涌泉寺，杭州灵隐寺，广州光孝寺，成都文殊院等著名寺院，皆有大规模建设。特别是受道家的影响，更加注意体现山林意境，园林趣味，布局自由灵活，亭阁高下交错，环境美学及空间艺术有很大提高。例如乾隆十三年（1748年）重新改建的北京碧云寺，在中路尽头建造了一座金刚宝座塔（图9-44），右路仿照杭州净慈寺的形制增建了田字形的五百罗汉堂（图9-45），左路增建了行宫及水泉院（图9-46），使全寺呈现出内容丰富、体量参差、空间变幻的新面貌。特别是水泉院结合山坡地形，清泉自山间流下，水声淙淙，回曲婉转，汇聚成池，池上建桥，岩际设亭，松声鸟语，刻画出一幅山林景色，是清代寺庙园林的佳例。四川乐山乌尤寺亦是一座山寺，结合面向岷

图9-44 北京碧云寺金刚宝座塔
（茹竞华.中国古建筑大系 第6卷 佛教建
筑[M].中国建筑工业出版社，1993.）

图9-45 北京碧云寺罗汉堂入口
（《北京古建筑地图集》）

图9-46 北京碧云寺水泉院
（武再生绘画 蒋芸撰文.香山
胜境、香山公园 碧云寺国画
写生集[M].北京/西安：世界
图书出版公司，1993：40.）

图9-47 四川乐山乌尤寺天王殿
（《四川古建筑地图集》）

图9-48 浙江杭州虎跑公园入口
（《江苏古建筑地图集》）

图9-49 江苏镇江金山寺
（《江苏古建筑地图集》）

江的山势，沿江设旷怡亭、尔雅台、听涛轩、景云亭，盘旋而上山顶园林，把寺庙与风景绝妙地结合在一起（图9-47）。杭州虎跑寺是一个古老的景点，光绪重建时采用回折磴道、影壁及水院等手法，形成变化多端的空间环境，毫无传统寺庙庄严气氛（图9-48）。镇江金山寺依山而造（图9-49），主要殿堂在山坡下半段，以回廊相连属，妙高台在山腰，留玉阁、观音阁在山顶，并在山巅西北方面临长江建立高耸的慈寿塔，饱览江天一色，形成对比度很强的立体构图，使金山岛四面皆可成景，山水相映，殿阁交辉，故清康熙帝南巡过此时赐名江天寺。此外，厦门南普陀寺与寺院后部的山岩怪石相结合；昆明西山太华寺西侧建立水院；颐和园佛香阁众香界依附主峰；宁波天童寺前十里松林的导引等都取得了感染力量强烈的园林效果。

清代佛教的塔幢建造已经衰退，一般佛寺中很少建造，而代之以道教意味浓厚，企求振兴一方文运的文峰塔（文笔塔、文风塔）或镇压水口的风水塔。少量的佛塔也多结合园林风光建造，如北京玉泉山的碱塔（华藏塔、玉峰塔）即建在园内三座山峰上。扬州莲性寺白塔、北京北海白塔都是岛屿景点建筑。在新塔型的创造上，值得注意的实例是北京颐和园花承阁的多宝琉璃塔（图9-50）。该塔八角三层檐，塔身平面为抹角大小边的八方形，是楼阁式与密檐式相结合的塔型。塔身及屋檐用五色琉璃砖全部包砌，黄、碧、紫、蓝相间错落，造型及用色皆有新意。宁夏银川城内海宝塔建于乾隆四十三年（1778年）（图9-51），在方形平面上每边向外突出一部分，塔身横竖线脚硬朗，没有传统塔形中常见的平坐、瓦檐形式，塔刹具有伊斯兰教建筑风格，是一种很奇特的塔型。

宋代以来兴盛的田字形五百罗汉堂，在清代汉传佛寺中又有较大的发展，如北京颐和园和碧云寺、杭州灵隐寺、乐山乌尤寺、新都宝光寺、苏州戒幢寺、宁波天童寺等处罗汉堂都是清代建造的实例，其中塑像也不乏佳作。直到清末，昆明筇竹寺邀请四川民间雕塑名家黎广军修塑五百罗汉时，才打破了这种田字形建筑惯例，而改置在大雄宝殿两壁及侧厢的梵音阁和天台来阁内（图9-52）。

由于工程技术的进步，清代佛寺中出现不少巨大体量的佛殿佛阁。如乾隆二十三年（1758年）北京颐和园万寿山巅在大延寿寺塔的基础上建造的八角三层

图9-50 北京颐和园多宝琉璃塔
（曹昌智．中国建筑艺术全集(12)——佛教建筑（一）[M]．中国建筑工业出版社，2003：161．）

图9-51 宁夏银川海宝塔
（《宁夏古建筑地图集》）

佛香阁，包括基座在内高达41米，是清代第二大木构建筑（图9-53）。常州天宁寺大殿高达"九丈九尺"，殿内独根铁力木柱高九丈，宏伟博大。宁波天童寺大殿木构架高达19米，进深17檩，是国内屈指可数的大建筑（图9-54）之一。又如甘肃张掖宏仁寺的大佛殿，建于康熙十七年（1678年），为了供奉身长34.5米的泥塑大卧佛，而将此殿建为面阔九间，进深七间，平面面积达1370平方米的两层佛殿（图9-55），在历史上为少有的实例。建于乾隆八年（1743年）的北京觉生寺（大钟寺）的大钟楼，内部的永乐大钟重达46.5吨，荷载完全悬吊在屋架上，表现出木构工匠在设计与施工中高超的技术。

另外，云南西双版纳和德宏州两个地区的南传佛教，在清朝年间也有所发展。

三、道教宫观

道教是中国土生土长的宗教，与儒、佛并行于封建时代。历代以来，道教的

图9-52　浙江宁波天童寺罗汉堂
（朴沼衍 摄）

图9-53　北京颐和园佛香阁
（孙蕾 摄）

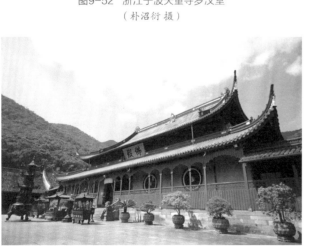

图9-54　浙江宁波天童寺大殿
（朴沼衍 摄）

图9-55　甘肃张掖宏仁寺大殿
（苏岳 摄）

社会地位及影响起伏不定，明代虽经某些帝王提倡，但其教义并没有适应新形势而有所发展，虽北方全真派的王常月曾提倡戒律，整顿教规，但影响范围较小，而南方正一派所倡导的炼丹符箓等又多无实效，渐渐失去帝王及社会上层人士的依靠与支持。至清代，道教已步入衰颓时期，在皇家受到限制，乃至几乎完全失去了统治者资助，又恢复到原来民间宗教的形态。因此这一时期道教宫观的规模一般都比较小，类似永乐宫、武当山、北京东岳庙等元明时期的大宗教建筑群绝少出现，一般仅为独院式的小庙，或者是在原有的宫观内增建一两座殿堂，也有的是利用原有的佛教庙宇改建而成。在建筑形式上更是吸收当地的流行形式，带有鲜明的民居建筑风貌。由于全真派在北方呈衰落之势，故在道观的分布上，明显南方多于北方，且多向东南沿海一带人口密集地区发展。面对这种布教上的阻力，清代道教宗教活动表现出面向民间、走向市镇及与佛教融合等特点。

因此，道教纳入各地居民习惯崇拜的神祇充实道教神仙系统。如文昌、八仙、吕祖、关帝、天齐王等，在某些情况下甚至比道教的正统神祇如三清、玉皇等更为重要，有的还单独设置宫观。其中最有影响力的是八仙，尤其是其中的吕洞宾，更是被抬到了较高地位，各地的吕祖庙、纯阳宫、八仙宫等建造了不少，在一些著名宫观中也增设了吕祖殿。此外，各地盛行的与繁荣地方文运有关的文昌宫，文昌阁，供奉的是四川梓潼人张亚子，称为梓潼帝君，为主宰天下功名、禄位之神。明清以来与风水理论结合，文昌宫、阁多选择高爽之地或在城墙上建造，并且多建成楼阁之式。同时又借用佛塔形式，在各地广建文风塔、文峰塔等，以振扬文风，其数量之多，甚至胜过佛教塔幢。

同时，早期宣扬的仙人所居三十六洞天、七十二福地，多为著名的山林风景胜地，但至明清以来，道教更加世俗化，为建立与广大平民的密切联系，必须走出山林，在人口幅凑的聚居地建观布道。如成都青羊宫（图9-56）、灌县伏龙观、昆明金殿及三清阁、宝鸡金台观、天水玉泉同、中卫高庙、佛山祖庙等，都是历代建立或重修并位于城镇内、规模较大的宫观建筑。

图9-56　四川成都青羊宫
（鲁润芜 摄）

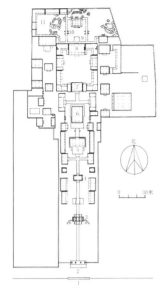

1.影壁 2.牌楼 3.山门 4.灵官殿 5.玉皇殿 6.老律堂
7.邱祖殿 8.四御殿 9.戒台 10.云集山房 11.花园

图9-57 北京白云观平面图
（孙大章. 中国古代建筑史（第五卷）[M]. 北京：中国建筑工业出版社，2002：364.）

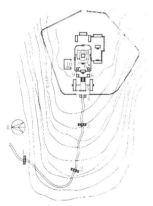

1.一天门 2.二天门 3.三天门 4.宫门 5.棂星门
6.太和门 7.金殿 8.钟楼 9.鼓楼 10.天师殿

图9-58 云南昆明凤鸣山太和宫平面示意图
（孙大章. 中国古代建筑史（第五卷）[M]. 北京：中国建筑工业出版社，2002：365.）

再有，佛、道混合的趋向更为突出。自宋代以来，道教宗教教义即开始吸收儒家和佛家的观念，如忠孝仁爱，因果报应等，但是仅限于理论上的融合。明初太祖朱元璋调合宗教矛盾，提倡三教归一，因此出现了佛道结合布局的寺庙宫观新类型。至清代，道教宫观布置相当多的佛教内容，如佳县白云山庙；有的佛、道兼半，各成系统，如中卫高庙；有的将释、道、儒三方面的信仰内容混合布局，形成整体建筑群，如浑源悬空寺。此外，道教还将佛教的地狱轮回演化成酆都大帝阎罗王主管的阴曹地府，并有十八层地狱种种酷刑的说教，以劝人积德向善。这种内容往往也成为道教宫观的布置内容，如重庆市丰都县平都山以冥国世界为主题的建筑群设计，把一系列有关阴府地狱的传说用建筑艺术形式表现出来。

下面介绍这一时期宗教建筑的突出特点。

（一）自由多变的建筑群体布局

因教派教义及崇拜的神仙体系的变化，历代道教宫观建筑设计皆有不同的特点，而且不断吸收融合儒、佛各类建筑的特色，所以成为最富变化、没有定型程式的宗教建筑。如北京白云观从其清代形成的布局来看，入口牌坊、山门内的泮池、儒仙殿的供养内容等吸取了儒家文庙的形制；而钟、鼓楼、东西配殿格局，以三清阁结尾（即佛寺的藏经阁）及戒台等又是从佛寺中吸取的手法；而后部自然式园林的云集园又保持了道家的特色，使佛、儒、道三家建筑特点融为一体（图9-57）。清代道教民间化以后，又吸纳了各地的民居建筑形式，使自由式布局得到进一步强化。除选址在山林峰谷之地的道观采用自由布局以外，城镇、郊野的宫观亦有许多布局上的变化。如成都青羊宫采用层层主殿、不设配殿的道观布局；太原纯阳宫采用砖窑式四合院，与一正两厢布局结合，前后围成四套院落；灌县伏龙观最后一进的玉皇楼设计成两层的门字形围楼，突出于绝壁之上，形成岷江上一处绝妙的景观。有的小型道观如玉皇阁、文昌阁等，仅设阁楼一座，亦成为一座宫观。

（二）以实体表现"天宫琼宇"宗教艺术构思

早期道观中对天宫仙界的宣扬描述多借助于壁画雕塑，如元代的永乐宫。也有的采用佛寺天宫楼阁的形式，如晋城二仙观等。自元明以来，发展为借助建筑造型与群体艺术来表现，尤其在山林地区建造的道观更为明显，现存实例很多。其常用手法有数种，一为设置天门，以指引上天通由之路，暗喻宫观为仙界天宫。如四川江油云岩寺在宋代为道观，位于窦圌山上，在笔直的800余级登山路中间，将天然的两座石峰标注为天门，以示进入天庭。安徽齐云山在登山路上利用一天然洞穴为天门。明代武当山在登山路上设置三座天门，最后达到山顶的紫禁城南天门。清初建造的昆明鸣凤山太和宫金殿亦效仿古代成法，设三天门，最后达于紫禁城（图9-58）。此外如天水玉泉观，在登一段山路进入山门，通过仙桥以后，设置一座天门坊，亦为此意。中卫高庙在前佛后道的总体布局中间石阶上，于咸丰八年（1858年）又增设了砖牌楼一座作为象征天门。江陵元妙观在玉皇阁与紫皇殿之间布置了一座三天门建筑。以上例子都是这类手法的应用。象征登天之路亦可利用数字的隐喻作用，常用的数字为36与72，象征三十六天罡星、七十二地煞星，故著名山林皆选出三十六峰、七十二崖，道教仙山有三十六洞天、七十二福地等说法。在总体山路布置上亦附会此数，如昆明金殿在一天门外及二天门内外选用72级及36级石阶，昆明三清阁山门前亦选用七十二级石阶，灵官殿至三清阁选用三十六级台阶，北岳恒宗殿前石阶为108级，为36与72之和。表现天宫尚有另一种手法，即尽量利用高台基以烘托主体建筑。如中卫高庙利用城墙，银川玉皇阁也利用了城台，鹿邑老君台则将正殿与配殿同建在13米的高台上。此外，江陵元妙观、开元观、太晖观、宁夏平罗玉皇阁等都是将主殿建于高台上。另外中卫高庙在南天门的两侧随地形建构两组双层三合院建筑，号称天池，其用意也在于象征天庭。昆明西山三清阁更利用在绝壁中开凿栈道及山洞的手法，不时临空，不时入穴，忽明忽暗，扑离迷朔，直达会仙台，以增登天云路的缥缈之感。

（三）主体建筑楼阁化，并出现较大体量的殿堂

道家倡导天人合一，要取得人间天上的共通、融合，故多喜建楼居。如元代长治玉皇观的五凤楼（图9-59）、明代济源阳台宫三层的玉皇阁（高20米）、容县三层真武阁、万荣三层飞云楼（图9-60）、梓潼大庙的百丈楼等，都是著名的楼阁建筑。清代继承明代传统，继续以楼阁表现仙都。如娲皇宫主殿达四层；中卫高庙主殿三层，中楼亦为三层，且平面复杂，翼角层出；平罗玉皇阁亦为三层；上杭文昌阁实为三层，而外观显为六层，屋顶形式变化多样；宁河天尊阁（清康熙年间建）为三层楼阁；贵阳文昌阁亦三层楼阁，而且为九角形，在国内楼阁中十分罕见（图9-61）。

图9-59 山西长治玉皇观五凤楼
（山西省古建筑地图集）

图9-60 山西万荣飞云楼
（孙蕾 摄）

图9-61　贵州贵阳文昌阁
（王东摄）

图9-62　广东佛山祖庙
（吴嘉杰摄）

　　此外，在殿堂规制上亦出现大体量的建筑。如前述的成都青羊宫三清殿中柱高达15米，总面积达1000平方米，青城山古常道观三清殿的面阔亦达30米，许昌天宝宫内的吕祖大殿面阔达11间。丰都名山天子殿的主体建筑由四座建筑采用勾连搭方式连接而成，前三座构成纵长殿堂以表地府的阎罗王及鬼将，室内空间阴暗恐怖，后部又接建二仙楼一座楼阁，可登高瞭望，跳出地府之外，空间变化出人意料。

（四）建筑美学上的偏重装饰意匠

　　清代道观与其他建筑风格类似，装饰手法明显加重，如雕饰出动物、花卉的撑拱、挂落，狮兽形的石柱础等都是经常应用的手法。总体中的墙门、牌坊应用亦不少。雕饰在南方道观的脊饰上有丰富的表现，多雕饰人物、神话及复杂的动植物题材，这方面以广东佛山祖庙最为突出（图9-62）。该庙原称"北帝庙"，因其历史久远为诸庙之首，故称"祖庙"。明清以来曾改扩建二十余次，很多装修装饰都是清代所建。该庙在南北中轴线上依次布置照壁、万福台、灵应坊、钟鼓楼、山门、中殿、大殿、庆真楼等。其建筑装饰琳琅满目，如瓦脊上的石湾陶塑、墙上的砖雕、灰塑、嵌瓷等。所用题材十分广泛，包括故事、人物、鸟兽花卉，技法细腻传神，具有浓厚的浪漫色彩。但由于装饰手法使用过多，破坏了建筑总体艺术的和谐与质朴，建筑变为雕饰艺术的展示品，掩盖了其原来的艺术特色与表现力。佛山祖庙建筑虽然在整体造型艺术上成就不大，但其以纷繁的装饰手法表现时代风格这一倾向，在宗教建筑中却独树一帜。

　　清代道观装饰中，龙的题材增加，多用于藻井、彩绘及脊饰等，最明显的是用于外檐石柱雕刻，形成盘龙柱。如成都青羊宫八卦亭、济源阳台宫、许昌天宝宫、新乡东岳庙等实例。

四、伊斯兰教建筑

　　清政府推行多教并存的政策，因此伊斯兰教在中国亦得到较大的发展，至清末，在中国已有十个民族信仰伊斯兰教，包括回族、维吾尔族、哈萨克族、东乡族、柯尔克孜族、撒拉族、塔吉克族、乌兹别克族、保安族、塔塔尔族等，信教人数达1000万以上。其中回族与维吾尔族全族统一入教，宗教活动与生活习俗互相渗透，其建筑艺术更具有浓厚的民族特色。

历史上回族移民居于全国各地，东南沿海、云南等地也有大量回民，对伊斯兰教的传播起到了促进作用。入清以后，由于政治经济条件的改变，伊斯兰教民的分布产生了巨大的变化，教民多集中于我国北方地区，尤以宁夏、甘肃、青海回族聚居密度最高。此外河北、河南、山东亦不少。因此有清一代，重要的伊斯兰教建筑大量在北方建造起来，并且采用北方的建筑构造技术及装饰手法，为建筑艺术比较朴素的北方建筑增添了新的光彩。

清代回族在政治上地位较低，因此以宗教观念为契机的民族团结互助精神加强，各地回民皆聚居一处，形成回庄。在城市中也多居于一街区之内，与汉民区相隔，形成较封闭的生活圈子。例如北京的回民多聚居于牛街、崇外、德外马甸等六区，成都回民居于西华门一带，泊镇回民居于镇之南端，不与异教杂居，因而聚居地的清真寺建筑一再改建，增扩，形成规模较大的殿堂，这也是清代伊斯兰教建筑的一个特点。

就西北地区而言，信仰伊斯兰教的民族间相互融合的过程加快。乾隆二十年（1755年）彻底击溃准噶尔的叛乱以后，统一了南北疆，设伊犁将军府，统领全疆，并在乌鲁木齐以东地区改行府州县的行政制度，缓解了民族间的矛盾，并在各地屯田，迁入大量回、汉居民。道光年间征伐南疆叛乱分子张格尔之役，亦有川陕部队参加战争，因此不乏回民定居当地。清末在宗棠治疆期间，亦有屯田之举，使不少内地居民迁居北疆。伊犁、塔城一带，哈萨克族、乌兹别克族与维吾尔族长期共居，在生活习惯上也已完全共通。经二百余年政治、军事上的变动，形成北疆伊斯兰教建筑维吾尔族、回族、乌兹别克族各族风格并有的现象。

元明以后，回民聚居区多建有教坊，称"阁的木"，负责本区的教务，教长由本区聘任，在组织上无所隶属。明末清初，教长势力范围跨越了原来"阁的木"的局限，并且将地主与教主的权力合而为一，在西北回族地区出现了门宦制度。门宦制度要求教民不仅崇拜真主，也要崇拜圣徒及教派创始者——教主，并把教主个人神化。这一制度初行于甘肃狄道（今临洮）、河州（今临夏），继之推行于宁夏、青海等地。因此西北回族伊斯兰教建筑中除了清真寺之外，又增添了"拱北"建筑类型，即教主死后的坟墓，供教民礼拜，这些建筑皆十分高大华丽。清代末年，大门宦为招揽教民，扩大教区，又兴建了规模宏大的道堂建筑，作为本门派布道宣讲、聚众议事、开展活动之处，拱北与道堂成为清代西北回族具有特色的建筑类型。

明代晚期，部分地区的伊斯兰教坊建立了经堂教育制度，由教长负责招收学生，传习经典，学习费用由教坊回民负担。初行于陕西，继而推广到河南山东等地。因此回族清真寺中多设有讲堂，较元明时代的清真寺内容更为广泛。在南疆维吾尔族聚居区，这种研习教典的学校称教经堂，单独修建。

清代西北地区战争频仍，不少宏丽的清真寺毁于战火之中。宁、甘、青及北疆地区现存的清真寺，大多是清中末期改复建的，清初遗留物较少。

我国伊斯兰教建筑类型包括清真寺、坟墓及道堂（经堂）建筑等。清真寺在维吾尔族地区被称为礼拜寺，为教民每日做祈祷功课之处是伊斯兰教民族聚居处必不可少的建筑。其规模大小不一，随教坊内教民人数多寡而异。在新疆又有居民礼拜寺、主麻礼拜寺及行人礼拜寺之分。清真寺内的主体建筑为礼拜殿，殿内空间广阔，尽头墙壁装饰有圣龛，代表着至高无上的真主，不设偶像。回族清真寺的后部圣龛部位，往往做一单独的高耸建筑物，称后窑殿，而维族礼拜殿则做成内外殿的形式。教民祈祷时席地而坐，因此北方各地清真寺礼拜殿内皆为架空的木质地板，并铺有毡褥以保暖隔潮。回族礼拜殿后部立有木制的宣谕台，为礼拜时阿訇主持仪式之处。由于礼拜殿面积巨大，除由侧面采光之外，有的又设置天窗采光。清真寺内除礼拜殿之外，尚配置大门、二门、邦克楼、望月台、讲堂、水房、客房及少量的办公宿舍等。后期的清真寺尚附设小学校。维吾尔族礼拜寺内较少其他辅助建筑，但院中设有水池（涝坝）及树木、学员宿舍等，环境较为幽静。著名的清真寺实例有山东济宁东大寺（图9-63）、西大寺（图9-64），河北宣化清真北寺，河北泊镇清真寺，宁夏韦州大寺、同心大寺，青海湟中洪水泉清真寺，天津大伙巷清真寺，四川成都鼓楼街清真寺，安徽寿县清真寺，新疆乌鲁木齐陕西大寺

（a）山东济宁东大寺入口石坊

（b）山东济宁东大寺礼拜殿内景

1.石牌坊 2.大门 3.二门 4.卷棚 5.礼拜大殿 6.后殿
7.望月楼 8.木牌门 9.水房 10.讲堂

（c）山东济宁东大寺入口石坊平面图

图9-63 山东济宁东大寺平面图
（孙大章．中国古代建筑史（第五卷）[M]．北京：中国建筑工业出版社，2002：372．）

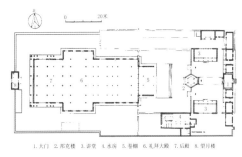

1.大门 2.邦克楼 3.讲堂 4.水房 5.卷棚 6.礼拜大殿 7.后殿 8.望月楼

（a）山东济宁西大寺平面图

（b）山东济宁西大寺礼拜殿剖面图

图9-64 山东济宁西大寺平面图
（孙大章．中国古代建筑史（第五卷）[M]．北京：中国建筑工业出版社，2002：373．）

（图9-65），新疆喀什艾提卡儿礼拜寺，吐鲁番额敏塔礼拜寺，库尔勒礼拜寺，库车大寺，莎车大礼拜寺等。

伊斯兰教民实行土葬，在地面上仅砌筑一个长方形的坟堆，作为坟墓的标志。但是维吾尔族的教长或汗王及部族首领，往往建有华丽的墓祠建筑，称为"麻扎"，有穹窿顶及平顶两种形制，重要的麻扎尚以瓷砖镶嵌壁画。清代后期，甘青宁一带回族伊斯兰教依据门宦制度要求，在教长死后亦建筑华贵的"拱北"建筑，多采用汉族传统建筑形式，但雕饰十分繁丽，质精工细。著名的坟墓实例有新疆喀什阿巴伙加麻扎（图9-66，图9-67）、玉素甫麻扎（图9-68）、喀密王陵、甘肃临夏祁静——大拱北、宁夏固原二十里铺拱北、四川阆中巴巴寺等。回族居住地区的道堂建筑内容十分广泛，除宗教内容外尚有经济及生活内容的建筑。其中主体建

图9-65 新疆乌鲁木齐陕西大寺

（路秉杰.中国建筑艺术全集(16)-伊斯兰教建筑[M].中国建筑工业出版社，2003：164.）

图9-66 新疆喀什阿巴伙加麻扎大门

（路秉杰.中国建筑艺术全集(16)-伊斯兰教建筑[M].中国建筑工业出版社，2003：114.）

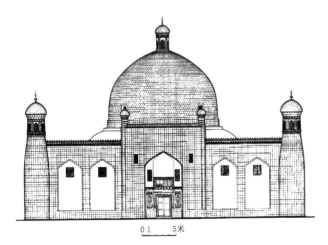

图9-67 新疆喀什阿巴伙加麻扎立面图

（孙大章.中国古代建筑史（第五卷）[M].北京：中国建筑工业出版社，2002：384.）

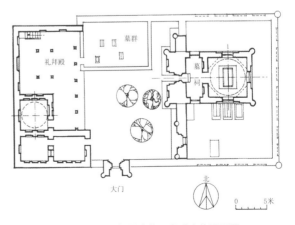

图9-68 新疆喀什玉素甫麻扎平面图

（孙大章.中国古代建筑史（第五卷）[M].北京：中国建筑工业出版社，2002：386.）

筑是讲经布道的道堂，此外还附有清真寺、拱北、住宅、客房、办公室等，是个庞大的建筑群。著名的有吴忠鸿乐府道堂等。但因战乱，道堂大部被毁，现有多为民国以后的建筑。维吾尔教经堂主体一般是一座小型礼拜殿，为平日讲课之处，围绕礼拜殿有群房，作为学生、教师的宿舍，这类教经堂的大门都十分雄伟，著名实例有新疆喀什哈力克教经堂。

中国伊斯兰教建筑以清真寺（礼拜寺）占绝大多数。这类建筑的布局、礼拜殿造型、邦克楼、圣龛及建筑装饰诸方面，明显地表露出了与中国传统建筑的差异，形成伊斯兰教独有的建筑特色。其他如麻扎、拱北、教经堂等建筑的艺术风格，多借鉴清真寺建筑，除平面上的特色外，其外观、结构、装饰手法、图案特色等皆与清真寺有共通处。伊斯兰教建筑明显的艺术特色，表现在如下几方面：

（1）伊斯兰教礼拜殿的朝向皆为面东背西。按教规规定，教徒进行礼拜时须面向位于沙特阿拉伯境内的圣城麦加，在中国就是朝向西方，因此礼拜寺入口的位置大致设在街巷的西侧，而由于各种原因不能设置在街西侧时，则需通过总体布局路线的引导，使教徒从东面进入礼拜殿，朝西方进行礼拜。由此造成许多不规则的特殊平面布局，突破了中国传统建筑南北轴线对称式布局的惯例，增加了建筑布局艺术上的多样性。

（2）清代伊斯兰教的礼拜殿面积都比较庞大。据规定，教徒除每日进行礼拜五次以外，每周五为聚礼日，所在教徒须集中在礼拜寺进行礼拜，因此礼拜殿必须保证有足够面积。而且随着教区的扩大，人口的增加，礼拜殿还要不断地扩建，形成面积大、形式富于变化的主体建筑形式。因新疆地区夏季炎热，故维吾尔族礼拜殿往往为横长形敞厅式的平顶房屋，同时分为内外拜殿。回族礼拜殿一般由多个汉式坡屋顶联搭在一起组成纵长形大厅。

（3）清代伊斯兰教建筑中的邦克楼形式更加多样化。教徒每日五次礼拜，分晨、晌、脯、昏、宵五礼，进行礼拜时由阿訇在寺中一高塔形建筑上呼唤，称为"叫邦克"，此塔称邦克楼，汉名唤醒楼。世界各国伊斯兰教寺院中的邦克楼都是具有地方民族特色的建筑。在中国，由于各地风俗习惯及传统技法的影响，邦克楼形式亦多有变化。维吾尔族建筑的邦克楼与大门结合在一起，成为大门形体构图的一部分。回族建筑的邦克楼多与望月结合，又称望月楼，或与二门结合，形成一种多层门楼式建筑。

（4）伊斯兰教崇拜真主，但不设偶像，仅在殿西壁的后窑殿内设立装饰精丽的圣龛。伊斯兰教教义认为真主是独一无二的，能创造一切，主宰一切；而真主又是无形象、无方所的，教徒要做到"心里诚信"，但又不做偶像崇拜。因此伊斯兰教的礼拜殿室内空间是由梁、柱、窗、壁以及壁面装饰组成的建筑艺术形式，圣龛成为室内建筑艺术的重点。另外，因为没有偶像，信徒不受"瞻仰神像"视线远近的限制，礼拜殿面积可以根据礼拜的人数扩建。平面形式可有多种多样的变化，如横长方、纵长方、凸字形、十字形甚至六角形等。

（5）世界各地伊斯兰教建筑的装饰均颇具特色。装饰图案以几何纹、植物纹及文字为主，没有动物纹样。为适应这类纹样的特点，多为平面化装饰手法，很少运用立体的高浮雕装饰。我国清代伊斯兰教建筑充分利用地方的传统工艺美术技术，如河州砖雕、北京官式彩画、南疆石膏塑制等技艺。所应用的几何纹、植物纹图案组合，十分注意繁简对比的变化以及构图的均衡协调，同时又填充色彩以增强其装饰性，装饰效果清新、明快，生活气氛强烈。

中国伊斯兰教建筑虽然分布地区广阔、形式多种多样，但它们的艺术形式又都具有与世界伊斯兰教建筑相关的宗教特色，如装饰性极强，表现生活气息的艺术意匠，大体量殿堂与高细的邦克楼对比而产生的特有建筑轮廓等，只不过这些特色又都统一于中国民族艺术手法之中。另外，也可看到伊斯兰教建筑艺术是在不断发展的，其艺术风格仍在继续，但具体形式却在更新变化着。

五、实例

（一）双黄寺和雍和宫

雍和宫，位于北京城东北隅。雍正即位前为其王府，乾隆九年（1744年）改为藏传佛寺。该寺院落结构南北长而东西窄，顺序排列有牌楼、昭泰门、天王殿、雍和宫、永佑殿、法轮殿、万福阁等主要建筑（图9-69）。宫中法轮殿、万福阁最具藏式建筑风味。法轮殿面阔七间，前后各出五间抱厦，总体上形成十字形平面布局，顶部中心和四角处共开有五座天窗，其五座玲珑的小屋顶象征须弥山五峰。万福阁则采用了三楼并列的布置方式，中为万福阁，左右为永康阁和延绥阁，两辅楼以飞道连接主楼，既具古意又体现藏传佛教寺庙金顶林立的气魄。万福阁中，更有18米高弥勒立像一尊，环以跑马廊，气氛肃谧。

京北安定门外双黄寺原有的建筑院落普静禅林（东黄寺）、汇宗梵宇（西黄寺"达赖庙"）、清净化城、资福院中，仅清净化城塔院保存至今。塔院中的山门、牌楼门、配殿、大殿及附属用房，均为1928年九世班禅大师主持添建，因经济拮据制度从简。唯有清净化城塔一座巍峨耸立，为乾隆年间为纪念在京圆寂的六世班禅而建。该塔在设计中原仅有一主塔，后在乾隆皇帝指示下于四隅添加汉白玉幢各一，总体形象上为金刚宝座塔形式。塔身雕刻精美，塔刹镏金闪烁，可谓乾隆年间建塔的精品（图9-70）。

（二）布达拉宫

追溯藏传佛教建筑的本来面目，就必须讲到分布在蒙藏青等地的大量寺庙建筑和相关建筑。在前后藏有达赖喇嘛驻锡地布达拉宫、班禅喇嘛驻锡地扎什伦布寺，青海有在黄教创始人宗喀巴出生地兴建的塔尔寺。藏传寺庙是藏区政治、宗教、经济的中心。以拉萨地区为例，布达拉宫周围寺庙密集，如大小昭寺、哲蚌寺、甘丹寺、色拉寺。藏传寺庙不仅拥有宗教活动空间，而且兼行教育及行政，集拉康（佛殿）、措钦大殿、扎仓（学院）、辩经场、僧房、拉章（活佛公署）等于一寺。建

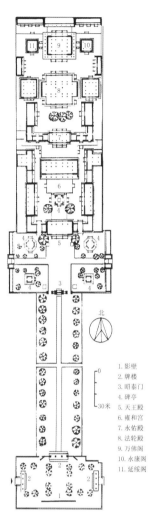

图9-69 北京雍和宫平面图
（孙大章. 中国古代建筑史（第五卷）[M]. 北京：中国建筑工业出版社，2002：314.）

1. 影壁
2. 牌楼
3. 昭泰门
4. 碑亭
5. 天王殿
6. 雍和宫
7. 永佑殿
8. 法轮殿
9. 万佛阁
10. 永康阁
11. 延绥阁

北

0 30米

图9-70 北京双黄寺金刚宝座塔
（陈耀东. 中国建筑艺术全集(14)——佛教建筑（三）（藏传）[M]. 中国建筑工业出版社，2003：194.）

筑单体则以土石为墙，木梁柱为架，混合承重。寺庙建筑墙壁厚重且有显著收分，多以红、白、黄刷饰，上为边玛草檐口。开窗一般较小，仅于向南局部开落地大窗。寺庙中建筑因地势而起，又似生长其上，具有浓厚的韵味。至于内蒙古地区，藏传昭庙融合藏汉，具有灵活多样的特点，更多地运用藏式装饰和墙体做法，也更常见汉式造型的歇山或庑殿顶的铺瓦屋面。

拉萨布达拉宫（图9-71）位于拉萨市区西北的玛布日山（红山）上，是一座规模宏大的宫堡式建筑群。全建筑倚叠砌，蜿蜒至山顶，海拔3700多米，占地总面积36万余平方米，建筑总面积13万余平方米，主楼高117米。7世纪吐蕃松赞干布与唐文成公主联姻，乃建此宫而居。以后两次毁于灾害兵火。1645年五世达赖喇嘛进行扩建，历时半个世纪始具规模。

"布达拉"，梵语音，译作舟岛，又译作"普陀罗"或"普陀"，原指观世音菩萨所居之岛。布达拉宫俗称"第二普陀山"。布达拉宫是历世达赖喇嘛的冬宫，也是过去西藏地方统治者政教合一的统治中心，从五世达赖喇嘛起，重大的宗教、政治仪式均在此举行，同时又是供奉历世达赖喇嘛灵塔的地方。

布达拉宫主体建筑为白宫和红宫。白宫，是达赖喇嘛的冬宫，也曾是原西藏地方政府的办事机构所在地，高七层（图9-72）。位于第四层中央的东有寂圆满大殿（措庆夏司西平措），是布达拉宫白宫最大的殿堂，面积717平方米，这里是达赖喇嘛坐床、亲政大典等重大宗教和政治活动场所。五、六两层是摄政办公和生活用房等。最高处第七层两套是达赖喇嘛冬季的起居宫，由于这里终日阳光普照，故称东、西日光殿。红宫，主要是达赖喇嘛的灵塔殿和各类佛殿，共有8座存放各世达赖喇嘛法体的灵塔，其中以五世达赖喇嘛灵塔为最大。西有寂圆满大殿（措达努司西平措）是五世达赖喇嘛灵塔殿的享堂，也是布达拉宫最大的殿堂，面积725平方米，内壁满绘壁画，其中五世达赖喇嘛进京觐见清顺治皇帝的壁画是最著名的。殿内达赖喇嘛宝座上方高悬清乾隆皇帝御书"涌莲初地"匾额。法王洞（曲吉竹普）等部分建筑是吐蕃时期遗存的布达拉宫最早的建筑物，内有极为珍贵的松赞干

图9-71　西藏拉萨布达拉宫全景图
（孙蕾 摄）

图9-72　西藏拉萨布达拉宫白宫
（孙蕾 摄）

布、文成公主、尺尊公主和禄东赞等人的塑像。殊胜三界殿是红宫最高的殿堂，现供有清乾隆皇帝画像及十三世达赖喇嘛花费万余两白银铸成的一尊十一面观音像。十三世达赖喇嘛灵塔殿像是布达拉宫年代最晚的建筑，1933年动工，历时3年建成。此外还有上师殿、菩提道次第殿、响铜殿、世袭殿等殿堂。

布达拉宫还有一些附属建筑，包括山上的朗杰札仓、僧官学校、僧舍、东西庭院和山下的雪老城及西藏地方政府的马基康、雪巴列空、印经院以及监狱、马厩和布达拉宫后园龙王潭等。

（三）四大佛教名山

四大佛教名山中的文殊菩萨道场五台山因距京城较近，历来受宫廷建筑影响较大，如明代成祖修显通寺、塔院寺，正德时武宗重修广宗寺，万历时李太后重修罗睺寺等。清初因推崇藏传佛教，于顺治十七年（1660年）将台怀山顶的菩萨顶改为藏传佛寺，俗称黄寺（图9-73）。继之于康熙二十二年（1683年）又将罗睺寺（图9-74）、广济寺（图9-75）等十寺改为黄寺，使五台山成为青黄两类寺院的集中地。同时康、乾两朝对许多寺庙进行了大规模的修整，建筑风格更加富丽堂皇。

图9-74 山西五台山罗睺寺文殊塔

（山西省商业厅旅游供应公司编.五台山[M].北京：文物出版社.1984：图版105）

图9-75 山西五台山广济寺大殿

（山西省商业厅旅游供应公司编.五台山[M].北京：文物出版社.1984：图版30）

图9-73 山西五台山菩萨顶入口
（贺从容 摄）

除五台山以外的三座佛教名山（峨眉山、普陀山、九华山），地方特色的倾向更为明显。四川峨眉山为普贤菩萨道场，山势逶迤，峰峦起伏，海拔3019米，植被丰富。唐宋时山区内已佛寺广布，至明清达于极盛，有寺庙近百所。峨眉山寺庙布置十分强调与地形地势结合，常常利用筑台、引步、纳陛、吊脚、错层等手法将地形高差容纳在总体布局中。例如报国寺、伏虎寺，全寺分筑在五级台地上，洪椿坪、仙峰寺，分筑在三级台地上，层台高耸，地形自然地赋予建筑以雄伟气势。同时山区用地狭窄不规则，所以峨眉山寺庙多为楼房，有的甚至为三层。而且布局不强调轴线与朝向，随山势走向确定，再加上灵活的穿斗架屋顶结构，穿插搭接，叠落自由，因此，峨眉山寺庙外观造型完全突破了传统寺庙的严肃立面，显现出灵活多变的建筑风格，与山势巧妙结合，相得益彰。如洪椿坪偏设在一边的山门入口，与山路结合有机自然（图9-76）。伏虎寺入口前设立牌坊及三座跨溪桥廊，曲折经大片楠木林，遥见天梯上耸立着布金林牌坊（图9-77），最后抵达宽敞的大殿庭院，使信徒通过曲、蔽、攀的空间转换到达目的地，这种导引手法运用得十分成功。雷音寺从侧面配房的吊脚楼下部引入道路，完全结合地形。华严顶将佛殿与山门结合为一，正面敞开面向山峦、深涧，将山景纳入建筑之中。遇仙寺四周悬岩陡壁，为弹丸之地，故仅设正殿三间，山径穿殿而过，路庙结合。息心所将佛殿、客房、僧房全部组织在一起，在高台上筑成一座两层建筑。神水阁、清音阁等都是背依山岩的一字形庙宇，前面安排名胜景点，完全不受传统寺庙格局的拘束，尤其清音阁前设置桥、亭，汇合两条涧流、三向路径，形成二水斗牛心的景观（图9-78），完全是一处美丽的园林。

普陀山为观音菩萨道场，是浙江舟山群岛中的一个小岛，自五代以后逐渐发展成佛教圣地（图9-79）。原初只有一座"不肯去观音院"，此后历代建造了不少供奉观音的佛寺庙宇，最宏大的有普济寺（图9-80）、法雨寺、慧济寺三大寺，皆是清初康乾时期建造。普陀山佛教建筑的成就不仅在于建造了三座宏大的寺院，更重要的是它密切结合海岛环境，因水成景，构筑出南海观音的佛国仙界氛围。如在岛南及岛西结合巨石形成南天门、西天门；在"不肯去观音院"附近结合紫班石栽植紫竹，形成紫竹林；结合海涛浪激山洞而设置潮音洞、雷音洞、梵音洞；因借海雾弥漫、变幻多端的洛迦山岛设置洛迦圣境等，都是颇具宗教色彩的景观。

安徽九华山是地藏菩萨道场，山中寺庙始建于东晋，以后历代屡有兴造，至清代香火旺盛，寺庙达百座之多，但大寺仅化城寺、祇园寺、肉身宝殿、天台寺，其余皆为小寺。因九华僧人以苦修为本，禅农结合，特别是在清中叶以后，沿五溪、九华、天台峰这条进香线上，建造了许多小僧舍、庵堂、茅篷，星罗棋布，左盘右旋，成为九华山的重要特点（图9-81）。九华寺庙结合地形，建于山崖陡壁、山谷、丛林，不作严整的布局。如万年禅寺（百岁宫）建在巨大山岩上，连大殿内佛龛都建在隆起的岩石上。九华寺庙多为寺舍合一，形式上吸取皖南民居构造，白墙、黑瓦、马头山墙，空间体量随意，有的还用乱石砌筑，远观与农舍无异；甚至

图9-76 四川峨眉山洪椿坪入口
（孙蕾 提供（去哪儿网））

图9-77 四川峨眉山伏虎寺布金林牌坊
（孙蕾 提供（去哪儿网））

图9-78 四川峨眉山"双桥清音"景观
（峨眉山景区官方微博）

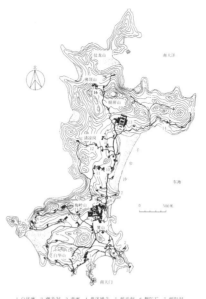

图9-79 浙江南海普陀山总平面图
（孙大章. 中国古代建筑史（第五卷）[M].
北京：中国建筑工业出版社，2002：335.）

1. 白华庵 2. 潮音洞 3. 西庵 4. 普济禅寺 5. 观音洞 6. 磐陀石 7. 朝阳洞
8. 仙人井 9. 东天门 10. 长生庵 11. 大乘庵 12. 清凉庵 13. 法雨禅寺
14. 祥慧庵 15. 梵音洞 16. 慧济禅寺

图9-80 浙江南海普陀山普济寺
（胡波 摄）

图9-81 安徽九华山全景图
（袁牧 摄）

布局上亦受民间风水观念影响，注意村落的水口处理，如祇园寺西侧的迎仙桥旁建一水口寺，成为整个九华庙区的入口。故民舍式寺庙是九华山的重要特点。

（四）灌县青城山道教建筑

青城山为道教名山，又名"天谷山"，是道教十大洞天之第五洞天。因道教创始人张道陵在青城后山的鹤鸣山结茅传道，故历代道家皆视此地为圣地，纷纷来此修道，其中著名者有晋代范长生、隋代赵昱、唐代杜光庭等，故文物遗迹颇多。青城山风景极佳，有三十六峰；一百零八处胜景，满山苍翠，古木参天，历来有"青城天下幽"之美誉。原有古代道观建筑因屡建屡毁，已无可考，现在绝大部分建筑为清代至民国初年所建。作为清代山区道教宫观的代表，青城山大的宫观建筑有七座，即古常道观（天师洞）、上清宫、圆明宫、玉清宫、真武宫、建福宫、朝阳洞。其中以上清宫地势最高，古常道观规模最大（图9-82）。

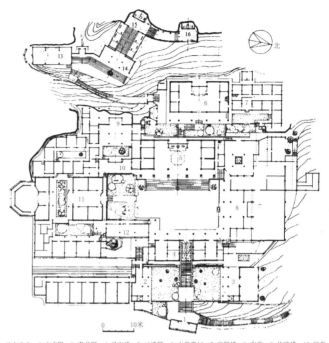

0   10米

1.云水光中　2.白虎殿　3.青龙殿　4.灵官楼　5.三清殿　6.古黄帝祠　7.迎熙楼　8.客堂　9.长哨楼　10.祖堂
11.客厅　12.银杏阁　13.三皇殿　14.龙桥仙踪　15.天师殿　16.天师洞

图9-82　四川灌县青城山古常道观平面图
（孙大章. 中国古代建筑史（第五卷）[M]. 北京：中国建筑工业出版社，2002：358.）

　　青城山道教建筑具有突出的艺术特色。首先，其宫观选址多在地形绝险，景色清幽，视野开阔，林木丛郁之处，具有内在的景观基础，表现出道家喜欢清净自然的内心世界。如古常道观建在混元顶下，真武宫建于轩辕峰绝壁下，以大山做屏障，益增建筑之巍峨，上清宫紧靠绝顶，朝阳洞背依岩洞（图9-83），都是随山就势、上下衔接的不对称形式，仅在局部显示轴线对称，极少贯穿始终的中轴线组群。布局中另一特色为穿通式过厅手法较多，不是如平原宫观般在建筑物周围绕行，而且将踏步布置在过厅内，解决上下台地间的高差问题，这也是山区宫观的特殊处理手法。如古常道观的灵官楼、圆明宫三官殿的前廊皆是如此。这种手法将动态的交通过程与静态的建筑空间糅合在一起，增加上下、明暗、内外等景观感受的变化性。此外，其布局设计非常注意入口空间的导引作用，常常成为各个宫观群体艺术的精华所在，这在树木葱郁的山区环境中是十分重要的建筑处理。如古常道观的建筑前奏是从奥宜亭开始，经迎仙桥、五洞天墙门、翠然亭、集仙桥，几经回转，然后经倒座式"云水光中"楼阁的指引，突然面对巍峨的三重檐灵官楼，楼前大台阶直通门内，青龙殿、白虎殿左右对峙，气势雄伟。在不足200米的距离内，设计了高低错落，形象各异的三座亭、两座桥、一座墙门，自然景观几度变化，最后才是主体空间，是一组非常成功的空间序列设计。圆明宫的入口则利用宽大的照壁以及照壁后楠木参天的绵长林荫道，将信徒自然地从左侧配房引入宫观内。真武宫的入口则是利用侧后方林间的小路，从前突的吊脚楼下部进入山门前空间，山门前分植两棵银杏树作为标志，指引参谒者转身进入山门，这些都是非常巧妙的处理。

图9-83 四川灌县青城山朝阳洞
（四川古建筑地图集）

青城道观的单体建筑造型亦十分新颖、独特。为适应地形变化，广泛利用了分台建造、柱脚下吊、楼层悬挑、后坡梭下等西南山地民居常用的建筑处理手法。特别是层层跌落式的山墙处理，立面各层间使用披檐以及在屋顶突出叠楼的手法，更是青城山道教建筑的特色。古常道观后部天师洞入口处的"龙足乔仙踪"梯廊即是跌落式处理的优秀实例（图9-84）。四川这类手法与北方建筑的不同之处，在于其顶部翘飞檐更为复杂，常将封山墙顶设计成两三重相间的层层飞檐相叠复压的美妙形象。叠楼手法是在建筑物明间部位屋顶上叠加一个小楼，其屋面轻巧，装配以栏杆、挂落等精丽的装修，小楼正面敞开，可以使供养的神像头部光线更加明亮，同时也为沉闷的大屋顶增加趣味与变化（图9-85）。由于采用了上述一系列大胆而灵活的造型手法，使青城宫观不同于一般城市道观建筑，呈现出灵巧、自然、富于生命力的艺术特色。

青城山建筑用材、用色亦十分质朴雅素，就地取用竹木石材，显露材料质地本色，或选用青黑的油饰。一般构架应用民居的穿斗木架，用材纤小。青瓦、白墙，无豪华烦琐之态。尤其是散布在林间小径上的数十座茅亭、廊桥，皆以原木为构架，杉木树皮为屋盖，树根为挂罩，青苔滴翠，枝干斑剥，犹如从地上生根，自然成长起来。总之，青城山建筑的基调反映出了道家清静无为、崇尚自然的哲学思想。

清代道教建筑尚有许多其他有价值的实例，如北京白云观、青岛崂山太清宫、沈阳太清宫、贵溪龙虎山上清宫和天师府、西安八仙庵、昆明三清阁、太原纯阳宫、鹿邑老君台、许昌天宝宫、灌县伏龙观、周至楼观台、台湾台北指南宫等，还有在清代增建、改建、扩建的一些元代宫观，如江陵太晖观、佛山祖庙、梓潼七曲山大庙等。

图9-84 四川灌县青城山城隍庙十殿梯廊
（孙大章. 中国古代建筑史（第五卷）[M]. 北京：中国建筑工业出版社，2002：360.）

图9-85 四川灌县青城山上清宫戏台
（孙大章. 中国古代建筑史（第五卷）[M]. 北京：中国建筑工业出版社，2002：360.）

第七节 园林

一、帝王园囿

清王朝的园林建设自顺治修葺南苑行宫、康熙营建畅春园起，到雍正乾隆时期圆明园的诞生与成长，真正标志着皇家园林发展的顶峰。尤其是乾隆执政期间，从圆明园的建设扩展到京畿、承德园林的建设，从乾隆三年（1738年）到三十九年（1774年），从建福宫花园到他准备颐养天年的宁寿宫花园，营建规模之大是宋、元、明三代所未见的。园林史家周维权先生曾经将清代帝王园囿划分为大内御苑、离宫御苑和行宫御苑三大类。大内御苑由于所处位置的独特性和局限性成了紫禁城、三海宫室的点缀，而离宫御苑和行宫御苑则按照其所在的建筑群地位的不同和园林规模的不同而存在一定的差异。其中大内御苑主要包括御花园、建福宫花园、慈宁宫花园、宁寿宫花园、西苑等，离宫御苑包括圆明园三园、避暑山庄、清漪园，行宫御苑则以静宜园、静明园和南苑为代表。

进一步考察清代帝王园囿，有两个普遍现象特别值得展开讨论，一个是帝王宏大广博的园林设计构思，另一个则是对南方私家园林小巧变幻之造园手法的借鉴和学习。

集历代皇家园林之大成的清代宫苑，反映了宏大的帝王气派的构思。除了北京颐和园昆明湖与佛香阁建筑群（图9-86）、承德金山建筑群所具有的园林景观气势之外，圆明园最具卓然的代表性。雍正三年（1725年），雍正帝正式将康熙赐予他的私园圆明园改建为离宫御苑，形成一个面积达二百余公顷的大型园林群体。这个园林群体既包括了朝仪、理政的场所，又利用沼泽泉源串缀编织了数十个小景区，还拓东湖以为福海，沿湖布景，湖心堆山成岛，象征一池三山的仙人境界（图9-87）。其中，串缀编织零散景致，使之形散而神聚的整体构思，恰与文人因景品题、有感而发的园林意境有所不同，突出体现帝王"移天缩地"的气魄。反映这一点的，正是圆明园核心的"九州清晏"景区（图9-88）。九州清晏景区位于朝仪理政区以北的后湖，相当于宫廷的"内廷"，帝后嫔妃居住于此；冠以"九州"的称谓便是象征"禹供九州"，是帝王"家天下"的心理写照。景区由九个岛屿式的景点环湖簇拥而成，中心后湖约200米见方，岛间河道溪流蜿蜒

图9-86 北京颐和园昆明湖及佛香阁建筑群
（孙蕾摄）

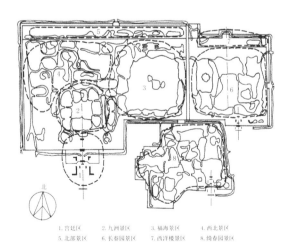

1. 宫廷区　　2. 九洲景区　　3. 福海景区　　4. 西北景区
5. 北部景区　6. 长春园景区　7. 西洋楼景区　8. 绮春园景区

图9-87 乾嘉时期圆明园三园平面图
（孙大章. 中国古代建筑史（第五卷）[M]. 北京：中国建筑工业出版社，2002：94.）

图9-88 九州清晏
（法国巴黎国家图书馆藏）

图9-89 慈云普护
（法国巴黎国家图书馆藏）

图9-90 上下天光
（法国巴黎国家图书馆藏）

图9-91 坦坦荡荡
（法国巴黎国家图书馆藏）

分割。这九个景点分别是：九州清晏、镂月开云、天然图画、碧桐书院、慈云普护（图9-89）、上下天光（图9-90）、杏花春馆、坦坦荡荡（图9-91）、茹古涵今。九州清晏位于整体景区最南的中心位置，其余景点盘旋而列，各具特色。慈云普护"殿供观音大士，其旁为道士庐，宛然天台"，仿照天台山的特色；上下天光"重虹驾湖，蜿蜒百尺，修栏夹翼，中为广亭。縠纹倒影，混瀁槛间。凌空俯瞰，一碧万顷，不啻胸吞云梦"，取法云梦山的景致；坦坦荡荡"凿池为鱼乐国，池周舍下，锦鳞数千头，喁唼拨剌于苻风藻雨间，回环泳游，悠然自得"，灵感来源自杭州的玉泉观鱼。九州清晏景区在变化中蕴含严谨，在小景中影射天下，这种布局、营造、理水的手法在中国园林中并不多见，非帝王之家不可有，非帝国的人文盛时不可得。

至于皇家园林对私家园林的借鉴，则主要表现为御苑中大量出现的模仿江南园林的作品，如安澜园追求海宁陈氏园的意境，如园以南京瞻园为蓝本，狮子林参照苏州名园狮子林，力图再现倪云林《狮子林图卷》的画意，惠山园"写放"无锡寄畅园景物，确实是"谁道江南风景佳，移天缩地在君怀"。而在这不胜枚举的"仿胜"景点中，更以直接冠以江南私家园林名胜之名的景点为著名。"万园之园"圆明园中便以苏堤春晓、柳浪闻莺、花港观鱼、曲苑风荷、两峰插云、雷峰夕照、三潭映月、平湖秋月、南屏晚钟、断桥残雪十景之名分别命名了十个景点。这个过程大致经历了几十年，从雍正到乾隆，父子两人逐步造景、品题，一步一步地将西湖十景象征性地搬到了御苑。但是仔细研究便会发现，圆明园中的西湖十景，不论从景点组合的位置关系，还是从景点建筑物形式，抑或是从环境意境上讲，都与西湖十景存在很大的差别，有的景点甚至可以说毫无相似之处。扩展开来，御苑中其他模仿江南名胜之作也未求形似，甚至神亦未必似。究其原因，我们应当看到，皇帝并非文人骚客，二者的精神境界和追求完全不同。中国传统文人最为津津乐道的是"一拳代山、一勺代水"地营造园林意境，他们有自己放行于自然山水的生活，也便有了高逸抽象的精神追求。反观日理万机的帝王，即便是外出游赏也须打出巡视海防河工的旗号，也须左右扈从相奉，确难有融入天然山水的真正机会。因此，乾隆皇帝才有了这样的话："若夫崇山峻岭，水态林姿；鹤鹿之游，鸢鱼之乐；加之岩斋溪阁，芳草古。物有天然之趣，人忘尘世之怀。较之汉唐离宫别苑，有过之无不及也。"从风格形式的角度来讲，皇家园林、私家园林的显著差异便在于此。

二、私家园林

民间的私家造园活动贯穿清代并遍布全国各地。虽然在时间坐标上私家园林并未展现出鲜明的演变趋势，但是由于各地建筑风格的显著差别，以江南、北方、岭南园林为代表，清代私园呈现出缤纷争艳的局面，并成为一种独特的士大夫文化现象。

（一）江南

明清时期，江浙一带经济繁荣，文化发达，南京、湖州、杭州、扬州、无锡、苏州、太仓、常熟等城市，私家园林的兴筑盛极一时。这些园林的风格继承了唐宋写意山水园的传统，着重于运用水景、古树、花木来创造素雅而富于野趣的意境，强调主观的意兴与心绪表达，重视掇山、叠石、理水等创作技巧，突出山水之美，注重园林的文学趣味。

江南私家园林的自然环境背景在于江南气候温和，水量充沛，植被丰富茂盛。自随晋皇室南迁的中原文人留住江南地区以来，地区经济、文化得到了长足的发展；唐代太湖石的发现与推广导致了后世假山洞壑之渐；南宋偏安江左，临安、吴兴成为当时园林的集聚点；明清时代，江南园林续有发展，尤以苏州、扬州两地为盛。如今，肇始于北宋的扬州平山堂、始建自五代的苏州沧浪亭和嘉兴烟雨楼，宋代的嘉兴落帆亭等尚古迹有踪，而明清时代的苏州留园和拙政园、无锡寄畅园、上海豫园、南翔明闵氏园（清代改称古猗园）、扬州个园、嘉定明龚氏园（清为秋霞圃）、昆山明春玉园（清为半茧园）、无锡寄畅园、常熟燕园、上海豫园、吴兴南浔小莲庄、嘉兴烟雨楼等则可称代表作品。

江南园林的主要创作手法包括：叠石理水，以太湖石为主，并用黄石、宣石等，以石土为山，以山护水、以水衬山，互为因借；巧植花木，古木、时蕊并用，四季景致变换，声、色、荫、形俱佳；建筑搭配，巧为串联，布局自由，建筑朴素，结构不拘定式，亭榭廊槛，宛转其间。

江南私家园林的分布范围和影响范围都很广，建设中心则在苏州和扬州。因此，苏扬两地的私家园林又是清代江南私园的代表。

扬州园林无疑在乾隆皇帝的频繁眷顾之下得到了更大的发展，形成了山石、花木、建筑、内檐装修精心搭配、相得益彰的特点。尤其是扬州园林的叠石做法更臻化境，清代人李斗在《扬州画舫录》中有"扬州以名园胜，名园以叠石胜"的评价。嘉庆年间，江南最后一位叠石巨匠，常州人戈裕良，也曾在扬州秦氏的意园堆筑假山，取名为"小盘谷"，其法"只将大小石钩带联络，如造环桥法……要如真山洞壑一般，然后方称能事"（图9-92）。

扬州的私家园林建设经历了从城内到城外西北郊保障河一带风景区的发展过程。扬州在康熙年间便建有多座著名的"别墅园"，如莲性寺东的东园、小金山后的卞氏园和员氏园，大虹桥西岸的冶春园等。时至乾隆年间，城内城外园林兴替，各有名园传世。鼎盛时期的扬州城区街巷中遍布私园，堪称名胜者当推片石山房、个园、寄啸山庄、小盘谷、余园、怡庐、蔚圃等。至于城外，西南方向的古渡桥附近集中了以九峰园为代表的众多园林。九峰园（图9-93）内有花雨庵、梅桐书屋、深柳读书堂、谷雨轩、玉玲珑馆、临池亭、风漪阁、水厅等建筑，有砚池、古

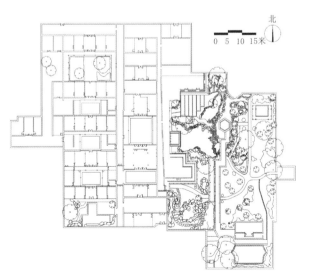

图9-92　扬州小盘谷平面图
（吴涛，陶欣，王晓春. 扬州小盘谷园林造景要素的量化分析研究[J].
园林空间，2020(6)：57-65.）

图9-93　九峰园
（（清）李斗撰，周春东注. 扬州画舫录[M].
山东友谊出版社，2001：506.）

树等园林小品，更有著名的九峰太湖石。此石被乾隆皇帝看中，命园主人选择二峰送至京城，陈设于圆明园内。除上述诸园之外，扬州城西北郊外的保障河一带坐落着历史上最著名的、长达十余公里的带状园林群——瘦西湖。瘦西湖起于城东北的竹西芳径，沿漕河而北，经莲华梗新河至蜀岗大明寺西园；另由大虹桥向南，至九峰园。六十多座园林沿河道铺陈，起承转和，争奇斗艳，其间桥岛绰约，"即阆苑瑶池，琼楼玉宇，谅不过此"。这道乾隆南巡必经的水路，当时确实达到了园林渊薮、胜境繁汇的程度。此后，由于清帝废止南巡，扬州园林难以复见往日的辉煌（图9-94）。

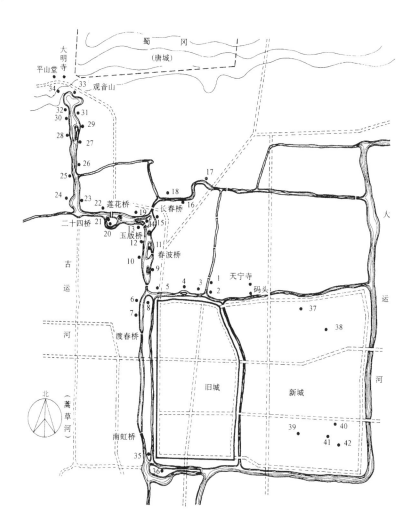

1. 毕园	8. 倚虹园	15. 四桥烟雨	22. 白塔晴云	29. 曲碧山房	36. 九峰园
2. 冶春园	9. 河蒲薰风	16. 平冈艳雪	23. 望春楼	30. 蜀冈朝旭	37. 个园
3. 城闉清梵	10. 长堤春柳	17. 邗上农桑	24. 熙春台	31. 水竹居	38. 汪氏小苑
4. 卷石洞天	11. 香海慈云	18. 杏花村舍	25. 篆园花瑞	32. 春流画舫	39. 棣园
5. 西园曲水	12. 桃花坞	19. 水云胜概	26. 花堂竹屿	33. 锦泉花坞	40. 小盘谷
6. 虹桥修禊	13. 徐园	20. 莲性寺	27. 石壁流淙	34. 万松叠翠	41. 何园
7. 柳湖春泛	14. 梅岭春深	21. 东园	28. 高咏楼	35. 影园	42. 片石山房

图9-94 清代扬州园林位置示意图

（孙大章. 中国古代建筑史（第五卷）[M]. 北京：中国建筑工业出版社，2002：125.）

苏州园林自清初便已有了相当规模的发展，乾嘉以后，尤其是同光时期，江南私家造园活动的中心从扬州逐渐转移到了太湖附近的苏州。

苏州士庶殷富，民风文儒，城内百业繁荣，水道纵横，街衢通便，因此文人商贾乐得因水因地造园，择居城中，园林也就绝大部分集中在城内。清代以来，除了当地富足人士兴建宅园之外，苏州园林主人对历史上的名园如宋代的沧浪亭，元代的狮子林，明代的拙政园、留园、艺圃等都加以修复，但是大多无复旧观，有的甚至全然改变。历史的演变、人文的蓬勃造就了苏州园林，也延续了苏州的园林文化。根据刘敦桢先生的调查，苏州城内保留至建国初期的园林总数将近200座，其中留园、拙政园、沧浪亭、狮子林并称苏州四大名园。

苏州园林叠山、理水尤佳。环秀山庄便是叠山的名作，据《履园丛话》是戈裕良的手笔。山庄内用太湖石叠堆一大型假山，池塘萦绕其间，将山体分为池东的主山和池北的次山。鸟瞰山容水态全貌，占地不过半亩，但有磅礴之势；信步山径之间，则洞穴、大壑、幽谷、高峰、绝壁、飞梁步移景异，一线见天，蜿蜒流水，有深邃的韵味。最为可贵的是，全山以小块石料叠成，并无珍玩奇石、巨岩妙峰，水面曲折灵动，以小见大，并未刻意设瀑布、渊潭，赏毕景致，再咀嚼造园技法，更觉个中滋味。

（二）岭南

岭南，我国南方五岭之南的概称，包括福建南部、广东全部、广西东部及南部，北有五岭为屏障，南濒南海，多山少地，河网纵横，受着强烈阳光的照射和海陆季风的影响，具有优良的气候条件，植物繁茂，一年四季郁郁葱葱，为典型的亚热带和热带自然景观。

岭南园林历史悠久，始于南越帝赵陀，效仿秦皇宫室园囿，之后经历地方割据政权的衰亡、岭南皇家园林的势微，随着岭南社会经济的逐步上升、文化艺术的不断发展和海内外日益频繁地交流，岭南园林逐渐呈现越来越浓厚的地方民间色彩。由于自然环境和人文历史背景的影响，岭南园林不同于北方园林的壮丽，也不同于江南园林的纤秀。

按归属类型分，岭南园林有皇家、私家、公共园林等。皇家园林有南越王的四台、闽越王的桑溪、南汉的西御苑、闽王的西湖水晶宫等；私园有广东的四大名园、广西的雁园、福建的菽庄花园、台湾的四大名园等；公共园林有惠州西湖、桂林七星岩、福建清源山、台湾龙湖岩等。

按布局类型分，岭南园林有庭院式、自然山水式、综合式等。其中庭院式是岭南园林的特色，几乎所有的私宅、酒家、茶楼、宾馆皆建筑庭院园林，典型者如东莞可园。

按地域类型分，岭南园林有广东园林、广西园林、福建园林、台湾园林、海南园林等。广东园林是岭南园林的主流，其特征包括山水的英石堆山和崖潭格局、建筑的缓顶宽檐和碉楼冷巷、装饰的三雕三塑、色彩的蓝绿黄对比色、桥的廊桥和植物的四季繁花。广西园林以自然山水与历史文化的积淀为特征，表现于石林、石峰、石崖、石潭、壁刻之中。海南园林以自然的海景、岛景、礁景、滩景为山水特征，草顶、鱼饰、朴素为建筑特征，椰林、槟榔、三角梅等为植物特征。各个园林中都用到了珊瑚石，大东海以其砌坡，海洋公园以其砌门，五公祠以其堆山。福建园林以礁石、塑鼓石为山水特征，以起翘正脊、海波脊尾为建筑特征，以正脊龙雕、鱼草山花和石刻石雕为装饰特征。台湾园林以灰塑石山、咕咾石山和模仿福建名山为山水特征，以闽南建筑为建筑特征，以平顶拱桥为桥特征，以灰塑或砖雕瓜果器具漏窗为装饰特征。

与江南园林类似，岭南园林的构成要素亦包括山、水、植被、建筑和路径设计，而其特殊之处在于"远儒"和"兼容"。所谓"远儒"，是岭南学者对岭南园林文化的阐释，指岭南人远离政治中心的忤逆和反叛，主要表现于古典园林建筑梁架的不规范、现代园林文联匾对的次要地位以及世俗风格的凸显；所谓"兼容"，表现在南越国皇家园林对中原园林文化的全盘吸收上，表现在大量使用满洲窗和地方特色的花色玻璃，也表现在吸纳西欧式园林建筑、西洋规划布局之上。

可以说，清代私家园林是汲取了历代造园技法、品格基础上的集大成者，其艺术成就堪与北方的皇家园林并称，两者共同形成了中国古代造园艺术最后的辉煌。

三、世界视野下的中国古典园林

清代是资本主义萌芽、市民阶层壮大的封建社会末期，官私豪富、广大市民对环境产生新的要求，造园风格亦发生明显变化。具体来讲，即文人园逐步衰落，而代之以悦目与享乐兼具的市民园林，即使皇家园林也不免流于俗风。造园主旨由创立情感环境转变为完善生活环境。明代园林中那种旷奥兼具、追求天趣、开朗舒阔的诗画环境日趋淡薄，而在园林中大量增建殿、阁、堂、馆等宴集建筑以及花厅、书房、碑碣、珍石等。皇家园林中甚至包含佛寺、道观、宗庙、戏台、买卖街等内容。总之，生活享乐类建筑遍布园林，导致建筑密度大为增加。在造园手法上改变了元明以来随高就下、因势取景的传统，而以大规模改造地形、人工创意为主。从前造园理论推崇的借山、借水、借景的因借手法渐少，开始注重仿山水、仿名园、仿市井、仿风情的创景、造景手段。

由于造园风格的转变，清代园林在某些方面获得了空前的成就。例如，造景意匠内容大为扩展，不再局限于"乐山乐水"，对自然闲逸世界的静观欣赏，而兼容物质与精神文化领域的一切典型现象，具有活跃的入世观念。若从艺术是典型再现现实生活这一定义出发，则清代园林艺术是一次大进步。其次，由于生活建筑增多，园林空间变化更为丰富有趣，以厅屋、门宇、墙廊相隔，室内室外闪间穿插，形成启闭开合、旷奥疏密、随意自如的环境，比明代园林以山水植物为主的空间形态要自由生动许多。再次，受清代丰富多彩的工艺美术技巧的影响，在园林形式美方面，如门窗、屏栏、铺地、盆栽、月洞、花墙、联匾、题刻、砖木石雕、油饰彩画等园林建筑装饰方面，均十分精湛，增加了观赏内容。怡情悦目成为园林游赏的一大主旨，是清代在园林艺术方面的发展。此外，市民阶层的园林化要求，促进了寺观祠庙园林、名山胜地、自然风景区及郊野园地等具有公共性质的园林类型的开发。明徐霞客游览名山胜迹，在当时还只是少数人的事情，而清代游览四大佛教名山、五岳、黄山、青城、武当已相当普遍，节日踏青、登高、观花、赏景，已成为市民的重要活动。清代各城镇、名山、大寺的标志性景色，如天台八景、潭柘十景、燕京八景等正是以群众欣赏为主调的园林观的体现。此外，在皇家园林所追求的宫廷华贵气氛，规整轴线式布局与自然山水园林构图结合等方面，清代御苑亦有十分成功的经验。随着堆叠大假山潮流的衰落，清人在厅山、壁山、点石方面有诸多成就，与植物配合形成图画般的对景。

清代园林的兴盛发展，同时反映出在园林构思意匠上片面注意形式与技巧，注意局部与细节的构置，而缺乏全局结构的气势，在艺术表现上尚不成熟。这种现象不仅表现在私家园林上，即使圆明园、西苑这样规模的皇家园林亦不免显得零碎与散漫。清代末期，某些园林流于烦琐、堆砌，全然没有生气。理论探索方面，仅在清初接明代之遗绪，有李渔《一家言》问世。至于李斗的《扬州画舫录》、钱泳的《履园丛话》等文献，仅少量篇目论及园林。为名匠、艺术家立传者更无几人。这种理论探索停滞的现象，一方面表明中国古典园林的发展已近尾声；另一方面显示出中国园林在新的社会条件下正在转化探索，各类实例优劣互见，鱼龙混杂，形式落后于内容，理论尚无总结实践的基础条件。至清末，政治经济形势急转直下，园林事业由高峰落入低谷，更无创见可言。

世界上的几大园林体系传统上均各自独立。中国古典园林除了对近邻日本的园林有过较早的影响外，对于西方世界而言，长期以来始终是模糊不清的一门艺术。乾隆时期聘用天主教传教士在圆明园建造了欧式亭园，同时也借助他们向欧洲初步介绍了中国式的园林景象。如乾隆八年（1743年）法国传教士王致诚由北京写信给巴黎友人，描述了圆明园景物之妙，称之为"万园之园，惟此独冠"。与此同时，英国建筑家钱伯斯（William Chambers）也曾访问过广州地区，观察过中国式的宅园，并著有《中国建筑、家具、服饰、机械及器皿设计》（Design of Chinese Buildings、Furniture、Dresses、Machines and Utensils），其中谈了他对中国园林的认识。归国后，他在自己主持设计的伦敦郊区丘园（Kew Gardens）内修建了中式的十层宝塔、孔庙和中华馆等建筑（图9-95），随后又著有《东方园林论述》（Dissertation of Oriental Gardening），对中国园林予以高度评价。乾隆五十八年（1793年），英国特使马戛尔尼到北京觐见乾隆皇帝，曾"奉旨在圆明园万寿山等处瞻仰并观水法"。嗣后英人傅尔通（Robert Macartney）在1842年曾专门来华搜集园林植物，如牡丹、玫瑰、紫藤、银杏等。18世纪以后，法国亦受英国影响，兴起建造"英华园庭"（Jardin Anglo-Chinois）热潮，其中细部点缀物采用近似中国式的小品。同时期德国造园亦受英法影响，诞生了有龙宫、水阁、宝塔等为点缀品的园林。至此，西欧对中国建筑及园林艺术的了解，不

图9-95 英国伦敦丘园
（孙蕾 提供）

再仅限于织物、瓷器上的装饰图案，而是有了实物可供观察，尽管这些所谓的中国式园林仅为表层局部的介绍。后来，日本在东亚崛起，率先进入资本主义社会，与西欧交往增多，西人对东方园林的研究又转向日本园林。

19世纪末，中国沦为半封建半殖民地社会，旧的封建传统文化受到剧烈冲击，古典园林日趋没落，而现代园林开始萌芽，除旧布新成为历史的必然规律。所以清代园林可以说是中国古典园林的总结与终结。

四、实例

（一）皇家园林——圆明园

圆明园始建于康熙四十六年（1707年），坐落在北京西郊海淀，由圆明园、长春园、万春园（绮春园）三园组成，其中园林风景百余处，建筑面积逾16万平方米，是大型皇家宫苑。1860年10月6日，英法联军洗劫圆明园，劫掠文物，随后园中的建筑被烧毁。

圆明三园汇集了当时江南若干名园胜景的特点，融中国古代造园艺术之精华，以园中之园的艺术手法，"移天缩地在君怀"。

圆明园主要兴建于康熙末年和雍正朝，至雍正末年，园林风景群已遍及全园三千亩范围。乾隆年间，在园内相继又有多处增建和改建。该园的主要园林风景群包括著名的"圆明园四十景"（正大光明、勤政亲贤、九洲清晏、镂月开云、天然图画、碧桐书院、慈云普护、上下天光、杏花春馆、坦坦荡荡、茹古涵今、长春仙馆、万方安和、武陵春色、山高水长、月地云居、鸿慈永祐、汇芳书院、日天琳宇、澹泊宁静、映水兰香、水木明瑟、濂溪乐处、多稼如云、鱼跃鸢飞、北远山村、西峰秀色、四宜书屋、方壶胜境、澡身浴德、平湖秋月、蓬岛瑶台、接秀山房、别有洞天、夹镜鸣琴、涵虚朗鉴、廓然大公、坐石临流、曲院风荷、洞天深处），还有紫碧山房、藻园、若帆之阁、文源阁等处。当时悬挂匾额的主要园林建筑约达600座，实为古今中外皇家园林之冠。

长春园始建于乾隆十年（1745年）前后，1751年正式设置管园总领时，园中路和西路各主要景群已基本建成，诸如澹怀堂、含经堂、玉玲珑馆、思永斋、海岳开襟、得全阁、流香渚、法慧寺、宝相寺、爱山楼、转湘帆、丛芳榭等。其后又相继建成茜园和小有天园。而该园东部诸景（映清斋、如园、鉴园、狮子林），是乾隆三十一年（1766年）至三十七年（1772年）大规模增建的。长春园共占地一千亩，悬挂匾额的园林建筑约为200座。在长春园北界还引进了一组欧式园林建筑，俗称"西洋楼"，由谐奇趣、线法桥、万花阵、养雀笼、方外观、海晏堂、远瀛观、大水法、观水法、线法山和线法墙等十余座建筑和庭园组成（图9-96），于乾隆十二年（1747年）至二十四年（1759年）基本建成，由西方传教士郎世宁、蒋友仁、王致诚等设计指导，中国匠师建造。建筑形式是欧洲文艺复兴后期"巴洛克"风格，造园形式为"勒诺特"风格，同时汲取了不少中国传统手法。建筑材料多用汉白玉，石面精雕细刻，屋顶覆琉璃瓦。西洋楼追求"水法"效果，数量多，气势大，构思奇特，主要形成谐奇趣、海晏堂和大水法三处大型喷泉群（图9-97）。

图9-96 北京圆明园长春园海晏堂现状
（孙蕾 摄）

图9-97 圆明园西洋版画——大水法
（孙大章. 中国古代建筑史（第五卷）[M]. 北京：中国建筑工业出版社，2002：97.）

万春园原是怡亲王允祥的赐邸，乾隆三十五年（1770年）正式归入御园，定名绮春园。那时的范围尚不包括其西北部。嘉庆四年（1794年）和十六年（1811年），该园的西部又先后并入两处赐园，一是成亲王永瑆的西爽村，一是庄敬和硕公主的含晖园，经大规模修缮和改增建之后，该园始具千亩规模，成为清帝居住的主要园林之一。嘉庆先有"绮春园三十景"诗，后又陆续新成二十多景。当时比较著名的园林景群有敷春堂、清夏斋、涵秋馆、生冬室、四宜书屋（图9-98）、春泽斋、凤麟洲、蔚藻堂、中和堂、鉴碧亭、竹林院、喜雨山房、烟雨楼、含晖楼、澄心堂、畅和堂、湛清轩、招凉榭、凌虚亭等近三十处，悬挂匾额的园林建筑有百余座。自道光初年起，该园东路的敷春堂一带经改建后，成为奉养皇太后之处；但园西路诸景则一直是道光、咸丰皇帝的园居范围。该园1860年被毁后，在同治年间试图重修时，改称万春园。

图9-98　四宜书屋
（法国巴黎国家图书馆藏）

（二）皇家园林——颐和园

颐和园位于北京西北郊海淀区，占地约290公顷，是以昆明湖、万寿山为基址，以杭州西湖风景为蓝本，汲取江南园林的某些设计手法和意境而建成的一座大型天然山水园（图9-99）。

颐和园前身为清漪园，是三山五园中最后兴建的一座园林，于1750年至1764年建成。咸丰十年（1860年），清漪园被英法联军焚毁。光绪十四年（1888年），慈禧太后以筹措海军经费的名义，动用3000万两白银重建，改称颐和园，作消夏游乐地。光绪二十六年（1900年），颐和园又遭八国联军的破坏，许多建筑物被烧毁，光绪二十九年（1903年）年修复，基本格局保留至今。

颐和园以万寿山、昆明湖构成其基本框架，借景周围的山水环境，体现了"虽由人作，宛自天开"的造园思想。园内以佛香阁为中心，面积70000多平方米，有大小院落20余处，亭、台、楼、阁、廊、榭等不同形式的建筑3000多间，古树名木1600余株。

园中主要景点大致分为宫、苑两个区域：

正门之内的宫廷区是接见臣僚、处理朝政的地方，由殿堂、朝房、值房等组成多进院落的建筑群，占地不大，相对独立于其后面积广阔的苑林区。宫廷区以仁寿殿（图9-100）为中心，仁寿殿后是三座大型四合院：乐寿堂、玉澜堂和宜芸馆，分别为慈禧、光绪和后妃们居住的地方。宜芸馆东侧的德和园大戏楼是清代三大戏楼之一。

苑林区以万寿山、昆明湖为主体。万寿山东西长约1000米，高60米。昆明湖水面约占全园面积的78%，湖的西北端绕过万寿山西麓，连接北麓的"后湖"，构

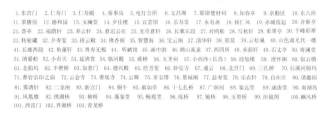

1. 东宫门　2. 仁寿门　3. 仁寿殿　4. 奏事房　5. 电灯公所　6. 文昌阁　7. 耶律楚材祠　8. 知春亭　9. 杂勤区　10. 东八所
11. 茶膳房　12. 德和园　13. 玉澜堂　14. 夕佳楼　15. 宜芸馆　16. 乐寿堂　17. 永寿斋　18. 扬仁风　19. 赤城霞起　20. 含新亭
21. 荇亭　22. 福荫轩　23. 养云轩　24. 意迟云在　25. 无尽意轩　26. 长廊东段　27. 对鸥舫　28. 写秋轩　29. 重翠亭　30. 千峰彩翠
31. 转轮藏　32. 介寿堂　33. 排云殿　34. 佛香阁　35. 智慧海　36. 宝云阁　37. 清华轩　38. 邸园　39. 云松巢　40. 山色湖光共一楼
41. 长廊西段　42. 鱼藻轩　43. 听鹂馆　44. 听鹂馆　45. 西四所　46. 湖山真意　47. 西四所　48. 承幽轩　49. 石丈亭　50. 奇澜堂
51. 清晏舫　52. 小有天　53. 延清赏　54. 临河谧　55. 蒋桥　56. 五圣祠　57. 小西泠（长岛）　58. 迎旭楼　59. 澄怀阁　60. 宿云檐
61. 北船坞　62. 半壁桥　63. 如意门　64. 德兴殿　65. 绘芳堂　66. 妙觉寺　67. 通云　68. 北宫门　69. 三孔桥　70. 后溪河船坞
71. 香岩宗印之庙　72. 云会寺　73. 善现寺　74. 云辉　75. 多宝塔　76. 景福阁　77. 益寿堂　78. 乐农轩　79. 自在庄　80. 谐趣园
81. 霁清轩　82. 二龙闸　83. 新宫门　84. 铜牛　85. 廓如亭　86. 十七孔桥　87. 广润祠　88. 鉴远堂　89. 涵虚堂　90. 南湖岛
91. 凤凰墩　92. 绣漪桥　93. 柳桥　94. 藻鉴堂　95. 畅观堂　96. 练桥　97. 镜桥　98. 玉带桥　99. 治镜阁　100. 幽风桥
101. 西宫桥　102. 界湖桥　103. 青龙桥

图9-99　颐和园平面图
（贾珺. 中国皇家园林[M]. 北京：清华大学出版社，2013：201.）

图9-100　颐和园仁寿殿
（孙蕾 摄）

图9-101　颐和园前山建筑群
（孙蕾 摄）

成山环水抱的形势。颐和园自万寿山顶的智慧海向下，由佛香阁、德辉殿、排云殿、排云门、云辉玉宇坊构成了一条层次分明的中轴线（图9-101）。佛香阁八面三层，踞山面湖，统领全园。南面山下是一条700多米的"长廊"。长廊之前即是开敞的昆明湖。昆明湖中，十七孔桥连缀南湖岛，其与藻鉴堂、治镜阁配合，形成三岛鼎立的布局。而昆明湖的西堤则是仿照西湖的苏堤建造的。万寿山后山、后湖古木成林，环境幽雅，有藏式寺庙，苏州河古买卖街。后湖东端有仿无锡寄畅园建的谐趣园，小巧玲珑，被称为"园中之园"。

（三）私家园林——江南

明清时期，江浙一带经济繁荣，文化发达，南京、湖州、杭州、扬州、无锡、苏州、太仓、常熟等城市，私家园林的兴筑盛极一时。这些园林的风格继承了唐宋写意山水园的传统，着重于运用水景和古树、花木来创造素雅而富于野趣的意境，强调主观的意兴与心绪表达，重视掇山、叠石、理水等创作技巧；突出山水之美，注重园林的文学趣味。

江南私家园林的自然环境背景在于江南气候温和，水量充沛，植被丰富茂盛。自随晋皇室南迁的中原文人留住江南地区以来，地区经济、文化得到了长足的发展；唐代太湖石的发现与推广有导致了后世假山洞壑之渐；南宋偏安江左，临安、吴兴成为当时园林的集聚点；明清时代，江南园林续有发展，尤以苏州、扬州两地为盛。

江南园林的主要创作手法特点在于：叠石理水，以太湖石为主，并用黄石、宣石等，以石土为山，以山护水、以水衬山，互为因借；巧植花木，古木、时范并用，四季景致变换，声、色、荫、形俱佳；建筑搭配，巧为串联，布局自由，建筑朴素，结构不拘定式，亭榭廊槛，宛转其间，江南园林设计之巧、构造之精，即使当时北方士大夫营第建园，也往往延请江浙名师为之擘画主持。

江南私家园林中的乾隆时期的扬州瘦西湖景区是一个连续的园林集群，水系缩放迂回，连接两岸的各个园林。瘦西湖是扬州府城北郊连通大运河的一条河道，原名保障河。自明代起在河道两岸建立了诸多园林，至乾隆时期达到计生。私家园林鳞次栉比，间杂一些寺院、祠堂、酒楼等。两岸自然景色优美，人文建筑层现，形成了一组开放性的带状园林集群。乾隆中期，里人曾经瘦西湖的美景概括为二十四景，一园一经。沿河设置事儿做码头，亭台楼阁、花木假山等装点其间。

瘦西湖作为园林集群有很明显的特色：

（1）开放式布局。私家园林多为封闭式家族私用园林，瘦西湖则一反常规，各个园林结语水系结合，将和中岛包围其间。如此大规模的集中性公共郊野园林也是比较罕见的。

（2）瘦西湖上的园景成组成员布局。沿湖设置的诸多园林有序的组织在一起、张弛得宜，建筑与植物、水系、假山有机结合，连绵展开，形成了一副水景长卷画轴。

（3）瘦西湖各个园林的设计皆有奇思巧构，特点突出。在近十里的连续景色中，瘦西湖做到了千园千面，无一雷同。

瘦西湖园林集群充分体现了传统私家园林"构园无格""精在体宜"的造园原理。此外，江南私家园林中代表还有突出山水意境的苏州拙政园、网师园；追求建筑空间变化，协调室内外空间的苏州留园；运用堆砌假山的不同石料模拟出四季景色的扬州个园；以湖石山构筑自然界中的峻秀山峰的南京瞻园等。

（四）私家园林——东莞可园

岭南，我国南方五岭之南的概称，包括福建南部、广东全部、广西东部及南部，北有五岭为屏障，南濒南海，多山少地，河网纵横，受着强烈阳光的照射和海陆季风的影响，具有优良的气候条件，植物繁茂，一年四季郁郁葱葱，为典型的亚热带和热带自然景观。

岭南园林历史悠久，始于南越帝赵陀，效仿秦皇宫室园囿，之后经历地方割据政权的衰亡、岭南皇家园林的势微，随着岭南社会经济的逐步上升、文化艺术的发展和海内外日益频繁的交流，岭南园林逐渐呈现越来越浓厚的地方民间色彩。由于自然环境和人文历史背景，岭南园林不同北方园林的壮丽，也不同于江南园林的纤秀。

与江南园林类似，岭南园林的构成要素包括山、水、植被、建筑和路径设计，而其特殊之处在于"远儒"和"兼容"。所谓"远儒"，是岭南学者对岭南园林文化阐释，指岭南人远离政治中心的忤逆和反叛，主要表现于古典园林建筑梁架的不规范和现代园林文联匾对的次要地位，以及世俗风格的凸显；所谓"兼容"，表现于南越国皇家园林对中原园林文化的全盘吸收上，表现在大量使用满洲窗和地方特色的花色玻璃，也表现在吸收西欧式园林建筑、西洋规划布局之上。

按布局类型分，岭南园林有庭院式、自然山水式、综合式等。其中庭院式是岭南园林的特色，几乎所有的私宅、酒家、茶楼、宾馆皆建筑庭院园林，典型者如东莞可园。

东莞可园占地约2200平方米，建筑绕庭布局，以"小巧玲珑、设计精巧"著称。在三亩三土地上将住宅、庭院、书斋等艺术地揉合在一起，亭台楼阁，山水桥榭，厅堂轩院一应俱全。园林布局高低错落，曲折回环，空处有景，疏处不虚，是岭南园林之珍品。按功能和景观需要，大致划分为三个区。

东南区为庭院主入口区，主要功能是接待客人和人员分流。东南区建筑包括建筑门厅、擘红小榭、草草草堂、葡萄林堂、听秋居及其骑楼，其中建筑门厅和擘红小榭与门厅门廊形成东南区建筑的中心轴线。

西区建筑是主人设宴接待客人、远眺观景的地方。包括了双清室、可轩以及建筑后巷的厨房、备餐室等。双清室主要用于设宴活动，双清室北侧小天井可通风纳凉，在双清室可观赏莲花池中的睡莲，享受后巷冷风。可轩位于双清收西侧，可轩上方便是庭院最高楼邀山阁。

北区建筑是沿可湖而筑的建筑，独具游湖观景的功能，园主人卧室以及书房等皆位于这组建筑中。可堂是这组建筑的主体，临湖设有游廊——博溪渔隐水面设有可亭与廊相对，人可以从曲桥上到可亭。可堂西面是壶中天，壶中天与可湖中间是船厅——雏月池馆，其二层是主人书房。雏月池馆西北角有观鱼箱及其平台。

第八节　世俗功能建筑

一、会馆

"会"：聚会。"馆"：供宾客住宿的馆舍。会馆即同乡或同行商人在异地的联谊之所。大部分的会馆都兼具了寓居的性质。最早的馆舍与维系乡情的会馆不完全相同，是国家设置或者私人的盈利机构。直至明代末年会馆才兴起，兴盛则在清乾隆年间。其原因有两个：一为资本主义经济逐渐萌芽，手工业分工明晰，商业流通进一步发展，国内各地物资交流规模增大，因此同行业的商业、手工业者需要交流、互补、协同，需要建立行会组织，设置聚会之处；二为科举制度形成的官僚体制讲求门生故下，乡里情谊，同乡之人相互提携照应，故有同乡会的创立，也需要会馆作为基地。此外，北京每年一度的乡试及三年一度的会试，也造成万余应试举子聚集京城。会馆则成为他们的投宿之处。

会馆建筑的发展大概分为两个时期：初期多为单独设计建造，如为纪念四川女将秦良玉而在驻军处建造的北京四川会馆；中后期的会馆则更多是通过对旧有住宅或祠庙的改造建成，如南昌移民熊氏捐赠其私宅，改扩建而成的北京南昌会馆。

会馆的建筑布局并没有固定的模式，同乡会馆以居住为主，多采用四合院形制，院落相套，大的会馆可达十余套跨院，小的则仅为一座三合院。根据不同的活动需要，会馆内会设置文聚堂、乡贤祠、文祖殿、武圣庙、魁星楼等。工商会馆则以聚会为主，多设厅堂，同时供奉"财神""神农""嫘祖"等神祇，祈求经营有成。由于工商会馆聚会和祭祀神明的功能，其建筑布局与祠堂庙宇有很高的相似性。清代也是地方戏剧繁荣的时期，观戏便成为会馆聚会的重要内容，因此一些较大的会馆内会设置戏楼。如北京安徽会馆戏楼，正乙祠戏楼，天津广东会馆戏台，四川西秦会馆戏台，都很有特色。

（一）北京的会馆

北京的会馆多位于外城。由于交通货物从大运河而来，工商会馆多位于北京崇文门外。进京应试的举子多由宣武门进入，同乡会馆与试子会馆则多设置在宣武门外。乾隆年间北京外城的会馆数量已达82座，至光绪年间已发展到400余座，甚至有些街道发展成了会馆街。

北京较著名的会馆中，属同乡会馆的有湖广会馆、江西会馆、四川会馆、安徽会馆、阳平会馆等，其中以湖北、四川、安徽会馆规模较大，设施齐全；属工商会馆的有长春会馆（玉行）、延邵会馆（纸行）、晋冀会馆（布行）、临汾会馆（杂货行）、颜料行会馆（为平遥人开办）等。

（二）各地会馆

出于经济发展的需要及为工商业服务的考虑，会馆建筑也出现在通商大埠、经济发达的城市，如苏州一地即有会馆132处。这些会馆多被冠以地区会馆的名称，但实质是行业会馆，通常拥有本乡的商业特色或特定的经营范围。如湖南会馆因刺绣业建立，江西会馆为瓷器业建造，湖北会馆则为木业建造，山西会馆则因钱业的需要而建立等。

地方会馆大部分是单一地区会馆，如福建会馆、湖北会馆、南昌会馆等，也有两地合办的如广肇会馆（广州、肇庆）、苏湖会馆（苏州、湖州）等。这些会馆的建筑形制多为祠庙形式，有正殿、配殿、戏楼等。其正殿为五开间神殿，殿内供奉的为地方神祇，如福建会馆供天后、南昌祭许真君、婺源供朱熹、山西供关帝等。

同时这些会馆建筑在建筑细节上也带有地方性建筑特色（图9-102~图9-104）。

　　中国在清末沦为半封建半殖民地社会，清政府废除科举制度，实行新学，取消了举子会试；同一时间，西方资本主义国家的洋货冲击着传统市场，中国商界势衰，在这种趋势之下，会馆亦渐衰败，很多会馆作为商店出租，或改为廉价的旅店。以封建地缘关系为根基的会馆建筑，在新的形势下失去了原本的作用。

二、戏台及戏园

　　戏剧在清代得到了空前的发展，观戏成为城乡生活中一项重要的娱乐内容，作为观演建筑的戏台也逐渐成熟起来。在元代的寺庙中已经出现戏台（乐台），通常与山门结合在一起，乡间村镇也出现独立式戏台，作节日集会时演戏之用。元代的戏台多为建造在高台上的一幢三开间敞厅式建筑，观众露天观戏。明代戏台形制与元代类似，区别在于宫廷和官僚地主的宅第内常设有戏厅，并在自家养戏班。至清

图9-103　重庆湖广会馆禹王宫
（柴虹 摄）

图9-102　重庆湖广会馆戏台
（柴虹 摄）

图9-104　河南洛阳山陕会馆
（襄阳日报客户端）

代，宫廷内的剧目因各种名目更加繁多，除月令节气、寿诞之日外，平日也上演歌功颂德的历史大戏，并形成了南府由太监组成的内学和由民间艺人组成的外学两类戏班，宫廷戏班的规模迅速扩大。同一时间各地方剧种也已经成熟，在各地城乡进行商业性演出。"京剧"也正是在这样的社会背景下产生的，并把中国戏剧推向新的高潮。相较于元明时期，清代在戏剧建筑上有两方面非常突出：一是宫廷戏台的高级化及会馆府第广建戏台；二是戏剧商业化引发城市戏园兴起。

清代宫廷曾存在五座史无前例的大戏台，即热河行宫东宫福寿园的清音阁，北京紫禁城寿安宫戏台、宁寿宫畅音阁，北京圆明园同乐园戏台以及北京颐和园的德和园大戏楼，其中寿安宫、同乐园、清音阁戏台已无存，仅余畅音阁（图9-105）、德和园两座戏台。二者都是三层建筑，构架相似，进深、面阔皆为三间。

以畅音阁戏台为例，一、二层檐覆黄琉璃瓦，上层檐下悬"畅音阁"匾，中层檐下悬"导和怡泰"匾，下层檐下悬"壶天宣豫"匾。内有上、中、下三层戏台，上层称"福台"，中层称"禄台"，下层称"寿台"。三层台设天井上下贯通，禄台、福台井口安设辘轳，下边直对寿台地井，根据剧情需要，天井、地井可升降演员、道具等，例如上演仙女、神仙下凡的戏目时，便用辘轳把幕景和演员从上面送下来，造成从天而降的戏剧效果（图9-106）。使用三层台的剧目不多，绝大多数只在寿台上表演，福台和禄台则只在一些神怪戏中才用。在紫禁城中尚有几座供一般剧目演出的戏台，如重华宫漱芳斋戏台、风雅存室内小戏台、宁寿宫倦勤斋室内小戏台（图9-107，图9-108）及颐和园听鹂馆戏台。

清代的民间戏台多出现在会馆建筑内，用以酬神唱戏或联络乡谊。据考证，在现存的大多数地方会馆中都存在戏台（图9-109）。另一部分戏台则作为村落规划中的重要组成建筑出现，江西乐平县几乎村村有戏台（图9-110），达400余座，这些戏台以露天观剧的形式居多。清代戏台除露天戏台外，也有合院戏台，即在合院的南房北侧加顶，观众在正房观剧。

三、商铺和店面

清代商业发达，零售业繁荣，小店铺非常兴盛。一般而言，商业店面是由住宅改建而成，仅在临街一面设置装修，着意招徕顾客。

由于南北方气候的差异，店面风格也不相同。北方店面可分为四类，即滴水檐式、拍子顶式、牌楼式以及重楼店面，因须考虑防寒措施，风格较厚重（图9-111）。南方店面大都装置可拆卸的板门，柜台向外，日间开启，晚间打烊上板。外檐装饰少，这样使商品能够一目了然（图9-112）。

清代的商业建筑的建技艺主要延续传统做法，虽然没有大量的运用橱窗、玻璃，但是同样有丰富的里面效果。

图9-105　北京故宫畅音阁
（孙蕾 摄）

图9-106　北京故宫畅音阁内部
（李乾朗. 紫禁城畅音阁大戏楼[J]. 紫禁城，2010(3)：8.）

图9-107　北京故宫倦勤斋戏台
（故宫博物院公众号）

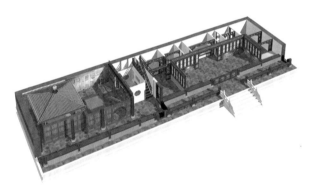

图9-108　宁寿宫倦勤斋戏台
（邱民、刘畅 绘制）

图9-109　贵州思南万寿宫
（贵州古建筑地图集）

图9-110　江西乐平谢家村戏台
（张剑文 摄）

图9-111 北京前门商铺（1948年）
（德米特里·凯塞尔 摄）

图9-112 云南丽江大研古镇
商业街
（孙蕾 摄）

第九节 民居

一、概况

（一）清代民居是整个民居发展的剧变时期，是转化至近代建筑的过渡

总体而言，清代民居发展可分为三个阶段。首先是清初顺治至雍正时期，基本因袭明代制度，从山西丁村、安徽歙县地区的清初建筑，可以看出此时期建筑体形变化少，注意结构的艺术加工，如梭柱、斗栱、月梁、撑拱的美化，附加装饰少，用材粗大，楼房的比例少，屋顶坡度缓，具有古朴的风格。

而乾隆至道光时期，由于人口突增，引起民居的变化亦甚大。如民居用地开始大量开发利用坡地、台地；平面形式及构架形式向多样化发展；正房进深加深；部分住房建为楼房，以增加使用面积；用材尺寸减小；装饰附加增多，砖木石雕处理极为普遍；门窗棂格的图案纹饰花样翻新；地方性构造技术与装饰艺术的刻意发掘使得各地民居风格特色更为明显。总之，这时期的民居空间变化及艺术美学方面有突出的进步，在艺术上表现出华丽的风格，是属于清代民居的成熟期。

至咸丰以后，中国逐渐沦为半封建半殖民地社会，背景条件的变化引发了民居的剧变。例如砖木混合结构及硬山搁檩的广泛使用，直接影响到民居建筑的外观面貌；同一平面形式的民居成排成组地建造以供出租的现象，已初具近代里弄住宅的雏形；在平面上简化功能，采用民居局部空间形态组成新民居形式，如江南的石库门式住宅即苏州民居上房局部的翻新，大理郊区农民喜用的三间石材垒砌的民居，实为"四合五天井"的倒座房的变体；沿海一带首先接受西方建筑的影响，将瓶式栏杆、山花、拱券、柱头装饰引入民居之中，如粤西开平一带华侨所造的二三层楼房式的庐居，完全效仿西欧砖石民居形式，而且进一步引入到防盗的碉楼建筑上，形成裙式碉楼；清代后期推广使用玻璃以后，更使内外檐装修产生质的改变。少数民族地区民居的变化亦十分巨大，如清末大理盛行的无厦门楼，即是受西方砖柱、三角山花装饰的影响，代替了传统的牌楼式有厦门楼；傣族竹楼逐渐演变为木构架、瓦顶的永久性民居，摆脱了竹干栏草顶的形态；新疆喀什的"阿以旺"式住宅，由于用地紧张，至清末发展成楼居，相应地取消了前廊（夏室）的布置方式，利用屋面作为晒台或凉棚，增加拱券式装饰及餐室，将这种针对农业生活的村镇式民居转变为城市型住宅。总之，清代民居是继往开来，转化发展的重要时期，是古典民居的总结，是新式民居的萌动。

（二）清代民居为各种民居形制间的转化及演变提供了实际例证

中国地域广大，地形复杂，民族众多，因此形成众多的民居形制，但彼此之间又存在着互相影响的内在联系，随着客观环境的变化而相互融汇，形成新的形式，这种演变的过程也是民居发展的一种动力。如闽粤赣地区客家人的民居，便可说明其间的变化。

客家人是因战乱而逐步南迁的中原汉族人，历史上曾有三次大的迁移。东晋时由并、豫、司州南迁至赣中；唐末黄巢起义时再迁至闽西宁化、上杭、永定一带；宋末至明代又陆续扩散至赣南、粤东一带。清代以后虽有人迁至桂、滇等地，以及出洋海外者，但都属于小规模的迁移。至今在闽、粤、赣三省交界处居住的客家人，都还保持着聚族而居的居住方式，而民居形式却又多种多样，假如参照客家人流徙的过程，便可以发现它们之间演变的大致线索。

民居这种发展特点还可以从广西壮居得到印证。现存的壮居有三种形式，即楼居干阑、半楼居及地居。它们代表了壮居的演变过程。干阑楼居的第一步变化是利用下部空间，加设围栅、围墙；再次变化为利用地形坡度，挖填互济，上部楼层后半部坐在填土台基上，形成半楼居；随着砖砌体承重结构的引入，其外观面貌亦发生变化；进而学习汉族民居三间一幢的传统形式，减少体量，改善采光通风条件，简化结构，组成院落解决生活、杂务、畜养问题。这种变化是科学的，合理的，也是自然的。虽然清代政权仅持续了276余年，但在这短暂的时间内，我们仍可发现民居建筑的许多变化，有些变化甚至是惊人的。

（三）清代民居反映出自然和社会条件对建筑的影响

建筑是一门综合性的应用技术科学，同时在某种特定的条件下又具有审美的艺术要求。它与社会的、自然的、文化的、技术的各种条件有着密切的联系与相互制约关系。从适合干爽气候的合院式民居与适应闷热气候的厅井式民居实际分布地区来看，表现出了建筑与气候的密切关系。闽粤沿海多雨多风，故当地民居出檐小，或不出檐，四周墙身矮，瓦面上压砖块或石条，转折处的瓦顶须坐灰；福建土楼的出檐十分深远，天津沿海民居以草束覆盖土墙面，称蓑衣墙，目的都是防止飘雨损坏夯土墙；青海民居屋面上起女儿墙是为了防风；喀什民居的敞廊、傣族民居的前廊等都是为了夏季乘凉与家务活动之用。民居建筑取材也因地制宜。福建沿海多为火成岩地区，有丰富的石材资源，尤其是惠安县一带大量用石建造民居；浙江温岭石塘半岛，全部用石材建造民居；贵州镇宁石头寨民居亦为石墙、石瓦的全石建筑。我国南方盛产杉木，这种挺拔修长的木材正是制作穿斗式屋架的理想材料。北方黄河流域的深厚土层则是开发窑洞的绝佳地域。

民居空间布局的基础是家庭经济结构的性质，在众多的清代民居形式中，可以明显地看出封建大家庭、分居小家庭、聚族而居的集合家庭及奴隶主庄园式住宅的明显不同。按南方各少数民族地区，如傣、彝、苗、壮、侗等族的习惯，子女成年婚配以后与父母分居，另组家庭，因此家庭人口不过五六人，故民居多为单幢式的小型住宅，不可能出现类似汉族大家庭那种房屋栉比、院落相套的民居布局方式。反之，四川江孜、阿坝地区藏族头人的官寨住宅又是另一种情况，它们集中生产、政权、神权于一体，除居住生活用房以外，尚有经堂、办公、牢房、仓廒、厩圈以及奴隶居住的棚屋。寨内即为一个小社会，层层重叠，寨墙高耸，赫然处于村寨的高地之上。聚族而居的客家人采用防卫性极强的高大土楼住宅；尚处于原始社会，共同劳动、集体共有、同灶吃饭的基诺族则采用长条形大房子的居住形式。这些都说明家庭经济结构对民居形式具有决定的意义。

社会意识与道德观念等精神因素同样对民居形制产生巨大影响。在封建社会，伦理纲常成为普遍认同的意识，敬天法祖、尊老敬长、尊卑、长幼、男女、上下皆有秩序，家庭内部存在着森严的等级制度，因此厅堂成为全家中心，同时也是建筑布局的中心，在这里安设祖堂，立牌位、婚丧典礼、全家议事皆在此，并以此为构图中心，按序排列全家人的住房。封建社会自给自足的经济造成思想意识上的保守，表现在民居建筑上即为封闭性，高墙深院，层层门障，影壁遮挡阻隔，反映出人们的内向心态。此外流行于封建社会的阳宅风水理论也对民居产生不少影响，百姓为了驱邪逐煞，在房屋朝向、间架、高度、入口位置等方面都有诸多考虑。中国各地民俗观念中对吉祥富贵的渴望，也对民居建筑装饰产生直接的影响，所用绝大多数为吉祥图案，以谐音、寓意、象形等方式表达美好的意愿。一部分富裕阶层炫财斗富的观念也在民居中反映出来，如一座苏州砖雕门楼的雕工可达两千工以上，大理一座有厦门楼比一坊正房的造价还高，这些都是物质化的美学心理在作祟。丰富的清代民居为我们展示了建筑与自然、建筑与社会之间复杂的矛盾与统一关系，可加深对建筑多样化的理解。

（四）民居是社会生活的活化石

由于社会发展的不平衡性，延至清代，尚有一部分地区和民族处于原始的社会生产和生活方式中，居住方式也依然保持着原始状态，这就为研究推导早期民居及建筑形态提供了实际的参考例证。例如，居住在云南北部宁蒗县的纳西族的一个分支——摩梭人，便仍保持着原始母系氏族社会制度。他们的正房较宽大，仅有一个火塘，是全家就餐、活动、储藏的地方，老祖母、老人、未成年子女皆居住于此，全家粮食、财物、工具亦皆储于此屋内。屋中左右各有一柱，称男柱、女柱，为子女长大后举行成人礼的地方。在摩梭成年女子居住的偶居小室内，仅有一个取暖的火塘，没有任何私人用具与财物（图9-113）。居住在云南景洪基诺山龙柏寨的基诺族人亦保持着晚期原始社会制度，但他们已进入父系社会，由女方至男方家庭中居住。劳动生产以小家庭为单位进行，收获亦归小家庭，但土地仍为公有，也维持着氏族聚居的形态。他们居住的房子称"长房"，即竹木结构的干阑式房子，双坡草顶，山墙端有六。室内中间为宽走道，两边各为小家庭居室。靠入口处设置公共储藏室及客人居留室。走道中每个小家庭各有一个火塘，分灶吃饭。

　　清代民居材料也可启发我们对若干史学问题进行新的探讨。例如干阑式建筑起源问题，过去认为其是由原始人类"架木为巢"发展而来，但也有专家认为是原始船民定居陆地后产生的形式。这从海南岛黎族民居、云南基诺族民居以及傣族民居中可以看出端倪。这些民居皆是纵长形，有些是圆拱形棚顶，从山面入口，前后有晒台（相当船的前后甲板），架空层是由低栏向高栏发展，然后才开始利用下部架空层，这些都与船的形态有直接关联。这些因素也可在壮、侗、苗族民居中看到变化的影子。在福建闽江口一带有些船民的住房就是仿造船形建造的。

　　清代社会经济的发展为民居建筑的发展注入了新因素，推动其向多样化前进，同时也孕育着新的变革，破坏着某些旧的传统。总的来看，清代民居仍然是为封建社会经济及生活方式服务的民居形式，它的封闭性、宗法性以及自给自足的生活特点，以木结构为主体的建筑技术等，仍继承了长期以来封建社会民居建筑的基本面貌，是属于中世纪范畴的民居形式。

二、汉地民居

　　中国各地的民居建筑，是长期演进的建筑技术与当地人文传统共同孕育的产物。清代是一个多民族融合的庞大帝国，在这段历史时期中，多民族的地方乡土文化土壤培育了各具特色的地方民居，呈现出丰富多彩的景象。

　　汉族地区的民居建筑仍然延续"上为屋顶、中为墙柱、下为台基"的传统中式建筑样式，一般称为"庭院式第宅"。庭院式第宅分布在全国各地，不仅在汉族民居中使用，满、回、白等民族居住建筑也是以此为基础。由于地域的差异，中国各地的民居及住宅院落形式各有不同，大致可以分为北方民居和南方民居两大体系。

　　北方汉族民居以北京、山西、陕西等地的院落式住宅为代表。《天咫偶闻》中这样描述北京宅第（图9-114）："住宅，内城房式异于外城。外城近南方，庭宇湫隘。内城则庭院宽阔，屋宇高宏。门或三间，或一间，巍峨华焕，二门以内必有厅事，厅事后又有三门，始至上房。厅事上房之巨者至如殿宇。大房东西必有套房，名曰耳房，左右有东西厢，必三间，亦有耳房，名曰盝顶，或有从二门以内即回廊相接，直至上房。其制全仿府邸为之。内城诸宅多明代勋戚之旧，而本朝世家大族又相仿效，所以屋宇日华。"山陕民居亦多由多间大房围合成四合院，每宅由门、厅、厢房、正房组成，常用砖砌木构，加以精美的砖木雕刻，亦有结合窑洞或做成砖窑式结构者，拱券相接，上做平顶，以便晒物和瞭望（图9-115）。

由于寒暑烈然，降水偏少，北方民居一般采用厚重的屋面构造和墙体构造，为了冬日纳阳之利，院中建筑多分散而设，以减少相互之间的遮挡，整体形象亦浑然厚重，梁枋彩画热烈红火，再于局部辅以砖石雕镂。

南方的民居建筑从拓扑结构上说依然是合院式的布局，而由于气候炎热、降水充沛，多将建筑毗连而设，高大开敞，中辟天井，同时采用较为轻薄的屋面构造，灵活架构，多设檐下廊庑，以便雨天经行（图9-116）。典型的南方民居中一宅多分几路，每路由大门进入，再纵向排成若干进院落，分别用作大门、二门（中厅）、正厅、垂花门、后堂屋、家庙等。南方建筑结构方式较北方民居轻灵许多，柱木颀长挺拔，色彩搭配又多淡雅朴素，略施彩画点缀，配合玲珑门窗装修，院中再摆设鱼缸、盆景、山石，培植佳木奇葩，趣味盎然。应当说明的是，南方民居建筑尤重排水设施的建设，天井、明沟、砖石雕刻的排水孔洞等细节设计也反映出住宅主人的审美趣味和精神追求。

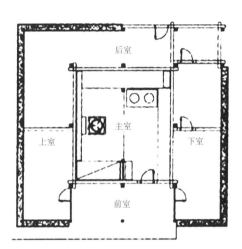

图9-113 摩梭民居正房平面示意图

（马青宇. 滇西北高原摩梭人聚居区的乡土建筑研究[D]. 重庆大学，2005：79.）

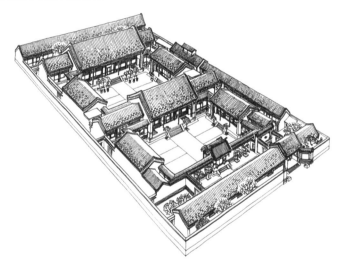

图9-114 北京四合院鸟瞰图

（孙大章. 中国古代建筑史（第五卷）[M]. 北京：中国建筑工业出版社，2002：168.）

图9-115 下沉式窑洞

（李乾朗. 穿墙透壁：剖视中国经典古建筑[M]. 2009：349.）

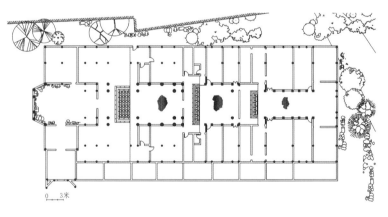

图9-116 江西抚州市驿前古镇奎壁联辉民宅平面图

（童佩. 抚源水乡—驿前古镇形态及建筑特征研究[D]. 武汉理工大学（硕士论文），2014.）

三、少数民族住宅

清代少数民族地区的住宅建筑各有其乡土文化渊源，特色各异，虽都吸收了汉族建筑的养分，但多寡不一，总体面貌颇为多样。

青藏高原周边地区民居建筑的代表形式是所谓的"碉房"（图9-117）。这是一种以规格不一的块石累砌或土筑的单层或多层房屋。最常见的中等规模碉房外观为一至二层、局部三层的碉楼样式。楼中开有天井，二层住人，三层设立佛堂，底层豢养牲畜，厕所则悬挑在楼上墙外。碉房建筑屋顶采用平顶，供晾晒谷物和夏季纳凉，其围墙十分厚重，从下至上有明显的收分，楼的底部一般不开窗，上部的窗口也开得很小，只在向阳面的局部开辟大窗，可抵挡强风，也具有很高的防御性。碉房的结构系由墙体承重，木制柱梁支搭其中，并以木材制作密肋支撑楼面和屋面，隔墙通常采用木板壁或土坯隔断。藏族地区的碉房整体外形厚重朴素，错落有序，结合山体或平川延伸起伏，富于雄浑之美。

新疆地区的住宅虽也多用土木平顶，但其外观风格与其他的土木建筑迥异。以典型的"阿以旺"住宅为例（图9-118），延展的土坯墙，局部的穹隆顶和天窗，室内的固定式土坯炕、龛是其主要的特色。特别是炕和龛，与建筑融为一体，独有韵味。炕上铺草席、地毯、毛毡等物，并不多陈家具，墙壁又多设龛，或拓展为一储藏小室，整体上形成了统一之美。至于建筑中所用木制梁柱则多施雕镂，室内壁龛也多用石膏花饰。在建筑之外，阿以旺住宅更围合出室外庭院，院中种植花木、葡萄，院内缤纷的色彩与平实的房屋形成了和谐的互衬。

在清代西南少数民族地区，同样存在形式各异、特色突出的民居建筑，其共同特点是大多采用干阑式的结构形式（图9-119）。云南傣族多以竹为材，架设梁柱，编竹为墙，合竹为板，铺竹铺草为顶。一般的竹楼用木、竹柱二十根至四十根架空地面，其上再搭屋架。在楼上设堂屋、卧室、连廊、晒台、厨房和储藏间。广西壮族的干阑住宅又被称为"麻阑"。架木为阑，下层高敞，楼下四周封墙，用作畜栏，楼上用作居住空间，同时多设阁楼、望楼。海南岛黎族还有一种船形的干阑

图9-117 西藏拉萨传统民居
（孙蕾 摄）

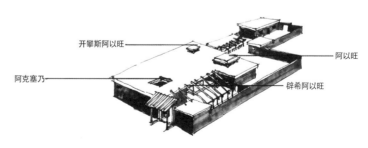

图9-118 新疆阿以旺建筑组合关系示意图
（李琰君，张瀚文. 新疆和田地区阿以旺民居建筑解析[J]. 西安建筑科技大学
学报(社会科学版)，2020，39(1)：38-46.）

图9-119 傣族竹楼
（王翠兰. 中国建筑艺术全集 第23卷 宅第建筑（四）[M]. 中国建筑工业出版社，2000：31.）

式住宅。其式下无台基，中无柱身，似一架空的船只，根据架空的高度不同又有"高栏""低栏"之分。高栏者地板距地面约2米，下养牲畜；低栏者则仅距地半米，以隔潮湿。船屋以竹木为骨架，铺盖茅草。

上述仅清代民居的大貌，各类民居亦因小地域之自然、文化差异而不同，有的甚至区别显著。应当强调的是，乡土文化培植的民居建筑并非孤立存在，在乡土土壤中，同样存在以祠堂为代表的礼制建筑和以店铺为代表的商业建筑等重要建筑类型。

四、实例

（一）北京四合院

元代建都北京，设立宫殿、衙署、街区、坊巷和胡同，元世祖忽必烈"诏旧城居民之过京城老，以赀高（有钱人）及居职（在朝廷供职）者为先，乃定制以地八亩为一分，分给迁京之官贾营建住宅，北京传统四合院作为居住单元便出现了。明清以来，这一基本的居住形式已经形成，并不断完善以适合居住要求，形成了今日所见的四合院形式。

四合院，指东、西、南、北四面房屋围合在一起，形成口字形。标准的北京四合院一般依东西向的胡同而坐北朝南，基本形制是分居四面的北房（正房）、南房（倒座房）和东、西厢房，四周再围以高墙形成四合，宅院东南角辟为大门。房间总数一般是北房3正2耳5间，东、西房各3间，南屋不算大门4间，连大门洞、垂花门共17间。四合院庭院居中，院落宽敞，院中植树栽花，饲养金鱼，兼具休闲娱乐、开室宴客、聚会、交通等功能。

北京四合院属木结构为骨、砖石围护的建筑，木架部分包括檩、柱、梁、槛框、椽飞以及门窗、隔扇等构件，墙体、台基则以砖石砌筑。四合院的油饰彩画简约淡雅；墙体色调朴实净灰；屋顶多用阴阳布瓦正反互扣，檐前装滴水或者青灰"灰棚"（图9-120）。

（二）徽州民居

徽州古称新安，范围在以黄山为中心的安徽南部地区，北宋宋徽宗以帝号改新安为徽州后，一直沿用至今。古徽州下设黟县、歙县、休宁、祁门、绩溪、婺源六县，今保留有明、清古民居建筑总计7000余栋，古村落100余处。

徽州古民居大都依山傍水，山可以挡风，方便取柴烧火做饭取暖，又以优美环境为依托。村落建于水旁，既方便饮用、洗涤，又可以灌溉农田，美化环境。徽州的古村落街道较窄，白色山墙宽厚高大，灰色马头墙造型别致（图9-121）。在徽州古民居建筑中，儒家严格的等级制度以及尊卑有别、男女有别、长幼有序的封建道德观表现得十分明显。实用性与艺术性的完美统一，是徽州民居的又一典型特点。

（三）晋中大院宅邸

山西民居建筑非常复杂，由最简单的穴居到村落里富丽堂皇的深宅大院，再到城市中紧凑细致的讲究房屋。元明清时期的民居现存有近1300座，其中最具代表性的为分布在晋中一带的晋商大院，如祁县乔家大院、祁县渠家大院、太谷曹家大院、灵石王家大院（图9-122）之中。

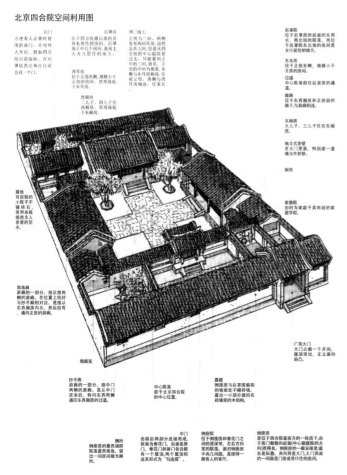

北京四合院空间利用图

图9-120　北京四合院空间利用图

（王其钧. 图说民居[M]. 北京：中国建筑工业出版社出版，53.）

图9-121　江西婺源篁岭村

（孙蕾 摄）

图9-122　山西灵石王家大院

（孙蕾 摄）

晋商宅院结构严谨，一般呈封闭结构，有高大围墙隔离；以四合院为建构组合单元，院院相连，沿中轴线左右铺开，形成庞大的建筑群，有的构成某种图形样式，取吉祥喜庆的象征意蕴。大院这种封闭的整体结构具有主次分明、内外有别的房舍布局，可以在封建意识形态的礼制、等级、纲常中找到对应。

晋商宅院的单体建筑近于北方官式，做工精美，外形厚重，石墙厚度惊人，有所谓"百尺楼"者。在建筑装饰方面，寓意富贵吉祥的装饰图案花样层出不穷，包含儒家教化内容的传说故事场景无处不在。

梁思成先生在山西考察古建筑时，曾记录道："这种房子在一个庄中可有两三家，遥遥相对，仍可以想象到当日的气焰，其所占地面之大，外墙之高，砖石木料上之工艺，楼阁别院之复杂，均出于我们意料之外许多"，"由庄外遥望，十数里外犹见，百尺矗立，崔嵬奇伟，足镇山河，为建筑上之荣耀。"

（四）客家民居

客家民居的原始形态是"三堂两横制"，这种也是通行于福建、江西、广东三省交界处的基本民居形制，并保留至今。但客家人聚族而居，建筑面积较一般住宅扩大许多，必须对传统形制进行改造。进入龙岩、永定的客家人将"三堂两横"民居的后堂改为四层，两侧横屋改为三层、两层、单层，再结合山坡地形布置，形成前低后高、左右辅翼、中轴对称的"五凤楼"形制。进一步发展则将全宅四围全改为三四层高楼，即形成方形大土楼的形制，更加便于防卫。方形土楼存在着设计上的缺点，如出现死角房间，全楼整体刚度差，构件复杂，较费木材等，因此永定县南部及南靖县一带的客家人接受了漳州一带圆形城堡的形制，创制了圆形的大土楼（图9-123）。

漳州地处沿海，海盗匪患严重，很早居民即已接受了圆形碉堡的形式，建造合用民居，又称圆寨，亦可见于广东潮汕一带。它的特点是以三开间双堂制为基本单元，六户或八户围成一圈，形成圆楼，每户有自己的小院、楼梯、堂屋等。客家人接受了这种形制的基本特点，扩大了规模，按每开间的垂直方向即一层至四层划

图9-123　福建永定土楼群
（陆元鼎，陆琦．中国建筑艺术全集 第21卷宅第建筑（二）[M]．中国建筑工业出版社，2000：178．）

分成一户，中间添设祠堂、畜舍、水井、储藏间等，形成适合客家人生活的圆形土楼。而进入赣南的定南、龙南、全南、寻邬一带的客家人却发展出了另外形制的房屋。为了防御盗匪的攻击，他们吸取碉堡的形式，在"三堂两横式"民居后部加建"围"式建筑，这种"围"是一种小型长方楼，内部有狭小的天井及水源，四周不开窗，顶层有望楼、射孔，只供危急时全族人使用，是平战相结合的民居形式。传至粤东南雄、始兴一带的"围"式建筑更加高大，而且可以全部利用卵石砌造，完全类似堡垒。此外，居住在粤东的客家人又创造了另外一种聚居式民居，即行列式住宅，它以三堂为中心，作为全族公共聚会处，沿三堂的两侧山墙接建住房，形成三列平行的住房，为各户使用。每户可占两间至三间，亦可跨行组合成一宅，每列长短自由，可以陆续接建。厕所、储藏、畜圈等附属房屋在住宅的右侧方另择地建造，按户分配使用。这种形式虽然防卫性差，但也满足了聚族而居的要求。而进入粤东梅县、蕉岭一带的客家人，则在"三堂两横式"的基础上，尽量扩大横屋，多者可达六行横屋，而且横屋后部加设半圆形的围房，有单围、双围之不同，将整个住宅包起来，有的还在四角加筑角楼、射孔，宅前留有坝及水塘，形成规模巨大的民居。综上所述可以看出，客家人自迁入闽粤赣以后，其民居形式并不是一成不变的，而是跟随时间的推移、环境的变化，不断吸收当地民居的有益因素，创造出更适合生活需要的民居新形式。

（五）云南一颗印

云南滇中高原地区四季如春，无严寒，多风，故住房墙体厚重。最常见的形式是毗连式三间四耳一倒座，即正房三间，耳房东西各两间，有些还在正房对面，即进门处建有倒座，实际因经济情况有所增减。正房和耳房均为二层楼房，倒座多数为平房，少数为楼房，但空间极矮。正房为长辈居住，较高，采光较好；耳房则矮一些；中间为天井，多打有水井，铺石板，作为洗菜洗衣休闲的场所。外墙一般较高、无窗，主要是为了挡风沙和保障安全。住宅地盘方整，外观方整，当地称"一颗印"。

住宅大门居中，门内设倒座或门廊，倒座深八尺。院内天井狭小，正房、耳房面向天井均挑出腰檐，正房腰檐称"大厦"，耳房腰檐和门廊腰檐称"小厦"。大小厦连通，便于雨天穿行。房屋高，天井小，加上大小厦深挑，可挡住太阳大高度角的强光直射，十分适合低纬度高海拔的高原型气候特点。正房用双坡屋顶，耳房与倒座均为内长外短的双坡顶。正房底层明间为堂屋、餐室，楼层明间为粮仓，上下层次间作居室，耳房底层作厨房、柴草房或畜廊，楼层作居室。正方与两侧耳房连接处各设一单跑楼梯，无平台，直接由楼梯依次登耳房、正房楼层，布置十分紧凑。正房、耳房、门廊的屋檐和大小厦在标高上相互错开，互不交接，避免在屋面做斜沟，减少了漏雨的薄弱环节。整座"一颗印"，独门独户，高墙小窗，空间紧凑，体量不大，小巧灵便，无固定朝向，可随山坡走向形成无规则的散点布置（图9-124）。

"一颗印"中的单体建筑结构主要以木柱梁为支架，墙体多为夯土墙，建造时

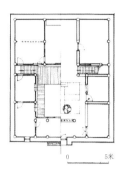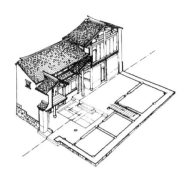

图9-124 云南昆明"一颗印"民居示例

（孙大章. 中国古代建筑史（第五卷）[M]. 北京：中国建筑工业出版社，2002：190.）

先挖基沟，下石脚，立屋架，上梁，然后砌墙或打夯土墙，上瓦，最后做内部的楼板、板壁等。做得好的，内外墙均以石灰粉平，一般的仅将内墙粉平。屋内没什么装饰，家境好的人家地面可以铺青砖，一般的就用土打实。楼板以木板做槽拼装。楼上的房间分隔和朝向天井的板壁也以木板做成。

（六）新疆阿以旺

"阿以旺"是新疆维吾尔族住宅常见的一种带有天窗的夏室（大厅）民居形式，已有三四百年的历史。这种房屋连成一片，庭院在四周。"夏室"有起居、会客等多种用途。后室称"冬室"，是卧室，通常不开窗。

"阿以旺"采用土木结构，平屋顶，天窗高出屋面，带外廊，中留井孔采光。建筑顶部在木梁上排木檩，厅内周边设土台，用于日常起居。室内壁龛甚多，用石膏花纹做装饰，龛内可放被褥或杂物。墙面喜用织物装饰，并以质地和大小、多少来标识主人身份与财富。

新疆民居的结构以土坯墙为主，并因地域环境的差异而在构造上有若干差别。例如，北疆的昌吉、伊犁地区，降雨量较多，民居土坯墙就多用砖石做基础和勒脚，天山南麓的焉耆地下水位高，人们就采用填高地面做地基的做法，并在基础与墙身结合处铺一层苇箔做防潮层，以防土坯墙受到水的侵蚀。吐鲁番地区几乎终年无雨，墙体就全用土坯砌筑。

在建筑装饰方面，多用虚实对比、重点点缀的手法，廊檐彩画、砖雕、木刻以及窗棂花饰，多为花草或几何图形；门窗口多为拱形；色彩则以白色和绿色为主调，表现出伊斯兰教的特有风格（图9-125）。

（七）藏地民居

藏地民居包括藏南谷地的碉房、藏北牧区的帐房、雅鲁藏布江流域林区的木构建筑。在注意防寒、防风、防震的同时，藏地民居也采用开辟风门，设置天井、天窗等方法，较好地解决了气候、地理等自然环境中的不利因素对生产、生活的影响，达到通风、采暖的效果。宗教聚落的形成与发展增添了西藏民居的魅力，农牧区民居聚落的形成多以寺院为中心，自由分布，彼此错落，形成不相连属的格局。

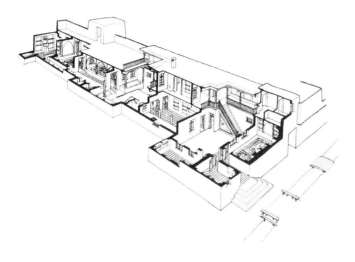

图9-125　新疆喀什某民居剖视图

孙大章. 中国古代建筑史（第五卷）[M]. 北京：中国建筑工业出版社，2002：231.

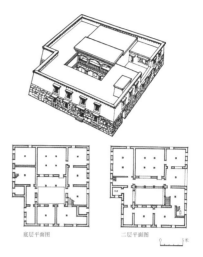

底层平面图　　　　二层平面图

图9-126　西藏拉萨藏族民居

（孙大章. 中国古代建筑史（第五卷）[M]. 北京：中国建筑工业出版社，2002：225.）

藏民居的碉房、帐房两类最具代表性。拉萨、日喀则、昌都等城镇和其周围村庄的土、石木结构的碉房民居，是藏族最具代表性的民居。那曲、阿里等牧区的主要居住形式则是帐房。

经过长期的演变，各地民居建筑在适应高原的气候、地理等自然条件和民族生活习惯、文化传统的同时，形成了经济适用、因地制宜、就地取材的建筑形式。拉萨民居一般为内院回廊形式，二层或三层，院内有水井，厕所设于院落的一角。城镇周围多为手工业者、工匠、农民自建的独院平房住宅。山南地区农村民居常利用外廊设置开敞式起居空间。许多农村民居建筑，无论是居室、厨房、储藏室、庭院的设计，还是牛棚、猪圈、厕所的布置，功能关系都较合理。

藏地民居室内、外的陈设，显示着神佛的崇高地位，无论是农牧民住宅，还是贵族府邸，都有供佛的设施，最简单的可以仅设置供案。富有宗教意义的装饰更是西藏民居最醒目的标志，外墙门窗上挑出的小檐下悬红、蓝、白三色条形布幔，周围窗套为黑色，屋顶女儿墙的脚线及其转角部位则是红、白、蓝、黄、绿五色布条形成的"幢"。在藏族的宗教色彩观中，五色分别喻示火、云、天、土、水，以此来表达吉祥的愿望（图9-126）。

第十节　建筑设计、艺术、技术与工程管理

一、建筑装饰艺术

（一）木作装修

在清工部《工程做法》中，只有传统版门、屏门、格扇、槛窗、支摘窗、帘架等，形式种类有限，而尤重材料工艺。清代宫廷、离宫大量使用楠木、紫檀木等

高级木材进行室内装修，并添加珐琅、玉片、瓷片、铜花饰等。同时，乾隆皇帝倾慕江南文化，在建筑外装修和室内装修上大量模仿苏州、杭州、扬州的形式和风格，营造独特的园林景观和室内环境。各种室内罩格便是突出的代表。当时罩格种类包括落地罩（图9-127）、飞罩（图9-128）、圆光罩（图9-129）、八方罩（图9-130）、栏杆罩（图9-131）、天然罩（图9-132）。宫廷中使用的罩格用料考究、雕工精美，而构件较粗壮，形体较厚重，与轻巧通透的江南原型在风格和艺术追求上都有较大不同，表现出气质和地域上的差别。清代后期，广州多进口

图9-127 北京故宫毓庆宫花牙子落地罩

（故宫博物院古建筑管理部编. 故宫建筑内檐装修[M]. 北京：紫禁城出版社，2007：196.）

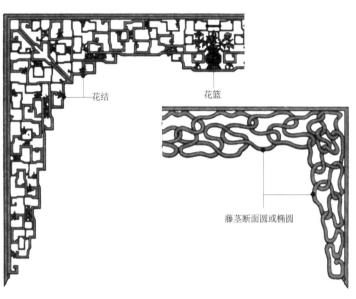

图9-128 飞罩图示

（（明）计成著；倪泰一译. 园冶 手绘彩图修订版[M]. 重庆：重庆出版社，2017：108.）

图9-129 北京故宫养心殿圆光罩

（故宫博物院古建筑管理部编. 故宫建筑内檐装修[M]. 北京：紫禁城出版社，2007：249.）

图9-130 北京故宫储秀宫八方罩

（故宫博物院古建筑管理部编. 故宫建筑内檐装修[M]. 北京：紫禁城出版社，2007：252.）

图9-131 北京故宫乐寿堂栏杆罩

（故宫博物院古建筑管理部编. 故宫建筑内檐装修[M]. 北京：紫禁城出版社，2007：272.）

贵重木材,并在当地加工制作成罩格、家具,称为"广作"。"广作"风格过度雕琢,多镶嵌,工艺水平有所提高,但在艺术追求上呈现明显的下降。

清代地方建筑的木作装修发展是皇家装修制作水平的基础。苏州、杭州、扬州、徽州、广州等地的住宅和园林中装修最为精美。

外檐装修除版门之外,主要使用落地的格子门和格扇窗。由于气候的原因,装修普遍用料规格小、线脚细腻、空透秀美、造型灵活。当时在门窗心中有裱糊纸张、镶嵌云母等做法,直到清代末年,平板玻璃才逐渐推广。在有前廊的建筑中,横楣下加玲珑的挂落,柱间装木栏杆,通廊的外侧加木制或砖雕门罩。

南方民居的内檐装修形式多样。由于正房明间多为敞厅,正面、两侧常装朴素的板壁,更于两边开门。考究者多装太师壁、格扇等。在连通的空间中,再进而依照通透性方面的设计安装罩格。

(二)油饰彩画

清式木构表面施地仗,使用灰、麻、布等,表面再罩装饰面层。这种饰面方法在柱身、槛框、椽飞、望板等处一般为单色,称为油饰;在梁、枋、檩、斗栱等处往往使用彩色图案,称为彩画。清代彩画的形式也较明代有所发展,官式彩画发展出旋子、和玺、苏式三大类,地方彩画也呈多样化的特点。

清官式彩画的旋子、和玺、苏式三类各有其突出特点。

旋子彩画的基本图案单元以旋花构成的团花为主,辅以其他图案和线条(图9-133)。用在梁、枋、檩等构件上时,一般采用三段式划分,中心画枋心,两侧画找头,找头以团花交错咬合组成,再外围以箍头作装饰。这种彩画由明代彩画发展而来,形象简洁,装饰性强,并根据用金的多寡划分成九个等级。

和玺彩画形成于清代,专用于较重要的宫殿建筑(图9-134)。用在规则的长方形装饰表面时,和玺彩画的布局方式也采用三段式,枋心采用金龙、龙凤、龙草多种主题,找头则采用特有的圭形装饰,箍头中画盒子也常以龙纹装饰。

图9-132 北京故宫漱芳斋双窗天然罩
(郭黛姮. 华堂溢采 中国古典建筑内檐装修艺术[M]. 上海:
上海科学技术出版社,2003:98.)

图9-133 北京天坛斋宫檐下旋子彩画
(孙蕾 摄)

图9-134 北京颐和园须弥灵境檐下和玺彩画
（孙蕾 摄）

图9-135 北京颐和园万寿山佛香阁回廊檐下苏式彩画
（孙蕾 摄）

　　苏式彩画受到了苏州一带民间彩画的影响，大体有枋心式、包袱式、海墁式三种形式（图9-135）。枋心式仍然保留三段格局，但把箍头、找头的图案改为回文和卡子。包袱式除了改变箍头、找头之外，更把檩、垫、枋合为一体，绘一半椭圆画框，其内画花卉或人物故事等。海墁式则只有两端箍头，其间全部画流云图案或各种动植物题材。苏式彩画也根据用金量及绘制精细程度来确定等级高低。

　　清代地方彩画是官式彩画的基础，由于各地自然、人文特点而具有各自的独特之处。以苏州地方彩画为例，在布局上往往画面中心绘锦纹包袱，两侧画松木纹，端头或画箍头作为画面的结束。

二、建筑技术

（一）木构技术的发展

　　清代建筑呈现出稳定繁荣的局面，木结构技术也在历代发展的基础上更加趋于稳定、系统和程式化。从全国范围来看，清代木结构基本分为柱梁式、穿斗式、密梁平顶式三个体系。其中后两种结构形式继承了前朝的成就，未见显著的时代分水岭，而官式的柱梁结构则最为鲜明地反映了清代木结构的成就。

　　清代沿用明代都城、宫殿，因而继承了明代官式柱梁结构。经过清顺治、康熙、雍正几代的发展，于雍正八年（1730年）颁行《内庭工程做法》，于雍正十三年（1735年）颁行工部《工程做法》，用以控制政府、皇家工程。这两部著作与内廷的各种抄本"则例"配合，以标准案例的形式做出了对于做法、物料、人工、价值等方面的规定。

　　工部《工程做法》一部，共计74卷，其中1～27卷记录了27种木构架的样式、尺寸和做法；28～40卷记录各种斗栱做法。对于大木构件的榫卯方法，书中只有简略记载，如上下榫、出入榫、扣榫、搭交榫等。《工程做法》中最突出的规定是以斗口为单位，计算求解结构各部位，甚至推算各个构件的三维尺寸。这也被看作在一定程度上推进了建筑模数。然而，与宋《营造法式》相比，《工程做法》的模数制度是不完备的。《营造法式》规定"以材为祖",构件均以"分"数表示,增减用材比例以适合建筑结构需求;而《工程做法》的规定为斗口、尺寸混合,构件承载能力与尺寸未见适宜的对应关系,用料普遍偏大。此外,从行文结构、系统论述等方面看,《工程做法》为当时估工算料所著,是对建筑做法的片段式总结。

清代木结构技术的发展,体现在对前代做法的总结,批量建筑的生产,官式建筑和民间建筑的交流上,也体现在诸如包镶木料的推广、结构简化的实现等一些技术细节上。

(二)砖石技术的发展与应用

清代各地所建砖石建筑,除城墙、门道、陵寝、桥梁之外,少有大型国家工程建造成果。现存建筑中具有代表性的包括北京钟楼、颐和园智慧海、北海西天梵境琉璃阁等。

对比来看,清代延续了明代的成果,未形成突出的成就。如拱券结构依然延续"挖洞"的结构逻辑,墙体、覆盖结构过于厚重,无结构安全估算办法,依赖于传统匠作传承。

清代砖石建筑表面装饰以琉璃砖、石雕、砖雕、彩绘为主,构造方法继承前代,少有创新。

三、建筑设计与工程管理

保留至今的清代建筑遗迹最为丰富,展示出丰富多彩的面貌。为了加强建设项目管理,清代官方先后颁行《内廷工程做法》和《工程做法》,作为控制钱粮、明确工料的依据。尤其是《工程做法》一书,是我们今天解读清代官式建筑乃至民间建筑的重要参考资料。同时应当注意到,清代的建筑设计和工程管理水平远非几本定额性质的技术书籍便可全面反映的,清代整体建筑业也因经济发展而呈现多样的市场化特征。根据现有史料情况,谨将清代官方建筑设计及工程管理的一些研究成果整理如下。

建筑历史学家刘敦桢先生曾经指出:"中国古代的工官制度主要是掌管统治阶级的城市和建筑设计、征工、征料与施工组织管理,同时对于总结经验、统一做法实行建筑'标准化',也发挥一定的推进作用"。我们今天可以进一步理解,这个工官制度所代表的是一个建立在古代社会制度基础上的营造体系,而工官制度则在其中代表了系统的核心组成,反映着系统的主要结构关系。"工官"二字实际涵盖了参与到皇家和官方营造工作中的种种人员,也涵盖了这些人员间的关系。以清代鼎盛时期的工官体系中内务府掌管的"内工"部分为例,这个分支主要承担了皇家的日常营造事务。这些工官或主动、或被动地参与到营造设计中,对于每一个营造"事件"而言,这些参加其中的人员便构成了"清代皇家建筑设计参与体系"。参与者的素养以及对他们能力发挥的限制或激励体制,决定了设计参与体系的整体水平。

（一）秩序性

清代皇家建筑设计参与的秩序性，表现在其背后逐渐定型的树状职掌结构，这个结构体现了清代政治制度的构成原则。以这个树形结构为脉络，皇帝、大臣、执行官员得以将自己的意志和理解施加于室内设计实践。

皇帝的参与是体系秩序性的顶点。一般来讲，帝王的意见必须得到贯彻。以乾隆帝为例，他对建筑设计的个人理解颇有见地，其参与意见也是原则和细节并重——大到设计原则和总体设计，如圆明园规划缜密的九州清晏景区，小到文饰细节，如乾隆帝曾传旨"碧琳馆北边门口门框四明俱照议玉扳指上卧蚕花纹样式雕做，先画样呈览"。

外大臣和内务府大臣是"职掌树"脉络结构的上级层次，其对室内外设计的直接和间接参与频见于史料记载。他们不但参与审查、催促设计工作的进度，主持勘估、监督、承修室内工程，而且参与设计原则的制定，甚至亲自进行设计。如内务府大臣海望，"乌雅氏，满洲正黄旗人……雍正元年擢内务府主事，升员外郎……除管理造办处事务之外，有时还为各'作'设计作画……到雍正十年，他已升任内大臣，还时时作画"。

技术部门的秩序性特点，主要体现在部门中技术人员的身份地位、知识背景、技术任务分配等都受到职掌官员的监督和检查。晚清样式房雷氏备受帝后宠爱，乃至分别赏雷思起、雷廷昌父子二、三品顶戴。但是通观所有样式房档案笔记，也找不到一则帝后接见样式房画样人的明确记载。所有关于设计要求的旨意都是通过内务府大臣传达下来的，画样烫样也是由内务府大臣进呈的。虽至清末，制度尤存。

制作者和施工者是设计参与体系的底层，直接受到技术部门的监督和管理。清代晚期，木厂效力皇家工程必须分段领工，算样两房直接负责"抓段"之事。在工程实施的过程中，木厂也必须听命于两房，或拆刨不济，或更改做法。

秩序性反映出设计和造作受到严格的控制。从积极的意义上讲，各个层次的人员都必须尽心其事，也有一些人员由于突出的创作性工作而得到帝王的赏识，从而带动了其独出心裁的积极性；从消极的意义上讲，由于最终设计成果要直接对皇帝负责，设计时谨小慎微，甚至除帝王钦定者不敢有所逾越。

这样一来，设计参与的秩序性特点还在客观上起到了"过滤"系统外部环境影响的作用。由于执行具体设计工作和制造的工匠大多来自全国各地，他们的审美趣味、工艺做法都带有比较强烈的地方色彩，创作手段也极尽自由，作品往往活泼、生动、巧妙、质朴。恰似雍正皇帝所说，"虽其巧妙，大有外造之气"。而在设计参与体系的上层，帝王、职掌官员和掌管设计和营造的头目，则熟悉并维系着设计参与的秩序性，层层审视并最终决定对新形式、新材料、新工艺的取舍。

总体来说，建筑设计参与的秩序性有利于皇家宫室格局规制的定型和形制的继承，同时对活跃的创作倾向有所制约。

（二）开放性

清代建筑设计参与的开放性主要表现在设计参与超越了固定的职掌桎梏。在清代早期职掌体系不健全的时候，设计参与、专业水平也是缺乏的，无从谈及其开放性优势；在清代晚期设计参与锈蚀而依赖于帝王与设计者的"半直接"对话时，多层次的介入和交流是缺乏的，设计参与的开放性也表现得不够充分；而清代中期设计参与的开放性特点则作用显著。

回顾清代中期关于建筑设计实践的记载，其设计参与和工作流程反映出设计职掌具有开放性的一面。换言之，就是在这个历史时期，这棵"职掌树"的结构层次间的信息交流是通畅的，是有利于创造性的设计工作的。这一点表现在以下三个方面：

第一，建筑的形式、装饰细节的设计归属不同部门。礼部、工部、内务府大臣参与形制的讨论；工程处将形制和形式付诸笔墨；匠作、造办处完善细部设计。各个部门的人员具备不同的知识层次和背景，所关注问题的侧重也不同。

第二，在"职掌树"处于上游位置的人员，可以比较自由地向专业设计者提出想法甚至下达画样，作为原则或范例；而下游专业设计人员工作的成就或差错均影响到上游的官员。如此，在良性运行阶段便达成了一种制衡——文化修养高的人员的介入，可以弥补样式房的文化欠缺；建筑设计较强的专业性特点也保证了技术设计的相对独立性。

第三，工程处的样式房、匠役造作和造办处又并非仅限于执行建筑的设计和制作，还可以将其他相关领域的优点及时补充到建筑设计当中。这样的安排，从发展的角度上讲，是因为建筑设计行业尚未在社会中成为独立的体系；从客观效果上讲，底层技术部门不同层次设计的分工实现了建筑工艺与相关工艺的融合。于是，人员的流动、人员间的交流、同行业中的竞争便由此自然达成，建筑空间的处理手法、器物制作工艺的装饰方法也得以顺理成章地融入建筑的设计和施工当中。

总而言之，在清代的建筑设计参与中，开放性特点表现得最充分的是清代中期；而在设计参与各个层次当中，开放性特点最具代表性的则是以"下达""上行"为代表的两个典型的历史现象：其一，当时帝王的设计原则和制度构想逐级下达给专业设计者，融合了内外大臣等多层次的设计参与，并得到了画样人员的技术完善，各层次均得以充分体现；其二，当时社会上流行的各种设计方法，如仙楼；各种纹饰，如福禄吉祥图案；各种工艺，如镶嵌竹丝、竹黄、珐琅、象牙、玉、铜、瓷片等，直接被专业设计者引介、采用到建筑设计中，并得到了上游参与者乃至帝王的认可。

附录一　建筑历史名词解释

名词	英文名称	定义
庑殿	hip roof	又称"四阿顶"或"五脊殿"，"庑殿"为明、清时的称呼。中国传统建筑屋顶形式之一。屋面分为四坡，由一条正脊与四条垂脊组成。庑殿是屋顶形式的最高等级，多用于宫殿、寺庙等大型建筑群中的主要殿阁。有单檐、重檐两种
歇山	gable and hip roof	又称"九脊殿"。中国传统建筑屋顶形式之一。由一正脊、四垂脊、四戗脊及四个坡面组成，形成上部的两坡和下部的四坡顶相结合的一种屋顶形式。其等级仅次于庑殿
悬山	overhanging gable roof	中国传统建筑屋顶形式之一。两端悬出山墙的两坡屋顶，亦称挑山，其桁檩挑出两侧山墙或山柱，形成出稍部分。悬山建筑两山多为全部封砌，只露檩头或呈阶梯状，暴露木架的五花山墙，并从台明砌至大檩上部以象眼板封堵的形式。其出挑的檩头多以博缝板加以封护。在早期的悬山建筑中，博缝下缘多饰以悬鱼及惹草。由于悬山建筑在两山处加长，暴露构造，因此对木构架的透风防腐十分有利
硬山	flush gable roof	中国传统建筑屋顶形式之一。两坡屋顶，两端与山墙齐平，或两山以墙封砌至屋顶，不露檩头。其建筑等级略低于歇山、悬山等类型
攒尖	pyramidal roof	古代建筑屋顶形式之一。由多条屋脊交合于顶部，上面再覆以宝顶。常用于园林建筑，有三角攒尖、方攒尖、多角攒尖、圆攒尖等
盝顶	truncated roof	古代建筑屋顶形式之一。为缩小大面积单体的体量，减少空间浪费，屋顶中间采用平顶，四周用坡顶，有四条戗脊。如紫禁城钦安殿
卷棚	round ridge roof	古代建筑屋顶形式之一。屋顶前后两坡交界处不用正脊，瓦垄直接卷过屋面，做成弧形曲面的屋顶。有卷棚悬山、卷棚歇山等样式，外观卷曲，舒展轻巧，多用于园林建筑
囤顶	shallow-vaulted roof	呈微曲面形的屋顶
十字脊屋顶	cross ridge roof	由两条屋脊垂直相交成十字的屋顶
勾连搭	goulianda roof	两或多个两坡顶并联组成的屋顶，连接处设水平天沟向两端排水
檐	eave（yán）	悬挑出外墙或撩檐以外的屋顶
重檐	double eaves	外观为两重挑檐的房屋，但非两层楼阁，其下层出檐为副阶或缠腰之顶
缠腰	chán yāo	紧靠殿身檐柱外围的一圈结构，由立柱、铺作和屋顶组成，与殿檐共同构成两重檐外观。主体房屋外周没有增加廊屋，却在平座外周紧靠永定柱外侧又立檐柱，柱上用铺作挑出屋檐，进深多为一架椽。除了椽尾钉于永定柱间的承椽枋上，基本是一周独立的铺作屋檐结构
正脊	main ridge	屋顶最高处与面阔平行的脊，即前后两坡交会的屋脊。其作用是封护瓦垄交会处，防止雨水渗入

名词	英文名称	定义
垂脊	diagonal ridge for hip roof (chuí jǐ)	与正脊或宝顶相交，沿屋面坡度向下的脊。上立垂兽
戗脊	diagonal ridge for gable and hip roof (qiāng jǐ)	亦称"岔脊"，专用于歇山屋顶和重檐建筑下层檐屋顶的檐角上。其脊身上端与垂脊成45度角相交，下端则交于檐角截兽和小兽
角脊	jiǎo jǐ	专用于重檐建筑下层屋顶的檐角上。其脊身上端与围脊合角吻（合角兽）成45度角相交，下端则交于檐角截兽和小兽。其功能是封护两坡瓦垄在角脊上的交会线，防止雨水渗入
望板	roof board (wàng bǎn)	又称屋面板。铺设于椽上的薄板，厚度一般为2～3厘米，其上覆苫背及瓦顶
正吻	zhèng wěn	安放在正脊两端，张口向内的龙形装饰瓦件。其造型与名称历经长期的演变过程。汉、唐时称"鸱尾"，唐以后鸱尾的前端变成张口的龙嘴，称"鸱吻"。元代以后，逐渐演变成明、清常见的正吻形式，用于较高等级的宫殿或寺观建筑。在等级较低的建筑中，亦有一种功能与正吻相同的兽形装饰物，称"吻兽"
鸱尾	chī wěi	安放在宫殿正脊两端凸起的造型瓦件。其形原似鸟尾，故称鸱尾。从宋代开始造型向鱼、龙转变。直至明清发展为"吻"
抬梁式构架	post and lintel construction	中国传统建筑的一种主要构架形式。柱子上承大梁，梁上立短柱，其上铺设短梁。构架进深越大，所抬梁的层数越多，最上一层短梁通过短柱承托脊檩
穿斗式构架	column and tie construction	中国传统建筑的一种主要构架形式。每条檩子均用柱子承托，柱子之间用方木穿过柱身相连
井干式构架	log cabin construction	中国传统建筑的一种构架形式。以原木横置叠垒成木墙，两片木墙垂直交接处用榫卯互相咬合，所用立柱极少
干阑建筑	ganlan	简称干阑，又称高栏、阁栏、麻栏。一种架空木楼的建筑形式。底层架空养牲畜，上层住人，具有隔潮及通风的特性，适于炎热及潮湿地区。云南、贵州、广西等省的傣族、景颇族、布依族、壮族等传统住宅多采用
大木作	structural carpentry work	《营造法式》将营造房屋分为十三个工种，大木作是其中之一，即起结构作用的木构架构件的设计、制作和安装
小木作	joinery and non-structural carpentry work	《营造法式》中十三个工种之一，其工作有二十余项，分为四类：① 室内装修：门窗、壁板、隔断、照壁、地棚、胡梯、平棊和藻井；② 室外装修：版引檐、水槽木贴、擗簾杆、垂鱼惹草、牌；③ 室外小型建筑：大门、亭子等；④ 大型家具：神龛
榫卯	tenon	两个木构件接合处的凸凹部分，凸出的称"榫"，凹入的称"卯"。其作用是增强两构件间的连接和固定

名词	英文名称	定义
间	bay	① 梁柱构成的建筑空间基本单元，每四根金柱（外金柱）内所围的面积称为间。 ② 房屋平面宽、深的度量单位。单体建筑正面总长通常称为面阔。从房屋正中向两边依次称为明间、次间、稍间、尽间，其总间数多为单数
明间	central bay	房子正中的一间，通常比其他间略宽。特指建筑物正中四根檐柱之内的空间，其两侧称次间
次间	minor bay	明间左右两侧的开间
稍间	last bay	次间外侧的开间，通常面阔比次间略小
槽	cáo	① 山柱、额和铺作组成的殿堂构架；② 铺作柱头缝中线以外的外檐铺作为外槽，中线以内的屋内铺作为内槽；③ 相邻铺作之间的平面或空间
分心斗底槽	fēn xīn dǒu dǐ cáo	四种殿堂结构形式之一，四周用檐柱，屋内正中纵向用内柱一列
金箱斗底槽	jīn xiāng dǒu dǐ cáo	四种殿堂结构形式之一。外檐柱和屋内柱各一周，内外柱等高，内外柱相距两椽。这种柱网布局形式一般适用于较大型的建筑。现存最早的实例是五台山佛光寺在唐代所建的东大殿
举架	raising the purlin (jǔ jià)	中国古建筑控制屋面坡度的一种法则。清式建筑大木作术语。一般有五举、六五举、七五举、九举等。清式建筑木构造中相邻两檩中至中的高差除以对应水平距离所得的系数，称为举架数，如"五举"，即檩间高差为其水平距离的50%。屋面举架的选定，决定了屋面外观曲线的优劣
举折	raising the purlin (jǔ zhé)	中国古建筑控制屋面坡度的一种法则。宋式建筑大木作术语。举，即自撩檐枋背至脊榑背的高差。折，指平榑逐缝递减其高差，使屋面基层产生折面，以便在其上敷设出曲面的屋面，使建筑物巨大的屋顶产生轻盈活泼的风格。这一方法最早见于春秋时期《周礼·冬官·考工记》中"葺屋三分，瓦屋四分"的记载，汉代出现"折面反宇式"屋顶，并产生了举折，在宋式建筑中成为一种定制。明清建筑中改用举架的方法确定屋顶曲面
侧脚	cè jiǎo	殿阁、殿堂所用立柱自心间起柱首向屋内倾侧，以柱高为准，正面倾百分之一，侧面倾百分之零点八。侧脚的运用可以大大加强建筑物的自身刚度、稳定性和耐久性，有效地防止屋身柱首各横向连接构件间开卯拔榫等情况的发生
生起	shēng qǐ	在宋代建筑中，檐柱从明间向两端角柱逐渐升高的做法
卷杀	entasis (juǎn shā)	确定弧线的方法，用于栱头、月梁和梭柱等构件上：将互相垂直的二直线根据造型的需要，两个方向取不同长度，等分成相同的份数，依次对斜割成折线，抹去折线外的棱角，保留下的部分即为构件所采用的形状。宋以前的椽头已有卷杀的做法
檐柱	eave column	房屋最外一周柱子，竖向传递荷载构件，为立柱的一种。有围廊的建筑又称为"廊柱"，廊柱以里则称为"老檐柱"。檐柱多用木制，为使柱身保持长久，亦有石制者。檐柱断面以圆形为主，兼有六角、八角、梅花正方抹角等形制。为取得一定的艺术效果，檐柱还有柱头"卷杀"和柱身"收分"等加工方法，不同时代的檐柱体现出了不同的风尚和特点

名词	英文名称	定义
角柱	corner column (jiǎo zhù)	① 位于房屋转角位置的柱；② 建筑物阶基四角角石之下的长方体石柱。宋造角柱之制：角柱的长视殿阶的高度而定，角柱之方小于角石之方，垒砌时令向外的两面与角石通平，若殿宇阶基为叠涩造，那么叠涩坐阶基的角柱之长应包括各层叠涩及角石厚度在内
柱础	column base (zhù chǔ)	柱脚石，下部埋于台基内，露明部分可作华饰。础石呈方形，边长为柱径的一倍。柱础上面正中一般凿有凹孔，供柱下管脚插入，可起固定柱身的作用。柱础其源甚古，新石器时代的房屋建筑中，柱子插入地下，柱洞内填石块作为基础，此为柱础的雏形。殷商时代，宫殿基址上普遍使用天然卵石为柱础。至迟在汉代，柱础经过打剥、雕凿等工序，使其形制有了一定的规范。汉代柱础一般较高，有方形、斗形。魏晋南北朝时期的柱础一般为覆盆、覆莲或坐兽式，础身变短。隋唐宋元大多为覆盆或覆莲柱础
覆盆	fù pén	石柱础剖面地上部分雕成凸起的圆形，呈覆地的盆形，其上为素面或加雕饰
永定柱	yǒng dìng zhù	① 自地面而起的平坐柱；② 夯土城墙内起加强作用的木柱。因其入地固定，故称为永定柱
蜀柱	short post (shǔ zhù)	矮柱的通称。在木结构中，平梁上承托脊檩的矮柱称为蜀柱，宋代建筑中称为侏儒柱，清式建筑中称脊瓜柱，有时也用在其他梁栿上支撑上一层的梁栿
叉柱造	chā zhù zào	楼阁平座柱脚与柱下铺作的结合方式之一，柱脚开十字或一字开口，叉立于下层铺作中心，至栌斗止。叉柱造可以增强上下柱之间的联系，加强整个构架的稳定性
斗栱	bracket set (dǒu gǒng)	亦称铺作（宋）、斗科（清），大木作构造名称。中国古代建筑所特有的形制，安装在建筑物的檐下或梁架间。由一些斗形构件和一些栱形构件及枋木组成，在中国建筑木构架中占据非常重要的地位。它的功能与作用有以下几个方面：可将上部梁架、屋面的荷载传递到柱子上；用于屋檐下，可以使出檐更加深远，对柱础、台明、墙身等免受雨水侵蚀有重要作用；可增强建筑物的抗震性，又颇具装饰性；还是等级制度在建筑上的主要标志之一
柱头铺作	bracket set on column	宋《营造法式》中称一组斗栱为铺作，故柱头铺作即柱头上的斗栱组合。清代称柱头科
转角铺作	bracket set on corner	位于角柱上或建筑物转角处的斗栱组合。清代称角科
补间铺作	bracket set between columns	位于两柱之间额枋上的斗栱组合，每间至多两朵，每朵尺寸可增减一尺，主要起支撑屋檐重量和加大出檐深度的作用。清代称平身科。由于清式建筑的斗栱作用蜕化，比例缩小，装饰性增强，补间铺作已增加至4~6朵
出跳	projecting (chū tiào)	出跳栱或下昂自铺作心向外悬挑；如两者并用，则栱在下，昂在上
踩	projecting unit (cǎi)	斗栱的翘、昂向里外伸出悬挑的层数。宋代称"跳"，清代称"踩"
材	timber module (cái)	① 宋代大木作设计和施工的模数，有材、份；② 高十五份、宽十份的标准为单材，材高的十五分之一为份。材的实际尺寸分为八等

名词	英文名称	定义
偷心造	tōu xīn zào	铺作挑头上不用横栱的做法
计心造	jì xīn zào	铺作挑头上用横栱的做法
斗	bracket block (dǒu)	铺作中组合栱、昂和方的斗形构件，身内十字开口或顺身开口。位于栱心及其两端，或位于栱枋昂身之间，起到承托固定和传递荷载作用。斗的图案最早出现在西周的铜器上
斗口	timber module (dǒu kǒu)	清式大木作平身科斗栱坐斗在面宽方向的开口。明清时期以斗口尺寸为基本模数，这一制度使建筑设计更加规模化、程式化。而这种设计模式一直沿用到今天传统建筑的设计中
栌斗	cap block (lú dǒu)	柱头铺作、补间铺作、转角铺作中最下部的大斗，为整个斗栱组合的起始构件，亦称坐斗
附角斗	fù jiǎo dǒu	附加于转角铺作角栌斗两侧的大枓，其上设出跳栱一缝。平座铺作用缠柱造时，转角铺作于普拍枋上安栌斗三枚，每面互见两枓，附角斗上各加一缝铺作，这样可以遮挡上层柱根，并加强上层柱脚与下层结构的联系
交互斗（十八斗）	connection block (jiāo hù dǒu)	用于昂或华栱出跳头上的小枓
升	shēng	在栱的两端，介于上下两层栱或栱、枋之间，起到承托上层构件作用的小斗
栱	bracket arm (gǒng)	铺作中的长方形构件，向前后或向左右挑出的水平短枋木，两端下部翘起，类似拱形。用以承托其上的构件
单栱	single arm (dān gǒng)	铺作上的单层栱。铺作跳头上仅施横栱一层（如令栱），上承替木或素枋
瓜子栱	oval arm (guā zǐ gǒng)	宋式斗栱构件名称，铺作中横栱的一种。垂栱造铺作，除最后一跳用令栱外，其余各跳均在交互枓上施瓜子栱，用于支承传递上部重荷，为单材栱，多开上口。清式建筑称为瓜栱
角栱	corner arm (jiǎo gǒng)	宋式斗栱构件名称，是转角铺作中自出角栱口内斜出的栱，具有传跳及加强翼角悬挑的作用
列栱	regular arm (liè gǒng)	转角铺作上的横栱延伸过角成为出跳栱。从建筑物的正侧两面观察，一半是出跳、一半是横栱的栱材即为列栱
人字栱	inverted V-shaped bracket arm (rén zì gǒng)	古代建筑斗栱形式的一种，常用于檐下补间，在额枋上用两根枋材斜向对置而成，栱顶置斗，承托檐檩，下角设榫入额背，是早期建筑中较为常见的一种斗栱。汉至北魏多用直脚人字栱，两晋南北朝渐变为曲脚人字栱。西安大雁塔门楣石刻所刻佛殿下的补间人字栱仍是曲脚栱。唐以后人字栱的使用极为少见
瓣	bàn	中国传统建筑之斗栱卷杀的做法中，对栱头两端的下缘斫成的若干连续斜折面的称谓。宋《营造法式》将每一折面称为"一瓣"

名词	英文名称	定义
昂	lever (áng)	大木作斗栱构件之一。铺作上斜挑出的构件，断面为一材，有上昂和下昂两种。昂位于坐斗或翘之上，与栱成直角十字相交，昂的后尾做成翘或菊花头，高按二斗口另加昂嘴下斜一斗口，宽为一斗口
批竹昂	pī zhú áng	宋式斗栱组合中昂面平直的下昂。批竹昂的昂尖造型本是唐辽建筑盛行的艺术形式，其做法与特征均照既定尺度要求在昂面上自里向外斜劈向下，形成一个斜面，状如刀斧劈竹，故名。山西五台山佛光寺东大殿柱头铺作中的批竹昂，是国内现存已知最早的批竹昂实例。宋代以后，琴面昂使用较多，批竹昂使用减少
枋	tiebeam	比梁小的木材。一般紧贴于槫或梁之下，不能独立受力
阑额	architrave (lán é)	施于柱头间的梁，清式称大额枋，紧贴于普拍枋之下，是连接柱头和传递荷载的重要构件。高两材，宽减高的1/3，如不用补间铺作，宽取高之半。唐宋式阑额在栌斗以下柱子之间
额	architrave (é)	大木作中一种横向构件，分为大额枋和小额枋，或檐额和山额的总称。指用于柱间、柱头间的联系梁及承托斗栱的横向梁，用以增强构架的稳定性
柱头枋	zhù tóu fǎng	位于柱头缝正心栱上的枋子，称正心枋，其上承正心桁。清式规定正心枋高二斗口，宽度为一斗口再加栱垫板厚度六分
雀替	sparrow brace	用于梁或阑额与柱交接处的承托梁枋的木构件。可以增加梁头的抗剪能力和减少梁枋的跨度。宋代称"绰幕"，清代称"雀替"
扶脊木	fú jǐ mù	位于脊檩之上并与之平行的木构件，作用是承托脑椽上端，并通过脊桩固定正脊，其断面常制成六边形
叉手	inverted V-shaped brace (chā shǒu)	脊槫下蜀柱两侧的斜撑，或不用蜀柱，只用两个斜柱合为人字形，在平梁梁头之上到脊槫之间斜置的构件，其功能是稳固脊槫，防止滚动。唐代建筑平梁之上有叉手承托脊槫，而无侏儒柱，叉手用材较大。宋代平梁之上设置了侏儒柱以承脊槫，但两侧仍挟以叉手，叉手的规格开始变小。元代叉手断面已经变小。明清多不用叉手，但山西部分地区仍沿袭旧制
托脚	tuō jiǎo	宋式大木作构件名称。位于中下平槫之间，是下层梁梁头与上一层槫木间斜置的构件。托脚为斜柱的一种，具有支撑、稳定槫木和改善构件受力状况的作用。多见于唐宋元建筑中，明清建筑则极罕见
梁	beam	承受屋盖重量的主要水平构件，按外形分为直梁和月梁；按加工粗细分为明栿和草栿。梁的长度一般以跨越其上的椽数计。一般上一层梁较下一层梁短，这样层层相叠与垂直构件共同构成屋架，最下一层梁往往置于柱头上或与斗栱相组合，这样就形成了一个完整的构架
栿	beem (fú)	沿建筑物短面的大梁
草栿	cǎo fú	宋式大木作术语。大木构件名称前冠以草字，均指用于平棊或平闇之上不作精细加工的构件。由于平棊遮挡，栿表面不作艺术加工，原始材料稍事锛砍之后即付诸使用。宋、元时期草栿做法较多，明、清时期多采用明栿做法

名词	英文名称	定义
八椽栿、九架梁	9-purlin beam	宋式大木作构件名称。在梁架中长八椽、高四材的梁。《清式营造则例》中称为九架梁。位于六椽栿之下、十椽栿之上，是承托屋顶重量的重要构件
角梁	jiǎo liáng	分为大角梁、子角梁
搏风槫	bó fēng tuán	又称橑檐槫。铺作最外一跳所用之槫，即屋架最下的槫，径一材一栔至两材
椽	rafter	① 木屋架最上面承托屋面的构件，断面直径六十份，固定于两槫之上；② 计算梁长的单位；③ 步架房屋进深的单位
檐椽	eave rafter	一端处于下金桁或老檐桁上，另一端挑出于正心桁或挑檐桁之外椽
飞椽	flying rafter (fēi chuán)	位于檐椽之上又重新出挑的椽，亦称飞子、飞头。断面多为方形，起到加强屋面曲线，使出檐更大的作用
八架椽屋	8-purlin beam room	总进深八椽的房屋，通常正面七间，其构架梁柱有六种组合形式：① 分心用三柱；② 乳栿对六椽栿用二柱；③ 前后乳栿用四柱；④ 前后三椽栿用四柱；⑤ 分心乳栿用五柱；⑥ 前后劄牵用六柱
搏风板	gable eave board	古建筑木构件名称，亦称为博风板、博缝板。是悬山、歇山式屋顶两端槫梢外缘沿屋面坡向钉置的人字形木板，起到保护槫（檩、桁）头、封护屋面和装饰的作用。为增加装饰效果，搏风板看面常用搏风钉盖钉出花饰纹样
悬鱼	fish decoration (xuán yú)	亦称垂鱼。为歇山、悬山屋顶左右两山搏风板合尖之下鱼形的装饰物，长三尺到一丈
惹草	rě cǎo	搏风板二向交接处的饰物，用以保护槫头，长随建筑大小而定
台明	salient part of stylobate	台基露出地面的部分，周围一般用砖石材料包砌
阶条石	rectangular stone slab	台基表层四周沿边铺设的长条形石板。宋代称压阑石，清代统称阶条石或阶沿石
垂带	drooping belt stone	斜置于踏垛或礓蹉两侧，从阶条石砌至砚窝石（最下层之踏阶石）的石板
须弥座	xǔ mí zuò	多层叠涩组成的台座。原本为佛像的基座，后来演化为古代建筑中等级较高的一种台基。多用砖砌或石雕凿，用于宫殿、坛庙主殿与塔幢、佛像基座。最早实例见于北魏云冈石窟。早期的须弥座形式简单，唐宋之后日趋复杂，宋《营造法式》中对其做法有详细规定
螭首	chī shǒu	须弥座台基侧面的一种龙头状石刻构件，具有排水及装饰作用，依安装部位有角螭和正身螭首两种。螭为传说中的一种龙属动物，是古代最早用于镇水的动物图案之一，又称"吸水兽"
钩阑	railing (gōu lán)	又称勾栏、棂槛、轩槛、柃、阶槛。宋代建筑栏杆名称。只设置于楼阁殿亭等建筑物台基、踏道、平座楼梯边沿或两侧有扶手的围护结构。宋式建筑的钩阑分重台钩阑和木钩阑。其结构是以望柱分隔阑（栏），栏板上施扶手(寻杖)，下施地栿，构件之间以卯相结。栏杆最早为木质，石制栏杆出现较晚，现存最早的石制栏杆为隋建赵州安济桥上和五代建造的南京栖霞寺舍利塔上石栏杆

名词	英文名称	定义
望柱	baluster	古代建筑栏杆、栏板转角处和分单元的立柱。不同历史年代的望柱有其不同的形式和做法
寻杖	handrail	宋代栏杆构件名称。指钩阑上的扶手，最早见于汉代。寻杖在转角处互相搭接且出头的做法，称"寻杖后角造"；在转角处下接望柱而不出头的做法，称"寻杖合角造"
华板	frieze panel	又称华版。宋代栏杆构件名称。指钩阑的栏板，位于望柱之间，最早见于汉代。宋代重台钩阑有上下层的大、小华板之分
地栿	plinth beam	在唐宋建筑中，设置于建筑物柱脚间，贴于地面的联系构件，具有稳定柱脚的作用。另古代栏杆最下层的水平构件亦称为地栿
筒瓦	cylindrical tile	古代建筑瓦件的一种，为屋面防水构件，断面为半圆形，安装在两行瓦板之间的缝隙上
板瓦	flat tile	又称瓯瓦、仰瓦。断面为1/4圆的瓦，前端略窄于后端
琉璃瓦	glazed tile	以上釉的陶土制坯经焙烧而成的瓦。在北魏时期已开始生产，有黄、绿、蓝、黑等颜色，多为宫殿、坛庙所使用
勾头	eave tile (gōu tóu)	一种特殊形式的筒瓦。多用于檐口，在普通筒瓦前端做有圆形的瓦当。元代以前称瓦当，至明、清两代，改称勾头。其端部圆盖上的纹样变化多端，且具有鲜明的时代特色，因而勾头上纹样的种类就成为判断其年代的一个重要标志
滴水	drip tile (dī shuǐ)	檐口两个勾头之间的排水瓦件，雨水由此处落下。其上部与板瓦相同，下部多出一个垂下的如意形舌片，以防止雨水回流
金砖	jīn zhuān	古代用于宫殿建筑地面的高级铺装材料。产于苏州一带，一般为两尺或两尺二寸营造尺见方，此种砖质地密实，强度极高，敲击时仿若听见金石之声，故名
照壁	shadow wall	院落门内或门前的一道墙壁，可作为建筑物前的屏障，可增加气势，并有装饰的作用。照壁历史悠久，在山西扶凤、歧山两县交界处发掘的西周遗址中，发现院落门前已有版筑照壁的残迹。照壁又分一字形照壁和八字形照壁、依墙式照壁等，用材有琉璃制、木制、石雕、砖等
五花山墙	stepped gable wall	悬山式建筑山墙常见的一种砌筑形式。《清式营造则例》："悬山山墙上部随排山各层梁及瓜柱之阶梯形结构。"山墙沿桁和瓜柱砌成梯形，每级上沿桁之下皮做签尖，总数为"五"，故称五花山墙。五花山墙的结构比硬山简单，厚度与硬山山墙大体相同
抱鼓石	drum-shaped bearing stone	石栏杆最下端的一块雕成圆鼓形或云形的石刻构件。作为栏杆端部的结束，具有稳定最下一根望柱及装饰的作用。另外，旧时宅舍在大门抱框边所设置、起到加固作用的圆鼓形雕石构件，亦称为"抱鼓石"
藻井	caisson ceiling (zǎo jǐng)	位于殿堂内平棊或平闇中部，向上凸起的装饰构造，形式多样。清式建筑中通常用八等材建造。自下至上分三段：方井、八角井和斗八，层层斜收呈穹窿状。副阶藻井为两段构成，无方井

名词	英文名称	定义
八角井	8-angle well	殿堂内八藻井的第二种，即置于正方形上的正八边形。其做法是在方井铺作上将随瓣枋抹角收束成八角井，在枋上施铺作，每角一朵，补间用一朵，铺作间用斗槽板，上用压厦板
垂花门	festoon gate	有莲花垂柱装饰的独立木门。形式多样，常用于四合院住宅的二门
门楣	lintel	又称门额，大门上方的横木
铺首	door knocker	钉在门扇上，口衔门环的兽面形饰件。亦称"门铺"，因作兽首造型，故名，一般用铁、铜或鎏金等材质制成
隔扇窗	panel window	古代建筑的窗式之一。安装在柱间栏墙之上，常用于殿宇的当心间两侧，与当心间的槅扇门配套使用。窗口下有枢轴，可向内或向外开启，并可随时根据需要卸下
支摘窗	removable window	古代建筑的窗式之一。分为上下两段，上段窗扇可支起（支窗），下段窗扇可摘下（摘窗），亦有分为三段者。常用于殿宇的次间或稍间
直棂窗	grill window	古代建筑的窗式之一。状似栅栏，以竖向的方形楞木条组合而成，一般固定不动。唐宋时普遍用于各类建筑，明清后仅用于次要房屋
和玺彩画	dragons pattern	清代官式彩画类型之一。是清代彩画中的最高等级，仅用于宫殿、坛庙建筑的主要殿堂、门之上。该彩画以龙凤为主题，以∑形线划分段落，按所绘内容不同分金龙和玺、龙凤和玺、龙草和玺等，所有锦粉线和图案均用沥粉贴金，并以青、绿、红等底色衬托金色图案，图案细致华丽，带给人华贵无比的感受
旋子彩画	tangent circle pattern	清代官式彩画类型之一。最早见于元代，成熟于明清，适用范围广，多用于府第、衙署、城楼、牌楼、寺观和宫殿建筑的配殿等。以旋花为主题进行构图，工整严谨，按颜色深浅与用金量多寡，可分为金琢墨石碾玉、烟琢墨石碾玉、金线大点金、墨线大点金、金线小点金、墨线小点金、雅伍墨、雄黄玉8种不同的等级样式
苏式彩画	suzhou style pattern	清代官式彩画类型之一。源于清代早期,因苏州始用而得名，是园林建筑最常见的彩画形式，广泛应用于亭、廊、轩、馆、榭等小式建筑。该彩画以花草、鸟兽、鱼虫、山水、人物故事等绘画及各种万字、回纹、夔纹、锦纹、连珠带等图案为主题进行构图，按工艺繁简与用金量多寡、退晕层次不同，可分为金琢墨苏画、金线苏画和黄（墨）线苏画等不同等级样式
包袱彩画	fabric decorative pattern	形如用织品包裹在建筑构件上的彩画，为古代用锦绣织品包裹构件以装饰建筑的演变。清代苏式彩绘就"一间"而言，指位于中间明显的近半圆形图形。一般苏式彩画将反映绘画内容的"白活"，如山水、人物、花卉等绘于此部位
里坊	neighborhood (lǐ fāng)	中国古代城市居住区的基本单元，古代称里、坊。春秋战国已有，隋唐成熟。经考古探明，唐长安除外郭城有108个里坊。里坊的平面为方形或长方形，各坊四周设夯土坊墙以防盗固民，墙上有坊门，坊内有十字街，布置住宅和寺庙。为加强城市管理，坊门按时启闭，城市实行宵禁。至北宋，由于商业活动发展，宵禁制度被取消，坊墙被拆除，里坊的形式逐渐消解，为开放的街巷所取代
夹城	jiá chéng	唐长安城东面，由两道城墙形成的通道，为皇帝专用的道路

名词	英文名称	定义
郭	outer walled part of a city (guō)	古代城多设有两重，里面的称城，外面的称郭
市	market	中国古代的贸易场所。早在春秋时期已有集中的市场，《考工记》中有"面朝后市"的记载，说明战国时期市已经成为城市不可分割的部分。西汉长安有九个市场，市的平面为方形，四周有墙，墙上设门。市内有十字形或井字形街道，中心设"市楼"，为市政官员官舍。街道古称为"隧"，在"隧"的两侧分列有商铺。同行业商店聚集在一起称为"肆"，"肆"置"肆门"。九市的位置是否在长安城中，说法不一。隋唐长安则将市分列城中的东、西部，称"东市""西市"
角楼	corner tower (jiǎo lóu)	常见于城墙转角处的建筑形式，可加强城墙的防御，一般有两种：弧形墩台上的团楼和方形墩台上的方形角楼
钟鼓楼	bell and drum tower	钟楼和鼓楼的合称，古代主要用于报时的建筑物。两者可分设，也可合设。早期建于宫廷内，只有钟楼，隋代始对称同置。寺庙中亦常见钟鼓楼，通常钟楼在西，鼓楼在东。古代都城中，元大都最早在城内同设钟、鼓楼，两者处于城市中轴线上，为城市重要的公共建筑
衙署	government office	又称公署、公廨、衙门、廨署。泛指古代官吏办公的场所，总体可分为中央和地方衙署。其概念最早见于《周礼》"以八法治官府"的记述，汉代郑玄注解为"百官所居曰府，弊断也。"汉代还将官署称为寺，至唐代才普遍出现衙署、衙门的说法，且"衙"最初作"牙"
会馆	guild hall (huì guǎn)	中国明清时期都市中由同乡或同业组成的团体的活动场所。始设于明代前期，迄今所知最早的会馆，是建于永乐年间的北京芜湖会馆。嘉靖、万历时期趋于兴盛，清代中期最多。明清时期的会馆大体可分为三种：① 北京的大多数会馆，主要为同乡官僚、缙绅和科举之士居停聚会之处，故又称为试馆；② 北京的少数会馆和苏州、汉口、上海等工商业城市的大多数会馆，是以工商业者、行帮为主体的同乡会馆；③ 四川的大多数会馆，是入清以后由陕西、湖广、江西、福建、广东等省迁来的客民建立的同乡移民会馆
关帝庙	temple of Guan Yu	古代供奉三国名将关羽的庙宇，亦称武庙，与文庙相对。历代视关羽为"忠义"之化身，其庙遍及天下，香火极盛。祖庙在山西省运城市解州（关羽故里），是全国等级最高、规模最大的关帝庙
城隍庙	temple of City God	古代供奉护城神城隍的庙宇。城隍，其前身为古代帝王祭祀八蜡中的水庸神，掌管农田中的沟渠，后逐渐演变为守护城池的神明
土地庙	temple of Land God	古代供奉土地神的庙宇，亦称福德庙、伯公庙。土地神属于民间信仰中的地方保护神，故庙宇分布极广，多为百姓自发设立
瓦子	wǎ zi	宋、元时戏曲及其他伎艺在城市中的主要演出场所，又作勾阑、构栏。勾栏多同瓦市有关。瓦市，又名瓦舍、瓦肆或瓦子，宋元时都市中的游乐、贸易场所
店铺	shop	商人经销货物或提供服务的建筑
作坊	workshop (zuō fang)	从事手工制造加工的工场。古代有官府作坊及民间作坊之分

名词	英文名称	定义
桥梁	bridge	架在水上或山间以便通行的建筑物
殿堂	hall (diàn táng)	殿是宫室、礼制和宗教建筑的主体建筑，堂泛指天子、诸侯、士大夫的居室建筑中对外开放的部分。在宋《营造法式》中，殿堂是殿、殿堂、殿宇等房屋类型的概称。多层殿堂称为殿阁
楼阁	storied building	中国古代的多层建筑，多为木结构。早期楼与阁有区别，楼指重屋，多狭长，在建筑群中处于次要位置；阁指下部架空、底层高悬的建筑，在建筑群中居主要位置。后来楼与阁互通，无严格区分
戏台	stage	以戏剧演出为目的的建筑。中国古代戏台多为木结构，以单层或双层为多见，也有三层的特殊戏台，如皇宫里的大戏楼。单层戏台建在一个台基上，台基用于表演，高约1米；双层戏台的底层是通道，二层是表演台。从开口角度讲，可分为一面观、三面观两种，亦有介于二者之间者
牌坊	memorial arch	中国古代建筑中一种标志性建筑，是由柱、枋构成的独立的门，一般建于路口、桥头和寺观、陵墓的入口处。可一开间或多开间。上无屋顶的称牌坊，有屋顶的称牌楼。原本用于划分或标志空间领域，后成为表彰功勋、科第、德政以及忠孝节义的建筑物
亭	pavilion	中国古典园林中有顶而四周开敞的小型点式风景建筑。汉代以前，亭是居民基层行政单位组织，其办公房舍亦称为亭。秦的郡县制有十里一亭、一亭一乡的制度。都亭、邮亭类此，亦属某种地方行政办公处所。街中市楼或城门楼张旗者称旗亭。烽火台也称亭燧或亭障。及至南北朝，亭渐失行政和军事功能，而取其通敞、小巧和观望之意，逐渐演变为园林建筑
廊	verand, corridor	带顶盖的通道。可独立，也可附于主体建筑。供通行、遮阳、防雨、休息之用；也是空间联系和空间划分的一种手段，对景致的展开和观赏程序的层次起重要的组织作用。类型丰富多样，如直廊、曲廊、爬山廊、叠落廊、水廊、桥廊、回廊、檐廊、复廊、楼廊等
台榭	terraced building	中国古代将地面上的夯土高墩称为台，台上的木构房屋称为榭，两者合称为台榭。最初的台榭是在夯土台上建造的有柱无壁、规模不大的敞厅，供眺望、宴饮、行射之用。春秋至汉代的六七百年间，台榭是宫室、宗庙中常用的一种建筑形式，具有防潮和防御的功能。后世演变成一种园林建筑形式。尤指水畔或水中的开敞式建筑，称水榭
抱厦	bào shà	古代建筑中主要殿宇在外突出的小屋，亦称"龟头屋"。建筑造型生动活泼，在唐宋建筑中使用较多，典型案例是建于北宋皇佑四年的河北正定隆兴寺摩尼殿
平坐	píng zuò	楼阁及楼阁式塔等楼层外围由短柱、斗栱、梁额、地面板等组成的结构层。平坐外缘通常设有勾栏，供人凭栏远眺，并丰富了建筑立面。从宋代图像资料中，可知平座亦能设于城墙、地面或水中，可惜今已无实例
流杯渠	Liú bēi qú	① 曲折之水渠。古人修禊（三月初三到水边嬉戏，以祓除不祥，称为修禊），参加者列于水渠之旁，置酒杯于上游，任其循流而下，止则近旁人取而饮之。② 园林亭榭的地面砌出或剗出的小水渠，迂回曲折成图案。其构造有的用整石凿出水槽，有的用石板为底条石垒砌，水自一端流入，经曲渠由出口流出，中心位置设看盘，其上建亭，以效古人之风雅

名词	英文名称	定义
宫殿	palace	古代帝王的居所。宫，原为秦代以前居住建筑的通称，《尔雅·释宫》："宫谓之室，室谓之宫。"当时无论诸侯或百姓的起居住所，皆可称宫；后渐成帝王居所的专称。殿，原指大型房屋，《说文》："堂，殿也。"秦汉以后主要用在帝王居所中的重要单体建筑。此后宫与殿组合为宫殿一词，专指帝王所使用的大型、豪华建筑群；一般帝王起居的部分称宫，举行礼仪、朝见等行政事务的称殿。历代宫殿建筑反映了当朝最高的建筑设计与工艺水平，是中国古代建筑的重要类型之一
行宫	holiday palace, villa	古代除都城正宫外，另为帝王出行所设置的临时居所
阙	gate tower (què)	位于古代宫殿、陵墓、衙署或官邸门旁成对的建筑物，两阙之间的空缺形成通道。阙最早是供了望、显示功勋与威严用的建筑，后来逐渐成为显示门第、区别尊卑、崇尚礼仪的装饰性建筑。阙的类型有两种：一种是在相对两台上分作楼观，复以单檐或重檐；另一种是在两台间连以过梁屋檐。有的还在阙身左右加子阙。汉代的宫门都以两观为阙；北魏壁画中的宫殿正门城垣向前转折与双阙衔接，平面呈∩形；唐代大明宫含元殿左右亦突出双阙；明清时阙演变为午门形制。现存最早的阙为汉阙，如四川雅安的高颐阙
华表	ornamental pillar (huá biǎo)	标志或纪念性立柱，设于桥头、衙署、宫殿或陵墓前，原为君主纳谏或指路的立柱。元代以前的华表多为木制，上部用横木或木板作十字交叉，顶上立白鹤。明代以后的华表多石制，柱身有圆形或八角形，多雕有蟠龙云纹，下有须弥座，上有云板、承露盘和蹲兽
北京故宫	the Imperial Palace in Beijing	明清两代的皇宫，亦称紫禁城。位于明清北京城内中部，明永乐五年（1407年）始建，十八年（1420年）建成，清代承袭沿用，格局基本无变动，占地面积达72万平方米，是世界上现存规模最大、最完整的古代木结构宫殿建筑群
明堂	míng táng	古代天子用于祭天和布政的场所，是中国历史上存在时间最久、等级最高的皇家礼制建筑。关于明堂的制度与形制，历代说法不一，据古代一些儒者的解释，明堂在黄帝时代称作合宫，夏代称世室，商代称重屋，至周代始定为明堂。明堂建筑通常建造在国都南郊，史上体量最大的明堂是武则天时代于东都洛阳修筑的"通天宫"，至南宋后不再正式建造此类祭祀建筑
祭坛	altar	古代主要用于祭祀天、地、社稷等活动的台型建筑，为礼制建筑的重要类型。坛，最初为土筑高台，除祭祀外，还作朝会、盟誓、拜相等重大仪式之用，后逐渐演化为砖石包砌，并专用于祭祀，是整个祭祀建筑群的主体，其四周多设有一至二重围墙，称墠
天坛	Temple of Heaven	古代帝王祭天的场所。现存的北京天坛始建于明永乐十八年（1420年），是明清两代皇帝祭祀上天，祈祷五谷丰登，在大旱之年祈雨的地方，为世界上最大的古代祭天建筑群
地坛	Temple of Earth	古代帝王祭拜地神的场所。现存的北京地坛始建于明嘉靖九年（1530年），是明清两代皇帝每年夏至日祭祀"皇地祇神"（后土之神）的地方，在北京坛墠建筑中规模仅次于天坛、先农坛，为国内现存最大的祭地之坛
日坛	Temple of Sun	古代帝王祭日的场所。我国祭日活动由来已久，早在周代便有天子春天祭日的制度。现存的北京日坛始建于明嘉靖九年（1530年），为明清两代皇帝春分日祭祀大明之神（太阳）的地方

名词	英文名称	定义
月坛	Temple of Moon	古代帝王祭月的场所。我国祭月活动由来已久，早在周代便有天子秋天祭月的制度。现存的北京月坛始建于明嘉靖九年（1530年），为明清两代皇帝秋分日祭祀夜明之神（月亮）和天上诸星宿（木火土金水五星、二十八宿）的地方
祈谷坛	Altar of Prayer for Grain	祈谷坛位于北京天坛之内，是明清两代皇帝孟夏日举行祈谷仪式的场所。始建于明永乐十八年（1420年），主要建筑有坛台、祈年殿、皇乾殿、东西配殿、祈年门、神厨、宰牲亭、长廊等。祈谷坛的坛台为三层须弥座形式的巨大圆形台，层层缩进，与坐落其上的祈年殿结合在一起，故不但有用于祭祀的坛台功能，亦具备台基之特征，可视为祈年殿台基的一个主要部分
社稷坛	Alter of Land and Grain	古代祭祀社（土地神）与稷(五谷神)的场所。历代均在都城中设有分祭社、稷二神的坛或庙，至明成祖迁都北京后，始将社、稷合于一坛。此外，明代地方府州县亦设有社稷坛，两者为古代农业社会的根基，故"社稷"一词又作国家的代称。现存的北京社稷坛始建于明永乐十八年（1420年），根据《周礼·考工记》中"左祖右社"的规制，设于天安门与午门之间御道的西侧（今中山公园内），与太庙相望。其坛制呈矩形，坐南朝北，主要建筑有坛台、戟门、享殿、神厨、神库等
太庙	Imperial Ancestral Temple	天子之祖庙，为祭祀当朝已故皇帝而建的礼制建筑。根据《周礼·考工记》中"左祖右社"的规制，一般设置在国都宫殿前的东侧，与社稷坛相呼应。现存北京太庙是历史上唯一保存下来的太庙建筑，始建于明永乐十八年（1420年），坐落在天安门与午门之间御道的东侧（今为北京市劳动人民文化宫）。平面呈矩形，整体布局严整，中轴线由南至北依序为琉璃门、戟门、享殿、寝殿、祧殿等建筑，琉璃门内有金水河通过，气氛凝重肃穆。其中享殿和寝殿建于一个三层的汉白玉台基上，为太庙建筑群的重心，两者分别是皇帝祭祀行礼和供奉已故帝后神位的地方
祠堂	ancestral hall (cí táng)	包括宗祠、名宦祠、乡贤祠等。宗祠又称宗庙、家庙、祖祠、祖厝，是供奉祖先神主牌位、举行祭祖活动的场所，又是从事家族宣传、执行族规家法、议事宴饮的地方。早期宗祠多在宅内，明中叶以后规模日益扩大，独立于住宅外的逐渐增多。宗祠通常由大门、享堂、寝堂、廊庑、神厨等组成。名宦祠，古代祭祀当地有政绩、有建树的官宦之祠堂。明清祭祀名宦属于国家祭祀制度中的祭祀先师体系，故名宦祠依附于文庙中，与乡贤祠相对。乡贤祠，古代祭祀当地德行卓著、造福于民的贤达之祠堂。自明嘉靖、万历朝起，逐渐迁于文庙中。二者均为文庙建筑群的组成元素，有教化人民、扶风辅政、崇德报功的功能
社	shè	先秦时指土地神,亦指祭祀土地神的场所,后代逐渐演变为地方基层组织或民间团体
墓葬	tomb	墓，指人死后埋葬的地方，古代凡葬而无坟、不封不树者，称墓。葬，指安置尸体的方式。考古学上常将墓与葬合为墓葬一词，指墓的构造类型和埋葬死者的形式。古代墓可分为竖穴墓、洞室墓、木椁墓、砖室墓等类型，葬式有俯身葬、仰身直肢葬、屈肢葬等形式
陵墓	mausoleum	古代帝王诸侯的坟墓。陵，本义指大土山，后引申为帝王诸侯的坟墓，有皇陵、王陵等。中国古代陵墓在空间布局上可大致归纳为三种形式：① 以陵山为主体，上作封土，借壮阔的山势来凸显帝陵之宏伟，以秦始皇陵为代表。② 在陵山前设神道作轴线布局，利用神道上阙门、石像生等元素创造出丰富的空间变化，来烘托帝陵的气势，以唐代乾陵为代表。③ 采用建筑群组的布局手法，将当朝各帝陵同置于山峦环抱之处，整体建筑群与周遭环境相互融合，营造陵区庄严肃穆的氛围，以明十三陵为代表。此外，由于古人遵循"事死如事生"的观念，故陵墓与宫殿相同，通常反映了当朝最高的建筑设计与工艺水平，为我国古代建筑的重要类型之一

中国建筑史——从先秦到晚清

名词	英文名称	定义
神道	tomb passage	帝王陵墓前礼仪性的甬道。往往在甬道两侧布置有石像生
方城明楼	square-walled bastion and memorial shrine	方城为环绕帝陵坟丘的砖城。明楼为高台砖楼，位于方城之前
石像生	stone animal	石刻的文武官员雕像和动物雕像，排列于帝王陵墓之前。大约自西汉开始就有在帝王陵墓神道两旁立石像生的做法，意在显示死者生前的威势，保障死者安息
辟邪	bì xié	似狮而带翼或角的神兽，能驱逐鬼怪。多用于诸侯王及大臣墓前
明十三陵	Ming Tombs	位于北京市昌平区天寿山下的明代十三位皇帝的陵墓。始建于明永乐七年（1409年），建成于清顺治元年（1644年），其间235年，先后建有明成祖的长陵、仁宗的献陵、宣宗的景陵、英宗的裕陵、宪宗的茂陵、孝宗的泰陵、武宗的康陵、世宗的永陵、穆宗的昭陵、神宗的定陵、光宗的庆陵、熹宗的德陵、思宗的思陵等共十三座帝王陵墓及七座妃子墓，总面积120余平方公里，为世界上现存最完整、埋葬皇帝最多的古代墓葬群。整体布局主从分明，通往诸陵的总神道上依序设有石牌坊、大红门、碑亭、石像生及龙凤门等，空间层次丰富，气势宏大
庙宇	temple	又称寺院，为各类宗教供奉神灵的地方。中国民间流行泛神崇拜，所以庙宇很多，品类也很杂，如佛寺、道观、土地庙、山神庙等。中型和大型庙宇虽然初建时有主祀神祇，但经逐渐扩建或增祀，常常成为以初祀神祇为主的杂神庙
佛寺	buddhist temple	佛教寺院的简称，为供奉佛教偶像及佛教僧众、教徒从事宗教活动和聚居修行的处所。梵语saṃgharana，音译为僧伽蓝。"寺"初为汉代官署之名。东汉明帝以鸿胪寺接待印度二僧，后又专仿建印度的僧伽蓝供僧居住，并命名"白马寺"。后世沿用。东汉至东晋为佛寺兴起时期，其形制为以塔为中心、四周绕以堂阁的庭院式建筑群。南北朝时许多达官贵人舍宅为寺，于是产生了大量由宅院直接改建、没有佛塔的佛寺。隋唐时寺院从前塔后殿逐渐向前殿后塔转变
石窟寺	grotto temple	依就山势在山崖陡壁上开凿的窟形佛教建筑，僧人于其内集会礼佛，修禅静坐。此制源于印度，随佛教一同传入中国。中国石窟的开凿盛行于南北朝至隋唐时期，著名的有敦煌、云冈、龙门、麦积山等处
五台山佛光寺	Foguang Temple at Wutai Mountain	位于山西省五台县五台山南台西麓。相传始建于北魏孝文帝时（471—499年），现存主要建筑有唐大中十一年（857年）建造的大殿和金天会十五年（1137年）所建的文殊殿。寺院西向，自山门向东，依地形筑成三层平台，随势渐升。第一层北侧有文殊殿，南侧相对之观音殿已不存。第二层台上为近代所建的两庑和跨院。第三层台正中为大殿。该殿面阔七间，长34米，进深四间八椽，宽17.66米，单檐庑殿顶，殿堂型构架，为现存唐代木构建筑中规模最宏大的范例
蓟县独乐寺	Dule Temple in Jixian County	位于天津市蓟州区城区东北部。建于辽统和二年（984年），为辽尚父秦王韩匡嗣家所建，现存山门、观音阁均为辽代原物。山门面阔三间，长16.57米，进深二间四椽，宽8.76米，单檐庑殿顶。观音阁为独乐寺的主体建筑，面阔五间，长16.57米，进深二间四椽，宽8.76米，单檐庑殿顶。该阁实高三层，外观则为两层，中间建有腰缠平坐，上覆单檐歇山顶，通高23米。阁内开有六边形空井，以容纳一座高16米的辽塑十一面观音像，结构精妙

名词	英文名称	定义
大同上下华严寺	Huayan Temple in Datong	位于山西省大同市。建于辽重熙七年（1038年）年前，东向，清宁八年（1062年）扩建，内奉辽代诸帝石像、铜像，具有太庙性质。辽末大部分被毁，金天眷年间（1138—1140年）重建。明中叶后分为上、下寺。上寺院落以金建大雄宝殿为中心，该殿面阔九间，长53.9米，进深五间十椽，宽27.5米，单檐庑殿顶。下寺院落以辽建薄伽教藏殿为中心，该殿面阔五间，长25.65米，进深四间八椽，宽18.46米，单檐歇山顶
布达拉宫	Pudala Palace	位于西藏自治区拉萨市西北的玛布日山上。相传建于吐蕃松赞干布时期（629—650年），后毁。清顺治二年（1645年）五世达赖重建，此后成为历世达赖喇嘛行政、居住的宫殿，同时亦为一座规模宏大的藏传佛教寺院。整个建筑群依山而建，气势雄伟，具有鲜明的藏式风格，其布局可分为宫堡群、山前方城及山后龙王潭花园三部分，共占地40余公顷
佛塔	pagoda	又称宝塔。供奉或收藏佛舍利、佛像、佛经、僧人遗体等的高耸点式建筑。源于古印度的窣堵波，是佛教高僧的埋骨建筑。佛教传入后，窣堵波与中国原有的木结构楼阁融合，逐步形成了楼阁式塔、密檐式塔、单层塔、金刚宝座塔、喇嘛塔、墓塔等不同类型。塔的平面从早期的正方形逐渐演变成六边形、八边形乃至圆形
塔刹	tǎ shà	常见于塔的顶部，指相轮之上的承露盘、仰月、火焰宝珠等，作用为收结塔的顶盖，往往具有象征意义
单层塔	single-story pagoda	佛塔种类的一种。大多数为砖石结构，用作墓塔，也有其中供奉佛像的。隋唐单层塔常仿木构建筑形式，在塔表面印出须弥座、柱、枋、斗栱、门、窗等，平面多为方形、圆形，八角形极少。八角形平面的塔最早的是河南登封会善寺的唐代净藏禅师塔
密檐塔	multi-eved pagoda	我国古塔的重要类型之一。指塔檐层数较多，各层间距离较近的塔，多为砖石结构。通常第一层较高，以上各层檐间距骤然缩短，面阔也逐渐收缩
楼阁式塔	multi-storied pagoda	从中国高层楼阁发展而来的塔。塔身多为多层楼阁形式，内置楼梯，每层设有门窗。此类塔初为木构，最早见于东汉末年，唐代以后采用仿木砖石结构渐多。现存著名的楼阁式塔实例有唐代的西安慈恩寺大雁塔、南宋的泉州开元寺双塔、辽代的山西应县木塔等
喇嘛塔	lama pagoda	喇嘛教砖塔。呈瓶状，通刷白色
金刚宝座塔	vajra-based pagoda	佛教密宗的塔，五个塔对称建在一个巨大的基座上，基座四周雕刻佛教题材
经幢	sutra pillar	又称经塔。多在八角形的石柱上刻陀罗尼经等，在经幢顶部做成璎珞、伞盖式样。唐代经幢形体较为粗壮，装饰简单，宋、金时体型细长，装饰趋于华丽
嵩岳寺塔	Pagoda of Songyue Temple	位于河南省登封县嵩岳寺内。建于北魏正光四年（523年），为我国现存年代最早的密檐式砖塔。平面呈十二边形，亦为国内孤例，长径约10.6米，塔壁厚2.45米，采用了空筒结构。全高40米，塔身下部平素无饰，上部砖砌叠涩出密檐十五层，整体外形轮廓作柔和收分，中段略呈凸形曲线，兼具刚健与秀丽之美

名词	英文名称	定义
应县木塔	Shijia Pagoda of Fogong Temple	位于山西省应县佛宫寺内的辽代木塔，全名"佛宫寺释迦塔"，应县木塔为俗称。建于辽清宁二年（1056年），属楼阁式塔，为我国保存至今的唯一古代木塔。平面呈八边形，直径30.27米，南向。塔高九层，有五层塔身和四个暗层，总高67.31米，塔结构采用"殿堂结构金箱斗底槽"，每层有木梯相通。全塔由两万多根木构件组成的九个结构层水平叠垒，千年来历经数次大地震仍完整无损，实为世界建筑史上的奇迹
泉州开元寺双塔	Twin pagoda of Kaiyuan Temple in Quanzhou	位于福建省泉州市开元寺内的两座楼阁式石塔。原均为木塔，后毁。现存西塔为南宋绍定元年至嘉熙元年（1228—1237年）改建之仿木楼阁式石塔，名仁寿塔，平面呈八边形，塔高五层，总高44.06米，每层靠中心柱处开有方洞，可架梯上下。东塔名镇国塔，修建时间略晚，于南宋嘉熙二年至淳祐十年（1238—1250年）改为石塔，高48.24米，其平面、构造、外观等与西塔基本相同。两塔做工精湛，为古代同类型石塔中的佳作
道观	taoist temple	供道教祀神、做法事和出家道士居住修炼的场所，又称道院。始见于《史记·封禅书》，汉武帝令在长安建蜚桂观、在甘泉建益延寿观等。后道教袭用之。南北朝时称馆，北周武帝时改馆为观。唐以后，宫、观并称。道观布局与宫殿、佛寺相似，多为中轴线分进相列。虔诚的道教徒为避开嘈杂环境，常入山林修道，同时极力营造出道教中的十大洞天、三十六小洞天、七十二福地的境界。城市或乡村里的道观，很多已不纯粹，混祀非道教的杂神或地方神灵
东岳庙（泰山庙）	dongyue temple	古代祭祀泰山神东岳大帝的道院。东岳大帝是道教重要神祇之一，主阴阳交代、万物发生，自古各地均建有不同规模的东岳庙。祖庙为山东省泰安市泰山南麓的岱庙，是历代帝王举行封禅大典和祭祀泰山神的地方
清真寺	mosque	又称礼拜寺，伊斯兰教举行宗教活动的寺院。清真寺一名始于元代延祐二年（1315年），用以称颂清净无染的真主。通常由礼拜殿、邦克楼（光塔）、墓祠、庭院、沐浴水房、阿訇住所等组成。清真寺是穆斯林群体的中心，我国唐、宋时期的"蕃坊"和明、清以来的"教坊"，都是以清真寺为中心，聚合周围村庄、街巷和居民点而形成的社区。广州怀圣寺（俗称光塔寺）是中国第一座清真寺，始建于唐贞观元年（627年）。中国清真寺的建筑风格，在唐、宋时期主要是阿拉伯式，至元代已逐步吸收中国传统建筑的布局和砖木结构体系，形成中、阿混合形制
园林	garden and park	指在限定的地域内，运用人工手段，将自然环境中的景物与人造的地形地貌、植被、建筑等元素融为一体，创造出具有艺术况味的游憩境域。中国古典园林起于殷周时代的囿，为世界古代三大园林体系（中国、欧洲、伊斯兰）之一
苑囿	hunting park and imperial garden（yuàn yòu）	囿，是早期帝王畜养禽兽、种植花木以供射猎、游乐的一种以自然景色为主的园林形式，以周文王所建之灵囿最为著名，这在《诗经》中有所记载，另有如汉代的上林苑者。后逐渐演变成宫苑、离宫别苑，除传统的囿及园景设施外，还建有供皇帝居住、处理政务的宫殿建筑群，如宋代的艮岳、明代的西苑等
皇家园林	royal garden	为帝王兴建的园林，是中国古典园林类型之一。起于殷周以素朴之自然景色为主的囿，后逐渐演化成唐宋的山水宫苑，至明清成就了集历代南北造园精华于一体的集锦式园林，在艺术上达到了完美的境界。皇家园林一般占地广阔，主要结合自然山水兴造而成，注重各独立景物间的呼应，风格堂皇富丽、景象包罗万千。历史上著名的皇家园林有汉代的上林苑、唐代的长安禁苑以及清代的圆明园与颐和园等

名词	英文名称	定义
私家园林	private garden	私人所拥有的园林，是中国古典园林类型之一。始于汉代，成熟于唐宋，兴盛于明清。此类园林常为私人宅院的一部分，可发挥空间较为有限，故在设计手法上更注重细节的处理，风格大多秀巧、精致，有别于皇家园林的富丽、大气。历史上的私家园林很多，尤以江南一带最为著名
颐和园	Summer Palace (Yi-He Yuan Imperial Garden)	位于北京西北郊，为现今保存最完整的皇家园林之一。原名清漪园，始建于清乾隆十五年（1750年），光绪十四年（1888年）年改今名。1900年遭八国联军破坏，翌年修复。全园占地面积290公顷，大体可分为宫廷区、苑林区，充分利用并改造了周遭山水资源，是以万寿山、昆明湖为基址，杭州西湖之风景为蓝本所创造的古代大型园林杰作。其设计手法与园中意境，部分借鉴了江南园林的处理模式，故不但具备皇家园林的壮丽气象，亦不失秀美温婉的情调
拙政园	Humble Administrator's Garden	位于江苏省苏州市东北街的著名古典园林，为苏州四大名园之一。始建于明正德八年（1513年）前后，当时是明代御史王献臣的私园，取晋代潘岳《闲居赋》中"拙者之为政"句意为园名，现今规模为清末所构。全园占地约62亩，可分东、中、西三区，为苏州私家园林面积最大者。中区为全园精华，以有分有聚的水池为重心，临水建有高低错落、形体各异的楼台亭榭，整体布局紧凑，空间层次丰富，乃古典园林中的杰作
民居	folk house	指建于传统时代的普通百姓的住宅。《礼记·王制》："凡居民，量地以制邑，度地以居民。地邑民居，必参相得也。"有时亦包括由住宅延伸的传统居住环境。由于中国疆域辽阔，民族众多，各地的地理气候条件和生活方式都不相同，所以各地民居的样式和风格也很多样。如北京四合院、黄土高原窑洞、安徽古民居、粤闽赣交界地带的土楼和游牧民族的毡房等
四合院	courtyard house (sì hé yuàn)	以庭院为中心、四周环以房屋的民居，以北京四合院为典型。是中国民居最基本的模式
三合院	courtyard house (sān hé yuàn)	三面有房屋围合的院落式民居
官邸	official mansion	邸，古时郡国诸侯朝见天子所居的馆舍。现代将政府为国家领导人或高级官员所修建的住所称作官邸
耳房	side rooms	紧贴正房两端、体量较小的侧房，通常为一两间。因位居左右，形似双耳，故名
倒座	dǎo zuò	① 位于路南，大门开在北院墙上、坐南朝北的四合院；② 四合院中位于第一进院落坐南朝北的房子
辟雍	royal academy	① 礼制建筑，天子学宫；②（周）国家办的大学；③（清）国子学中，皇帝讲学的地方。其建筑环之以水
文庙	confucian temple	又称孔庙，即奉祀孔子的祠庙。唐玄宗封孔子为"文宣王"，故称孔子的祠庙为文宣王庙，宋以后或简称"孔庙"。唐太宗贞观四年（630年），令州县学皆立孔子庙，遂遍及全国各地。州县学的孔庙形制是：前设照壁、棂星门和东西牌坊，形成庙前广场，棂星门前或棂星门内设半圆形水池，称"泮池"；棂星门之内是大成门，大成门内是大成殿和两庑。大成殿之后设崇圣祠。此外还可能有明伦堂、尊经阁等建筑

名词	英文名称	定义
文昌宫	wén chāng gōng	祭祀文昌帝君的建筑,一般规模较大者称文昌宫,较小者称文昌阁。《史记·天官书》载:"北斗之上有六星,合称为文昌宫,掌人间文运。"文昌阁的建筑形制大体是一处合院,前后两堂,有厢房或厢廊,或连厢廊都没有。门厅的上方有楼阁,供文昌帝君像。后厅常用为学塾的讲堂。由于楼阁在前面,所以文昌阁的外形高耸而轮廓活泼,又多用翼角翻飞的歇山顶,正脊两端则塑鲤鱼,因为民间以"鲤鱼跃龙门而化龙"比喻平民在科举考试中一举成功,改变身份
奎星楼	kuí xīng lóu	供奉奎星,是科举时代祈求考试成功的地方。奎星是天上星宿,被认为"主文运",因奎与魁二字同音,民间又将其称为魁星楼。后来奎星楼和文昌阁有混同现象
贡院	examination hall	古代科举会试的考场。"贡"指各地举人来此应试。贡院最早始于唐朝
书院	ancient college	中国古代的教育机构(为东亚其他国家效仿),始于唐朝,盛于宋代,为元、明、清三代所继承。书院开始是官办性质的,但宋以后以私立为主,也有私立书院经朝廷敕额、赐田、奖书、委官后成为半私半官性质的地方教育中心。宋代书院以讲论经籍为主,其中最有名的有白鹿、石鼓(一说为嵩阳)、应天、岳麓四大书院;元代书院遍及各路、州、府;明清书院更多,但多为习举业而设。清光绪二十七年(1901年)后,改全国省、县书院为学堂,书院之名遂废
长城	the Great Wall	中国最著名的古代文化遗存,为世界上修建时间最长、工程量最大的古代军事防御工程。始建于春秋战国时期,当时各诸侯国为互相防御和抵抗北方部落的侵扰,在地形险要之处相继兴筑连续性高墙,秦始皇统一中国后,将从前的长城连接,始有"万里长城"之称。历代对长城屡有修缮、增筑,经自然、人为等因素毁坏,保存至今的多为断断续续的遗迹,其中最完整、最具代表性的是明长城。明长城东起辽宁鸭绿江畔的虎山,西至甘肃嘉峪关,总长度为8851.8公里,由城堡、关城、城墙、敌楼、烽火台等部分组成,以气势雄伟、规模浩大为人们所熟知
《营造法式》	Yingzhao Fashi	中国古籍中内容最丰富、体系最完整的建筑技术专著。北宋绍圣四年(1097年)将作监李诫奉命编修,元符三年(1100年)成书,崇宁二年(1103年)颁行。全书正文共34卷,前有看详(内容主要为对各工种制度中若干规定的理论或历史传统根据的阐释)、目录各相当一卷
《园冶》	Yuán yě	造园专著,明末造园家计成撰。全书共三卷,主要内容包括兴造论和园说,阐明造园的精髓在于因地制宜和师法自然,巧于"因""借"。其内容还包括相地和立基、屋宇、装折、门窗和墙垣、铺地、掇山和选石及借景等
清工部《工程做法》	Qing Gongbu Gongcheng Zuofa	清代官式建筑的设计规范,为现今研究清代建筑的重要依据。清雍正十二年(1734年)由工部刊行。全书共74卷,原封面书名为《工程做法则例》,中缝书名为《工程做法》,是继宋代《营造法式》之后官方颁布的又一部较为系统、全面的建筑技术专著。正文大体可分为各类房屋营造范例和工料估算额限两部分,对27种不同形制的建筑物列有详尽的尺寸规范,既是当时工匠建造房屋的标准,亦为主管部门验收工程、核定经费的明文依据
《清式营造则例》	Qing Structural Regulations	中国著名建筑学家梁思成(1901—1972年)研究清代建筑营造方法的专著,1934年由中国营造学社出版。著者以清工部《工程做法》为依据,以参加过清宫营建的匠师为师,收集了工匠世代相传的秘本。书中以北京故宫为标本,对清代官式建筑之做法及各部分构件的名称、功用等进行了系统的考察研究,用建筑投影图和实物照片将各式构造清晰地表达出来,将当时搜集的工匠秘本编订成《营造算例》附后。该书自出版以来,一直为中国建筑史界的教科书,是研究清代建筑的重要参考资料

名词	英文名称	定义
《营造法源》	Yingzao Fayuan	一部记述中国江南地区传统建筑做法的专著。姚承祖（1866—1938年）原著，张至刚增编，刘敦桢校阅。著者姚氏世代皆从营造业，晚年根据家藏秘籍、图册及个人实践经验编写讲稿。后由建筑学家张至刚整理、补充，于1937年完稿，1959年出版。全书分16章，约13万字，系统地叙述了江南地区古建筑的构造、配料、工限及园林、塔、城垣、灶等营造做法，并附有照片、图版等百余幅，材料丰富，是研究江南传统建筑的重要参考资料

附录二 中国历史朝代纪年表

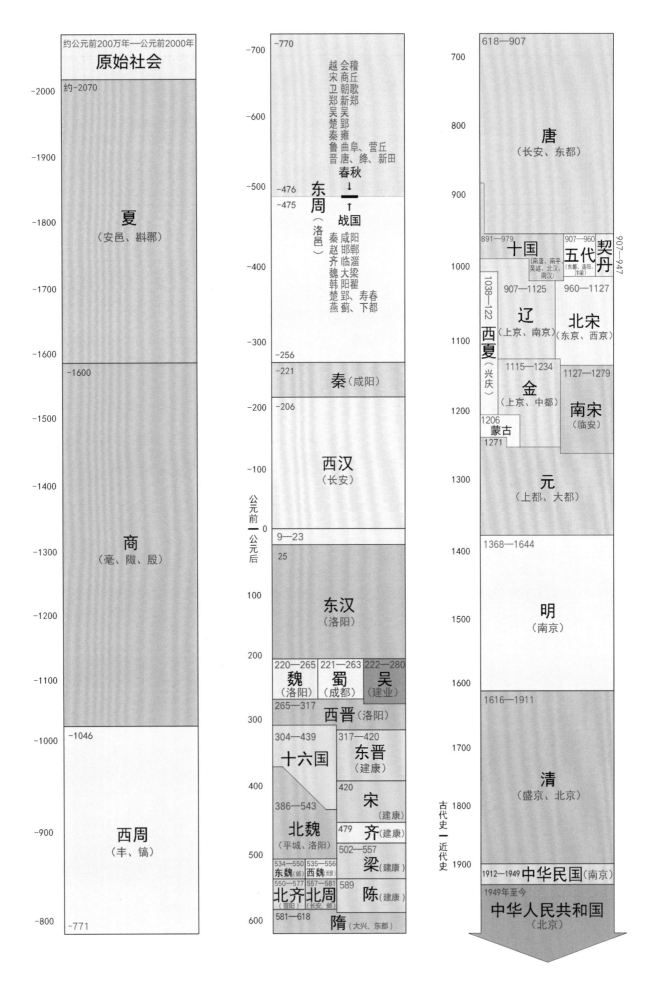

第一列：

约公元前200万年—公元前2000年

原始社会

约-2070

夏
（安邑、斟鄩）

-1600

商
（亳、隞、殷）

-1046

西周
（丰、镐）

-771

第二列：

-770

越 会稽
宋 商丘
卫 朝歌
郑 新郑
吴 吴
楚 郢
秦 雍
鲁 曲阜、营丘
晋 唐、绛、新田

春秋

-476
-475

东周
（洛邑）

战国

秦 咸阳
赵 邯郸
齐 临淄
魏 大梁
韩 阳翟
楚 郢、寿春
燕 蓟、下都

-256

-221

秦（咸阳）

-206

西汉
（长安）

公元前 0 公元后

9—23

25

东汉
（洛阳）

220—265	221—263	222—280
魏 （洛阳）	**蜀** （成都）	**吴** （建业）

265—317 **西晋**（洛阳）

304—439	317—420
十六国	**东晋** （建康）
	420
386—543	**宋** （建康）
北魏 （平城、洛阳）	479 **齐** （建康）
	502—557 **梁** （建康）

534—550	535—556	
东魏（邺）	**西魏**（长安）	
550—577	557—581	589
北齐（晋阳）	**北周**（长安、邺）	**陈** （建康）

581—618 **隋**（大兴、东都）

第三列：

618—907

唐
（长安、东都）

891—979	907—960	907—947
十国 （南唐、南平、吴越、北汉、南汉）	**五代** （东都、洛阳、汴梁）	**契丹**

1038—122	907—1125	960—1127
西夏 （兴庆）	**辽** （上京、南京）	**北宋** （东京、西京）
	1115—1234	1127—1279
	金 （上京、中都）	**南宋** （临安）
1206 **蒙古** 1271		

1271 **元**
（上都、大都）

1368—1644

明
（南京）

1616—1911

清
（盛京、北京）

古代史 近代史

1912—1949 **中华民国**（南京）

1949年至今

中华人民共和国
（北京）